"十二五"普通高等教育本科国家级规划教材

物理化学
（第六版）下册

天津大学物理化学教研室 编

李松林 冯霞 刘俊吉 周亚平 修订

高等教育出版社·北京

内容提要

本书是"十二五"普通高等教育本科国家级规划教材，也是面向21世纪课程教材。

本书是在天津大学物理化学教研室编写的《物理化学》前五版的基础上进行补充修订而成。修订时保持了前几版教材的框架结构，全书共十二章，分上、下两册出版，上册包括气体的 pVT 关系、热力学第一定律、热力学第二定律、多组分系统热力学、化学平衡和相平衡六章；下册包括电化学、量子力学基础、统计热力学初步、界面现象、化学动力学和胶体化学六章。

本书可作为高等院校化工类、制药类、环境类、材料类、化学类等有关专业的教学用书，也可供其他相关专业使用，并可作为科研和工程技术人员的参考用书。

图书在版编目(CIP)数据

物理化学.下册/天津大学物理化学教研室编.--6版.--北京：高等教育出版社，2017.8(2023.2重印)
ISBN 978-7-04-047962-1

Ⅰ.①物… Ⅱ.①天… Ⅲ.①物理化学-高等学校-教材 Ⅳ.①O64

中国版本图书馆 CIP 数据核字(2017)第 155381 号

Wuli Huaxue

策划编辑	翟 怡	责任编辑	翟 怡	封面设计	张 志	版式设计	杜微言
插图绘制	杜晓丹	责任校对	殷 然	责任印制	刁 毅		

出版发行	高等教育出版社	网 址	http://www.hep.edu.cn
社 址	北京市西城区德外大街4号		http://www.hep.com.cn
邮政编码	100120	网上订购	http://www.hepmall.com.cn
印 刷	山东韵杰文化科技有限公司		http://www.hepmall.com
开 本	787mm×960mm 1/16		http://www.hepmall.cn
印 张	26.25		
字 数	480 千字	版 次	1979年11月第1版
购书热线	010-58581118		2017年8月第6版
咨询电话	400-810-0598	印 次	2023年2月第14次印刷
		定 价	43.80元

本书如有缺页、倒页、脱页等质量问题，请到所购图书销售部门联系调换
版权所有 侵权必究
物 料 号 47962-00

目 录

第七章 电化学 ··· 309
§7.1 电极过程、电解质溶液及法拉第定律 ···································· 309
1. 电解池和原电池 ··· 309
2. 电解质溶液和法拉第定律 ·································· 311
§7.2 离子的迁移数 ··· 313
1. 离子的电迁移与迁移数的定义 ···························· 313
2. 离子迁移数的测定方法 ···································· 316
§7.3 电导、电导率和摩尔电导 ··· 318
1. 定义 ··· 318
2. 电导的测定 ··· 319
3. 摩尔电导率与浓度的关系 ·································· 321
4. 离子独立运动定律和离子的摩尔电导率 ················ 322
5. 电导测定的应用 ·· 324
§7.4 电解质溶液的活度、活度因子及德拜-休克尔极限公式 ······ 326
1. 平均离子活度和平均离子活度因子 ······················ 326
2. 离子强度 ··· 329
3. 德拜-休克尔极限公式 ······································ 330
§7.5 可逆电池及其电动势的测定 ·· 333
1. 可逆电池 ··· 333
2. 电池电动势的测定 ··· 337
§7.6 原电池热力学 ··· 338
1. 可逆电动势与电池反应的吉布斯函数变 ················ 338
2. 由原电池电动势的温度系数计算电池反应的摩尔熵变 ····· 338
3. 由原电池电动势及电动势的温度系数计算电池反应的摩尔焓变 ···· 339
4. 计算原电池可逆放电时的反应热 ······················· 339
5. 能斯特方程 ··· 340
§7.7 电极电势和液体接界电势 ··· 342
1. 电极电势 ··· 342

2. 原电池电动势的计算 ················· 347
　　3. 液体接界电势及其消除 ··············· 348
§7.8　电极的种类 ······························· 350
　　1. 第一类电极 ·························· 350
　　2. 第二类电极 ·························· 352
　　3. 第三类电极 ·························· 355
　　*4. 离子选择性电极 ····················· 355
§7.9　原电池的设计 ····························· 357
　　1. 氧化还原反应 ······················· 357
　　2. 中和反应 ···························· 358
　　3. 沉淀反应 ···························· 359
　　4. 扩散过程——浓差电池 ·············· 360
　　*5. 化学电源 ···························· 360
§7.10　分解电压 ································ 364
§7.11　极化作用 ································ 367
　　1. 电极的极化 ·························· 367
　　2. 测定极化曲线的方法 ················ 367
　　3. 电解池与原电池极化的差别 ········· 369
§7.12　电解时的电极反应 ····················· 370
本章小结 ··· 371
思考题 ··· 372
习题 ··· 372

第八章　量子力学基础 ························ 378
§8.1　量子力学的基本假设 ···················· 380
§8.2　势箱中粒子的薛定谔方程求解 ········· 389
　　1. 一维势箱中粒子 ····················· 389
　　2. 三维势箱中粒子 ····················· 392
§8.3　一维谐振子 ······························· 396
　　1. 一维谐振子的经典力学处理 ········· 396
　　2. 一维谐振子的量子力学处理 ········· 397
§8.4　二体刚性转子 ···························· 398
　　1. 二体问题 ···························· 399
　　2. 中心力场问题 ······················· 399
　　3. 二体刚性转子 ······················· 401

§8.5 氢原子及多电子原子的结构 ·············· 402
    1. 类氢离子的定态薛定谔方程及其解 ·············· 402
    2. 原子轨道及其图形表示 ·············· 404
    3. 氢原子轨道的径向分布函数 ·············· 409
    4. 电子自旋 ·············· 410
    5. 多电子原子的结构 ·············· 410
    6. 量子力学中的全同粒子 ·············· 413

§8.6 分子轨道理论简介 ·············· 414
    1. 氢分子离子 H_2^+ 薛定谔方程的解 ·············· 414
    2. 氢分子离子 H_2^+ 的近似处理 ·············· 416
    3. 同核双原子分子的近似分子轨道 ·············· 420

§8.7 分子光谱简介 ·············· 422
    1. 双原子分子的转动光谱 ·············· 423
    2. 双原子分子的振动光谱 ·············· 424
    3. 双原子分子的振动-转动光谱 ·············· 425

本章小结 ·············· 425
思考题 ·············· 426
习题 ·············· 426

第九章 统计热力学初步 ·············· 428

§9.1 粒子各种运动形式的能级及能级的简并度 ·············· 429
    1. 分子的平动 ·············· 430
    2. 双原子分子的转动 ·············· 431
    3. 双原子分子的振动 ·············· 432
    4. 电子及核运动 ·············· 432

§9.2 能级分布的微态数及系统的总微态数 ·············· 432
    1. 能级分布 ·············· 433
    2. 状态分布 ·············· 434
    3. 能级分布的微态数 ·············· 434
    4. 系统的总微态数 ·············· 438

§9.3 最概然分布与平衡分布 ·············· 438
    1. 等概率原理——统计热力学的基本假设 ·············· 438
    2. 最概然分布 ·············· 439
    3. 最概然分布与平衡分布 ·············· 440

§9.4 玻耳兹曼分布及配分函数 ·············· 443

1. 玻耳兹曼分布 ……………………………………………………… 443
　　*2. 拉格朗日待定乘数法 ……………………………………………… 445
　　3. 玻耳兹曼分布的推导 ……………………………………………… 447
§9.5 粒子配分函数的计算 …………………………………………………… 449
　　1. 配分函数的析因子性质 …………………………………………… 449
　　2. 能量零点的选择对配分函数的影响 ……………………………… 450
　　3. 平动配分函数的计算 ……………………………………………… 452
　　4. 转动配分函数的计算 ……………………………………………… 454
　　5. 振动配分函数的计算 ……………………………………………… 456
　　6. 电子运动的配分函数 ……………………………………………… 458
　　7. 核运动的配分函数 ………………………………………………… 458
§9.6 系统的热力学能与配分函数的关系 …………………………………… 459
　　1. 热力学能与配分函数的关系 ……………………………………… 459
　　2. U_t^0、U_r^0 及 U_v^0 的计算 ………………………………………………… 461
　　*3. 玻耳兹曼公式中 β 值的推导 ……………………………………… 463
§9.7 系统的熵与配分函数的关系 …………………………………………… 465
　　1. 玻耳兹曼熵定理 …………………………………………………… 465
　　2. 摘取最大项原理 …………………………………………………… 466
　　3. 熵的统计意义 ……………………………………………………… 467
　　4. 熵与配分函数的关系 ……………………………………………… 467
　　5. 统计熵的计算 ……………………………………………………… 470
　　6. 统计熵与量热熵的简单比较 ……………………………………… 473
§9.8 其他热力学性质与配分函数的关系 …………………………………… 474
　　1. H、A、G 与配分函数的关系 ……………………………………… 475
　　2. 系统的摩尔定容热容 $C_{V,m}$ 与配分函数的关系 ………………… 476
§9.9 理想气体反应标准平衡常数的统计热力学计算 ……………………… 479
　　1. 理想气体的摩尔吉布斯自由能函数 ……………………………… 479
　　2. 理想气体的标准摩尔焓函数 ……………………………………… 481
　　3. 理想气体反应标准平衡常数的统计热力学计算 ………………… 482
　　4. 理想气体反应平衡常数(K_N、K_C)与配分函数的关系 ………… 484
§9.10 系综理论简介 …………………………………………………………… 487
　　1. 系综与系综平均 …………………………………………………… 487
　　2. 系综分类 …………………………………………………………… 488
　　*3. 正则系综的统计热力学 …………………………………………… 488

本章小结 ·· 490

思考题 ·· 491

习题 ·· 491

第十章 界面现象 ·· 495

§10.1 界面张力 ·· 496
1. 液体的表面张力、表面功及表面吉布斯函数 ················· 496
2. 热力学公式 ·· 498
3. 界面张力及其影响因素 ······································ 499

§10.2 弯曲液面的附加压力及其后果 ···························· 502
1. 弯曲液面的附加压力——拉普拉斯方程 ···················· 502
2. 微小液滴的饱和蒸气压——开尔文公式 ···················· 505
3. 亚稳状态及新相的生成 ······································ 506

§10.3 固体表面 ·· 510
1. 物理吸附与化学吸附 ·· 510
2. 等温吸附 ··· 511
3. 吸附经验式——弗罗因德利希公式 ························· 512
4. 朗缪尔单分子层吸附理论及吸附等温式 ···················· 513
*5. 多分子层吸附理论——BET公式 ··························· 517
6. 吸附热力学 ·· 518

§10.4 固-液界面 ··· 520
1. 接触角与杨氏方程 ··· 520
2. 润湿现象 ··· 521
3. 固体自溶液中的吸附 ·· 524

§10.5 溶液表面 ·· 526
1. 溶液表面的吸附现象 ·· 526
2. 表面过剩浓度与吉布斯吸附等温式 ························· 527
3. 表面活性物质在吸附层的定向排列 ························· 530
4. 表面活性剂 ·· 531

本章小结 ·· 537

思考题 ·· 537

习题 ·· 537

第十一章 化学动力学 ·· 541

§11.1 化学反应的反应速率及速率方程 ·························· 542
1. 反应速率的定义 ··· 542

2. 基元反应和非基元反应 …………………………………………………………… 544
　　3. 基元反应的速率方程——质量作用定律 ………………………………………… 545
　　4. 化学反应速率方程的一般形式,反应级数 ……………………………………… 547
　　5. 用气体组分的分压表示的速率方程 ……………………………………………… 549
　　6. 反应速率的测定 …………………………………………………………………… 549
§ 11.2　速率方程的积分形式 ……………………………………………………………… 550
　　1. 零级反应 …………………………………………………………………………… 551
　　2. 一级反应 …………………………………………………………………………… 552
　　3. 二级反应 …………………………………………………………………………… 554
　　4. n 级反应 …………………………………………………………………………… 558
　　5. 小结 ………………………………………………………………………………… 559
§ 11.3　速率方程的确定 …………………………………………………………………… 559
　　1. 尝试法 ……………………………………………………………………………… 560
　　2. 半衰期法 …………………………………………………………………………… 562
　　3. 初始速率法 ………………………………………………………………………… 564
　　4. 隔离法 ……………………………………………………………………………… 565
§ 11.4　温度对反应速率的影响,活化能 …………………………………………………… 565
　　1. 阿伦尼乌斯方程 …………………………………………………………………… 565
　　2. 活化能 ……………………………………………………………………………… 568
　　3. 活化能与反应热的关系 …………………………………………………………… 570
§ 11.5　典型复合反应 ………………………………………………………………………… 570
　　1. 对行反应 …………………………………………………………………………… 571
　　2. 平行反应 …………………………………………………………………………… 574
　　3. 连串反应 …………………………………………………………………………… 576
§ 11.6　复合反应速率的近似处理法 ……………………………………………………… 579
　　1. 选取控制步骤法 …………………………………………………………………… 579
　　2. 平衡态近似法 ……………………………………………………………………… 580
　　3. 稳态近似法 ………………………………………………………………………… 583
　　4. 非基元反应的表观活化能与基元反应活化能之间的关系 …………………… 586
§ 11.7　链反应 ………………………………………………………………………………… 587
　　1. 单链反应的特征 …………………………………………………………………… 588
　　2. 由单链反应的机理推导反应速率方程 ………………………………………… 589
　　3. 支链反应与爆炸界限 ……………………………………………………………… 591
§ 11.8　气体反应的碰撞理论 ……………………………………………………………… 594

  1. 气体反应的碰撞理论 …………………………………… 594

  *2. 碰撞理论与阿伦尼乌斯方程的比较 …………………… 596

§11.9 势能面与过渡状态理论 ……………………………………… 599

  1. 势能面 …………………………………………………… 599

  2. 反应途径 ………………………………………………… 600

  3. 活化络合物 ……………………………………………… 601

  4. 艾林方程 ………………………………………………… 602

  5. 艾林方程的热力学表示式 ……………………………… 604

§11.10 溶液中反应 ………………………………………………… 606

  1. 溶剂对反应组分无明显相互作用的情况 ……………… 606

  *2. 溶剂对反应组分产生明显作用的情况——溶剂对反应速率的影响 …… 608

  *3. 离子强度对反应速率的影响 …………………………… 610

§11.11 多相反应 …………………………………………………… 611

§11.12 光化学 ……………………………………………………… 614

  1. 光化反应的初级过程、次级过程和淬灭 ……………… 614

  2. 光化学定律 ……………………………………………… 616

  3. 光化反应的机理与速率方程 …………………………… 618

  4. 温度对光化反应速率的影响 …………………………… 619

  5. 光化平衡 ………………………………………………… 620

  *6. 激光化学 ………………………………………………… 622

§11.13 催化作用的通性 …………………………………………… 622

  1. 引言 ……………………………………………………… 622

  2. 催化剂的基本特征 ……………………………………… 623

  3. 催化反应的一般机理及反应速率常数 ………………… 624

  4. 催化反应的活化能 ……………………………………… 625

§11.14 单相催化反应 ……………………………………………… 627

  *1. 气相催化 ………………………………………………… 627

  *2. 酸碱催化 ………………………………………………… 627

  *3. 络合催化 ………………………………………………… 629

  4. 酶催化 …………………………………………………… 630

§11.15 多相催化反应 ……………………………………………… 633

  1. 催化剂表面上的吸附 …………………………………… 633

  2. 多相催化反应的步骤 …………………………………… 636

  3. 表面反应控制的气-固相催化反应动力学 …………… 637

*4. 温度对表面反应速率的影响 ……………………………………………… 639
　　　*5. 活性中心理论 …………………………………………………………… 640
　*§11.16　分子动态学 …………………………………………………………… 641
　本章小结 ………………………………………………………………………… 642
　思考题 …………………………………………………………………………… 643
　习题 ……………………………………………………………………………… 644

第十二章　胶体化学 ………………………………………………………… 655

　§12.1　溶胶的制备 …………………………………………………………… 657
　　　1. 分散法 …………………………………………………………………… 658
　　　2. 凝聚法 …………………………………………………………………… 658
　　　3. 溶胶的净化 ……………………………………………………………… 660
　§12.2　溶胶的光学性质 ……………………………………………………… 660
　　　1. 丁铎尔效应 ……………………………………………………………… 660
　　　2. 瑞利公式 ………………………………………………………………… 661
　　　3. 超显微镜与粒子大小的近似测定 ……………………………………… 662
　§12.3　溶胶的动力学性质 …………………………………………………… 663
　　　1. 布朗运动 ………………………………………………………………… 663
　　　2. 扩散 ……………………………………………………………………… 664
　　　3. 沉降与沉降平衡 ………………………………………………………… 666
　§12.4　溶胶的电学性质 ……………………………………………………… 667
　　　1. 电动现象 ………………………………………………………………… 667
　　　2. 扩散双电层理论 ………………………………………………………… 670
　　　3. 溶胶的胶团结构 ………………………………………………………… 673
　§12.5　溶胶的稳定与聚沉 …………………………………………………… 674
　　　1. 溶胶的经典稳定理论——DLVO 理论 ………………………………… 674
　　　2. 溶胶的聚沉 ……………………………………………………………… 677
　§12.6　乳状液 ………………………………………………………………… 680
　　　1. 乳状液的分类及鉴别 …………………………………………………… 680
　　　2. 乳状液的稳定 …………………………………………………………… 681
　　　3. 乳状液的去乳化 ………………………………………………………… 683
　§12.7　泡沫 …………………………………………………………………… 684
　§12.8　悬浮液 ………………………………………………………………… 685
　§12.9　气溶胶 ………………………………………………………………… 688
　　　1. 粉尘的分类 ……………………………………………………………… 688

2. 粉尘的性质 ……………………………………………………………… 689

　　3. 气体除尘 ………………………………………………………………… 691

§12.10　高分子化合物的渗透压和黏度 …………………………………………… 692

　　1. 高分子溶液的渗透压 …………………………………………………… 692

　　2. 唐南平衡 ………………………………………………………………… 693

　　3. 高分子溶液的黏度 ……………………………………………………… 695

*§12.11　高分子溶液的盐析、胶凝作用与凝胶的溶胀 ……………………………… 697

　　1. 盐析作用 ………………………………………………………………… 697

　　2. 胶凝作用、触变现象和脱水收缩 ……………………………………… 698

　　3. 凝胶的溶胀 ……………………………………………………………… 700

本章小结 ……………………………………………………………………………… 700

思考题 ………………………………………………………………………………… 701

习题 …………………………………………………………………………………… 701

参考书目 ……………………………………………………………………………… 704

索引 ………………………………………………………………………………… 706

第七章 电化学

电化学是研究电与化学反应相互关系的科学,它主要涉及通过化学反应来产生电能及通过输入电能导致化学反应方面的研究。电化学是一门既古老又年轻的科学,从1800年伏特(Volta)制成第一个化学电池开始,到两个多世纪后的今天,电化学已发展成为涉及内容非常广泛的学科及领域,如化学电源、电化学分析、电化学合成、光电化学、生物电化学、电催化、电冶金、电解、电镀、腐蚀与保护等都属于电化学的范畴。尤其是近年来可充电锂离子电池的普及应用、燃料电池在发电及汽车工业领域的研究开发,以及生物电化学的迅速发展,都为电化学这一古老的学科注入了新的活力。无论是基础研究还是技术应用,电化学从理论到方法都在不断地突破与发展,越来越多地与其他自然科学或技术学科相互交叉、相互渗透。在能源、交通、材料、环保、信息、生命等众多领域发挥着越来越重要的作用。

物理化学中的电化学着重介绍电化学的基础理论部分——用热力学的方法来研究化学能与电能之间相互转换的规律。其中主要包括两方面的内容:一方面是利用化学反应来产生电能——将能够自发进行的化学反应通过原电池装置使化学能转化为电能;另一方面是利用电能来驱动化学反应——通过向电解池装置输入电流使不能自发进行的反应得以进行。

无论是原电池还是电解池,其内部工作介质都离不开电解质溶液。因此本章在介绍原电池和电解池的电化学原理之前,先介绍一些电解质溶液的基本性质。

§7.1 电极过程、电解质溶液及法拉第定律

1. 电解池和原电池

电化学过程必须借助一定的装置——电化学池才能实现,对于有法拉第电流通过的电化学池[①]可分为两类:原电池和电解池。**原电池**的主要特点是当它

---

① 即流过池中各部分的电流均遵守法拉第定律,关于法拉第定律见下一小节。

与外部导体接通时,电极上的反应会自发进行,可将化学能转换为电能输出,实用的原电池又称为化学电源。**电解池**的主要特点是,当外加电势高于分解电压时可使不能自发进行的反应在电解池中被强制进行。电解池的主要用途是利用电能来完成所希望的化学反应,如电解合成、电镀、电冶金等,二次电池在充电时也可认为是一个电解池。

以氢氧燃烧的化学反应为例,反应方程式为

$$H_2(g) + \frac{1}{2}O_2(g) = H_2O(l)$$

25℃下,反应的 $\Delta_r G_m^{\ominus} = -237.129 \text{ kJ} \cdot \text{mol}^{-1}$,$K^{\ominus} = 3.512 \times 10^{41}$。这是一个众所周知的极易进行的燃烧反应,逆反应则不能自发进行。但是如果在如图 7.1.1 所示的电解池装置中,加入酸性或碱性电解质水溶液,插入适当的金属作为阳极和阴极,并将其与直流电源相连,使电流通过溶液,这时上面的逆向反应即水的分解反应可以进行,在阴极和阳极上分别得到氢气和氧气,这就是人们所熟知的电解水制氢的基本原理。

反过来,如果把上述可自发进行的反应放到如图 7.1.2 所示的原电池装置中,以适当的金属作电极,适当的电解质溶液作内部的导电介质,在阳极和阴极分别通入氢气和氧气,外电路以导线与负载相连。则氢与氧的反应可以通过电池自发进行,反应的化学能可转变为电能输出。这就是原电池工作的基本原理。此例也是燃料电池工作的基本原理。

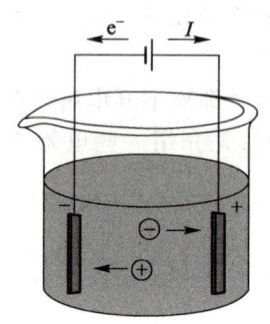 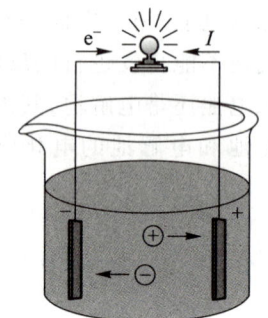

图 7.1.1 电解池装置示意图   图 7.1.2 原电池装置示意图

无论是原电池还是电解池,其共同特点是:当外电路接通时在电极与溶液的界面上有电子得失的反应发生,溶液内部有离子做定向迁移运动。这种在极板与溶液界面上进行的化学反应称为**电极反应**;两个电极反应之和为总的化学反应,对原电池称为**电池反应**,对电解池则称为**电解反应**。

电化学中规定:发生氧化反应的电极为**阳极**,发生还原反应的电极为**阴极**。同时又规定:电势高的电极为**正极**,电势低的电极为**负极**。

上面氢与氧的反应,在原电池中,氢气在阳极自动被氧化,失去的电子输出到外电路中;氧气在阴极从外电路得到电子被还原。电极与电池反应如下:

$$阳极:H_2 \longrightarrow 2H^+ + 2e^-$$

$$阴极:\frac{1}{2}O_2 + 2H^+ + 2e^- \longrightarrow H_2O$$

$$电池反应:H_2 + \frac{1}{2}O_2 =\!=\!= H_2O$$

在电解池中氢离子在阴极得到外电源供给的电子被强迫还原,而水分子中的氧在阳极失去电子被氧化。电极与总的电解反应如下:

$$阴极:2H^+ + 2e^- \longrightarrow H_2$$

$$阳极:H_2O \longrightarrow \frac{1}{2}O_2 + 2H^+ + 2e^-$$

$$电解反应:H_2O =\!=\!= H_2 + \frac{1}{2}O_2$$

原电池与电解池的不同之处在于:原电池中电子在外电路中流动的方向是从阳极到阴极,而电流的方向则是从阴极到阳极,所以阴极的电势高,阳极的电势低,阴极是正极,阳极是负极;在电解池中,电子从外电源的负极流向电解池的阴极,而电流则从外电源的正极流向电解池的阳极,再通过溶液流到阴极,所以电解池中,阳极的电势高,阴极的电势低,故阳极为正极,阴极为负极。不过在溶液内部阳离子总是向阴极运动,而阴离子则总是向阳极运动。

2. 电解质溶液和法拉第定律

无论是原电池还是电解池,其外部的电流都是由金属导线传导的,而内部的电流则是由电解质溶液传导的。电解质的导电机理与金属导线不同。能导电的物质统称为导体,导体可分为两大类。第一类导体是电子导体,如金属、石墨和某些金属氧化物等。电子导体依靠自由电子的定向运动而导电。当电流通过时,导体本身不发生化学变化,不过温度升高金属的导电能力会降低。第二类导体是离子导体,如电解质溶液或熔融电解质等,离子导体是依靠离子的定向运动而导电的。电解质水溶液是应用最广泛的第二类导体,通常使用两个第一类导体作为电极,将其浸入到溶液中以形成极板与溶液之间的直接接触。当电流通过时,在极板与溶液的界面上发生电子得失的反应,同时溶液中阳离子和阴离子分别向两极移动。与金属导体相反,温度升高电解质溶液的导电能力会增大。

1833 年英国科学家法拉第(Faraday M)在研究了大量电解过程后提出了著名的**法拉第定律**——电解时电极上发生化学反应的物质的量与通过电解池的电荷量成正比。也就是说当电路中有 1 mol 电子的电荷量通过时,任一电极上发生得失 1 mol 电子的电极反应,电极上析出或溶解的物质的量与之相应。如果以 Q 表示通过的电荷量(单位为 C), $n_{电}$ 表示电极反应得失电子的物质的量(单位为 mol),法拉第定律可表示为

$$Q = n_{电} F \tag{7.1.1}$$

式中 F 为**法拉第常数**,其物理意义为 1 mol 电子的电荷量。已知一个电子的电荷量 $e = 1.602\,176\,487 \times 10^{-19}$ C,所以

$$F = Le = (6.022\,141\,79 \times 10^{23} \times 1.602\,176\,487 \times 10^{-19}) \text{C} \cdot \text{mol}^{-1}$$
$$= 96\,485.340 \text{ C} \cdot \text{mol}^{-1}$$

一般计算时可取 $F \approx 96\,500$ C·mol^{-1}。

电极反应的通式可写为

$$\nu M_{(氧化态)} + ze^- \Longrightarrow \nu M_{(还原态)}$$

或

$$\nu M_{(还原态)} \Longrightarrow \nu M_{(氧化态)} + ze^-$$

式中 z 为电极反应的电荷数(即转移电子数),取正值,量纲为 1; ν 为化学计量数。很显然,当电极反应的进度为 ξ 时,得失电子的物质的量 $n_{电} = z\xi$,将其代入式(7.1.1)可得

$$Q = zF\xi \tag{7.1.2}$$

该式即为**法拉第定律的数学表达式**。法拉第定律虽然是研究电解池时得出的,但对于原电池也同样适用。

法拉第定律说明,无论是原电池还是电解池,在稳恒电流的情况下,同一时间内流过电路中各点的电荷量是相等的。根据这一原理,可以通过测量电流流过后电极反应的物质的量的变化(通常测量阴极上析出的物质的量)来计算电路中通过的电荷量。相应的测量装置称为**库仑计**。最常用的库仑计为银库仑计和铜库仑计。

例 7.1.1 在电路中串联有两个库仑计,一个是银库仑计,一个是铜库仑计。当有 96 500 C 的电荷量通过电路时,问两个库仑计上分别析出多少摩尔的银和铜?

解:(1)银库仑计的电极反应为 $Ag^+ + e^- \Longrightarrow Ag$,$z = 1$。

当 $Q = 96\,500$ C 时,根据法拉第定律有

$$\xi = \frac{Q}{zF} = \frac{96\,500 \text{ C}}{1 \times 96\,500 \text{ C} \cdot \text{mol}^{-1}} = 1 \text{ mol}$$

由 $\xi = \dfrac{\Delta n_B}{\nu_B}$,可得

$$\Delta n_{Ag} = \nu_{Ag}\xi = 1 \times 1 \text{ mol} = 1 \text{ mol}$$
$$\Delta n_{Ag^+} = \nu_{Ag^+}\xi = -1 \times 1 \text{ mol} = -1 \text{ mol}$$

即当有 1F 的电荷量流过电路时,银库仑计中有 1 mol 的 Ag^+ 被还原成 Ag 析出。

(2) 铜库仑计的电极反应为 $Cu^{2+} + 2e^- \rightleftharpoons Cu$,$z = 2$。

当 $Q = 96\,500$ C 时,根据法拉第定律有

$$\xi = \dfrac{Q}{zF} = \dfrac{96\,500 \text{ C}}{2 \times 96\,500 \text{ C} \cdot \text{mol}^{-1}} = 0.5 \text{ mol}$$

由 $\xi = \dfrac{\Delta n_B}{\nu_B}$,可得

$$\Delta n_{Cu} = \nu_{Cu}\xi = 1 \times 0.5 \text{ mol} = 0.5 \text{ mol}$$

即当有 1F 的电荷量流过电路时,铜库仑计中有 0.5 mol 的 Cu 析出。

注意:铜库仑计的电极反应也可以写为 $\dfrac{1}{2}Cu^{2+} + e^- \rightleftharpoons \dfrac{1}{2}Cu$,$z = 1$。

这时相应的计算为

$$\xi = \dfrac{Q}{zF} = \dfrac{96\,500 \text{ C}}{1 \times 96\,500 \text{ C} \cdot \text{mol}^{-1}} = 1 \text{ mol}$$

$$\Delta n_{Cu} = \nu_{Cu}\xi = \dfrac{1}{2} \times 1 \text{ mol} = 0.5 \text{ mol}$$

两种方法计算所得析出 Cu 的物质的量相同。这说明虽然电荷数 z 和反应进度 ξ 与反应式的写法(即化学计量数的写法)有关,但相同电荷量所对应的某物质发生反应的物质的量是相同的,与化学反应计量式的写法无关,即电极上发生化学反应的物质的量是与通过的电荷量成正比的。

§7.2 离子的迁移数

1. 离子的电迁移与迁移数的定义

由上节可知,溶液中电流的传导是由离子的定向运动来完成的。电化学中把在电场作用下溶液中阳离子、阴离子分别向两极运动的现象称为**电迁移**。由法拉第定律可知,对于每个电极来说,一定时间内:流出的电荷量=流入的电荷量=电路中任意截面流过的总电荷量 Q。在金属导线中,电流完全是由电子传递的,而在溶液中却是由阳、阴离子共同完成的。即

$$Q = Q_+ + Q_- \quad \text{或} \quad I = I_+ + I_- \tag{7.2.1}$$

式中 Q_+、Q_- 及 I_+、I_-、I 分别代表由阳、阴离子运载的电荷量、电流及总电流。由于大多数电解质的阳离子和阴离子的运动速度不同,即 $v_+ \neq v_-$,所以由阳离子和阴离子分别运载的电荷量和电流也不相等,即 $Q_+ \neq Q_-$,$I_+ \neq I_-$。为了表示不同离子对运载电流的贡献,提出了离子迁移数的概念。定义离子 B 的**迁移数**为该离子所运载的电流占总电流的分数,以符号 t 表示,其量纲为 1。若溶液中只有一种阳离子和一种阴离子,它们的迁移数分别以 t_+ 和 t_- 表示,有

$$t_+ = \frac{I_+}{I_+ + I_-}, \quad t_- = \frac{I_-}{I_+ + I_-} \tag{7.2.2}$$

显然
$$t_+ + t_- = 1 \tag{7.2.3}$$

对于一个含有多种离子的电解质溶液则有 $t_B = I_B/I$,$\sum t_B = 1$。

某种离子运载电流的多少,取决于该离子的运动速度,另外还与该离子的浓度及所带电荷的多少有关。通电过程中,单位时间内流过溶液中某一截面 A_s 的正、负电流的量可由下式计算:

$$I_+ = A_s v_+ c_+ z_+ F$$
$$I_- = A_s v_- c_- |z_-| F \tag{7.2.4}$$

式中 c_+、c_- 分别为正、负离子的物质的量浓度,z_+、z_- 分别为正、负离子的电荷数,A_s 为截面的面积,F 为法拉第常数。显然,单位时间内在 $A_s \times v_+$ 体积元内的正离子均可穿过截面 A_s,其所带的电荷量由 $c_+ z_+ F$ 决定;负离子与之类似。由于溶液整体为电中性,有 $c_+ z_+ = c_- |z_-|$,而 A_s 和 F 均为常数,所以将式(7.2.4)代入式(7.2.2),可得

$$t_+ = \frac{v_+}{v_+ + v_-}, \quad t_- = \frac{v_-}{v_+ + v_-} \tag{7.2.5}$$

该式表明,离子的迁移数主要取决于溶液中离子的运动速度,与离子的价数及浓度无关。不过离子的运动速度可受许多因素的影响,如温度、浓度、离子的大小、离子的水化程度等。所以在给出离子在某种溶液中的迁移数时,应当指明相应的条件,特别是温度和浓度条件。

迁移数受浓度影响的主要原因是由于离子间的相互作用,浓度较低时,这种作用不明显,但当浓度较大时,离子间的相互作用随距离的减小而增强,这时阴、阳离子的运动速度均会减慢。若阴、阳离子价数相同,则 t_+、t_- 的变化不是很大,尤其是 KCl 溶液中阴、阳离子的迁移数基本不受浓度的影响,但其他离子的迁移数一般会受到不同程度的影响。当阴、阳离子价数不同时,高价离子的迁移速度随浓度增加而减小的情况比低价离子要显著。

图 7.2.1 为离子的电迁移过程的示意图。设在图 7.2.1 中有两个惰性电极[①],之间充满 1-1 型电解质溶液。有两个假想的界面将溶液分隔为阴极区、中间区和阳极区三部分。通电前每部分含有 6 mol 1-1 型电解质,即 6 mol 阳离子和 6 mol 阴离子,如图 7.2.1(a)所示。图中每个 +、- 号分别代表 1 mol 阳离子和 1 mol 阴离子。

现假设阳离子的运动速度是阴离子运动速度的 3 倍,即 $v_+ = 3v_-$。通电过程中有 4 mol 电子电荷量流经两个电极,如图 7.2.1(b)所示。在阳极上有 4 mol 阴离子被氧化析出,放出 4 mol 电子;阴极上有 4 mol 阳离子得到电子被还原析出。因 $v_+ = 3v_-$,所以溶液中向阴极运动穿越界面的阳离子数为 3 mol,而逆向运动穿越界面的阴离子数为 1 mol,总和有 4 mol 电子电荷量穿越界面。实际上,在两极之间溶液的任意截面上均有 3 mol 阳离子和 1 mol 阴离子对向通过,造成总和为 4 mol 的电子电荷量流过。

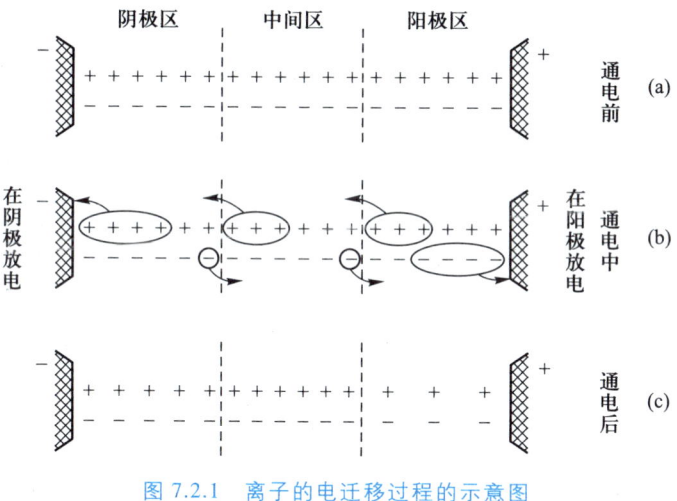

图 7.2.1 离子的电迁移过程的示意图

通电结束后,如图 7.2.1(c)所示,阳极区迁出了 3 mol 阳离子,析出了 4 mol 阴离子,迁入了 1 mol 阴离子,所以阳离子和阴离子都各剩 3 mol,即剩余电解质的物质的量为 3 mol。阴极区在析出 4 mol 阳离子的同时迁入了 3 mol 阳离子,迁出的阴离子为 1 mol,所以阴、阳离子都各剩 5 mol,即剩余电解质的物质的量为 5 mol。中间区迁出迁入的阳离子都是 3 mol、阴离子都是 1 mol,所以电解质的物质的量不变。

由以上分析可知,电极反应和离子迁移,都会改变两个极板附近电解质的浓

---

① 通电过程中电极材料本身只传递电子、不参与电极反应的电极称为惰性电极,如铂电极。

度。利用这一特点,测定通电前后电极附近电解质浓度的变化,可计算出离子的迁移数,并可进而计算后面要讲到的离子摩尔电导率。

离子在电场中的运动速度,除了与离子的本性、溶剂性质、溶液浓度及温度等因素有关外,还与电场强度有关。因此,为了便于比较,通常将离子 B 在指定溶剂中电场强度 $E = 1\text{V} \cdot \text{m}^{-1}$ 时的运动速度称为该离子的**电迁移率**(历史上称为离子淌度),以 u_B 表示:

$$u_B = \frac{v_B}{E} \tag{7.2.6}$$

电迁移率的单位为 $\text{m}^2 \cdot \text{V}^{-1} \cdot \text{s}^{-1}$。

表 7.2.1 列出了 25℃无限稀释溶液中几种离子的电迁移率。

表 7.2.1　25 ℃无限稀释溶液中离子的电迁移率

阳离子	$u_+^\infty/(\text{m}^2 \cdot \text{V}^{-1} \cdot \text{s}^{-1})$	阴离子	$u_-^\infty/(\text{m}^2 \cdot \text{V}^{-1} \cdot \text{s}^{-1})$
H^+	36.30×10^{-8}	OH^-	20.52×10^{-8}
K^+	7.62×10^{-8}	SO_4^{2-}	8.27×10^{-8}
Ba^{2+}	6.59×10^{-8}	Cl^-	7.92×10^{-8}
Na^+	5.19×10^{-8}	NO_3^-	7.40×10^{-8}
Li^+	4.01×10^{-8}	HCO_3^-	4.61×10^{-8}

将电迁移率 u_B 与离子运动速度 v_B 的关系式(7.2.6)代入式(7.2.5),可得

$$t_+ = \frac{u_+}{u_+ + u_-}, \quad t_- = \frac{u_-}{u_+ + u_-} \tag{7.2.7}$$

需要注意的是,电场强度虽然影响离子的运动速度,但并不影响离子迁移数,因为当电场强度改变时,阴、阳离子的速度都按相同比例改变。

2. 离子迁移数的测定方法

(1) 希托夫(Hittorf)法　希托夫法是通过测定电极附近电解质浓度的变化来确定离子迁移数的,其原理参见图7.2.2。

实验装置包括一个阴极管、一个阳极管和一个中间管。阴极管和阳极管与中间管之间装有管夹,可控制连通或关闭。外电路中串联有库仑计,可测定通过电路的总电荷量。

实验中测定通电前后阳极区或阴极区电解质浓度的变化,可算出相应区域

内电解质的物质的量的变化;由外电路库仑计所测定的总电荷量可算出电极反应的物质的量。对选定电极区域内某种离子进行物料衡算,即可算出该离子的迁移数。物料衡算的基本思路为:电解后某离子剩余的物质的量 $n_{电解后}$ =该离子电解前的物质的量 $n_{电解前}$ ±该离子参与电极反应的物质的量 $n_{反应}$ ±该离子迁移的物质的量 $n_{迁移}$,即

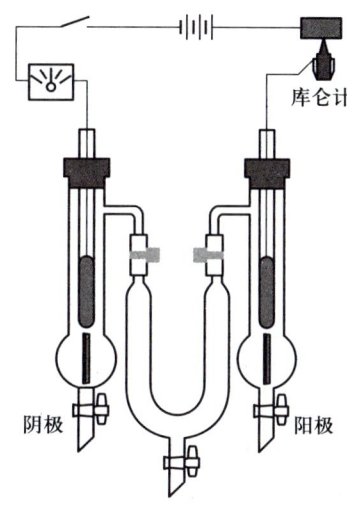

图 7.2.2　希托夫法测定离子迁移数的装置

$$n_{电解后} = n_{电解前} \pm n_{反应} \pm n_{迁移} \quad (7.2.8)$$

$n_{反应}$ 前面的正负号,根据电极反应是增加还是减少该离子在溶液中的量来确定,增加取+,减少取-,如该离子不参加电极反应则没有这一项;$n_{迁移}$ 前面的正负号,根据该离子是迁入还是迁出来确定,迁入取+,迁出取-。下面通过具体例子来加以说明。

例 7.2.1　用两个银电极电解 $AgNO_3$ 水溶液。在电解前,溶液中每千克水含 43.50 mmol $AgNO_3$。实验后,银库仑计中有 0.723 mmol 的 Ag 沉积。由分析得知,电解后阳极区有 23.14 g 水和 1.390 mmol $AgNO_3$。试计算 $t(Ag^+)$ 及 $t(NO_3^-)$。

解:用银电极电解 $AgNO_3$ 溶液时的电极反应为

$$阳极:\quad Ag \longrightarrow Ag^+ + e^-$$
$$阴极:\quad Ag^+ + e^- \longrightarrow Ag$$

对阳极区的 Ag^+ 进行物料衡算:

根据题给数据,已知电解后阳极区有 1.390 mmol 的 $AgNO_3$,则 $n_{电解后}(Ag^+)$ = 1.390 mmol。假定通电前后阳极区的水量不变,即水分子不迁移,则电解前阳极区 23.14 g 水中原有 $AgNO_3$ 的物质的量为

$$n_{电解前}(AgNO_3) = \frac{43.50 \text{ mmol}}{1000 \text{ g}} \times 23.14 \text{ g} = 1.007 \text{ mmol} = n_{电解前}(Ag^+)$$

银库仑计中有 0.723 mmol Ag 沉积,则在电解池中阳极一定有相同数量的 Ag 被氧化成 Ag^+ 进入溶液,即:$n_{反应}(Ag^+)$ = 0.723 mmol,取正值。阳极区内,Ag^+ 迁出,取负值,$n_{迁移}$ = $t(Ag^+)n_{反应}$。对 Ag^+ 物料衡算有

$$n_{电解后} = n_{电解前} + n_{反应} - n_{迁移} = n_{电解前} + n_{反应} - t(Ag^+)n_{反应}$$

$$t(Ag^+) = \frac{n_{电解前} - n_{电解后}}{n_{反应}} + 1 = \frac{1.007 - 1.390}{0.723} + 1 = 0.470$$

$$t(NO_3^-) = 1 - t(Ag^+) = 1 - 0.470 = 0.530$$

此题还有另一种解法,即对阳极区的 NO_3^- 进行物料衡算。因 NO_3^- 不参加电极反应,没有 $n_{反应}$ 这一项,解题步骤更简单。

因 $n_{电解后}(NO_3^-) = n_{电解后}(Ag^+)$,$n_{电解前}(NO_3^-) = n_{电解前}(Ag^+)$,$n_{迁移}(NO_3^-) = t(NO_3^-)n_{反应}$,阳极区内 NO_3^- 迁入,$n_{迁移}$ 取正值。对 NO_3^- 进行物料衡算有

$$n_{电解后} = n_{电解前} + n_{迁移} = n_{电解前} + t(NO_3^-)n_{反应}$$

$$t(NO_3^-) = \frac{n_{电解后} - n_{电解前}}{n_{反应}} = \frac{1.390 - 1.007}{0.723} = 0.530$$

$$t(Ag^+) = 1 - t(NO_3^-) = 1 - 0.530 = 0.470$$

*(2) 界面移动法 若欲测定 CA 电解质溶液中阳离子 C^+ 的迁移数,可将其置于一带刻度的玻璃管中,然后由上部小心地加入 $C'A$ 溶液作指示溶液。C'^+ 为与 C^+ 不同的另一种阳离子,阴离子 A^- 则相同。两种溶液因其折射率不同而在 ab 处呈现一清晰界面,如图 7.2.3 所示。选择适宜条件,可使 C'^+ 的移动速度略小于 C^+ 的移动速度。通电时 C^+ 与 C'^+ 两种阳离子顺序地向阴极移动,可以观察到清晰界面的缓缓移动。通电一定时间后,界面由 ab 移至 $a'b'$。

若通过的电荷量为 nF,则有物质的量为 t_+n 的 C^+ 通过界面 $a'b'$,也就是说,在界面 ab 与 $a'b'$ 间的液柱中的全部离子通过了界面 $a'b'$。设此液柱的体积为 V,CA 溶液的浓度为 c,则

$$t_+ n = Vc$$

得
$$t_+ = Vc/n \quad (7.2.9)$$

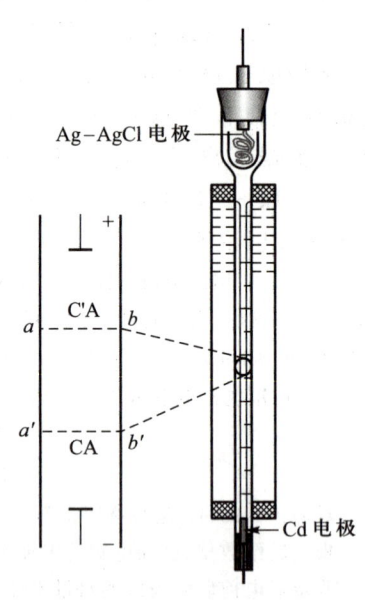

图 7.2.3 界面移动法原理

玻璃管的直径是已知的,界面移动的距离 aa' 可由实验测出,遂可计算 V。n 可由库仑计测出,故可由式(7.2.9)计算出阳离子 C^+ 的 t_+。

§7.3 电导、电导率和摩尔电导

1. 定义

(1) 电导 导体的导电能力可以用**电导 G** 表示,其定义为电阻 R 的倒

数,即

$$G = \frac{1}{R} \tag{7.3.1}$$

电导的单位为 S(西门子),1 S = 1 Ω^{-1}。

为了比较不同导体的导电能力,引出电导率的概念。

(2) **电导率** 若导体具有均匀截面,则其电导与截面积 A_s 成正比,与长度 l 成反比,比例系数用 κ 表示,有

$$G = \kappa \frac{A_s}{l} \tag{7.3.2}$$

κ 称为**电导率**(以前称为比电导),单位为 S·m^{-1}。显然,导体的电导率为单位截面积、单位长度时的电导。电导率 κ 与电阻率 ρ 互为倒数关系。

对电解质溶液而言,其电导率则为相距单位长度、单位面积的两个平行板电极间充满电解质溶液时的电导,也可理解为在由两个 1 m^2 的电极组成的 1 m^3 正立方体的电导池中充满电解质溶液时的电导。与简单的金属导体不同,电解质溶液的电导率还与其浓度 c 有关。对于强电解质,溶液较稀时电导率近似与浓度成正比;随着浓度的增大,因离子之间的相互作用,电导率的增加逐渐缓慢;浓度很大时的电导率经一极大值后逐渐下降。对于弱电解质溶液,起导电作用的只是解离了的那部分离子,故当浓度从小到大时,虽然单位体积中弱电解质的量增加,但因解离度减小,离子的数量增加不多,故弱电解质溶液的电导率均很小。

(3) **摩尔电导率** 由于电解质溶液的电导率与浓度有关,所以为了比较不同浓度、不同类型电解质溶液的电导率,提出了摩尔电导率的概念。定义单位浓度的电导率为**摩尔电导率**,用 Λ_m 表示,即

$$\Lambda_m = \kappa / c \tag{7.3.3}$$

Λ_m 的单位为 S·m^2·mol^{-1}。

2. 电导的测定

电导是电阻的倒数。因此,测量电解质溶液的电导,实际上是测量其电阻。测量溶液的电阻,可利用惠斯通(Wheatstone)电桥,但不能应用直流电源。因直流电通过电解质溶液时,电极附近的溶液会发生电解而使浓度改变,因此应采用适当频率的交流电源。

图 7.3.1 中 I 为交流电源,AB 为均匀的滑线电阻,R_1 为电阻箱电阻,R_x 为待测电阻,R_3、R_4 分别为 AC、CB 段的电阻,T 为检流计,K 为用以抵消电导池电容的可

变电容器。测定时,接通电源,选择一定的电阻 R_1,移动接触点 C,直至 CD 间的电量为零。这时,电桥平衡,$R_1/R_x = R_3/R_4$,故溶液的电导为

$$G_x = \frac{1}{R_x} = \frac{R_3}{R_4} \cdot \frac{1}{R_1} = \frac{\overline{AC}}{\overline{CB}} \cdot \frac{1}{R_1}$$

根据式(7.3.2),待测溶液的电导率为

$$\kappa = G_x \cdot \frac{l}{A_s} = \frac{1}{R_x} \cdot \frac{l}{A_s}$$

$$= \frac{1}{R_x} \cdot K_{\text{cell}} \qquad (7.3.4)$$

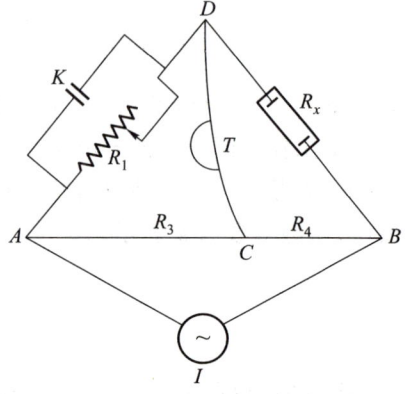

图 7.3.1 测定溶液电阻的惠斯通电桥

对于一个固定的电导池,l 和 A_s 都是定值,故比值 l/A_s 为一常数,此常数称为**电导池系数**,以符号 K_{cell} 表示,单位为 m^{-1}。

因对电导池进行精确的几何测量比较困难,所以欲求某一电导池的电导池系数,可用一个已知电导率的溶液注入该电导池中,测量其电阻,根据式(7.3.4)计算 K_{cell} 值。测知此电导池的电导池系数后,再将待测溶液置于此电导池中,测其电阻,即可由式(7.3.4)计算待测溶液的电导率。然后根据式(7.3.3)计算其摩尔电导率。

用来测定电导池系数的溶液通常是 KCl 水溶液,不同浓度 KCl 水溶液的电导率数据列于表 7.3.1。

表 7.3.1 25 ℃时不同浓度 KCl 水溶液的电导率

$c/(\text{mol} \cdot \text{dm}^{-3})$	$c/(\text{mol} \cdot \text{m}^{-3})$	$\kappa/(\text{S} \cdot \text{m}^{-1})$
1	10^3	11.19
0.1	10^2	1.289
0.01	10	0.141 3
0.001	1	0.014 69
0.000 1	10^{-1}	0.001 489

例 7.3.1 25 ℃时在一电导池中盛以 c 为 $0.02\ \text{mol} \cdot \text{dm}^{-3}$ 的 KCl 水溶液,测得其电阻为 82.4 Ω。若在同一电导池中盛以 c 为 $0.002\ 5\ \text{mol} \cdot \text{dm}^{-3}$ 的 K_2SO_4 水溶液,测得其电阻为 326.0 Ω。已知 25 ℃时 $0.02\ \text{mol} \cdot \text{dm}^{-3}$ 的 KCl 水溶液的电导率为 $0.276\ 8\ \text{S} \cdot \text{m}^{-1}$。试求:

(1) 电导池系数 K_{cell}；(2) 0.002 5 mol·dm^{-3} K$_2$SO$_4$ 水溶液的电导率和摩尔电导率。

解：(1) 根据式(7.3.4)，电导池系数为

$$K_{cell} = l/A_s = \kappa(KCl) \times R(KCl) = 0.276\ 8\ S \cdot m^{-1} \times 82.4\ \Omega = 22.81\ m^{-1}$$

(2) 根据式(7.3.4)，0.002 5 mol·dm^{-3} K$_2$SO$_4$ 水溶液的电导率为

$$\kappa(K_2SO_4) = K_{cell}/R(K_2SO_4) = 22.81\ m^{-1}/326.0\ \Omega$$
$$= 0.069\ 97\ S \cdot m^{-1}$$

根据式(7.3.3)，0.002 5 mol·dm^{-3} K$_2$SO$_4$ 水溶液的摩尔电导率为

$$\Lambda_m(K_2SO_4) = \kappa(K_2SO_4)/c(K_2SO_4)$$
$$= 0.069\ 97\ S \cdot m^{-1}/2.5\ mol \cdot m^{-3}$$
$$= 0.027\ 99\ S \cdot m^2 \cdot mol^{-1}$$

3. 摩尔电导率与浓度的关系

摩尔电导率与浓度的关系可由实验得出。柯尔劳施(Kohlrausch)根据实验结果得出结论：在很稀的溶液中，强电解质的摩尔电导率与其浓度的平方根呈线性关系。若用公式表示，则为

$$\Lambda_m = \Lambda_m^\infty - A\sqrt{c} \tag{7.3.5}$$

式中 Λ_m^∞ 和 A 都是常数。

图 7.3.2 为几种电解质的摩尔电导率对浓度的平方根图。由图可见，无论是强电解质或弱电解质，其摩尔电导率均随溶液的稀释而增大。

对强电解质而言，溶液浓度降低，摩尔电导率增大，这是因为随着浓度的降低，离子间引力减小，离子运动速度增加，故摩尔电导率增大。在低浓度时，图7.3.2中曲线接近一条直线，将直线外推至 $c=0$，其与纵坐标相交所得截距即为**无限稀释的摩尔电导率** Λ_m^∞，此值亦称为**极限摩尔电导率**。

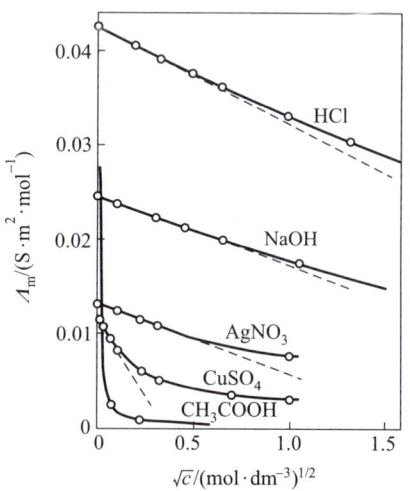

图 7.3.2　几种电解质的摩尔电导率对浓度的平方根图

对弱电解质来说，溶液浓度降低时，摩尔电导率也增加。在溶液极稀时，随着溶液浓度的降低，摩尔电导率急剧增加。因为弱电解质的解离度随溶液的稀释而增加，因此，浓度越低，离子越多，摩尔电导率也越大。由图 7.3.2 可见，弱电解质无限稀释时的摩尔电导率无法用外推法求得，故式(7.3.5)不适用于弱电解

质。柯尔劳施的离子独立运动定律解决了这一问题。

4. 离子独立运动定律和离子的摩尔电导率

(1) 离子独立运动定律　如上所述,利用外推法可以求出强电解质溶液在无限稀释时的摩尔电导率。柯尔劳施研究了大量的强电解质溶液,根据实验数据发现了一些规律,提出了离子独立运动定律。

例如,25 ℃时,一些电解质在无限稀释时的摩尔电导率的实验数据如下:

$$\Lambda_m^\infty(\text{KCl}) = 0.014\ 99\ \text{S}\cdot\text{m}^2\cdot\text{mol}^{-1}$$

$$\Lambda_m^\infty(\text{LiCl}) = 0.011\ 50\ \text{S}\cdot\text{m}^2\cdot\text{mol}^{-1}$$

$$\Lambda_m^\infty(\text{KNO}_3) = 0.014\ 50\ \text{S}\cdot\text{m}^2\cdot\text{mol}^{-1}$$

$$\Lambda_m^\infty(\text{LiNO}_3) = 0.011\ 01\ \text{S}\cdot\text{m}^2\cdot\text{mol}^{-1}$$

从以上数据可以看出:

① 具有相同阴离子的钾盐和锂盐的 Λ_m^∞ 之差为一常数,与阴离子的性质无关,即

$$\Lambda_m^\infty(\text{KCl}) - \Lambda_m^\infty(\text{LiCl}) = \Lambda_m^\infty(\text{KNO}_3) - \Lambda_m^\infty(\text{LiNO}_3) = 0.003\ 49\ \text{S}\cdot\text{m}^2\cdot\text{mol}^{-1}$$

② 具有相同阳离子的氯化物和硝酸盐的 Λ_m^∞ 之差亦为一常数,与阳离子的性质无关,即

$$\Lambda_m^\infty(\text{KCl}) - \Lambda_m^\infty(\text{KNO}_3) = \Lambda_m^\infty(\text{LiCl}) - \Lambda_m^\infty(\text{LiNO}_3) = 0.000\ 49\ \text{S}\cdot\text{m}^2\cdot\text{mol}^{-1}$$

其他电解质也有相同的规律。

根据这些事实,柯尔劳施认为,在无限稀释溶液中,离子彼此独立运动,互不影响,无限稀释电解质的摩尔电导率等于无限稀释时阴、阳离子的摩尔电导率之和,此即**柯尔劳施离子独立运动定律**。

若电解质 $C_{\nu_+}A_{\nu_-}$ 在水中完全解离:

$$C_{\nu_+}A_{\nu_-} \longrightarrow \nu_+ C^{z+} + \nu_- A^{z-}$$

ν_+、ν_- 分别表示阳、阴离子的化学计量数。若以 Λ_m^∞ 表示无限稀释时电解质 $C_{\nu_+}A_{\nu_-}$ 的摩尔电导率,以 $\Lambda_{m,+}^\infty$ 及 $\Lambda_{m,-}^\infty$ 分别表示无限稀释时阳离子 C^{z+} 和阴离子 A^{z-} 的摩尔电导率,则有

$$\Lambda_m^\infty = \nu_+ \Lambda_{m,+}^\infty + \nu_- \Lambda_{m,-}^\infty \tag{7.3.6}$$

此式为柯尔劳施离子独立运动定律的公式形式。

根据离子独立运动定律,可以应用强电解质无限稀释摩尔电导率计算弱电解质无限稀释摩尔电导率。例如,弱电解质 CH_3COOH 的无限稀释摩尔电导率可由强电解质 HCl、CH_3COONa 及 NaCl 的无限稀释摩尔电导率计算出来:

$$\Lambda_m^\infty(CH_3COOH) = \Lambda_m^\infty(H^+) + \Lambda_m^\infty(CH_3COO^-)$$
$$= \Lambda_m^\infty(HCl) + \Lambda_m^\infty(CH_3COONa) - \Lambda_m^\infty(NaCl)$$

显然,若能得知无限稀释时各种离子的摩尔电导率,则可直接应用式 (7.3.6)计算无限稀释时各种电解质的摩尔电导率。上面弱电解质 CH_3COOH 的无限稀释摩尔电导率,也可从 $\Lambda_m^\infty(H^+) + \Lambda_m^\infty(CH_3COO^-)$ 直接算出了。

(2)无限稀释时离子的摩尔电导率 无限稀释时离子的摩尔电导率可通过实验确定,原理如下。

电解质的摩尔电导率是溶液中阴、阳离子摩尔电导率贡献的总和,故离子的迁移数也可以看成是某种离子的摩尔电导率占电解质总摩尔电导率的分数。在无限稀释时有

$$t_+^\infty = \frac{\nu_+ \Lambda_{m,+}^\infty}{\Lambda_m^\infty}, \quad t_-^\infty = \frac{\nu_- \Lambda_{m,-}^\infty}{\Lambda_m^\infty} \tag{7.3.7}$$

因此通过实验测定求出某强电解质的 Λ_m^∞ 和 t_+^∞、t_-^∞,即可求出该电解质的 $\Lambda_{m,+}^\infty$ 和 $\Lambda_{m,-}^\infty$。表 7.3.2 列出了一些无限稀释水溶液中离子在 25℃ 时的摩尔电导率。

表 7.3.2　25 ℃无限稀释水溶液中离子的摩尔电导率

阳离子	$\Lambda_{m,+}^\infty/(S \cdot m^2 \cdot mol^{-1})$	阴离子	$\Lambda_{m,-}^\infty/(S \cdot m^2 \cdot mol^{-1})$
H^+	349.65×10^{-4}	OH^-	198.0×10^{-4}
Li^+	38.66×10^{-4}	Cl^-	76.31×10^{-4}
Na^+	50.08×10^{-4}	Br^-	78.1×10^{-4}
K^+	73.48×10^{-4}	I^-	76.8×10^{-4}
NH_4^+	73.5×10^{-4}	NO_3^-	71.42×10^{-4}
Ag^+	61.9×10^{-4}	CH_3COO^-	40.9×10^{-4}
$\frac{1}{2}Mg^{2+}$	53.0×10^{-4}	ClO_4^-	67.3×10^{-4}
$\frac{1}{2}Ca^{2+}$	59.47×10^{-4}	$\frac{1}{2}SO_4^{2-}$	80.0×10^{-4}
$\frac{1}{2}Sr^{2+}$	59.4×10^{-4}		
$\frac{1}{2}Ba^{2+}$	63.6×10^{-4}		
$\frac{1}{3}Fe^{3+}$	68×10^{-4}		
$\frac{1}{3}La^{3+}$	69.7×10^{-4}		

由于离子的摩尔电导率还与离子的价数,也就是离子所带电荷数有关,所以在使用时必须指明所涉及的基本单元。如镁离子的基本单元需指明是 Mg^{2+} 还是 $\frac{1}{2}Mg^{2+}$,因为 $\Lambda_m^\infty(Mg^{2+}) = 2\Lambda_m^\infty\left(\frac{1}{2}Mg^{2+}\right)$。常规的做法是将一个电荷数为 z_B 的离子的 $1/z_B$ 作为基本单元,如钾离子、镁离子、铁离子的基本单元分别为 K^+、$\frac{1}{2}Mg^{2+}$、$\frac{1}{3}Fe^{3+}$,相应的无限稀释摩尔电导率分别为 $\Lambda_m^\infty(K^+)$、$\Lambda_m^\infty\left(\frac{1}{2}Mg^{2+}\right)$、$\Lambda_m^\infty\left(\frac{1}{3}Fe^{3+}\right)$。因为这时不同离子均含有 1 mol 的基本电荷,故易于看出各种离子摩尔电导率的相对大小,表 7.3.2 中给出的都是这种具有 1 mol 电荷的离子摩尔电导率的值。

从表 7.3.2 中可看到,原子序数低的阳离子,一般 $\Lambda_{m,+}^\infty$ 较小。这主要是因为阳离子越小水化程度越大,导致离子的运动速度减慢,电导率降低。一个例外是 H^+ 和 OH^- 的无限稀释摩尔电导率要比其他离子高出一个数量级,这表明它们可能有不同的导电机理。Grotthus 提出 H^+ 和 OH^- 并不是通过本身的运动,而是通过质子转移来传递电流的,如图 7.3.3 所示。

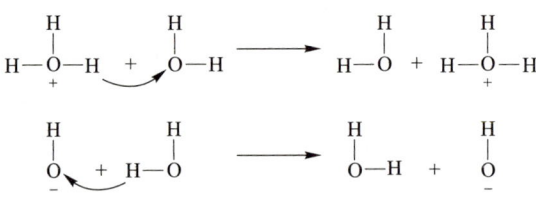

图 7.3.3　水溶液中 H^+ 和 OH^- 的导电机理

从表 7.3.2 中数据还可看出,K^+ 和 Cl^- 的摩尔电导率近似相等,因此 KCl 水溶液中 K^+ 和 Cl^- 分别传导的电荷量近似相等,二者的离子迁移数也近似相等,所以人们常在电池中使用 KCl 水溶液作为盐桥来消除液体接界电势的影响。

5. 电导测定的应用

(1) 计算弱电解质的解离度及解离常数　根据阿伦尼乌斯(Arrhenius)的电离理论,弱电解质仅部分解离,离子和未解离的分子之间存在着动态平衡。例如,浓度为 c 的醋酸水溶液中,醋酸发生部分解离,解离度为 α 时:

$$\text{CH}_3\text{COOH} \rightleftharpoons \text{H}^+ + \text{CH}_3\text{COO}^-$$

解离前	c	0	0
解离平衡时	$c(1-\alpha)$	$c\alpha$	$c\alpha$

解离常数 $K^\ominus$ 与醋酸的浓度和解离度的关系为

$$K^\ominus = \frac{(c\alpha/c^\ominus)^2}{(1-\alpha)c/c^\ominus} = \frac{\alpha^2}{(1-\alpha)} \cdot \frac{c}{c^\ominus} \quad (7.3.8)$$

如果测定了弱电解质在整体浓度为 c 时的电导率 κ，可根据 $\Lambda_m = \kappa/c$ 算出此浓度下溶液的摩尔电导率 Λ_m，因弱电解质只发生部分解离，这时对 Λ_m 有贡献的仅仅是已解离的部分。由于溶液中离子的浓度很低，可以认为已解离出的离子独立运动，故 Λ_m 与无限稀释摩尔电导率 Λ_m^∞ 之比就近似等于解离度 α，即

$$\alpha = \frac{\Lambda_m}{\Lambda_m^\infty} \quad (7.3.9)$$

Λ_m^∞ 可应用式(7.3.6)计算。有了 α，即可由式(7.3.8)计算弱电解质的解离常数 $K^\ominus$。

(2) 计算难溶盐的溶解度　用测定电导的方法可以计算难溶盐(如 AgCl，BaSO_4 等)的溶解度。举例说明如下。

例 7.3.2　根据电导的测定得出 25 ℃ 时 AgCl 饱和水溶液的电导率为 $3.41 \times 10^{-4}\ \text{S} \cdot \text{m}^{-1}$。已知同温度下配制此溶液所用水的电导率为 $1.60 \times 10^{-4}\ \text{S} \cdot \text{m}^{-1}$。试计算 25 ℃ 时 AgCl 的溶解度。

解：AgCl 在水中的溶解度极微，其饱和水溶液的电导率 κ(溶液) 为 AgCl 的电导率 κ(AgCl) 与所用水的电导率 $\kappa(\text{H}_2\text{O})$ 之和①，即

$$\kappa(\text{溶液}) = \kappa(\text{AgCl}) + \kappa(\text{H}_2\text{O})$$

即
$$\begin{aligned}\kappa(\text{AgCl}) &= \kappa(\text{溶液}) - \kappa(\text{H}_2\text{O}) \\ &= (3.41 \times 10^{-4} - 1.60 \times 10^{-4})\ \text{S} \cdot \text{m}^{-1} \\ &= 1.81 \times 10^{-4}\ \text{S} \cdot \text{m}^{-1}\end{aligned}$$

AgCl 饱和水溶液的摩尔电导率 Λ_m 可以看成是无限稀释溶液的摩尔电导率 Λ_m^∞，故可根据式(7.3.6)由阴、阳离子的无限稀释摩尔电导率求和算出。由表 7.3.2 知：

$$\Lambda_m^\infty(\text{Ag}^+) = 61.9 \times 10^{-4}\ \text{S} \cdot \text{m}^2 \cdot \text{mol}^{-1}$$
$$\Lambda_m^\infty(\text{Cl}^-) = 76.31 \times 10^{-4}\ \text{S} \cdot \text{m}^2 \cdot \text{mol}^{-1}$$

---

① 水有一定的电导率。不同方法纯化的供测量电解质溶液电导的水，由于杂质的种类及含量不同，其电导率也不一样，故在测量电导率很小的溶液的电导率时，必须考虑此溶液的水的电导率。

故
$$\Lambda_m(\text{AgCl}) \approx \Lambda_m^\infty(\text{AgCl}) = \Lambda_m^\infty(\text{Ag}^+) + \Lambda_m^\infty(\text{Cl}^-)$$
$$= 138.21 \times 10^{-4}\ \text{S}\cdot\text{m}^2\cdot\text{mol}^{-1}$$

由式(7.3.3) $\Lambda_m = \kappa/c$，可算出 AgCl 的溶解度：

$$c = \frac{\kappa}{\Lambda_m} = \frac{1.81 \times 10^{-4}\ \text{S}\cdot\text{m}^{-1}}{138.21 \times 10^{-4}\ \text{S}\cdot\text{m}^2\cdot\text{mol}^{-1}} = 0.013\ 1\ \text{mol}\cdot\text{m}^{-3}$$

§7.4 电解质溶液的活度、活度因子及德拜-休克尔极限公式

在原电池和电解池中使用的电解质溶液通常都具有较高的浓度，所以很多有关的热力学计算中需要使用活度来代替浓度。电解质溶液的活度表示法与本书上册第四章中所讲的非电解质溶液的活度表示没有本质上的不同，只是电解质溶液的整体活度是电解质解离后阴、阳离子的共同贡献。本节将介绍关于电解质溶液的活度及活度因子的表示方法。

1. 平均离子活度和平均离子活度因子

活度与活度因子的概念是在第四章中介绍真实溶液化学势表达式时引出的，对于电解质溶液，同样可以从化学势表达式中引出相应的活度与活度因子的表示方法。

以强电解质 $C_{\nu_+}A_{\nu_-}$ 为例，设其在水中全部解离：

$$C_{\nu_+}A_{\nu_-} \Longrightarrow \nu_+ C^{z+} + \nu_- A^{z-}$$

根据化学势的性质可知，电解质整体的化学势 μ_B 应为阳离子和阴离子化学势 μ_+ 与 μ_- 的代数和：

$$\mu_B = \nu_+ \mu_+ + \nu_- \mu_- \tag{7.4.1}$$

根据活度 a_B 的定义，

$$\mu_B = \mu_B^{\ominus} + RT \ln a_B$$

可写出电解质整体的化学势及阳离子和阴离子的化学势，它们分别为

$$\mu_B = \mu_B^{\ominus} + RT \ln a_B \tag{7.4.2a}$$

$$\mu_+ = \mu_+^{\ominus} + RT \ln a_+ \tag{7.4.2b}$$

$$\mu_- = \mu_-^{\ominus} + RT \ln a_- \tag{7.4.2c}$$

式中 a_B、a_+、a_- 分别为整体电解质、阳离子和阴离子的活度；$\mu_B^{\ominus}$、$\mu_+^{\ominus}$、$\mu_-^{\ominus}$ 分别为三者的标准化学势。

将式(7.4.2)代入式(7.4.1)，整理后得

$$\mu_B = \mu_B^{\ominus} + RT \ln(a_+^{\nu_+} \cdot a_-^{\nu_-}) \tag{7.4.3}$$

§7.4 电解质溶液的活度、活度因子及德拜-休克尔极限公式

其中
$$\mu_B^\ominus = \nu_+ \mu_+^\ominus + \nu_- \mu_-^\ominus \tag{7.4.4}$$

$\mu_B^\ominus$ 为整体电解质的标准化学势。将式(7.4.3)与式(7.4.2a)对比,可有
$$a_B = a_+^{\nu_+} \cdot a_-^{\nu_-} \tag{7.4.5}$$

此即为整体电解质的活度与阳离子、阴离子活度之间的关系式。

由于不能单独测出电解质溶液中某种离子的活度,只能测出阴、阳离子活度的平均值,因此引入**平均离子活度** $a_\pm$ 的概念,定义:
$$a_\pm \xlongequal{\text{def}} (a_+^{\nu_+} \cdot a_-^{\nu_-})^{1/\nu} \tag{7.4.6}$$

其中
$$\nu = \nu_+ + \nu_- \tag{7.4.7}$$

将式(7.4.6)与式(7.4.5)结合可知:
$$a_B = a_\pm^\nu = a_+^{\nu_+} \cdot a_-^{\nu_-} \tag{7.4.8}$$

由此可得整体电解质的化学势为
$$\mu_B = \mu_B^\ominus + RT \ln a_\pm^\nu \tag{7.4.9}$$

以上可以看到,与非电解质溶液不同,电解质溶液中电解质的活度是阳离子和阴离子活度贡献的总和,不过这种总和并非是不同离子活度的简单加和,而是遵循式(7.4.8)所给出的关系。接下来的问题是电解质的平均离子活度 $a_\pm$ 与溶液中溶质 B 的质量摩尔浓度 b 之间有何关系。

当所配制的电解质溶液的质量摩尔浓度为 b 时,根据前面给出的解离式,可知溶液中阳离子和阴离子的质量摩尔浓度分别为
$$\begin{aligned} b_+ &= \nu_+ b \\ b_- &= \nu_- b \end{aligned} \tag{7.4.10}$$

定义阳离子、阴离子的活度因子分别为
$$\gamma_+ \xlongequal{\text{def}} \frac{a_+}{b_+/b^\ominus}$$
$$\gamma_- \xlongequal{\text{def}} \frac{a_-}{b_-/b^\ominus} \tag{7.4.11}$$

代入式(7.4.2b)和式(7.4.2c),可将离子的化学势写为
$$\begin{aligned} \mu_+ &= \mu_+^\ominus + RT \ln(\gamma_+ b_+/b^\ominus) \\ \mu_- &= \mu_-^\ominus + RT \ln(\gamma_- b_-/b^\ominus) \end{aligned} \tag{7.4.12}$$

这样式(7.4.3)可表示为
$$\mu_B = \mu_B^\ominus + RT \ln[\gamma_+^{\nu_+} \gamma_-^{\nu_-} (b_+/b^\ominus)^{\nu_+} (b_-/b^\ominus)^{\nu_-}] \tag{7.4.13}$$

由于单独一种离子的活度因子也无法测定得到,所以也只能使用其总体的

平均值。定义电解质的**平均离子活度因子** $\gamma_\pm$ 为

$$\gamma_\pm \stackrel{\text{def}}{=\!=\!=} (\gamma_+^{\nu_+} \cdot \gamma_-^{\nu_-})^{1/\nu} \tag{7.4.14}$$

与 $\gamma_\pm$ 和 $a_\pm$ 相应,定义电解质的**平均离子质量摩尔浓度** $b_\pm$ 为

$$b_\pm \stackrel{\text{def}}{=\!=\!=} (b_+^{\nu_+} \cdot b_-^{\nu_-})^{1/\nu} \tag{7.4.15}$$

将 $\gamma_\pm$ 和 $b_\pm$ 的定义式代入式(7.4.13),并与前面的式(7.4.9)比较,可有

$$\begin{aligned}\mu_B &= \mu_B^\ominus + RT \ln[\gamma_\pm^\nu (b_\pm/b^\ominus)^\nu] \\ &= \mu_B^\ominus + RT \ln a_\pm^\nu\end{aligned} \tag{7.4.16}$$

由此可得

$$a_\pm = \gamma_\pm b_\pm / b^\ominus \tag{7.4.17}$$

当 $b \to 0$ 时,$\gamma_\pm \to 1$。

表 7.4.1 列出了 25 ℃下水溶液中一些电解质在不同质量摩尔浓度时的平均离子活度因子。

表 7.4.1 25 ℃时水溶液中一些电解质在不同质量摩尔浓度时的平均离子活度因子 $\gamma_\pm$

水溶液中电解质	$b/(\text{mol} \cdot \text{kg}^{-1})$								
	0.001	0.005	0.01	0.05	0.10	0.50	1.0	2.0	4.0
HCl	0.965	0.928	0.904	0.830	0.796	0.757	0.809	1.009	1.762
NaCl	0.966	0.929	0.904	0.823	0.778	0.682	0.658	0.671	0.783
KCl	0.965	0.927	0.901	0.815	0.769	0.650	0.605	0.575	0.582
HNO_3	0.965	0.927	0.902	0.823	0.785	0.715	0.720	0.783	0.982
NaOH	0.965	0.927	0.899	0.818	0.766	0.693	0.679	0.700	0.890
$CaCl_2$	0.887	0.783	0.724	0.574	0.518	0.448	0.500	0.792	2.934
K_2SO_4	0.885	0.78	0.71	0.52	0.43	0.251			
H_2SO_4	0.830	0.639	0.544	0.340	0.265	0.154	0.130	0.124	0.171
$CdCl_2$	0.819	0.623	0.524	0.304	0.228	0.100	0.066	0.044	
$BaCl_2$	0.88	0.77	0.72	0.56	0.49	0.39	0.393		
$CuSO_4$	0.74	0.53	0.41	0.21	0.16	0.068	0.047		
$ZnSO_4$	0.734	0.477	0.387	0.202	0.148	0.063	0.043	0.035	

当配制了某一质量摩尔浓度 b 的电解质溶液时,可算出 $b_\pm$,并根据表 7.4.1 由 b 查出 $\gamma_\pm$,进而计算出 $a_\pm$。另外,由于单个离子的活度因子无法测定,在某些

§7.4 电解质溶液的活度、活度因子及德拜-休克尔极限公式

特定情况下一定要使用时,可近似认为 $\gamma_+ = \gamma_- = \gamma_\pm$。

例 7.4.1 试利用表 7.4.1 数据计算 25 ℃ 时 0.1 mol·kg^{-1} H$_2$SO$_4$ 水溶液中平均离子活度。

解: 先求出 H$_2$SO$_4$ 的平均离子质量摩尔浓度 $b_\pm$。

对于 H$_2$SO$_4$,$\nu_+ = 2$,$\nu_- = 1$,$\nu = \nu_+ + \nu_- = 3$,$b_+ = \nu_+ b = 2b$,$b_- = \nu_- b = b$,$b = 0.1$ mol·kg^{-1},于是由式(7.4.15)得

$$b_\pm = (b_+^{\nu_+} \cdot b_-^{\nu_-})^{1/\nu} = [(2b)^2 \cdot b]^{1/3} = 4^{1/3} b = 0.158\ 7\ \text{mol·kg}^{-1}$$

由表 7.4.1 查得 25 ℃ 时 0.1 mol·kg^{-1} H$_2$SO$_4$ 的 $\gamma_\pm = 0.265$,于是得

$$a_\pm = \gamma_\pm b_\pm / b^\ominus = 0.265 \times 0.158\ 7 = 0.042\ 1$$

2. 离子强度

由表 7.4.1 所列数据可知:

(1) 电解质平均离子活度因子 $\gamma_\pm$ 与溶液的质量摩尔浓度有关。在稀溶液范围内,$\gamma_\pm$ 随质量摩尔浓度的降低而增加。

(2) 在稀溶液范围内,对相同价型的电解质而言,当质量摩尔浓度相同时,其 $\gamma_\pm$ 近乎相等。而不同价型的电解质,虽质量摩尔浓度相同,其 $\gamma_\pm$ 并不相同,高价型电解质的 $\gamma_\pm$ 较小。

上述事实表明,在稀溶液范围,影响 $\gamma_\pm$ 大小的主要是浓度和价型两个因素。为了能综合反映这两个因素对 $\gamma_\pm$ 的影响,1921 年路易斯提出了一个新的物理量——离子强度,用 I 表示,定义为

$$I \stackrel{\text{def}}{=\!=} \frac{1}{2} \sum b_B z_B^2 \qquad (7.4.18)$$

即将溶液中每种离子的质量摩尔浓度 b_B 乘以该离子电荷数 z_B 的平方,所得诸项之和的一半称为**离子强度**。

在此基础上,路易斯根据实验结果总结出在稀溶液范围内一定价型电解质的平均离子活度因子 $\gamma_\pm$ 与离子强度的关系为

$$\lg \gamma_\pm \propto \sqrt{I}$$

该经验式与后来根据德拜-休克尔理论所导出的计算 $\gamma_\pm$ 的德拜-休克尔极限公式本质上是一致的。

例 7.4.2 试分别求出下列各溶液的离子强度 I 和质量摩尔浓度 b 间的关系。(1) KCl 溶液,(2) MgCl$_2$ 溶液,(3) FeCl$_3$ 溶液,(4) ZnSO$_4$ 溶液,(5) Al$_2$(SO$_4$)$_3$ 溶液。

解: (1) 对于 KCl,$b_+ = b_- = b$,$z_+ = 1$,$z_- = -1$,则

$$I = \frac{1}{2} \sum b_B z_B^2 = \frac{1}{2} [b(1)^2 + b(-1)^2] = b$$

(2) 对于 $MgCl_2$,$b_+ = b$,$b_- = 2b$,$z_+ = 2$,$z_- = -1$,则

$$I = \frac{1}{2} \sum b_B z_B^2 = \frac{1}{2} [b(2)^2 + 2b(-1)^2] = 3b$$

(3) 对于 $FeCl_3$,$b_+ = b$,$b_- = 3b$,$z_+ = 3$,$z_- = -1$,则

$$I = \frac{1}{2} \sum b_B z_B^2 = \frac{1}{2} [b(3)^2 + 3b(-1)^2] = 6b$$

(4) 对于 $ZnSO_4$,$b_+ = b_- = b$,$z_+ = 2$,$z_- = -2$,则

$$I = \frac{1}{2} \sum b_B z_B^2 = \frac{1}{2} [b(2)^2 + b(-2)^2] = 4b$$

(5) 对于 $Al_2(SO_4)_3$,$b_+ = 2b$,$b_- = 3b$,$z_+ = 3$,$z_- = -2$,则

$$I = \frac{1}{2} \sum b_B z_B^2 = \frac{1}{2} [2b(3)^2 + 3b(-2)^2] = 15b$$

例 7.4.3 同时含 $0.1 \text{ mol} \cdot \text{kg}^{-1}$ KCl 和 $0.01 \text{ mol} \cdot \text{kg}^{-1}$ $BaCl_2$ 的水溶液,其离子强度为多少?

解: 溶液中共有三种离子:钾离子 $b(K^+) = 0.1 \text{ mol} \cdot \text{kg}^{-1}$,$z(K^+) = 1$;钡离子 $b(Ba^{2+}) = 0.01 \text{ mol} \cdot \text{kg}^{-1}$,$z(Ba^{2+}) = 2$;氯离子 $b(Cl^-) = b(K^+) + 2b(Ba^{2+}) = 0.12 \text{ mol} \cdot \text{kg}^{-1}$,$z(Cl^-) = -1$,故根据式(7.4.18)得

$$I = \frac{1}{2} \sum b_B z_B^2 = \frac{1}{2} [0.1 \times (1)^2 + 0.01 \times (2)^2 + 0.12 \times (-1)^2] \text{ mol} \cdot \text{kg}^{-1}$$

$$= 0.13 \text{ mol} \cdot \text{kg}^{-1}$$

3. 德拜-休克尔极限公式

人们在早期研究电解质溶液时,发现强电解质溶液不符合阿伦尼乌斯提出的部分电离理论,该理论只适用于弱电解质溶液。1923年德拜和休克尔(Debye-Hückel)把物理学中的静电学和化学联系起来,提出了强电解质离子互吸理论。由于该理论是建立在强电解质全部解离这一假设上,因此又称为非缔合式电解质理论。德拜-休克尔的电解质溶液理论和后面要讲到的能斯特方程极大地促进了电化学理论及实验的发展,在电化学以至物理化学中都占有重要地位。该理论的主要思想为:① 强电解质在稀溶液范围是完全解离的,解离后的离子间的主要相互作用力是静电库仑力,这也是引起强电解质溶液与理想溶液偏差的主要原因;② 提出了离子氛的概念,将离子间相互作用的库仑力归结为各中心离子与它周围的离子氛之间的静电引力;③ 在适当假设的基础上,利用静电学理论和统计力学方法,推导出德拜-休克尔极限公式。下面简要介绍一下离子氛的概念和德拜-休克尔极限公式。

§ 7.4 电解质溶液的活度、活度因子及德拜-休克尔极限公式   331

（1）**离子氛** 溶液中阴、阳离子共存，根据库仑定律，同性离子相斥，异性离子相吸。离子在静电作用力的影响下，趋向于如同离子晶体那样规则地排列，而离子的热运动则力图使它们均匀地分散在溶液中。这两种力相互作用的结果，使得在一定时间间隔内平均来看，在任意一个离子(可称为**中心离子**)的周围，异性离子分布的平均密度大于同性离子分布的平均密度。可以设想，中心离子好像是被一层异号电荷包围着，而异号电荷的总电荷在数值上等于中心离子的电荷。统计地看，这层异号电荷是球形对称的，由它所构成的球体称为**离子氛**，如图 7.4.1 所示。中心离子是任意选择的，每一个离子的周围都可以设想存在一个由异号离子构成的离子氛。而每一个离子既是中心离子，同时又是其他离子的离子氛中的一员。这种情况在一定程度上可以与离子晶体中的单位晶格相比拟。但与晶格不同的是，由于离子的热运动，离子在溶液中所处的位置是不断变化的，因而离子氛是瞬息万变的。

由于中心离子与离子氛的电荷大小相等，符号相反，所以将它们作为一个整体来看，是电中性的，这个整体与溶液中的其他部分之间不再存在静电作用。假设离子氛是球形对称的，如图 7.4.1 中虚线所示，可以形象化地将溶液中的静电作用完全归结为中心离子与离子氛之间的

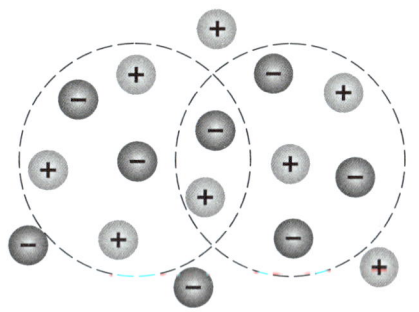

图 7.4.1 离子氛示意图

作用。这样，就大大地简化了所研究的问题及理论推导。

（2）**德拜-休克尔极限公式** 该公式推导的基本出发点是热力学的化学势。德拜-休克尔认为离子间的静电相互作用是引起电解质溶液偏离理想溶液(离子间无相互作用)的根本原因，从热力学的观点出发，二者的化学势之差 $\Delta\mu$ 即反映了这一偏差，即

$$\begin{aligned}\Delta\mu &= \mu_{实}-\mu_{理} = (\nu_+\mu_{+,实}+\nu_-\mu_{-,实})-(\nu_+\mu_{+,理}+\nu_-\mu_{-,理})\\ &= (\mu^{\ominus}+RT\ln a_\pm^\nu)-[\mu^{\ominus}+RT\ln(b_\pm/b^{\ominus})^\nu]\\ &= RT\ln(\gamma_\pm b_\pm/b^{\ominus})^\nu - RT\ln(b_\pm/b^{\ominus})^\nu = RT\ln\gamma_\pm\end{aligned}$$

公式左边的 $\Delta\mu$ 相当于在恒温恒压下，将离子从无静电相互作用变到有静电相互作用所做的可逆非体积功。德拜-休克尔在离子氛模型的基础上，应用静电学原理和统计力学的方法，经过推导最后得到电解质稀溶液中单个离子活度因子的公式为

$$\lg\gamma_i = -Az_i^2\sqrt{I} \qquad (7.4.19\text{a})$$

整体电解质的平均离子活度因子公式为

$$\lg \gamma_\pm = -Az_+|z_-|\sqrt{I} \qquad (7.4.19\text{b})$$

其中
$$A = \frac{(2\pi L \rho_A^*)^{1/2} e^3}{2.303(4\pi\varepsilon_0\varepsilon_r kT)^{3/2}} \qquad (7.4.20)$$

式中 π 为圆周率，L 为阿伏加德罗常数（mol^{-1}），ρ_A^* 为纯溶剂的密度（$\mathrm{kg\cdot m^{-3}}$），e 为电子电荷量（C），ε_0 为真空介电常数（$\mathrm{F\cdot m^{-1}}$），ε_r 为溶剂的相对介电常数，k 为玻耳兹曼因子（$\mathrm{J\cdot K^{-1}}$），T 为热力学温度（K）。可以看出 A 是一个与溶剂性质、温度等有关的常数，在 25 ℃ 水溶液中 $A = 0.509$（$\mathrm{mol\cdot kg^{-1}}$）$^{-1/2}$。

式(7.4.19)即为**德拜-休克尔极限公式**。之所以称为极限公式，是因为在推导过程中有些假设只有在溶液非常稀时才能成立，故该公式只适用于稀溶液。

由式(7.4.19b)可知，当温度、溶剂确定后，电解质的平均离子活度因子 $\gamma_\pm$ 只与离子所带电荷数及溶液的离子强度有关。因此不同电解质，只要价型相同，即 $z_+|z_-|$ 乘积相同，以 $\lg\gamma_\pm$ 对 $\sqrt{I}$ 作图，均应在一条直线上。图 7.4.2 为不同价型电解质水溶液的 $\lg\gamma_\pm$-$\sqrt{I}$ 图，图中实线为实验值，虚线为德拜-休克尔极限公式的计算值。由图可看出，在溶液浓度很低时，理论值与实验值符合得很好。另外图中曲线显示，在相同离子强度下，$z_+|z_-|$ 乘积越大的电解质 $\gamma_\pm$ 值越小，即偏离理想的程度越高。这也说明了静电作用力是使电解质溶液偏离理想溶液的主要原因。

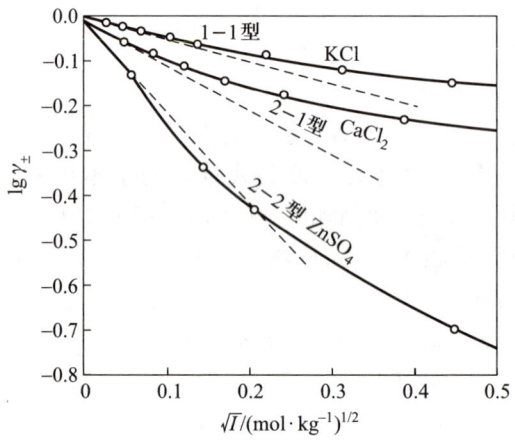

图 7.4.2　德拜-休克尔极限公式的验证

例 7.4.4　试用德拜-休克尔极限公式计算 25 ℃ 时 $b = 0.005\ \mathrm{mol\cdot kg^{-1}}$ $\mathrm{ZnCl_2}$ 水溶液中，$\mathrm{ZnCl_2}$ 的平均离子活度因子 $\gamma_\pm$。

解：溶液中有 $\mathrm{Zn^{2+}}$ 和 $\mathrm{Cl^-}$，$b(\mathrm{Zn^{2+}}) = 0.005\ \mathrm{mol\cdot kg^{-1}}$，$b(\mathrm{Cl^-}) = 0.010\ \mathrm{mol\cdot kg^{-1}}$，$z(\mathrm{Zn^{2+}}) = 2$，$z(\mathrm{Cl^-}) = -1$，则

$$I = \frac{1}{2}\sum b_B z_B^2 = \frac{1}{2}[0.005\times(2)^2 + 0.010\times(-1)^2]\,\text{mol}\cdot\text{kg}^{-1} = 0.015\,\text{mol}\cdot\text{kg}^{-1}$$

根据式(7.4.19b), $A = 0.509(\text{mol}\cdot\text{kg}^{-1})^{-1/2}$

$$\lg\gamma_\pm = -Az_+|z_-|\sqrt{I} = -0.509\times 2\times 1\times\sqrt{0.015} = -0.124\,7$$

故 $\gamma_\pm = 0.750$

§7.5 可逆电池及其电动势的测定

原电池是利用电极上的氧化还原反应自发地将化学能转化为电能的装置。根据热力学原理可知,恒温恒压下 1 mol 进度放热化学反应对外能放出的热量 Q_m 为反应的摩尔焓变 $\Delta_\text{r}H_\text{m}$,如果利用这一热量通过热机对外做功或者发电,目前实际能达到的最高能量转换效率一般只有 40% 左右。但如果能使反应在电池中自发进行,则恒温恒压下电池对外所能做的最大可逆非体积功 W_r' 等于反应的摩尔吉布斯函数变 $\Delta_\text{r}G_\text{m}$,即 $\Delta G = W_\text{r}'$(见本书上册第三章)。由此可知利用电池将化学能转化为电能的理论上的能量转换效率 η 为

$$\eta = \frac{\Delta_\text{r}G_\text{m}}{\Delta_\text{r}H_\text{m}} \tag{7.5.1}$$

如反应:

$$\text{H}_2(\text{g}) + \frac{1}{2}\text{O}_2(\text{g}) = \text{H}_2\text{O}(\text{l})$$

在 25 ℃、100 kPa 下反应的 $\Delta_\text{r}H_\text{m}^\ominus = -285.830\,\text{kJ}\cdot\text{mol}^{-1}$, $\Delta_\text{r}G_\text{m}^\ominus = -237.129\,\text{kJ}\cdot\text{mol}^{-1}$。按式(7.5.1)计算的电池的能量转换效率可高达 82.96%。由此可见电池是一种可高效利用化学反应能量的装置,而且它不受热机效率的限制(即不受高、低温热源温度的限制)。不过恒温恒压下反应的 $\Delta_\text{r}G_\text{m}$ 是电池能将化学能转化为电能的理论上的最大值,由于电池内阻、电极极化等因素的影响,电池效率往往并不能达到其理论最大值。因此研究电池的性质,改进电池的设计,不断制造出效率高、成本低、污染小的新型电池,正是推动电化学研究不断深入的不竭动力之一。

物理化学中主要介绍电池在理想状态、也就是在可逆条件下的工作原理和基本热力学性质。

1. 可逆电池

用热力学的方法研究电池时,要求电池是可逆的。电池的可逆包括三方面

的含义：

（1）**化学可逆性**　即物质可逆。要求两个电极在充电时的电极反应必须是放电时的逆反应。

（2）**热力学可逆性**　即能量可逆。要求电池在无限接近平衡的状态[①]下工作，电池在充电时吸收的能量严格等于放电时放出的能量，并使系统和环境都能够复原。要满足能量可逆的要求，电池须在电流趋于无限小、即 $I\to 0$ 的状态下工作。

不具有化学可逆性的电池不可能具有热力学可逆性，而具有化学可逆性的电池却不一定以热力学可逆的方式工作，如可充电电池的实际充放电过程，一般都不是在 $I\to 0$ 的可逆状态下进行的。

（3）**实际可逆性**　即电池内没有由液体接界电势等因素引起的实际过程的不可逆性。严格说来，由两个不同电解质溶液构成的具有液体接界的电池，都是热力学不可逆的，因为在液体接界处存在着不可逆的离子扩散。不过在一般精度要求许可范围内，为研究方便有时可忽略一些较小的不可逆性。

下面结合两个具体电池加以讨论。

（1）**丹聂尔(Daniel)电池**　丹聂尔电池是一种铜-锌双液电池，它是一个典型的原电池，如图 7.5.1 所示。该电池是由锌电极（将锌片插入 $ZnSO_4$ 水溶液中）作为阳极，铜电极（将铜片插入 $CuSO_4$ 水溶液中）作为阴极而组成的，其电极和电池反应为

$$阳极：Zn \longrightarrow Zn^{2+} + 2e^-$$

$$阴极：Cu^{2+} + 2e^- \longrightarrow Cu$$

$$电池反应：Zn + Cu^{2+} =\!=\!= Zn^{2+} + Cu$$

这种把阳极和阴极分别置于不同溶液中的电池，称为**双液电池**。为了防止两种溶液直接混合，而让离子仍能通过，两电解质溶液用多孔隔板隔开。

为书写方便，人们通常用图式的方法来表示一个电池。丹聂尔电池的图式表示如下：

$$Zn\mid ZnSO_4(aq)\vdots CuSO_4(aq)\mid Cu$$

[①]　这里说的平衡状态是指电池的阴、阳极在未接通的情况下，由两个电极组成的两个半电池分别处在各自的平衡状态，而不是电池反应处在平衡状态。这好比是两个容器中装有不同水位的水，有带阀的管线将两容器相连，当阀未打开时两容器中的水处在各自的平衡状态。当阀门打开极小时，高水位容器中的水可以无限接近平衡的状态流向低水位的容器（对应电池在无限接近平衡的状态下工作），直至两个容器水位相等水的流动则停止（对应电化学反应达到平衡 $\Delta_r G_m = 0$）。

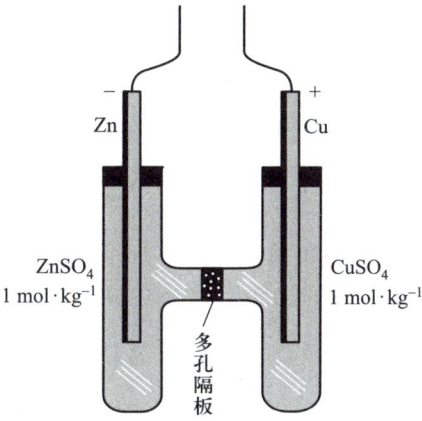

图 7.5.1　丹聂尔电池示意图

IUPAC 规定,用图式法表示电池时,需将原电池中发生氧化反应的阳极写在左边,发生还原反应的阴极写在右边;用实垂线"|"表示相与相之间的界面;两液体之间的接界用单虚垂线"⋮"表示,若加入盐桥则用双垂线"‖"表示(可以是实线,也可以是虚线);同一相中的物质用逗号隔开。IUPAC 还定义,**电池电动势 E** 等于电流趋于零的极限情况下图式表示中右侧的电极电势 $E_右$ 与左侧的电极电势 $E_左$ 的差值,即

$$E = E_右 - E_左 \tag{7.5.2}$$

丹聂尔电池是具有化学可逆性的电池,在充电时上述电极反应将逆向进行。不过由于在液体接界处的离子扩散过程是不可逆的,故严格地讲丹聂尔电池为不可逆电池。但若在 $I \to 0$ 的条件下,忽略液体接界处的微小不可逆性,人们经常也将丹聂尔电池近似地当作可逆电池处理。

对于一些单液电池,如 $Pt \mid H_2(p) \mid HCl(aq) \mid AgCl(s) \mid Ag$ 电池,由于电池中只有一种电解质存在,没有液体接界电势的问题,所以在化学可逆的前提下,在 $I \to 0$ 时可认为是一个高度可逆的电池。

不是任何原电池都具有化学可逆性。如果将丹聂尔电池中的 Zn 和 Cu 电极直接插在硫酸水溶液中组成电池,虽然是一个单液电池,却不是一个可逆电池,因为它不具有化学可逆性。当电池工作放电时,电极与电池反应为

$$Zn \text{ 极}: Zn \longrightarrow Zn^{2+} + 2e^-$$
$$Cu \text{ 极}: 2H^+ + 2e^- \longrightarrow H_2$$

$$电池反应: Zn + 2H^+ =\!=\!= Zn^{2+} + H_2$$

而当电池充电时,电极与电池反应为

$$\text{Zn 极}: 2H^+ + 2e^- \longrightarrow H_2$$

$$\text{Cu 极}: Cu \longrightarrow Cu^{2+} + 2e^-$$

电池反应:$Cu + 2H^+ = Cu^{2+} + H_2$

由于电池在充电时所进行的电极和电池反应并不是放电时的逆反应,所以这个电池不是一个可逆电池。

(2) **韦斯顿标准电池** 韦斯顿(Weston)标准电池是一个高度可逆的电池,其装置如图 7.5.2 所示。电池的阳极是含 $w(Cd) = 0.125$ 的镉汞齐,将其浸于 $CdSO_4$ 水溶液中,该溶液为 $CdSO_4 \cdot \frac{8}{3}H_2O$ 晶体的饱和溶液。阴极为 Hg 与 Hg_2SO_4 的糊状体,此糊状体也浸在 $CdSO_4$ 的饱和溶液中。为了使引出的导线与糊状体接触紧密,在糊状体的下面放少许 Hg。

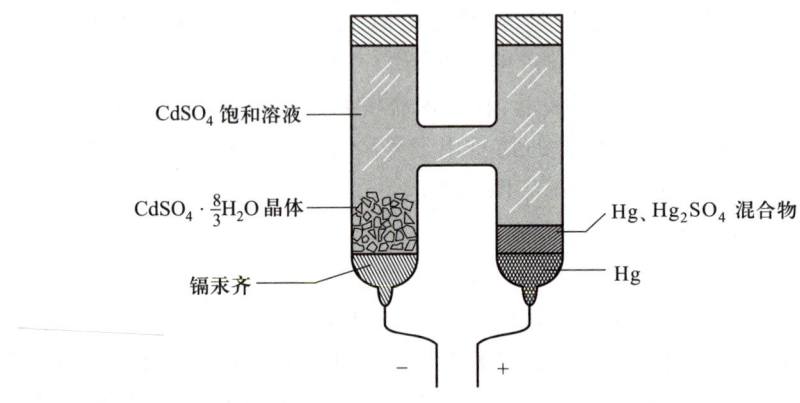

图 7.5.2 韦斯顿标准电池

韦斯顿标准电池图式表示如下:

$$\text{镉汞齐}[w(Cd)=0.125] \mid CdSO_4 \cdot \frac{8}{3}H_2O(s) \mid CdSO_4 \text{ 饱和溶液} \mid Hg_2SO_4(s) \mid Hg$$

电极反应和电池反应为

$$\text{阳极}: Cd(\text{汞齐}) + SO_4^{2-} + \frac{8}{3}H_2O(l) \longrightarrow CdSO_4 \cdot \frac{8}{3}H_2O(s) + 2e^-$$

$$\text{阴极}: Hg_2SO_4(s) + 2e^- \longrightarrow 2Hg(l) + SO_4^{2-}$$

电池反应:$Cd(\text{汞齐}) + Hg_2SO_4(s) + \frac{8}{3}H_2O(l) = 2Hg(l) + CdSO_4 \cdot \frac{8}{3}H_2O(s)$

韦斯顿标准电池的最大优点是它的电动势稳定,随温度改变很小。

除了上述饱和的韦斯顿标准电池外,还有不饱和的韦斯顿标准电池,其电动势受温度影响更小。

韦斯顿标准电池的主要用途是配合电位计测定原电池的电动势。

2. 电池电动势的测定

可逆电池电动势的测定必须在电流无限接近于零的条件下进行。因有电流通过电极时,极化作用的存在将无法测得可逆电池电动势,详见§7.11。

波根多夫(Poggendorff)对消法是人们常采用的测量电池电动势的方法,其原理是用一个方向相反但数值相同的外加电压,对抗待测电池的电动势,使电路中没有电流通过。具体线路如图 7.5.3 所示。工作电池经 AC 构成一个通路,在均匀电阻 AC 上产生均匀电势降。待测电池的负极通过开关与工作电池的负极相连,正极经过检流计与滑线电阻的滑动端相连。这样,就在待测电池的外电路中加上了一个方向相反的电势差,它的大小由滑动接触点的位置决定。改变滑动接触点的位置,找到 B 点,若电钥闭合时,检流计中无电流通过,则待测电池的电动势恰被 AB 段的电势差完全抵消。

为了求得 AB 段的电势差,可换用标准电池与开关相连。标准电池的电动势 E_N 是已知的,而且保持恒定。用同样方法可以找出检流计中无电流通过时的另一点 B'。AB' 段的电势差就等于 E_N。因电势差与电阻线的长度成正比,故待测电池的电动势为

$$E_x = E_N \frac{\overline{AB}}{\overline{AB'}}$$

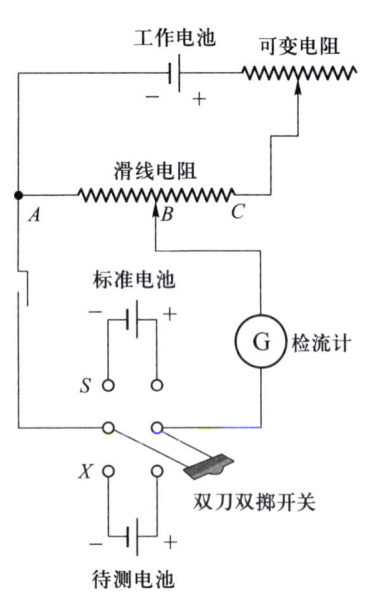

图 7.5.3 对消法测电动势原理图

需要注意的是,实验测量原电池电动势时,如果电池的外接导线与电极材料不同时,导线与电极间也会存在接界电势,所以只有当导线与电极材料相同时所测得的电动势才是式(7.5.2)定义的原电池电动势。

§7.6 原电池热力学

用热力学方法来研究可逆原电池的性质,可以了解电池反应自发进行的原因,并从理论上计算电池电动势,以及浓度、温度等因素对电池电动势的影响。同时可利用电动势与热力学函数之间的关系,用电化学的方法来实验测量热力学函数。

1. 可逆电动势与电池反应的吉布斯函数变

由热力学第二定律可知,恒温恒压下,系统吉布斯函数的改变等于系统与环境交换的可逆非体积功,即 $\Delta_r G = W'_r$。而原电池在恒温恒压可逆放电时所做的可逆电功就是系统发生化学反应对环境所做的可逆非体积功 W'_r,其值等于可逆电动势 E 与电荷量 Q 的乘积。

电池反应所输出的电荷量可由法拉第定律式(7.1.2)计算:$Q = zF\xi$。前曾指出 z 为电极反应转移的电子数,电池反应为两电极反应之和,所以 z 同样也是电池反应转移的电子数。对于一微小过程,$dQ = zFd\xi$,故可逆电功为

$$\delta W'_r = -(zFd\xi)E \tag{7.6.1}$$

因电池对外做功,其值为负,故上式中右边添加一负号。恒温恒压可逆过程中

$$dG = \delta W'_r = -zFEd\xi \tag{7.6.2}$$

由本书上册第五章可知,化学反应的摩尔吉布斯函数变为反应的吉布斯函数随反应进度的变化率,上式两边同时除以反应进度微变 $d\xi$,可得

$$\Delta_r G_m = \left(\frac{\partial G}{\partial \xi}\right)_{T,p} = -zFE \tag{7.6.3}$$

该式表明,若一个化学反应的 $\Delta_r G_m < 0$,则 $E > 0$,说明自发的化学反应恒温恒压下在原电池中可逆进行时,吉布斯函数的减少全部转化为对外所做的电功。

式(7.6.3)还表明,测定一定温度、压力下原电池的可逆电动势,可计算反应的摩尔吉布斯函数变,手册中一些物理化学数据就是利用这种方法测定的;反过来如果已知反应的摩尔吉布斯函数变,也可以从理论上计算电池的可逆电动势。

2. 由原电池电动势的温度系数计算电池反应的摩尔熵变

因 $\left(\dfrac{\partial \Delta_r G_m}{\partial T}\right)_p = -\Delta_r S_m$,将式(7.6.3)代入得

$$\Delta_r S_m = zF\left(\frac{\partial E}{\partial T}\right)_p \tag{7.6.4}$$

式中 $\left(\frac{\partial E}{\partial T}\right)_p$ 称为原电池**电动势的温度系数**,它表示恒压下电动势随温度的变化率,单位为 $V \cdot K^{-1}$,其值可通过实验测定一系列不同温度下的电动势求得。实际上这也是实验测定化学反应熵变的方法之一。

3. 由原电池电动势及电动势的温度系数计算电池反应的摩尔焓变

将式(7.6.3)和式(7.6.4)代入公式 $\Delta_r G_m = \Delta_r H_m - T\Delta_r S_m$,即得

$$\Delta_r H_m = -zFE + zFT\left(\frac{\partial E}{\partial T}\right)_p \tag{7.6.5}$$

由于焓是状态函数,所以按式(7.6.5)测量计算得出的 $\Delta_r H_m$ 与反应在电池外、没有非体积功情况下恒温恒压进行时的 $\Delta_r H_m$ 相等。因电池电动势能够精确测量,故用电化学方法得到的 $\Delta_r H_m$ 往往比用量热法得到的更为准确。但要注意的是,反应在电池中进行时,由于做非体积功,所以此时的 $\Delta_r H_m$ 与电池反应的可逆热 Q_r 并不相等。

4. 计算原电池可逆放电时的反应热

原电池可逆放电时,化学反应热为可逆热 Q_r,在恒温下,$Q_r = T\Delta S$,将式(7.6.4)代入得

$$Q_{r,m} = zFT\left(\frac{\partial E}{\partial T}\right)_p \tag{7.6.6}$$

由式(7.6.6)可知,在恒温下电池可逆放电时:

若 $\left(\frac{\partial E}{\partial T}\right)_p = 0$,$Q_{r,m} = 0$,电池不吸热也不放热;

若 $\left(\frac{\partial E}{\partial T}\right)_p > 0$,$Q_{r,m} > 0$,电池从环境吸热;

若 $\left(\frac{\partial E}{\partial T}\right)_p < 0$,$Q_{r,m} < 0$,电池向环境放热。

恒温恒压可逆条件下,根据 $\Delta_r G_m = \Delta_r H_m - T\Delta_r S_m = W'$,代入电池反应的可逆热 $Q_{r,m}$,有 $\Delta_r H_m - W' = Q_{r,m}$,可以看出,此时的 $Q_{r,m}$ 是化学反应的 $\Delta_r H_m$ 中不能转化为可逆非体积功的那部分能量。另外还可得知,当电池温度系数大于零、$Q_{r,m}$

>0 时,电池对外所做的可逆非体积功在绝对值上将大于反应的 $\Delta_r H_m$,此时电池的能量转化效率可大于 100%,当然这意味着环境要向电池提供热量。

例 7.6.1 25 ℃时,电池

$$Ag \mid AgCl(s) \mid HCl(b) \mid Cl_2(g, 100 \text{ kPa}) \mid Pt$$

的电动势 $E=1.136$ V,电动势的温度系数 $(\partial E/\partial T)_p = -5.95 \times 10^{-4}$ V·K^{-1}。电池反应为

$$Ag + \frac{1}{2}Cl_2(g, 100 \text{ kPa}) = AgCl(s)$$

试计算该反应的 $\Delta_r G_m$、$\Delta_r S_m$、$\Delta_r H_m$ 及电池恒温可逆放电时过程的可逆热 $Q_{r,m}$。

解:电池反应 $Ag + \frac{1}{2}Cl_2(g, 100 \text{ kPa}) = AgCl(s)$ 转移的电子数 $z=1$。根据式(7.6.3)及式(7.6.4)得

$$\Delta_r G_m = -zFE = -1 \times 964\ 85 \text{ C}\cdot\text{mol}^{-1} \times 1.136\text{V}$$
$$= -109.6 \text{ kJ}\cdot\text{mol}^{-1}$$

$$\Delta_r S_m = zF(\partial E/\partial T)_p = 1 \times 964\ 85 \text{ C}\cdot\text{mol}^{-1} \times (-5.95 \times 10^{-4} \text{ V}\cdot\text{K}^{-1})$$
$$= -57.4 \text{ J}\cdot\text{mol}^{-1}\cdot\text{K}^{-1}$$

恒温下 $\Delta_r G_m = \Delta_r H_m - T\Delta_r S_m$,故

$$\Delta_r H_m = \Delta_r G_m + T\Delta_r S_m$$
$$= -109.6 \text{ kJ}\cdot\text{mol}^{-1} + 298.15 \text{ K} \times (-57.4 \text{ J}\cdot\text{mol}^{-1}\cdot\text{K}^{-1})$$
$$= -126.7 \text{ kJ}\cdot\text{mol}^{-1}$$

$$Q_{r,m} = T\Delta_r S_m = 298.15 \text{ K} \times (-57.4 \times 10^{-3} \text{ kJ}\cdot\text{mol}^{-1}\cdot\text{K}^{-1}) = -17.1 \text{ kJ}\cdot\text{mol}^{-1}$$

此例说明该反应若在恒温恒压、非体积功为 0 的情况下(如在烧瓶中)进行,$Q_{p,m} = \Delta_r H_m = -126.7$ kJ·mol^{-1},即发生 1 mol 进度反应时系统可向环境放热 126.7 kJ;但同样量的反应在原电池中恒温恒压可逆放电时放热 17.1 kJ;此时 $Q_{r,m} \neq \Delta_r H_m$,少放出来的热量做了电功,因为 $W'_{r,m} = \Delta_r G_m = -109.6$ kJ·mol^{-1},而此电池的能量转换效率 $\Delta_r G_m/\Delta_r H_m$ 为 86.5%。

5. 能斯特方程

结合化学平衡一章曾讲到的吉布斯等温方程,对于化学反应

$$0 = \sum_B \nu_B B$$

有

$$\Delta_r G_m = \Delta_r G_m^{\ominus} + RT \ln \prod_B (\tilde{p}_B/p^{\ominus})^{\nu_B} \quad \text{(气相反应)}$$

或

$$\Delta_r G_m = \Delta_r G_m^{\ominus} + RT \ln \prod_B a_B^{\nu_B} \quad \text{(凝聚相反应)}$$

上式普遍适用于各类反应,当然也适用于电池反应。式中 $\Delta_r G_m^{\ominus}$ 为反应的标准摩尔吉布斯函数变,根据式(7.6.3) $\Delta_r G_m = -zFE$,有

$$\Delta_r G_m^{\ominus} = -zFE^{\ominus} \qquad (7.6.7)$$

式中 $E^\ominus$ 为原电池的**标准电动势**,即参加电池反应的各物质均处在各自标准态时的电动势。

将式(7.6.3)及式(7.6.7)代入等温方程,得

$$E = E^\ominus - \frac{RT}{zF} \ln \prod_B a_B^{\nu_B} \tag{7.6.8}$$

此式称为电池的**能斯特(Nernst)方程**,是原电池的基本方程式。它表示一定温度下可逆电池的电动势与参加电池反应各组分的活度或逸度之间的关系,反映了各组分的活度或逸度对电池电动势的影响。

当电池反应达到平衡时,$\Delta_r G_m = 0, E = 0$,根据 $\Delta_r G_m^\ominus = -RT \ln K^\ominus$ 可以得到

$$E^\ominus = \frac{RT}{zF} \ln K^\ominus \tag{7.6.9}$$

式中 $K^\ominus$ 即为反应的标准平衡常数。由式(7.6.9)可知,如能求得原电池的标准电动势 $E^\ominus$,即可求得该反应的标准平衡常数。

需要指出的是,原电池电动势 E 是强度量,对于一个原电池,只有一个电动势 E,与电池反应计量式的写法无关。但电池反应的摩尔吉布斯函数变 $\Delta_r G_m$ 却与反应计量式的写法有关。例如,丹聂尔电池的反应式可写作以下两种形式:

(1) $\quad Zn + Cu^{2+} \rightleftharpoons Zn^{2+} + Cu \qquad\qquad E_1, \Delta_r G_{m,1}$

(2) $\quad \frac{1}{2}Zn + \frac{1}{2}Cu^{2+} \rightleftharpoons \frac{1}{2}Zn^{2+} + \frac{1}{2}Cu \qquad E_2, \Delta_r G_{m,2}$

根据能斯特方程有

$$E_1 = E^\ominus - \frac{RT}{2F} \ln \frac{a(Zn^{2+}) a(Cu)}{a(Zn) a(Cu^{2+})}$$

$$E_2 = E^\ominus - \frac{RT}{F} \ln \frac{[a(Zn^{2+})]^{1/2} [a(Cu)]^{1/2}}{[a(Zn)]^{1/2} [a(Cu^{2+})]^{1/2}}$$

$$= E^\ominus - \frac{RT}{2F} \ln \frac{a(Zn^{2+}) a(Cu)}{a(Zn) a(Cu^{2+})}$$

由此可得 $\qquad\qquad\qquad E_1 = E_2 = E$

而反应的摩尔吉布斯函数变,根据 $\Delta_r G_m = -zFE$,有

$$\Delta_r G_{m,1} = -z_1 FE = -2FE$$

$$\Delta_r G_{m,2} = -z_2 FE = -FE$$

由此可得
$$\Delta_r G_{m,1} = 2\Delta_r G_{m,2}$$

从以上讨论可知,对于同一原电池,若电池反应计量式的写法不同,则转移的电子数不同,由于反应的摩尔吉布斯函数变是与反应计量式相对应的,所以也不同;但电池的电动势是电池固有的性质,只要组成电池的各种条件,如温度、组分的浓度等确定了,电池电动势也就随之确定了,不会因为反应计量式的写法不同而改变。

§7.7 电极电势和液体接界电势

如前所述,原电池电动势 E 为 $I \to 0$ 时右电极与左电极的电极电势之差,而这个差值实际上是电池内部的各个相界面上所产生电势差的总和。以丹聂尔电池为例:

$$Zn \mid ZnSO_4(a_1) \vdots CuSO_4(a_2) \mid Cu$$
$$\Delta\varphi_1 \qquad \Delta\varphi_2 \qquad \Delta\varphi_3$$

有
$$E = \Delta\varphi_1 + \Delta\varphi_2 + \Delta\varphi_3$$

式中,$\Delta\varphi_1$——阳极电势差,即 Zn 与 $ZnSO_4$ 溶液间的电势差;

$\Delta\varphi_2$——液体接界电势,即 $ZnSO_4$ 溶液与 $CuSO_4$ 溶液间的电势差,也叫扩散电势;

$\Delta\varphi_3$——阴极电势差,即 Cu 与 $CuSO_4$ 溶液间的电势差。

本节将讨论单个电极的电势差和液体接界电势。

1. 电极电势

单个电极电势差的绝对值是无法直接测定的,为方便计算和理论研究,人们提出了相对电极电势的概念,即选一个参考电极作为共同的比较基准,将某一电极 X 与参考电极构成电池,该电池的电动势即为 X 电极的电极电势。利用这样得到的电极电势数值,人们就可方便地计算由任意两个电极所组成的电池电动势了。

原则上任何电极都可以作为比较基准,IUPAC 规定选用**标准氢电极**作为阳极,待定的 X 电极作为阴极,组成如下电池:

$$Pt \mid H_2(g, 100\ kPa) \mid H^+[a(H^+) = 1] \parallel X\ 电极$$

此电池的电动势即为 X 电极的**电极电势**,以 $E(电极)$ 表示。这样定义的电极电势为**还原电极电势**,因为待测电极发生的总是还原反应,这与电极实际发生的反应无关。当 X 电极中各组分也都处在各自标准态时,相应的电极电势称为**标准电极电势**,以 $E^{\ominus}(电极)$ 表示。

注意任何温度下,标准氢电极中氢气的压力都为 100 kPa,溶液中 H^+ 的活度为 1。氢电极的标准电极电势规定为 0,即 $E^{\ominus}[H^+|H_2(g)]=0$。

下面结合锌电极讨论电极电势。

以锌电极作为阴极与标准氢电极组成如下电池:

$$Pt|H_2(g, 100\ kPa)|H^+[a(H^+)=1]\|Zn^{2+}[a(Zn^{2+})]|Zn$$

电极反应:阳极 $\quad H_2(g, 100\ kPa) \longrightarrow 2H^+[a(H^+)=1]+2e^-$

$\qquad\qquad$ 阴极 $\quad Zn^{2+}[a(Zn^{2+})]+2e^- \longrightarrow Zn$

电池反应:$Zn^{2+}[a(Zn^{2+})]+H_2(g, 100\ kPa) \Longleftrightarrow Zn+2H^+[a(H^+)=1]$

根据能斯特方程式(7.6.8)有

$$E=E^{\ominus}-\frac{RT}{2F}\ln\frac{a(Zn)[a(H^+)]^2}{a(Zn^{2+})p(H_2)/p^{\ominus}}$$

因标准氢电极中 $a(H^+)=1, p=p^{\ominus}=100$ kPa,故上式变为

$$E=E^{\ominus}-\frac{RT}{2F}\ln\frac{a(Zn)}{a(Zn^{2+})}$$

按规定,此电池的电动势 E 即是锌电极的电极电势 $E(Zn^{2+}|Zn)$,电池的标准电动势 $E^{\ominus}$ 即为锌电极的标准电极电势 $E^{\ominus}(Zn^{2+}|Zn)$,因此上式可写为

$$E(Zn^{2+}|Zn)=E^{\ominus}(Zn^{2+}|Zn)-\frac{RT}{2F}\ln\frac{a(Zn)}{a(Zn^{2+})}$$

将上述方法推广到任意电极,由于待定电极的电极反应均规定为还原反应,以符号 O 表示氧化态,R 表示还原态,有

$$\nu_O O+ze^- \Longleftrightarrow \nu_R R$$

由此可得电极的能斯特方程的通式为

$$E(电极)=E^{\ominus}(电极)-\frac{RT}{zF}\ln\frac{[a(R)]^{\nu_R}}{[a(O)]^{\nu_O}} \qquad (7.7.1)$$

式中的 $E^{\ominus}(电极)$ 为电极的标准电极电势。如有气体参加反应时,应将活度 a 换为压力 $p/p^{\ominus}$ 进行计算。例如,氯电极的电极反应为

$$Cl_2(g)+2e^- \Longleftrightarrow 2Cl^-$$

电极的能斯特方程为

$$E(Cl_2|Cl^-)=E^{\ominus}(Cl_2|Cl^-)-\frac{RT}{2F}\ln\frac{[a(Cl^-)]^2}{p(Cl_2)/p^{\ominus}}$$

又如：

$$MnO_4^- + 8H^+ + 5e^- \rightleftharpoons Mn^{2+} + 4H_2O$$

$$E(MnO_4^-|Mn^{2+}) = E^{\ominus}(MnO_4^-|Mn^{2+}) - \frac{RT}{5F}\ln\frac{a(Mn^{2+})[a(H_2O)]^4}{a(MnO_4^-)[a(H^+)]^8}$$

在稀溶液中可近似认为 $a(H_2O) \approx 1$。

表 7.7.1 中列出了 25 ℃时水溶液中一些电极的标准电极电势。

表 7.7.1　25 ℃时在水溶液中一些电极的标准电极电势

（标准态压力 $p^{\ominus}$ = 100 kPa）

电极	电极反应	$E^{\ominus}$/V
第一类电极		
$Li^+\mid Li$	$Li^+ + e^- \rightleftharpoons Li$	−3.040 3
$K^+\mid K$	$K^+ + e^- \rightleftharpoons K$	−2.931
$Ba^{2+}\mid Ba$	$Ba^{2+} + 2e^- \rightleftharpoons Ba$	−2.912
$Ca^{2+}\mid Ca$	$Ca^{2+} + 2e^- \rightleftharpoons Ca$	−2.868
$Na^+\mid Na$	$Na^+ + e^- \rightleftharpoons Na$	−2.71
$Mg^{2+}\mid Mg$	$Mg^{2+} + 2e^- \rightleftharpoons Mg$	−2.372
$H_2O, OH^-\mid H_2(g)\mid Pt$	$2H_2O + 2e^- \rightleftharpoons H_2(g) + 2OH^-$	−0.827 7
$Zn^{2+}\mid Zn$	$Zn^{2+} + 2e^- \rightleftharpoons Zn$	−0.762 0
$Cr^{3+}\mid Cr$	$Cr^{3+} + 3e^- \rightleftharpoons Cr$	−0.744
$Cd^{2+}\mid Cd$	$Cd^{2+} + 2e^- \rightleftharpoons Cd$	−0.403 2
$Co^{2+}\mid Co$	$Co^{2+} + 2e^- \rightleftharpoons Co$	−0.28
$Ni^{2+}\mid Ni$	$Ni^{2+} + 2e^- \rightleftharpoons Ni$	−0.257
$Sn^{2+}\mid Sn$	$Sn^{2+} + 2e^- \rightleftharpoons Sn$	−0.137 7
$Pb^{2+}\mid Pb$	$Pb^{2+} + 2e^- \rightleftharpoons Pb$	−0.126 4
$Fe^{3+}\mid Fe$	$Fe^{3+} + 3e^- \rightleftharpoons Fe$	−0.037
$H^+\mid H_2(g)\mid Pt$	$2H^+ + 2e^- \rightleftharpoons H_2(g)$	0.000 0
$Cu^{2+}\mid Cu$	$Cu^{2+} + 2e^- \rightleftharpoons Cu$	+0.337

续表

电极	电极反应	$E^{\ominus}/\text{V}$
第一类电极		
$H_2O, OH^- \mid O_2(g) \mid Pt$	$O_2(g) + 2H_2O + 4e^- \rightleftharpoons 4OH^-$	+0.401
$Cu^+ \mid Cu$	$Cu^+ + e^- \rightleftharpoons Cu$	+0.521
$I^- \mid I_2(s) \mid Pt$	$I_2(s) + 2e^- \rightleftharpoons 2I^-$	+0.535 3
$Hg_2^{2+} \mid Hg$	$Hg_2^{2+} + 2e^- \rightleftharpoons 2Hg$	+0.797 1
$Ag^+ \mid Ag$	$Ag^+ + e^- \rightleftharpoons Ag$	+0.799 4
$Hg^{2+} \mid Hg$	$Hg^{2+} + 2e^- \rightleftharpoons Hg$	+0.851
$Br^- \mid Br_2(l) \mid Pt$	$Br_2(l) + 2e^- \rightleftharpoons 2Br^-$	+1.066
$H_2O, H^+ \mid O_2(g) \mid Pt$	$O_2(g) + 4H^+ + 4e^- \rightleftharpoons 2H_2O$	+1.229
$Cl^- \mid Cl_2(g) \mid Pt$	$Cl_2(g) + 2e^- \rightleftharpoons 2Cl^-$	+1.357 9
$Au^+ \mid Au$	$Au^+ + e^- \rightleftharpoons Au$	+1.692
$F^- \mid F_2(g) \mid Pt$	$F_2(g) + 2e^- \rightleftharpoons 2F^-$	+2.866
第二类电极		
$SO_4^{2-} \mid PbSO_4(s) \mid Pb$	$PbSO_4(s) + 2e^- \rightleftharpoons Pb + SO_4^{2-}$	−0.359 0
$I^- \mid AgI(s) \mid Ag$	$AgI(s) + e^- \rightleftharpoons Ag + I^-$	−0.152 41
$Br^- \mid AgBr(s) \mid Ag$	$AgBr(s) + e^- \rightleftharpoons Ag + Br^-$	+0.071 16
$Cl^- \mid AgCl(s) \mid Ag$	$AgCl(s) + e^- \rightleftharpoons Ag + Cl^-$	+0.222 16
$Cl^- \mid Hg_2Cl_2(s) \mid Hg$	$Hg_2Cl_2(s) + 2e^- \rightleftharpoons 2Hg + 2Cl^-$	+0.267 91
第三类电极		
$Cr^{3+}, Cr^{2+} \mid Pt$	$Cr^{3+} + e^- \rightleftharpoons Cr^{2+}$	−0.407
$Sn^{4+}, Sn^{2+} \mid Pt$	$Sn^{4+} + 2e^- \rightleftharpoons Sn^{2+}$	+0.151
$Cu^{2+}, Cu^+ \mid Pt$	$Cu^{2+} + e^- \rightleftharpoons Cu^+$	+0.153
H^+,醌,氢醌 $\mid Pt$	$C_6H_4O_2 + 2H^+ + 2e^- \rightleftharpoons C_6H_4(OH)_2$	+0.699 0
$Fe^{3+}, Fe^{2+} \mid Pt$	$Fe^{3+} + e^- \rightleftharpoons Fe^{2+}$	+0.771
$Tl^{3+}, Tl^+ \mid Pt$	$Tl^{3+} + 2e^- \rightleftharpoons Tl^+$	+1.252

续表

电极	电极反应	$E^{\ominus}/V$
第三类电极		
$Ce^{4+}, Ce^{3+} \mid Pt$	$Ce^{4+}+e^- \rightleftharpoons Ce^{3+}$	+1.72
$Co^{3+}, Co^{2+} \mid Pt$	$Co^{3+}+e^- \rightleftharpoons Co^{2+}$	+1.92

注:表中数据取自 CRC Handbook of Chemistry and Physics, 87 版,2006—2007 年,手册中原为 $p=101.325$ kPa 下的电极电势,现已换算成 $p^{\ominus}=100$ kPa 下的值①。

由于规定了标准电极电势对应的反应均为还原反应,所以若 $E^{\ominus}$(电极)为正值,如 $E^{\ominus}(Cu^{2+} \mid Cu) = 0.340\ 0$ V,则 $\Delta G_m^{\ominus}(T,p) < 0$,表示当各反应组分均处在标准态时,电池反应 $Cu^{2+} + H_2(g) \longrightarrow Cu + 2H^+$ 能自发进行,即在该条件下 $H_2(g)$ 能还原 Cu^{2+},电池自然放电时,铜电极上实际进行的确为还原反应。相反,若 $E^{\ominus}$(电极)为负值,如 $E^{\ominus}(Zn^{2+} \mid Zn) = -0.763\ 0$ V,则 $\Delta G_m^{\ominus}(T,p) > 0$,表明当各反应组分均处在标准态时,电池反应 $Zn^{2+} + H_2(g) \longrightarrow Zn + 2H^+$ 不能自发进行,即在该条件下,$H_2(g)$ 不能还原 Zn^{2+},而其逆反应则能自发进行,也就是说,电池自然放电时,锌电极上实际进行的不是还原反应,而是氧化反应。

由此可见,还原电极电势的高低,反映了电极氧化态物质获得电子变成还原态物质趋向的大小。随电势的升高,氧化态物质获得电子变为还原态物质的能力在增强;而反过来,随电势的降低,还原态物质失去电子变成氧化态物质的趋势在增强。

根据式(7.5.2),原电池的电动势是两个电极电势之差,即 $E = E_右 - E_左$,这样计算出的 E 若为正值,则表示在该条件下电池反应能自发进行。

与式(7.5.2)类似,原电池的标准电动势 $E^{\ominus}$ 为

$$E^{\ominus} = E^{\ominus}_右 - E^{\ominus}_左 \tag{7.7.2}$$

---

① 根据 GB 3102.8—93,某一电极在 101.325 kPa 和 100 kPa 下标准电极电势的关系为

$$E^{\ominus}(100\ \text{kPa}) = E^{\ominus}(101.325\ \text{kPa}) - \left[\sum_B \nu_{B(g)} RT/(zF)\right] \ln(100/101.325)$$

在 25 ℃ 时为

$$E^{\ominus}(100\ \text{kPa}) = E^{\ominus}(101.325\ \text{kPa}) + 0.338\ 2\ \text{mV}\left[\sum_B \nu_{B(g)}/z\right]$$

式中 $\sum_B \nu_{B(g)}$ 为该电极作为阴极、标准氢电极作为阳极构成原电池时,电池反应中各气体组分化学计量数之和;z 为电池反应转移的电子数。除了氢电极以外,标准压力的改变对所有电极的标准电极电势均有影响,但一般只有零点几毫伏。

2. 原电池电动势的计算

利用标准电极电势和能斯特方程，可以计算由任意两个电极构成的电池的电动势。方法有二：一是先按电极的能斯特方程式(7.7.1)分别计算两个电极的电极电势 $E_{左}$ 和 $E_{右}$，然后按式(7.5.2)计算电池的电动势 E；二是先按式(7.7.2)计算电池的标准电动势 $E^{\ominus}$，然后按电池的能斯特方程(7.6.8)计算电池的电动势 E。

例 7.7.1 试计算 25 ℃ 时下列电池的电动势：

$$Zn \mid ZnSO_4(b=0.001 \text{ mol}\cdot kg^{-1}) \parallel CuSO_4(b=1.0 \text{ mol}\cdot kg^{-1}) \mid Cu$$

解： 采用第一种方法，由两电极的电极电势求电池的电动势。先写出电极反应，

阳极： $Zn \longrightarrow Zn^{2+} + 2e^-$

阴极： $Cu^{2+} + 2e^- \longrightarrow Cu$

电极电势的计算式(7.7.1)中，纯固体的活度为 1，离子的活度应按式 (7.4.11) $a_+ = \gamma_+(b_+/b^{\ominus})$，从离子浓度及活度因子求出。

由于单个离子的活度因子无法测定，故近似地采用 $\gamma_+ = \gamma_- = \gamma_{\pm}$。查表 7.4.1, 25 ℃ 时 0.001 $\text{mol}\cdot kg^{-1}$ $ZnSO_4$ 水溶液的 $\gamma_{\pm} = 0.734$, 1.00 $\text{mol}\cdot kg^{-1}$ $CuSO_4$ 水溶液的 $\gamma_{\pm} = 0.047$。查表 7.7.1，$E^{\ominus}(Zn^{2+}\mid Zn) = -0.762\ 0\ V$, $E^{\ominus}(Cu^{2+}\mid Cu) = 0.341\ 7\ V$。电极反应 $z = 2$，于是

$$E_{左} = E(Zn^{2+}\mid Zn) = E^{\ominus}(Zn^{2+}\mid Zn) - \frac{0.059\ 16\ V}{2}\lg\frac{a(Zn)}{a(Zn^{2+})}$$

$$= E^{\ominus}(Zn^{2+}\mid Zn) - \frac{0.059\ 16\ V}{2}\lg\frac{1}{\gamma(Zn^{2+})\cdot[b(Zn^{2+})/b^{\ominus}]}$$

$$= -0.762\ 0\ V - \frac{0.059\ 16\ V}{2}\lg\frac{1}{0.734\times 0.001}$$

$$= -0.854\ 7\ V$$

$$E_{右} = E(Cu^{2+}\mid Cu) = E^{\ominus}(Cu^{2+}\mid Cu) - \frac{0.059\ 16\ V}{2}\lg\frac{a(Cu)}{a(Cu^{2+})}$$

$$= E^{\ominus}(Cu^{2+}\mid Cu) - \frac{0.059\ 16\ V}{2}\lg\frac{1}{\gamma(Cu^{2+})\cdot[b(Cu^{2+})/b^{\ominus}]}$$

$$= 0.341\ 7\ V - \frac{0.059\ 16\ V}{2}\lg\frac{1}{0.047\times 1.0}$$

$$= 0.302\ 4\ V$$

最后，得电池电动势：

$$E = E_{右} - E_{左} = 1.157\ V$$

例 7.7.2 写出下列电池的电极反应和电池反应，并利用电池的能斯特方程计算 25 ℃ 下

$b(\text{HCl}) = 0.1 \text{ mol} \cdot \text{kg}^{-1}$ 时的电池电动势。

$$\text{Pt} \mid \text{H}_2(\text{g}, 100 \text{ kPa}) \mid \text{HCl}(b) \mid \text{AgCl}(\text{s}) \mid \text{Ag}$$

解：采用第二种方法，按电池的能斯特方程求算电池电动势。先写出电极和电池反应。

阳极：$\dfrac{1}{2}\text{H}_2(\text{g}, 100 \text{ kPa}) \longrightarrow \text{H}^+(b) + \text{e}^-$

阴极：$\text{AgCl}(\text{s}) + \text{e}^- \longrightarrow \text{Ag} + \text{Cl}^-(b)$

电池反应：$\dfrac{1}{2}\text{H}_2(\text{g}, 100 \text{ kPa}) + \text{AgCl}(\text{s}) \Longrightarrow \text{Ag} + \text{H}^+(b) + \text{Cl}^-(b)$

首先计算电池的标准电动势，查表 7.7.1，可知 $E^\ominus[\text{AgCl}(\text{s}) \mid \text{Ag}] = 0.222\,16 \text{ V}$，$E^\ominus[\text{H}^+ \mid \text{H}_2(\text{g})] = 0 \text{ V}$，电池的标准电动势为

$$E^\ominus = E^\ominus[\text{AgCl}(\text{s}) \mid \text{Ag}] - E^\ominus[\text{H}^+ \mid \text{H}_2(\text{g})]$$
$$= (0.222\,16 - 0) \text{ V} = 0.222\,16 \text{ V}$$

根据电池反应，由电池的能斯特方程计算电池的电动势：

$$E = E^\ominus - \dfrac{RT}{F} \ln \dfrac{a(\text{Ag})\,a(\text{H}^+)\,a(\text{Cl}^-)}{[p(\text{H}_2)/p^\ominus]^{1/2}\,a(\text{AgCl})}$$

由于上式中 $a(\text{Ag}) = 1, a(\text{AgCl}) = 1, p(\text{H}_2)/p^\ominus = 1$，所以实际只要计算 $a(\text{H}^+)\,a(\text{Cl}^-)$ 的值代入即可。因此题中 H^+ 和 Cl^- 是在一个电解质溶液中的两种离子，故可通过平均离子活度 $a_\pm$ 及平均离子活度因子 $\gamma_\pm$ 来计算（如离子不在同一溶液中，则需分别计算其活度）：

$$a(\text{H}^+) \cdot a(\text{Cl}^-) = a_\pm^2 = \gamma_\pm^2 (b_\pm/b^\ominus)^2 = \gamma_\pm^2 (b/b^\ominus)^2$$

查表 7.4.1，25 ℃下 $b = 0.1 \text{ mol} \cdot \text{kg}^{-1}$ 的 HCl 水溶液的 $\gamma_\pm = 0.796$，代入上面的能斯特方程可有

$$E = E^\ominus - \dfrac{RT}{F} \ln a(\text{H}^+)\,a(\text{Cl}^-) = E^\ominus - \dfrac{RT}{F} \ln a_\pm^2$$

$$= E^\ominus - \dfrac{2RT}{F} \ln a_\pm = E^\ominus - \dfrac{2RT}{F} \ln (\gamma_\pm b/b^\ominus)$$

$$= 0.222\,16 \text{ V} - 2 \times 0.059\,16 \text{ V} \times \lg (0.796 \times 0.1)$$

$$= 0.352\,2 \text{ V}$$

由该题可知，在已知电解质质量摩尔浓度 b 的情况下，只要查出该质量摩尔浓度下的 $\gamma_\pm$，即可通过能斯特方程计算电池的电动势。反过来，这也为测定电解质溶液的平均离子活度和平均离子活度因子提供了一个方便准确的方法。将待测电解质溶液和适当的电极组成电池，测定其在不同浓度下的电动势，即可通过电池的能斯特方程计算不同浓度下的 $a_\pm$，进而得到不同浓度下的 $\gamma_\pm$。许多电解质溶液的 $\gamma_\pm$ 正是由这种方法测定得到的。

3. 液体接界电势及其消除

在两种不同溶液的界面上存在的电势差称为**液体接界电势**或**扩散电势**，简

称液接电势。液体接界电势是由于溶液中离子扩散速度不同而引起的。例如,两种浓度不同的 HCl 溶液界面上,HCl 从浓溶液一边向稀溶液扩散,在扩散过程中,H^+ 的运动速度比 Cl^- 的快,所以在稀溶液的一边将出现过剩的 H^+ 而使稀溶液带正电荷,同时在浓溶液的一边则由于留下过剩的 Cl^- 而带负电荷。这样,在界面两边便产生了电势差。电势差的产生,一方面使 H^+ 运动速度降低,另一方面使 Cl^- 运动速度增加。最后达到稳定状态,两种离子以相同的速度通过界面,电势差保持恒定,这就是液体接界电势。

液体接界电势的计算可用下例说明。设由同一种电解质 $AgNO_3$ 的两种不同浓度的溶液形成如下的液体接界:

$$-)\ AgNO_3(a_{\pm,1})\ \vdots\ AgNO_3(a_{\pm,2})\ (+$$

两溶液的平均离子活度分别为 $a_{\pm,1}$、$a_{\pm,2}$,"$\vdots$" 代表有液体接界,其液体接界电势为 $E(液接)$。

在可逆情况下,有物质的量为 n 的电子即 nF 的电荷量通过液体接界面,则有电功:

$$W_r' = \Delta G = -nFE(液接) \qquad (7.7.3)$$

式中 ΔG 应是电迁移过程中的吉布斯函数变。由于通过的电荷量是阴、阳离子迁移的电荷量之和,设离子迁移数与 $AgNO_3$ 溶液的浓度无关,则这一过程将有 $t_+ n$ 的 Ag^+ 从平均活度为 $a_{\pm,1}$ 的溶液通过界面迁移至平均活度为 $a_{\pm,2}$ 的溶液,与此同时有 $t_- n$ 的 NO_3^- 从平均活度为 $a_{\pm,2}$ 的溶液通过界面迁移至平均活度为 $a_{\pm,1}$ 的溶液。由化学势的定义式 $\mu = \mu^{\ominus} + RT \ln a$,可得出这一过程的吉布斯函数变:

$$\Delta G = \Delta G(Ag^+) + \Delta G(NO_3^-)$$

$$= t_+ nRT \ln \frac{a_{+,2}}{a_{+,1}} + t_- nRT \ln \frac{a_{-,1}}{a_{-,2}}$$

设 $AgNO_3$ 溶液中 $a_+ = a_- = a_{\pm}$,则

$$\Delta G = (t_+ - t_-) nRT \ln \frac{a_{\pm,2}}{a_{\pm,1}} \qquad (7.7.4)$$

结合式(7.7.3)最后可得

$$E(液接) = (t_+ - t_-) \frac{RT}{F} \ln \frac{a_{\pm,1}}{a_{\pm,2}} \qquad (7.7.5)$$

式(7.7.5)只适用于两接界溶液中电解质种类相同且为 1-1 型电解质。若为其他类型电解质,甚至两接界溶液的电解质种类不同时,可用同样原理推导出相应的计算式。

由上可知液体接界电势的大小及符号与两电解质溶液的平均离子活度有关,也与电解质的本性有关。

*例 7.7.3 已知 25 ℃时 $AgNO_3$ 溶液中离子迁移数 $t_+ = 0.470$,且与溶液浓度无关,两 $AgNO_3$ 溶液平均离子活度 $a_{\pm,1} = 0.10, a_{\pm,2} = 1.00$,求液体接界电势。

解: $t_- = 1-t_+ = 0.530$,因溶液电解质均为 $AgNO_3$,且为 1-1 型,故将有关数值代入式(7.7.5)可得

$$E(液接) = (t_+ - t_-)\frac{RT}{F} \ln \frac{a_{\pm,1}}{a_{\pm,2}}$$

$$= (0.470-0.530)\frac{8.314 \text{ J} \cdot \text{mol}^{-1} \cdot \text{K}^{-1} \times 298.15 \text{ K}}{96\,485 \text{ C} \cdot \text{mol}^{-1}} \ln \frac{0.10}{1.00}$$

$$= 0.003\,5 \text{ V}$$

此例说明液体接界电势的数值并不是太小,在精确测量中不容忽略,因此必须设法消除。为了尽量减小液体接界电势,通常在两液体之间连接上一个称为"**盐桥**"的高浓度的电解质溶液。这个电解质的阴、阳离子须有极为接近的迁移数。用高浓度的电解质溶液作盐桥连接两液体,使主要扩散作用出自盐桥,若盐桥中阴、阳离子有近似相同的迁移数,则液体接界电势就会降低很多。KCl 饱和水溶液最符合作盐桥的条件,所以实际应用时一般用琼脂作载体将 KCl 水溶液固定在 U 形管中成为盐桥。但应注意,盐桥溶液不能与原溶液发生作用,例如对 $AgNO_3$ 溶液来说,就不能用 KCl 水溶液作盐桥,而必须改用其他合适的电解质溶液。

§7.8 电极的种类

虽然任何电极反应从本质上说都是电子得失的氧化还原反应,但通常根据电极材料和与它相接触的溶液将电极分为三类。

1. 第一类电极

这类电极的特点是电极直接与它的离子溶液相接触,参与反应的物质存在于两个相中,电极有一个相界面。第一类电极又可分为金属电极和非金属电极:金属电极是由 0 价金属和它的离子溶液组成的电极;非金属电极则除了 0 价非金属及其离子溶液外,还需借助惰性金属电极(如铂电极、钯电极等)来共同组成电极,惰性金属电极不参加电极反应,只起传输电子的作用。常见的非金属电极有氢电极、氧电极和卤素电极。

(1) **金属电极和卤素电极** 金属电极和卤素电极的电极反应均较简单,如

锌电极,电极表示为 $Zn^{2+}|Zn$,电极反应为

$$Zn^{2+}+2e^- \rightleftharpoons Zn$$

又如氯电极,电极表示为 $Cl^-|Cl_2(g)|Pt$,电极反应为

$$Cl_2(g)+2e^- \rightleftharpoons 2Cl^-$$

(2)氢电极 标准氢电极是最重要的参比电极,它是定义标准电极电势的基础。氢电极为典型的非金属气体电极,其结构如图 7.8.1 所示。将镀有铂黑的铂片浸入到含有 H^+ 的溶液中,并不断通入氢气,使溶液被氢气饱和,即构成了气体氢电极。该电极的电极反应为

$$2H^+ + 2e^- \rightleftharpoons H_2(g)$$

标准电极电势

$$E^{\ominus}[H^+|H_2(g)]=0$$

氢电极的使用条件比较苛刻,既不能用在含有氧化剂的溶液中,也不能用在含有汞或砷的溶液中。

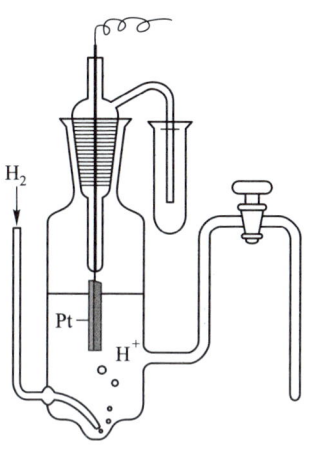

图 7.8.1 氢电极构造简图

通常所说的作为参比电极的氢电极是由铂电极和含有 H^+ 的酸性溶液所组成的电极,而氢电极也可以是由铂电极浸入碱性溶液而构成,其电极表示为 $H_2O,OH^-|H_2(g)|Pt$,电极反应为

$$2H_2O+2e^- \rightleftharpoons H_2(g)+2OH^-$$

25 ℃下碱性氢电极的标准电极电势 $E^{\ominus}[H_2O,OH^-|H_2(g)]=-0.828$ V,其值可借助水的离子积计算得出,见下例。

例 7.8.1 将碱性氢电极和酸性氢电极组成如下电池:

$$Pt|H_2(g,100kPa)|H^+ \| H_2O,OH^-|H_2(g,100\ kPa)|Pt$$

写出电极反应、电池反应和电池电动势的能斯特方程,并计算 $E^{\ominus}[H_2O,OH^-|H_2(g)]$。

解: 该电池由酸性氢电极作阳极,碱性氢电极作阴极,其电极反应为

$$阳极: \quad \frac{1}{2}H_2(g,100\ kPa) \longrightarrow H^+ + e^-$$

$$阴极: \quad H_2O + e^- \longrightarrow OH^- + \frac{1}{2}H_2(g,100\ kPa)$$

电池反应: $H_2O \rightleftharpoons OH^- + H^+$

由能斯特方程有

$$E = E^{\ominus} - \frac{RT}{F}\ln\frac{a(H^+)a(OH^-)}{a(H_2O)}$$

其中 $E^{\ominus}=E^{\ominus}[\mathrm{H_2O, OH^-}|\mathrm{H_2(g)}]-E^{\ominus}[\mathrm{H^+}|\mathrm{H_2(g)}]$

电池反应达到平衡时，$E=0$，则

$$E^{\ominus}=\frac{RT}{F}\ln K_w$$

即 $E^{\ominus}[\mathrm{H_2O, OH^-}|\mathrm{H_2(g)}]=E^{\ominus}[\mathrm{H^+}|\mathrm{H_2(g)}]+\frac{RT}{F}\ln K_w$

因 $E^{\ominus}[\mathrm{H^+}|\mathrm{H_2(g)}]=0$，且 25 ℃时水的离子积 $K_w=1.008\times10^{-14}$，代入得

$$E^{\ominus}[\mathrm{H_2O, OH^-}|\mathrm{H_2(g)}]=\frac{RT}{F}\ln K_w$$

$=0.059\ 16\ \mathrm{V}\times\lg(1.008\times10^{-14})=-0.828\mathrm{V}$

（3）氧电极　氧电极在结构上与氢电极类似，也是将镀有铂黑的铂片浸入酸性或碱性(常见)溶液中构成，只是通入的气体为 $\mathrm{O_2(g)}$。

酸性氧电极：　　　　　$\mathrm{H_2O, H^+}|\mathrm{O_2(g)}|\mathrm{Pt}$

　电极反应：　　　$\mathrm{O_2(g)+4H^++4e^- \rightleftharpoons 2H_2O}$

　25 ℃下：　　　$E^{\ominus}[\mathrm{H_2O, H^+}|\mathrm{O_2(g)}]=1.229\ \mathrm{V}$

碱性氧电极：　　　　　$\mathrm{H_2O, OH^-}|\mathrm{O_2(g)}|\mathrm{Pt}$

　电极反应：　　　$\mathrm{O_2(g)+2H_2O+4e^- \rightleftharpoons 4OH^-}$

　25 ℃下：　　　$E^{\ominus}[\mathrm{H_2O, OH^-}|\mathrm{O_2(g)}]=0.401\ \mathrm{V}$

碱性氧电极与酸性氧电极的标准电极电势之间的关系与氢电极类似，用例 7.8.1 中的方法亦推出：

$$E^{\ominus}[\mathrm{H_2O, OH^-}|\mathrm{O_2(g)}]=E^{\ominus}[\mathrm{H_2O, H^+}|\mathrm{O_2(g)}]+\frac{RT}{F}\ln K_w$$

该式也可借助反应的 $\Delta_r G_m^{\ominus}$ 以其与 $E^{\ominus}$ 和 $K^{\ominus}$ 的关系来推导。

从上面的推导结果可以看到，无论是氢电极还是氧电极，其碱性电极电势均为酸性电极电势加上一个 $\frac{RT}{F}\ln K_w$ 项，而这一规律也适用于后面的金属-难溶氧化物电极。

2. 第二类电极

第二类电极包括金属-难溶盐电极和金属-难溶氧化物电极，这类电极的特点是参与反应的物质存在于三个相中，电极有两个相界面。

（1）金属-难溶盐电极　这类电极是由金属和它的难溶盐，以及具有与难溶盐相同阴离子的易溶盐溶液组成。最常用的有银-氯化银电极和甘汞电极。

银-氯化银电极是在金属银上覆盖一层氯化银,然后将它浸入含有 Cl⁻ 的溶液中构成的,如图 7.8.2 所示。

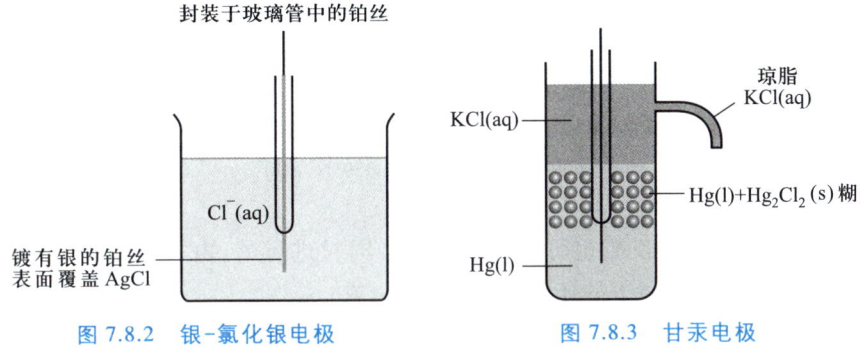

图 7.8.2　银-氯化银电极　　　　图 7.8.3　甘汞电极

甘汞电极的示意图如图 7.8.3 所示,底部为金属 $Hg(l)$,上面是由 $Hg(l)$ 和 $Hg_2Cl_2(s)$ 制成的糊状物,再上面为 KCl 溶液。导线为铂丝,装入玻璃管内,插到仪器底部。甘汞电极可表示为 $Cl^-\mid Hg_2Cl_2(s)\mid Hg$,电极反应为

$$Hg_2Cl_2(s) + 2e^- \rightleftharpoons 2Hg + 2Cl^-$$

电极电势为

$$E(甘汞) = E^{\ominus}(甘汞) - \frac{RT}{F}\ln a(Cl^-)$$

由此式可知甘汞电极的电极电势在温度恒定时只与 Cl⁻ 的活度有关,按 KCl 水溶液浓度的不同,常用的甘汞电极有三种,见表 7.8.1。

表 7.8.1　不同浓度甘汞电极的电极电势

KCl 水溶液浓度	E_t/V	$E(298.15K)$/V
$0.1\ mol\cdot dm^{-3}$	$0.333\ 5 - 7\times 10^{-5}(t/℃ - 25)$	0.333 5
$1\ mol\cdot dm^{-3}$	$0.279\ 9 - 2.4\times 10^{-4}(t/℃ - 25)$	0.279 9
饱和	$0.241\ 0 - 7.6\times 10^{-4}(t/℃ - 25)$	0.241 0

甘汞电极的优点是容易制备,电极电势稳定。在测量电池电动势时,常用甘汞电极作为参比电极。

例 7.8.2　已知 25 ℃ 时,下列电池的电动势 $E = 0.609\ 5\ V$,试计算待测溶液的 pH。

$$Pt\mid H_2(g, 100\ kPa)\mid 待测溶液 \parallel KCl(c = 0.1\ mol\cdot dm^{-3})\mid Hg_2Cl_2(s)\mid Hg$$

解:查表 7.8.1 知:

$$E_{右} = E[\text{Cl}^- \mid \text{Hg}_2\text{Cl}_2(s) \mid \text{Hg}] = 0.333\ 5\ \text{V}$$

$$E_{左} = E[\text{H}^+ \mid \text{H}_2(g)] = E^{\ominus}[\text{H}^+ \mid \text{H}_2(g)] - \frac{RT}{2F}\ln\frac{p(\text{H}_2)/p^{\ominus}}{a(\text{H}^+)^2}$$

因 $E^{\ominus}[\text{H}^+ \mid \text{H}_2(g)] = 0, p(\text{H}_2)/p^{\ominus} = 1, -\lg a(\text{H}^+) = \text{pH}$,故

$$E_{左} = -0.059\ 16\text{V} \cdot \text{pH}$$

由式 $E = E_{右} - E_{左}$,已知 $E = 0.609\ 5\ \text{V}$,故

$$0.609\ 5 = 0.333\ 5 - (-0.059\ 16\ \text{pH})$$

解得   pH = 4.67

甘汞电极的电极反应也可看成是分两步同时进行的,由一个难溶盐的溶解反应(1)和一个亚汞离子的还原反应(2)所组成:

(1) $\text{Hg}_2\text{Cl}_2(s) \longrightarrow \text{Hg}_2^{2+} + 2\text{Cl}^-$

(2) $\text{Hg}_2^{2+} + 2\text{e}^- \longrightarrow 2\text{Hg}$

反应(1)和反应(2)之和即为甘汞电极的电极反应:

(3) $\text{Hg}_2\text{Cl}_2(s) + 2\text{e}^- \rightleftharpoons 2\text{Hg} + 2\text{Cl}^-$

由此可知甘汞电极与金属 $\text{Hg}_2^{2+} \mid \text{Hg}$ 电极的标准电极电势之间存在着一定的关系,现推导如下:

因   反应(3) = 反应(2) + 反应(1)

所以有 $\Delta_r G_m^{\ominus}(3) = \Delta_r G_m^{\ominus}(2) + \Delta_r G_m^{\ominus}(1)$

因 $\Delta_r G_m^{\ominus}(3) = -zFE^{\ominus}(\text{甘汞}), \Delta_r G_m^{\ominus}(2) = -zFE^{\ominus}(\text{Hg}_2^{2+} \mid \text{Hg}), \Delta_r G_m^{\ominus}(1) = -RT\ln K_{sp}$,所以可得

$$E^{\ominus}(\text{甘汞}) = E^{\ominus}(\text{Hg}_2^{2+} \mid \text{Hg}) + \frac{RT}{zF}\ln K_{sp}$$

即甘汞电极的标准电极电势为金属汞-亚汞电极的标准电极电势加上一个 $\frac{RT}{zF}\ln K_{sp}$ 项。此规律亦可推广到其他难溶盐,即其他难溶盐与其相应金属的标准电极电势之间也存在着类似的关系:

$$E^{\ominus}(\text{难溶盐}) = E^{\ominus}(\text{金属}) + \frac{RT}{zF}\ln K_{sp}$$

(2) 金属-难溶氧化物电极 以锑-氧化锑电极为例。在锑棒上覆盖一层三氧化二锑,将其浸入含有 H^+ 或 OH^- 的溶液中就构成了锑-氧化锑电极。

酸性溶液中: $\text{H}_2\text{O}, \text{H}^+ \mid \text{Sb}_2\text{O}_3(s) \mid \text{Sb}$

电极反应: $\text{Sb}_2\text{O}_3(s) + 6\text{H}^+ + 6\text{e}^- \rightleftharpoons 2\text{Sb} + 3\text{H}_2\text{O}$

碱性溶液中： $H_2O, OH^- | Sb_2O_3(s) | Sb$

电极反应： $Sb_2O_3(s) + 3H_2O + 6e^- \rightleftharpoons 2Sb + 6OH^-$

酸性电极的电极电势取决于 H^+ 的活度；碱性电极的电极电势取决于 OH^- 的活度。与氢电极和氧电极类似，该电极的碱性电极电势比酸性电极电势也是多了一个 $\dfrac{RT}{F}\ln K_w$ 项，推导从略。

锑-氧化锑电极为固体电极，应用起来很方便，可用于测定溶液的 pH。但注意不能将其应用于强酸性溶液中。

3. 第三类电极

第三类电极又称为氧化还原电极。当然任何电极上发生的反应都是氧化还原反应，这里特指的是参加氧化还原反应的物质都在溶液一个相中，电极极板（通常用 Pt）只起输送电子的作用，不参加电极反应，电极只有一个相界面。例如，电极 $Fe^{3+}, Fe^{2+} | Pt$；电极 $MnO_4^-, Mn^{2+}, H^+, H_2O | Pt$。

两电极的电极反应分别为

$$Fe^{3+} + e^- \rightleftharpoons Fe^{2+}$$

$$MnO_4^- + 8H^+ + 5e^- \rightleftharpoons Mn^{2+} + 4H_2O$$

以前氧化还原电极一般多以贵金属作为电极材料，如铂和金等，但现在有许多材料可作为惰性电极，如玻璃碳、碳纤维、石墨、炭黑及半导体氧化物等，只要电极材料既可传输电子，又在所应用的电势范围内不发生反应就可以。

*4. 离子选择性电极

上面所说的三类电极是最基本的电极，电极电势直接由电极的氧化还原反应产生。另外还有一类实际应用很广的电极——离子选择性电极，它是利用膜电势来测定溶液中某种特定离子活度的电极。pH 玻璃电极就是一种典型的对 H^+ 具有选择性的电极。下面简单介绍一下离子选择性电极的原理。

离子选择性电极的基本结构如图 7.8.4 所示，整个电极由内参比电极（通常为 $Cl^- | AgCl | Ag$ 电极）、带有敏感膜的电极管和管内的内充溶液组成，内充溶液的作用在于保持膜的内表面和内参比电极电势的稳定。

离子选择性电极中的隔膜具有选择性，一般只允许一种离子通过。当电极与含该离子的待测溶液接触时，在它的敏感膜和溶液的相界面上将产生与该离子活度直接有关的膜电势。膜电势类似于前面讲过的液体接界电势。因隔膜只允许一种离子通过，所以这种离子的迁移数为 1，其他离子的为 0，根据前面推导液体接界电势公式(7.7.5)的方法，可导出膜电势 E_m 为

$$E_m = \frac{RT}{zF} \ln \frac{a_{B,1}}{a_{B,2}} \tag{7.8.1}$$

式中，$a_{B,1}$、$a_{B,2}$ 分别为待测离子在膜两边的活度，z 为该离子所带的电荷数。由于该离子在膜内的活度恒定，所以膜电势实际只与膜外溶液中待测离子的活度有关。

离子选择性电极不能单独使用，通常和适当的外参比电极组成完整的电化学电池，通过测量其电动势，可得到相关离子的活度信息。图 7.8.5 是由玻璃电极和饱和甘汞电极组成的测量溶液 pH 的装置示意图，电池图式表示可写为

Hg｜Hg_2Cl_2｜KCl(饱和)｜待测溶液(a_{H^+})┊玻璃膜┊HCl(aq)｜AgCl｜Ag

在不考虑其他各液体接界电势的情况下，整个电池的电动势可简单写为

$$E = E_内 + E_m - E_外$$

式中 $E_内$ 为内参比电极的电极电势，$E_外$ 为外参比电极的电极电势。此例中 $E_内$ 为氯化银电极的电极电势，$E_外$ 为甘汞电极的电极电势。在一般测量中，$E_内$ 和 $E_外$ 均保持不变，因此电动势 E 与膜电势 E_m 之间只差一个常数项，E 的变化取决于 E_m 的变化，实际上只取决于待测离子的活度。

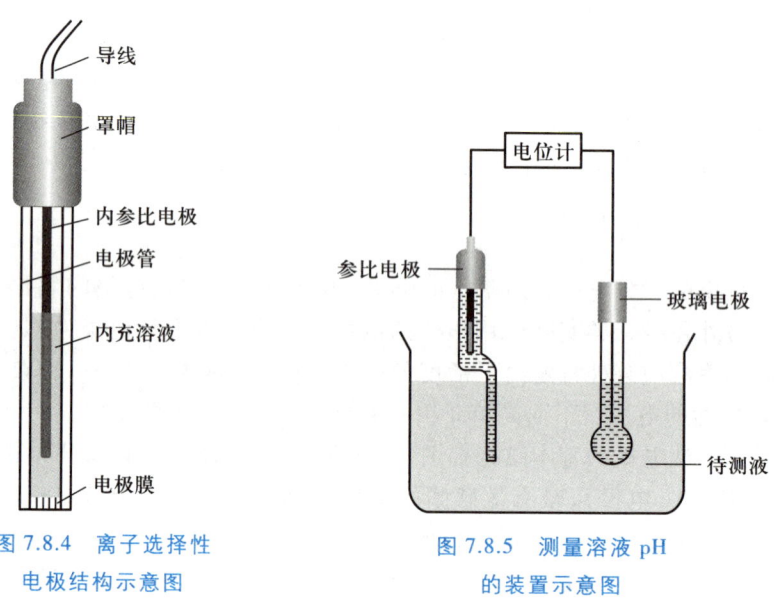

图 7.8.4 离子选择性电极结构示意图

图 7.8.5 测量溶液 pH 的装置示意图

离子选择性电极一般可分为三类：玻璃电极、无机盐固体膜电极和基于离子交换的选择性电极，另外还有更复杂的气敏电极、酶电极等。许多离子选择性电极已经商品化，玻璃电极是研究最早和使用最广泛的离子选择性电极，其他还有

测定 Na^+、K^+、Ag^+、NH_4^+、Ca^{2+}、Cu^{2+}、Ba^{2+} 等阳离子的离子选择性电极和测定 Cl^-、Br^-、I^-、F^-、NO_3^-、CN^-、S^{2-} 等阴离子的离子选择性电极。

§7.9 原电池的设计

前面介绍了如何由电池的图式表示写出电极反应、电池反应,以及进行有关的热力学计算,这是研究原电池的一个方面。另一方面,如果能将化学反应或物理化学过程设计成原电池,就可利用电化学方法和手段来测量热力学数据,也可通过已有热力学数据来研究电化学过程的性质,所以原电池的设计是研究原电池热力学的一个重要内容。本节通过一些实例来说明如何将一些化学反应和物理化学过程设计成原电池,进而加深对原电池热力学的理解。

原则上讲,对于 $\Delta G<0$ 的反应都可设计成原电池,设计的方法是将给定反应拆分为两个电极反应,一个发生氧化反应作为阳极,一个发生还原反应作为阴极,两个电极反应之和应等于总反应。一般可先写出一个电极反应,然后从总反应中减去这个电极反应,即可得到另一个电极反应。注意写出的电极反应应符合三类电极的特征,书写时可参考表 7.7.1 中列出的电极反应。之后写出电池图式,按顺序从左到右依次列出阳极至阴极间各个相,相与相之间用垂线隔开;若为双液电池,在两溶液间用双(虚)垂线表示加盐桥。

对于明显的氧化还原反应,电池设计较容易,但对于某些反应和过程,如中和反应、沉淀反应、扩散过程等,表面上看不出氧化还原反应,要设计成原电池就困难一些。下面通过一些例子加以说明。

1. 氧化还原反应

这类反应从总反应式很容易看出哪些物质发生了氧化反应,哪些物质发生了还原反应,如反应

$$Cu+Cu^{2+} \Longrightarrow 2Cu^+$$

阳极: $Cu \longrightarrow Cu^+ + e^-$

阴极: $Cu^{2+} + e^- \longrightarrow Cu^+$

两电极反应之和即为总的电池反应,与所给反应相符,说明设计合理,但要注意此电池两溶液中 Cu^+ 的活度应相等,否则要分别写出。由电极反应可写出电池图式表示为

$$Cu \mid Cu^+ \parallel Cu^{2+}, Cu^+ \mid Pt$$

对于同一个化学反应,有时可设计出不止一个电池。上面的反应还可设计成

$$\text{阳极：} \quad Cu \longrightarrow Cu^{2+} + 2e^-$$

$$\text{阴极：} \quad 2Cu^{2+} + 2e^- \longrightarrow 2Cu^+$$

这两个电极反应之和也等于总的电池反应,但电池图式表示为

$$Cu \mid Cu^{2+} \parallel Cu^{2+}, Cu^+ \mid Pt$$

此电池两溶液中 Cu^{2+} 的活度应相等,否则加和时无法消掉一个。

 对比上面两个电池可知,由于总的化学反应相同,故在相同反应条件下,两电池反应 $\Delta_r G_m$ 相同,在可逆放电时的电功 W_r' 相同。但由于两个电池的电极反应转移的电子数不同,第一个电池 $z=1$,第二个电池 $z=2$,所以同是发生了 1 mol 总反应,两个电池输出的电荷量不同,根据 $\Delta_r G_m = -zFE$,两个电池的电动势 E 也不相同,$E_1 = 2E_2$。在标准状态下有 $\Delta_r G_{m,1}^\ominus = \Delta_r G_{m,2}^\ominus$,$E_1^\ominus = 2E_2^\ominus$。

 又如将氢气与氧气的反应设计成电池,反应为

$$H_2(g) + \frac{1}{2}O_2(g) \rightleftharpoons H_2O(l)$$

先写出较容易的阳极反应： $\quad H_2(g) \longrightarrow 2H^+ + 2e^-$

再由总反应减去阳极反应可得阴极反应：

$$\frac{1}{2}O_2(g) + 2H^+ + 2e^- \longrightarrow H_2O(l)$$

电池图式表示为 $\quad Pt \mid H_2(g) \mid H^+(aq) \mid O_2(g) \mid Pt$

该反应还可设计成碱性的氢氧电池。

 一些化合物的生成反应,如能设计成电池,则可通过测定电池的电动势及其温度系数,得到该化合物的摩尔生成吉布斯函数、摩尔熵变、摩尔生成焓、平衡常数等热力学数据。例如,AgCl 的生成反应为

$$Ag + \frac{1}{2}Cl_2(g) \rightleftharpoons AgCl$$

设计成电池, $\quad \text{阳极：} \quad Ag + Cl^- \longrightarrow AgCl + e^-$

$$\text{阴极：} \quad \frac{1}{2}Cl_2(g) + e^- \longrightarrow Cl^-$$

电池图式表示为 $\quad Ag \mid AgCl(g) \mid Cl^-(a) \mid Cl_2(g) \mid Pt$

 测定该电池在 25 ℃、标准状态下的电动势 $E^\ominus$,即可得到 AgCl 的标准摩尔生成吉布斯函数 $\Delta_f G_m^\ominus(AgCl) = -zFE^\ominus$,以及标准平衡常数 $K^\ominus = \exp[zFE^\ominus/(RT)]$;测定电池的温度系数,可得到该反应的标准摩尔熵变 $\Delta_r S_m^\ominus = zF(\partial E^\ominus/\partial T)_p$,进而得到标准摩尔生成焓 $\Delta_f H_m^\ominus = -zFE^\ominus + zFT(\partial E^\ominus/\partial T)_p$。

2. 中和反应

此类反应从表面看来为酸碱中和反应：

$$H^+ + OH^- \Longrightarrow H_2O$$

反应的始末态氢和氧的价态都没发生变化,但要使之在电池中进行,必须使电极上发生氧化还原反应。可先写出较容易的阴极反应:

$$H^+ + e^- \longrightarrow \frac{1}{2}H_2$$

再由总反应减去阴极反应可得阳极反应:

$$\frac{1}{2}H_2 + OH^- \longrightarrow H_2O + e^-$$

电池图式表示为 $\text{Pt} \mid H_2(g, p) \mid OH^-, H_2O \parallel H^+(aq) \mid H_2(g, p) \mid \text{Pt}$

注意此电池要求两电极的氢气压力要相等。

该反应也可设计成使用氧电极的电池:

$$\text{Pt} \mid O_2(g, p) \mid OH^-, H_2O \parallel H^+, H_2O \mid O_2(g, p) \mid \text{Pt}$$

此时要求两电极的氧气压力要相等。

3. 沉淀反应

此类反应从表面看来为沉淀反应,例如:

$$Ag^+ + Cl^- \Longrightarrow AgCl(s)$$

因有难溶盐 AgCl 生成,所以应有一个电极为难溶盐电极 $Cl^- \mid AgCl(s) \mid Ag$,电极反应为

阳极: $Ag + Cl^- \longrightarrow AgCl + e^-$

阴极: $Ag^+ + e^- \longrightarrow Ag$

电池图式表示为 $Ag \mid AgCl(s) \mid Cl^- \parallel Ag^+ \mid Ag$

利用这一电池可求难溶盐的溶度积,见下例。

例 7.9.1 利用表 7.7.1 的数据,求 25 ℃ 时 AgCl(s) 在水中的溶度积 K_{sp}。

解:利用上面电池 $Ag \mid AgCl(s) \mid Cl^- \parallel Ag^+ \mid Ag$ 的电池反应:

$$Ag^+ + Cl^- \Longrightarrow AgCl(s)$$

写出电池的能斯特方程 $E = E^\ominus - \dfrac{RT}{F} \ln \dfrac{a[AgCl(s)]}{a(Ag^+) \cdot a(Cl^-)}$

其中 $E^\ominus = E^\ominus(Ag^+ \mid Ag) - E^\ominus[Cl^- \mid AgCl(s) \mid Ag]$

查表 7.7.1 可知 25 ℃ 时 $E^\ominus(Ag^+ \mid Ag) = 0.799\ 4\ \text{V}$, $E^\ominus[Cl^- \mid AgCl(s) \mid Ag] = 0.222\ 16\ \text{V}$。因纯固体活度 $a[AgCl(s)] = 1$,在电池反应达到平衡时, $E = 0$, $a(Ag^+) \cdot a(Cl^-) = K_{sp}$,故有

$$E^\ominus = \frac{RT}{F} \ln \frac{1}{K_{sp}}$$

25 ℃ 时 $\qquad 0.799\ 4\ \text{V} - 0.222\ 16\ \text{V} = -0.059\ 16\ \text{V} \lg K_{sp}$

得
$$\lg K_{sp} = -9.7573$$
$$K_{sp} = 1.749 \times 10^{-10}$$

4. 扩散过程——浓差电池

这类过程从表面上看并没有发生化学反应,只是物质从高浓度向低浓度发生了扩散,如气体的扩散、离子的扩散。例如,以下两个过程:

(1) $H_2(g, p_1) \longrightarrow H_2(g, p_2)$　　$(p_1 > p_2)$

(2) $Ag^+(a_1) \longrightarrow Ag^+(a_2)$　　$(a_1 > a_2)$

对于氢气扩散过程,可设计电池如下:

阳极　$H_2(g, p_1) \longrightarrow 2H^+(a) + 2e^-$

阴极　$2H^+(a) + 2e^- \longrightarrow H_2(g, p_2)$

两个电极的 H^+ 活度应一致,否则相加后无法消掉。为此两个电极可共用一个酸性溶液,组成一个单液电池:

$$Pt \mid H_2(g, p_1) \mid H^+(a) \mid H_2(g, p_2) \mid Pt$$

由于电池的两个电极相同,均为酸性氢电极,所以电池的 $E^\ominus = 0$,由能斯特方程有

$$E = -\frac{RT}{2F} \ln \frac{p_2}{p_1}$$

$p_1 > p_2$ 时,$E > 0$,扩散过程能自发进行。

第二个银离子扩散过程,可设计电池如下:

阳极　$Ag \longrightarrow Ag^+(a_2) + e^-$

阴极　$Ag^+(a_1) + e^- \longrightarrow Ag$

电池为　　$Ag \mid Ag^+(a_2) \parallel Ag^+(a_1) \mid Ag$

同样,由于两个电极相同,均为银电极,所以电池的 $E^\ominus = 0$,电动势为

$$E = -\frac{RT}{F} \ln \frac{a_2}{a_1}$$

$a_1 > a_2$ 时,$E > 0$,扩散过程能自发进行。

以上两个电池均是利用阴、阳两电极上反应物的浓度(或气体压力)的差别来工作的,故称为**浓差电池**。浓差电池按照电极物质浓度不同[如 $H_2(g)$],或电解质溶液浓度不同,又可进一步分为电极浓差电池和电解质浓差电池。但无论哪种浓差电池,其电池的标准电动势都为零,即 $E^\ominus = 0$。

*5. 化学电源

化学电源是可以将化学能转化为电能的装置,也就是通常所说的电池。虽

§7.9 原电池的设计

然 $\Delta G<0$ 的反应原则上都可设计成原电池,但并不是所有的原电池都具有实际应用价值,可作为化学电源来使用。理想的化学电源应具有电容量大、输出功率范围广、工作温度限制小、使用寿命长、安全、可靠、廉价等优点。当然完美的化学电源是不存在的,人们根据不同用途选择不同的电池。与其他电源相比,化学电源具有能量转换效率高、使用方便、安全可靠、易于携带等优点,因此它在人们的日常生活、工业生产,以及军事航天等方面都有广泛的用途。下面简单介绍一些实际作为化学电源应用的电池。

化学电源按其工作性质可分为一次电池、二次电池和燃料电池三大类。一次电池又称为原电池或干电池,二次电池又称为可充电电池或蓄电池,它们都是将化学能储存在电池中,因而是能量储存装置,而燃料电池则是能量转化装置。虽然不同的电池在结构、形状上有所不同,但基本上都是由正、负电极和将两电极隔开的隔膜,以及电解液和外壳所组成。

一般说来,电池的正极电极电势越高、负极电极电势越低,电池的电动势就越大;电极的电化学活性越高、反应速率越快,电池的电性能就越好。目前大部分的电池一般选择金属氧化物作为正极,较活泼的金属作为负极。除电极外,电解液也是影响电池性能的重要因素。电池所用电解液要求具有电导率高、化学稳定性好、不易挥发和能够长期贮存等特点。常用的电解液有电解质水溶液、有机介质溶液,近年来还出现了固体电解质。隔膜的作用是将正、负极隔开防止短路,同时允许离子有选择性地通过。好的隔膜具有较高的离子传输能力和化学稳定性,以及一定的机械强度。目前常用的隔膜有浆层纸、微孔塑料、微孔橡胶、全氟磺酸膜等,锂电池中常用聚丙烯或纤维纸作为隔膜。

一次电池是人们最早使用的电池,这类电池只能一次性使用,不可通过充电的方式使其复原,即反应是不可逆的。它的特点是小型、廉价、携带方便、使用简单,不需要维修。但放电电流不大,一般用于低功率到中功率放电,多用于仪器及各种电子器件。其形状多为圆柱形、纽扣形或扁圆形等。目前常用的一次电池有碱性锌锰电池、锌-氧化汞电池、锌-氧化银电池等。碱性锌锰电池的示意图如图 7.9.1 所示,简化的电池图式表示为

$$(-)Zn\,|\,浓\,KOH\,|\,MnO_2(+)$$

电极反应为

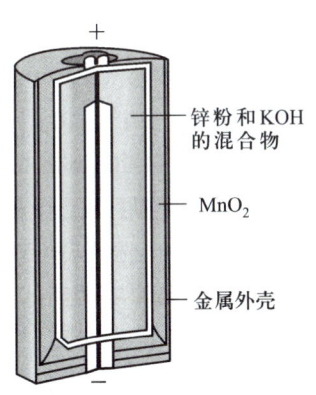

图 7.9.1 碱性锌锰电池示意图

阳极： $Zn + 4OH^- \longrightarrow [Zn(OH)_4]^{2-} + 2e^-$

阴极： $MnO_2 + 2H_2O + 2e^- \longrightarrow Mn(OH)_2 + 2OH^-$

电池反应为

$$Zn + MnO_2 + 2H_2O + 2OH^- \longrightarrow [Zn(OH)_4]^{2-} + Mn(OH)_2$$

碱性锌锰电池是目前市场占有率最高的一次电池,具有自放电小、内阻小、电容量高、放电电压稳定、价格便宜等优点,已基本代替了以前使用的盐类锌锰电池和具有污染性的锌汞电池。

二次电池的应用已有 100 多年的历史。1859 年布兰特研制出了第一个铅酸蓄电池,开始了人们对二次电池的使用,该电池仍是目前使用最广泛的二次电池。二次电池在放电时通过化学反应产生电能,充电时则使电池恢复到原来状态,即将电能以化学能的形式重新储存起来,从而实现电池电极的可逆充放电反应,可循环使用。常用的蓄电池有:铅酸、镍镉、镍铁、镍氢、锂电池等。

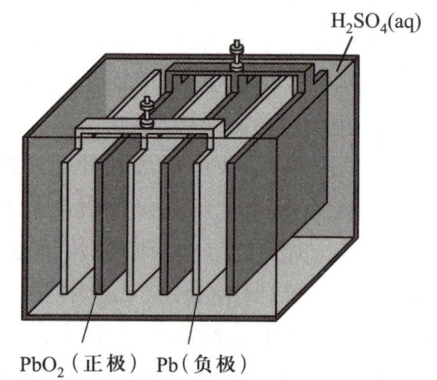

图 7.9.2 铅酸蓄电池示意图

铅酸蓄电池的示意图如图 7.9.2 所示,简化的电池图式表示为

$$(-)Pb \mid H_2SO_4(aq) \mid PbO_2(+)$$

电极反应为

阳极： $Pb + SO_4^{2-} \longrightarrow PbSO_4(s) + 2e^-$

阴极： $PbO_2(s) + SO_4^{2-} + 4H^+ + 2e^- \longrightarrow PbSO_4(s) + 2H_2O$

电池反应为 $Pb + PbO_2(s) + 2H_2SO_4 \longrightarrow 2PbSO_4(s) + 2H_2O$

镍氢电池是 20 世纪 80 年代随着贮氢合金研究而发展起来的一种新型二次电池。它的工作原理是在充放电时氢在正、负极之间传递,电解液不发生变化。例如,MH_x-Ni 电池,其中 MH_x 为贮氢合金(如 $LaNi_5H_6$),氢可以原子状态镶嵌于其中,其简化的电池图式表示为

$$(-)MH_x \mid KOH(aq) \mid NiOOH(+)$$

电极反应为

阳极： $MH_x + xOH^- \longrightarrow M + xH_2O + xe^-$

阴极： $xNiOOH + xH_2O + xe^- \longrightarrow xNi(OH)_2 + xOH^-$

电池反应为 $MH_x + xNiOOH \longrightarrow xNi(OH)_2 + M$

镍氢电池的优点是容量高、体积小、无污染、使用寿命长、可快速充电,所以

一经问世就受到人们的广泛关注,发展迅速,目前已基本取代了传统的有污染的镍镉充电电池。不过镍氢电池是一种有记忆的充电电池,使用时应将电池的电全部用完后再进行充电。

锂电池是日本索尼公司1990年开发推出的新型可充电电池,在此基础上人们很快又研制出性能更好的锂离子二次电池。锂离子电池以嵌有锂的过渡金属氧化物(如 $LiCoO_2$、$LiNiO_2$、$LiMn_2O_4$ 等)作为正极,以可嵌入锂化合物的各种碳材料(如天然石墨、合成石墨、微珠碳、碳纤维等)作为负极。电解质一般采用 $LiPF_6$ 的碳酸乙烯酯、碳酸丙烯酯与低黏度碳酸二乙基酯等碳酸烷基酯混合的非水溶剂体系。隔膜多采用聚乙烯、聚丙烯等聚合微多孔膜或它们的复合膜。该类电池内所进行的不是一般电池中的氧化还原反应,而是 Li^+ 在充放电时在正、负极之间的转移。如图7.9.3所示,电池充电时,锂离子从正极中脱嵌,到负极中嵌入,放电时反之。人们将这种靠锂离子在正、负极之间转移来进行充放电工作的锂离子电池形象地称为"摇椅式电池",俗称"锂电"。与同样大小的镍镉电池、镍氢电池相比,锂离子电池电荷量储备最大、质量最轻、寿命最长、充电时间最短,且自放电率低、无记忆效应,因此非常适合用于便携式电子计算机、手机、液晶数码相机等小型便携式精密仪器,是目前性能最好的可充电电池。

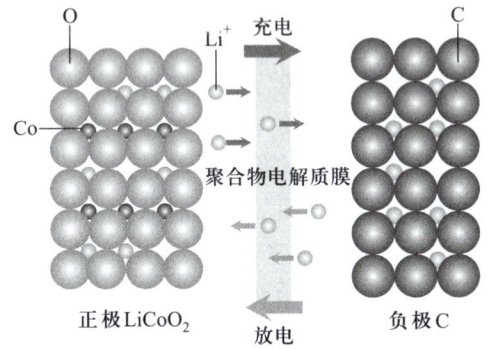

图 7.9.3　锂离子电池的工作原理

燃料电池与一、二次电池不同,它不是能量储存装置,而是一种不经过燃烧而将燃料和氧化剂(如氢气和氧气)反应的化学能直接转化为电能的发电装置。它的最大特点是燃料和氧化剂是从电池外部连续注入电池的,是继水力、火力和核能发电之后的第四类发电技术。燃料电池自从20世纪60年代被用作宇宙飞船的空间电源后,国际上很快开始了地面用燃料电池的研究。燃料电池的工作原理如图7.9.4所示,氢气在阳极被氧化,氧气在阴极被还原,其产物为没有污染性的水。近二三十年来,由于一次能源的匮乏和环境保护问题的突出,国际上要求开发利用新的清洁可再生能源的呼声日渐高涨。燃料电池由于具有能量转换效率高、对环境污染小且不使用化石燃料等优点而受到世界各国的普遍重视。

燃料电池的基本组成为电极、电解质（可以是水溶液或熔融盐，也可以是固体物质）、燃料和氧化剂。燃料电池多采用高度分散的贵金属 Pt 或 Ni 等作为电极材料或电极催化材料。燃料可以是气体或液体，人们最早使用的燃料是氢气，后又开发研制出其他燃料如 CO、碳氢化合物及液体甲醇等。相对于燃料的选择，氧化剂的选择则较为简单，纯氧或空气都可使用。燃料电池常按电解质的性质分为五大类：碱性燃料电池、磷酸燃料电池、熔融碳酸盐燃料电池、固体氧化物燃料电池和质子交换膜燃料电池。

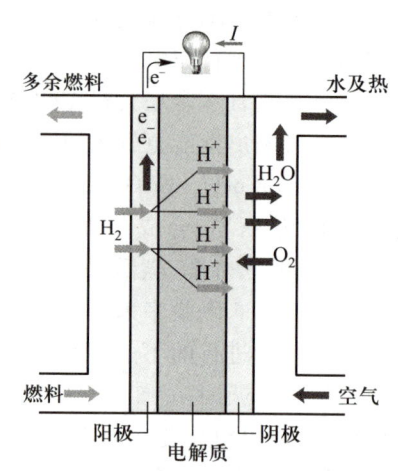

图 7.9.4　燃料电池工作原理示意图

燃料电池的研究及技术近年来已获得很大发展，在美国、日本、欧洲等先进国家和地区也已研制成功从几瓦小功率的电池到兆瓦级的发电站。但由于燃料电池的成本较高，燃料气特别是氢气的储存运输较为困难，所以要使燃料电池达到大规模使用还有很多工作要做。进入 21 世纪以来，世界上许多国家都非常重视氢能和燃料电池汽车的发展。目前车载燃料电池技术已得到了很大改善，成本已经开始逐步接近金属动力电池的价格。氢能是一种清洁能源，可同时满足资源、环境和可持续发展的要求，利用氢能来替代日渐枯竭的石油、煤炭等化石燃料，是人们寻找开发新能源的探索之一。燃料电池作为氢能利用的重要手段，其发展对氢能的开发利用必将产生深远的影响。

§7.10　分解电压

如前所述，对于 $\Delta G < 0$ 的自发反应，原则上可通过设计成电池而产生并输出电功；而对于 $\Delta G > 0$ 的非自发反应，则须环境对系统做功方可使反应进行。例如，电解反应必须在外加电源输入电流的情况下才能进行。

在使用电解池进行电解反应时，外加电压往往需大于某一值后方可使反应进行。以电解盐酸水溶液为例，利用图 7.10.1 的装置，可测出外加电压的大小与反应快慢，即电流大小的关系。在大气压力下于 1 mol·dm^{-3} HCl 溶液中放入两个铂电极，如图 7.10.1 所示将这两个电极与电源相连接。图中 G 为安培计，V

为伏特计,R 为可变电阻。当外加电压很小时,几乎没有电流通过电路。电压增加,电流略有增加。在电压增加到某一数值后,电流方随电压直线上升,同时两极出现气泡。这个过程的电流和电压关系可用图 7.10.2 表示。图中 D 点所示的电压是使电解质在两极持续不断分解所需的最小外加电压,称为**分解电压**。不过当电压继续增加到一定程度时,受电极反应速率及离子在电解质溶液中传输速度的限制,电流将不再随电压的增加而增加,而出现图中的平台。

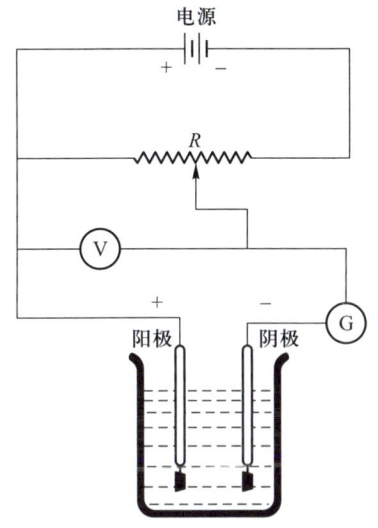
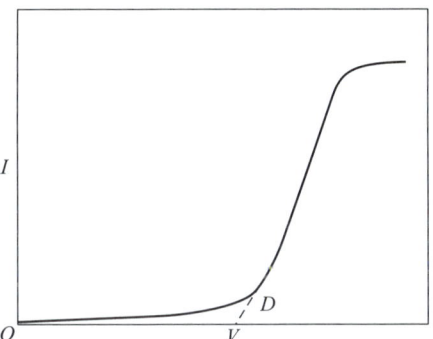

图 7.10.1 测定分解电压的装置 　图 7.10.2 测定分解电压的电流-电压曲线

在外加电压的作用下,盐酸溶液中的氢离子向阴极(负极)运动,并在阴极得到电子被还原为氢气:

$$2H^+ + 2e^- \Longrightarrow H_2(g)$$

同时,氯离子向阳极(正极)运动,并在阳极失去电子被氧化成氯气:

$$2Cl^- \Longrightarrow Cl_2(g) + 2e^-$$

总的电解反应为

$$2H^+ + 2Cl^- \Longrightarrow H_2(g) + Cl_2(g)$$

上述电解产物与溶液中的相应离子在阴极和阳极上分别形成了氢电极和氯电极,而构成如下电池:

$$\text{Pt} \mid H_2(g,p) \mid \text{HCl}(1 \text{ mol} \cdot \text{dm}^{-3}) \mid Cl_2(g,p) \mid \text{Pt}$$

这是一个自发电池,电池的氢电极应为阳极(负极),氯电极应为阴极(正极)。电池的电动势正好和电解时的外加电压相反,称为反电动势。

在外加电压小于分解电压时,形成的反电动势正好和外加电压相对抗(数值相等),似乎不应有电流通过,但由于电解产物从两极慢慢地向外扩散,使得它们在两极的浓度略有减少,因而在电极上仍有微小电流连续通过,使得电解产物得以补充。

在达到分解电压时,电解产物的浓度达到最大,液体内氢和氯的压力达到大气压力而呈气泡逸出。此时反电动势达到极大值 E_{max},此后如再增大外加电压 V,电流 I 就直线上升。即 $I = (V - E_{max})/R$,R 为电解池的电阻。

当外加电压等于分解电压时,两极的电极电势分别称为氢和氯的**析出电势**。

理论上,分解电压应与按能斯特方程算出的相应原电池的电动势相等,称为理论分解电压 $E_{理论}$,但实际上分解电压 $E_{分解}$ 往往大于理论分解电压 $E_{理论}$。表 7.10.1 中列出了几种电解质溶液的分解电压实验结果,可以看出,大多数情况下 $E_{理论}$ 与 $E_{分解}$ 的数值并不相等,后者常大于前者。从表中还可得知,HNO_3 溶液、H_2SO_4 溶液和 NaOH 溶液的分解电压 $E_{分解}$ 都很相近,这是由于用平滑铂片作电极时,这些溶液的电解产物都是氢和氧,实质上发生的都是电解水的反应。

表 7.10.1 几种电解质溶液的分解电压(室温,铂电极)

电解质溶液	浓度 $c/(mol \cdot dm^{-3})$	电解产物	$E_{分解}/V$	$E_{理论}/V$
HCl	1	H_2 和 Cl_2	1.31	1.37
HNO_3	1	H_2 和 O_2	1.69	1.23
H_2SO_4	0.5	H_2 和 O_2	1.67	1.23
NaOH	1	H_2 和 O_2	1.69	1.23
$CdSO_4$	0.5	Cd 和 O_2	2.03	1.26
$NiCl_2$	0.5	Ni 和 Cl_2	1.85	1.64

当电流 I 通过电解池时,由于电解质溶液、导线和接触点等具有一定的电阻 R,必须外加电压克服之,此即欧姆电位降 IR。采取适当措施可使 IR 数值降低忽略不计。由此可见,分解电压大于相应原电池的电动势,主要是由于析出电极电势偏离理论计算的平衡电极电势的缘故。

由图 7.10.2 中电流-电压曲线还可看出,如要进一步增加电流使反应加快,需进一步提高电压,外加电压将进一步偏离理论分解电压。由于图 7.10.2 所示的关系是两个电极电势变化的总结果,并不能反映出每个电极的变化情况。为了对每个电极上发生的过程进行深入研究,下面将讨论电极电势与电流密度(单位电极-溶液界面的电流)的关系。

§7.11 极化作用

1. 电极的极化

当电极上无电流通过时,电极处于平衡状态,与之相对应的是平衡(可逆)电极电势,其值可由电极的能斯特方程算出。在使用化学电源或是进行电解操作时,都有电流通过电极,因而破坏了电极的平衡状态,使电极上进行的过程成为不可逆过程。随着电极上电流密度的增加,电极电势对平衡电极电势的偏离越来越远,电极的不可逆程度也越来越大。电流通过电极时,电极电势偏离平衡电极电势的现象称为**电极的极化**。某一电流密度下的电极电势与其平衡电极电势之差的绝对值称为**超电势**,以 η 表示。显然,η 的数值反映出极化程度的大小。

根据极化产生的原因,可简单地将极化分为两类,即**浓差极化**和**电化学极化**,并将与之相应的超电势称为**浓差超电势**和**活化超电势**。

(1) 浓差极化　以 Zn^{2+} 的阴极还原过程为例说明之。

当电流通过电极时,由于阴极表面附近液层中的 Zn^{2+} 沉积到阴极上,因而降低了它在阴极附近的浓度。如果本体溶液中的 Zn^{2+} 不能及时补充上去,则阴极附近液层中 Zn^{2+} 的浓度将会低于它在本体溶液中的浓度,因此电极电势将低于其平衡值。这种现象称为**浓差极化**。用搅拌的方法可使浓差极化减小,但由于电极表面扩散层的存在,故不可能将其完全除去。

(2) 电化学极化　仍以 Zn^{2+} 的阴极还原过程为例。

当电流通过电极时,由于电极反应的速率是有限的,因此当 Zn^{2+} 不能及时消耗掉外电源供给电极的电子时,阴极上会积累多于平衡状态的电子,这将导致阴极电极电势的降低。这种由于电化学反应迟缓而引起的极化称为**电化学极化**。

无论是哪种原因引起的极化,阴极极化的结果,都会使阴极的电极电势变得更负。同理亦可推出,阳极极化的结果,都会使阳极的电极电势变得更正。实验证明电极电势与电流密度有关。描述电极电势与电流密度之间关系的曲线称为**极化曲线**。

2. 测定极化曲线的方法

电极的极化曲线可用图 7.11.1 所示的装置测定。A 是一个电解池,电解池内装有电解质溶液,两个电极(阴极是待测电极)和搅拌器。电极-溶液界面面积已预先知道。将两电极通过开关 K、安培计 G 和可变电阻 R 与外电池 B 相连,组成工作回路。调节可变电阻可改变通过待测电极的电流,其数值可由安培计读出。将电流除以浸入溶液的电极面积,可得到电流密度。为了测量待测电极在不同电流密度下的电极电势,需在电解池中加入一个参比电极（通常用甘汞电极）组成一个辅助回路。将待测电极和参比电极与电位计相连,由电位计可测出辅助回路中的电动势。由于参比电极的电极电势是已知的,故可得到待测电极的电极电势。改变工作回路中的电流,可测得待测电极在不同电流密度下的电极电势。以电极电势 $E_{阴}$ 为纵坐标,电流密度 J 为横坐标,将测量结果绘制成图,即得阴极极化曲线,如图 7.11.2 所示。

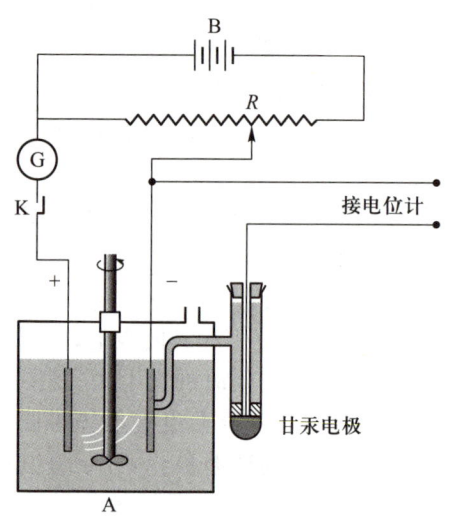

图 7.11.1 测定电极极化曲线的装置

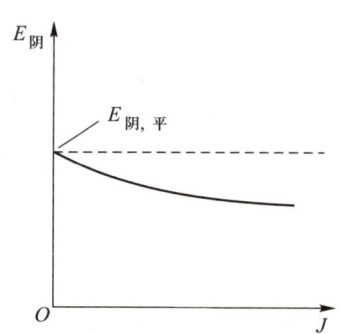

图 7.11.2 阴极极化曲线示意图

由电极能斯特方程可计算得到阴极的平衡电极电势 $E_{阴,平}$,减去由实验测得的不同电流密度下的阴极电极电势 $E_{阴}$,就可得到不同电流密度下的阴极超电势。这一关系可表示为

$$\eta_{阴} = E_{阴,平} - E_{阴} \tag{7.11.1a}$$

对于阳极,由测得不同电流密度下的阳极电极电势 $E_{阳}$,减去计算得到的阳极平衡电极电势 $E_{阳,平}$,就可得到不同电流密度下的阳极超电势。其关系为

$$\eta_{阳} = E_{阳} - E_{阳,平} \tag{7.11.1b}$$

这样算出的阴极和阳极的超电势均为正值。

影响超电势的因素很多,如电流密度、电极材料、电极表面状态、温度、电解质性质和浓度,以及溶液中的杂质等。故超电势的测定常不能得到完全一致的结果。

1905 年塔费尔(Tafel)曾提出一个经验式,表明氢超电势 η 与电流密度 J 的关系,称为塔费尔公式:

$$\eta = a + b\lg J \quad (7.11.2)$$

式中 a 和 b 为经验常数。

3. 电解池与原电池极化的差别

如前所述,就单个电极来说,阴极极化的结果总是使阴极的电极电势变得更负,而阳极极化的结果总是使阳极的电极电势变得更正。

当两个电极组成电解池时,由于电解池的阳极是正极,阴极是负极,阳极电势的数值大于阴极电势的数值,所以在电极电势对电流密度的图中,阳极极化曲线位于阴极极化曲线的上方,如图 7.11.3(a)所示。由图中曲线可知,随电流密度的增加,电解池的端电压会不断增大,也就是说电解时若增加电流密度,则消耗的能量也会增多。

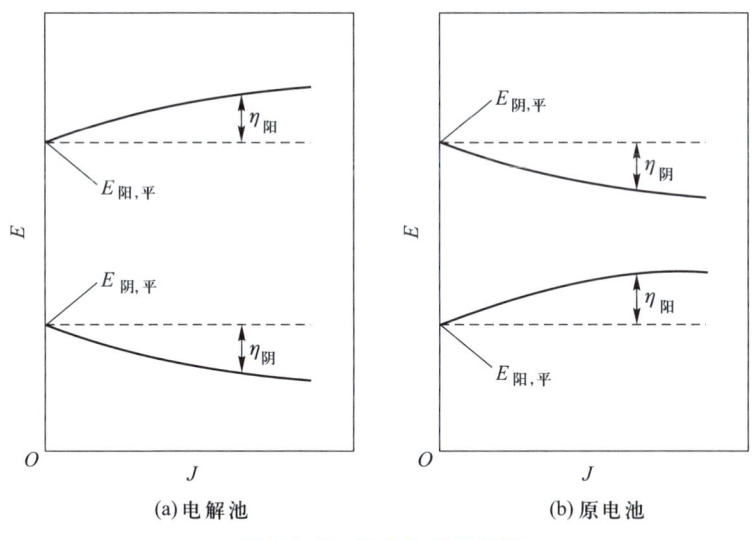

图 7.11.3　极化曲线示意图

原电池的情况则恰恰相反。原电池的阳极是负极,阴极是正极,阳极电势的数值比阴极的小,因而在电极电势对电流密度的图中,阳极极化曲线位于阴极极化曲线的下方,如图 7.11.3(b)所示。所以原电池两端的电势差会随着电流密度的增大而减小,即随着电池放电电流密度的增大,原电池做的电功将减小。

§7.12 电解时的电极反应

对电解质水溶液进行电解时,需要加多大的分解电压,以及在阳极(正极)、阴极(负极)各得到哪种电解产物,是电解时的首要问题。

由于水溶液中总是存在着 H^+ 和 OH^-,所以即使是单一电解质的水溶液,除了该电解质电离出的离子以外,还要考虑 H^+、OH^- 是否会发生电极反应。至于混合的电解质水溶液,可能发生的电极反应就更多了。

原则上说,凡是能放出电子的氧化反应都有可能在阳极上发生,例如,阴离子的放电,OH^- 氧化成氧气,可溶性金属电极氧化成金属离子等。同样,凡是能获得电子的还原反应都可能在阴极上发生,例如,金属离子还原成金属,或还原成低价离子,H^+ 还原成氢气等。

对于在阳极、阴极均有多种反应可能发生的情况下,在电解时,阳极上总是优先发生极化电极电势较低的反应;阴极上总是优先发生极化电极电势较高的反应。为此,首先要根据电极反应的活度(或气体的压力)计算出各电极反应的极化电极电势。若不考虑浓差极化,阳极和阴极的极化电极电势为

$$E_{阳} = E_{阳,平} + \eta_{阳}$$
$$E_{阴} = E_{阴,平} - \eta_{阴}$$

然后,按上述原则加以判断。优先发生氧化反应的极化电极电势与优先发生还原反应的极化电极电势之差,即为分解电压。换句话说,在对该电解质水溶液电解时,外加电压达到如上分解电压时,在阳极上发生的是极化电极电势最低的氧化反应,在阴极上发生的是极化电极电势最高的还原反应。当然,如果外加电压很大,其他的电极反应也可能同时进行。可见,电解时发生什么反应,与电解质的本质、电极反应物浓度、电极材料、超电势等均有关。

例如,用铂电极电解 $1\ mol \cdot dm^{-3}$ HCl 溶液时,阴极上只能是 H^+ 被还原成氢气而析出;但若电解含有一定浓度 $FeCl_3$ 的上述溶液时,阴极上的反应则不是 H^+ 还原成氢气,而是 Fe^{3+} 还原成 Fe^{2+}。这是因为后一反应的电极电势高于前一反应的电极电势的缘故。又如,用铂电极作阳极电解 $1\ mol \cdot dm^{-3}$ $AgNO_3$ 水溶液,在电极上发生 OH^- 被氧化成氧气的反应;但若阳极换用 Ag 电极,则电极上不是析出氧气,而是发生电极上的 Ag 被氧化成 Ag^+ 的反应。这是因为后一反应的电极电势低于前一反应的电极电势的缘故。

例 7.12.1 在 25 ℃,用锌电极作为阴极电解 $a_\pm = 1$ 的 $ZnSO_4$ 水溶液,若在某一电流密度下氢气在锌极上的超电势为 0.7 V,问在常压下电解时,阴极析出的物质是氢气还是金属锌?

解: 锌在阴极上的超电势可以忽略,查表 7.7.1,$E^{\ominus}(Zn^{2+} | Zn) = -0.762\ 0\ V$,因 $a(Zn^{2+}) =$

1,故

$$E(\text{Zn}^{2+}\mid\text{Zn}) = E^{\ominus}(\text{Zn}^{2+}\mid\text{Zn}) - \frac{0.059\ 16\ \text{V}}{2}\lg\frac{1}{a(\text{Zn}^{2+})}$$

$$= -0.762\ 0\ \text{V}$$

氢气在阴极上析出时的平衡电势为

$$E[\text{H}^{+}\mid\text{H}_2(\text{g}),\text{平}] = E^{\ominus}[\text{H}^{+}\mid\text{H}_2(\text{g})] - \frac{0.059\ 16\ \text{V}}{2}\lg\frac{p(\text{H}_2)/p^{\ominus}}{a(\text{H}^{+})^2}$$

电解在常压下进行,氢气析出时应有 $p(\text{H}_2) = 101.325\ \text{kPa}$,水溶液可以近似认为中性,并假定 $a(\text{H}^{+}) = 10^{-7}$,于是

$$E[\text{H}^{+}\mid\text{H}_2(\text{g}),\text{平}] = E^{\ominus}[\text{H}^{+}\mid\text{H}_2(\text{g})] - \frac{0.059\ 16\ \text{V}}{2}\lg\frac{101.325/100}{(10^{-7})^2}$$

$$= -0.414\ 3\ \text{V}$$

考虑到氢气在锌极上超电势 $\eta_{阴} = 0.7\ \text{V}$,故氢气析出时的极化电极电势为

$$E[\text{H}^{+}\mid\text{H}_2(\text{g})] = E[\text{H}^{+}\mid\text{H}_2(\text{g}),\text{平}] - \eta_{阴} = -1.114\ 3\text{V}$$

可见若不存在氢的超电势,因 $E[\text{H}^{+}\mid\text{H}_2(\text{g}),\text{平}] > E(\text{Zn}^{2+}\mid\text{Zn})$,则阴极上应当析出氢气;但由于氢的超电势的存在,$E(\text{Zn}^{2+}\mid\text{Zn}) > E[\text{H}^{+}\mid\text{H}_2(\text{g})]$,故在阴极上为 Zn 的析出。

以上分析,未考虑浓差极化,这可以通过搅拌使之降至最小,故忽略不计。

本 章 小 结

本章主要介绍热力学在电化学中的应用,主要分三部分。

(1) **电解质溶液** 无论是原电池还是电解池,其内部的导电物质都是电解质溶液。电解质溶液的导电机理不同于导线中的金属导体(由电子定向运动而导电),它是由溶液中离子的定向运动而导电,而且是由正、负离子共同承担的。所以电解质溶液的导电能力不仅与电解质的浓度有关,还与正、负离子的运动速度有关。由此引出摩尔电导率 Λ_m 及离子迁移数 t_+、t_- 的概念。通过电导的测定,可以计算弱电解质的解离度 α、平衡常数 $K^{\ominus}$ 及难溶盐的 K_{sp} 等有用的物理化学数据。当电解质溶液浓度较高时,需引入平均活度 $a_{\pm}$ 及平均活度因子 $\gamma_{\pm}$ 的概念来进行相关的计算。

(2) **原电池热力学** 将化学平衡等温方程用于可逆电池反应,得到了计算原电池电动势的能斯特方程,该方程可用于不同浓度、温度下原电池电动势的计算。利用原电池的电动势、电动势的温度系数与热力学函数之间的关系,一方面可由热力学函数计算原电池的电动势,另一方面可通过电化学实验来测定热力

学函数、活度因子及平衡常数等重要热力学数据。不同的电极可组成不同的电池,了解不同电极的性质,有助于更深入地了解原电池的性质。

(3) 电极的极化　无论是原电池还是电解池,在有电流通过时,电极都会发生极化。极化的结果造成阳极的电极电势升高,阴极的电极电势降低。总的结果是造成电解池的分解电压随电流密度的增加而增大,而原电池的端电压随电流密度的增加而减小。

思 考 题

1. 电解质溶液的导电机理与金属导线的导电机理有什么不同? 如何来定量地表示电解质溶液的导电能力?

2. 弱电解质的摩尔电导率和浓度的关系与强电解质有什么不同?

3. 电解质溶液的活度与非电解质溶液的活度有什么不同? a、$a_\pm$ 及 $\gamma_\pm$ 之间有什么关系?

4. 德拜-休克尔公式的适用条件是什么? 由公式算出的不同价态的电解质的 $\lg\gamma_\pm$ 与 $\sqrt{I}$ 之间的关系有什么规律?

5. 原电池的能斯特方程是如何用热力学方法推导出来的?

6. 通过测定原电池的电动势 E,可得到哪些常用的热力学数据?

7. 如何通过测定原电池的电动势 E,得到电解质的活度 a、反应平衡常数 $K^{\ominus}$ 及难溶盐的 K_{sp}?

8. 电极极化对电极的电势有什么影响? 对原电池和电解池有什么影响?

习 题

7.1 用铂电极电解 $CuCl_2$ 溶液。通过的电流为 20 A,经过 15 min 后,问:(1) 在阴极上能析出多少质量的 Cu? (2) 在 27℃、100 kPa 下阳极上能析出多少体积的 $Cl_2(g)$?

答:(1) 5.927 g;(2) 2.328 dm³

7.2 用 Pb(s) 电极电解 $Pb(NO_3)_2$ 溶液,已知溶液浓度为 1 g 水中含有 $Pb(NO_3)_2$ 1.66×10^{-2} g。通电一段时间,测得与电解池串联的银库仑计中有 0.1658 g 的银沉积。阳极区的溶液质量为 62.50 g,其中含有 $Pb(NO_3)_2$ 1.151 g,计算 Pb^{2+} 的迁移数。

答:$t(Pb^{2+})$ = 0.479

7.3 用银电极电解 $AgNO_3$ 溶液。通电一段时间后,阴极上有 0.078 g 的 Ag(s) 析出,阳极区溶液质量为 23.376 g,其中含 $AgNO_3$ 0.236 g。已知通电前溶液浓度为 1 kg 水中溶有 7.39 g $AgNO_3$。求 Ag^+ 和 NO_3^- 的迁移数。

答:$t(Ag^+)$ = 0.47;$t(NO_3^-)$ = 0.53

*7.4 在一个细管中,于 0.033 27 mol·dm^{-3} GdCl$_3$ 溶液的上面放入 0.073 mol·dm^{-3} LiCl 溶液,使它们之间有一个明显的界面。令 5.594 mA 的电流自上而下通过该管,界面不断向下移动,并且一直保持清晰。3 976 s 以后,界面在管内向下移动的距离相当于 1.002 cm^{-3} 的溶液在管中所占的长度。计算在实验温度 25 ℃ 下,GdCl$_3$ 溶液中的 $t(Gd^{3+})$ 和 $t(Cl^-)$。

答:$t(Gd^{3+}) = 0.434$;$t(Cl^-) = 0.566$

7.5 已知 25 ℃ 时 0.02 mol·dm^{-3} KCl 溶液的电导率为 0.276 8 S·m^{-1}。在一电导池中充以此溶液,25 ℃ 时测得其电阻为 453 Ω。在同一电导池中装入同样体积的质量浓度为 0.555 g·dm^{-3} 的 CaCl$_2$ 溶液,测得电阻为 1 050 Ω。计算:(1) 电导池系数;(2) CaCl$_2$ 溶液的电导率;(3) CaCl$_2$ 溶液的摩尔电导率。

答:(1) 125.4 m^{-1};(2) 0.119 4 S·m^{-1};(3) 0.023 88 S·m^2·mol^{-1}

*7.6 已知 25 ℃ 时 $\Lambda_m^\infty(NH_4Cl) = 0.012\ 625$ S·m^2·mol^{-1},$t(NH_4^+) = 0.490\ 7$。试计算 $\Lambda_m^\infty(NH_4^+)$ 及 $\Lambda_m^\infty(Cl^-)$。

答:$\Lambda_m^\infty(NH_4^+) = 6.195 \times 10^{-3}$ S·m^2·mol^{-1};$\Lambda_m^\infty(Cl^-) = 6.430 \times 10^{-3}$ S·m^2·mol^{-1}

7.7 25 ℃ 时将电导率为 0.141 S·m^{-1} 的 KCl 溶液装入一电导池中,测得其电阻为 525 Ω。在同一电导池中装入 0.1 mol·dm^{-3} 的 NH$_3$·H$_2$O 溶液,测得电阻为 2 030 Ω。利用表 7.3.2 中的数据计算 NH$_3$·H$_2$O 的解离度 α 及解离常数 $K^\ominus$。

答:$\alpha = 0.013\ 44$;$K^\ominus = 1.834 \times 10^{-5}$

7.8 25 ℃ 时纯水的电导率为 5.5×10^{-6} S·m^{-1},密度为 997.0 kg·m^{-3}。H$_2$O 中存在下列平衡:H$_2$O $\rightleftharpoons$ H$^+$ + OH$^-$,计算此时 H$_2$O 的摩尔电导率、解离度和 H$^+$ 的浓度。

答:$\Lambda_m = 9.93 \times 10^{-11}$ S·m^2·mol^{-1};$\alpha = 1.813 \times 10^{-9}$;$c_{H^+} = 1.004 \times 10^{-7}$ mol·dm^{-3}

7.9 已知 25 ℃ 时水的离子积 $K_w = 1.008 \times 10^{-14}$,NaOH、HCl 和 NaCl 的 Λ_m^∞ 分别等于 0.024 811 S·m^2·mol^{-1},0.042 616 S·m^2·mol^{-1} 和 0.012 645 S·m^2·mol^{-1}。

(1) 求 25 ℃ 时纯水的电导率;
(2) 利用该纯水配制 AgBr 饱和水溶液,测得溶液的电导率 κ(溶液) $= 1.664 \times 10^{-5}$ S·m^{-1}。求 AgBr(s) 在纯水中的溶解度。

答:$\kappa(H_2O) = 5.500 \times 10^{-6}$ S·m^{-1};$c = 7.939 \times 10^{-4}$ mol·m^{-3}

7.10 应用德拜-休克尔极限公式计算 25 ℃ 时 0.002 mol·kg^{-1} CaCl$_2$ 溶液中 $\gamma(Ca^{2+})$、$\gamma(Cl^-)$ 和 $\gamma_\pm$。

答:$\gamma(Ca^{2+}) = 0.695\ 5$;$\gamma(Cl^-) = 0.913\ 2$;$\gamma_\pm = 0.834\ 0$

7.11 现有 25 ℃,0.01 mol·kg^{-1} BaCl$_2$ 水溶液。计算溶液的离子强度 I、BaCl$_2$ 的平均离子活度因子 $\gamma_\pm$ 和平均离子活度 $a_\pm$。

答:$I = 0.03$ mol·kg^{-1};$\gamma_\pm = 0.666$;$a_\pm = 0.010\ 57$

*7.12 25 ℃ 时碘酸钡 Ba(IO$_4$)$_2$ 在纯水中的溶解度为 5.46×10^{-4} mol·dm^{-3}。假定可以应用德拜-休克尔极限公式,试计算该盐在 0.01 mol·dm^{-3} CaCl$_2$ 溶液中的溶解度。

答:7.566×10^{-4} mol·dm^{-3}

7.13 电池 Pt | H$_2$(101.325 kPa) | HCl(0.1 mol·kg^{-1}) | Hg$_2$Cl$_2$(s) | Hg 电动势 E 与温度

T 的关系为
$$E/V = 0.069\ 4 + 1.881 \times 10^{-3} T/K - 2.9 \times 10^{-6} (T/K)^2$$

(1) 写出电极反应和电池反应；

(2) 计算 25 ℃ 时该反应的 $\Delta_r G_m$、$\Delta_r S_m$、$\Delta_r H_m$ 及电池恒温可逆放电时该反应过程的 $Q_{r,m}$；

(3) 若反应在电池外在同样温度下恒压进行，计算系统与环境交换的热。

答：(2) $z=1$ 时，$\Delta_r G_m = -35.93$ kJ·mol^{-1}；$\Delta_r S_m = 14.64$ J·mol^{-1}·K^{-1}；$\Delta_r H_m = -31.57$ kJ·mol^{-1}；$Q_{r,m} = 4.365$ kJ·mol^{-1}；$Q_{p,m} = -31.57$ kJ·mol^{-1}

7.14 25 ℃ 时，电池 Zn｜ZnCl$_2$(0.555 mol·kg^{-1})｜AgCl(s)｜Ag 的电动势 $E = 1.015$ V。已知，$E^{\ominus}($Zn^{2+}｜Zn$) = -0.762\ 0$ V，$E^{\ominus}($Cl$^-$｜AgCl｜Ag$) = 0.222\ 2$ V，电池电动势的温度系数 $\left(\dfrac{\partial E}{\partial T}\right)_p = -4.02 \times 10^{-4}$ V·K^{-1}。

(1) 写出电极反应和电池反应；

(2) 计算反应的标准平衡常数 $K^{\ominus}$；

(3) 计算电池反应可逆热 $Q_{r,m}$；

(4) 求溶液中 ZnCl$_2$ 的平均离子活度因子 $\gamma_{\pm}$。

答：$K^{\ominus} = 1.88 \times 10^{33}$；$Q_{r,m} = -2.313 \times 10^4$ J·mol^{-1}；$\gamma_{\pm} = 0.508$

7.15 甲烷燃烧过程可设计成燃料电池，当电解质为酸性溶液时，电极反应和电池反应分别为

阳极： CH$_4$(g) + 2H$_2$O(l) $=\!=\!=$ CO$_2$(g) + 8H$^+$ + 8e$^-$

阴极： 2O$_2$(g) + 8H$^+$ + 8e$^-$ $=\!=\!=$ 4H$_2$O(l)

电池反应： CH$_4$(g) + 2O$_2$(g) $=\!=\!=$ CO$_2$(g) + 2H$_2$O(l)

已知，25 ℃ 时有关物质的标准摩尔生成吉布斯函数 $\Delta_f G_m^{\ominus}$ 为

物质	CH$_4$(g)	CO$_2$(g)	H$_2$O(l)
$\Delta_f G_m^{\ominus}/($kJ·mol$^{-1})$	-50.72	-394.359	-237.129

计算 25 ℃ 时该电池的标准电动势。

答：1.059 6 V

7.16 写出下列各电池的电极反应和电池反应，应用表 7.7.1 中的数据计算 25 ℃ 时各电池的电动势，各电池反应的摩尔吉布斯函数变及标准平衡常数，并指明各电池反应能否自发进行。

(1) Pt｜H$_2$(g, 100 kPa)｜HCl[a(HCl) = 0.8]｜Cl$_2$(g, 100 kPa)Pt

(2) Zn｜ZnCl$_2$[a(ZnCl$_2$) = 0.6)]｜AgCl(s)｜Ag

(3) Cd｜Cd^{2+}[a(Cd^{2+}) = 0.01]∥Cl$^-$[a(Cl$^-$) = 0.5]｜Cl$_2$(g, 100 kPa)｜Pt

答：(1) $E = 1.363\ 6$ V，$z = 2$，$\Delta_r G_m = -263.13$ kJ·mol^{-1}，$K^{\ominus} = 8.11 \times 10^{45}$，自发进行；

(2) $E = 0.990\ 7$ V，$z = 2$，$\Delta_r G_m = -191.18$ kJ·mol^{-1}，$K^{\ominus} = 1.876 \times 10^{33}$，自发进行；

(3) $E = 1.838\ 1$ V,$z = 2$,$\Delta_r G_m = -354.70$ kJ·mol^{-1},$K^{\ominus} = 3.472 \times 10^{59}$,自发进行

7.17 应用表 7.4.1 的数据计算 25 ℃时下列电池的电动势。

$$\text{Cu} \mid \text{CuSO}_4(b_1 = 0.01\ \text{mol·kg}^{-1}) \parallel \text{CuSO}_4(b_2 = 0.1\ \text{mol·kg}^{-1}) \mid \text{Cu}$$

答:0.017 49 V

7.18 25 ℃时,电池 Pt $\mid$ H$_2$(g,100 kPa) $\mid$ HCl($b = 0.1$ mol·kg^{-1}) $\mid$ Cl$_2$(g,100 kPa) $\mid$ Pt 的电动势为 1.488 1 V,计算 HCl 溶液中 HCl 的平均离子活度因子。

答:$\gamma_{\pm}(\text{HCl}) = 0.793\ 5$

7.19 25 ℃时,实验测定电池 Pb $\mid$ PbSO$_4$(s) $\mid$ H$_2$SO$_4$(0.01 mol·kg^{-1}) $\mid$ H$_2$(g,$p^{\ominus}$) $\mid$ Pt 的电动势为 0.170 5 V。已知 25 ℃ 时, $\Delta_f G_m^{\ominus}(\text{H}_2\text{SO}_4, \text{aq}) = \Delta_f G_m^{\ominus}(\text{SO}_4^{2-}, \text{aq}) = -744.53$ kJ·mol^{-1}, $\Delta_f G_m^{\ominus}(\text{PbSO}_4, \text{s}) = -813.0$ kJ·mol^{-1}。

(1) 写出上述电池的电极反应和电池反应;

(2) 求 25 ℃时的 $E^{\ominus}(\text{SO}_4^{2-} \mid \text{PbSO}_4 \mid \text{Pb})$;

(3) 计算 0.01 mol·kg^{-1} H$_2$SO$_4$ 溶液的 $a_{\pm}$ 和 $\gamma_{\pm}$。

答:(2) $-0.354\ 8$ V;(3) 8.376×10^{-3},0.528

7.20 浓差电池 Pb $\mid$ PbSO$_4$(s) $\mid$ CdSO$_4$($b_1, \gamma_{\pm,1}$) $\parallel$ CdSO$_4$($b_2, \gamma_{\pm,2}$) $\mid$ PbSO$_4$(s) $\mid$ Pb,其中 $b_1 = 0.2$ mol·kg^{-1},$\gamma_{\pm,1} = 0.1$;$b_2 = 0.02$ mol·kg^{-1},$\gamma_{\pm,2} = 0.32$。已知在两液体接界处 Cd^{2+} 的迁移数的平均值为 $t(\text{Cd}^{2+}) = 0.37$。

(1) 写出电极反应和电池反应;

(2) 计算 25 ℃时液体接界电势 E(液接)及电池电动势 E。

答:E(液接) $= -0.003\ 806$ V;$E = 0.010\ 83$ V

7.21 为了确定亚汞离子在水溶液中是以 Hg$^+$ 还是以 Hg$_2^{2+}$ 形式存在,设计了如下电池:

$$\text{Hg} \left| \begin{array}{l} \text{HNO}_3 \quad 0.1\ \text{mol·dm}^{-3} \\ \text{硝酸亚汞} \quad 0.263\ \text{mol·dm}^{-3} \end{array} \right\| \begin{array}{l} \text{HNO}_3 \quad 0.1\ \text{mol·dm}^{-3} \\ \text{硝酸亚汞} \quad 2.63\ \text{mol·dm}^{-3} \end{array} \right| \text{Hg}$$

测得在 18 ℃时的 $E = 29$ mV,求亚汞离子的形式。

答:Hg$_2^{2+}$

7.22 电池 Pt $\mid$ H$_2$(g,100 kPa) $\mid$ 待测 pH 的溶液 $\parallel$ 1 mol·dm^{-3} KCl $\mid$ Hg$_2$Cl$_2$(s) $\mid$ Hg 在 25 ℃时测得电池电动势 $E = 0.664$ V,试计算待测溶液的 pH。

答:pH = 6.49

7.23 在电池 Pt $\mid$ H$_2$(g,100 kPa) $\mid$ HI 溶液 $[a(\text{HI}) = 1]$ $\mid$ I$_2$(s) $\mid$ Pt 中,进行如下两个电池反应:

(1) H$_2$(g,100 kPa) + I$_2$(s) $=\!=\!=$ 2HI$[a(\text{HI}) = 1]$

(2) $\dfrac{1}{2}$H$_2$(g,100 kPa) + $\dfrac{1}{2}$I$_2$(s) $=\!=\!=$ HI$[a(\text{HI}) = 1]$

应用表 7.7.1 的数据计算两个电池反应的 $E^{\ominus}$、$\Delta_r G_m^{\ominus}$ 和 $K^{\ominus}$。

答:(1) $E^{\ominus} = 0.535$ V,$\Delta_r G_m^{\ominus} = -103.24$ kJ·mol^{-1},$K^{\ominus} = 1.22 \times 10^{18}$;

(2) $E^{\ominus} = 0.535$ V,$\Delta_r G_m^{\ominus} = -51.62$ kJ·mol^{-1},$K^{\ominus} = 1.11 \times 10^9$

7.24 将下列反应设计成原电池(写出电极反应及电池图式表示),并应用表 7.7.1 的数据计算 25 ℃时电池反应的 $\Delta_r G_m^{\ominus}$ 及 $K^{\ominus}$。

(1) $2Ag^+ + H_2(g) \Longrightarrow 2Ag + 2H^+$

(2) $Cd + Cu^{2+} \Longrightarrow Cd^{2+} + Cu$

(3) $Sn^{2+} + Pb^{2+} \Longrightarrow Sn^{4+} + Pb$

(4) $2Cu^+ \Longrightarrow Cu + Cu^{2+}$

答:(1) $\Delta_r G_m^{\ominus} = -154.26 \text{ kJ} \cdot \text{mol}^{-1}$,$K^{\ominus} = 1.06 \times 10^{27}$;

(2) $\Delta_r G_m^{\ominus} = -143.74 \text{ kJ} \cdot \text{mol}^{-1}$,$K^{\ominus} = 1.53 \times 10^{25}$;

(3) $\Delta_r G_m^{\ominus} = 53.53 \text{ kJ} \cdot \text{mol}^{-1}$,$K^{\ominus} = 4.18 \times 10^{-10}$;

(4) $\Delta_r G_m^{\ominus} = -34.60 \text{ kJ} \cdot \text{mol}^{-1}$,$K^{\ominus} = 1.15 \times 10^{6}$。

7.25 将反应 $Ag(s) + \frac{1}{2}Cl_2(g, p^{\ominus}) \Longrightarrow AgCl(s)$ 设计成原电池。已知在 25 ℃时,$\Delta_f H_m^{\ominus}(AgCl, s) = -127.07 \text{ kJ} \cdot \text{mol}^{-1}$,$\Delta_f G_m^{\ominus}(AgCl, s) = -109.79 \text{ kJ} \cdot \text{mol}^{-1}$,标准电极电势 $E^{\ominus}(Ag^+ | Ag) = 0.7994 \text{ V}$,$E^{\ominus}[Cl^- | Cl_2(g) | Pt] = 1.3579 \text{ V}$。

(1) 写出电极反应和电池图式表示;

(2) 求 25 ℃、电池可逆放电 $2F$ 电荷量时的热 Q_r;

(3) 求 25 ℃时 AgCl 的溶度积 K_{sp}。

答:(1) $Ag(s) | AgCl(s) | Cl^-[a(Cl^-)] | Cl_2(g, p^{\ominus}) | Pt$;

(2) $Q_r = -34.56 \text{ kJ}$;(3) $K_{sp} = 1.605 \times 10^{-10}$。

7.26 已知铅酸蓄电池

$Pb | PbSO_4(s) | H_2SO_4(b = 1.00 \text{ mol} \cdot \text{kg}^{-1}), H_2O | PbSO_4(s), PbO_2(s) | Pb$

在 25 ℃时的电动势 $E = 1.9283 \text{ V}$,$E^{\ominus} = 2.0501 \text{ V}$。该电池的电池反应为

$Pb(s) + PbO_2(s) + 2SO_4^{2-} + 4H^+ \Longrightarrow 2PbSO_4(s) + 2H_2O$

(1) 请写出该电池的电极反应;

(2) 计算该电池中硫酸溶液的活度 a、平均离子活度 $a_{\pm}$ 及平均离子活度因子 $\gamma_{\pm}$;

(3) 已知该电池的温度系数为 $5.664 \times 10^{-5} \text{ V} \cdot \text{K}^{-1}$,计算电池反应的 $\Delta_r G_m$、$\Delta_r S_m$、$\Delta_r H_m$ 及可逆热 $Q_{r,m}$。

答:(2) $a = 8.731 \times 10^{-3}$,$a_{\pm} = 0.2059$,$\gamma_{\pm} = 0.1297$;

(3) $\Delta_r G_m = -372.1 \text{ kJ} \cdot \text{mol}^{-1}$,$\Delta_r S_m = 10.93 \text{ J} \cdot \text{K}^{-1} \cdot \text{mol}^{-1}$,$\Delta_r H_m = -368.8 \text{ kJ} \cdot \text{mol}^{-1}$,$Q_{r,m} = 3.259 \text{ kJ} \cdot \text{mol}^{-1}$。

7.27 (1) 已知 25 ℃时,$H_2O(l)$ 的标准摩尔生成焓和标准摩尔生成吉布斯函数分别为 $-285.83 \text{ kJ} \cdot \text{mol}^{-1}$ 和 $-237.129 \text{ kJ} \cdot \text{mol}^{-1}$。计算在氢-氧燃料电池中进行下列反应时电池的电动势及其温度系数。

$H_2(g, 100 \text{ kPa}) + \frac{1}{2}O_2(g, 100 \text{ kPa}) \Longrightarrow H_2O(l)$

(2) 应用表 7.7.1 的数据计算上述电池的电动势。

答：(1) 1.229 V，-8.46×10^{-4} V·K^{-1}；(2) 1.229 V

7.28 已知 25 ℃ 时 $E^{\ominus}(Fe^{3+}\mid Fe) = -0.036$ V，$E^{\ominus}(Fe^{3+},Fe^{2+}\mid Pt) = 0.770$ V。试计算 25 ℃ 时电极 $Fe^{2+}\mid Fe$ 的标准电极电势 $E^{\ominus}(Fe^{2+}\mid Fe)$。

答：-0.439 V

7.29 已知 25 ℃ 时 AgBr 的溶度积 $K_{sp} = 4.88\times10^{-13}$，$E^{\ominus}(Ag^+\mid Ag) = 0.799\ 4$ V，$E^{\ominus}[Br^-\mid Br_2(l)\mid Pt] = 1.006$ V。试计算 25 ℃ 时，

(1) 银-溴化银电极的标准电极电势 $E^{\ominus}[Br^-\mid AgBr(s)\mid Ag]$；

(2) AgBr(s) 的标准生成吉布斯函数。

答：(1) 0.071 0 V；(2) -96.0 kJ·mol^{-1}

7.30 25 ℃ 时用铂电极电解 1 mol·dm^{-3} 的 H_2SO_4。

(1) 计算理论分解电压；

(2) 若两电极面积均为 1 cm^2，电解液电阻为 100 Ω，$H_2(g)$ 和 $O_2(g)$ 的超电势 η 与电流密度的关系分别为

$$\eta[H_2(g)]/V = 0.472 + 0.118\lg[J/(A\cdot cm^{-2})]$$
$$\eta[O_2(g)]/V = 1.062 + 0.118\lg[J/(A\cdot cm^{-2})]$$

问当通过的电流为 1 mA 时，外加电压为若干。

答：(1) 1.229 V；(2) 2.155 V

第八章 量子力学基础

在 19 世纪,经典物理学的基本框架——牛顿力学、热力学及麦克斯韦电磁理论已经建立起来并趋于完善。这些理论具有完美简洁的形式,为人类认识客观世界提供了强有力的工具,剩下的问题似乎只是对该体系进一步完善。然而,19 世纪末及 20 世纪初的一系列重大发现如黑体辐射、光电效应及氢原子光谱等粉碎了这种幻想,经典力学不适用于描述微观世界。一个新的理论,量子力学在普朗克(Planck)、爱因斯坦(Einstein)、德布罗意(de Bröglie)、玻尔(Bohr)、薛定谔(Schrödinger)、海森堡(Heisenberg)及狄拉克(Dirac)等大师的手中诞生了。这一新的理论不仅提供了研究微观系统如原子、分子系统的理论基础,而且其诞生及发展充分展示了人类在认识自然规律时思维发展的全过程。

黑体辐射　量子的概念起源于普朗克对黑体辐射的研究。所谓黑体就是能吸收所有到达其表面的电磁辐射,而不发生反射或其自身不发出电磁辐射的物体。黑体在加热时同样也是理想的辐射发射体。图 8.0.1 所示的空腔可以很好地模拟黑体(腔内表面涂以炭黑,可吸收 97% 的辐射)。当一个铁块被加热时,开始时铁块发红,随着温度的升高,铁块变成橘红、变白直至白中发蓝。黑体辐射即为这类现象理想化的理论模型。

一个黑体可发出不同波长的辐射,其强度只与温度有关,在不同的温度下,不同频率的辐射对辐射能量的贡献不同。对黑体辐射的经典物理学处理,不能解释黑体辐射的能量随辐射频率的分布的实验数据。1900 年,德国物理学家普朗克首先利用试差法给出了与实验曲线吻合很好的频率分布函数经验公式。普朗克假定组成黑体的原子或分子只能以 $h\nu$ 的能量吸收或发射频率为 ν 的辐射,即能量的发射与吸收不是连续的,而是一份一份进行的。此处 $h = 6.626 \times 10^{-34}$ J·s 称为**普朗克常量**,而将 $h\nu$ 称为**量子**。量子及能量量子化的概念是对经典理论的颠覆,现在被认为是量子力学的开端,而在当时多数物理学家包括普朗克本人不愿意

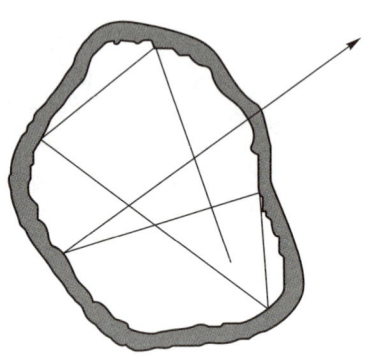

图 8.0.1　黑体辐射示意图

§8.1 量子力学的基本假设

接受这一概念。

光电效应　如图 8.0.2 所示,在一个真空球中封装两个金属极板,外接可变电压电源。当用光照射阴极极板时检验是否有电流产生。

实验结果表明,对一特定的阴极材料,当照射光的频率超过某一最小值 ν_0(不同的阴极材料 ν_0 不同)时,无论照射光的强度多小,阴极都会有电子发射而产生电流,而加大照射光的强度只会增加阴极发射电子的数目,但不影响电子的动能。阴极发射出的电子的动能随照射光频率线性变化。经典电磁理论认为,作为电磁波,光的强度即能量与波的振幅的平方成正比,而与波的频率无关。加大照射光的强度理应使发射出的电子的动能增大,而不是使发射电子的数目增加。这显然与上述实验结果相矛盾。

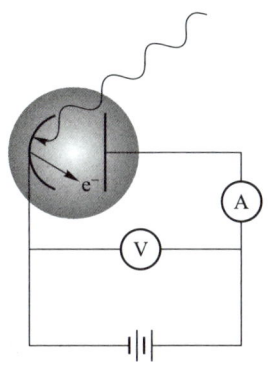

图 8.0.2　光电效应示意图

1905 年爱因斯坦将普朗克的量子概念应用于光电效应,指出如果电磁场是量子化的,即为由其值为 $h\nu$ 的能量束组成,则光电效应可得到完美解释。此能量束后来被路易斯(Lewis GN)称为**光子**。频率为 ν 的光,其光子的能量为

$$\varepsilon_{光子} = h\nu \tag{8.0.1}$$

应用光子的概念,光电效应可看成当光照射到阴极表面时,光子与金属中的电子发生碰撞:电子通过碰撞获得能量,从而克服金属对其的束缚,逃逸出阴极表面而产生电流。由于每个光子均与电子发生碰撞,因此无论入射光的强度(单位时间、单位体积的光子数)有多小,只要光的频率大到足以使电子脱离阴极的束缚,就有电流产生,而发射出的电子的数量显然随光强的加大而增多。另一方面,提高入射光的频率,则增加了光子的能量,使得光子与电子碰撞后发射电子的动能增加。

爱因斯坦光电效应理论的重要意义在于指出了光除具有波的性质外尚具有粒子的特性,即所谓波粒二象性。在将光看成是由光子(粒子性)组成时,即可完美解释光电效应的观测结果。

德布罗意假设及不确定原理　爱因斯坦光电效应理论确立了光的波粒二象性概念,但其他微观粒子如电子是否也同样具有波粒二象性？毕竟光子与实物粒子存在重要差别:前者的静止质量为零,且以光速 c 运动;而后者的静止质量不为零,其速度一定小于 c。法国物理学家德布罗意于 1923 年给出假定:同光子一样,实物粒子也具有波粒二象性。同实物粒子相关联的波(德布罗意波)的波长通过与光子类比得到。

根据式(8.0.1)$\varepsilon_{光子} = h\nu$,而狭义相对论给出 $\varepsilon_{光子} = mc^2$,故 $\nu = mc^2/h$。另一方

面,波的频率与波长的乘积为波传播速度,即有 $\nu\lambda = c$,从而对光子有 $\lambda = h/(mc)$。通过类比,质量为 m、速度为 v 的实物粒子应具有波长:

$$\lambda = \frac{h}{mv} = \frac{h}{p} \tag{8.0.2}$$

式中 $p=mv$ 为粒子的动量。式(8.0.2)左端反映了波的性质,而右端则为粒子的性质。1927 年戴维森(Davisson C J)和革末(Germer L H)将电子束穿过 Ni 金属箔片,观察到了电子的衍射效应,从而证实了德布罗意关于实物粒子波粒二象性假设[①]。

必须强调的是,所谓粒子的波粒二象性,绝非说粒子既是波又是粒子。要研究粒子的运动,就必须使粒子与测量仪器发生作用,根据作用的结果来认识粒子的行为。例如光,当其通过狭缝时产生衍射,而衍射是波动的典型特征,因此在该试验中光的行为用波来描述;而在光电效应及光压实验中,光的行为表现出粒子的特征。

由于粒子的波粒二象性,对粒子的坐标和动量加以测量时,所得结果将有所限制。1927 年海森堡发现,坐标和动量测量结果的不确定值 Δx 和 Δp_x(Δy 和 Δp_y,Δz 和 Δp_z)满足关系:

$$\Delta x \cdot \Delta p_x \geqslant \frac{h}{4\pi} = \frac{\hbar}{2} \tag{8.0.3}$$

式中 $\hbar = h/(2\pi)$ 称为**约化普朗克常量**。式(8.0.3)称为**不确定原理**[②]。不确定原理指出,粒子的坐标和动量不能同时准确测定。需要强调的是,不确定原理并非由于技术的原因不能同时准确测量坐标和该坐标方向上的动量,而是微观粒子波粒二象性的必然结果。由于普朗克常量很小,不确定原理对宏观系统而言没有什么影响。

在本章中,首先简单介绍量子力学的基本假设,然后讨论几个简单系统的量子力学处理,最后简单介绍量子力学在原子结构、分子结构及分子光谱研究中的应用,所得到的结论构成了量子统计热力学的基础。

§8.1 量子力学的基本假设

量子理论的起源、发展很大程度上归因于与经典理论的类比。

[①] X 射线衍射、电子衍射及中子衍射是现代晶体及分子结构测定的重要方法。
[②] 时间 t 和能量 E 也满足不确定原理 $\Delta t \cdot \Delta E \geqslant \hbar/2$。

考察一个作一维运动的宏观粒子,设其质量为 m,作用在粒子上的力 $\vec{F}$ 与粒子的运动方向平行且恒定,如图 8.1.1 所示。

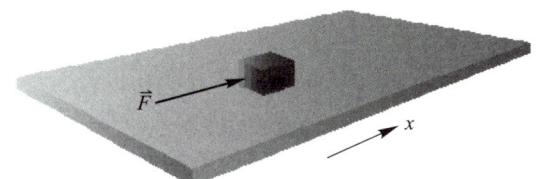

图 8.1.1　宏观粒子的一维运动

根据牛顿第二定律,其运动方程为

$$m\frac{\mathrm{d}^2 x}{\mathrm{d}t^2} = F \tag{8.1.1}$$

对式(8.1.1)积分得

$$\begin{cases} m\dfrac{\mathrm{d}x}{\mathrm{d}t} = p = Ft + p_0 & (8.1.2\mathrm{a}) \\[2mm] x = \dfrac{F}{2m}t^2 + \dfrac{p_0}{m}t + x_0 & (8.1.2\mathrm{b}) \end{cases}$$

式中 $x_0 、 p_0 = m(\mathrm{d}x/\mathrm{d}t)_{t_0}$ 分别为粒子在初始时刻 ($t = t_0$) 的坐标和动量。从式(8.1.2a)和式(8.1.2b)可以看出,如果知道了 t_0 时刻粒子的坐标和动量及作用在粒子上的力 $\vec{F}$,该粒子在任意时刻 t 时的坐标和动量就完全确定了。也就是说:

① 粒子的状态由其坐标和动量确定。对于一个处于三维空间中的粒子,要确定其坐标和动量须分别指定它的三个坐标分量(x,y,z)和三个动量分量(p_x, p_y, p_z)。推而广之,若系统包含 N 个粒子,则系统的状态由指定 $3N$ 个坐标分量和 $3N$ 个动量分量确定。

② 系统状态随时间的变化由牛顿第二定律确定。系统的物理量表示为坐标和动量的函数,例如,处于重力场或电磁场中运动粒子的能量:

$$\begin{aligned} E &= V(x,y,z) + \frac{1}{2}m(v_x^2 + v_y^2 + v_z^2) \\ &= V(x,y,z) + \frac{1}{2m}(p_x^2 + p_y^2 + p_z^2) \end{aligned} \tag{8.1.3}$$

式中 $V(x,y,z)$ 为粒子在重力场或电磁场中的势能。

再如，绕定点运动粒子的角动量$\vec{L}$（见图 8.1.2）：

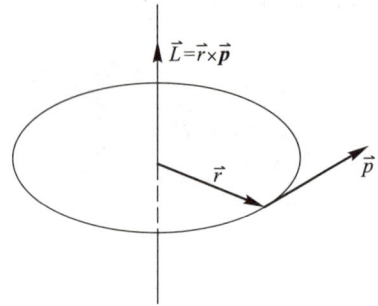

图 8.1.2 绕定点运动粒子的角动量

$$\vec{L} = \vec{r} \times \vec{p}$$
$$= (yp_z - zp_y)\vec{i} + (zp_x - xp_z)\vec{j} + (xp_y - yp_x)\vec{k} \tag{8.1.4}$$

式中$\vec{i}$、$\vec{j}$和$\vec{k}$分别为x、y和z方向上的单位矢量。

当在时刻t测量得到系统所有坐标和动量分量的数值，系统的力学量也随之而定了。

由于不确定原理，微观粒子的坐标和动量不能同时精确测量，以上的讨论对于由微观粒子组成的系统不再成立。换言之，不能同时用粒子的坐标和动量来指定系统的状态。我们需要不同于经典力学的新的力学方法来研究微观粒子的运动，这一新的力学就是量子力学。

与经典力学类比，量子力学要解决的主要问题是：① 如何描述微观粒子系统的状态；② 给出微观粒子系统的状态随时间变化规律的数学描述；③ 微观粒子系统可观测物理量的表示及其测量。

量子力学是建立在一系列假设基础上的[①]，下面简单介绍其中四个基本假设：假设一和二分别回答了上述第一和第二个问题，假设三和四则回答了第三问题。

假设一 由N个粒子组成的微观系统，其状态可由这N个粒子的坐标的函数$\Psi(t, q_1, q_2, \cdots)$[或动量的函数$\Psi(t, p_1, p_2, \cdots)$]描述，$\Psi$称为波函数[②]。

为了叙述上的方便，常将坐标写做q，如对于一个单粒子系统，其坐标为(x, y, z)，写做(q_1, q_2, q_3)。此外要注意波函数Ψ一般为复函数，Ψ^*为Ψ的复共轭函数。

---

① 参见有关量子力学的发展史。
② 微观系统的状态由波函数Ψ表示，并不表示粒子在空间作波动运动。

（1）**波函数的概率诠释** 波函数 Ψ 本身没有明确的物理意义,但其模 $|\Psi|=\sqrt{\Psi^*\Psi}$ 的平方 $|\Psi|^2=\Psi^*\Psi$ 表示在时刻 t,(x_1,y_1,z_1) 处发现粒子 1,(x_2,y_2,z_2) 处发现粒子 2,$\cdots$,(x_N,y_N,z_N) 处发现粒子 N 的概率密度。这一表述称为**波函数的概率诠释**。因此 $\Psi^*\Psi \mathrm{d}\tau=|\Psi|^2\mathrm{d}\tau$ [$\mathrm{d}\tau=\mathrm{d}\tau_1(x_1,y_1,z_1)\mathrm{d}\tau_2(x_2,y_2,z_2)\cdots\mathrm{d}\tau_N(x_N,y_N,z_N)$]为在时刻 t,体积元 $\mathrm{d}\tau_1(x_1,y_1,z_1)$ 中发现粒子 1,$\mathrm{d}\tau_2(x_2,y_2,z_2)$ 中发现粒子 2,$\cdots$,$\mathrm{d}\tau_N(x_N,y_N,z_N)$ 中发现粒子 N 的概率。

例如,对一个单粒子系统,设其波函数为 $\Psi(t,x,y,z)$,则 $\Psi^*\Psi \mathrm{d}\tau=|\Psi|^2\mathrm{d}\tau$ 表示在时刻 t,(x,y,z) 处体积元 $\mathrm{d}\tau(=\mathrm{d}x\mathrm{d}y\mathrm{d}z)$ 中发现该粒子的概率。

（2）**品优函数** 由于波函数的概率诠释,波函数要具有下列性质:

① **单值性** 任意时刻在空间每点找到粒子的概率是确定的。

② **连续性**。

③ **可归一化** 由于 $|\Psi|^2\mathrm{d}\tau$ 为在体积元 $\mathrm{d}\tau$ 中粒子出现的概率,在整个空间找到粒子是必然事件,故 $\int|\Psi|^2\mathrm{d}\tau=1$（式中积分遍及粒子出现的整个空间）。满足这一条件的函数 Ψ 称为平方可积分且归一化的。

同时满足上述三个条件的函数称为**品优函数**。波函数为品优函数。

必须强调的是,由于 $(\mathrm{e}^{\mathrm{i}\alpha}\Psi)^*(\mathrm{e}^{\mathrm{i}\alpha}\Psi)=\Psi^*\Psi$[①]（$\alpha$ 任意实数）,即用 $\mathrm{e}^{\mathrm{i}\alpha}$ 乘以波函数并不改变 $|\Psi|^2$ 的意义,因此 $\mathrm{e}^{\mathrm{i}\alpha}\Psi$ 与 Ψ 表示相同的状态,即波函数可以相差因子 $\mathrm{e}^{\mathrm{i}\alpha}$。参见 §8.2 讨论。

假设二 微观粒子的状态 $\Psi(t,\vec{r})$ 随时间的变化遵循薛定谔方程

若用 $\vec{r}$ 代表粒子所有的坐标,波函数可写做 $\Psi(t,\vec{r})$。薛定谔方程表示为

$$-\frac{\hbar}{\mathrm{i}}\frac{\partial \Psi(t,\vec{r})}{\partial t}=\hat{H}\Psi(t,\vec{r}) \tag{8.1.5}$$

$\hat{H}$ 称为哈密顿算符（Hamiltonian）:

---

① $z=x+\mathrm{i}y(\mathrm{i}=\sqrt{-1})$ 称为复数,$z^*=x-\mathrm{i}y$ 称为 z 的复共轭,两个复数乘积的复共轭为它们各自复共轭的乘积:$(AB)^*=A^*B^*$。

由于 $(\mathrm{e}^{\mathrm{i}\alpha})^*=\mathrm{e}^{(\mathrm{i}\alpha)^*}=\mathrm{e}^{-\mathrm{i}\alpha}$,因此 $(\mathrm{e}^{\mathrm{i}\alpha})^*(\mathrm{e}^{\mathrm{i}\alpha})=\mathrm{e}^{-\mathrm{i}\alpha}\mathrm{e}^{\mathrm{i}\alpha}=\mathrm{e}^0=1$。

$\mathrm{e}^{\mathrm{i}\alpha}$ 也可用三角函数表示（欧拉公式）:

$$\mathrm{e}^{\mathrm{i}\alpha}=\cos(\alpha)+\mathrm{i}\sin(\alpha)。$$
$$(\mathrm{e}^{\mathrm{i}\alpha})^*=[\cos(\alpha)+\mathrm{i}\sin(\alpha)]^*=\cos(\alpha)-\mathrm{i}\sin(\alpha)$$
$$(\mathrm{e}^{\mathrm{i}\alpha})^*(\mathrm{e}^{\mathrm{i}\alpha})=[\cos(\alpha)-\mathrm{i}\sin(\alpha)][\cos(\alpha)+\mathrm{i}\sin(\alpha)]$$
$$=\cos^2(\alpha)-\mathrm{i}^2\sin^2(\alpha)=\cos^2(\alpha)+\sin^2(\alpha)=1$$

$$\hat{H} = \sum_{j=1}^{N}\left[-\frac{\hbar^2}{2m_j}\left(\frac{\partial^2}{\partial x_j^2}+\frac{\partial^2}{\partial y_j^2}+\frac{\partial^2}{\partial z_j^2}\right)\right]+V(t,\vec{r}) \qquad (8.1.6)$$

式中 m_j 为粒子 j 的质量；x_j、y_j、z_j 为粒子 j 的坐标；$V(t,\vec{r})$ 为系统的势能。

如果系统的势能 V 与时间无关，则方程(8.1.5)可通过分离变量法求解。设系统的波函数为时间的函数 $T(t)$ 与坐标函数 $\psi(\vec{r})$ 的乘积，即 $\Psi(t,\vec{r})=T(t)\psi(\vec{r})$，将其代入方程(8.1.5)，并将方程两边同除以 $\Psi(t,\vec{r})=T(t)\psi(\vec{r})$，得到

$$-\frac{\hbar}{i}\frac{1}{T(t)}\frac{\mathrm{d}T(t)}{\mathrm{d}t}=\frac{1}{\psi(\vec{r})}\hat{H}\psi(\vec{r})① \qquad (8.1.7)$$

方程(8.1.7)左端只是时间 t 的函数，而右端只是坐标 $\vec{r}$ 的函数。要使其成立，方程两边必须等于同一个常数，记为 E，则有

$$\begin{cases}\hat{H}\psi(\vec{r})=E\psi(\vec{r}) & (8.1.8a)\\ -\dfrac{\hbar}{i}\dfrac{1}{T(t)}\dfrac{\mathrm{d}T(t)}{\mathrm{d}t}=E & (8.1.8b)\end{cases}$$

方程(8.1.8a)称为与时间无关的薛定谔方程。方程(8.1.8b)的解可以通过直接积分得到

$$T(t)=\mathrm{e}^{-iEt/\hbar} \qquad (8.1.9)$$

因此，当系统的势能函数与时间无关时，系统的波函数为

$$\Psi(t,\vec{r})=\mathrm{e}^{-iEt/\hbar}\psi(\vec{r}) \qquad (8.1.10)$$

考察式(8.1.10)，$|\Psi(t,\vec{r})|^2=|\mathrm{e}^{-iEt/\hbar}\psi(\vec{r})|^2=|\psi(\vec{r})|^2$，这一结果说明，当系统的势能与时间无关时，在空间某点附近发现粒子的概率不随时间变化，将这种状态称为**定态**，故方程(8.1.8a)又称为**定态薛定谔方程**。需要强调的是，所谓定态并非指波函数不随时间变化，而是指在空间某点附近发现粒子的概率不随时间变化。定态波函数随时间的变化由式(8.1.10)确定。

假设三　系统可观测物理量对应于算符

(1) 算符　所谓算符，简单地说就是一种表示变换的符号，它表示将一个函数变为另一个函数的操作。例如，将 $u(x)$ 变换为 $xu(x)$ 的算符记为 $\hat{x}$，即 $\hat{x}u(x)=xu(x)$，将 $u(x)$ 变换为 $u'(x)$ 的算符记为 $\mathrm{d}/\mathrm{d}x$：$u'(x)=\mathrm{d}u(x)/\mathrm{d}x$。在本书中用字母和符号"^"的组合如 $\hat{A},\hat{B},\cdots$ 表示算符。

如果算符 $\hat{A}$ 满足式

---

① 系统的势能函数与 t 无关，则哈密顿算符与 t 无关，因此 $\hat{H}\psi(t,\vec{r})=\hat{H}[T(t)\psi(\vec{r})]=T(t)\hat{H}\psi(\vec{r})$。

$$\hat{A}(c_1 u_1 + c_2 u_2) = c_1 \hat{A} u_1 + c_2 \hat{A} u_2$$

则称其为**线性算符**。式中 c_1 和 c_2 为任意常数,u_1 和 u_2 为函数。显然,$\mathrm{d}/\mathrm{d}x$、$\mathrm{d}^2/\mathrm{d}x^2$ 等为线性算符,而 $\sin$、$\cos$ 和 "$\sqrt{}$" 等则为非线性算符。

对线性算符可以定义加和运算和乘积运算。

算符 $\hat{A}$ 和 $\hat{B}$ 的加和定义为

$$(\hat{A}+\hat{B})u = \hat{A}u + \hat{B}u$$

加和满足交换律和结合律:即 $\hat{A}+\hat{B}=\hat{B}+\hat{A}$,$(\hat{A}+\hat{B})+\hat{C}=\hat{A}+(\hat{B}+\hat{C})$。

算符 $\hat{A}$ 和 $\hat{B}$ 的乘积 $\hat{A}\hat{B}$ 定义为

$$(\hat{A}\hat{B})u = \hat{A}(\hat{B}u)$$

即先用算符 $\hat{B}$ 对 u 作用得到函数 $w(w=\hat{B}u)$,然后将 $\hat{A}$ 作用于 w 上。这一定义易于推广至多个算符的乘积。

算符的乘积满足结合律:$\hat{A}(\hat{B}\hat{C})=(\hat{A}\hat{B})\hat{C}$,但一般不满足交换律,即 $\hat{A}\hat{B} \neq \hat{B}\hat{A}$,如:

$$\left(\hat{x}\frac{\mathrm{d}}{\mathrm{d}x}\right)\psi = x\frac{\mathrm{d}\psi}{\mathrm{d}x}$$

$$\left(\frac{\mathrm{d}}{\mathrm{d}x}\cdot\hat{x}\right)u = \frac{\mathrm{d}}{\mathrm{d}x}(xu) = x\frac{\mathrm{d}u}{\mathrm{d}x}+u$$

如果两个算符乘积的次序可交换,即 $\hat{A}\hat{B}=\hat{B}\hat{A}$,则称它们为相互**对易**的。

算符的加和对乘积满足分配律:

$$\hat{A}(\hat{B}+\hat{C}) = \hat{A}\hat{B}+\hat{A}\hat{C}$$

$$(\hat{A}+\hat{B})\hat{C} = \hat{A}\hat{C}+\hat{B}\hat{C}$$

(2)与物理量 O 所对应算符的构造 前已述及经典力学中物理量可表示为坐标和动量的函数。由于不确定原理,这样的表达式对于微观粒子系统是不成立的。因此假定微观粒子系统中每个力学量对应于量子力学中的一个算符。

最基本的两个对应关系是,① 每个坐标 q 对应于该坐标的数乘算符 $\hat{q}=q\times$;② 每个动量分量 p_q 对应算符 $\hat{p}_q = \dfrac{\hbar}{\mathrm{i}}\dfrac{\partial}{\partial q} = -\mathrm{i}\hbar\dfrac{\partial}{\partial q}$。即

$$\hat{x}=x\times,\hat{y}=y\times,\hat{z}=z\times$$

$$\hat{p}_x=\frac{\hbar}{\mathrm{i}}\frac{\partial}{\partial x},\hat{p}_y=\frac{\hbar}{\mathrm{i}}\frac{\partial}{\partial y},\hat{p}_z=\frac{\hbar}{\mathrm{i}}\frac{\partial}{\partial z}。$$

对于物理量 O，首先写出其用直角坐标和相应动量表示的经典力学表达式，然后将其中的坐标和动量代之以上述对应的算符，即可得到对应于 O 的量子力学算符 $\hat{O}$。

例如，对应于 p_x^2 的量子力学算符：

$$\hat{p}_x^2 = \left(\frac{\hbar}{\mathrm{i}}\frac{\partial}{\partial x}\right)^2 = \frac{\hbar}{\mathrm{i}}\frac{\partial}{\partial x}\frac{\hbar}{\mathrm{i}}\frac{\partial}{\partial x} = -\hbar^2\frac{\partial^2}{\partial x^2}$$

类似地，对 p_y^2 和 p_z^2，有

$$\hat{p}_y^2 = -\hbar^2\frac{\partial^2}{\partial y^2}, \quad \hat{p}_z^2 = -\hbar^2\frac{\partial^2}{\partial z^2}$$

考察力常数为 k 的无质量弹簧，设 x 为弹簧长度的改变量，则势能为 $V(x) = \frac{1}{2}kx^2$，对应于 $V(x)$ 的算符为 $\hat{V}(x) = \frac{1}{2}kx^2 \times$。一般地，对任意的势能函数 $V(t,\vec{r})$，其对应的算符 $\hat{V}(t,\vec{r}) = V(t,\vec{r}) \times$。

例 8.1.1 由质量为 m 的单个粒子组成的系统，设粒子的势能为时间和坐标的函数 $V(t, x, y, z)$，试写出对应总能量及绕定点运动角动量算符的表达式。

解： 由于该系统由一个粒子组成，其总能量为粒子动能与势能之和［式（8.1.3）］，称为哈密顿函数：

$$H = \frac{1}{2m}(p_x^2 + p_y^2 + p_z^2) + V(t, x, y, z)$$

将坐标和动量所对应的算符代入上式，并利用前面所得结果，有

$$\hat{H} = -\frac{\hbar^2}{2m}\left(\frac{\partial^2}{\partial x^2} + \frac{\partial^2}{\partial y^2} + \frac{\partial^2}{\partial z^2}\right) + V(t, x, y, z)$$

由式（8.1.4）容易得到角动量各分量对应的算符：

$$\hat{L}_x = -\mathrm{i}\hbar\left(y\frac{\partial}{\partial z} - z\frac{\partial}{\partial y}\right), \hat{L}_y = -\mathrm{i}\hbar\left(z\frac{\partial}{\partial x} - x\frac{\partial}{\partial z}\right), \hat{L}_z = -\mathrm{i}\hbar\left(x\frac{\partial}{\partial y} - y\frac{\partial}{\partial x}\right)$$

（请读者自行导出，推导时注意各项的顺序，因为 $x \cdot \frac{\partial}{\partial x} \neq \frac{\partial}{\partial x} \cdot x$。）

由例 8.1.1 可知，哈密顿算符 $\hat{H}$ 为系统总能量对应的量子力学算符。

将例 8.1.1 的结果推广至多粒子系统，容易证明其哈密顿算符为

$$\hat{H} = \sum_j\left[-\frac{\hbar^2}{2m_j}\left(\frac{\partial^2}{\partial x_j^2} + \frac{\partial^2}{\partial y_j^2} + \frac{\partial^2}{\partial z_j^2}\right)\right] + V(t, \vec{r}) \qquad (8.1.11\mathrm{a})$$

将上式中小括号中的项记为 ∇_j^2，即

$$\nabla_j^2 = \frac{\partial^2}{\partial x_j^2} + \frac{\partial^2}{\partial y_j^2} + \frac{\partial^2}{\partial z_j^2}$$

称为拉普拉斯算符,则

$$\hat{H} = -\sum_j \frac{\hbar^2}{2m_j} \nabla_j^2 + V(t,\vec{r}) \tag{8.1.11b}$$

假设四 对系统物理量 O 进行测量,其结果为 O 所对应算符 $\hat{O}$ 的本征值 λ_n。此假设称为测量原理。

(1) 算符的本征方程、本征值和本征函数　将算符 $\hat{A}$ 作用于函数 u,如果其结果为某常数 λ 与该函数的乘积,即

$$\hat{A}u = \lambda u \tag{8.1.12}$$

则称该方程为算符 $\hat{A}$ 的本征方程,λ 为 $\hat{A}$ 的本征值,u 为 $\hat{A}$ 的属于本征值 λ 的本征函数。

定态薛定谔方程(8.1.8a) $\hat{H}\psi(\vec{r}) = E\psi(\vec{r})$ 为哈密顿算符的本征方程,即系统总能量算符的本征方程,所以根据假设四,$\hat{H}$ 的本征值 E 为系统的总能量。

量子力学中可观测物理量 O 对应的算符为一类特殊的算符,称为厄米算符。这类算符是线性的且满足方程:

$$\int u^* \hat{A} w \, \mathrm{d}\tau = \int w (\hat{A}u)^* \, \mathrm{d}\tau$$

式中 u 和 w 为任意品优函数。厄米算符具有特殊的性质:设厄米算符 $\hat{A}$ 的本征方程为 $\hat{A}u_n = \lambda_n u_n$,容易证明其本征值 λ_n 为实数,且属于不同本征值 λ_n 和 λ_m 的本征函数 u_n 和 u_m 是正交的[①]。

此外,若算符 $\hat{A}$ 和 $\hat{B}$ 相互对易则它们有共同的本征函数集合,由假设四可知与它们对应的物理量 A 和 B 可同时精确测量,例如,角动量平方算符 $\hat{L}^2$ 与角动量在 z 轴方向投影算符 $\hat{L}_z$ 相互对易 $\hat{L}^2\hat{L}_z = \hat{L}_z\hat{L}^2$,因此,角动量的平方与其在 z 轴方向的投影可同时精确测量,详见 405 页脚注。

(2) 处于量子态 ψ 系统可观测物理量 O 的平均值 $\langle O \rangle$　测量原理有两层含义。

① 如果系统所处的状态为 $\hat{O}$ 的本征态 ψ_n,假设其对应本征值 λ_n,则对 O 的

[①] 函数 u_m 和 u_n 的内积定义为积分 $\int u_m^* u_n \, \mathrm{d}\tau$,如果该积分 $\int u_m^* u_n \, \mathrm{d}\tau = 0$,则称函数 u_m 和 u_n 相互正交。

测量结果一定为 λ_n。

② 如果系统所处的状态 ψ 不是 $\hat{O}$ 的本征态,我们能断定对 O 的测量结果将是 $\hat{O}$ 的本征值之一,但并不能预测会得到哪个本征值,能够确定的是测量结果为本征值 λ_k 的概率。设 $\hat{O}$ 的本征值和归一化的本征函数集合分别为 $\{\lambda_1, \lambda_2, \cdots\}$ 和 $\{\psi_1, \psi_2, \cdots\}$,系统所处的量子态为 ψ(归一化的)。ψ 可表示为 $\hat{O}$ 本征态的叠加,即可用 $\hat{O}$ 的本征态将 ψ 展开:

$$\psi = \sum_j a_j \psi_j \tag{8.1.13}$$

则在状态 ψ 下对物理量 O 测量,其结果为 λ_k 的概率为 $|a_k|^2$。

根据测量原理,对处于量子态 ψ(ψ 不一定是归一化的)的系统进行测量,物理量 O 的平均值为

$$\langle O \rangle = \frac{\int \psi^* \hat{O} \psi \, d\tau}{\int \psi^* \psi \, d\tau} \text{①} \tag{8.1.14}$$

以上简单介绍了量子力学的基本假设,在余下的各节中将具体讨论量子力学对几个简单系统的处理和在原子结构、分子结构及分子光谱中的应用。

---

① ψ 用 $\hat{O}$ 的本征态展开 $\psi = \sum_j a_j \psi_j$,并将 $\hat{O}$ 作用在该函数上 $\hat{O}\psi = \hat{O}\sum_j a_j \psi_j = \sum_j a_j \hat{O}\psi_j = \sum_j a_j \lambda_j \psi_j$。

$\int \psi^* \hat{O} \psi \, d\tau = \int \left(\sum_k \psi_k\right)^* \left(\sum_j a_j \lambda_j \psi_j\right) d\tau = \sum_k \sum_j \lambda_j a_k^* a_j \int \psi_k^* \psi_j d\tau$,注意到 $\hat{O}$ 为厄米算符,其本征函数相互正交,且为归一化的,有 $\int \psi_k^* \psi_j d\tau = \delta_{jk}$。式中 δ_{jk} 称为克朗内克 δ 符号,定义为 $\delta_{jk} = \begin{cases} 1, j = k \\ 0, j \neq k \end{cases}$。故 $\int \psi^* \hat{O} \psi d\tau = \sum_k |a_k|^2 \lambda_k$。同样可以得到 $\int \psi^* \psi d\tau = \sum_l |a_l|^2$。因此

$$\langle \hat{O} \rangle = \frac{\int \psi^* \hat{O} \psi d\tau}{\int \psi^* \psi d\tau} = \sum_k \left(|a_k|^2 \Big/ \sum_l |a_l|^2\right) \lambda_k$$

将 λ_k 的系数 $|a_k|^2 \Big/ \sum_l |a_l|^2$ 理解为力学量 $\hat{O}$ 取值 λ_k 的概率,则上式右端恰恰是 $\hat{O}$ 测量值的算术平均值。当 ψ 为归一化波函数时,$\sum_k |a_k|^2 = 1$,力学量 $\hat{O}$ 取值 λ_k 的概率为 $|a_k|^2$。

§8.2 势箱中粒子的薛定谔方程求解

势箱中粒子问题是量子力学中少数可以精确求解的简单例子之一。下面通过对它详细求解来展示量子力学应用于微观系统的具体步骤,而且其结果在统计热力学中有着重要的应用。此外,一维势箱中粒子模型可以近似地用于描述有机共轭分子。

1. 一维势箱中粒子

一维势箱中粒子的模型见图 8.2.1。一个质量为 m 的粒子被限制在 $0 \leqslant x \leqslant a$ 的范围内运动。在区域Ⅰ和Ⅲ,粒子的势能为无穷大,即 $V(x)=\infty$,而在区域Ⅱ,粒子的势能为零,即 $V(x)=0$。

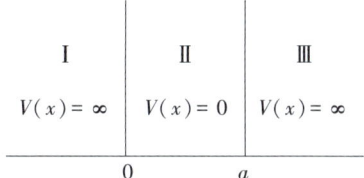

图 8.2.1　一维势箱中粒子的势能

一维势箱中粒子的定态薛定谔方程通过下列方式建立。

(1) 首先写出一维势箱中粒子的哈密顿函数:

$$H(x,p_x) = T+V = \frac{1}{2m}p_x^2 + V(x) \tag{8.2.1}$$

式中 T 和 V 分别为粒子的动能和势能;m 为粒子的质量;p_x 为粒子在 x 方向上的动量。

(2) 用动量和坐标算符分别取代式(8.2.1)中的动量和坐标,即作变换;$x \to \hat{x}=x\times, p_x \to \hat{p}_x = \frac{\hbar}{i}\frac{\partial}{\partial x}$ 就得到一维势箱中粒子的哈密顿算符:

$$\hat{H} = -\frac{\hbar^2}{2m}\frac{\partial^2}{\partial x^2} + V(x) \tag{8.2.2}$$

(3) 一维势箱中粒子的定态薛定谔方程表示为

$$-\frac{\hbar^2}{2m}\frac{d^2\psi(x)}{dx^2} + V(x)\psi(x) = E\psi(x) \tag{8.2.3}$$

将式(8.2.3)应用于区域Ⅰ和Ⅲ,由于$V(x)=\infty$,在这两个区域中发现粒子的概率为零,因此$\psi(x)=0$(区域Ⅰ和Ⅲ)。

在区域Ⅱ中,由于$V(x)=0$,粒子的薛定谔方程简化为

$$-\frac{\hbar^2}{2m}\frac{d^2\psi(x)}{dx^2}=E\psi(x) \qquad (8.2.4)$$

该方程为二阶齐次线性常微分方程,容易验证其通解为

$$\psi(x)=Ae^{i\frac{\sqrt{2mE}}{\hbar}x}+Be^{-i\frac{\sqrt{2mE}}{\hbar}x} \qquad (8.2.5)$$

A和B为积分常数,由边界条件确定。由于在区域Ⅰ和Ⅲ中$\psi(x)=0$,波函数连续性条件要求其在区域Ⅱ两端点处的值为零,即

$$\begin{cases}\psi(0)=A+B=0\\ \psi(a)=Ae^{i\frac{\sqrt{2mE}}{\hbar}a}+Be^{-i\frac{\sqrt{2mE}}{\hbar}a}=0\end{cases} \qquad (8.2.6)$$

求解线性方程组(8.2.6)得到

$$A\left(e^{i\frac{\sqrt{2mE}}{\hbar}a}-e^{-i\frac{\sqrt{2mE}}{\hbar}a}\right)=0 \qquad (8.2.7)$$

上式中,如果$A=0$,则$B=-A=0$,即有$\psi(x)\equiv 0$,表明发现粒子的概率为零,这在物理上是不可能的,因此:

$$\left(e^{i\frac{\sqrt{2mE}}{\hbar}a}-e^{-i\frac{\sqrt{2mE}}{\hbar}a}\right)=0 \qquad (8.2.8)$$

即

$$e^{i\frac{2\sqrt{2mE}}{\hbar}a}=1 \qquad (8.2.9)$$

方程(8.2.9)的解[①]:

$$\frac{2\sqrt{2mE}}{\hbar}a=2n\pi \quad (n=0,\ \pm 1,\ \pm 2,\cdots) \qquad (8.2.10)$$

$$\psi_n(x)=A\left(e^{i\frac{n\pi}{a}x}-e^{-i\frac{n\pi}{a}x}\right) \qquad (8.2.11)$$

根据式(8.2.11):

(1) 如果$n=0$,则$\psi(x)\equiv 0$;

(2) $\psi_{-n}(x)=A\left(e^{-i\frac{n\pi}{a}x}-e^{i\frac{n\pi}{a}x}\right)=-\psi_n(x)$

---

① 由欧拉公式,方程$e^{ix}=1$即$\cos(x)+i\sin(x)=1$,其解为$x=2n\pi,n=0,\pm 1,\pm 2,\cdots$

由于波函数可以相差因子 $\exp(i\alpha)$ [$\alpha=\pi$ 时,$\exp(i\alpha)=-1$],因此 $\psi_{-n}(x)$ 和 $\psi_n(x)$ 表示相同的状态。

综合上述讨论,n 只能取正整数 $1,2,3,\cdots$

$$E_n = \frac{n^2\pi^2\hbar^2}{2ma^2} = \frac{n^2h^2}{8ma^2} \quad (n=1,2,3,\cdots) \tag{8.2.12}$$

此即为薛定谔方程(8.2.3)的本征值,与其对应的本征函数为

$$\psi_n(x) = A\left(e^{i\frac{n\pi}{a}x} - e^{-i\frac{n\pi}{a}x}\right) = 2iA\sin\left(\frac{n\pi x}{a}\right) = A'\sin\left(\frac{n\pi x}{a}\right) \tag{8.2.13}$$

常数 A' 由波函数的归一化条件 $\int_{-\infty}^{\infty}\psi_n^*(x)\psi_n(x)\mathrm{d}x=1$ 确定:

$$[A']^2\int_0^a\sin^2\left(\frac{n\pi x}{a}\right)\mathrm{d}x = 1 \quad A' = \left(\frac{2}{a}\right)^{\frac{1}{2}} \tag{8.2.14}$$

因此薛定谔方程(8.2.3)的解:

$$\begin{cases} E_n = \dfrac{n^2h^2}{8ma^2} \\ \psi_n(x) = \left(\dfrac{2}{a}\right)^{\frac{1}{2}}\sin\left(\dfrac{n\pi x}{a}\right) \end{cases} \quad (n=1,2,3,\cdots) \tag{8.2.15}$$

式中 n 和 E_n 分别称为**量子数**和**能级**。图 8.2.2 给出对应于能级 E_1、E_2、E_3 的 $\psi_n(x)$ 和 $\psi_n^*(x)\psi_n(x)=|\psi_n(x)|^2$ 对 x 的图形。

以上详细讨论了一维势箱中粒子薛定谔方程的求解,由此可以得到以下重要概念和结论:

(1) 受束缚粒子的能量是量子化的。这一结果由波函数的连续性条件决定,如在上述例子中要求 $\psi(0)=\psi(a)=0$,而非人为所强加。在经典力学的情况下,由于粒子在箱中的势能为零,其能量完全由动能 $T=p_x^2/(2m)$ 确定,可以是大于或等于零的任意量值,即能量是连续的。当势箱的长度为无限大,即 $a=\infty$ 时,相当于粒子不再受束缚,相邻两能级差

$$\Delta E = E_{n+1} - E_n = \frac{[(n+1)^2 - n^2]h^2}{8ma^2} = \frac{(2n+1)h^2}{8ma^2}$$

的极限 $\lim\limits_{a\to\infty}\Delta E = 0$,表明此时粒子的能量是连续的。

(2) 对应于量子力学系统能量最低的量子态称为**基态**。一维势箱中粒子的

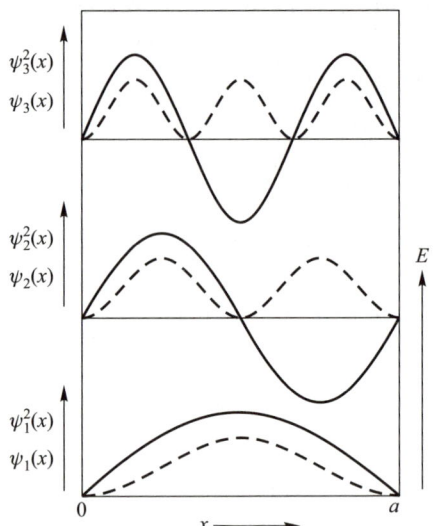

图 8.2.2　一维势箱中粒子的波函数 $\psi_n(x)$（实线）及概率密度 $\psi_n^*(x)\psi_n(x)$（虚线）

基态能量为 $E_1 = h^2/(8ma^2) \neq 0$，称为**零点能**。在经典力学模型中，势箱中粒子的最低能量为零。

(3) 由图 8.2.2 可以看出，当 $n>1$ 时，存在使波函数 $\psi(x)$ 为零的点，称为 $\psi(x)$ 的**节点**，如 $x = a/2$ 为 $\psi_2(x)$ 的节点。$\psi_n(x)$ 的节点数为 $(n-1)$。在节点处粒子出现的概率为零，这在经典力学中是不可理解的。另一个值得注意的特点是能级 E_n 随着 $\psi_n(x)$ 的节点数的增多而增大。

2. 三维势箱中粒子

三维势箱中粒子模型见图 8.2.3。在势箱 $0<x<a, 0<y<b, 0<z<c$ 中 $V(x,y,z) = 0$，在其他区域 $V(x,y,z) = \infty$。

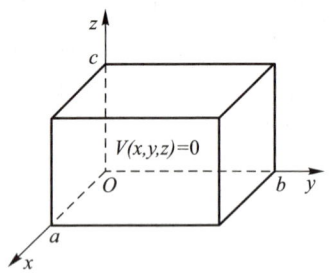

图 8.2.3　三维势箱中粒子的势能

§8.2 势箱中粒子的薛定谔方程求解

同一维势箱中的粒子一样,在势箱外的区域,粒子的波函数 $\psi(x,y,z)=0$。
势箱内粒子的波函数 $\psi(x,y,z)$ 由薛定谔方程(8.2.16)确定:

$$-\frac{\hbar^2}{2m}\left(\frac{\partial^2}{\partial x^2}+\frac{\partial^2}{\partial y^2}+\frac{\partial^2}{\partial z^2}\right)\psi(x,y,z)=E\psi(x,y,z) \qquad (8.2.16)$$

方程(8.2.16)可用分离变量法求解。具体步骤如下:

设 $\psi(x,y,z)=X(x)Y(y)Z(z)$ 并将其代入方程(8.2.16),得到

$$-\frac{\hbar^2}{2m}\frac{1}{X(x)}\frac{\mathrm{d}^2 X(x)}{\mathrm{d}x^2}=E+\frac{\hbar^2}{2m}\left[\frac{1}{Y(y)}\frac{\mathrm{d}^2 Y(y)}{\mathrm{d}y^2}+\frac{1}{Z(z)}\frac{\mathrm{d}^2 Z(z)}{\mathrm{d}z^2}\right] \qquad (8.2.17)$$

方程左端为 x 的函数,而右端则为 y 和 z 的函数。要使等式成立,上式两端只能等于同一常数,记为 E_x:

$$-\frac{\hbar^2}{2m}\frac{1}{X(x)}\frac{\mathrm{d}^2 X(x)}{\mathrm{d}x^2}=E+\frac{\hbar^2}{2m}\left[\frac{1}{Y(y)}\frac{\mathrm{d}^2 Y(y)}{\mathrm{d}y^2}+\frac{1}{Z(z)}\frac{\mathrm{d}^2 Z(z)}{\mathrm{d}z^2}\right]=E_x \qquad (8.2.18)$$

用完全相同的步骤就可以得到下列的常微分方程组:

$$\begin{cases} -\dfrac{\hbar^2}{2m}\dfrac{\mathrm{d}^2 X(x)}{\mathrm{d}x^2}=E_x X(x) \\[6pt] -\dfrac{\hbar^2}{2m}\dfrac{\mathrm{d}^2 Y(y)}{\mathrm{d}y^2}=E_y Y(y) \\[6pt] -\dfrac{\hbar^2}{2m}\dfrac{\mathrm{d}^2 Z(z)}{\mathrm{d}z^2}=E_z Z(z) \end{cases} \qquad (8.2.19)$$

式中 $E_x+E_y+E_z=E$。显然,它们分别对应于 x、y 和 z 方向上一维势箱中粒子的薛定谔方程,边界条件分别为 $X(0)=X(a)=0$、$Y(0)=Y(b)=0$ 和 $Z(0)=Z(c)=0$,其解为

$$\begin{cases} E_x=\dfrac{n_x^2 h^2}{8ma^2}, \quad X(x)=\left(\dfrac{2}{a}\right)^{1/2}\sin\dfrac{n_x \pi x}{a}, \quad n_x=1,2,\cdots \\[6pt] E_y=\dfrac{n_y^2 h^2}{8mb^2}, \quad Y(y)=\left(\dfrac{2}{b}\right)^{1/2}\sin\dfrac{n_y \pi y}{b}, \quad n_y=1,2,\cdots \\[6pt] E_z=\dfrac{n_z^2 h^2}{8mc^2}, \quad Z(z)=\left(\dfrac{2}{c}\right)^{1/2}\sin\dfrac{n_z \pi z}{c}, \quad n_z=1,2,\cdots \end{cases} \qquad (8.2.20)$$

综合上面的结果，薛定谔方程(8.2.16)的解为

$$\begin{cases} E = E_x + E_y + E_z = \dfrac{h^2}{8m}\left(\dfrac{n_x^2}{a^2} + \dfrac{n_y^2}{b^2} + \dfrac{n_z^2}{c^2}\right) \\ \psi(x,y,z) = X(x)Y(y)Z(z) = \left(\dfrac{8}{abc}\right)^{\frac{1}{2}} \sin\dfrac{n_x\pi x}{a}\sin\dfrac{n_y\pi y}{b}\sin\dfrac{n_z\pi z}{c} \\ n_x, n_y, n_z = 1, 2, \cdots \end{cases} \quad (8.2.21)$$

式(8.2.21)中出现了三个独立的量子数 n_x、n_y 和 n_z，系统的状态由它们完全确定，如 $n_x = 1$、$n_y = 2$ 和 $n_z = 1$ 时系统的量子态为

$$\psi(x,y,z) = \left(\dfrac{8}{abc}\right)^{1/2} \sin\dfrac{\pi x}{a}\sin\dfrac{2\pi y}{b}\sin\dfrac{\pi z}{c}$$

简记为 $\psi_{1,2,1}$，因此系统的量子态通常通过量子数加以标记。对比一维势箱中的粒子，其中只有一个量子数，系统的自由度为 1。显然，系统量子数的个数与系统的自由度间存在 1-1 对应关系。

分析式(8.2.21)中的能级公式，当势箱为立方的，即 $a = b = c$，量子态 $\psi_{2,1,1}$、$\psi_{1,2,1}$ 和 $\psi_{1,1,2}$ 具有相同的能量 $6h^2/(8ma^2)$。将这种多个状态具有相同能量本征值的现象称为能级的**简并**。对应于某一能级线性无关本征函数(量子态)的最大个数 g 称为该能级的**简并度**，或称该能级为 g 重简并的。如能级 $6h^2/(8ma^2)$ 的简并度为 3 或 3 重简并的。能级的简并现象在量子力学中是普遍存在的，是系统对称性的必然结果。如果系统对称性遭到破坏，能级的简并将部分或全部消失，如在 $a \neq b \neq c$ 三维势箱中，每个能级均为非简并的，即对所有能级有 $g=1$。

在对三维势箱中粒子薛定谔方程(8.2.16)的求解过程中，我们看到系统的哈密顿算符 $\hat{H}$ 能被分解为 x、y 和 z 三个方向上一维势箱中粒子哈密顿算符 $\hat{H}_x$、$\hat{H}_y$ 与 $\hat{H}_z$ 之和，这三个哈密顿算符相互独立，结果是 $\hat{H}$ 的本征值为 $\hat{H}_i(i=x,y,z)$ 的本征值之和，本征函数为 $\hat{H}_i(i=x,y,z)$ 的本征函数之积。这一结论在量子力学中是普遍成立的，表现为下面的重要定理：

如果一个系统的哈密顿算符 $\hat{H}$ 可以表示为若干子系统的哈密顿算符 $\hat{H}_i$ 之和，且各子系统的变量间相互独立，即

$$\hat{H} = \hat{H}_1 + \hat{H}_2 + \hat{H}_3 + \cdots = \sum_i \hat{H}_i \quad (8.2.22)$$

则系统的定态薛定谔方程

$$\hat{H}\Psi = E\Psi \qquad (8.2.23)$$

的解表示为

$$\begin{cases} E = E_1 + E_2 + \cdots = \sum_i E_i \\ \Psi = \psi_1 \psi_2 \cdots = \prod_i \psi_i \end{cases} \qquad (8.2.24)$$

式中 E_i 和 ψ_i 分别为子系统 i 的薛定谔方程

$$\hat{H}_i \psi_i = E_i \psi_i \quad (i = 1, 2, \cdots) \qquad (8.2.25)$$

的本征值和本征函数。即，系统薛定谔方程的本征值为子系统薛定谔方程本征值之和，而本征函数为子系统本征函数之积。

例 8.2.1 处于体积为 1 dm³ 的立方形容器中的氩（Ar）原子，在温度 T 时的平动能为 $E = 3kT/2$。试估算氩原子在 298 K 下能量小于 E 的量子态的数目 M。

解： 该 Ar 原子可看作处于边长为 1 dm 的立方势箱中，其能级为

$$E = \frac{h^2}{8ma^2}(n_x^2 + n_y^2 + n_z^2)$$

以 n_x、n_y、n_z 为坐标轴，则在第一象限中 n_x、n_y、n_z 均取整数值的每一个点对应于系统的一个量子态（除去 n_x、n_y 和 n_z 等于零的点）。将所有这些点连接起来，就得到了图 8.2.4 中所示的网格，每个小立方格的体积为 1。注意到小立方格的每个顶点均为相邻 8 个小立方格所共有，因此每个小立方格包含 $8 \times \frac{1}{8} = 1$ 个顶点，即 1 个量子态。

要求取题中所要求的量子态的数目，只要求出所有满足不等式

$$\frac{h^2}{8ma^2}(n_x^2 + n_y^2 + n_z^2) \leqslant \frac{3kT}{2}$$

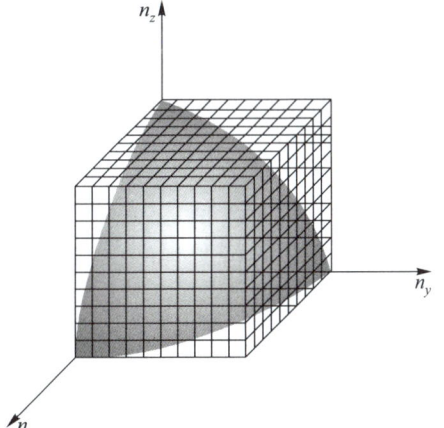

图 8.2.4　例 8.2.1 附图

在第一象限中 n_x、n_y、n_z 均取整数值的点的数目（忽略 n_x、n_y 和 n_z 等于零的点），其等于球体 $(n_x^2 + n_y^2 + n_z^2) \leqslant r^2 (r = a\sqrt{12mkT}/h)$ 在第一象限的体积，即八分之一球体的体积：

$$m_{Ar} = \frac{39.948 \times 10^{-3} \text{ kg} \cdot \text{mol}^{-1}}{6.022\ 1 \times 10^{23} \text{ mol}^{-1}} = 6.634 \times 10^{-26} \text{ kg}$$

$$r = \frac{a\sqrt{12mkT}}{h} = \frac{10^{-1} \times \sqrt{12 \times 6.634 \times 10^{-26} \times 1.380\ 7 \times 10^{-23} \times 298}}{6.626 \times 10^{-34}} = 8.637 \times 10^9$$

$$M = \frac{4\pi r^3}{3\times 8} = \frac{3.14\times(8.637\times 10^9)^3}{6} = 3.372\times 10^{29}$$

在第九章统计热力学中,分子的平动运动用三维势箱模型处理。该例题的结论指出,只要涉及平动运动,通常条件下系统能够达到的量子态数要远远大于系统的粒子数。

§8.3 一维谐振子

作为现代分子光谱学方法,分子振动光谱提供有关分子结构的基础信息。而谐振子为研究原子在分子及晶体中的振动提供了一个有用模型,在化学中有着极为重要的应用。由于其数学处理上的复杂性,在此将不对其薛定谔方程的求解过程作详细讨论。

1. 一维谐振子的经典力学处理

如图 8.3.1 所示,一个质量为 m 的物体连接在力常数为 k 的无质量弹簧上,其平衡位置为 x_0,x 为振子与平衡位置之间的距离。

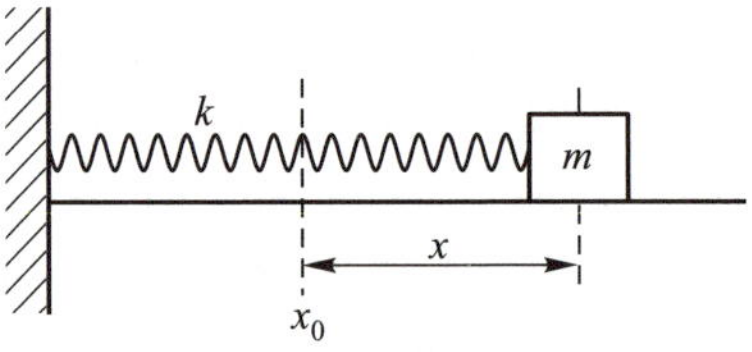

在谐振子的情况下,恢复力的大小与振子的位移成正比,方向与位移方向相反。根据牛顿第二定律,谐振子的运动方程为

$$m\frac{d^2 x}{dt^2} = -kx \quad (8.3.1)$$

图 8.3.1　一维谐振子模型

该方程的解为

$$x = A\sin(\omega t + \phi) \quad (8.3.2)$$

式中 A 为谐振子的振幅;$\omega = 2\pi\nu_0$ 为谐振子的角速率,其中 $\nu_0 = \frac{1}{2\pi}\sqrt{k/m}$ 为谐振子的**固有频率**,它只与谐振子的质量 m 和弹簧的力常数 k 有关;ϕ 为谐振子的初相位,如果当 $t=0$ 时 $x=0$,则初相位 $\phi = 0$。

若将势能的零点选在振子的平衡位置 x_0,一维谐振子的势能 $V(x) = \frac{1}{2}kx^2$,动能 $T(x) = \frac{1}{2m}p_x^2 = \frac{1}{2}m\left(\frac{dx}{dt}\right)^2$。振子被限制在 $-A \leq x \leq A$ 的范围内运动,其动能和势能均可连续变化,但在振动的每一点,系统的总能量

$$E = T(x) + V(x) = \frac{1}{2}kA^2[\cos^2(\omega t + \phi) + \sin^2(\omega t + \phi)] = \frac{1}{2}kA^2$$

为常数,正比于振幅 A 的平方。

2. 一维谐振子的量子力学处理

根据上面的讨论,一维谐振子的哈密顿算符为

$$\hat{H} = -\frac{\hbar^2}{2m}\frac{d^2}{dx^2} + \frac{1}{2}kx^2 \tag{8.3.3}$$

因此其定态薛定谔方程为

$$-\frac{\hbar^2}{2m}\frac{d^2\psi(x)}{dx^2} + \frac{1}{2}kx^2\psi(x) = E\psi(x) \tag{8.3.4}$$

式(8.3.4)的求解比较复杂,下面直接给出其解:

$$\begin{cases} E_v = \left(\frac{1}{2} + v\right)h\nu_0 \\ \psi_v(\xi) = N_v H_v(\xi) e^{-\xi^2/2} \end{cases} \quad (v = 0, 1, 2, 3, \cdots) \tag{8.3.5}$$

式中 v 为量子数;$\nu_0 = \frac{1}{2\pi}\sqrt{k/m}$ 为谐振子的经典基频,$N_v = \sqrt{\frac{1}{2^v v!}}\pi^{-1/2}$ 为归一化常数,$\xi = \left(\frac{2\pi m \nu_0}{\hbar}\right)^{1/2} x$。$H_v(\xi)$ 称为 v 阶**厄米多项式**,它具有以下的递推性质:

$$\begin{cases} H_0(\xi) = 1 \\ H_n'(\xi) = 2n H_{n-1}(\xi) \quad \left(H_n' = \frac{dH_n}{d\xi}\right) \\ H_{n+1}(\xi) = 2\xi H_n(\xi) - 2n H_{n-1}(\xi) \end{cases} \tag{8.3.6}$$

由上面的递推公式,容易得到厄米多项式的具体表达式,如:

$$\begin{aligned} & H_0(\xi) = 1 \\ & H_1(\xi) = 2\xi \\ & H_2(\xi) = 4\xi^2 - 2 \\ & H_3(\xi) = 8\xi^3 - 12\xi \\ & H_4(\xi) = 16\xi^4 - 48\xi^2 + 12 \\ & \cdots \end{aligned} \tag{8.3.7}$$

图 8.3.2 给出了一维谐振子的势能 $V=\dfrac{kx^2}{2}=\dfrac{(\hbar\omega)\xi^2}{2}$，能级 E_v 及波函数 $\psi_v(\xi)$ 间的关系。

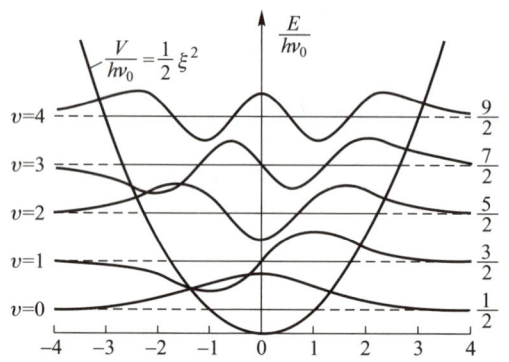

图 8.3.2 一维谐振子的势能 V，能级 E_v 及波函数 $\psi_v(\xi)$

[能量的单位为 $h\nu_0$，水平实线与势能曲线的交点为 $\pm(2v+1)^{1/2}$]

从以上一维谐振子的解得到以下结论：

（1）一维谐振子的零点能为 $E_0=h\nu_0/2$；

（2）一维谐振子相邻能级的间隔相同，$\Delta E=E_{v+1}-E_v=h\nu_0$；

（3）波函数 $\psi_v(\xi)$ 有 v 个节点。

当谐振子处于能级 E_v 时，其与势能曲线的交点为 $\pm(2v+1)^{1/2}$，因此在经典情况下，如果谐振子的总能量为 E_v，则其被限制在 $-(2v+1)^{1/2}\leqslant\xi\leqslant(2v+1)^{1/2}$ 的范围内运动。而在量子力学中，虽然波函数以指数的形式衰减，但在上述范围之外 $\psi_v(\xi)$ 并不为零。这种现象在量子系统中是常见的，称为**隧道效应**。

在将一维谐振子模型应用于双原子分子振动时，x 为两原子间的距离与平衡键长之差，m 应代之以分子的折合质量 $\mu=m_1m_2/(m_1+m_2)$。应该指出的是，谐振子模型不能解释双原子分子的解离，因而只能应用于温度不是太高时的情况。

§8.4 二体刚性转子

二体刚性转子由两个相距固定距离 d，质量分别为 m_1 和 m_2 的粒子组成，它是处理双原子分子转动的有用模型。

1. 二体问题

考虑由两个质量分别为 m_1 和 m_2，坐标分别为 x_1、y_1、z_1 和 x_2、y_2、z_2 的粒子组成的系统。该系统的薛定谔方程具有六个独立变量。假设该系统两个粒子之间的相互作用势能只依赖于它们的相对位置，则该二体问题可被化简为两个单体问题。

定义该系统的相对坐标 x,y,z 和质心坐标 X,Y,Z 分别为

$$x \equiv x_2-x_1, \quad y \equiv y_2-y_1, \quad z \equiv z_2-z_1 \tag{8.4.1}$$

和

$$X = \frac{m_1 x_1 + m_2 x_2}{m_1 + m_2}, \quad Y = \frac{m_1 y_1 + m_2 y_2}{m_1 + m_2}, \quad Z = \frac{m_1 z_1 + m_2 z_2}{m_1 + m_2} \tag{8.4.2}$$

若系统的势能只依赖于粒子的相对位置，即 $V = V(x,y,z)$，则系统的哈密顿算符用相对坐标和质心坐标表示为

$$\hat{H} = \left[-\frac{\hbar^2}{2\mu}\left(\frac{\partial^2}{\partial x^2} + \frac{\partial^2}{\partial y^2} + \frac{\partial^2}{\partial z^2}\right) + V(x,y,z) \right] + \left[-\frac{\hbar^2}{2M}\left(\frac{\partial^2}{\partial X^2} + \frac{\partial^2}{\partial Y^2} + \frac{\partial^2}{\partial Z^2}\right) \right] \tag{8.4.3}$$

式中 $\mu = \dfrac{m_1 m_2}{m_1 + m_2}$ 和 $M = m_1 + m_2$ 分别为系统的折合质量和总质量。式(8.4.3)表明系统的哈密顿算符被分解为两个独立的哈密顿算符之和 $\hat{H} = \hat{H}_\mu + \hat{H}_M$，前者描述两粒子间的相对运动，而后者则描述系统的整体运动（质心运动），从而将一个二体问题化简为两个单体问题。

2. 中心力场问题

在上述二体问题中，假定了势能只是相对坐标的函数，从而将一个二体问题化简为两个单体问题。如果 $V = V(r)$（$r^2 = x^2+y^2+z^2$），即势能只是位置矢量 $\vec{r}$ 数值的函数，而与该矢量的方向无关。在这种情况下，$V(r)$ 具有球对称性（距原点距离为 r 的球面为等势能面），这类问题称为**中心力场问题**。二体刚性转子是这类问题的一个特例（$r=d$，V 为常数）。由于势能函数的球对称性，中心力场问题在球极坐标系中求解是方便的。

球极坐标与直角坐标的变换关系如图 8.4.1 所示。

作坐标变换

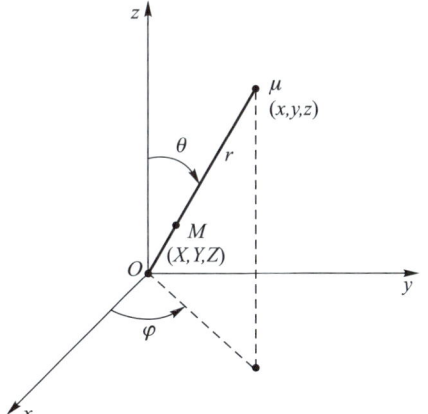

图 8.4.1　球极坐标

$$x = r\sin\theta\cos\varphi, \quad y = r\sin\theta\sin\varphi, \quad z = r\cos\theta \tag{8.4.4}$$

并注意到

$$\frac{\partial}{\partial q} = \frac{\partial r}{\partial q}\frac{\partial}{\partial r} + \frac{\partial \theta}{\partial q}\frac{\partial}{\partial \theta} + \frac{\partial \varphi}{\partial q}\frac{\partial}{\partial \varphi} \quad (q = x, y, z) \tag{8.4.5}$$

容易导出拉普拉斯算符 ∇^2 在球极坐标系中的表示：

$$\nabla^2 = \frac{1}{r^2}\frac{\partial}{\partial r}\left(r^2\frac{\partial}{\partial r}\right) + \frac{1}{r^2}\left[\frac{1}{\sin\theta}\frac{\partial}{\partial \theta}\left(\sin\theta\frac{\partial}{\partial \theta}\right) + \frac{1}{\sin^2\theta}\frac{\partial^2}{\partial \varphi^2}\right] \tag{8.4.6}$$

如此，具有中心势场 $V = V(r)$ 的系统在球极坐标系下的薛定谔方程为

$$\left\{-\frac{\hbar^2}{2\mu}\left[\frac{1}{r^2}\frac{\partial}{\partial r}\left(r^2\frac{\partial}{\partial r}\right) + \frac{1}{r^2}\left[\frac{1}{\sin\theta}\frac{\partial}{\partial \theta}\left(\sin\theta\frac{\partial}{\partial \theta}\right) + \frac{1}{\sin^2\theta}\frac{\partial^2}{\partial \varphi^2}\right]\right] + V(r)\right\}\psi(r,\theta,\varphi)$$
$$= E\psi(r,\theta,\varphi) \tag{8.4.7}$$

该方程可用分离变量法求解。

令 $\psi(r,\theta,\varphi) = R(r)Y(\theta,\varphi)$，并代入方程(8.4.7)则得到下列方程组：

$$\frac{1}{R}\frac{\mathrm{d}}{\mathrm{d}r}\left(r^2\frac{\mathrm{d}R}{\mathrm{d}r}\right) + \frac{2\mu r^2}{\hbar^2}[E - V(r)] = \lambda \tag{8.4.8}$$

$$-\left[\frac{1}{\sin\theta}\frac{\partial}{\partial \theta}\left(\sin\theta\frac{\partial Y}{\partial \theta}\right) + \frac{1}{\sin^2\theta}\frac{\partial^2 Y}{\partial \varphi^2}\right] = \lambda Y \tag{8.4.9}$$

方程(8.4.8)只与变量 r 有关，称为**径向方程**；而方程(8.4.9)则称为**角度方程**。λ 为分离变量过程中引入的常数。

方程(8.4.9)可以继续分离为变量 θ 和 φ 的常微分方程而加以求解，其解表示为

$$\lambda = J(J+1) \quad (J = 0, 1, 2, \cdots) \tag{8.4.10}$$

$$Y_{J,m}(\theta,\varphi) = \sqrt{\frac{2J+1}{4\pi}\frac{(J-|m|)!}{(J+|m|)!}} P_J^{|m|}(\cos\theta)\mathrm{e}^{\mathrm{i}m\varphi} \tag{8.4.11}$$

式中 $P_J^{|m|}(\xi)$ ($\xi = \cos\theta$) 表示为

$$P_J^{|m|}(\xi) = \frac{1}{2^J J!}(1-\xi^2)^{\frac{|m|}{2}}\frac{\mathrm{d}^{J+|m|}}{\mathrm{d}\xi^{J+|m|}}(\xi^2-1)^J \quad (J \geq |m|) \tag{8.4.12}$$

是 ξ 的 $J-|m|$ 次多项式与函数 $(1-\xi^2)^{\frac{|m|}{2}}$ 的乘积，称为**联属勒让德多项式**。

$Y_{J,m}(\theta,\varphi)$ 称为**球谐函数**。它被两个量子数 J 和 m 所标志，分别称为**角量子**

数和磁量子数。表 8.4.1 给出了几个低阶的 $Y_{J,m}(\theta,\varphi)$ 的具体表达式。

表 8.4.1 球谐函数 $Y_{J,m}(\theta,\varphi)$ ($J \leqslant 2$)

$J=0$	$m=0$	$Y_{0,0}(\theta,\varphi)=\dfrac{1}{2\sqrt{\pi}}$
$J=1$	$m=0$	$Y_{1,0}(\theta,\varphi)=\dfrac{1}{2}\left(\dfrac{3}{\pi}\right)^{1/2}\cos\theta$
	$m=\pm 1$	$Y_{1,\pm 1}(\theta,\varphi)=\dfrac{1}{2\sqrt{2}}\left(\dfrac{3}{\pi}\right)^{1/2}\sin\theta\exp(\pm i\varphi)$
$J=2$	$m=0$	$Y_{2,0}(\theta,\varphi)=\dfrac{1}{4}\left(\dfrac{5}{\pi}\right)^{1/2}(1-3\cos^2\theta)$
	$m=\pm 1$	$Y_{2,\pm 1}(\theta,\varphi)=\dfrac{1}{4\sqrt{2}}\left(\dfrac{15}{\pi}\right)^{1/2}\sin\theta\cos\theta\exp(\pm i\varphi)$
	$m=\pm 2$	$Y_{2,\pm 2}(\theta,\varphi)=\dfrac{1}{4\sqrt{2}}\left(\dfrac{15}{\pi}\right)^{1/2}\sin^2\theta\exp(\pm 2i\varphi)$

通常用特殊符号来标记 $Y_{J,m}(\theta,\varphi)$，如表 8.4.2 所示。

表 8.4.2 球谐函数 $Y_{J,m}(\theta,\varphi)$ 的标记

字母	s	p	d	f	g	h	l	k	⋯
J	0	1	2	3	4	5	6	7	⋯

3. 二体刚性转子

对于二体刚性转子，根据定义，$r=d$（d 为常数）及 $V(r)=C$（C 为常数），可令 $C=0$ 而不失一般性。将 $r=d$ 及 $V(r)=0$ 代入方程(8.4.7)得到

$$-\frac{\hbar^2}{2\mu d^2}\left[\frac{1}{\sin\theta}\frac{\partial}{\partial\theta}\left(\sin\theta\frac{\partial}{\partial\theta}\right)+\frac{1}{\sin^2\theta}\frac{\partial^2}{\partial\varphi^2}\right]\psi(\theta,\varphi)=E\psi(\theta,\varphi) \qquad (8.4.13)$$①

此即为二体刚性转子的定态薛定谔方程。

比较式(8.4.13)与式(8.4.9)有

$$E_J=\frac{\hbar^2}{2\mu d^2}\lambda=\frac{\hbar^2}{2\mu d^2}J(J+1)$$

最后得到二体刚性转子的定态薛定谔方程的解为

---

① 因为刚性转子 $r=d$ 为常数，方程(8.4.7)中对 r 的导数部分为零，其波函数只是 θ 和 φ 的函数。

$$\begin{cases} E_J = \dfrac{\hbar^2}{2I} J(J+1) \\ \psi(\theta,\varphi) = Y_{J,m}(\theta,\varphi) \end{cases} \quad (J=0,1,2,\cdots;J \geq |m|) \qquad (8.4.14)$$

式中 $I=\mu d^2$ 为二体刚性转子的转动惯量。基于以上讨论，对于刚性转子可以得到以下结论：

（1）不同于势箱中粒子和谐振子，刚性转子零点能为零。

（2）$\Delta E = E_{J+1} - E_J = \hbar^2(J+1)/I$，即刚性转子相邻能级间间隔随能级的升高而增大。

（3）刚性转子的能级只与角量子数 J 有关，即能级可由量子数 J 标记；而量子态则由 $Y_{J,m}(\theta,\varphi)$ 给出，由角量子数 J 和磁量子数 m 共同确定。由于 $J \geq |m|$，对于给定的量子数 J，量子数 m 可取以下的数值：

$$m = -J, -J+1, \cdots, 0, \cdots, J-1, J$$

即能级 J 的简并度为 $g = 2J+1$。

§8.5 氢原子及多电子原子的结构

这一节将讨论原子和分子系统中最简单的例子——氢原子。氢原子的薛定谔方程是这类系统中唯一可以精确求解的。对该系统薛定谔方程的求解所得到的概念和结论，为研究更复杂的原子和分子系统提供了基础。

1. 类氢离子的定态薛定谔方程及其解

为使问题更具普遍性，在此研究核电荷为 Ze 的单电子系统。$Z=1,2,3,\cdots$ 分别对应于 H、He$^+$、Li^{2+} 等，这类系统称为**类氢离子**（hydrogenlike ion）。核 Ze 与核外电子间的作用表示为真空中静电作用势能，即

$$V(r) = -\frac{Ze^2}{r} \text{①} \qquad (8.5.1)$$

式中 r 和 e 分别为电子与核之间的距离和元电荷。

这是一个典型的中心力场问题。将式(8.5.1)代入式(8.4.8)就得到类氢离子径向薛定谔方程：

$$\frac{1}{R}\frac{d}{dr}\left(r^2 \frac{dR}{dr}\right) + \frac{2\mu r^2}{\hbar^2}\left(E + \frac{Ze^2}{r}\right) = J(J+1) \qquad (8.5.2)$$

---

① 这里为了方便起见采用了高斯单位制。在高斯单位下，电荷量用静库仑（statC），长度用厘米（cm），能量单位为尔格（erg）。1 statC = 3.335 64×10^{-10} C，1 erg = 10^{-7} J。

式中 μ 为系统的折合质量[①]；J 为角量子数[用 $J(J+1)$ 取代式(8.4.8)中的 λ]。

角度部分薛定谔方程与式(8.4.9)相同。

式(8.5.2)的解为

$$E_n = -\frac{Z^2 e^2}{2n^2 a_0} = -13.61 \frac{Z^2}{n^2} (\text{eV}) \quad (n=1,2,3,\cdots) \tag{8.5.3}$$

式中 $a_0 = \frac{4\pi\varepsilon_0 \hbar^2}{m_e e^2} = 0.529\,2\times 10^{-10}$ m 称为**玻尔半径**，为玻尔氢原子模型中基态原子轨道半径；n 称为**主量子数**；1 eV $= 1.602\,177\times 10^{-19}$ J。

主量子数 n 和角量子数 J 之间存在下列关系：

$$J = 0, 1, 2, 3, \cdots, n-1 \tag{8.5.4}$$

归一化的径向波函数表示为

$$R_{n,J}(r) = -\left\{\left(\frac{2Z}{na_0}\right)^3 \frac{(n-J-1)!}{2n[(n+J)!]^3}\right\}^{1/2} \rho^J L_{n+J}^{2J+1}(\rho) \exp\left(-\frac{1}{2}\rho\right) \tag{8.5.5}$$

式中 $\rho = \frac{2Zr}{na_0}$；$L_{n+J}^{2J+1}(\rho)$ 为 $(n-J-1)$ 阶多项式，称为**联属拉盖尔多项式**，定义为

$$L_r^s(\rho) = \frac{\mathrm{d}^s}{\mathrm{d}\rho^s}\left(\mathrm{e}^\rho \frac{\mathrm{d}^r}{\mathrm{d}\rho^r} \rho^r \mathrm{e}^{-\rho}\right) \tag{8.5.6}$$

表 8.5.1 给出了几个低阶径向波函数 $R_{n,J}(r)$ 的具体表达式。

表 8.5.1 类氢离子的径向波函数 $R_{n,J}(r)$ ($n \leqslant 3$)

$n=1$	$J=0$	$R_{1,0}(r) = 2\left(\dfrac{Z}{a_0}\right)^{3/2} \exp\left(-\dfrac{Zr}{a_0}\right)$
$n=2$	$J=0$	$R_{2,0}(r) = \dfrac{1}{2\sqrt{2}}\left(\dfrac{Z}{a_0}\right)^{3/2}\left(2-\dfrac{Zr}{a_0}\right)\exp\left(-\dfrac{Zr}{2a_0}\right)$
	$J=1$	$R_{2,1}(r) = \dfrac{1}{2\sqrt{6}}\left(\dfrac{Z}{a_0}\right)^{5/2} r\exp\left(-\dfrac{Zr}{2a_0}\right)$

---

① $\mu = \dfrac{m_n m_e}{m_n + m_e}$，$m_n$ 和 m_e 分别为核与电子的质量。

$n=3$	$J=0$	$R_{3,0}(r) = \dfrac{2}{81\sqrt{3}} \left(\dfrac{Z}{a_0}\right)^{3/2} \left(27 - 18\dfrac{Zr}{a_0} + 2\dfrac{Z^2 r^2}{a_0^2}\right) \exp\left(-\dfrac{Zr}{3a_0}\right)$
	$J=1$	$R_{3,1}(r) = \dfrac{4}{81\sqrt{6}} \left(\dfrac{Z}{a_0}\right)^{5/2} \left(6 - \dfrac{Zr}{a_0}\right) r \exp\left(-\dfrac{Zr}{3a_0}\right)$
	$J=2$	$R_{3,2}(r) = \dfrac{4}{81\sqrt{30}} \left(\dfrac{Z}{a_0}\right)^{7/2} r^2 \exp\left(-\dfrac{Zr}{3a_0}\right)$

综上所述,类氢离子的定态薛定谔方程的能级和本征函数分别为

$$\begin{cases} E_n = -\dfrac{Z^2 e^2}{2n^2 a_0} = -13.61 \dfrac{Z^2}{n^2} (\text{eV}) \quad (n=1,2,3,\cdots) \\ \psi_{n,J,m}(r,\theta,\varphi) = R_{n,J}(r) Y_{J,m}(\theta,\varphi) \end{cases} \quad (8.5.7)$$

式中 n 为**主量子数**;J 为**轨道角量子数**;m 为**磁量子数**。它们之间的关系为

$$\begin{cases} n = 1,2,3,\cdots \\ J = 0,1,2,\cdots,n-1 \\ m = -J, -J+1, \cdots, 0, \cdots, J-1, J \end{cases} \quad (8.5.8)$$

由式(8.5.7)可知,类氢离子的能级由主量子数 n 决定,而与轨道角量子数 J 和磁量子数 m 无关。因此,能级 E_n 的简并度为

$$g = \sum_{J=0}^{n-1} (2J+1) = n^2$$

图 8.5.1 给出了氢原子的能级图。

2. 原子轨道及其图形表示

在经典力学中,轨道被定义为物体在空间中经过的途径,其为物体的位置矢量 $\vec{r}$ 所确定。不同于经典力学,由于不确定原理的存在,在量子力学中这样定义轨道是没有意义的。通常将任何形式的**单电子波函数**称为**轨道**。根据波函数的概率诠释,量子力学中的轨道的平方描述在空间某点附近找到电子的概率密度。因此,轨道这个概念在经典力学和量子力

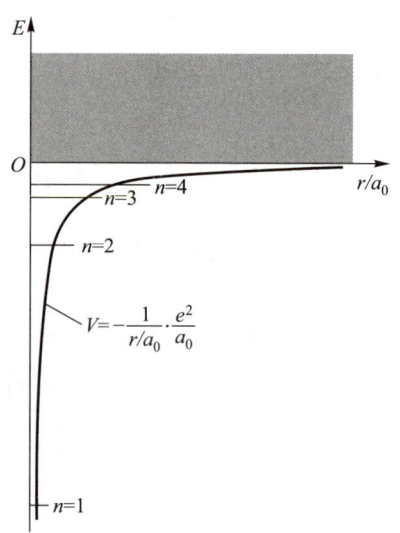

图 8.5.1 氢原子的能级图
$E<0$,电子处于束缚态,能级为离散的;
$E>0$,对应于电子从氢原子电离,
变为自由电子,能级为连续的

§ 8.5 氢原子及多电子原子的结构

学中具有完全不同的物理图像。此外,提到轨道时,一定要明白其所指为单电子波函数。因此,不能说"双电子轨道"或"单电子轨道"等。

类氢离子的原子轨道由波函数 $\psi_{n,J,m}(r,\theta,\varphi) = R_{n,J}(r) Y_{J,m}(\theta,\varphi)$ 给出,它是类氢离子的哈密顿算符 $\hat{H}$、角动量平方算符 $\hat{L}^2$ 和角动量在 z 轴方向上投影算符 $\hat{L}_z$ 共同的本征函数[①]。由表 8.4.1 知 $\psi_{n,J,m}(r,\theta,\varphi)$ 为复函数,为了应用方便,将 $Y_{J\pm m}(\theta,\varphi)$ 进行线性组合 $Y_{J,m} \pm Y_{J,-m}$,从而得到实波函数,例如从

$$Y_{1,\pm 1}(\theta,\varphi) = \frac{1}{2\sqrt{2}}\left(\frac{3}{\pi}\right)^{1/2} \sin\theta \exp(\pm i\varphi)$$

可以得到如下两个实波函数:

$$Y_{1,\cos\varphi} = \frac{1}{2}\left(\frac{3}{\pi}\right)^{1/2} \sin\theta\cos\varphi \quad \text{和} \quad Y_{1,\sin\varphi} = \frac{1}{2}\left(\frac{3}{\pi}\right)^{1/2} \sin\theta\sin\varphi$$

两个归一化的实波函数,分别用 p_x、p_y 表示。不同于 $Y_{1,0}(\theta,\varphi)$(用 p_z 表示),p_x 和 p_y 为算符 $\hat{H}$ 和 $\hat{L}^2$ 的本征函数,但不是算符 $\hat{L}_z$ 的本征函数。表 8.5.2 给出了类氢离子 s、p 及 d 轨道的实波函数形式。

表 8.5.2 类氢离子实波函数

$$1s = \frac{1}{\sqrt{\pi}}\left(\frac{Z}{a_0}\right)^{3/2} \exp\left(-\frac{Zr}{a_0}\right)$$

$$2s = \frac{1}{4\sqrt{2\pi}}\left(\frac{Z}{a_0}\right)^{3/2}\left(2-\frac{Zr}{a_0}\right)\exp\left(-\frac{Zr}{2a_0}\right)$$

$$2p_z = \frac{1}{4\sqrt{2\pi}}\left(\frac{Z}{a_0}\right)^{5/2} r\exp\left(-\frac{Zr}{2a_0}\right)\cos\theta$$

$$2p_x = \frac{1}{4\sqrt{2\pi}}\left(\frac{Z}{a_0}\right)^{5/2} r\exp\left(-\frac{Zr}{2a_0}\right)\sin\theta\cos\varphi$$

$$2p_y = \frac{1}{4\sqrt{2\pi}}\left(\frac{Z}{a_0}\right)^{5/2} r\exp\left(-\frac{Zr}{2a_0}\right)\sin\theta\sin\varphi$$

$$3s = \frac{1}{81\sqrt{3\pi}}\left(\frac{Z}{a_0}\right)^{3/2}\left(27 - 18\frac{Zr}{a_0} + 2\frac{Z^2 r^2}{a_0^2}\right)\exp\left(-\frac{Zr}{3a_0}\right)$$

---

① 在球极坐标系下,角动量在 z 轴方向上的投影算符 $\hat{L}_z$ 和角动量平方算符 $\hat{L}^2$ 分别表示为 $\hat{L}_z = \frac{1}{i}\frac{\partial}{\partial \varphi}$ 及 $\hat{L}^2 = -\left[\frac{1}{\sin\theta}\frac{\partial}{\partial\theta}\left(\sin\theta\frac{\partial}{\partial\theta}\right) + \frac{1}{\sin^2\theta}\frac{\partial^2}{\partial\varphi^2}\right]$。算符 $\hat{H}$、$\hat{L}_z$ 和 $\hat{L}^2$ 相互对易。容易验证 $\psi_{n,J,m}(r,\theta,\varphi)$ 是它们的共同本征函数:$\hat{H}\psi_{n,J,m}(r,\theta,\varphi) = -\frac{Z^2 e^2}{2n^2 a_0}\psi_{n,J,m}(r,\theta,\varphi)$,$\hat{L}_z\psi_{n,J,m}(r,\theta,\varphi) = m\hbar\psi_{n,J,m}(r,\theta,\varphi)$ 及 $\hat{L}^2\psi_{n,J,m}(r,\theta,\varphi) = J(J+1)\hbar^2\psi_{n,J,m}(r,\theta,\varphi)$。

续表

$$3p_z = \frac{\sqrt{2}}{81\sqrt{\pi}}\left(\frac{Z}{a_0}\right)^{5/2}\left(6-\frac{Zr}{a_0}\right)r\exp\left(-\frac{Zr}{3a_0}\right)\cos\theta$$

$$3p_x = \frac{\sqrt{2}}{81\sqrt{\pi}}\left(\frac{Z}{a_0}\right)^{5/2}\left(6-\frac{Zr}{a_0}\right)r\exp\left(-\frac{Zr}{3a_0}\right)\sin\theta\cos\varphi$$

$$3p_y = \frac{\sqrt{2}}{81\sqrt{\pi}}\left(\frac{Z}{a_0}\right)^{5/2}\left(6-\frac{Zr}{a_0}\right)r\exp\left(-\frac{Zr}{3a_0}\right)\sin\theta\sin\varphi$$

$$3d_{z^2} = \frac{1}{81\sqrt{6\pi}}\left(\frac{Z}{a_0}\right)^{7/2}r^2\exp\left(-\frac{Zr}{3a_0}\right)(3\cos^2\theta-1)$$

$$3d_{xz} = \frac{\sqrt{2}}{81\sqrt{\pi}}\left(\frac{Z}{a_0}\right)^{7/2}r^2\exp\left(-\frac{Zr}{3a_0}\right)\sin\theta\cos\theta\cos\varphi$$

$$3d_{yz} = \frac{\sqrt{2}}{81\sqrt{\pi}}\left(\frac{Z}{a_0}\right)^{7/2}r^2\exp\left(-\frac{Zr}{3a_0}\right)\sin\theta\cos\theta\sin\varphi$$

$$3d_{x^2-y^2} = \frac{1}{81\sqrt{2\pi}}\left(\frac{Z}{a_0}\right)^{7/2}r^2\exp\left(-\frac{Zr}{3a_0}\right)\sin^2\theta\cos 2\varphi$$

$$3d_{xy} = \frac{1}{81\sqrt{2\pi}}\left(\frac{Z}{a_0}\right)^{7/2}r^2\exp\left(-\frac{Zr}{3a_0}\right)\sin^2\theta\sin 2\varphi$$

注：符号 s 等前的正整数代表主量子数 n。

因为原子轨道是 r、θ 和 φ 的函数，为四维空间中的超曲面，无法直接画出其图形。但是，可以通过三维空间中的等值面、二维空间中的等高线或通过向三维空间投影来表示该超曲面，从而得到原子轨道的图示。

图 8.5.2 分别给出了氢原子 1s、$2p_z$、$3d_{z^2}$、$3d_{x^2-y^2}$、$3d_{xz}$ 和 $3p_z$ 轨道图形。在这些图形对中，左边为原子轨道的等值面图。由于原子轨道的等值面为封闭的，为清楚起见给出了截面；右图为对应于左图截面上的波函数图形，z 轴为实 $\psi_{n,J,m}(r,\theta,\varphi)$，并同时给出了其等高线图。

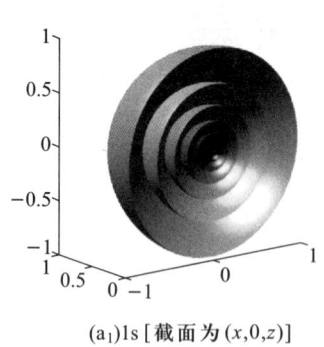

(a_1)1s [截面为 $(x,0,z)$]

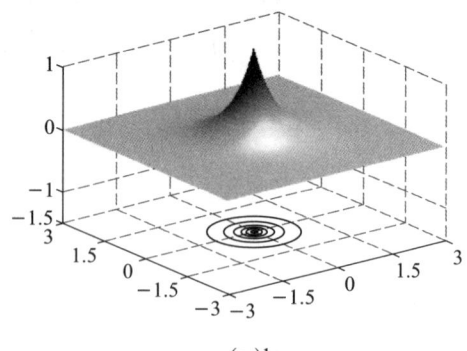

(a_2)1s

§8.5 氢原子及多电子原子的结构

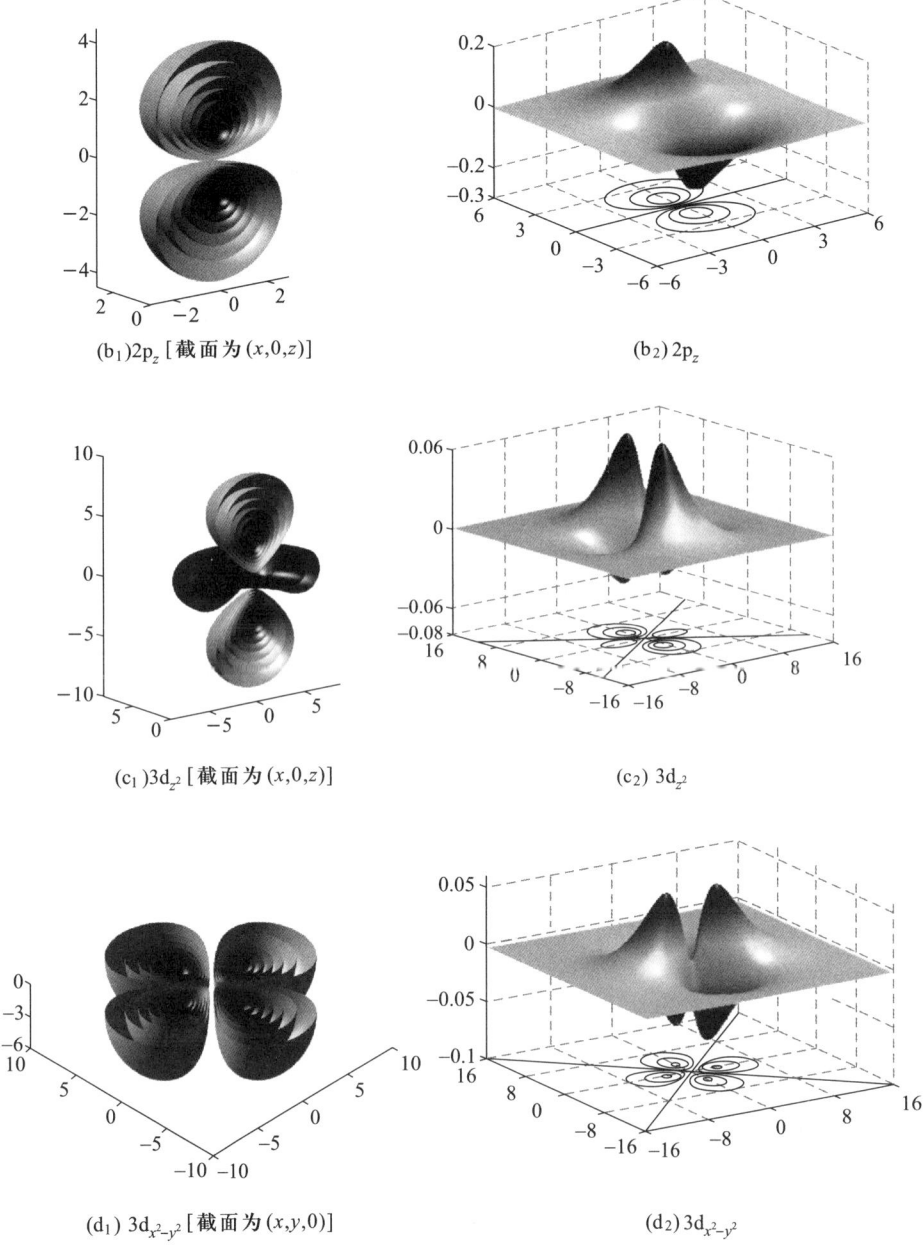

(b_1) $2p_z$ [截面为 $(x,0,z)$]　　　　　　　(b_2) $2p_z$

(c_1) $3d_{z^2}$ [截面为 $(x,0,z)$]　　　　　　(c_2) $3d_{z^2}$

(d_1) $3d_{x^2-y^2}$ [截面为 $(x,y,0)$]　　　　(d_2) $3d_{x^2-y^2}$

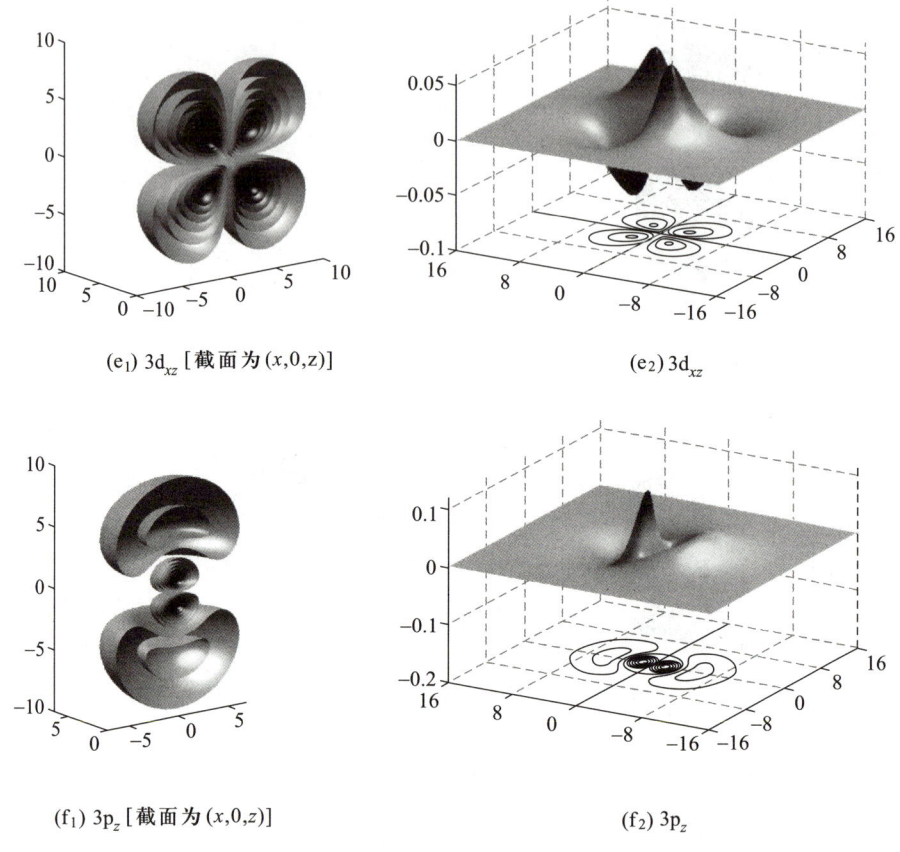

(e₁) $3d_{xz}$ [截面为$(x,0,z)$]   (e₂) $3d_{xz}$

(f₁) $3p_z$ [截面为$(x,0,z)$]   (f₂) $3p_z$

图 8.5.2 氢原子轨道图形

$(a_1) \sim (f_1)$ 为 $\psi_{n,l,m}(r,\theta,\varphi)$ 的等值面图,$(a_2) \sim (f_2)$ 为 $\psi_{n,l,m}(r,\theta,\varphi)$ 在对应于$(a_1) \sim$
(f_1)截面上的表示,图的下方为等高线,其为等值面与截面的交线

有关原子轨道图形的几点说明:

(1) 所有图形均由表 8.5.2 所列函数画出(非示意图)。

(2) 类氢离子轨道的等值面是封闭的。为了清楚表明等值面的结构,将其用截面切开,该截面为等值面图的对称面,即完整的等值面图为所示图形与该图形对截面的映像组成。

(3) 类氢离子轨道在三维空间上的投影图所选择的投影面为等值面图中的截面;等高线图对应于等值面图中等值面与截面的交线。

(4) 除了取向之外,p_x、p_y 与 p_z,d_{xy}、d_{yz} 与 d_{xz} 的图形完全相同。

3. 氢原子轨道的径向分布函数

球极坐标系中 $r \sim r+\mathrm{d}r$、$\theta \sim \theta+\mathrm{d}\theta$ 和 $\varphi \sim \varphi+\mathrm{d}\varphi$ 的体积元 $\mathrm{d}\tau$ 表示为 $\mathrm{d}\tau = r^2\sin\theta\mathrm{d}r\mathrm{d}\theta\mathrm{d}\varphi$。如果氢原子处于状态 $\psi_{n,J,m}(r,\theta,\varphi)$,则在该体积元中电子出现的概率为

$$|\psi_{n,J,m}(r,\theta,\varphi)|^2\mathrm{d}\tau = [R_{n,J}(r)]^2|Y_{J,m}(\theta,\varphi)|^2 r^2\sin\theta\mathrm{d}r\mathrm{d}\theta\mathrm{d}\varphi \quad (8.5.9)$$

如果只关心在球壳 $r \sim r+\mathrm{d}r$ 中找到电子的概率,则需对式(8.5.9)中的角度部分进行积分:

$$[R_{n,J}(r)]^2 r^2\mathrm{d}r\int_0^{2\pi}\int_0^{\pi}|Y_{J,m}(\theta,\varphi)|^2\sin\theta\mathrm{d}\theta\mathrm{d}\varphi = [R_{n,J}(r)]^2 r^2\mathrm{d}r① \quad (8.5.10)$$

函数 $[R_{n,J}(r)]^2 r^2$ 描述了距核 r 处发现电子的概率密度,称为**径向分布函数**。图 8.5.3 画出了氢原子 1s、2s、3s、2p 和 3p 轨道径向分布函数的图形。

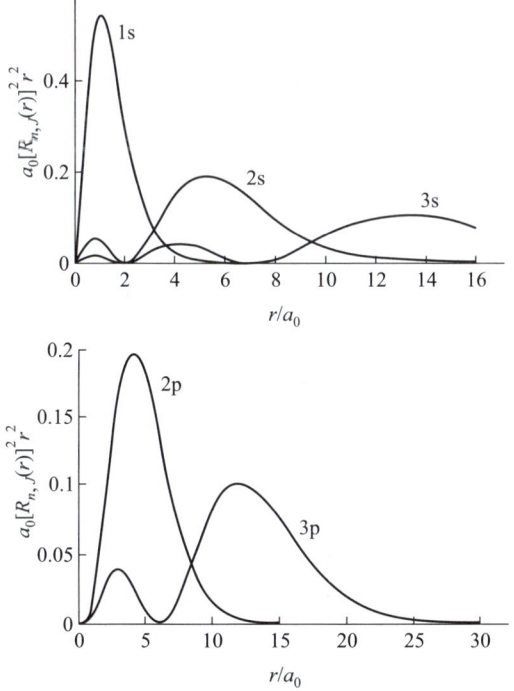

图 8.5.3　氢原子径向分布函数的图形

---

① 由于球谐函数 $Y_{J,m}(\theta,\varphi)$ 的归一化性质,$\int_0^{2\pi}\int_0^{\pi}|Y_{J,m}(\theta,\varphi)|^2\sin\theta\mathrm{d}\theta\mathrm{d}\varphi = 1$。

从图中可以看出,(1) 在核处($r=0$)径向分布函数$[R_{n,J}(r)]^2 r^2$的值为零。这是因为径向分布函数描述距核r处厚度为dr球壳内找到电子的概率,而当$r \to 0$时,球壳的体积趋于零,从而导致$[R_{n,J}(r)]^2 r^2$的值为零;(2) 当$r=a_0$时,1s轨道的径向分布函数取极大值,而这正是玻尔氢原子理论中基态轨道的半径;(3) 除1s外其他轨道的径向分布函数均出现节点,即在以节点为半径的球面上找到电子的概率为零。

4. 电子自旋

在§8.4中指出,类氢离子薛定谔方程的解为能量算符$\hat{H}$、轨道角动量平方算符$\hat{L}^2$和轨道角动量在z轴方向上投影算符$\hat{L}_z$的共同本征函数。$\hat{L}^2$和$\hat{L}_z$的本征值分别为$J(J+1)\hbar^2$和$m\hbar$ ($m=-J,-J+1,\cdots,0,\cdots,J-1,J$)。对原子光谱的研究表明,电子不仅具有轨道角动量$\vec{L}$而且还具有自旋角动量$\vec{S}$。用$\hat{S}^2$和$\hat{S}_z$分别表示自旋角动量平方算符及自旋角动量在$z$轴方向上投影算符。与轨道角动量类似,它们分别具有本征值$s(s+1)\hbar^2$和$m_s \hbar$。s称为**自旋量子数**,其与m_s间的关系为$m_s=-s,-s+1,\cdots,0,\cdots,s-1,s$。电子的$s=1/2$,它有两个自旋量子态$\alpha$和$\beta$分别对应于$m_s=+1/2$和$m_s=-1/2$。通常称$\alpha$态为自旋向上,而$\beta$态为自旋向下。这样,类氢离子的完整原子轨道表示为$1s\alpha$、$1s\beta$等,称为**空间-自旋轨道**,由一套四个量子数$(n,J,m,m_s)$表示。

自旋是基本粒子的固有性质。要特别注意的是,不同于轨道角量子数只能取整数,自旋量子数既可以取整数也可取半整数,而且对于特定的基本粒子,其自旋量子数具有唯一的数值,如电子、质子和中子的自旋角量子数s均为1/2。

5. 多电子原子的结构

对于原子序数为Z的多电子原子,如果只考虑经典电磁相互作用,则其哈密顿算符表示为

$$\hat{H} = -\frac{\hbar^2}{2m}\sum_i \nabla_i^2 - \sum_i \frac{Ze^2}{r_i} + \sum_i \sum_{j>i} \frac{e^2}{r_{ij}} \tag{8.5.11}$$

式中∇_i^2为电子i的拉普拉斯算符;m为电子的质量;r_i为电子i与核之间的距离,r_{ij}为电子i与j之间的距离。

式(8.5.11)中的第一项为电子的动能项的加和,第二项为电子与核之间的库仑吸引能,第三项为电子之间的库仑排斥能。

定义单电子哈密顿算符为

$$\hat{H}_i = -\frac{\hbar^2}{2m}\nabla_i^2 - \frac{Ze^2}{r_i} \tag{8.5.12}$$

并令 $\hat{H}_0 = \sum_i \hat{H}_i$,则有

$$\hat{H} = \hat{H}_0 + \sum_i \sum_{j>i} \frac{e^2}{r_{ij}} \tag{8.5.13}$$

式中 $\hat{H}_0$ 称为系统的零级近似哈密顿算符。

对式(8.5.13)仔细分析可以发现,电子间库仑排斥能项 e^2/r_{ij} 中的 $r_{ij} = |\vec{r}_j - \vec{r}_i|$ 同时与两个电子的坐标有关,正是这一项导致多电子原子薛定谔方程不能用分离变量法求解。可通过下列近似来解决这一问题。

(1) 单电子近似 忽略电子间库仑排斥项,则

$$\hat{H} = \hat{H}_0 = \sum_i \hat{H}_i \tag{8.5.14}$$

系统薛定谔方程的解可以直接通过类氢离子薛定谔方程的解得到。该近似中由于忽略了电子间相互作用,其误差很大。它可以作为多电子原子薛定谔方程解的零级近似。

(2) 中心力场近似 将除电子 i 之外的其余($Z-1$)个电子看作是球对称分布的。电子 i 在核与这($Z-1$)个作球对称分布的电子所形成的叠加势场中运动,这种方法称为**中心力场近似**。根据经典电动力学,电子 i 在该势场中的势能函数为

$$V_i = -\frac{(Z-\sigma_i)e^2}{r_i} = -\frac{Z^* e^2}{r_i} \tag{8.5.15}$$

系统的哈密顿算符简化为

$$\hat{H} = \sum_i \left(-\frac{\hbar^2}{2m}\nabla_i^2 - \frac{Z^* e^2}{r_i}\right) \tag{8.5.16}$$

式中 σ_i 称为**屏蔽常数**,$Z^* e = (Z-\sigma_i)e$ 为有效核电荷。现已发展出一整套计算 σ_i 的规则。

由式(8.5.16)知,在中心力场近似下,由于单电子的哈密顿算符与类氢离子的哈密顿算符具有相同的形式,因此,其薛定谔方程的解为

$$\begin{cases} \psi_{n,J,m}(r,\theta,\varphi) = R'(r)Y_{J,m}(\theta,\varphi) \\ E_n = -13.61\dfrac{Z^{*2}}{n^2}(\text{eV}) \end{cases} \tag{8.5.17}$$

中心力场近似在无机化学中已作了详细介绍,所得到的结论对元素周期律及元素化学性质的定性讨论起着极为重要的作用。

(3) **自洽场方法** 将电子间库仑排斥项 $\sum_i\sum_{j>i}\dfrac{e^2}{r_{ij}}$ 简化为只与单个电子坐标有关的函数 V_i 之和,这样系统的薛定谔方程即可通过分离变量法加以求解。

设多电子原子的波函数为

$$\Psi(1,2,\cdots,Z) = \prod_j \psi_j(j) \tag{8.5.18}$$

式中 $\psi_j(j)$ 为电子 j 的波函数。j 的概率密度分布由式 $|\psi_j(j)|^2 = \psi_j^*(j)\psi_j(j)$ 给出,因此得到 i 与 j 的相互作用势能为

$$V_{ij} = e^2 \int \dfrac{\psi_j^*(j)\psi_j(j)}{r_{ij}} \mathrm{d}\tau_j \tag{8.5.19}$$

式中 $\mathrm{d}\tau_j = \mathrm{d}x_j \mathrm{d}y_j \mathrm{d}z_j$,积分遍及电子 j 的存在空间。所有 $(Z-1)$ 个电子 j 对 i 的作用为式(8.5.19)对 j 的加和:

$$V_i = e^2 \sum_{j \neq i} \int \dfrac{\psi_j^*(j)\psi_j(j)}{r_{ij}} \mathrm{d}\tau_j \tag{8.5.20}$$

式(8.5.20)只是电子 i 坐标的函数。从而单电子的哈密顿算符为

$$\hat{H}_i = -\dfrac{\hbar^2}{2m}\nabla_i^2 - \dfrac{Ze^2}{r_i} + V_i \tag{8.5.21}$$

通过求解单电子薛定谔方程

$$\hat{H}_i \psi_i(i) = \varepsilon_i \psi_i(i) \tag{8.5.22}$$

即可得到多电子薛定谔方程的解。然而,问题并非如此简单,因为电子排斥能函数 V_i 依赖于 $\psi_j(j)$,而 $\psi_j(j)$ 正是我们所要求解的。这一困难可通过下列步骤加以克服:先假定一组单电子波函数 $[\psi_j^0(j), j=1, 2,\cdots,Z]$,如类氢离子轨道。利用式(8.5.20)计算电子排斥能函数 V_i,然后求解薛定谔方程(8.5.22),得到一组新的单电子波函数 $[\psi_j^1(j), j=1, 2,\cdots,Z]$,并将其作为输入进行下一轮计算。该迭代过程一直进行到第 $n+1$ 次得到的解与第 n 次的解近似相等,即 $\psi_j^{n+1}(j) \approx \psi_j^n(j)(j=1, 2,\cdots,Z)$ 时结束,这时称电子排斥能函数 V_i 为自洽的,因此该方法称为**自洽场方法**(SCF)。该方法是在薛定谔方程出现后两年由哈特里(Hartree D R)提出的。

6. 量子力学中的全同粒子

在上面多电子原子的自洽场方法处理中,假定了电子 i 占据轨道 $\psi_i(i)$,而系统的波函数由各单电子波函数的乘积表示。然而,由于不确定原理,不能将电子 i 与其余电子加以区分,这是微观全同粒子特有的性质。对比宏观的情况,如在台球游戏中的 15 个红球,其质量、形状、颜色等完全相同,虽然不能凭借这些特征对它们进行辨别,但一定可以通过它们的位置和轨迹对其加以指定。

微观全同粒子的不可区分性对系统的波函数所具有的形式提出了限制。考察由 N 个全同粒子组成的系统,定义 $\hat{P}_{ij}$ 为交换粒子 i 和 j 坐标(包括自旋)的算符,即

$$\hat{P}_{ij}\Psi(1,2,\cdots,i,\cdots,j,\cdots N) = \Psi(1,2,\cdots,j,\cdots,i,\cdots N) \tag{8.5.23}$$

将 $\hat{P}_{ij}$ 作用于式(8.5.23),有

$$\hat{P}_{ij}^2\Psi(1,2,\cdots,i,\cdots,j,\cdots N) = \Psi(1,2,\cdots,i,\cdots,j,\cdots N) \tag{8.5.24}$$

另一方面由于全同粒子的不可区分性,交换两个粒子的坐标并不改变系统的状态,因此系统波函数对于交换两个粒子的坐标应保持不变(可相差因子 $e^{i\alpha}$),即系统波函数为算符 $\hat{P}_{ij}$ 的本征函数:

$$\hat{P}_{ij}\Psi(1,2,\cdots,i,\cdots,j,\cdots N) = \lambda\Psi(1,2,\cdots,i,\cdots,j,\cdots N) \tag{8.5.25}$$

同样将 $\hat{P}_{ij}$ 作用于式(8.5.25)则得到

$$\hat{P}_{ij}^2\Psi(1,2,\cdots,i,\cdots,j,\cdots N) = \lambda^2\Psi(1,2,\cdots,i,\cdots,j,\cdots N) \tag{8.5.26}$$

比较式(8.5.26)和式(8.5.24)有 $\lambda = \pm 1$。当 $\lambda = 1$ 时,系统波函数对于变换 $\hat{P}_{ij}$ 保持不变,称为对称的,具有这种性质的粒子称为**玻色子**;反之,当 $\lambda = -1$ 时,系统波函数对于变换 $\hat{P}_{ij}$ 取负号,称为反对称的,具有这种性质的粒子被称为**费米子**。一种微观粒子是玻色子还是费米子,完全取决于该粒子的本性。自旋量子数为零或整数的粒子如光子(自旋量子数 1)等为玻色子,而自旋量子数为半整数的粒子如电子、质子和中子(自旋量子数 1/2)等为费米子。

费米子对系统波函数反对称性的要求,使得两个或两个以上的粒子不能占据同一个空间-自旋轨道,对电子而言,此即**泡利不相容原理**。分子间相互作用兰纳德-琼斯势能中的排斥项即源于此,称为**泡利排斥**。更进一步,微观全同粒子对波函数对称性的要求导致了对玻色子和费米子不同的统计热力学处理,即玻色-爱因斯坦统计和费米-狄拉克统计。

再分析式(8.5.18),它并不满足费米子对波函数反对称性的要求。斯莱特(Slater J C)提出了构造反对称波函数的一般方法,即斯莱特行列式,现简单介绍如下。

设有一包含 N 个电子的系统,给定归一化的空间-自旋轨道组 $[\psi_j(j)]$, $j=1$, $2,\cdots,N]$,则系统的反对称波函数表示为

$$\Psi(1,2,\cdots,N) = \frac{1}{\sqrt{N!}} \begin{vmatrix} \psi_1(1) & \psi_2(1) & \cdots & \psi_N(1) \\ \psi_1(2) & \psi_2(2) & \cdots & \psi_N(2) \\ \cdots & \cdots & \cdots & \cdots \\ \psi_1(N) & \psi_2(N) & \cdots & \psi_N(N) \end{vmatrix} \quad (8.5.27)$$

显然该函数满足反对称的要求,因为交换两个粒子的坐标(空间和自旋)对应于交换式(8.5.27)所示行列式的两行,根据行列式的性质,行列式将取负号。另一方面,如果两个粒子占据同一空间-自旋轨道,则行列式中有两行相同,其值恒等于零。根据波函数的概率诠释,这是不可能的。

福克(Fock V)采用反对称波函数对哈特里的方法加以了改进,形成了研究多电子原子结构最常用的哈特里-福克自洽场方法。

§8.6 分子轨道理论简介

§8.5 就原子结构进行了讨论。我们看到,对于多电子原子由于电子间相互作用项 e^2/r_{ij} 的存在,其薛定谔方程只能通过近似方法加以求解。对于分子系统,情况变得更为复杂,这一方面是由于在多电子原子中遇到的问题在分子系统中仍然存在,另一方面分子中核势场的多中心性及核的运动进一步引入了复杂性。幸运的是由于电子的质量远小于核的质量($m_e = m_p/1\,836$,m_e 为电子质量,m_p 为质子质量),从而电子的运动速率要远远大于核的运动速率,其结果是对于核的任意微小运动,迅速运动的电子都能立即进行调整,建立起与新的核的排布相应的运动状态。同时,核间的相对运动可视为电子运动作用的平均结果。用数学的语言,即可将分子系统中核的运动与电子的运动加以分离。此即为**玻恩-奥本海默近似**(Born-Oppenheimer Approximation)。该近似使得分子系统的量子力学处理得到很大的简化。

1. 氢分子离子 H_2^+ 薛定谔方程的解

氢分子离子 H_2^+ 包含两个全同的氢原子核(质子)和一个电子,是所有分子系统中最简单的。在玻恩-奥本海默近似下其电子的非相对论哈密顿算符为

§8.6 分子轨道理论简介

$$\hat{H}_{el} = -\frac{\hbar^2}{2m}\nabla^2 - \frac{e^2}{r_a} - \frac{e^2}{r_b} \tag{8.6.1}$$

式中 r_a 和 r_b 分别为电子与两个核之间的距离；R 为核间距。

如图 8.6.1 所示，定义椭球坐标 (ξ, η, φ)：

$$\xi = \frac{r_a + r_b}{R} \quad \eta = \frac{r_a - r_b}{R} \tag{8.6.2}$$

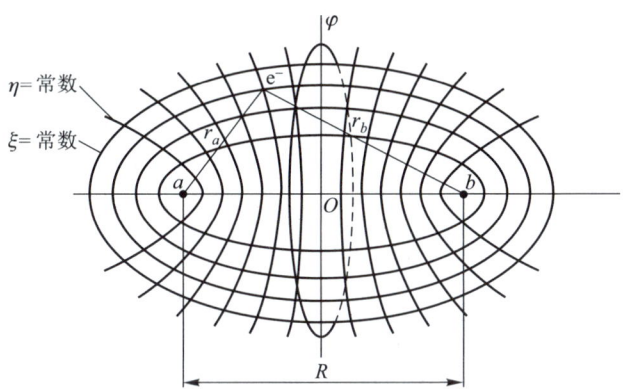

图 8.6.1 H_2^+ 在椭球坐标系中的表示（a, b 分别表示两个核）

φ 与球极坐标中相同。各变量的取值范围分别为

$$0 \leqslant \varphi \leqslant 2\pi \quad 1 \leqslant \xi \leqslant \infty \quad -1 \leqslant \eta \leqslant 1$$

薛定谔方程为

$$\hat{H}_{el}\psi_{el}(\xi,\eta,\varphi) = E_{el}(R)\psi_{el}(\xi,\eta,\varphi) \tag{8.6.3}$$

该方程在式（8.6.2）定义的椭球坐标系中可分离变量而加以精确求解。由于方程（8.6.3）的解对分子结构的讨论极为重要，下面给出其一般结论。

（1）薛定谔方程（8.6.3）的解具有以下形式：

$$\psi_{el}(\xi,\eta,\varphi) = \frac{1}{\sqrt{2\pi}} L(\xi) M(\eta) \exp(im\varphi) \quad (m=0,\ \pm 1,\ \pm 2,\cdots) \tag{8.6.4}$$

其中关于变量 φ 的部分 $\exp(im\varphi)$ 与类氢离子波函数中的相同。等同于原子轨道的定义，上述单电子波函数（8.6.4）被称为**分子轨道**，用 $\lambda = |m|$ 标记：

λ	0	1	2	3	4
分子轨道符号	σ	π	δ	φ	γ

对应于 $\pm\lambda$ 的两个态为简并态。

(2) 波函数(8.6.4)对于坐标原点的反演变换(ξ, η, $\varphi \to \xi$, $-\eta$, $\varphi+\pi$)或者不变或者只改变符号,前者用 g(德语 gerade,意即偶的),后者用 u(德语 ungerade,意即奇的)表示,因而分子轨道被进一步标记为 σ_g、σ_u、π_g、π_u 等。

(3) 能级 $E_{el}(R)$ 为核间距 R 的函数,它具有以下的极限性质:

$$\lim_{R\to\infty} E_{el}(R)/\text{eV} = -13.61\frac{1}{n^2} \quad (n=1,\ 2,\ 3,\cdots)$$

即当 $R\to\infty$ 时,氢分子离子 H_2^+ 的能级 $E_{el}(R)$ 趋于氢原子的能级。当 $R\to 0$ 时,$E_{el}(R)$ 趋于氦离子 He^+ 的能级。这是容易理解的:当 $R\to\infty$ 时,H_2^+ 解离为一个氢原子和一个质子,由于两者间无相互作用,故氢分子离子 H_2^+ 的能级在 $R\to\infty$ 时以氢原子的能级为极限。而当 $R\to 0$ 时,$r_a = r_b = R$,电子在类似于 He 的核势场中运动,因此 H_2^+ 的能级在 $R\to 0$ 时以 He^+ 的能级为极限。

(4) $U(R) = E_{el}(R) + 1/R$ 为电子处于能级 $E_{el}(R)$ 时核运动的势能曲线。对于基态 σ_g ($m=0$,对坐标原点的反演变换为偶的),该势能曲线在 $R = R_e = 1.06\times 10^{-10}$ m 时有极小值 $U(R_e) = -16.40$ eV,表明该分子轨道为成键轨道,其键能为 $D_e = U(R=\infty) - U(R_e) = 2.79$ eV,对应于 269 kJ·mol^{-1}。R_e 称为平衡键长。对于第一激发态 σ_u,其 $U(R)$ 为 R 的单调降函数,因而是反键的。

以上介绍了氢分子离子 H_2^+ 薛定谔方程解的一些基本特征和概念,其为 H_2^+ 的各种近似处理方法提供了线索和判据。

2. 氢分子离子 H_2^+ 的近似处理

当 $R\to\infty$,处于基态的 H_2^+ 解离为一个基态的氢原子和一个质子:

$$H_2^+ \longrightarrow H + H^+$$

由于它们之间没有相互作用,H_2^+ 的波函数应等同于氢原子的基态波函数:

$$1s = \frac{1}{\sqrt{\pi}}\left(\frac{1}{a_0}\right)^{3/2}\exp\left(-\frac{r}{a_0}\right)$$

但在解离时电子可与两个质子中的任意一个形成氢原子,故其波函数应具有下列形式:

$$\psi = c_1 1s_a + c_2 1s_b = \frac{1}{\sqrt{\pi}}\left(\frac{1}{a_0}\right)^{3/2}\left[c_1\exp\left(-\frac{r_a}{a_0}\right) + c_2\exp\left(-\frac{r_b}{a_0}\right)\right] \quad (8.6.5)$$

式中 r_a、r_b 分别为电子与核 a 和核 b 之间的距离。

§8.6 分子轨道理论简介

式(8.6.5)为两个原子轨道 $1s_a$ 和 $1s_b$(中心分别为 a 和 b)的线性组合,它可以作为 H_2^+ 基态的近似波函数。用线性变分法求解系数 c_1 和 c_2 就可以得到 H_2^+ 基态和第一激发态的近似分子轨道。这种方法称为**原子轨道线性组合(LCAO)分子轨道法**。

考察式(8.6.5):

$$\lim_{R\to 0}\psi = \frac{1}{\sqrt{\pi}}\left(\frac{1}{a_0}\right)^{3/2}(c_1+c_2)\exp\left(-\frac{r}{a_0}\right)$$

即当 $R\to 0$ 时 ψ 并不以 He^+ 的基态波函数 $\frac{1}{\sqrt{\pi}}\left(\frac{1}{a_0}\right)^{3/2}\exp\left(-\frac{2r}{a_0}\right)$ 为极限。为了使近似的分子轨道具有正确的极限性质,引入依赖于核间距 R 的参数 $\alpha(R)$,使其具有性质 $\alpha(0)=2$、$\alpha(\infty)=1$。新的近似分子轨道为

$$\psi = c_1 1s_a + c_2 1s_b = \frac{1}{\sqrt{\pi}}\left(\frac{\alpha}{a_0}\right)^{3/2}\left[c_1\exp\left(-\frac{\alpha r_a}{a_0}\right)+c_2\exp\left(-\frac{\alpha r_b}{a_0}\right)\right] \quad (8.6.6)$$

具体的处理详见有关著作,下面给出其结论。

(1)采用式(8.6.6)作为试探函数,经过线性变分处理得到两个分子轨道:

$$\psi_1 = \frac{1s_a+1s_b}{\sqrt{2(1+S_{ab})}}, \quad \psi_2 = \frac{1s_a-1s_b}{\sqrt{2(1-S_{ab})}} \quad (8.6.7)$$

其能级分别为

$$E_1 = \frac{H_{aa}+H_{ab}}{1+S_{ab}}, \quad E_2 = \frac{H_{aa}-H_{ab}}{1-S_{ab}} \quad (8.6.8)$$

式中各量的定义与表达式列于表 8.6.1。

表 8.6.1 S_{ab}、H_{aa} 和 H_{ab} 的定义及表达式

重叠积分	$S_{ab} = \int 1s_a^* 1s_b d\tau$	$\left[1+\alpha R+\frac{1}{3}(\alpha R)^2\right]\exp(-\alpha R)$
库仑积分	$H_{aa} = \int 1s_a^* \hat{H} 1s_a d\tau$ $H_{bb} = \int 1s_b^* \hat{H} 1s_b d\tau$	$\frac{1}{2}\alpha^2 - \alpha - \frac{1}{R} + \left(\alpha+\frac{1}{R}\right)\exp(-2\alpha R)$
交换积分	$H_{ab} = \int 1s_a^* \hat{H} 1s_b d\tau$ $H_{ba} = \int 1s_b^* \hat{H} 1s_a d\tau$	$-\frac{1}{2}\alpha^2 S_{ab} + (\alpha-2)(1+\alpha R)\exp(-\alpha R)$

注:R 以 a_0 为单位;$H_{aa}=H_{bb}$,$H_{ab}=H_{ba}$。

由表 8.6.1 可知，重叠积分 $0 \leqslant S_{ab} \leqslant 1$，且由于 $1 < \alpha < 2$，交换积分 $H_{ab} = H_{ba} < 0$，因此 ψ_1 为 H_2^+ 的基态，ψ_2 为 H_2^+ 的第一激发态。

（2）利用极值条件 $\dfrac{\partial E_1}{\partial \alpha} = 0$ 和 $\dfrac{\partial E_2}{\partial \alpha} = 0$ 确定参数 α。对于 H_2^+ 的基态解得，$\alpha(R_e) = 1.24$，$D_e = 2.35$ eV，对应于 227 kJ·mol^{-1}，式中 $R_e = 1.07 \times 10^{-10}$ m 为 H_2^+ 基态的平衡键距，该值与精确值 $R_e = 1.06 \times 10^{-10}$ m 吻合得非常好。同时我们看到，原子轨道线性组合分子轨道法给出的解离能 D_e 与精确值相比则相差较大，说明试探函数式（8.6.6）尚需进一步改进。

（3）图 8.6.2 给出了 H_2^+ 基态和第一激发态分子轨道图形[根据近似波函数式（8.6.7）画出，R 的单位为 a_0，$R_e = 2.02 a_0$]。同原子轨道的图形表示一样（参见 §8.5），图 8.6.2(a) 和图 8.6.2(c) 为分子轨道的等值面图，图 8.6.2(b) 和图 8.6.2(d) 为等值面图中所示截面上的分子轨道数值及其等高线图，其中等高线图对应于等值面与截面的交线。

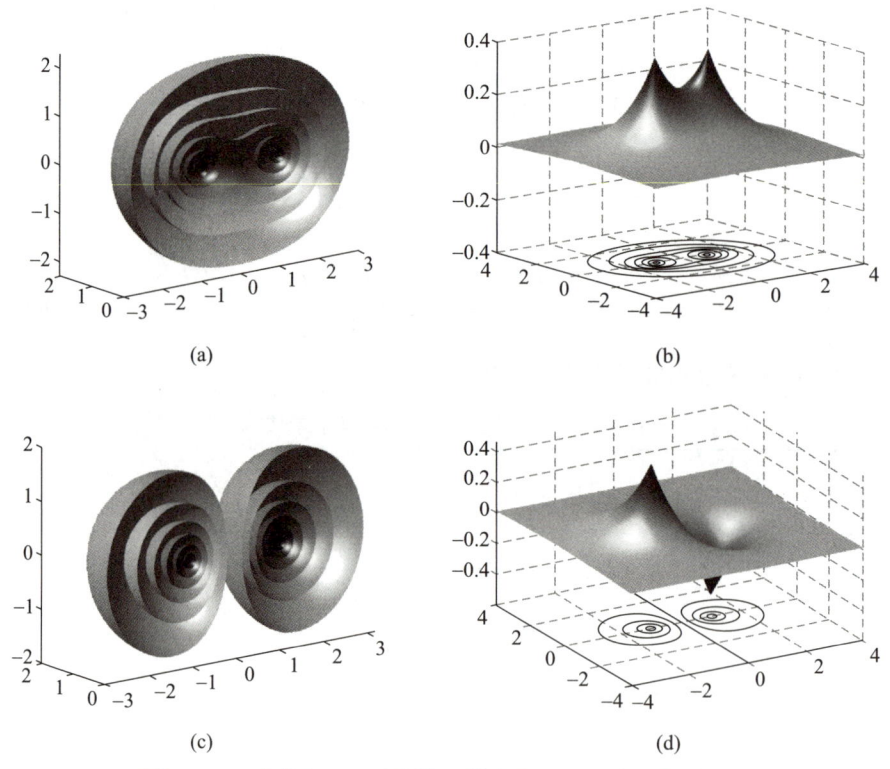

图 8.6.2　H_2^+ 基态 (a,b) 和第一激发态 (c,d) 分子轨道图形

（R 以 a_0 为单位，$R_e = 2.02 a_0$）

从上述分子轨道的图形看出：① 成键轨道 ψ_1 对于坐标的反演变换（相对于分子的中心）为对称的，标记为 σ_g，而反键轨道 ψ_2 则为反对称的，标记为 σ_u^*（ * 表示反键轨道）；② 对于 σ_g，波函数在两核间的区域有较大的数值，而对于 σ_u^*，波函数在两核间中点处有一垂直于键轴的节面。在成键轨道中电子在两核间区域出现概率的增大（相对于两个原子轨道没有重叠）导致系统能量的降低，因为电子在该区域中同时受到两个核的吸引。一般认为这是共价键形成的根本原因，但计算表明该因素导致的能量降低与 e^2/R 为同一数量级，尚不足以导致共价键的形成。共价键形成的另外两个重要因素之一是，当两个原子轨道重叠形成分子轨道时，原子轨道收缩（轨道指数由 1 变为 1.24），使得电子更靠近核运动，从而降低了系统的能量；另一因素是，相对于原子的情况，电子平均动能在键轴方向上的分量在原子轨道重叠后减小。

在上述近似处理中，我们利用两个氢原子 1s 轨道的线性组合，得到了 H_2^+ 基态分子轨道 σ_g 和第一激发态分子轨道 σ_u^*。采用同样的方法可以得到 H_2^+ 其他激发态的分子轨道：由两个 $2p_z$ 轨道得到两个分子轨道。由于 $2p_z$ 的 $m=0$，由此得到的分子轨道也为 σ 轨道，分别标记为 $\sigma_g 2p$ 和 $\sigma_u^* 2p$，如图 8.6.3 所示。

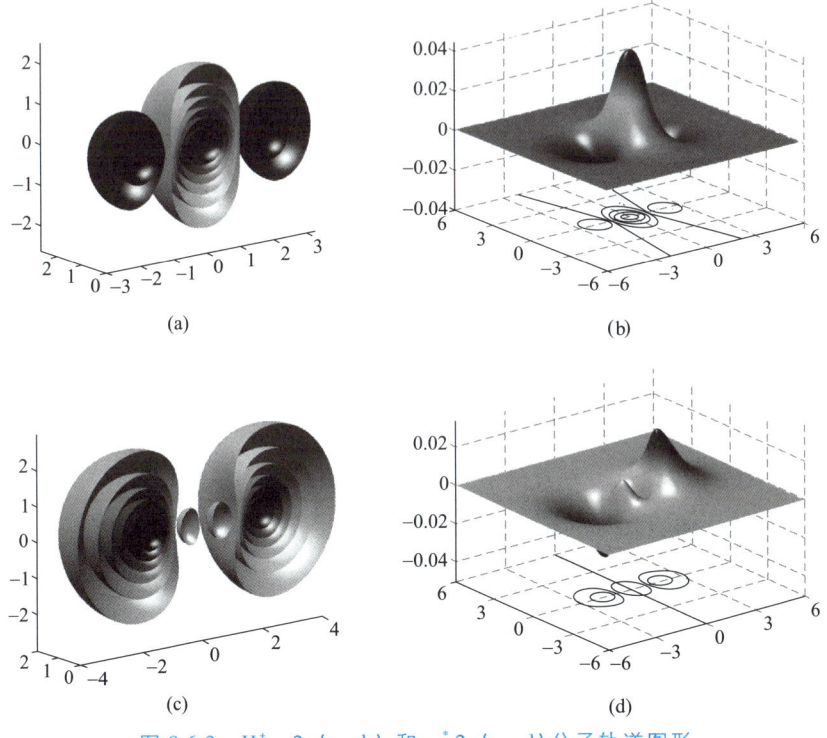

图 8.6.3　$H_2^+ \sigma_g 2p$(a, b) 和 $\sigma_u^* 2p$(c, d) 分子轨道图形

由两个 $2p_{+1}$ 原子轨道组合得到两个 $m=1$ 的分子轨道,称为 π 轨道。由于图示方面的困难,一般采用实原子轨道 $2p_x$,虽然这样得到的分子轨道不再是角动量在 z 轴上投影算符 $\hat{L}_z$ 的本征函数,但仍然称其为 π 分子轨道(见图 8.6.4)。注意,与 σ 轨道相反,π 成键轨道具有 u 对称性,而反键轨道则具有 g 对称性。

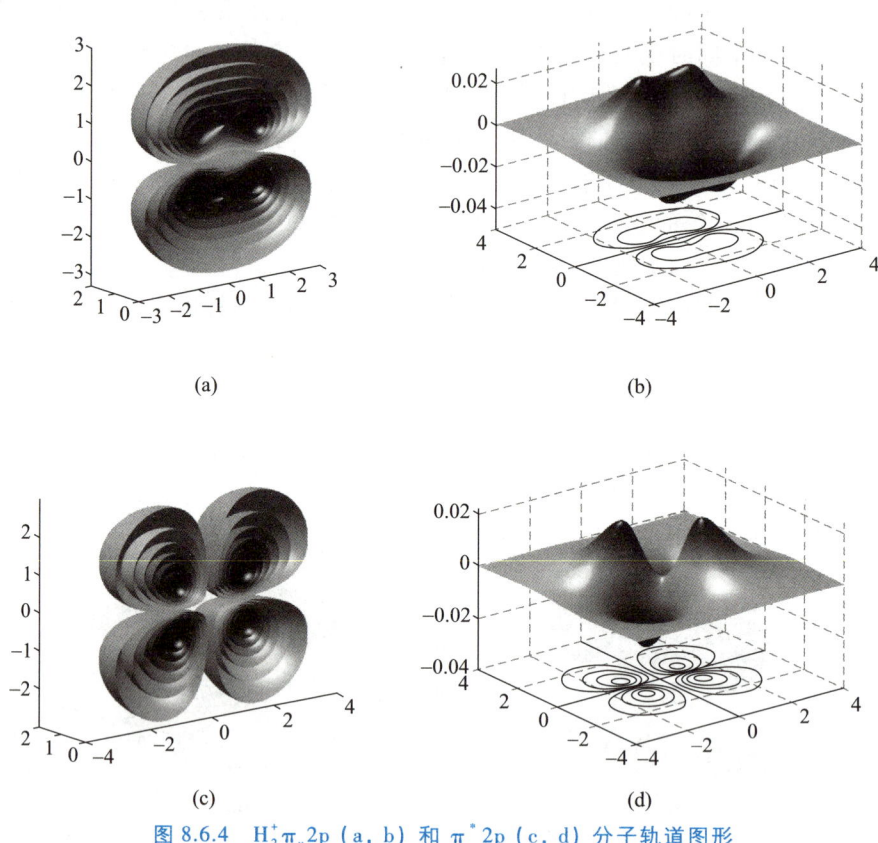

图 8.6.4 $H_2^+ \pi_u 2p$ (a, b) 和 $\pi_g^* 2p$ (c, d) 分子轨道图形

由两个 $2p_y$ 轨道形成的分子轨道和上面的完全一样,只是将其对 z 轴旋转 $90°$,因此它们是简并轨道。这样我们得到 H_2^+ 的近似能级图(见图 8.6.5)。

3. 同核双原子分子的近似分子轨道

在多电子原子结构的讨论中,依照泡利原理和洪特规则将电子按能级顺序排列在各类氢离子轨道上。同理,可以依照相同的原理和规则将电子排列在氢分子离子各分子轨道上而得到双原子分子的电子结构。表 8.6.2 给出了第一和第二周期某些同核双原子分子电子组态及键级。

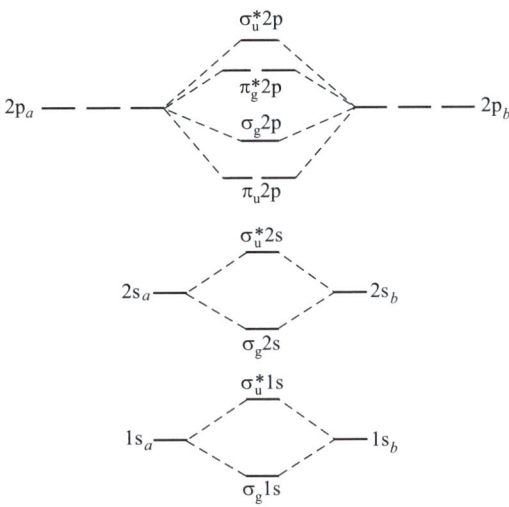

图 8.6.5 H_2^+ 的近似能级图

表 8.6.2 某些同核双原子分子电子组态及键级

分子	基态电子组态	σ 键级	π 键级	总键级
H_2	$(\sigma_g 1s)^2$	1	0	1
He_2	$(\sigma_g 1s)^2(\sigma_u^* 1s)^2$	0	0	0
B_2	$KK(\sigma_g 2s)^2(\sigma_u^* 2s)^2(\pi_u 2p)^2$	0	2×0.5	1
C_2	$KK(\sigma_g 2s)^2(\sigma_u^* 2s)^2(\pi_u 2p)^4$	0	2	2
N_2	$KK(\sigma_g 2s)^2(\sigma_u^* 2s)^2(\pi_u 2p)^4(\sigma_g 2p)^2$	1	2	3
O_2	$KK(\sigma_g 2s)^2(\sigma_u^* 2s)^2(\sigma_g 2p)^2(\pi_u 2p)^4(\pi_g^* 2p)^2$	1	2×0.5	2
F_2	$KK(\sigma_g 2s)^2(\sigma_u^* 2s)^2(\sigma_g 2p)^2(\pi_u 2p)^4(\pi_g^* 2p)^4$	1	0	1

注：KK 表示 $(\sigma_g 1s)^2(\sigma_u^* 1s)^2$。对 O_2 和 F_2，$\sigma_g 2p$ 的能量低于 $\pi_u 2p$ 的能量。

H_2：两个电子排列在 $\sigma_g 1s$ 轨道上（自旋相反），形成一个 σ 键，键级为 1。

He_2：四个电子分别排列在 $\sigma_g 1s$ 和 $\sigma_u^* 1s$ 轨道上，成键和反键抵消，不能形成稳定分子。但 He_2 的激发态能够存在。

B_2：σ 键成键和反键抵消。另两个电子占据一对简并的 π 轨道。根据洪特规则，它们应分别占据这两个简并轨道且自旋平行，形成两个单电子 π 键。由于有两个自旋平行的电子，该分子处于基态时具有磁性且为实验所证实。

C_2：σ 键成键和反键抵消。另四个电子占据在一对 π 轨道上形成两个 π 键。

N_2：净成键为一个 $\sigma(\sigma_g 2p)$ 和两个 π 键，键级为 3。

O_2：净成键为一个 $\sigma(\sigma_g 2p)$ 和两个单电子 π 键，键级为 2。应该注意的是，该分子有两个自旋平行的电子占据 π 反键轨道，其基态为三重简并的。同 B_2 一样，O_2 处于基态时具有磁性。

F_2：净成键为一个 $\sigma(\sigma_g 2p)$ 键。

对于异核双原子分子，情况稍有不同，在用原子轨道形成分子轨道时不仅要考虑所用原子轨道的对称性，而且要求它们之间的能级差要小。

分子轨道法的一般思路：① 应用玻恩-奥本海默近似将电子运动与核运动进行分离；② 采用非相对论哈密顿算符；③ 用原子轨道线性组合表示分子轨道（单电子波函数），并以此构造斯莱特行列式作为分子系统的试探波函数；④ 应用变分法确定线性组合系数，从而得到分子轨道、能级等。

上述思路已发展成为著名的量子化学计算方法，即量子化学**从头计算法**。但该方法对计算机的内存及运算速度要求很高，过去只能用于很小分子的研究。为了用量子化学解决实际问题，在不同近似水平上提出了各种半经验方法，其中最著名的有 CNDO、INDO、MINDO、MNDO、AM1 和 PM3 等。近年来随着计算机技术的高速发展，从头计算法已被用于解决各种实际问题，如化学反应的过渡态、分子光谱、材料表面结构等。

§8.7 分子光谱简介

在玻恩-奥本海默近似及其他一些近似条件下，分子的能级可表示为电子、振动和转动等运动形式的能级之和，即

$$\varepsilon_{n,v,J} = \varepsilon_n + \varepsilon_v + \varepsilon_J \tag{8.7.1}$$

式中 ε_n、ε_v 和 ε_J 分别表示分子的电子、振动和转动能级。在辐射作用下，分子的能级将发生跃迁，从而形成光谱。与其对应的吸收或发射的能量为

$$h\nu = \varepsilon_{n',v',J'} - \varepsilon_{n,v,J} \tag{8.7.2}$$

表 8.7.1 给出了分子的电子、振动及转动跃迁所对应光谱的吸收区域。

表 8.7.1　分子的电子、振动及转动跃迁所对应光谱的吸收区域

波数 $\bar{\nu}/\text{cm}^{-1}$	电子光谱	振动光谱	转动光谱
	$10^4 \sim 10^5$	$400 \sim 10^4$	$1 \sim 400$
光谱区	可见及紫外	红外	微波及远红外

与原子光谱（线光谱）相比，分子中由于原子核运动的存在，其光谱要比原

子光谱复杂得多。如分子的电子光谱不仅包含了电子能级的跃迁,而且还伴随着振动能级和转动能级的跃迁。同样,振动能级的跃迁通常伴随着转动能级的跃迁。由于转动能级差很小,由转动能级跃迁所产生的谱线是如此的密集,以至于可看作形成连续的谱带。因此,分子光谱一般为带状光谱。在本节中对双原子分子的振动光谱、转动光谱及其谱线特征作简单介绍。

在玻恩-奥本海默近似下,分子中的原子核运动的薛定谔方程为

$$-\sum_i \frac{\hbar}{2m_i}\nabla_i^2 \psi + E(R)\psi = \varepsilon\psi \tag{8.7.3}$$

式中 m_i 为核 i 的质量;$E(R)$ 为固定核的位置时电子的能量;ε 为分子总能量。该方程描述了分子的振动和转动。由于分子处于不同的振动量子态时,其核间距不同,因而分子的转动惯量不同,从而导致转动运动薛定谔方程不同的解,即分子的振动与转动是耦合的。如果忽略振动与转动耦合,双原子分子核的运动可分解为振动运动与转动运动之和,从而可用谐振子模型和刚性转子模型加以处理,其能级表示为

$$\varepsilon_{v,J} = \left(v+\frac{1}{2}\right)h\nu + \frac{\hbar^2}{2I}J(J+1) \tag{8.7.4}$$

1. 双原子分子的转动光谱

当辐射处在微波和远红外区,其能量不足于导致电子和振动能级的跃迁,分子将呈现纯转动光谱,吸收或辐射的能量为

$$h\nu = \varepsilon_{n,v,J'} - \varepsilon_{n,v,J} \tag{8.7.5}$$

式中 n、v 和 J 分别代表电子、振动和转动量子数。在这种情况下,由于转动能级的跃迁对应于特定的电子和振动能级,因而分子的核间距不变,用刚性转子模型可以很好地描述双原子转动光谱:

$$h\nu = \frac{\hbar^2}{2I}[J'(J'+1) - J(J+1)] \tag{8.7.6}$$

然而在分子光谱中,并不是所有的跃迁都是允许的,而要受到**选择定则**的限制。

辐射对分子的作用是一个与时间有关的过程,解决这类问题应该使用与时间有关的薛定谔方程。一般的做法是把这种作用看作微扰,将时刻 t 时系统的波函数用系统定态波函数展开,代入薛定谔方程以得到展开系数 $a_n(t)$。$|a_n|^2$ 表示时刻 t 时系统处于某一定态的概率,由它可以导出跃迁矩的计算公式,它是

分子偶极矩算符表示的矩阵元。跃迁矩决定分子从一个能级向另一个能级跃迁的概率。如果跃迁矩为零,则对应的跃迁是不允许的(选择定则)。此外,对于允许的跃迁,谱线的强弱不仅与跃迁矩有关,还与能级上分子的占据数有关(由统计热力学决定)。

在刚性转子模型下,双原子分子转动光谱的选择定则为

(1) 同核双原子　由于其偶极矩为零,因而不产生转动光谱。

(2) 异核双原子分子　$\Delta J = \pm 1$,即跃迁发生在相邻能级之间。

将 $\Delta J = J' - J = 1$ 代入式(8.7.6),得到波数:

$$\bar{\nu} = 2 \times \frac{h}{8\pi^2 Ic}(J+1) = 2BJ' \tag{8.7.7}$$

式中 c 为光速;$B = h/(8\pi^2 Ic)$ 为只与分子性质有关的常数,称为**转动常数**。由式(8.7.7)可知,分子的转动光谱是由一系列等间距($\Delta \bar{\nu} = 2B$)的谱线组成的,谱线的强度由跃迁矩和转动能级上分子的占据数决定。

2. 双原子分子的振动光谱

当辐射处于红外区,不仅分子的振动能级发生跃迁,而且还将伴随分子转动能级的跃迁。首先考虑分子的振动。在小振动的情况下,可以用谐振子模型来描述。

选择定则为

(1) 同核双原子分子无偶极矩,而且在振动过程中也不会产生偶极矩。因此,同核双原子分子没有振动光谱。

(2) 异核双原子分子的 $\Delta v = \pm 1$ 跃迁发生在相邻能级之间。

由于谐振子的能级 $\varepsilon_v = (v + 1/2)h\nu$ 为等间隔的,由选择定则知,所有允许的跃迁所产生谱线的位置相同,即只有一条谱线,其波数为

$$\bar{\nu} = \frac{\nu}{c} \tag{8.7.8}$$

式中 $\nu = \frac{1}{2\pi}\sqrt{k/\mu}$ 为分子的经典振动频率 $\left(\mu = \frac{m_1 m_2}{m_1 + m_2}\right.$ 为分子的折合质量$\left.\right)$。在一般振动情况下,分子振动需要用非谐振子模型来处理,这时除了 $\Delta v = \pm 1$ 的跃迁外,其他能级的跃迁($\Delta v = \pm 1, \pm 2, \pm 3, \cdots$)也是允许的,这些跃迁所产生谱线的波数近似为式(8.7.8)所给波数(基本谱带)的整数倍 $2\bar{\nu}$、$3\bar{\nu}$ 等,称为泛音带。相对于基本谱带,泛音带的强度要弱得多。

3. 双原子分子的振动-转动光谱

分子振动-转动光谱是由属于特定振动能级的转动能级间的跃迁产生的，称为振动-转动谱。由能级 $\varepsilon_{v',J'}$ 跃迁到 $\varepsilon_{v'',J''}$ 所需的能量为

$$\Delta\varepsilon = (v''-v')h\nu + \frac{\hbar^2}{2I''}J''(J''+1) - \frac{\hbar^2}{2I'}J'(J'+1) \tag{8.7.9}$$

对应于不同的振动能级，分子具有不同的核间距，因而具有不同的转动惯量 I。

振动-转动谱的选择定则为

（1）同核双原子分子无振动-转动光谱。

（2）异核双原子分子：$\Delta v = \pm 1$，$\Delta J = \pm 1$。也有例外，如对 NO，$\Delta J = 0$ 的跃迁是允许的。

这样，对应于 ΔJ 的三种情况，振动-转动谱带可呈现出三个分支：

$$J'' - J' = \Delta J = +1, \quad R \text{ 支}$$
$$J'' - J' = \Delta J = -1, \quad P \text{ 支}$$
$$J'' - J' = \Delta J = 0, \quad Q \text{ 支}$$

在高分辨率谱的情况下，振动-转动光谱由一系列近似等间距的谱线组成，R 支和 P 支相对于振动基频 ν（Q 支的位置）作对称分布。在一般情况下，Q 支不存在，振动基频的位置容易由谱线间的间隔来判断：两条相邻 R 支和 P 支谱线的间隔大致为其他谱线间隔的 2 倍，其中心即为振动基频的位置。

对于多原子分子的振动和转动，其理论处理要复杂得多，这里不再作介绍。除了分子的电子、振动和转动光谱外，分子中电子自旋及核自旋和核四极矩常可在微波及无线电波区域内产生共振作用，而导致电子自旋共振谱（ESR）、核磁共振谱（NMR）及四极共振光谱。分子的这些光谱提供了有关分子结构的大量信息，如键解离能、键长、振动力常数、电荷分布、偶极矩及原子核在空间中的分布方式等，成为现代化学研究的强有力工具。

本 章 小 结

微观粒子的波粒二象性使得粒子的坐标和动量不能同时精确测量，而导致经典力学不能应用于微观系统。本章在与经典力学对比的基础上，引出了量子力学的四个基本假设，即 ① 微观系统的运动状态用波函数表示；② 状态随时间的变化由薛定谔方程描述；③ 物理量对应于量子力学算符；④ 力学量的测量值

为该力学量算符的本征值。通过对一维势箱粒子的研究,展示了针对特定系统薛定谔方程的建立及求解的思路。给出了三维势箱粒子、一维谐振子、二体刚性转子定态薛定谔方程的解,并对其结果进行了讨论。对量子力学应用于原子、分子结构及分子光谱做了简单介绍。

思 考 题

1. 微观粒子如分子、原子、电子等的运动为什么不能用经典力学描述?

2. 量子力学是建立在一系列假设基础上的,其中四个基本的假设是什么?它们分别针对微观系统的哪些基本问题?

3. 对应于物理量 O 的量子力学算符 $\hat{O}$ 是如何构造的?

4. 以一维势箱($0 \leqslant x \leqslant a$)中的粒子为例,说明应用量子力学解决问题的步骤。

5. 什么是能级的简并?一维问题,如一维势箱中的粒子和一维谐振子的能级能否出现简并?三维势箱($0 \leqslant x \leqslant a$、$0 \leqslant y \leqslant b$、$0 \leqslant z \leqslant c$)中的粒子在什么情况下会出现简并?

6. 什么原因导致多电子原子的定态薛定谔方程无法通过分离变量法精确求解?求解多电子原子薛定谔方程的近似方法都有哪些?说明各通过什么方式提高近似的精度。

7. 什么是全同粒子?宏观世界中存在全同粒子吗?微观全同粒子的全同性导致什么样的后果?

习 题

8.1 同光子一样,实物粒子也具有波动性。与实物粒子相关联的波的波长,即德布罗意波长由式(8.0.2)给出。试计算下列波长(1 eV = 1.602 177×10⁻¹⁹ J,电子质量 9.109×10⁻³¹ kg,中子质量 1.674×10⁻²⁷ kg)。

(1) 具有动能 1 eV 和 100 eV 的电子;

(2) 具有动能 1 eV 的中子;

(3) 速度为 640 m/s、质量为 15 g 的弹头。

答:(1) 1.226×10^{-9} m, 1.226×10^{-10} m;(2) 2.863×10^{-11} m;(3) 6.902×10^{-35} m。

8.2 函数 $f(x) = Ax(x-a)$(A 是不为零的常数)能否是一维势箱中粒子($0 \leqslant x \leqslant a$)可能的波函数?如果是,A 等于多少?

答:是,$a^2\sqrt{a/30}$

8.3 在一维势箱粒子问题求解中,如果在箱内 $V(x) = C \neq 0$(C 为常数),是否对其定态薛定谔方程的解产生影响?怎样影响?

8.4 一质量为 m,在一维势箱 $0 \leqslant x \leqslant a$ 中运动的粒子,其量子态为

$$\psi(x) = \left(\frac{2}{a}\right)^{1/2}\left[0.5\sin\left(\frac{\pi}{a}x\right) + 0.866\sin\left(\frac{3\pi}{a}x\right)\right]$$

(1) 该量子态是否为能量算符 $\hat{H}$ 的本征态？
(2) 对该系统进行能量测量，其可能的结果及其所对应的概率为何？
(3) 处于该量子态粒子能量的平均值为多少？

答：(2) $E = \dfrac{h^2}{8ma^2}$，$E = \dfrac{9h^2}{8ma^2}$，0.25，0.75；(3) $\dfrac{7h^2}{8ma^2}$

8.5 质量为 1 g 的小球在 1 cm 长的盒内（一维），试计算当它的能量等于在 300 K 下的 kT 时的量子数 n。这一结果说明了什么？k 和 T 分别为玻耳兹曼常数和热力学温度。

答：8.868×10^{19}

8.6 有机共轭分子的性质如共轭能、吸收光谱中吸收峰的位置等，可用一维势箱模型加以粗略描述。已知下列共轭四烯分子

的长度约为 1.120 nm，试用一维势箱模型估算其波长最大吸收峰的位置。

答：460 nm

8.7 在质量为 m 的单原子组成的晶体中，每个原子可看作在所有其他原子组成的球对称势场 $V(x) = fr^2/2$ 中振动，式中 $r^2 = x^2 + y^2 + z^2$。该模型称为三维各向同性谐振子模型，请给出其能级的表达式。

8.8 一维势箱 $[0, a]$ 中两个 α 自旋的电子，如果它们之间不存在相互作用，试写出它们基态波函数 $\psi(x_1, x_2)$。

答：$\psi(x_1, x_2) = \dfrac{1}{\sqrt{2}}[\psi_1(x_1)\psi_2(x_2) - \psi_1(x_2)\psi_2(x_1)]\alpha_1\alpha_2$

8.9 在忽略电子间相互作用的情况下，He 原子运动的哈密顿算符可近似表示为

$$\hat{H} = -\frac{\hbar^2}{2m}\nabla_1^2 - \frac{2e^2}{r_1} - \frac{\hbar^2}{2m}\nabla_2^2 - \frac{2e^2}{r_2}$$

式中 m 为电子的质量；r_1 和 r_2 分别为电子 1 和电子 2 与核之间的距离。

(1) 在上述近似下，写出 He 原子的能量表达式并给出基态的能量值。
(2) 如果 1s 为 He^+ 的基态波函数（空间轨道），则 He 原子基态波函数表示为 $\psi(1,2) = 1s(1)\alpha(1)1s(2)\beta(2)$，这种说法正确吗？为什么？

8.10 在金属有机化合物的合成中 N_2 常被用作保护气体，写出 N_2、N_2^+ 和 N_2^- 基态的电子组态，并以此解释 N_2 的特殊稳定性。

第九章 统计热力学初步

统计热力学与热力学的研究对象都是含有大量微观粒子的平衡系统。由前面的热力学相关章节可知,热力学是以经验总结出的三个定律为基础,通过严密的逻辑推理并结合量热实验获得的基础热数据,研究平衡系统各宏观性质之间的关系及变化规律。热力学研究的特点是其得出的结论具有高度可靠性,且不受人们对物质微观结构认识的局限所影响。这既是其优点,也是其不足之处。宏观系统所有平衡性质都是其所包含的大量微观粒子运动的宏观反映,由微观粒子的运动入手,获得系统的宏观性质并赋予其明确的物理意义或微观解释是统计热力学要解决的问题。

统计热力学从系统的微观状态出发,利用统计平均的方法确定平衡系统的宏观热力学性质,因而它是联系宏观与微观的桥梁。需要说明的是,统计热力学虽然弥补了热力学的不足,但也有其局限性,因为它依赖于对物质复杂微观结构(状态)的认识与微观模型描述,而这些在某些情况下又是困难且不完善的,这使得统计热力学的处理结果在某些情况下不够理想。

依据描述微观粒子运动力学模型的不同,统计方法分为经典统计与量子统计。经典统计以经典力学为基础,而量子统计以量子力学为基础。

经典统计中,玻耳兹曼(Boltzmann)统计最具代表性。量子统计又分为玻色-爱因斯坦(Bose-Einstein)统计和费米-狄拉克(Fermi-Dirac)统计两种,它们分别适用于量子规律不同的微观粒子系统。与经典统计相比,量子统计更为严格,且在一定条件下通过适当的近似可得到经典统计导出的结果。

本章作为统计热力学初步,主要介绍修正的玻耳兹曼统计方法。该方法以粒子作为基本统计单位,但引入能量量子化的概念描述粒子的运动。

统计热力学中将聚集在气体、液体、固体中的分子、原子、离子等统称为**粒子**,简称为**子**。

按照粒子运动情况的不同,可把系统区分为**离域子系统**和**定域子系统**。离域子系统的粒子可以在系统的整个空间范围内运动,各种粒子无法彼此分辨,所以离域子系统又称为**全同粒子系统**。气体、液体就是离域子系统。定域子系统的粒子只能在固定位置附近的小范围内运动,可以想象对处于不同位置上的粒子进行编号来加以分辨,所以定域子系统又称为**可辨粒子系统**。如晶体中各粒子在点阵点附近振动,晶体就是定域子系统。

按照粒子间相互作用情况不同,又把系统区分为**独立子系统**和**相依子系统**。粒子间相互作用可以忽略的系统称为独立子系统,或确切地称为近独立子系统,如理想气体。粒子间相互作用不能忽略的系统称为相依子系统,如真实气体、液体等。对独立子系统,其热力学能 U 是系统中所有粒子能量之和,即

$$U = \sum_{j=1}^{N} \varepsilon_j \tag{9.0.1}$$

式中 N 为系统中粒子数,ε_j 为第 j 个粒子的能量。而相依子系统的热力学能除 $\sum_{j=1}^{N} \varepsilon_j$ 外,还包括粒子间相互作用的总势能 U_p,即

$$U = \sum_{j=1}^{N} \varepsilon_j + U_p \tag{9.0.2}$$

对指定系统而言,U_p 与其中各粒子的位置坐标有关。

本章只讨论独立子系统,包括独立离域子系统,如理想气体,以及独立定域子系统,如假设粒子做相互独立简谐振动的晶体。

§9.1 粒子各种运动形式的能级及能级的简并度

粒子有多种运动形式,如分子作为整体在空间的平动(质心运动),分子绕三个互相垂直而又通过质心的轴的转动,分子中各原子间的相对运动(即分子振动)、分子中电子的运动及核的运动等。平动属于分子的外部运动,其余各运动形式属于分子的内部运动。除电子运动及核运动外的各运动形式的自由度如下:

$$n\text{原子分子} \begin{cases} \text{平动(t):即质心的运动,自由度 3} \\ \text{转动(r):分子作为整体的转动} \begin{cases} \text{直线形分子,自由度 2} \\ \text{非直线形分子,自由度 3} \end{cases} \\ \text{振动(v):原子间的相对运动} \begin{cases} \text{直线形分子,自由度}(3n-5) \\ \text{非直线形分子,自由度}(3n-6) \end{cases} \end{cases}$$

粒子的各运动形式可近似认为彼此独立,所以粒子的能量等于各独立运动形式具有的能量之和,即

$$\varepsilon = \varepsilon_t + \varepsilon_r + \varepsilon_v + \varepsilon_e + \varepsilon_n \tag{9.1.1}$$

粒子的平动、转动和振动可分别用三维势箱中的粒子、刚性转子和谐振子模型加以描述,由量子力学可知,这些运动形式的能量都是量子化的(不连续的)。现主要介绍这三种运动形式的能级公式。

1. 分子的平动

质量为 m 的分子，在边长分别为 a、b、c 的势箱中平动时，其能级公式为

$$\varepsilon_t = \frac{h^2}{8m}\left(\frac{n_x^2}{a^2}+\frac{n_y^2}{b^2}+\frac{n_z^2}{c^2}\right) \quad (n_x, n_y, n_z = 1, 2, \cdots) \tag{9.1.2a}$$

式中 $h = 6.626\times 10^{-34}$ J·s 为普朗克（Planck）常量；n_x, n_y, n_z 为平动量子数，其值都只能取 $1, 2, 3$ 等正整数。

如果 $a = b = c$，即势箱为立方体，(9.1.2a) 可简化为

$$\varepsilon_t = \frac{h^2}{8mV^{2/3}}(n_x^2+n_y^2+n_z^2) \tag{9.1.2b}$$

式中 $V = a^3$ 为立方容器的体积。

由式 (9.1.2b) 可以看出，三维平动子各能级的能量与粒子的质量 m 及系统的体积 V 有关。

当各量子数都取最小值时，对应的量子态能量最低，此时的量子态称为基态。对立方势箱中的粒子，其基态能量为 $\varepsilon_t = \frac{3h^2}{8mV^{2/3}} \neq 0$，所对应的量子态为 $\psi_{1,1,1}$ （ψ 为波函数）。而对第一激发态，量子数分别取 $(1,1,2)$、$(1,2,1)$ 或 $(2,1,1)$ 时，系统的能量均为 $\varepsilon_t = \frac{6h^2}{8mV^{2/3}}$，但对应的量子态 $\psi_{1,1,2}$、$\psi_{1,2,1}$ 和 $\psi_{2,1,1}$ 却不同。将这种不同量子态具有相同能量，即对应于同一能级的现象称为**简并**，而将对应于同一能级独立的量子态的数目称为该能级的**简并度**，又称为**统计权重**，用 g 表示。简并度为 1 的能级也称为非简并能级。

立方势箱中平动子第一、二、三激发态的简并度均为 3（见图 9.1.1）。

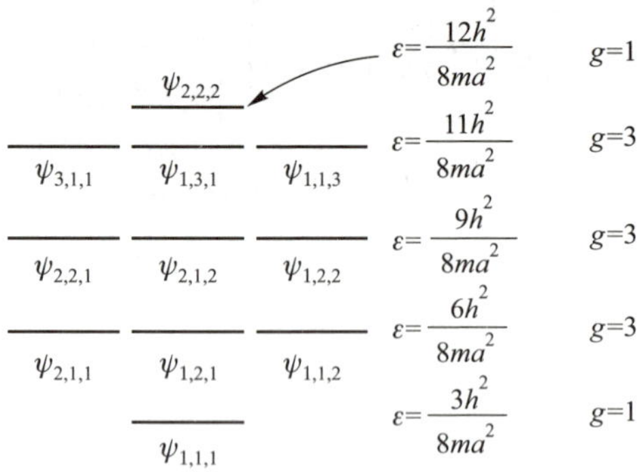

图 9.1.1　立方势箱中平动子能级与量子态的简并

例 9.1.1 在 300 K,101.325 kPa 条件下,将 1 mol H_2 置于立方容器中,试求单个分子平动的基态能级的能量值 $\varepsilon_{t,0}$,以及第一激发态与基态的能量差。

解: 300 K,101.325 kPa 条件下的 H_2 可看成理想气体,其体积为

$$V = \frac{nRT}{p} = \frac{1 \text{ mol} \times 8.314 \text{ J} \cdot \text{mol}^{-1} \cdot \text{K}^{-1} \times 300 \text{ K}}{101.325 \times 10^3 \text{ Pa}} = 0.024\ 62 \text{ m}^3$$

H_2 的摩尔质量 $M = 2.015\ 8 \times 10^{-3} \text{ kg} \cdot \text{mol}^{-1}$,单个 H_2 分子的质量为

$$m = \frac{M}{L} = \frac{2.015\ 8 \times 10^{-3} \text{ kg} \cdot \text{mol}^{-1}}{6.022 \times 10^{23} \text{ mol}^{-1}} = 3.347 \times 10^{-27} \text{ kg}$$

将 $n_x = n_y = n_z = 1$ 及有关数据代入式(9.1.2b),得

$$\varepsilon_{t,0} = \frac{h^2}{8mV^{2/3}} \times 3 = \frac{3 \times (6.626 \times 10^{-34} \text{ J} \cdot \text{s})^2}{8 \times 3.347 \times 10^{-27} \text{ kg} \times (0.024\ 62 \text{ m}^3)^{2/3}} = 5.812 \times 10^{-40} \text{ J}$$

第一激发态的能级为

$$\varepsilon_{t,1} = \frac{h^2}{8mV^{2/3}} \times 6 = 11.624 \times 10^{-40} \text{ J}$$

第一激发态与基态的能量差为

$$\Delta\varepsilon = \varepsilon_{t,1} - \varepsilon_{t,0} = (11.624 - 5.812) \times 10^{-40} \text{ J} = 5.812 \times 10^{-40} \text{ J}$$

由上例可知,平动子相邻能级的能量之差 $\Delta\varepsilon$ 非常小,所以平动子很容易受到激发而处于各个能级上。此外,统计热力学的数学处理方法常与 $\frac{\Delta\varepsilon}{kT}$ 的大小有关,其中 k 为玻耳兹曼常数,由摩尔气体常数 R 除以阿伏加德罗常数 L 而得 $\left(k = \frac{R}{L} = 1.380\ 65 \times 10^{-23} \text{ J} \cdot \text{K}^{-1}\right)$。在通常温度下,平动子的 $\frac{\Delta\varepsilon}{kT}$ 值在 10^{-19} 数量级左右,量子化效应不明显,在某些数学处理中可将平动能级近似看成连续变化。

2. 双原子分子的转动

设双原子分子 AB 中 A、B 的质量分别为 m_A 和 m_B,A、B 间的平衡键长为 d。在玻恩-奥本海默近似下,该分子可看成刚性转子,其能级为

$$\varepsilon_r = \frac{h^2}{8\pi^2 I} J(J+1) \quad (J = 0, 1, 2, \cdots) \tag{9.1.3}$$

式中 J 为角量子数,只能取 0 和正整数 $1, 2, 3, \cdots$;$I = \mu d^2$ 为分子的转动惯量 $\left(\text{其中 } \mu = \frac{m_A m_B}{m_A + m_B} \text{ 为分子的折合质量}\right)$。分子的转动惯量可通过转动光谱得到。

不同于势箱中的粒子,转动基态能量为 $\varepsilon_{r,0} = 0$。通常,刚性转子相邻能级的能量差也很小 $\left(\text{温度不太低时 } \frac{\Delta\varepsilon}{kT} \text{ 值在 } 10^{-2} \text{ 数量级左右}\right)$,转子也很容易受激发而

处于各激发态上。量子化效应不明显,在某些数学处理中可将转动能级近似看成连续变化。由式(9.1.3)可知,刚性转子的能级由角量子数 J 确定,但角动量在空间的取向也是量子化的。当角量子数为 J 时,角动量在空间可有 $(2J+1)$ 种取向,即有 $(2J+1)$ 个不同的量子态,所以转动能级的简并度 $g_{r,J}=2J+1$。

3. 双原子分子的振动

双原子分子的振动可近似为一维简谐振动。一维谐振子的能级公式为

$$\varepsilon_v = \left(v + \frac{1}{2}\right)h\nu \qquad (v=0,1,2,\cdots) \tag{9.1.4}$$

式中 v 为振动量子数,其值为 0 和正整数 $1,2,3,\cdots$;$\nu = \frac{1}{2\pi}\sqrt{k/\mu}$($k$ 为振动力常数,μ 为分子的折合质量)为分子振动的基频,由分子振动光谱得到。

一维谐振子基态的 $v=0$,故振动基态能级能量 $\varepsilon_{v,0} = \frac{1}{2}h\nu$。基态以上各相邻能级的能级差 $\Delta\varepsilon$ 均为 $h\nu$。此值一般较大,故一维谐振子一般不容易受激发而处于高能级上,或者说振动能级一般得不到充分开放。在通常温度下,$\frac{\Delta\varepsilon}{kT}$ 的数量级在 10 左右,量子化效应很明显,通常不能将振动能级按连续变化处理。

对一维谐振子,振动都限定在一个轴的方向上,所以对应于各能级只有一个量子态,即任何振动能级的简并度 $g_{v,v}=1$,或者说一维谐振子的振动能级是非简并的。

4. 电子及核运动

电子运动及核运动的能级差一般都很大,因而分子中的这两种运动通常均处于基态。也有例外的情况,如 NO 分子中的电子能级间隔较小,常温下部分电子将处于激发态。本章为统计热力学初步,故对这两种运动形式只讨论最简单的情况,即认为系统中全部粒子的电子运动与核运动均处于基态。对大多数情况,这种处理是符合实际情况的。

不同物质电子运动基态能级的简并度 $g_{e,0}$ 及核运动基态能级的简并度 $g_{n,0}$ 可能有所差别,但对指定物质而言均应为常数,即 $g_{e,0}=$ 常数,$g_{n,0}=$ 常数。

§9.2 能级分布的微态数及系统的总微态数

前面讨论了粒子的各种运动,接下来讨论其分布情况,即粒子如何分布在各

个能级或量子态上,各种分布的微态数及系统总微态数如何计算等。这是统计热力学实现由微观到宏观必须解决的问题。本章只限于讨论 N、U、V 均有确定值的平衡独立子系统。

1. 能级分布

能级分布是指系统中的粒子在各个能级上的分配方式。它需要一套 $n_0, n_1, n_2, \cdots, n_i, \cdots$ 的数值,分别表示各能级 $\varepsilon_0, \varepsilon_1, \varepsilon_2, \cdots, \varepsilon_i, \cdots$ 上分布的粒子数。n_i 称为能级 i 的分布数。

$$\text{能级分布} \begin{cases} \text{能} \quad\quad \text{级} \quad \varepsilon_0, \varepsilon_1, \varepsilon_2, \varepsilon_3, \cdots, \varepsilon_i, \cdots \\ \text{粒子分布数} \quad n_0, n_1, n_2, n_3, \cdots, n_i, \cdots \end{cases}$$

对 N、U、V 均有确定值的独立子系统,任何能级分布均应满足粒子数及能量守恒关系,即

$$N = \sum_i n_i \tag{9.2.1}$$

$$U = \sum_i n_i \varepsilon_i \tag{9.2.2}$$

满足上述约束关系的能级分布可能有很多,因此一个系统可具有多种能级分布。但在 N、U、V 均有确定值的系统中有多少种能级分布是完全确定的。

下面以三个在定点 A、B、C 做独立振动的一维谐振子构成的系统为例来说明以上概念。设系统的总能量为 $\frac{9}{2}h\nu$。由于系统 $N=3$,$U=\frac{9}{2}h\nu$,由式(9.2.1)和式(9.2.2)得

$$\sum_i n_i = 3$$

$$\sum_i \left[n_i \left(i + \frac{1}{2} \right) h\nu \right] = \frac{9h\nu}{2}$$

上述方程组化简为 $\sum_i i n_i = 3$。n_i 表示具有能级 i 的振子数,它小于或等于系统总的振子数,即 $n_i \leq 3$;另一方面由于系统的总能量为 $\frac{9h\nu}{2}$,只要有一个振子的量子数为 4,系统的总能量即超过 $\frac{9h\nu}{2}$,故 $i<4$,因而 $0n_0 + n_1 + 2n_2 + 3n_3 = 3$,该方程的解,即该系统所能具有的能级分布方式只能是如表 9.2.1 所示的 I、II、III 三种。

表 9.2.1 能级分布方式

能级分布	能级分布数				$\sum_i n_i$	$\sum_i n_i \varepsilon_i$
	n_0	n_1	n_2	n_3		
Ⅰ	0	3	0	0	3	$3 \times \dfrac{3}{2}h\nu = \dfrac{9}{2}h\nu$
Ⅱ	2	0	0	1	3	$2 \times \dfrac{1}{2}h\nu + 1 \times \dfrac{7}{2}h\nu = \dfrac{9}{2}h\nu$
Ⅲ	1	1	1	0	3	$1 \times \dfrac{1}{2}h\nu + 1 \times \dfrac{3}{2}h\nu + 1 \times \dfrac{5}{2}h\nu = \dfrac{9}{2}h\nu$

即系统共有Ⅰ、Ⅱ、Ⅲ三种能级分布,每种能级分布由其能级分布数确定,如Ⅱ(2,0,0,1)。

2. 状态分布

状态分布是指系统中的粒子在各个量子态上的分配方式。它同样需要一套状态分布数 $n_0, n_1, n_2, \cdots, n_j, \cdots$ 来表示各量子态上的粒子数。

状态分布 $\begin{cases} 量子态的能量 & \varepsilon_0, \varepsilon_1, \varepsilon_2, \varepsilon_3, \cdots, \varepsilon_j, \cdots \\ 粒子分布数 & n_0, n_1, n_2, n_3, \cdots, n_j, \cdots \end{cases}$

一套状态分布数表示粒子按状态分布的一种方式。N、U、V 均有确定值的独立子系统,同样可以有多种状态分布方式,且任何一种方式也都要服从粒子数及能量守恒关系,即

$$N = \sum_j n_j \tag{9.2.3}$$

$$U = \sum_j n_j \varepsilon_j \tag{9.2.4}$$

由于能级的简并,一种能级分布可能对应着多种状态分布。若将状态分布按其所属能级及各能级上的粒子数目来归类,即为能级分布。当所有的能级均为非简并时($g=1$),每一个能级只有一个量子态与之对应,此时能级分布与状态分布相同。

3. 能级分布的微态数

粒子的微态即其量子态,当系统中全部粒子的量子态都确定以后,系统的微态也就确定了,粒子量子态的任何变化均将改变系统的微态。对 N、U、V 均为确定值的独立子系统,知道其总共有多少微态(即总微态数)在统计热力学里是至

§9.2 能级分布的微态数及系统的总微态数

关重要的。计算系统的总微态数时,因为系统有多种可能的能级分布,通常先计算每一种能级分布的微态数,然后将所有可能分布的微态数求和即可。

针对系统的某一能级分布 D,虽然各能级的能级分布数均已确定,但因能级的简并及粒子的性质(可区分或不可区分),一个能级分布对应多种系统的微态。系统某能级分布 D 具有的微态数就称为该分布的**微态数**,以 W_D 表示。

仍以上面三个在定点 A、B、C 做独立振动的一维谐振子构成的系统为例,粒子各能级的简并度均为 1,即同一能级上的粒子只有一种量子态,粒子相互交换不产生新的微态。但由于粒子可以区分,不同能级上的粒子相互交换却会产生新的微态。由图 9.2.1 可以看出,分布 I 只有一种微态,即 $W_I = 1$;分布 II 有三种微态,即 $W_{II} = 3$;分布 III 有六种微态,即 $W_{III} = 6$。

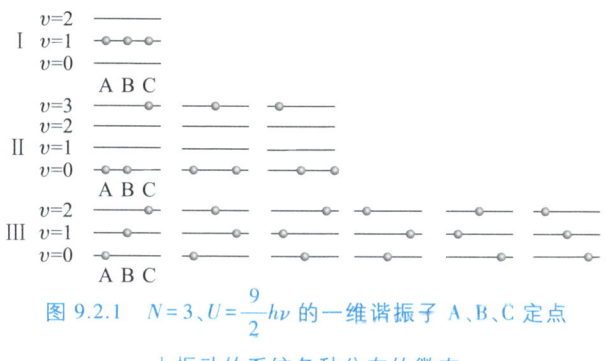

图 9.2.1　$N=3$、$U=\dfrac{9}{2}h\nu$ 的一维谐振子 A、B、C 定点上振动的系统各种分布的微态

计算任一分布的微态数 W_D 本质上是排列组合问题。不同情况下 W_D 的计算方法分述如下。

(1) **定域子系统能级分布微态数的计算**　先讨论一种最简单的情况,即定域子系统中 N 个可辨粒子分布在 $\varepsilon_1 \sim \varepsilon_N$ 共 N 个不同的能级上,各能级的简并度均为 1,任何能级的分布数 n_i 也都是 1,即 $g_i=1$,$n_i=1$。可以想象,取第 1 个粒子排列到能级时可以排在 $\varepsilon_1 \sim \varepsilon_N$ 共 N 个能级中任一能级上,即有 N 种方式可供选择。再排第 2 个粒子时,则只有 $(N-1)$ 个空余能级可供选择。以此类推,当排到第 $(N-1)$ 个粒子时,只有剩余的 2 个空余能级可供选择。而最后一个粒子别无选择,只有 1 个空余能级可选。因此,该分布的微态数 W_D 可按排列组合的乘法原理得出,为

$$W_D = N(N-1)(N-2)\cdots(2)(1) = N! \tag{9.2.5}$$

图 9.2.1 中的分布 III 即属此种情况:$W_{III} = 3! = 3 \times 2 \times 1 = 6$。

进一步讨论各能级的简并度均仍为 1,但各能级的分布数是 $n_1, n_2, \cdots, n_i, \cdots$

的情况,即 $g_i = 1, n_i \neq 1$。由于同一能级上各粒子的量子态相同,所以能级 i 上 n_i 个粒子进行任意排列时系统不会产生新的微态,即 n_i 个粒子的排列数($n_i!$)只对应着系统的同一微态。因此,该分布的微态数 W_D 为

$$W_D = \frac{N!}{n_1! \; n_2! \; \cdots} = \frac{N!}{\prod\limits_i n_i!} \tag{9.2.6}$$

式中 $\prod\limits_i$ 为 i 项连乘符号。式(9.2.6)也可理解为 N 个不同粒子按能级分布数 $n_1, n_2, \cdots, n_i, \cdots$ 进行组合的方式数。图 9.2.1 中的分布 I、II 即属此种情况:

$$W_I = \frac{3!}{0! \times 3! \times 0! \times 0!} = 1, \quad W_{II} = \frac{3!}{2! \times 0! \times 0! \times 1!} = 3$$

最后研究某分布 D 的分布数是 $n_1, n_2, \cdots, n_i, \cdots$,各能级 $\varepsilon_1, \varepsilon_2, \cdots, \varepsilon_i, \cdots$ 的简并度分别为 $g_1, g_2, \cdots, g_i, \cdots$ 的情况,即 $g_i \neq 1, n_i \neq 1$。若同一能级的各量子态上容纳的粒子数不限,则粒子按能级组合得出 $\dfrac{N!}{\prod\limits_{i=1} n_i!}$ 种不同方式后,因能级 ε_i 提供了 g_i 个量子态,处在该能级上的每一个粒子均可占据这些量子态中的任意一个,故 n_i 个粒子共有 $g_i^{n_i}$ 种占据方式。针对粒子在各能级上已经排定的某一方式而言,由于能级的简并,就能使系统有 $\prod\limits_i g_i^{n_i}$ 个不同的微态。故该分布 D 的微态数为

$$W_D = \frac{N!}{\prod\limits_i n_i!} \times \prod\limits_i g_i^{n_i} = N! \prod\limits_i \frac{g_i^{n_i}}{n_i!} \tag{9.2.7}$$

式(9.2.7)是计算定域子系统任一能级分布微态数 W_D 的通式。例如,对图 9.2.1 所示的三种能级分布,其微态数均可由此式计算得出。

(2) 离域子系统能级分布微态数的计算 离域子系统中各粒子彼此不能分辨,为全同粒子。当系统中粒子有一套确定的状态分布数,即有一个确定的状态分布时,系统只有一种微态,因粒子在不同量子态间互换不会改变系统的微观状态。图 9.2.1 中的系统各能级均非简并,即 $g_i = 1$,所以能级分布数确定后状态分布数也已确定。设想该系统中三个粒子不可分辨,即把标记粒子的符号 A、B、C 取消,则分布 II 中的三种微态并无区别,只对应着一种系统微态。同理分布 III 所示的六种微态的差别也不复存在,也只对应着一种系统的微态。因此,离域子系统各能级均非简并时,任一能级分布 D 的微态数 $W_D = 1$。

下面考虑能级存在简并的情况。先看一个例子,设能级 ε_i 的简并度为 $g_i =$

3,分布数 $n_i = 2$,粒子在该能级上有以下六种可能的排布:

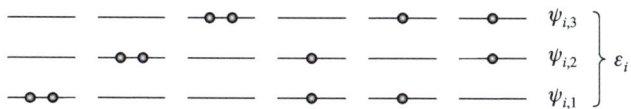

对比粒子可分辨的情况:前三种排布中交换粒子的次序不产生新的量子态,而后三种排布中交换粒子的次序分别产生一个新的量子态,因此将两个定域子放置在上述能级上有 9 种排布方式 $\left(2! \times \dfrac{3^2}{2!} = 9\right)$。

上述排布方式也可按图 9.2.2 来表示:

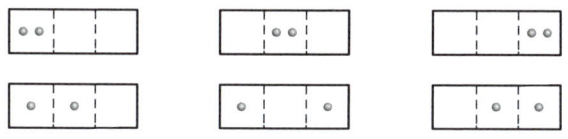

图 9.2.2　全同粒子 $n_i = 2, g_i = 3$ 的排布方式

可以看出,离域子在简并能级上的分布可通过将粒子和隔板(图中虚线)放在一起排列来实现,同时考虑到粒子之间及隔板之间的交换不产生新的排布,因此排布方式数为 $(2+2)!/2! \times 2! = 6$。

一般来说,设能级 ε_i 的简并度为 g_i,分布数为 n_i,则隔板数为 (g_i-1)。由上面的分析可知,粒子在该能级上的排布方式数为 $\dfrac{(n_i+g_i-1)!}{n_i! \times (g_i-1)!}$。因此,对于特定能级分布粒子的排布总数,即系统对应于该能级分布的微态数,为粒子在各能级上的排布数的连乘积:

$$W_D = \prod_i \dfrac{(n_i + g_i - 1)!}{n_i! \times (g_i - 1)!} \tag{9.2.8a}$$

当各能级简并度均为 1 时,式(9.2.8a)即可得出 $W_D = 1$。

当 $g_i \gg n_i$ 时,式(9.2.8a)可以简化

$$W_D = \prod_i \dfrac{(n_i+g_i-1)!}{n_i! \times (g_i-1)!} = \prod_i \dfrac{(n_i+g_i-1)(n_i+g_i-2)\cdots(n_i+g_i-n_i)(g_i-1)!}{n_i! \times (g_i-1)!}$$

$$= \prod_i \dfrac{(n_i+g_i-1)(n_i+g_i-2)\cdots(n_i+g_i-n_i)}{n_i!} \approx \prod_i \dfrac{(g_i)^{n_i}}{n_i!}$$

即有

$$W_D \approx \prod_i \frac{g_i^{n_i}}{n_i!} \tag{9.2.8b}$$

事实上,在离域子系统的温度不太低的情况下,$\frac{g_i}{n_i} \approx 10^5$,式(9.2.8b)总成立。

对比式(9.2.7)与式(9.2.8b)可知,粒子数相同的定域子系统与离域子系统,在同一套分布数与能级简并条件下,前者因粒子可以分辨,其系统的微态数较后者大 $N!$ 倍。

4. 系统的总微态数

前面介绍了对应于一种能级分布的微态数 W_D 如何计算,而系统可能有多种能级分布,因此在 N、U、V 均有确定值的情况下,系统的**总微态数**(以 Ω 表示)是所有各种可能的能级分布具有的微态数的总和,即

$$\Omega = \sum_D W_D \tag{9.2.9}$$

由于 N、U、V 均有确定值的系统能够有哪些能级分布方式是确定的,各能级分布方式的微态数 W_D 也可用前面的公式进行计算,所以 Ω 也应当有定值。因此,Ω 可表示为系统 N、U、V 的函数:

$$\Omega = \Omega(N, U, V) \tag{9.2.10}$$

系统的 N、U、V 确定后,其宏观状态已完全确定,所以 Ω 可理解为系统的一个状态函数。

图 9.2.1 所示系统有三种能级分布,总微态数 Ω 为这三种能级分布微态数之和,即

$$\Omega = \sum_D W_D = W_I + W_{II} + W_{III} = 1 + 3 + 6 = 10$$

§9.3 最概然分布与平衡分布

了解了系统中粒子的运动、分布、各分布的微态数及系统的总微态数之后,接下来讨论系统各个微态、各种分布出现的概率问题。这是统计热力学解决问题的关键。

1. 等概率原理——统计热力学的基本假设

统计热力学研究的系统有数量级在 10^{24} 的粒子。粒子在不停的运动中通过碰撞不断交换着能量,相应使系统的微态不断发生变化。由于粒子碰撞频率非

常高,使得在宏观看来极其短暂的时间内系统经历的微态数已大得足以反映出各种微态出现概率的稳定性,即在观察系统宏观性质的短暂时间内,出现各个微态的可能性与其数学概率相符。

在 N、U、V 均有确定值的情况下,在系统各个可能的微态中,没有理由认为系统处于某一微态的概率有别于系统处于其他微态的概率,因此统计热力学对此采用了一个科学的假设,即 N、U、V 确定的系统中每个微态出现的概率都相等。该假设称为**等概率原理**。用公式表示即为

$$P = \frac{1}{\Omega} \tag{9.3.1}$$

式中 P 为每个微态出现的概率,Ω 为系统总的微态数。将 P 对所有微态加和,显然有 $\sum P = 1$,即 P 符合概率的性质。

等概率原理是统计热力学最基本的假设。虽然该假设无法直接证明,但是根据等概率原理得出的结论,已被实践证明是正确的。

2. 最概然分布

N、U、V 均有确定值时,系统的总微态数为 Ω。根据等概率原理,系统处于每个微态的概率为 $P = 1/\Omega$。系统中出现不同微态是互不相容的事件,因为某瞬间系统是这种状态就不可能同时呈现另一种状态。系统中粒子处于任一能级分布 D,则只要系统表现为分布 D 的 W_D 个微态中的任何一个即可,故分布 D 出现的数学概率应当是该能级分布各微态出现的概率之和:

$$P_D = \frac{1}{\Omega} \times W_D = \frac{W_D}{\Omega} \tag{9.3.2}$$

由上式可知,在指定 N、U、V 的条件下,微态数最大的分布出现的概率亦最大,所以微态数最大的分布就称为**最概然分布**。

最概然分布的微态数、数学概率分别记为 W_B、P_B。

仍以图 9.2.1 所示的系统为例,Ⅰ、Ⅱ、Ⅲ 三种分布的总微态数 $\Omega = 10$,每种微态出现的概率为 $1/10$,三种分布方式出现的概率可按式(9.3.2)得出:

$$P_Ⅰ = \frac{W_Ⅰ}{\Omega} = \frac{1}{10} \quad P_Ⅱ = \frac{W_Ⅱ}{\Omega} = \frac{3}{10} \quad P_Ⅲ = \frac{W_Ⅲ}{\Omega} = \frac{6}{10}$$

分布Ⅲ拥有的微态数最大,所以出现的概率也最大,分布Ⅲ即为所指 N、U、V 条件下的最概然分布。

式(9.3.2)说明任何一种分布的数学概率 P_D 与其微态数 W_D 仅差一常数项 $1/\Omega$,所以直接用各分布的微态数也能说明出现这种分布的可能性。统计热力

学就把 W_D 称为分布 D 的**热力学概率**,Ω 就称为 N、U、V 条件下**系统总的热力学概率**,也就是指定宏观状态的总热力学概率。

3. 最概然分布与平衡分布

在系统处于平衡状况下,最概然分布的数学概率实际上是随着粒子数增多而减小的,而最概然分布及偏离最概然分布一定小的范围内各种分布的数学概率之和却随着粒子数的增多而加大。这一规律可以用下例加以说明。

设某独立定域子系统中有 N 个粒子分布于同一能级的 A、B 两个量子态上。当量子态 A 上的粒子数为 M 时,量子态 B 上的粒子数为 $(N-M)$。因为粒子可以区别,故上述分布方式的微态数:

$$W_D = \frac{N!}{M!(N-M)!}$$

不同 M 值对应着不同的分布方式,所以系统的总微态数 Ω 应为

$$\Omega = \sum_{M=0}^{N} W_D = \sum_{M=0}^{N} \frac{N!}{M!(N-M)!} \tag{9.3.3}$$

将式(9.3.3)与如下的数学中的二项式公式对比:

$$(x+y)^N = \sum_{M=0}^{N} \frac{N!}{M!(N-M)!} x^M y^{N-M} \tag{9.3.4}$$

可以看出,$(x+y)^N$ 展开式中各项的系数 $\frac{N!}{M!(N-M)!}$ 即表示每一种分布的微态数 W_D。

式(9.3.4)中令 $x=1, y=1$,即得

$$2^N = \sum_{M=0}^{N} \frac{N!}{M!(N-M)!} = \Omega$$

因 $M=\frac{N}{2}$ 时,$(x+y)^N$ 展开式中相应项的系数 $\frac{N!}{M!(N-M)!}$ 最大,故 $M=\frac{N}{2}$ 时对应的分布,其微态数最大,即为最概然分布的微态数:

$$W_B = \frac{N!}{(N/2)!(N/2)!} \tag{9.3.5}$$

为了说明问题,取 $N=10$ 及 $N=20$ 两种情况加以比较。$N=10$ 时共有 11 种分布,最概然分布为 $M=5, N-M=5$;$N=20$ 时共有 21 种分布,最概然分布为 $M=$

§9.3 最概然分布与平衡分布

$10, N-M=10$。现将 $N=10$ 和 $N=20$ 时有关分布的微态数 W_D、数学概率 P_D 摘列于表 9.3.1 及表 9.3.2。

表 9.3.1 $N=10$ 时独立定域子系统在同一能级 A、B 两个量子态上分布的微态数及数学概率（总微态数 $\Omega=1\,024$）

M $N-M$	0 10	1 9	...	4 6	5 5	6 4	...	9 1	10 0
W_D	1	10	...	210	252	210	...	10	1
P_D	9.8×10^{-4}	9.77×10^{-3}	...	0.205 08	0.246 09	0.205 08	...	9.77×10^{-3}	9.8×10^{-4}

表 9.3.2 $N=20$ 时独立定域子系统在同一能级 A、B 两个量子态上分布的微态数及数学概率（总微态数 $\Omega=1\,048\,576$）

M $N-M$	0 20	...	8 12	9 11	10 10	11 9	12 8	...	0 20
W_D	1	...	125 970	167 960	184 756	167 960	125 970	...	1
P_D	9.5×10^{-7}	...	0.120 13	0.160 18	0.176 20	0.160 18	0.120 13	...	9.5×10^{-7}

从这两个系统的对比可以看出，随着系统内粒子个数 N 的增大，尽管最概然分布的微态数增加，但因系统的总微态数增加得更多，故最概然分布的数学概率反而下降。从 $N=10$ 的 $P_B=0.246\,09$ 下降到 $N=20$ 时的 $P_B=0.176\,20$。

然而，偏离最概然分布同样范围内，各种分布的数学概率之和却随着 N 的增大而增加。例如，$N=10$ 时，$M=4$、$M=5$、$M=6$ 三种分布的数学概率之和为 $0.656\,25$；而 $N=20$ 时，$M=8$、$M=9$、$M=10$、$M=11$、$M=12$ 五种分布的数学概率之和增至 $0.736\,82$。这种关系可从图 9.3.1 看出，选择这种坐标是为了使不同的 N 值时，横坐标的长度均为 1，以及最概然分布的 $\dfrac{P_D}{P_B}$ 均相等，以便于比较。从图中还可以看出，随着 N 的增大，曲线变得越来越窄，可以设想，当 N 足够大时，曲线就窄到几乎成为在最概然分布 $\left(\dfrac{M}{N}=0.5\right)$ 处的一条直线。

下面讨论能量相同的 A、B 两个量子态的独立定域子系统中粒子数达到 10^{24} 时的情形。

当 N 很大时，有数学中的斯特林(Stirling)公式：

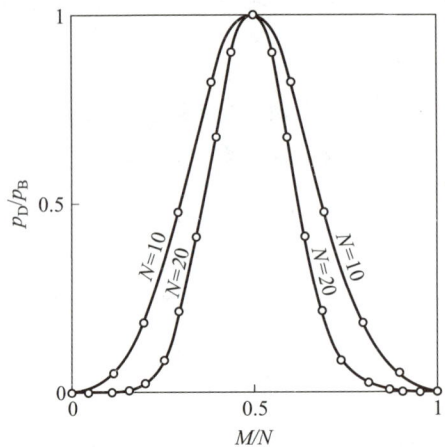

图 9.3.1　$N=10$、$N=20$ 时独立定域子系统在同一能级 A、B 两个量子态上分布的 $\dfrac{P_D}{P_B} - \dfrac{M}{N}$ 图

$$\lim_{N\to\infty}\dfrac{N!}{\sqrt{2\pi N}\left(\dfrac{N}{e}\right)^N}=1 \quad 即 \quad N!=\sqrt{2\pi N}\left(\dfrac{N}{e}\right)^N$$

将其代入最概然分布微态数公式并整理有

$$W_B=\dfrac{N!}{\left(\dfrac{N}{2}\right)!\left(\dfrac{N}{2}\right)!}=\sqrt{\dfrac{2}{\pi N}}\times 2^N$$

两边除以总的微态数($\Omega=2^N$),则有最概然分布的数学概率：

$$P_B=\dfrac{W_B}{\Omega}=\sqrt{\dfrac{2}{\pi N}}$$

此式表明,最概然分布的数学概率随着粒子数 N 的增大而减小。当 $N=10^{24}$ 时可得

$$P_B=7.98\times 10^{-13}$$

可见最概然分布的数学概率非常小。这一概率是对在 A、B 两个量子态上正好各有 0.5×10^{24} 个粒子而言。

现进一步考虑偏离最概然分布的各种其他分布方式。若量子态 A 上的粒子数不正好是 0.5×10^{24} 个,而是有一微小的偏离,如变为 $\left(\dfrac{N}{2}+m\right)$,而量子态 B

上的粒子数变为 $\left(\dfrac{N}{2}-m\right)$，此时相应分布对应的数学概率为

$$P_D = \dfrac{W_D}{\Omega} = \dfrac{N!}{\left(\dfrac{N}{2}+m\right)!\left(\dfrac{N}{2}-m\right)!} \cdot \dfrac{1}{\Omega}$$

令 m 由 $-2\sqrt{N}$ 变化至 $2\sqrt{N}$（$N=10^{24}$ 时，$2\sqrt{N}=2\times 10^{12}$），即量子态 A 上的粒子数从 $(0.5\times 10^{24}-2\times 10^{12})$ 个变到 $(0.5\times 10^{24}+2\times 10^{12})$ 个，因为这个偏离值 2×10^{12} 与 0.5×10^{24} 比较起来非常小，故量子态 A、B 上粒子数的这种微小改变在宏观上是难以察觉的。

量子态 A 上粒子数在 $\left(\dfrac{N}{2}\pm 2\sqrt{N}\right)$ 范围内所有分布的数学概率之和为

$$\sum_{m=-2\sqrt{N}}^{2\sqrt{N}} \dfrac{N!}{\left(\dfrac{N}{2}+m\right)!\times\left(\dfrac{N}{2}-m\right)!} \times \dfrac{1}{2^N}$$

当 $N=10^{24}$ 时，其值大于 0.999 9[①]，确实很接近 1 了。这一结果说明在一个粒子数 $N\approx 10^{24}$ 系统中，最概然分布（包含对其有极微小偏离但与其并无实质差别的一些分布）可代表系统的一切分布。换言之，虽然系统的微态瞬息万变，但是系统在几乎所有的时间都处于最概然分布及与最概然分布几乎没有实质差别的那些分布所代表的那些微态，即反复不断地经历这些微态。

当热力学系统（$N\approx 10^{24}$）处于平衡时，从宏观上看，系统的状态及宏观热力学性质不随时间而变化；从微观上看，系统处于最概然分布下的那些微态，且辗转于这些微态间，这种情况不随时间而变化，因而最概然分布实际上就是**平衡分布**。

因为平衡分布即最概然分布所能代表的那些分布，这样一来，只需求取系统的最概然分布，即可进一步求得系统的平衡热力学性质。

§9.4　玻耳兹曼分布及配分函数

1. 玻耳兹曼分布

玻耳兹曼（Boltzmann）对独立子系统的平衡分布做了定量的描述：含有 N 个

[①] 求值的数学过程可参阅：唐有棋. 统计力学及其在物理化学中的应用. 北京：科学出版社，1964：32-34.

粒子的系统,某一量子态 j(其能量为 ε_j)上的粒子数 n_j 正比于其玻耳兹曼因子 $\mathrm{e}^{-\varepsilon_j/(kT)}$,即

$$n_j = \lambda \mathrm{e}^{-\varepsilon_j/(kT)} \tag{9.4.1}$$

式中 λ 为比例系数,k 为玻耳兹曼常数($k = 1.380\ 65 \times 10^{-23}\ \mathrm{J \cdot K^{-1}}$),$T$ 为热力学温度。

若能级 i 的简并度为 g_i,即有 g_i 个量子态具有同一能量 ε_i,则系统 N 个粒子中,分布于能级 i 上的粒子数(即能级 i 的分布数)n_i 正比于该能级的简并度 g_i 与其玻耳兹曼因子 $\mathrm{e}^{-\varepsilon_i/(kT)}$ 的乘积,即

$$n_i = g_i n_j = \lambda g_i \mathrm{e}^{-\varepsilon_i/(kT)} \tag{9.4.2}$$

由粒子数守恒关系,有

$$\begin{cases} N = \sum_j n_j = \lambda \cdot \sum_j \mathrm{e}^{-\varepsilon_j/(kT)} \\ N = \sum_i n_i = \lambda \cdot \sum_i g_i \mathrm{e}^{-\varepsilon_i/(kT)} \end{cases}$$

可得比例系数:

$$\lambda = \frac{N}{\sum_j \mathrm{e}^{-\varepsilon_j/(kT)}} = \frac{N}{\sum_i g_i \mathrm{e}^{-\varepsilon_i/(kT)}} \tag{9.4.3}$$

将式(9.4.3)中的分母定义为**粒子的配分函数**,以 q 表示,即

$$q \stackrel{\mathrm{def}}{=\!=\!=} \sum_{j\atop \text{量子态}} \mathrm{e}^{-\varepsilon_j/(kT)} = \sum_{i\atop \text{能级}} g_i \mathrm{e}^{-\varepsilon_i/(kT)} \tag{9.4.4}$$

这两个定义式是等效的。

定义了粒子的配分函数 q,则比例系数 $\lambda = \dfrac{N}{q}$,将其代入式(9.4.1)和式(9.4.2),有

$$n_j = \frac{N}{q}\mathrm{e}^{-\varepsilon_j/(kT)} \tag{9.4.5a}$$

$$n_i = \frac{N}{q}g_i \mathrm{e}^{-\varepsilon_i/(kT)} \tag{9.4.5b}$$

以上两式即为**玻耳兹曼分布**的数学表达式。

式(9.4.5b)中 g_i 为能级 i 的简并度。由于系统总能量的限制,并不是所有量子态都能被粒子所占据,小于 1 的玻耳兹曼因子 $\mathrm{e}^{-\varepsilon_i/(kT)}$ 可以看成是一个有效分数,因此,$g_i \mathrm{e}^{-\varepsilon_i/(kT)}$ 表示能级 i 的**有效量子态数**,简称**有效状态数**,或称为**有效容量**。$\sum_i g_i \mathrm{e}^{-\varepsilon_i/(kT)}$(即配分函数 q)则表示所有能级的有效状态数(或有效容

量)之和。

由式(9.4.5b)可以得出任意两个能级 i、k 上分布数 n_i、n_k 之比为

$$\frac{n_i}{n_k} = \frac{g_i \mathrm{e}^{-\varepsilon_i/(kT)}}{g_k \mathrm{e}^{-\varepsilon_k/(kT)}} \tag{9.4.6}$$

任一能级 i 上分布的粒子数 n_i 与系统的总粒子数 N 之比为

$$\frac{n_i}{N} = \frac{g_i \mathrm{e}^{-\varepsilon_i/(kT)}}{\sum_i g_i \mathrm{e}^{-\varepsilon_i/(kT)}} = \frac{g_i \mathrm{e}^{-\varepsilon_i/(kT)}}{q} \tag{9.4.7}$$

可见,q 值决定了粒子在各能级上的分布情况,而 g_i 与 ε_i 又取决于粒子的性质,故将 q 称为粒子的配分函数。

粒子的配分函数 q 在统计热力学中占据非常重要的地位,它不仅决定了粒子在各能级上的分布情况,而且系统所有的宏观热力学性质都可以用它来表示,进而通过粒子配分函数 q 的计算实现系统宏观热力学性质的计算,这是本章后面各节逐步要介绍的内容。

既然玻耳兹曼分布即平衡分布,并且可以用最概然分布来表示,故玻耳兹曼分布的数学表达式就可以通过对 N、U、V 确定的系统求取能级分布微态数 W_D 的极大值而导出。在 §9.2 中已经给出 W_D 的计算式,并受 $\varphi_1 = \sum_i n_i - N = 0$(粒子数守恒)及 $\varphi_2 = \sum_i n_i \varepsilon_i - U = 0$(能量守恒)的限制,所以,对 W_D 求极值要用数学中求条件极值的方法,即拉格朗日(Lagrange)待定乘数法。

*2. 拉格朗日待定乘数法

若目标函数 $F = F(x_1, x_2, \cdots, x_n)$ 为极值时,则 $\mathrm{d}F = 0$。因 $\mathrm{d}F$ 可表示为

$$\mathrm{d}F = \left(\frac{\partial F}{\partial x_1}\right)\mathrm{d}x_1 + \left(\frac{\partial F}{\partial x_2}\right)\mathrm{d}x_2 + \cdots + \left(\frac{\partial F}{\partial x_n}\right)\mathrm{d}x_n$$

只要 n 个 x 变量均为独立变量,则 $\mathrm{d}F = 0$ 时,上式中 n 项偏导数均应为零,即

$$\left(\frac{\partial F}{\partial x_1}\right) = 0, \ \left(\frac{\partial F}{\partial x_2}\right) = 0, \ \cdots, \ \left(\frac{\partial F}{\partial x_n}\right) = 0$$

联立这 n 个方程求解,就得出 F 为极值时对应的一组 x 变量的值。

如果目标函数 F 的各变量间有下列两约束条件:

$$\varphi_1 = \varphi_1(x_1, x_2, \cdots, x_n) = 0$$

$$\varphi_2 = \varphi_2(x_1, x_2, \cdots, x_n) = 0$$

则 n 个 x 变量中只有 $(n-2)$ 个是独立变量,$\mathrm{d}F = 0$ 时,只能得出 $(n-2)$ 个偏导数为零的方程,无法解得 $\mathrm{d}F = 0$ 时对应的 n 个 x 变量的值。为此,可以用 α、β 两个待定乘数分别乘以条件方程 φ_1 及 φ_2,并与函数 F 相加组成一新函数 Z,即

$$Z = Z(x_1, x_2, \cdots, x_n) = F + \alpha\varphi_1 + \beta\varphi_2$$
$$= F(x_1, x_2, \cdots, x_n) + \alpha\varphi_1(x_1, x_2, \cdots, x_n) + \beta\varphi_2(x_1, x_2, \cdots, x_n)$$

因 $\varphi_1 = 0$, $\varphi_2 = 0$, 故 $\mathrm{d}F = 0$ 时对应 $\mathrm{d}Z = 0$, 使 $(n-2)$ 个独立的 x 变量对应的 $\left(\dfrac{\partial Z}{\partial x_i}\right)$ 为零,即

$$\left(\frac{\partial Z}{\partial x_1}\right) = \left(\frac{\partial F}{\partial x_1}\right) + \alpha\left(\frac{\partial \varphi_1}{\partial x_1}\right) + \beta\left(\frac{\partial \varphi_2}{\partial x_1}\right) = 0$$

$$\left(\frac{\partial Z}{\partial x_2}\right) = \left(\frac{\partial F}{\partial x_2}\right) + \alpha\left(\frac{\partial \varphi_1}{\partial x_2}\right) + \beta\left(\frac{\partial \varphi_2}{\partial x_2}\right) = 0$$

$$\cdots \quad \cdots \quad \cdots$$

$$\left(\frac{\partial Z}{\partial x_n}\right) = \left(\frac{\partial F}{\partial x_n}\right) + \alpha\left(\frac{\partial \varphi_1}{\partial x_n}\right) + \beta\left(\frac{\partial \varphi_2}{\partial x_n}\right) = 0$$

结合条件方程 $\varphi_1 = 0$ 及 $\varphi_2 = 0$,共 $(n+2)$ 个方程,联立求解,可得出 n 个 x 变量及 α 和 β 的值,它们对应的 $\mathrm{d}Z = 0$,即 $\mathrm{d}F = 0$,故为函数 F 的极值。这一组 x 变量的值必然同时满足 φ_1、φ_2 的限制。这种根据条件方程的数目假设相应的待定乘数来求函数条件极值的方法,即拉格朗日待定乘数法。

例 9.4.1 试求表面积为 a^2 时长方体体积最大的三边之长 x、y、z。

解:设长方体的体积为 V,则

$$V = V(x, y, z) = xyz$$

又设长方体的表面积为 A,有

$$A = A(x, y, z) = 2xy + 2yz + 2zx = a^2$$

即约束条件 G 应为

$$G = 2xy + 2yz + 2zx - a^2 = 0$$

设待定乘数 α,则体积 V 的条件极值可按拉格朗日待定乘数法解下列联立方程而获得:

$$\left(\frac{\partial V}{\partial x}\right) + \alpha\left(\frac{\partial G}{\partial x}\right) = yz + 2\alpha y + 2\alpha z = 0$$

$$\left(\frac{\partial V}{\partial y}\right) + \alpha\left(\frac{\partial G}{\partial y}\right) = xz + 2\alpha x + 2\alpha z = 0$$

$$\left(\frac{\partial V}{\partial z}\right) + \alpha\left(\frac{\partial G}{\partial z}\right) = xy + 2\alpha y + 2\alpha x = 0$$

$$G = 2xy + 2yz + 2zx - a^2 = 0$$

得

$$x = y = z = \frac{a}{\sqrt{6}}$$

结果表明,表面积为 a^2 时体积最大的长方体是一个每边均为 $\frac{a}{\sqrt{6}}$ 的立方体。

3. 玻耳兹曼分布的推导

由于定域子系统和离域子系统能级分布的微态数只相差常数 $N!$,它们具有相同的极值条件,所得结果完全相同。下面以定域子系统为例讨论系统的最概然分布。

目标函数: $\quad W_D = N! \prod_i \frac{g_i^{n_i}}{n_i!}$

约束条件: $\begin{cases} \sum_i n_i - N = 0 \\ \sum_i n_i \varepsilon_i - U = 0 \end{cases}$

因为函数 W_D 包含连乘积,要直接求解 W_D 的极值很困难。注意到取对数可将连乘积化为加和,且 $\ln f(x)$ 与 $f(x)$ 具有完全相同的极值性质,因此将求 W_D 的极值转化为求 $\ln W_D$ 的极值会使问题得到极大简化:

$$\ln W_D = \ln\left(N! \prod_i \frac{g_i^{n_i}}{n_i!}\right) = \ln N! + \sum_i (n_i \ln g_i - \ln n_i!)$$

根据斯特林公式,当 N 很大时,

$$\ln N! \approx \ln\left[\sqrt{2\pi N}\left(\frac{N}{e}\right)^N\right] = \ln\sqrt{2\pi} + \frac{1}{2}\ln N + N(\ln N - 1) \approx N\ln N - N$$

将其代入 $\ln W_D$ 的表达式中:

$$\ln W_D = N\ln N - N + \sum_i (n_i \ln g_i - n_i \ln n_i + n_i)$$

$$= N\ln N + \sum_i (n_i \ln g_i - n_i \ln n_i)$$

设两待定乘数 γ 和 β,构造函数 Z:

$$Z = \ln W_D + \gamma\left(\sum_i n_i - N\right) + \beta\left(\sum_i n_i \varepsilon_i - U\right)$$

$$= N\ln N + \sum_i (n_i \ln g_i - n_i \ln n_i) + \gamma\left(\sum_i n_i - N\right) + \beta\left(\sum_i n_i \varepsilon_i - U\right)$$

该函数对 n_i 求偏导数,并令之等于零:

$$\ln g_i - \ln n_i - 1 + \gamma + \beta\varepsilon_i = 0 \quad (i=1,2,3,\cdots)①$$

上式中令 $\alpha = \gamma - 1$,且去掉对数,即得

$$n_i = e^\alpha g_i e^{\beta\varepsilon_i} \quad (i=1,2,3,\cdots) \tag{9.4.8}$$

α 可通过约束条件直接得到:将式(9.4.8)代入 $\sum_i n_i - N = 0$,则

$$e^\alpha \sum_i g_i e^{\beta\varepsilon_i} = N$$

即

$$e^\alpha = \frac{N}{\sum_i g_i e^{\beta\varepsilon_i}}$$

另一个待定乘数 β 留待§9.6中讨论,其值为

$$\beta = -\frac{1}{kT} \tag{9.4.9}$$

式中 k 为**玻耳兹曼常数**,T 为系统的热力学温度。

将 $e^\alpha = \dfrac{N}{\sum_i g_i e^{-\varepsilon_i/kT}} = \dfrac{N}{q}$ 和 $\beta = -\dfrac{1}{kT}$ 代入式(9.4.8),即得使 W_D 取极值的能级分布数:

$$n_i = \frac{N g_i e^{-\varepsilon_i/(kT)}}{\sum_i g_i e^{-\varepsilon_i/(kT)}} = \frac{N}{q} g_i e^{-\varepsilon_i/(kT)} \quad (i=1,2,3,\cdots) \tag{9.4.10}$$

分布数[式(9.4.10)]是否使函数 W_D 取极大值,需要进一步验证。若 $\ln W_D$ 对所有 n_i 的二阶偏导数在极值点处的值均小于零,则求得的极值为极大值,反之为极小值。

求 $\ln W_D = N \ln N + \sum_i (n_i \ln g_i - n_i \ln n_i)$ 对所有 n_i 的二阶偏导数:

$$\frac{\partial^2 \ln W_D}{\partial n_i^2} = -\frac{1}{n_i} \quad (i=1,2,3,\cdots)$$

由式(9.4.10)知,$n_i > 0$,故

$$\frac{\partial^2 \ln W_D}{\partial n_i^2} < 0 \quad (i=1,2,3,\cdots)$$

因此,分布数为式(9.4.10)的分布的确是所要求的最概然分布,称为**玻耳兹曼分**

---

① $\dfrac{\partial n_j}{\partial n_i} = \delta_{ij} \begin{cases} =1, i=j \\ =0, i \neq j \end{cases}$,$\delta_{ij}$ 称为克罗内克 δ 符号。

布(玻耳兹曼分布用 B 表示),它给出了分子在能级上最概然分布的分布数。

§9.5 粒子配分函数的计算

上一节引入了粒子的配分函数 q,并指出它在统计热力学中非常重要,因为系统的宏观热力学性质(如 U、S、H、A、G 等)都可以表达为配分函数 q 的函数。本节重点介绍配分函数的计算,作为后面系统宏观热力学性质的计算基础。

1. 配分函数的析因子性质

在 §9.1 中指出,粒子的运动在适当的近似下可被分离为独立的平动、转动、振动、电子运动和核运动。这样粒子的能级就可表示为上述五种运动形式能级的代数和:

$$\varepsilon_i = \varepsilon_{t,i} + \varepsilon_{r,i} + \varepsilon_{v,i} + \varepsilon_{e,i} + \varepsilon_{n,i} \tag{9.5.1}$$

而该能级的统计权重 g_i,则为各种运动形式能级统计权重的连乘积:

$$g_i = g_{t,i} g_{r,i} g_{v,i} g_{e,i} g_{n,i} \tag{9.5.2}$$

将这两个关系式代入粒子配分函数 q 的定义式中,有

$$\begin{aligned} q &= \sum_i g_i \mathrm{e}^{-\varepsilon_i/(kT)} \\ &= \sum_i g_{t,i} g_{r,i} g_{v,i} g_{e,i} g_{n,i} \mathrm{e}^{-(\varepsilon_{t,i}+\varepsilon_{r,i}+\varepsilon_{v,i}+\varepsilon_{e,i}+\varepsilon_{n,i})/(kT)} \\ &= \Big[\sum_i g_{t,i} \mathrm{e}^{-\varepsilon_{t,i}/(kT)}\Big] \Big[\sum_i g_{r,i} \mathrm{e}^{-\varepsilon_{r,i}/(kT)}\Big] \Big[\sum_i g_{v,i} \mathrm{e}^{-\varepsilon_{v,i}/(kT)}\Big] \quad ① \\ &\quad \times \Big[\sum_i g_{e,i} \mathrm{e}^{-\varepsilon_{e,i}/(kT)}\Big] \Big[\sum_i g_{n,i} \mathrm{e}^{-\varepsilon_{n,i}/(kT)}\Big] \end{aligned}$$

各括号中的物理量只与粒子各独立运动形式有关,分别称为粒子各独立运动的

---

① 式中 $\sum_i$ 是对粒子各能级的加和,即对于平动、转动、振动、电子运动、核运动各种运动能级的加和。虽然式中均以 $\sum_i$ 来表示,但各自的 i 的取值是不同的。

式中这种关系可用下式说明。例如,$Z = \sum_{m,n} X_n Y_n$, $m = 1,2$; $n = 1,2,3$。则有

$$\begin{aligned} Z &= \sum_{m,n} X_n Y_n = X_1 Y_1 + X_1 Y_2 + X_1 Y_3 + X_2 Y_1 + X_2 Y_2 + X_2 Y_3 \\ &= X_1 (Y_1 + Y_2 + Y_3) + X_2 (Y_1 + Y_2 + Y_3) \\ &= (X_1 + X_2) \sum_n Y_n = \sum_m X_m \sum_n Y_n \end{aligned}$$

配分函数，即

$$\left.\begin{aligned}\text{平动配分函数} \quad & q_\text{t} = \sum_i g_{\text{t},i} e^{-\varepsilon_{\text{t},i}/(kT)} \\ \text{转动配分函数} \quad & q_\text{r} = \sum_i g_{\text{r},i} e^{-\varepsilon_{\text{r},i}/(kT)} \\ \text{振动配分函数} \quad & q_\text{v} = \sum_i g_{\text{v},i} e^{-\varepsilon_{\text{v},i}/(kT)} \\ \text{电子运动配分函数} \quad & q_\text{e} = \sum_i g_{\text{e},i} e^{-\varepsilon_{\text{e},i}/(kT)} \\ \text{核运动配分函数} \quad & q_\text{n} = \sum_i g_{\text{n},i} e^{-\varepsilon_{\text{n},i}/(kT)} \end{aligned}\right\} \quad (9.5.3)$$

所以

$$q = q_\text{t} q_\text{r} q_\text{v} q_\text{e} q_\text{n} \qquad (9.5.4)$$

说明粒子的配分函数可以用各独立运动的配分函数之积表示，这称为配分函数的**析因子性质**。相对于各独立运动的配分函数而言，q 可以称为粒子的全配分函数。

2. 能量零点的选择对配分函数的影响

由配分函数的定义 $q = \sum_i g_i e^{-\varepsilon_i/(kT)}$ 可知，其值与各能级的能量 ε_i 有关。又因 $\varepsilon_i = \varepsilon_{\text{t},i} + \varepsilon_{\text{r},i} + \varepsilon_{\text{v},i} + \varepsilon_{\text{e},i} + \varepsilon_{\text{n},i}$，前三项可分别通过各自的能级公式计算得出，但对后两项（即 $\varepsilon_{\text{e},i}$、$\varepsilon_{\text{n},i}$），只知道相应的电子运动、核运动处于基态（一般情况下），其能量为各自的基态能量。

基于此，统计热力学通常规定各独立运动形式的基态能级作为各自能量的基准（能量零点），一方面这样的选择使任何能级的能量不会出现负值，避免了有关计算公式出现不必要的麻烦，另一方面进行这样的规定后，各能级相对于这一基准（能量零点）的能量就可以计算，使得问题的处理成为可能。

若基态能级的能量值为 ε_0，能级 i 的能量值为 ε_i，则以基态作为能量零点时能级 i 的能量值 ε_i^0 应为

$$\varepsilon_i^0 = \varepsilon_i - \varepsilon_0 \qquad (9.5.5)$$

规定**基态能级的能量为零时的配分函数**以 q^0 表示，则由配分函数的定义可得

$$q = \sum_i g_i e^{-\varepsilon_i/(kT)} = \sum_i g_i e^{-(\varepsilon_i^0 + \varepsilon_0)/(kT)}$$
$$= e^{-\varepsilon_0/(kT)} \sum_i g_i e^{-\varepsilon_i^0/(kT)}$$

§9.5 粒子配分函数的计算

即
$$q = e^{-\varepsilon_0/(kT)} q^0 \tag{9.5.6}$$

式中
$$q^0 = \sum_i g_i e^{-\varepsilon_i^0/(kT)} \tag{9.5.7}$$

将上述 q、q^0 的关系应用于各独立运动的配分函数定义式,得

$$\left.\begin{aligned} q_t^0 &= e^{\varepsilon_{t,0}/(kT)} q_t \\ q_r^0 &= e^{\varepsilon_{r,0}/(kT)} q_r \\ q_v^0 &= e^{\varepsilon_{v,0}/(kT)} q_v \\ q_e^0 &= e^{\varepsilon_{e,0}/(kT)} q_e \\ q_n^0 &= e^{\varepsilon_{n,0}/(kT)} q_n \end{aligned}\right\} \tag{9.5.8}$$

因 $\varepsilon_{t,0} \approx 0, \varepsilon_{r,0} = 0$,故在常温条件下 $q_t^0 \approx q_t, q_r^0 = q_r$。对于振动,$\varepsilon_{v,0} = \dfrac{1}{2} h\nu$,所以 $q_v^0 = e^{h\nu/(2kT)} q_v$。$h\nu/(kT)$ 通常在 10 左右,故 q_v^0 与 q_v 的差别不能忽略。电子运动与核运动基态的能量也很大,使对应的两种配分函数也有明显的区别。

例 9.5.1 由光谱数据得出 NO 气体的振动频率 $\nu = 5.602 \times 10^{13} \text{ s}^{-1}$。试求 300 K 时 NO 的 q_v^0 与 q_v 之比。

解: 由式 (9.5.8) $q_v^0 = e^{\varepsilon_{v,0}/(kT)} q_v$,故
$$\frac{q_v^0}{q_v} = e^{\varepsilon_{v,0}/(kT)}$$

结合一维谐振子的能级公式 $\varepsilon_{v,0} = h\nu/2$ 即得

$$\begin{aligned} \frac{q_v^0}{q_v} &= \exp\left(\frac{h\nu}{2kT}\right) \\ &= \exp\left(\frac{6.626 \times 10^{-34} \text{ J} \cdot \text{s} \times 5.602 \times 10^{13} \text{ s}^{-1}}{2 \times 1.381 \times 10^{-23} \text{ J} \cdot \text{K}^{-1} \times 300 \text{ K}}\right) \\ &= \exp(4.480) = 88.2 \end{aligned}$$

显然,在通常温度下 q_v^0 与 q_v 的差别不能忽略。

需要说明的是,选择不同的能量零点虽然对配分函数 q 有影响,但对玻耳兹曼分布中任一能级上粒子的分布数 n_i 却没有影响。因为

$$\begin{aligned} n_i &= \frac{N}{q} g_i e^{-\varepsilon_i/(kT)} = \frac{N}{q^0 \times e^{-\varepsilon_0/(kT)}} g_i e^{-(\varepsilon_i^0 + \varepsilon_0)/(kT)} \\ &= \frac{N}{q^0} g_i e^{-\varepsilon_i^0/(kT)} \end{aligned}$$

3. 平动配分函数的计算

式(9.1.2a)为三维平动子的能级公式。当公式中三个量子数 n_x,n_y,n_z 都确定时,就对应了平动子的一个量子态,因而式(9.1.2a)计算的实际是量子态的能量,故计算配分函数时应当使用如下定义式:

$$q = \sum_{\substack{j \\ \text{量子态}}} e^{-\varepsilon_j/(kT)}$$

将式(9.1.2a)所示平动能级公式代入,得

$$q_t = \sum_{(n_x,n_y,n_z)} \exp\left[-\frac{h^2}{8m}\left(\frac{n_x^2}{a^2}+\frac{n_y^2}{b^2}+\frac{n_z^2}{c^2}\right)\bigg/kT\right]$$

各平动粒子数 n_x,n_y,n_z 取值为 1 至 ∞ 间的正整数,故

$$q_t = \sum_{n_x=1}^{\infty}\exp\left(-\frac{h^2}{8mkTa^2}n_x^2\right)\cdot\sum_{n_y=1}^{\infty}\exp\left(-\frac{h^2}{8mkTb^2}n_y^2\right)\cdot\sum_{n_z=1}^{\infty}\exp\left(-\frac{h^2}{8mkTc^2}n_z^2\right)$$

$$= q_{t,x}q_{t,y}q_{t,z}$$

式中

$$\left.\begin{aligned} q_{t,x} &= \sum_{n_x=1}^{\infty}\exp\left(-\frac{h^2}{8mkTa^2}n_x^2\right) \\ q_{t,y} &= \sum_{n_y=1}^{\infty}\exp\left(-\frac{h^2}{8mkTb^2}n_y^2\right) \\ q_{t,z} &= \sum_{n_z=1}^{\infty}\exp\left(-\frac{h^2}{8mkTc^2}n_z^2\right) \end{aligned}\right\} \quad (9.5.9)$$

这里 $q_{t,x}$、$q_{t,y}$、$q_{t,z}$ 分别表示三个互相垂直方向上的一维平动子的配分函数,也就是三维平动子在三个运动自由度上的配分函数。

上述三个配分函数具有完全相同的形式,只需推导其中之一 $q_{t,x}$ 即可。

设

$$A^2 = \frac{h^2}{8mkTa^2}$$

当粒子种类、系统温度及势箱几何形状确定后,A 为常数。对在通常温度和体积条件下的气体来说,$A^2 \ll 1$[①],说明式 $q_{t,x}$ 的各求和项将随着量子数 n_x 的增加极缓慢地减小,故求和值可近似用积分来代替,即

---

① 例如,一个 H_2 分子的质量 $m = M/L = 2.016\times10^{-3}$ kg·mol^{-1}/6.022×10^{23} mol^{-1} = 3.348×10^{-27} kg,在 $T = 300$ K 及 $a = 10^{-2}$ m 条件下,$A^2 = 3.957\times10^{-17} \ll 1$。气体相对分子质量愈大,气体活动空间愈大,$A^2$ 的数值将愈益减小。

$$q_{t,x} = \sum_{n_x=1}^{\infty} \exp\left(-\frac{h^2}{8mkTa^2}n_x^2\right)$$

$$\approx \int_1^{\infty} e^{-A^2 n_x^2} dn_x \approx \int_0^{\infty} e^{-(An_x)^2} dn_x$$

由积分表得

$$\int_0^{\infty} e^{-(An_x)^2} dn_x = \frac{1}{2A}\sqrt{\pi}$$

所以

$$q_{t,x} = \frac{\sqrt{\pi}}{2A} = \frac{\sqrt{2\pi mkT}}{h}a$$

同理

$$q_{t,y} = \frac{\sqrt{2\pi mkT}}{h}b$$

$$q_{t,z} = \frac{\sqrt{2\pi mkT}}{h}c$$

因乘积 abc 为平动运动空间的体积 V,故由 $q_t = q_{t,x}q_{t,y}q_{t,z}$ 可得

$$q_t = \left(\frac{2\pi mkT}{h^2}\right)^{3/2} V \tag{9.5.10}$$

式(9.5.10)即平动配分函数的计算式,说明 q_t 是粒子的质量 m 及系统温度 T、体积 V 的函数。

如果用 f_t 表示立方容器中平动子的一个平动自由度的配分函数,则

$$q_t = f_t^3 \tag{9.5.11}$$

结合式(9.5.10)即得

$$f_t = \left(\frac{2\pi mkT}{h^2}\right)^{1/2} V^{1/3} \tag{9.5.12}$$

f_t 也是量纲一的量。

理想气体适用 $pV = nRT$,因 $n = N/L$。故有理想气体状态方程的另一种形式:

$$pV = \frac{NRT}{L} = NkT$$

将气体体积 $V = \dfrac{NkT}{p}$ 及粒子质量 $m = \dfrac{M}{L}$ 代入式(9.5.10),整理后可得理想气体平动配分函数计算式的另一种形式:

$$q_t = \frac{8.205\ 2\times10^7 N\left(\dfrac{M}{\text{kg}\cdot\text{mol}^{-1}}\right)^{3/2}\left(\dfrac{T}{\text{K}}\right)^{5/2}}{\dfrac{p}{\text{Pa}}} \qquad (9.5.13)$$

例 9.5.2 求 $T=300$ K, $V=10^{-6}$ m^3 时氩气分子的平动配分函数 q_t 及各平动自由度的配分函数 f_t。

解：Ar 的相对原子质量为 39.948, 故 Ar 分子的质量为

$$m = \frac{M}{L} = \frac{39.948\times10^{-3}\ \text{kg}\cdot\text{mol}^{-1}}{6.022\times10^{23}\ \text{mol}^{-1}} = 6.634\times10^{-26}\ \text{kg}$$

将此值及 $T=300$ K, $V=10^{-6}$ m^3 代入式 (9.5.10), 得

$$q_t = \left(\frac{2\pi mkT}{h^2}\right)^{3/2} V$$

$$= \left[\frac{2\times3.14\times6.634\times10^{-26}\ \text{kg}\times1.381\times10^{-23}\ \text{J}\cdot\text{K}^{-1}\times300\ \text{K}}{(6.626\times10^{-34}\ \text{J}\cdot\text{s})^2}\right]^{3/2}\times10^{-6}\ \text{m}^3$$

$$= 2.465\times10^{26}$$

根据式 (9.5.11), 平动自由度的配分函数为

$$f_t = q_t^{1/3} = (2.465\times10^{26})^{1/3} = 6.270\times10^8$$

4. 转动配分函数的计算

将刚性转子能级公式 $\varepsilon_r = \dfrac{h^2}{8\pi^2 I}J(J+1)$ 及转动能级的统计权重公式 $g_r = 2J+1$ 代入转动配分函数定义式, 有

$$q_r = \sum_i g_{r,i}\mathrm{e}^{-\varepsilon_{r,i}/(kT)}$$

$$= \sum_{J=0}^{\infty}(2J+1)\exp\left[-\frac{h^2}{8\pi^2 IkT}J(J+1)\right]$$

式中 $\dfrac{h^2}{8\pi^2 Ik}$ 具有温度量纲, 其数值与粒子的转动惯量 I 成反比, 称为粒子的**转动特征温度**, 以符号 Θ_r 表示, 即

$$\Theta_r = \frac{h^2}{8\pi^2 Ik} \qquad (9.5.14)$$

则

$$q_r = \sum_{J=0}^{\infty}(2J+1)\exp\left[-\frac{\Theta_r}{T}J(J+1)\right]$$

粒子的 Θ_r 可由转动光谱数据得到。表 9.5.1 给出了一些常见双原子分子的转动特征温度 Θ_r 和振动特征温度 Θ_v [有关振动特征温度 Θ_v 的定义见式(9.5.18)]。

表 9.5.1 一些双原子分子的 Θ_r、Θ_v

分子	Θ_r/K	Θ_v/K
H_2	85.4	5 983
N_2	2.863	3 352
O_2	2.069	2 239
CO	2.766	3 084
NO	2.393	2 699
HCl	15.02	4 151
HBr	12.011	3 681
HI	9.125	3 208
Cl_2	0.350	798
Br_2	0.118	465
I_2	0.053 7	307

由表 9.5.1 可以看出,除 H_2 外,大多数气体分子的转动特征温度均很低,可认为 $T \gg \Theta_r$,所以 q_r 各加和项数值差别不大,求和式可以近似用积分代替,即

$$q_r \approx \int_0^\infty (2J+1) e^{-J(J+1)\Theta_r/T} dJ$$

设 $J(J+1)=x$,则 $(2J+1)dJ=dx$,所以

$$q_r \approx \int_0^\infty e^{-\Theta_r x/T} dx = \frac{T}{\Theta_r} = \frac{8\pi^2 IkT}{h^2}$$

导出上式所用的能级公式只适用于线型刚性转子,故此式也只适用于计算线型分子的 q_r 值。如果线型分子围绕着通过质心并垂直于分子的键轴旋转一周(2π)会出现 σ 次不可分辨的几何位置,σ 就称为分子的**对称数**。显然,异核双原子分子(如 CO)的 $\sigma=1$,同核双原子分子(如 N_2)的 $\sigma=2$。按照量子力学的结论,粒子的转动量子数取值要受到结构的影响,反映为 q_r 的计算值应将上式右端除以 σ,得

$$q_r = \frac{T}{\Theta_r \sigma} = \frac{8\pi^2 IkT}{h^2 \sigma} \tag{9.5.15a}$$

将式中各常数的数值代入,最终可得

$$q_r = \frac{2.483\times 10^{45}\left(\dfrac{I}{\text{kg}\cdot\text{m}^2}\right)\left(\dfrac{T}{K}\right)}{\sigma} \quad (9.5.15\text{b})$$

由式(9.5.15b)可知,线型分子的配分函数取决于分子的转动惯量 I、对称数 σ 及系统的温度 T。

双原子分子的转动自由度数为 2。以 f_r 表示每个转动自由度配分函数的几何平均值,则

$$q_r = f_r^2 \quad (9.5.16)$$

所以

$$f_r = q_r^{1/2} = \left(\frac{T}{\Theta_r \sigma}\right)^{1/2} \quad (9.5.17)$$

例 9.5.3 已知 N_2 分子的转动惯量 $I = 1.394\times 10^{-46}$ kg·m^2,试求 N_2 的转动特征温度 Θ_r 及 298.15 K 时 N_2 分子的转动配分函数 q_r。

解: 由式(9.5.14)得

$$\Theta_r = \frac{h^2}{8\pi^2 I k}$$

$$= \frac{(6.626\times 10^{-34}\text{ J}\cdot\text{s})^2}{8\times 3.14^2\times 1.394\times 10^{-46}\text{ kg}\cdot\text{m}^2\times 1.381\times 10^{-23}\text{ J}\cdot\text{K}^{-1}} = 2.89\text{ K}$$

N_2 是同核双原子分子, $\sigma = 2$,由式(9.5.15a)可得 298.15 K 时 N_2 分子的转动配分函数:

$$q_r = \frac{T}{\Theta_r \sigma} = \frac{298.15\text{ K}}{2.89\text{ K}\times 2} = 51.58$$

5. 振动配分函数的计算

一维谐振子各能级的统计权重 $g_{v,i}$ 均为 1,振动能级 $\varepsilon_{v,i} = \left(i + \dfrac{1}{2}\right)h\nu$,将其代入配分函数定义式,有

$$q_v = \sum_i g_{v,i} e^{-\varepsilon_{v,i}/(kT)}$$

$$= \sum_{v=0}^{\infty} \exp\left[-\left(v+\frac{1}{2}\right)h\nu/(kT)\right]$$

$$= e^{-h\nu/(2kT)} \sum_{v=0}^{\infty} e^{-vh\nu/(kT)}$$

式中 $h\nu/k$ 具有温度单位,其值与粒子的振动频率有关,称为粒子的**振动特征温度**,

以符号 Θ_v 表示,即

$$\Theta_v = \frac{h\nu}{k} \tag{9.5.18}$$

将式(9.5.18)代入 q_v 计算式中,即得

$$q_v = e^{-\Theta_v/2T} \sum_{v=0}^{\infty} e^{-v\Theta_v/T}$$

粒子的 Θ_v 可由振动光谱数据获得。一些双原子分子的振动特征温度 Θ_v 见表 9.5.1。

多数物质的 Θ_v 值在数千开尔文数量级上,与 Θ_r 明显不同。在通常温度下,$\Theta_v \gg T$,使上述 q_v 求和项中各项数值差别显著,表明振动运动的量子化效应很突出。因此,q_v 求和项不能用积分来代替。

将 q_v 计算式展开,并设 $e^{-\Theta_v/T} = x$,则得

$$q_v = e^{-\Theta_v/(2T)}(1 + e^{-\Theta_v/T} + e^{-2\Theta_v/T} + \cdots)$$
$$= e^{-\Theta_v/(2T)}(1 + x + x^2 + \cdots)$$

式中 $0 < x < 1$,故级数 $(1 + x + x^2 + \cdots)$ 收敛,其和为 $\dfrac{1}{1-x}$,因此

$$q_v = e^{-\Theta_v/(2T)} \frac{1}{1-x} = \frac{e^{-\Theta_v/(2T)}}{1 - e^{-\Theta_v/T}} = \frac{1}{e^{\Theta_v/(2T)} - e^{-\Theta_v/(2T)}}$$

$$= \frac{1}{e^{h\nu/(2kT)} - e^{-h\nu/(2kT)}} \tag{9.5.19}$$

式(9.5.19)表明,振动配分函数 q_v 是粒子性质及系统温度 T 的函数。

因一维谐振子的振动自由度数为 1,故

$$q_v = f_v \tag{9.5.20}$$

式中 f_v 即一个振动自由度的配分函数。

以基态能级的能量为能量零点时振动配分函数 q_v^0 为

$$q_v^0 = e^{\varepsilon_{v,0}/(kT)} \cdot q_v = e^{h\nu/(2kT)} \times \frac{1}{e^{h\nu/(2kT)} - e^{-h\nu/(2kT)}}$$

$$= \frac{1}{1 - e^{-h\nu/(kT)}} = \frac{1}{1 - e^{-\Theta_v/T}} \tag{9.5.21}$$

例 9.5.4 已知 NO 分子的振动特征温度 $\Theta_v = 2\,699$ K,试求 300 K 时 NO 分子的振动配分函数 q_v 及 q_v^0。

解: 将 $\Theta_v = 2\,699$ K 及 $T = 300$ K 代入式(9.5.19)及式(9.5.21)可分别得到

$$q_v = [e^{\Theta_v/(2T)} - e^{-\Theta_v/(2T)}]^{-1}$$
$$= [e^{2699\,K/(2\times 300\,K)} - e^{-2699\,K/(2\times 300\,K)}]^{-1} = (89.87 - 0.01)^{-1}$$
$$= 0.011$$
$$q_v^0 = (1 - e^{-\Theta_v/T})^{-1} = (1 - e^{-2699\,K/300\,K})^{-1} = 1.0001 \approx 1$$

例 9.5.4 计算表明，300 K 时 NO 分子的 $q_v^0 \approx 1$。

结合 q_v^0 的定义式 $q_v^0 = \sum_i g_{V,i} e^{-\varepsilon_{V,i}^0/(kT)} = e^{-\varepsilon_{V,0}^0/(kT)} + e^{-\varepsilon_{V,1}^0/(kT)} + e^{-\varepsilon_{V,2}^0/(kT)} + \cdots$，因 $\varepsilon_{V,0}^0 = 0$，故

$$q_v^0 = 1 + e^{-\varepsilon_{V,1}^0/(kT)} + e^{-\varepsilon_{V,2}^0/(kT)} + \cdots$$

由于 $q_v^0 \approx 1$，则有 $e^{-\varepsilon_{V,1}^0/(kT)} + e^{-\varepsilon_{V,2}^0/(kT)} + \cdots \approx 0$，这说明实际上振动基态以上各能级对 q_v^0 没有贡献，也就是说基态以上的各能级基本没有开放，粒子的振动几乎全部处于基态。

6. 电子运动的配分函数

本章只讨论粒子的电子运动全部处于基态的情况。

由 q_e 的定义式，即

$$q_e = \sum_i g_{e,i} e^{-\varepsilon_{e,i}/(kT)} = g_{e,0} e^{-\varepsilon_{e,0}/(kT)} + g_{e,1} e^{-\varepsilon_{e,1}/(kT)} + g_{e,2} e^{-\varepsilon_{e,2}/(kT)} + \cdots$$

因电子能级间隔很大（一般在数百千焦·摩尔$^{-1}$），若非处于高温（几千摄氏度），电子运动全部处于基态，运动的能级完全没有开放，故上述求和项中自第二项起均可被忽略，则有

$$q_e = g_{e,0} e^{-\varepsilon_{e,0}/(kT)}$$

将其代入式(9.5.8)，得

$$q_e^0 = e^{\varepsilon_{e,0}/(kT)} q_e = g_{e,0} = 常数$$

分子和稳定离子的电子运动基态能级几乎总是非简并的，即 $g_{e,0} = 1$，但有例外的情况，如 O_2 分子有两个三电子 π 键，因此包含两个单电子，$g_{e,0} = 3$；再如 NO 分子包含一个单电子，是一个自由基，其 $g_{e,0} = 2$。

7. 核运动的配分函数

只考虑核运动全部处于基态的情况。与电子运动类似，有

$$q_n = g_{n,0} e^{-\varepsilon_{n,0}/(kT)}$$
$$q_n^0 = g_{n,0} = 常数$$

以上介绍了各独立运动形式的配分函数，现汇总小结于表 9.5.2。

表 9.5.2 各独立运动形式的配分函数

运动形式	配分函数	说明
平动	$q_t^0 \approx q_t = \left(\dfrac{2\pi mkT}{h^2}\right)^{3/2} V$	仅平动为分子的外部运动,故与 V 有关
转动	$q_r^0 = q_r = \dfrac{T}{\Theta_r \sigma}$	转动特征温度 $\Theta_r = \dfrac{h^2}{8\pi^2 Ik}$ (通常 $\Theta_r \ll T$)
振动	$q_v^0 \ne q_v \begin{cases} q_v = \dfrac{1}{e^{\Theta_v/(2T)} - e^{-\Theta_v/(2T)}} \\ q_v^0 = \dfrac{1}{1 - e^{-\Theta_v/T}} \end{cases}$	振动特征温度 $\Theta_v = \dfrac{h\nu}{k}$ (通常 $\Theta_v \gg T$)
电子运动	$q_e^0 = g_{e,0} =$ 常数	电子运动通常全部处于基态,且基态能级非简并时 $q_e^0 = g_{e,0} = 1$
核运动	$q_n^0 = g_{n,0} =$ 常数	核运动通常全部处于基态,且基态能级非简并时 $q_n^0 = g_{n,0} = 1$

§9.6 系统的热力学能与配分函数的关系

在系统的所有宏观热力学性质中,热力学能 U 和熵 S 是最基本、最重要的。本节重点介绍独立子平衡系统热力学能 U 的统计热力学计算。

1. 热力学能与配分函数的关系

对独立子系统,其热力学能 U 为所有粒子能量之和 $U = \sum_i n_i \varepsilon_i$ (式中 n_i 为能级 i 的分布数),该式对系统每种能级分布均成立。根据§9.3 的讨论,当系统处于平衡时,其平衡分布实质上就是最概然分布。玻耳兹曼分布式 $n_i = \dfrac{N}{q} g_i e^{-\varepsilon_i/(kT)}$ 即式(9.4.5b)描述的就是这种平衡分布(最概然分布),故将其代入,有

$$U = \sum_i n_i \varepsilon_i = \sum_i \left[\dfrac{N}{q} g_i e^{-\varepsilon_i/(kT)} \cdot \varepsilon_i \right] \tag{9.6.1}$$

将粒子配分函数定义式 $q = \sum_i g_i e^{-\varepsilon_i/(kT)}$ 在恒容下对温度 T 求偏导数:

$$\left(\frac{\partial q}{\partial T}\right)_V = \left\{\frac{\partial}{\partial T}\sum_i \left[g_i e^{-\varepsilon_i/(kT)}\right]\right\}_V$$

$$= \sum_i g_i \left[e^{-\varepsilon_i/(kT)}\left(-\frac{\varepsilon_i}{k}\right)\left(-\frac{1}{T^2}\right)\right]$$

$$= \frac{1}{kT^2}\sum_i \left[g_i e^{-\varepsilon_i/(kT)} \cdot \varepsilon_i\right]$$

移项,得

$$kT^2\left(\frac{\partial q}{\partial T}\right)_V = \sum_i \left[g_i e^{-\varepsilon_i/(kT)} \cdot \varepsilon_i\right]$$

将之代入式(9.6.1)即得

$$U = \frac{NkT^2}{q}\left(\frac{\partial q}{\partial T}\right)_V = NkT^2\left(\frac{\partial \ln q}{\partial T}\right)_V \tag{9.6.2}$$

此式即独立子系统的**热力学能与配分函数的关系式**。

将配分函数的析因子性质代入式(9.6.2),有

$$U = NkT^2\left[\frac{\partial \ln(q_t q_r q_v q_e q_n)}{\partial T}\right]_V$$

式中仅 q_t 与系统的体积有关,故整理得

$$U = NkT^2\left(\frac{\partial \ln q_t}{\partial T}\right)_V + NkT^2\frac{\mathrm{d}\ln q_r}{\mathrm{d}T} + NkT^2\frac{\mathrm{d}\ln q_v}{\mathrm{d}T}$$

$$+ NkT^2\frac{\mathrm{d}\ln q_e}{\mathrm{d}T} + NkT^2\frac{\mathrm{d}\ln q_n}{\mathrm{d}T}$$

式中右端各项分别对应于粒子平动、转动、振动、电子运动和核运动形式对系统热力学能的贡献,分别用 U_t、U_r、U_v、U_e 和 U_n 表示:

$$\left.\begin{aligned} U_t &= NkT^2\left(\frac{\partial \ln q_t}{\partial T}\right)_V \\ U_r &= NkT^2\frac{\mathrm{d}\ln q_r}{\mathrm{d}T} \\ U_v &= NkT^2\frac{\mathrm{d}\ln q_v}{\mathrm{d}T} \\ U_e &= NkT^2\frac{\mathrm{d}\ln q_e}{\mathrm{d}T} \\ U_n &= NkT^2\frac{\mathrm{d}\ln q_n}{\mathrm{d}T} \end{aligned}\right\} \tag{9.6.3}$$

§ 9.6 系统的热力学能与配分函数的关系

所以
$$U = U_t + U_r + U_v + U_e + U_n \tag{9.6.4}$$

如果将各运动形式的基态能量作为其能量零点，由于 $q = e^{-\varepsilon_0/(kT)} q^0$，将其代入 $U = NkT^2 \left(\dfrac{\partial \ln q}{\partial T}\right)_V$ 有

$$U = NkT^2 \left(\dfrac{\partial \ln q^0}{\partial T}\right)_V + N\varepsilon_0 \tag{9.6.5}$$

令 $U_0 = N\varepsilon_0$，$U^0 = NkT^2 \left(\dfrac{\partial \ln q^0}{\partial T}\right)_V$，代入式(9.6.5)得

$$U^0 = U - U_0 \tag{9.6.6}$$

式中，$U_0 = N\varepsilon_0$ 为所有粒子各独立运动形式均处于基态时的能量，可以认为是系统于 **0 K** 时的热力学能。此式表明，系统的热力学能与能量零点的选择有关，U^0 就是选定基态为能量零点时的热力学能。

式(9.6.6)也可由 $\varepsilon_i^0 = \varepsilon_i - \varepsilon_0$ 得到：两边都乘以 n_i，然后求和 $\sum_i n_i \varepsilon_i^0 = \sum_i n_i \varepsilon_i - \sum_i n_i \varepsilon_0$，即 $U^0 = U - U_0$。

U^0 同样可表示为各独立运动形式对热力学能贡献之和，即

$$U^0 = U_t^0 + U_r^0 + U_v^0 + U_e^0 + U_n^0 \tag{9.6.7}$$

结合粒子各独立运动的 q^0 与 q 间的关系，可得

$$\left.\begin{aligned}
U_t^0 &\approx U_t \\
U_r^0 &= U_r \\
U_v^0 &= U_v - \dfrac{Nh\nu}{2} \\
U_e^0 &= 0 \\
U_n^0 &= 0 \quad \text{（电子及核运动处于基态）}
\end{aligned}\right\} \tag{9.6.8}$$

2. U_t^0、U_r^0 及 U_v^0 的计算

（1）U_t^0 的计算　将平动配分函数计算式(9.5.10)代入式(9.6.3)，得

$$\begin{aligned}
U_t^0 \approx U_t &= NkT^2 \left(\dfrac{\partial \ln q_t}{\partial T}\right)_V \\
&= NkT^2 \left[\dfrac{\partial}{\partial T} \ln \left(\dfrac{2\pi mkT}{h^2}\right)^{3/2} V\right]_V \\
&= \dfrac{3}{2} NkT \tag{9.6.9}
\end{aligned}$$

由式(9.6.9)可知,当系统物质的量为 1 mol,即 $N = 1\,\text{mol}L$,可得摩尔平动热力学能为 $\frac{3}{2}RT$,相当于每个平动自由度的摩尔能量为 $\frac{1}{2}RT$,此结果与能量均分定律相符。这种一致性是由于平动能级的量子化效应不明显,可近似为连续变化而产生的。

(2) U_r^0 的计算 因 $U_\text{r}^0 = U_\text{r}$,则将式(9.6.3)结合转动配分函数的计算式(9.5.15a)即得

$$U_\text{r}^0 = U_\text{r} = NkT^2 \frac{\mathrm{d}\ln q_\text{r}}{\mathrm{d}T} = NkT^2 \frac{\mathrm{d}}{\mathrm{d}T}\ln\left(\frac{T}{\Theta_\text{r}\sigma}\right) = NkT \qquad (9.6.10)$$

双原子分子等线型分子的转动自由度为 2,所以 1 mol 物质每个转动自由度对热力学能的贡献也是 $\frac{1}{2}RT$。同样,因为转动能级在通常情况下量子化效应不明显,故上述结果与能量均分定律结果相符。

(3) U_v^0 的计算 U_v^0 与 U_v 有明显的差别。U_v^0 可由式(9.5.21)代入式(9.6.3)得出:

$$\begin{aligned}
U_\text{v}^0 &= NkT^2 \frac{\mathrm{d}\ln q_\text{v}^0}{\mathrm{d}T} = NkT^2 \frac{\mathrm{d}}{\mathrm{d}T}\ln\left(\frac{1}{1-\mathrm{e}^{-\Theta_\text{v}/T}}\right) \\
&= -NkT^2 \frac{\mathrm{d}}{\mathrm{d}T}\ln(1-\mathrm{e}^{-\Theta_\text{v}/T}) \\
&= -NkT^2 \frac{-(\Theta_\text{v}/T^2)\mathrm{e}^{-\Theta_\text{v}/T}}{1-\mathrm{e}^{-\Theta_\text{v}/T}} = Nk\Theta_\text{v}\frac{\mathrm{e}^{-\Theta_\text{v}/T}}{1-\mathrm{e}^{-\Theta_\text{v}/T}} \\
&= Nk\Theta_\text{v}\frac{1}{\mathrm{e}^{\Theta_\text{v}/T}-1} \qquad (9.6.11)
\end{aligned}$$

在通常情况下,$\Theta_\text{v} \gg T$(见表 9.5.1),振动能级的量子化效应比较突出。由式(9.6.11)可知,$\Theta_\text{v}/T \gg 1$ 时,$U_\text{v}^0 \approx 0$,说明相对于基态而言,粒子的振动对系统的热力学能基本没有贡献。

一维谐振子的振动自由度为 1,但振动能包括动能与位能两种形式,若按能量均分定律应得 1 mol 一维谐振子的振动能是 $2 \times \frac{1}{2}RT = RT$,此值与式(9.6.11)的结论不符。由此可见,能量均分定律只适用于量子效应不突出的场合。

前已述及通常条件下 $q_\text{v}^0 \approx 1$,说明粒子的振动基本上都处于基态,这一结论与上述 $U_\text{v}^0 \approx 0$ 是一致的。如果系统的温度很高,或 Θ_v 很小,使 $\Theta_\text{v} \ll T$ 或 $\frac{\Theta_\text{v}}{T} \ll 1$,则 $\mathrm{e}^{\Theta_\text{v}/T}$ 按级数展开后就可以简化。因

$$e^{\Theta_v/T} = 1 + \frac{\Theta_v}{T} + \left(\frac{\Theta_v}{T}\right)^2 \times \frac{1}{2!} + \left(\frac{\Theta_v}{T}\right)^3 \times \frac{1}{3!} + \cdots$$

在 $\dfrac{\Theta_v}{T} \ll 1$ 时,式中第三项开始均可忽略,则

$$e^{\Theta_v/T} \approx 1 + \frac{\Theta_v}{T}$$

代入式(9.6.11),得

$$U_v^0 = Nk\Theta_v \frac{1}{e^{\Theta_v/T} - 1} \approx Nk\Theta_v \frac{1}{1 + \dfrac{\Theta_v}{T} - 1}$$

$$= NkT \tag{9.6.12}$$

对 1 mol 物质而言,式(9.6.12)可得 $U_v^0 = RT$,说明 $\dfrac{\Theta_v}{T} \ll 1$ 时,即各振动能级的粒子有效容量差别不大、量子化效应不明显情况下,粒子的振动对系统热力学能的贡献也符合能量均分定律。

综上所述,在粒子的电子运动与核运动均处于基态时,单原子气体(如 Ar)由于不存在转动及振动,故由式(9.6.4)、式(9.6.6)及上述计算结果可知,单原子气体的摩尔热力学能 U_m 应为 $U_{t,m}$,即

$$U_m = \frac{3}{2}RT + U_{0,m} \tag{9.6.13}$$

而对双原子气体(如 O_2),则需同时考虑粒子的转动及振动。如果振动能级完全不开放,即量子化效应比较明显,则双原子气体的摩尔热力学能为

$$U_m = \frac{5}{2}RT + U_{0,m} \qquad (U_v^0 \approx 0) \tag{9.6.14}$$

若系统处于振动能级量子效应不突出,振动能级也可以认为得到完全开放的情况下,则因摩尔振动热力学能 $U_{v,m}^0 = RT$,可得双原子气体的摩尔热力学能为

$$U_m = \frac{7}{2}RT + U_{0,m} \qquad (U_v^0 = RT) \tag{9.6.15}$$

*3. 玻耳兹曼公式中 β 值的推导

按能量均分定律可知,每个平动自由度上粒子的摩尔能量为 $\dfrac{1}{2}RT$,则 x 方向每个粒子的平均平动能量 $\overline{\varepsilon}_x$ 应为

$$\overline{\varepsilon}_x = \frac{\dfrac{1}{2}RT}{L} = \frac{1}{2}kT$$

设粒子的质量为 m，在 x 方向平动的分速度为 u_x，则每个粒子在 x 方向的平动能 $\varepsilon_x = \dfrac{1}{2}mu_x^2$，由于粒子的平动能级量子化效应不明显，在通常情况下能级得到充分开放，故系统中粒子的 u_x 可取 $-\infty \to +\infty$。因此，考虑到粒子在各能级上的分布情况，$\bar{\varepsilon}_x$ 可表示为

$$\bar{\varepsilon}_x = \dfrac{\sum\limits_{u_x=-\infty}^{+\infty}\left[n_x\left(\dfrac{1}{2}mu_x^2\right)\right]}{\sum\limits_{u_x=-\infty}^{+\infty} n_x}$$

式中 n_x 即平动能量在 x 轴方向分量为 $\dfrac{1}{2}mu_x^2$ 的粒子数。因平衡分布即玻耳兹曼分布，且只针对沿 x 方向的平动情况下，简并度应为 1，故

$$\bar{\varepsilon}_x = \dfrac{\sum\limits_{u_x=-\infty}^{+\infty}\left[\dfrac{N}{q}\mathrm{e}^{\beta\left(\frac{1}{2}mu_x^2\right)}\left(\dfrac{1}{2}mu_x^2\right)\right]}{\sum\limits_{u_x=-\infty}^{+\infty}\dfrac{N}{q}\mathrm{e}^{\beta\left(\frac{1}{2}mu_x^2\right)}} \approx \dfrac{\displaystyle\int_{-\infty}^{+\infty}\dfrac{N}{q}\mathrm{e}^{\beta\left(\frac{1}{2}mu_x^2\right)}\left(\dfrac{1}{2}mu_x^2\right)\mathrm{d}u_x}{\displaystyle\int_{-\infty}^{+\infty}\dfrac{N}{q}\mathrm{e}^{\beta\left(\frac{1}{2}mu_x^2\right)}\mathrm{d}u_x}$$

令 $\dfrac{1}{2}m\beta = -\alpha$，所以 $\dfrac{1}{2}m = -\dfrac{\alpha}{\beta}$，则

$$\bar{\varepsilon}_x = \dfrac{\displaystyle\int_{-\infty}^{+\infty} -\dfrac{\alpha}{\beta}u_x^2\mathrm{e}^{-\alpha u_x^2}\mathrm{d}u_x}{\displaystyle\int_{-\infty}^{+\infty}\mathrm{e}^{-\alpha u_x^2}\mathrm{d}u_x}$$

查积分表可得

$$\int_{-\infty}^{+\infty} x^2 \mathrm{e}^{-\alpha x^2}\mathrm{d}x = \dfrac{1}{2\alpha}\sqrt{\dfrac{\pi}{\alpha}}$$

$$\int_{-\infty}^{+\infty} \mathrm{e}^{-\alpha x^2}\mathrm{d}x = \sqrt{\dfrac{\pi}{\alpha}}$$

所以

$$\bar{\varepsilon}_x = \dfrac{-\dfrac{\alpha}{\beta}\cdot\dfrac{1}{2\alpha}\sqrt{\dfrac{\pi}{\alpha}}}{\sqrt{\dfrac{\pi}{\alpha}}} = -\dfrac{1}{2\beta}$$

结合 $\bar{\varepsilon}_x = \dfrac{1}{2}kT$，得

$$-\frac{1}{2\beta} = \frac{1}{2}kT$$

$$\beta = -\frac{1}{kT}$$

前述式(9.4.9)得到证明。

§9.7　系统的熵与配分函数的关系

1. 玻耳兹曼熵定理

系统的 N、U、V 确定后，各状态函数均已确定，所以熵 S 可表示为 $S=S(N,U,V)$。系统的总微态数 Ω 也可表示为 $\Omega=\Omega(N,U,V)$。因此，S 与 Ω 之间应存在着一定的函数关系。

为了找到 S 与 Ω 之间的函数关系，现将上述系统分成 N_1、U_1、V_1 及 N_2、U_2、V_2 两部分：

N_1、U_1、V_1	N_2、U_2、V_2
S_1、Ω_1	S_2、Ω_2

因 S 是广度性质，故应有

$$S(N,U,V) = S_1(N_1,U_1,V_1) + S_2(N_2,U_2,V_2) \tag{9.7.1}$$

若两部分系统的总微态数分别为 Ω_1 之 Ω_2，则整个系统的总微态数 Ω 为 Ω_1 和 Ω_2 的乘积，即

$$\Omega(N,U,V) = \Omega_1(N_1,U_1,V_1) \times \Omega_2(N_2,U_2,V_2)$$

上式取对数，得

$$\ln\Omega(N,U,V) = \ln\Omega_1(N_1,U_1,V_1) + \ln\Omega_2(N_2,U_2,V_2) \tag{9.7.2}$$

对比式(9.7.1)与式(9.7.2)，可以推断 S 与 Ω 之间的函数关系应为对数关系，即

$$S \propto \ln\Omega$$

引入比例系数 c，有

$$S = c\ln\Omega$$

在例 9.7.1 中将导出该比例系数 c 即为玻耳兹曼常数 k，所以

$$S = k\ln\Omega \tag{9.7.3}$$

此式就是**玻耳兹曼熵定理**的数学表达式。

玻耳兹曼熵定理是统计热力学中最重要的定理之一。它描述了系统的宏观热力学性质熵 S 与系统总的微观状态数 Ω 之间的函数关系。由该定理出发，不仅能很好地理解熵 S 的物理意义，而且可进一步导出熵 S 与配分函数的关系，进而解决全部宏观热力学性质的统计热力学计算问题。

2. 摘取最大项原理

玻耳兹曼熵定理中，Ω 是系统总的微态数，它等于所有能级分布的微态数之和，即

$$\Omega = \sum_D W_D = W_{\text{I}} + W_{\text{II}} + \cdots + W_{\text{B}} + \cdots$$

这里 W_{B} 对应于最概然分布（即玻耳兹曼分布）的微态数。

在§9.3 的讨论中已经指出，随着系统内粒子数 N 的增大，最概然分布的微态数 W_{B} 与 Ω 之比 $\left(\text{即最概然分布的数学概率 } P_{\text{B}} = \dfrac{W_{\text{B}}}{\Omega}\right)$ 会变得越来越小。但可以证明，$\ln W_{\text{B}}$ 与 $\ln \Omega$ 之比却随着粒子数 N 的增大而趋于 1。统计热力学研究的系统中含有的粒子数在 10^{24} 数量级，所以用 $\ln W_{\text{B}}$ 代替 $\ln \Omega$ 是完全允许的。将 $\ln W_{\text{B}} \approx \ln \Omega$ 的近似方法称为**摘取最大项原理**。据此，玻耳兹曼熵定理可表示成

$$S = k \ln \Omega \approx k \ln W_{\text{B}} \tag{9.7.4}$$

若仍以 N 个粒子分布于同一能级的 A、B 两个量子态上的系统为例，前已证明 $\Omega = 2^N$，$W_{\text{B}} = \dfrac{N!}{(N/2)!\,(N/2)!}$，则

$$\ln \Omega = \ln 2^N = 0.693\,15 N$$

$$\ln W_{\text{B}} = \ln N! - 2\ln(N/2)!$$

利用数学中的斯特林（Stirling）公式，即当 N 很大时，$N! = \sqrt{2\pi N}\left(\dfrac{N}{\text{e}}\right)^N$，两边取对数，有

$$\ln N! = \left(N + \dfrac{1}{2}\right)\ln N - N + \dfrac{1}{2}\ln(2\pi)$$

代入 $\ln W_{\text{B}}$ 计算式，整理得

$$\ln W_{\text{B}} = \ln N! - 2\ln\left(\dfrac{N}{2}\right)!$$

$$= N\ln 2 - \dfrac{1}{2}\ln N - \dfrac{1}{2}\ln(2\pi) + \ln 2$$

$$= 0.693\,15 N - 0.5\ln N - 0.225\,79$$

有了上述 $\ln \Omega$、$\ln W_{\text{B}}$ 表达式，可对 $\ln W_{\text{B}}/\ln \Omega$ 随粒子数 N 的变化情况进行计算，

结果列于表 9.7.1 中。

表 9.7.1　$\ln W_B/\ln \Omega$ 随粒子数 N 的变化情况

N	$\ln \Omega$	$\ln W_B$	$\ln W_B/\ln \Omega$
50	34.658	32.476	0.937 04
500	346.58	343.24	0.990 36
5 000	3 465.8	3 461.3	0.998 70
50 000	34 658	34 652	0.999 83
500 000	346 575	346 568	0.999 98
5 000 000	3 465 750	3 465 742	1.000 0

由表 9.7.1 所列结果可以看出，当 $N>5\ 000\ 000$ 时，用 $\ln W_B$ 来代替 $\ln \Omega$ 是完全合理的，即摘取最大项原理成立。

3. 熵的统计意义

玻耳兹曼熵定理 $S = k\ln\Omega$ 表明，N、U、V 确定的系统的熵值直接反映了系统能够达到的微态数 Ω，此即为**熵的统计意义**。第三章中曾提及隔离系统的熵是描述系统无序度的状态函数，从统计热力学的观点来看，所谓系统的无序度是用系统能达到的总微态数来衡量的。Ω 越大，则系统的无序度越大。

0 K 时纯物质完美晶体中粒子具有的各种独立运动形式均处于基态，粒子的排列也只有一种方式，所以 Ω 应为 1，按熵的统计意义就能得出该条件下的熵值 $S_0 = 0$。异核分子晶体在 0 K 时如果分子取向不一致，如第三章中曾提及的 CO 晶体中能够有 COCOCO 及 OCCOOC 等不同的排列方式，相应就使 $\Omega>1$，由熵的统计意义可知 $S_0>0$。

热力学指出隔离系统中一切自发过程趋于熵增大，从熵的统计意义来看就意味着自发过程趋于 Ω 增大。Ω 是热力学概率，在不受外界干扰的隔离系统中自发过程趋向于热力学概率增大的方向，这与概率概念是相符的。隔离系统达平衡时熵最大，所以系统达平衡时热力学概率也最大。概率及其有关性质仅在粒子数特别多的情况下才显示出它们的正确性，从统计角度来看，熵函数及热力学有关定律也只能适用于含有大量粒子的宏观系统。

4. 熵与配分函数的关系

推导熵与配分函数的关系，出发点是玻耳兹曼熵定理 $S = k\ln\Omega \approx k\ln W_B$。因离域子系统与定域子系统计算 W_B 的数学式不同,故这两种系统熵的表达式也应不同。下面以离域子系统为例来导出熵与配分函数的关系。

离域子系统在 N、U、V 确定的条件下,最概然分布的微态数 W_B 如式(9.2.8b)所示:

$$W_B = \prod_i \frac{g_i^{n_i}}{n_i!}$$

对上式求对数,有

$$\ln W_B = \sum_i (n_i \ln g_i - \ln n_i!)$$

应用斯特林公式 $\ln N! = N\ln N - N$ 有

$$\ln W_B = \sum_i (n_i \ln g_i - n_i \ln n_i + n_i)$$

将玻耳兹曼分布式 $n_i = \dfrac{N}{q} g_i e^{-\varepsilon_i/(kT)}$ 代入得

$$\ln W_B = \sum_i \left[n_i \ln g_i - n_i \ln \frac{Ng_i e^{-\varepsilon_i/(kT)}}{q} + n_i \right]$$

$$= \sum_i \left(n_i \ln g_i - n_i \ln \frac{N}{q} - n_i \ln g_i + \frac{n_i \varepsilon_i}{kT} + n_i \right)$$

$$= \sum_i \left(n_i \ln \frac{q}{N} + \frac{n_i \varepsilon_i}{kT} + n_i \right)$$

$$= N\ln \frac{q}{N} + \frac{U}{kT} + N \qquad (9.7.5)$$

将式(9.7.5)代入 $S = k\ln W_B$ 中,即得到离域子系统的 S 与 q 之间的关系为

$$S = Nk\ln \frac{q}{N} + \frac{U}{T} + Nk \qquad (离域子系统) \qquad (9.7.6a)$$

将 $q = q^0 e^{-\varepsilon_0/(kT)}$ 代入式(9.7.6a),即

$$S = Nk\ln \frac{q}{N} + \frac{U}{T} + Nk$$

$$= Nk\ln \frac{q^0 e^{-\varepsilon_0/(kT)}}{N} + \frac{U}{T} + Nk$$

$$= Nk\ln \frac{q^0}{N} - \frac{N\varepsilon_0}{T} + \frac{U}{T} + Nk$$

因 $U - N\varepsilon_0 = U - U_0 = U^0$,故有

$$S = Nk\ln \frac{q^0}{N} + \frac{U^0}{T} + Nk \qquad (离域子系统) \qquad (9.7.6b)$$

式(9.7.6a)与式(9.7.6b)表明，熵与能量零点的选择无关。

用同样的方法，可导出定域子系统的熵的统计热力学表达式为

$$S = Nk \ln q + \frac{U}{T} \quad （定域子系统） \tag{9.7.7a}$$

$$S = Nk \ln q^0 + \frac{U^0}{T} \quad （定域子系统） \tag{9.7.7b}$$

将配分函数的析因子性质 $q^0 = q_t^0 q_r^0 q_v^0 q_e^0 q_n^0$ 及 $U^0 = U_t^0 + U_r^0 + U_v^0 + U_e^0 + U_n^0$ 代入式(9.7.6b)或式(9.7.7b)，可得出系统的熵是粒子各种独立运动形式对熵贡献之和，即

$$S = S_t + S_r + S_v + S_e + S_n \tag{9.7.8}$$

以离域子系统为例，式中各独立运动的熵可表示为①

$$\left. \begin{array}{l} S_t = Nk \ln \dfrac{q_t^0}{N} + \dfrac{U_t^0}{T} + Nk \\[6pt] S_r = Nk \ln q_r^0 + \dfrac{U_r^0}{T} \\[6pt] S_v = Nk \ln q_v^0 + \dfrac{U_v^0}{T} \\[6pt] S_e = Nk \ln q_e^0 + \dfrac{U_e^0}{T} \\[6pt] S_n = Nk \ln q_n^0 + \dfrac{U_n^0}{T} \end{array} \right\} \tag{9.7.9}$$

定域子系统各独立运动形式熵的计算式也类似，读者可自行导出。本章后面熵的计算均以离域子系统为例。

例 9.7.1 设有两个体积均为 V 的相连容器 A 与 B，中间以隔板隔开。容器 A 中有 1 mol 理想气体，温度为 T。容器 B 抽成真空。将两容器间的隔板抽开，则气体最终将均匀充满两容器中。试分别用热力学方法及根据 $S = c \ln W_B$ 计算过程的熵变 ΔS，以证明常数 $c = k$。

解： 1mol 理想气体向真空膨胀过程的始末状态温度及热力学能均保持不变，故题中所示过程的始末状态可表示如下：

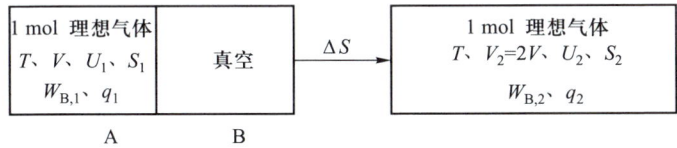

---

① 由于离域子系统与定域子系统的差别在于前者的粒子具有平动，故将两者熵的差别归于平动熵的差别。

(1) 用热力学方法求 ΔS，则

$$\Delta S = R\ln\left(\frac{V_2}{V_1}\right) = R\ln\left(\frac{2V}{V}\right) = R\ln 2$$

(2) 用 $S = c\ln W_B$ 求 ΔS，则

$$\Delta S = S_2 - S_1 = c\ln W_{B,2} - c\ln W_{B,1}$$

理想气体在 N、U、V 确定时，$\ln W_B$ 已由式(9.7.5)得出，代入上式得

$$\Delta S = c\left(N\ln\frac{q_2}{N} + \frac{U_2}{kT} + N\right) - c\left(N\ln\frac{q_1}{N} + \frac{U_1}{kT} + N\right) = cN\ln\frac{q_2}{q_1}$$

根据配分函数的析因子性质：

$$q_2 = q_{t,2}q_{r,2}q_{v,2}q_{e,2}q_{n,2}$$

$$q_1 = q_{t,1}q_{r,1}q_{v,1}q_{e,1}q_{n,1}$$

又因 q_r、q_v、q_e 及 q_n 在温度恒定时均不发生变化，故

$$\frac{q_2}{q_1} = \frac{q_{t,2}}{q_{t,1}} = \frac{(2\pi mkT)^{3/2}V_2/h^3}{(2\pi mkT)^{3/2}V_1/h^3} = \frac{V_2}{V_1}$$

代入 ΔS 的计算式，即得

$$\Delta S = cN\ln\frac{q_2}{q_1} = cN\ln\frac{V_2}{V_1} = cN\ln 2$$

因物质的量为 1 mol，粒子数 N 即 L，故

$$\Delta S_m = cL\ln 2$$

(3) 两种方法求得的 ΔS 应相等，即

$$R\ln 2 = cL\ln 2$$

所以

$$c = \frac{R}{L} = k$$

即比例常数 c 等于玻耳兹曼常数 k，玻耳兹曼熵定理 $S = k\ln W_B$ 成立。

5. 统计熵的计算

根据式(9.7.8)及式(9.7.9)，就可以用统计热力学的方法计算系统的熵值。因核运动包括了核自旋及核内更深层次的微粒运动，人们的认识还很不充分，即使在核运动处于基态的情况下，q_n^0 仍是无法确定的数值。所以，不要认为用统计热力学的方法就能求得 N、U、V 确定的系统中熵的绝对值。考虑到通常温度下粒子的电子运动及核运动确实处于基态的事实，而一般的物理化学过程中电子运动及核运动对熵的贡献保持不变，或者说一般物理化学过程中 ΔS 常只是由

于 S_t、S_r 及 S_v 发生变化而产生的。为此，通常把由统计热力学方法计算出系统的 S_t、S_r 及 S_v 之和称为**统计熵**①。本章中统计熵仍用符号 S 表示，则

$$S = S_t + S_r + S_v \tag{9.7.10}$$

计算统计熵时要用到物质的光谱数据，故又称**光谱熵**。在热力学中以第三定律为基础，根据量热实验测得各有关热数据（热容、相变焓）计算出的规定熵则可称为**量热熵**，以示与统计熵的区别。

（1）**S_t 的计算** 将式（9.5.10）的 $q_t^0 = q_t = \dfrac{(2\pi mkT)^{3/2}}{h^3} V$ 及式（9.6.9）$U_t^0 = \dfrac{3}{2}NkT$ 代入式（9.7.9）的 S_t 计算式中，即得

$$\begin{aligned}
S_t &= Nk\ln\frac{q_t^0}{N} + \frac{U_t^0}{T} + Nk \\
&= Nk\ln\frac{(2\pi mkT)^{3/2}V}{Nh^3} + \frac{3}{2}\times\frac{NkT}{T} + Nk \\
&= Nk\ln\frac{(2\pi mkT)^{3/2}V}{Nh^3} + \frac{5}{2}Nk
\end{aligned} \tag{9.7.11}$$

由式（9.7.11）可知，S_t 与粒子的质量 m、粒子数 N 及系统的温度 T、体积 V 有关。

对理想气体，每摩尔粒子数 $N\ \mathrm{mol}^{-1} = L$，$m = M/L$，$V = nRT/p$，$n = 1\ \mathrm{mol}$，代入式（9.7.11），经整理后可得理想气体的摩尔平动熵：

$$S_{m,t} = R\left\{\frac{3}{2}\ln[M/(\mathrm{kg}\cdot\mathrm{mol}^{-1})] + \frac{5}{2}\ln(T/\mathrm{K}) - \ln(p/\mathrm{Pa}) + 20.723\right\} \tag{9.7.12}$$

此式称为**萨克尔-泰特洛德**（Sackur-Tetrode）**方程**，是计算理想气体摩尔平动熵常用的公式。

例 9.7.2 试求 298.15 K 时氖气的标准统计熵，并与量热法得出的标准摩尔量热熵 146.6 J·mol^{-1}·K^{-1} 进行比较。

解：氖（Ne）是单原子气体，其摩尔平动熵即其摩尔熵，故可用萨克尔-泰特洛德方程计算。

将氖的摩尔质量 $M = 20.179\ 7\times 10^{-3}\ \mathrm{kg}\cdot\mathrm{mol}^{-1}$，温度 $T = 298.15\ \mathrm{K}$ 及标准压力 $p^{\ominus} = 1\times 10^5\ \mathrm{Pa}$

---

① 若在所研究的状态下电子运动受到激发，则要在统计熵的数值中包括激发态的贡献。此外，在式（9.7.10）中假定了分子的基态电子能级为非简并的（$g_{e,0} = 1$），其 $S_e = Nk\ln g_{e,0} = 0$，这对于绝大多数分子是正确的。但也有例外，如 O$_2$ 分子及 NO 分子，当电子能级不激发时，根据式（9.7.9），电子运动对熵的贡献为 $S_e = Nk\ln g_{e,0}$，由于 O$_2$ 分子和 NO 分子电子基态能级的简并度 $g_{e,0}$ 分别为 3 和 2，它们对摩尔统计熵的贡献分别为 9.134 J·mol^{-1}·K^{-1} 和 5.763 J·mol^{-1}·K^{-1}。参见习题 9.21。

代入式(9.7.12),得

$$S_m^\ominus = R\left\{\frac{3}{2}\ln[M/(\text{kg}\cdot\text{mol}^{-1})] + \frac{5}{2}\ln(T/\text{K}) - \ln(p/\text{Pa}) + 20.723\right\}$$

$$= R\left[\frac{3}{2}\ln(20.179\,7\times10^{-3}) + \frac{5}{2}\ln 298.15 - \ln(1\times10^5) + 20.723\right]$$

$$= 146.32\ \text{J}\cdot\text{mol}^{-1}\cdot\text{K}^{-1}$$

计算结果表明,298.15 K 下氪的标准摩尔统计熵与其标准摩尔量热熵 146.6 J·mol^{-1}·K^{-1} 非常接近,相对误差仅为 -0.2%。

(2) S_r 的计算 在通常转动能级充分开放的情况下,将式(9.5.15a) $q_r^0 = q_r = \dfrac{T}{\Theta_r\sigma}$ 及式(9.6.10) $U_r^0 = NkT$ 代入式(9.7.9) S_r 的计算式,得

$$S_r = Nk\ln q_r^0 + \frac{U_r^0}{T}$$

$$= Nk\ln\left(\frac{T}{\Theta_r\sigma}\right) + Nk \tag{9.7.13}$$

可见,转动熵与粒子的转动特征温度 Θ_r、分子的对称数 σ 及粒子数 N、温度 T 有关。

1 mol 物质的转动熵可由式(9.7.13)得出:

$$S_{m,r} = R\ln\left(\frac{T}{\Theta_r\sigma}\right) + R \tag{9.7.14}$$

(3) S_v 的计算 将式(9.5.21) $q_v^0 = (1-e^{-\Theta_v/T})^{-1}$ 及式(9.6.11) $U_v^0 = Nk\Theta_v(e^{\Theta_v/T}-1)^{-1}$ 代入式(9.7.9)中 S_v 的计算式,可得

$$S_v = Nk\ln q_v^0 + \frac{U_v^0}{T}$$

$$= -Nk\ln(1-e^{-\Theta_v/T}) + \frac{Nk\Theta_v}{T(e^{\Theta_v/T}-1)} \tag{9.7.15}$$

可见,振动熵与粒子的振动特征温度 Θ_v 及系统的粒子数 N、温度 T 有关。

1 mol 物质的振动熵可表示为

$$S_{m,v} = -R\ln(1-e^{-\Theta_v/T}) + \frac{R\Theta_v}{T(e^{\Theta_v/T}-1)} \tag{9.7.16}$$

例 9.7.3 已知 N_2 分子的 $\Theta_r = 2.863$ K,$\Theta_v = 3\,352$ K,试求 298.15 K 时 N_2 分子的标准摩尔统计熵,并与其标准摩尔量热熵 $S_m^\ominus = 191.61$ J·mol^{-1}·K^{-1} 比较。

解: N_2 为双原子分子,其摩尔统计熵应为

$$S_m = S_{m,t} + S_{m,r} + S_{m,v}$$

将题给条件 $T = 298.15$ K,$\Theta_r = 2.863$ K,$\Theta_v = 3\,352$ K 及 N_2 分子的摩尔质量 $M = 28.013\,4\times$

§9.7 系统的熵与配分函数的关系

10^{-3} kg·mol^{-1},标准压力 $p^{\ominus}=1\times 10^5$ Pa,同核双原子分子的对称数 $\sigma=2$ 代入式(9.7.12)、式(9.7.14)和式(9.7.16)中,分别得到

$$S_{m,t}^{\ominus} = R\left\{\frac{3}{2}\ln[M/(\text{kg}\cdot\text{mol}^{-1})] + \frac{5}{2}\ln(T/\text{K}) - \ln(p/\text{Pa}) + 20.723\right\}$$

$$= R\left[\frac{3}{2}\ln(28.013\ 4\times 10^{-3}) + \frac{5}{2}\ln 298.15 - \ln(1\times 10^5) + 20.723\right]$$

$$= 150.41 \text{ J}\cdot\text{mol}^{-1}\cdot\text{K}^{-1}$$

$$S_{m,r} = R\ln\left(\frac{T}{\Theta_r\sigma}\right) + R = R\ln\left(\frac{298.15}{2.863\times 2}\right) + R$$

$$= 41.18 \text{ J}\cdot\text{mol}^{-1}\cdot\text{K}^{-1}$$

$$S_{m,v} = -R\ln(1-e^{-\Theta_v/T}) + \frac{R\Theta_v}{T(e^{\Theta_v/T}-1)}$$

$$= -R\ln(1-e^{-3\ 352/298.15}) + \frac{R\times 3\ 352}{298.15\times(e^{3\ 352/298.15}-1)}$$

$$= 0.001\ 33 \text{ J}\cdot\text{mol}^{-1}\cdot\text{K}^{-1}$$

所以

$$S_m^{\ominus} = S_{m,t}^{\ominus} + S_{m,r} + S_{m,v}$$

$$= (150.41+41.18+0.001\ 33) \text{ J}\cdot\text{mol}^{-1}\cdot\text{K}^{-1}$$

$$= 191.59 \text{ J}\cdot\text{mol}^{-1}\cdot\text{K}^{-1}$$

计算结果表明,N_2 分子的标准摩尔统计熵 191.59 J·mol^{-1}·K^{-1} 与其标准摩尔量热熵 191.61 J·mol^{-1}·K^{-1} 吻合得非常好。

由于 0 K 到 298.15 K 时大多数物质的电子运动并不能受到激发,所以按式(9.7.10)计算的统计熵,如例 9.7.2 和例 9.7.3 所示,与量热熵相符。

6. 统计熵与量热熵的简单比较

在表 9.7.2 中进一步列出了 298.15 K 时某些物质的标准摩尔统计熵 $S_{m,\text{统计}}^{\ominus}$ 及标准摩尔量热熵 $S_{m,\text{量热}}^{\ominus}$。两种数值非常接近,差别可认为在实验的误差范围之内。

表 9.7.2 某些物质 298.15 K 的 $S_{m,\text{统计}}^{\ominus}$ 与 $S_{m,\text{量热}}^{\ominus}$

物质	$S_{m,\text{统计}}^{\ominus}/(\text{J}\cdot\text{mol}^{-1}\cdot\text{K}^{-1})$	$S_{m,\text{量热}}^{\ominus}/(\text{J}\cdot\text{mol}^{-1}\cdot\text{K}^{-1})$
Ne	146.32	146.6
O_2	205.15	205.14
HCl	186.88	186.3
HI	206.80	206.59
Cl_2	223.16	223.07

但对有些物质,两种方法得出的标准熵差别较大,超出了实验的误差范围,如 CO、NO 及 H_2,它们的 $(S_{m,\text{统计}}^{\ominus} - S_{m,\text{量热}}^{\ominus})/(\text{J}\cdot\text{mol}^{-1}\cdot\text{K}^{-1})$ 分别为 4.18、2.51 及 6.28。这两种熵的差别称为**残余熵**。残余熵的产生原因可归结为低温下量热实验中系统未能达到真正的平衡态。

当纯物质从某一状态经历一系列变化(如单纯 pVT、相变化等)趋于 0 K、完美晶体这一热力学第三定律规定的状态时,变化过程既对应着熵的变化,也伴随着热效应。通过对变化过程中热效应的测量(量热)即可得到变化过程的熵差,从而结合热力学第三定律即可获得物质在某状态时的量热熵。

然而,在有些情况下进行低温量热实验时,不能形成完美晶体。像 CO 气体从 298.15 K、0.1 MPa 时开始降温、液化,至 66 K 时凝固成晶体,形成的晶体中有 CO 及 OC 两种分子取向。但熵的基准状态要求只有一种分子取向,形成排列完全整齐的完美晶体(这样 $T\to 0$ K 时,因 $\Omega=1$,故 $S_0 = k\ln\Omega = 0$)。然而,CO 一旦凝固,分子再发生转向是很困难的,当温度继续降低趋于 0 K 时,晶体中分子的取向仍然"冻结"在原来的两种分子取向这一不规则方式中。上述情况也就是在量热实验低温阶段中 CO 分子的取向并未达到真正的平衡,以致在 $T\to 0$ K 时实验中未能实现第三定律规定的完美晶体状态,相当于实验中测得的量热熵是以一个 $S>0$ 的不平衡态作基准的,当然就使量热熵的数值偏低,因而产生了残余熵。NO 的情况与此类似。

又如,H_2 在较高温度下正氢-仲氢①的平衡比例约为 3∶1,随着温度下降,平衡组成中仲氢比例逐渐加大,到 0 K 时应当全部转变为仲氢。在量热实验中,这类转换也因动力学因素而难以达到平衡,正氢和仲氢的比例很可能始终"冻结"在高温时的平衡比例上。理应在量热实验中测得转换过程的热实际上未能测量到,也就是 $T\to 0$ K 时 H_2 也未能达到完美晶体的状态,所以实验测得的量热熵偏低。

统计熵只需要求取熵值温度条件下的光谱数据,它不需要低温实验,不会因低温条件下实现平衡态的困难而使统计熵的计算中出现有规律的偏差。从这方面来说,统计熵应比量热熵更符合客观实际情况。

§9.8 其他热力学性质与配分函数的关系

这里主要介绍系统的焓 H、亥姆霍兹函数 A、吉布斯函数 G 及摩尔定容热容 $C_{V,m}$ 与配分函数的关系。

---

① H_2 中如果两个核的自旋方向相同,称其为正氢;如果它们的自旋方向相反,则称为仲氢。

1. H、A、G 与配分函数的关系

前面分别介绍了 U 及 S 这两个热力学中最基本的状态函数与配分函数的关系，在此基础上，结合 H、A、G 的定义式，很容易导得它们与粒子配分函数 q 之间的关系，其结果连同 U、S 的统计热力学表达式一并列于表 9.8.1。下面以亥姆霍兹函数 A 为例来说明推导过程。

根据定义 $A = U - TS$，将离域子系统 S 的统计热力学表达式即式(9.7.6a)代入，有

$$A = U - T\left(Nk\ln\frac{q}{N} + \frac{U}{T} + Nk\right)$$

$$= -NkT\ln\frac{q}{N} - NkT \quad \text{(离域子系统)} \tag{9.8.1}$$

若将定域子系统 S 的统计热力学表达式即式(9.7.7a)代入，则有

$$A = U - T\left(Nk\ln q + \frac{U}{T}\right) = -NkT\ln q \quad \text{(定域子系统)} \tag{9.8.2}$$

又因 $p = -\left(\dfrac{\partial A}{\partial V}\right)_T$，将上述 A 的关系式(离域子系统或定域子系统)代入，得

$$p = -\left(\frac{\partial A}{\partial V}\right)_T = NkT\left(\frac{\partial \ln q}{\partial V}\right)_T \tag{9.8.3}$$

利用这一结果并结合 H、G 的定义式，可分别导出它们的统计热力学表达式。

表 9.8.1 热力学函数与粒子配分函数间的关系

热力学函数	定域子	离域子	说明
U	$NkT^2\left(\dfrac{\partial \ln q}{\partial T}\right)_V$	与定域子相同	与能量零点选择有关
S	$Nk\ln q + \dfrac{U}{T}$	$Nk\ln\dfrac{q}{N} + \dfrac{U}{T} + Nk$	与能量零点选择无关
$H = U + pV$	$NkT^2\left(\dfrac{\partial \ln q}{\partial T}\right)_V + NkTV\left(\dfrac{\partial \ln q}{\partial V}\right)_T$	与定域子相同	与能量零点选择有关
$A = U - TS$	$-NkT\ln q$	$-NkT\ln\dfrac{q}{N} - NkT$	与能量零点选择有关
$G = A + pV$	$-NkT\ln q + NkTV\left(\dfrac{\partial \ln q}{\partial V}\right)_T$	$-NkT\ln\dfrac{q}{N} - NkT + NkTV\left(\dfrac{\partial \ln q}{\partial V}\right)_T$	与能量零点选择有关

从上表可以看出：

① 与热力学能 U 有关的复合函数，因热力学能 U 与能量零点的选择有关，故这类复合函数的量值必与能量零点的选择有关，如 H、A、G。

② 与熵 S 有关的复合函数，因对定域子系统与离域子系统，熵 S 与配分函数 q 关系式不同，故这类复合函数对定域子系统与离域子系统也有不同的统计热力学表达式，如 A、G。

③ 对 S、A、G 这些性质（定域子系统与离域子系统需要加以区分），当将定域子系统有关公式中的 q 代之以 qe/N（e 为自然对数的底数）时，即得到离域子系统相应的公式，例如：

$$\text{定域子} \qquad\qquad \text{离域子}$$
$$S = Nk\ln q + \frac{U}{T} \quad \Rightarrow \quad S = Nk\ln\left(\frac{qe}{N}\right) + \frac{U}{T} = Nk\ln\left(\frac{q}{N}\right) + \frac{U}{T} + Nk$$

2. 系统的摩尔定容热容 $C_{V,m}$ 与配分函数的关系

将摩尔热力学能 $U_m = RT^2 \left(\dfrac{\partial \ln q}{\partial T}\right)_V$ 代入摩尔定容热容的定义式 $C_{V,m} = \left(\dfrac{\partial U_m}{\partial T}\right)_V$ 中，即得到 $C_{V,m}$ 与配分函数的关系：

$$C_{V,m} = \left\{\frac{\partial}{\partial T}\left[RT^2\left(\frac{\partial \ln q}{\partial T}\right)_V\right]\right\}_V \tag{9.8.4a}$$

又因 $q = e^{-\varepsilon_0/(kT)} q^0$，代入式（9.8.4a）并整理后可得

$$C_{V,m} = \left\{\frac{\partial}{\partial T}\left[RT^2\left(\frac{\partial \ln q^0}{\partial T}\right)_V\right]\right\}_V \tag{9.8.4b}$$

对比上述两式，可知系统的 $C_{V,m}$ 不受能量零点选择的影响。

原则上利用上述两式可由粒子的配分函数计算 $C_{V,m}$。但因 §9.6 中已经对系统的摩尔热力学能 U_m 进行了统计热力学计算，故可直接利用 §9.6 中有关结果来讨论 $C_{V,m}$ 的计算。

式（9.8.4a）和式（9.8.4b）实际上就是

$$C_{V,m} = \left(\frac{\partial U_m}{\partial T}\right)_V = \left(\frac{\partial U_m^0}{\partial T}\right)_V \tag{9.8.5}$$

这里 U_m^0 为相对于基态能量零点的摩尔热力学能。

结合式（9.6.7）$U^0 = U_t^0 + U_r^0 + U_v^0 + U_e^0 + U_n^0$，有

$$C_{V,\mathrm{m}} = \left(\frac{\partial U_{\mathrm{t,m}}^0}{\partial T}\right)_V + \left(\frac{\partial U_{\mathrm{r,m}}^0}{\partial T}\right)_V + \left(\frac{\partial U_{\mathrm{v,m}}^0}{\partial T}\right)_V + \left(\frac{\partial U_{\mathrm{e,m}}^0}{\partial T}\right)_V + \left(\frac{\partial U_{\mathrm{n,m}}^0}{\partial T}\right)_V$$

上式右端各项分别为粒子的平动、转动、振动、电子运动及核运动形式对摩尔定容热容的贡献,用 $C_{V,\mathrm{m,t}}$、$C_{V,\mathrm{m,r}}$、$C_{V,\mathrm{m,v}}$、$C_{V,\mathrm{m,e}}$ 及 $C_{V,\mathrm{m,n}}$ 分别表示时,有

$$C_{V,\mathrm{m}} = C_{V,\mathrm{m,t}} + C_{V,\mathrm{m,r}} + C_{V,\mathrm{m,v}} + C_{V,\mathrm{m,e}} + C_{V,\mathrm{m,n}} \tag{9.8.6}$$

如果粒子的电子运动与核运动能级不开放,则 $U_{\mathrm{m,e}}^0 = 0$, $U_{\mathrm{m,n}}^0 = 0$,从而这两种运动对 $C_{V,\mathrm{m}}$ 没有贡献,即有

$$C_{V,\mathrm{m}} = C_{V,\mathrm{m,t}} + C_{V,\mathrm{m,r}} + C_{V,\mathrm{m,v}} \tag{9.8.7}$$

现分别计算 $C_{V,\mathrm{m,t}}$、$C_{V,\mathrm{m,r}}$ 和 $C_{V,\mathrm{m,v}}$。

(1) **平动** 由式(9.6.9)有 $U_{\mathrm{t,m}}^0 = \frac{3}{2}LkT = \frac{3}{2}RT$,则

$$C_{V,\mathrm{m,t}} = \left(\frac{\partial U_{\mathrm{t,m}}^0}{\partial T}\right)_V = \frac{3}{2}R \tag{9.8.8}$$

(2) **转动** 由式(9.6.10)有 $U_{\mathrm{r,m}}^0 = LkT = RT$,则

$$C_{V,\mathrm{m,r}} = \left(\frac{\partial U_{\mathrm{r,m}}^0}{\partial T}\right)_V = R \tag{9.8.9}$$

(3) **振动** 式(9.6.11)中,令 $N = L/(\mathrm{mol}^{-1})$,则 $U_{\mathrm{v,m}}^0 = R\Theta_\mathrm{v}\dfrac{1}{\mathrm{e}^{\Theta_\mathrm{v}/T}-1}$,因而

$$C_{V,\mathrm{m,v}} = \left(\frac{\partial U_{\mathrm{v,m}}^0}{\partial T}\right)_V = R\left(\frac{\Theta_\mathrm{v}}{T}\right)^2 \mathrm{e}^{\Theta_\mathrm{v}/T}\frac{1}{(\mathrm{e}^{\Theta_\mathrm{v}/T}-1)^2} \tag{9.8.10}$$

在通常情况下,$\Theta_\mathrm{v}/T \gg 1$,则 $(\mathrm{e}^{\Theta_\mathrm{v}/T}-1) \approx \mathrm{e}^{\Theta_\mathrm{v}/T}$,式(9.8.10)变为

$$C_{V,\mathrm{m,v}} \approx R\left(\frac{\Theta_\mathrm{v}}{T}\right)^2\frac{\mathrm{e}^{\Theta_\mathrm{v}/T}}{(\mathrm{e}^{\Theta_\mathrm{v}/T})^2} = R\left(\frac{\Theta_\mathrm{v}}{T}\right)^2 \mathrm{e}^{-\Theta_\mathrm{v}/T} \approx 0$$

表明当振动能级不开放时,粒子振动运动对摩尔定容热容没有贡献。

随着温度逐渐升高,Θ_v/T 逐渐变小,能级的量子化效应逐渐减弱,$C_{V,\mathrm{m,v}}$ 逐渐加大。当 $\Theta_\mathrm{v}/T \ll 1$ 时,$\mathrm{e}^{\Theta_\mathrm{v}/T}$ 的级数展开式可化简为 $\left(1+\dfrac{\Theta_\mathrm{v}}{T}\right)$,故

$$C_{V,\mathrm{m,v}} \approx R\left(\frac{\Theta_\mathrm{v}}{T}\right)^2 \mathrm{e}^{\Theta_\mathrm{v}/T}\left(\frac{\Theta_\mathrm{v}}{T}\right)^{-2} = R\mathrm{e}^{\Theta_\mathrm{v}/T} = R$$

上式表明,只有振动能级量子化效应极不明显,即能级得到充分开放时,才有 $C_{V,\mathrm{m,v}} \approx R$。

综合以上结果,有以下结论:

对**单原子理想气体**,分子只存在平动。当电子运动与核运动的能级不开放时,只有平动对热容有贡献,即

$$C_{V,m} = C_{V,m,t} = \frac{3}{2}R \qquad (9.8.11)$$

对**双原子理想气体**,当电子运动、核运动和振动能级均不开放时,只有平动、转动对热容有贡献,即有

$$C_{V,m} = C_{V,m,t} + C_{V,m,r} = \frac{5}{2}R \qquad (9.8.12)$$

但当电子运动、核运动能级不开放而振动能级完全开放时,则有

$$C_{V,m} = C_{V,m,t} + C_{V,m,r} + C_{V,m,v} = \frac{7}{2}R \qquad (9.8.13)$$

例 9.8.1 查表 9.5.1 知,CO 气体分子的 $\Theta_r = 2.766$ K, $\Theta_v = 3\,084$ K,试求 101.325 kPa 及 400 K 条件下气体的 $C_{V,m}$ 值,并与实验值 $C_{V,m,实} = (18.223 + 7.683\,1 \times 10^{-3} T/\text{K} - 1.172 \times 10^{-6} T^2/\text{K}^2)$ J·mol^{-1}·K^{-1} 进行比较。

解: 400 K 时 CO 的平动能级是完全开放的,$C_{V,m,t} = \frac{3}{2}R$。

$\Theta_r/T = 2.766/400 = 6.915 \times 10^{-3} \ll 1$,故转动能级也可近似认为连续变化,$C_{V,m,r} = R$。

$\Theta_v/T = 3\,084/400 = 7.710$,既非 $\Theta_v \ll T$,又非 $\Theta_v \gg T$,故振动对摩尔定容热容的贡献要加以计算。根据式(9.8.10),有

$$C_{V,m,v} = R\left(\frac{\Theta_v}{T}\right)^2 e^{\Theta_v/T}(e^{\Theta_v/T} - 1)^{-2}$$

$$= R\left(\frac{3\,084}{400}\right)^2 e^{3\,084/400}(e^{3\,084/400} - 1)^{-2}$$

$$= 0.026\,7R$$

因此 CO 在 400 K 时由统计热力学计算的摩尔定容热容为

$$C_{V,m} = C_{V,m,t} + C_{V,m,r} + C_{V,m,v} = \frac{3}{2}R + R + 0.026\,7R$$

$$= 2.526\,7R = 21.007 \text{ J·mol}^{-1}\text{·K}^{-1}$$

将 $T = 400$ K 代入 $C_{V,m,实}$ 的计算式,得

$$C_{V,m,实} = (18.223 + 7.683\,1 \times 10^{-3} \times 400 - 1.172 \times 10^{-6} \times 400^2) \text{ J·mol}^{-1}\text{·K}^{-1}$$

$$= 21.109 \text{ J·mol}^{-1}\text{·K}^{-1}$$

对比 $C_{V,m}$ 与 $C_{V,m,实}$,可认为两者相当接近。统计热力学计算值对实验值的相对误差为

$$\frac{21.007 - 21.109}{21.109} \times 100\% = -0.483\%$$

例 9.8.2 杜隆-珀蒂（Dulong-Petit）定律指出，恒压下 Pb、Al 等原子晶体的摩尔定压热容 $C_{p,m} \approx 3R$。试由统计热力学观点分析此结论适用的条件。

解： 原子晶体中粒子的平动、转动均可不予考虑，所以 $C_{V,m} = C_{V,m,v}$。

原子晶体中每个原子可视为 3 个独立的一维谐振子。仅当温度足够高以致振动能级的量子化效应不明显，或者说振动能级得到完全开放时，一维谐振子的振动热容为 R，故原子晶体的振动摩尔定容热容 $C_{V,m} = 3R$。

又因这里固体的 $C_{p,m} \approx C_{V,m}$，故杜隆-珀蒂定律实际仅在温度足够高、振动能级完全开放时才成立。

§9.9 理想气体反应标准平衡常数的统计热力学计算

前面介绍了各热力学性质（U、S、H、A、G）与配分函数的关系，本节将在此基础上，引入两个新的复合函数，即理想气体的摩尔吉布斯自由能函数和理想气体的标准摩尔焓函数，并利用它们完成理想气体反应标准平衡常数 $K^{\ominus}$ 的统计热力学计算。

1. 理想气体的摩尔吉布斯自由能函数

根据表 9.8.1，理想气体（独立的离域子系统）的吉布斯函数 G 为

$$G = -NkT\ln\frac{q}{N} - NkT + NkTV\left(\frac{\partial \ln q}{\partial V}\right)_T$$

由配分函数的析因子性质 $q = q_t q_r q_v q_e q_n$，而各独立运动形式的配分函数中只有平动配分函数 q_t 与系统的体积有关，且与体积的一次方成正比，故

$$\left(\frac{\partial \ln q}{\partial V}\right)_T = \left(\frac{\partial \ln q_t}{\partial V}\right)_T = \frac{1}{V} \tag{9.9.1}$$

将其代入、整理得

$$G = -NkT\ln\frac{q}{N} \tag{9.9.2}$$

对 1 mol 理想气体，其摩尔吉布斯函数为

$$G_m = -RT\ln\frac{q}{L}$$

上式中 L 为阿伏加德罗常数。当 $p = p^{\ominus} = 10^5$ Pa 时，就得到理想气体的标准摩尔吉布斯函数：

$$G_m^{\ominus} = -RT\ln\frac{q}{L} \tag{9.9.3a}$$

以各独立运动形式的基态为能量零点，将 $q = e^{-\varepsilon_0/(kT)} q^0$ 代入式 (9.9.3a) 就得到

$$G_{\mathrm{m}}^{\ominus} = -RT\ln\frac{q^0}{L} + U_{0,\mathrm{m}} \tag{9.9.3b}$$

式中 $U_{0,\mathrm{m}}$ 为单位物质的量的纯理想气体温度降至 0K 时的热力学能。

将式(9.9.3b)移项整理可得

$$\frac{G_{\mathrm{m}}^{\ominus} - U_{0,\mathrm{m}}}{T} = -R\ln\frac{q^0}{L} \tag{9.9.4}$$

式(9.9.4)左侧 $\dfrac{G_{\mathrm{m}}^{\ominus} - U_{0,\mathrm{m}}}{T}$ 称为**标准摩尔吉布斯自由能函数**[①]。它是温度的函数，其值可由物质于温度 T 及 $10^5\mathrm{Pa}$ 压力时的 q^0 按式(9.9.4)求出(参见例 9.9.1)。

由于 0 K 时物质的热力学能与焓近似相等，即 $U_{0,\mathrm{m}} \approx H_{0,\mathrm{m}}$，故标准摩尔吉布斯自由能函数也可用 $\dfrac{G_{\mathrm{m}}^{\ominus} - H_{0,\mathrm{m}}}{T}$ 表示。吉布斯自由能函数是统计热力学中计算反应平衡常数需要的一种基础数据，文献中能查到某些常用物质在不同温度下的数值，示例于表 9.9.1。

表 9.9.1 某些常用物质在不同温度下的 $-\left(\dfrac{G_{\mathrm{m}}^{\ominus} - U_{0,\mathrm{m}}}{T}\right)$ 值

(单位：$\mathrm{J \cdot mol^{-1} \cdot K^{-1}}$)

物质	298 K	500 K	1 000 K	1 500 K
H_2	102.28	117.24	137.09	149.02
O_2	176.09	191.24	212.24	225.25
CO	168.52	183.62	204.17	216.77
CO_2	182.37	199.56	226.51	244.79
CH_4	152.66	170.61	199.48	221.49
H_2O	155.67	172.91	196.85	211.87

例 9.9.1 已知 HI 的 $\Theta_\mathrm{r} = 9.125\ \mathrm{K}$，$\Theta_\mathrm{v} = 3\ 208\ \mathrm{K}$，试求 500 K 时 HI 气体的标准摩尔吉布斯自由能函数。

解： 由式(9.9.4)

$$\frac{G_{\mathrm{m}}^{\ominus} - U_{0,\mathrm{m}}}{T} = -R\ln\frac{q^0}{L}$$

[①] 按照国家标准，物理量 G 称为吉布斯函数，也可以称为吉布斯自由能，本书中称为吉布斯函数。这里 $\dfrac{G_{\mathrm{m}}^{\ominus} - U_{0,\mathrm{m}}}{T}$ 是标准摩尔吉布斯函数的一个函数，为了清楚起见，称为标准摩尔吉布斯自由能函数。

§ 9.9 理想气体反应标准平衡常数的统计热力学计算

式中 q^0 是 $T=500$ K、$p=p^{\ominus}=1\times10^5$ Pa 及 $n=1$ mol 条件下的 $q_t^0 \cdot q_r^0 \cdot q_v^0$。HI 的摩尔质量 $M=127.904\times10^{-3}$ kg·mol^{-1},故分子质量 $m=M/L=2.123\ 9\times10^{-25}$ kg。HI 为异核双原子分子,其对称数 $\sigma=1$。将有关数据及条件分别代入式(9.5.10)、式(9.5.15a)、式(9.5.21),得

$$q_t^0 \approx q_t = \left(\frac{2\pi mkT}{h^2}\right)^{3/2} V = \left(\frac{2\pi mkT}{h^2}\right)^{3/2}\frac{nRT}{p}$$

$$= \left[\frac{2\times3.14\times2.123\ 9\times10^{-25}\ \text{kg}\times1.381\times10^{-23}\ \text{J·K}^{-1}\times500\ \text{K}}{(6.626\times10^{-34}\ \text{J·s})^2}\right]^{3/2}$$

$$\times\frac{1\ \text{mol}\times8.314\ \text{J·mol}^{-1}\text{·K}^{-1}\times500\ \text{K}}{1\times10^5\ \text{Pa}}$$

$$=1.263\ 0\times10^{32}$$

$$q_r^0 = q_r = \frac{T}{\Theta_r\sigma} = \frac{500}{9.125} = 54.795$$

$$q_v^0 = \frac{1}{1-e^{-\Theta_v/T}} = \frac{1}{1-e^{-3\ 208/500}} = 1.001\ 6$$

故
$$q^0 = q_t^0 q_r^0 q_v^0 = 6.931\ 7\times10^{33}$$

于是求得 500 K 时 HI 气体的标准摩尔吉布斯自由能函数:

$$\frac{G_m^{\ominus}-U_{0,m}}{T} = -8.314\ \text{J·mol}^{-1}\text{·K}^{-1}\times\ln\frac{6.931\ 7\times10^{33}}{6.022\times10^{23}}$$

$$= -192.61\ \text{J·mol}^{-1}\text{·K}^{-1}$$

2. 理想气体的标准摩尔焓函数

由表 9.8.1 可知,理想气体(独立的离域子系统)的焓 H 为

$$H = NkT^2\left(\frac{\partial \ln q}{\partial T}\right)_V + NkTV\left(\frac{\partial \ln q}{\partial V}\right)_T$$

结合式(9.9.1),并当 $N=6.022\times10^{23}=L/\text{mol}^{-1}$ 时,$Nk=R$,则有

$$H_m = RT^2\left(\frac{\partial \ln q}{\partial T}\right)_V + RT \tag{9.9.5a}$$

若压力为 $p^{\ominus}$,则对应标准摩尔焓 $H_m^{\ominus}$。再将 $q=e^{-\varepsilon_0/(kT)}q^0$ 代入,整理可得

$$H_m^{\ominus} = RT^2\left(\frac{\partial \ln q^0}{\partial T}\right)_V + RT + U_{0,m} \tag{9.9.5b}$$

将式(9.9.5b)移项整理得到标准摩尔焓函数的表达式:

$$\frac{H_m^{\ominus}-U_{0,m}}{T} = RT\left(\frac{\partial \ln q^0}{\partial T}\right)_V + R \tag{9.9.6}$$

式(9.9.6)左侧的 $\dfrac{H_m^\ominus - U_{0,m}}{T}$ 称为物质的**标准摩尔焓函数**,可通过物质于温度 T 及 $10^5\,\text{Pa}$ 压力时的 q^0 按式(9.9.6)求出。

同样,因为 0 K 时 $U_{0,m} \approx H_{0,m}$,故焓函数可近似表示为 $\dfrac{H_m^\ominus - H_{0,m}}{T}$。焓函数也是计算理想气体化学平衡时需要的一种基础数据,主要用于计算化学反应在 0 K 时热力学能变化 $\Delta U_{0,m}$(或者 $\Delta H_{0,m}$)。文献中可以查到 298.15 K 时一些常用物质的 $(H_m^\ominus - H_{0,m})$ 值,部分摘抄于表 9.9.2。

表 9.9.2　298.15 K 时一些常用物质的 $(H_m^\ominus - H_{0,m})$ 值

物质	H_2	O_2	CO	CO_2	CH_4	H_2O
$\dfrac{H_m^\ominus - H_{0,m}}{\text{kJ}\cdot\text{mol}^{-1}}$	8.468	8.660	8.673	9.364	10.029	9.910

3. 理想气体反应标准平衡常数的统计热力学计算

考察理想气体化学反应

$$0 = \sum_B \nu_B B$$

当温度为 T 时,反应的标准平衡常数 $K^\ominus$ 表示为

$$\Delta_r G_m^\ominus = -RT\ln K^\ominus$$

其中公式左侧的标准摩尔反应吉布斯函数变为

$$\Delta_r G_m^\ominus = \sum_B \nu_B G_{m,B}^\ominus$$

故

$$-RT\ln K^\ominus = \sum_B \nu_B G_{m,B}^\ominus$$

$$= \sum_B \nu_B (G_{m,B}^\ominus - U_{0,m,B}) + \sum_B \nu_B U_{0,m,B}$$

则

$$-\ln K^\ominus = \frac{1}{R}\sum_B \nu_B \left(\frac{G_{m,B}^\ominus - U_{0,m,B}}{T}\right) + \frac{1}{RT}\sum_B \nu_B U_{0,m,B}$$

$$= \frac{1}{R}\Delta_r\left(\frac{G_m^\ominus - U_{0,m}}{T}\right) + \frac{1}{RT}\Delta_r U_{0,m} \qquad (9.9.7)$$

式中 $\Delta_r\left(\dfrac{G_m^\ominus - U_{0,m}}{T}\right)$ 为反应的标准摩尔吉布斯自由能函数变:

§ 9.9 理想气体反应标准平衡常数的统计热力学计算

$$\Delta_r\left(\frac{G_m^\ominus - U_{0,m}}{T}\right) = \sum_B \nu_B \left(\frac{G_{m,B}^\ominus - U_{0,m,B}}{T}\right) \quad (9.9.8)$$

式(9.9.7)中的 $\Delta_r U_{0,m}$ 是 0 K 时单位反应进度的热力学能变化：

$$\Delta_r U_{0,m} = \sum_B \nu_B U_{0,m,B} \quad (9.9.9)$$

理想气体化学反应的 $\Delta_r\left(\frac{G_m^\ominus - U_{0,m}}{T}\right)$ 可以从吉布斯自由能函数表中的数据进行计算。而求取 $\Delta_r U_{0,m}$ 不仅需要知道 298.15 K 时的 $(H_m^\ominus - U_{0,m})$，尚需通过标准摩尔生成焓或标准摩尔燃烧焓计算 298.15 K 时标准摩尔反应焓变 $\Delta_r H_m$ (298.15 K)：

$$\Delta_r U_{0,m} = \Delta_r H_m^\ominus(298.15\ \text{K}) - \Delta_r[H_m^\ominus(298.15\ \text{K}) - U_{0,m}] \quad (9.9.10)$$

式中

$$\Delta_r[H_m^\ominus(298.15\ \text{K}) - U_{0,m}] = \sum_B \nu_B[H_{m,B}^\ominus(298.15\ \text{K}) - U_{0,m,B}] \quad (9.9.11)$$

例 9.9.2 利用表 9.9.1 及表 9.9.2 的数据，计算 1 000 K 时下列反应的标准平衡常数 $K^\ominus$。

$$CO(g) + H_2O \Longrightarrow CO_2(g) + H_2(g)$$

解：由表 9.9.1、表 9.9.2 及上册附录可得表 9.9.3 所示数据。

表 9.9.3 计 算 数 据

物质	$-\left(\dfrac{G_m^\ominus - U_{0,m}}{T}\right)$ (1 000 K) $\mathrm{J \cdot mol^{-1} \cdot K^{-1}}$	$(H_m^\ominus - H_{0,m})$ (298.15 K) $\mathrm{kJ \cdot mol^{-1}}$	$\Delta_f H_m^\ominus$ (298.15 K) $\mathrm{kJ \cdot mol^{-1}}$
$CO_2(g)$	226.51	9.364	−393.15
$H_2(g)$	137.09	8.468	0
$CO(g)$	204.17	8.673	−110.52
$H_2O(g)$	196.85	9.910	−241.82

$$\Delta_r H_m^\ominus(298.15\ \text{K}) = \sum_B \nu_B \Delta_f H_{m,B}^\ominus(298.15\ \text{K})$$
$$= [-(-110.52) - (-241.82) + (-393.15) + 0]\ \mathrm{kJ \cdot mol^{-1}}$$
$$= -40.81\ \mathrm{kJ \cdot mol^{-1}}$$

由式(9.9.11)可得

$$\Delta_r[H_m^\ominus(298.15\ \text{K}) - U_{0,m}] = \sum_B \nu_B[H_{m,B}^\ominus(298.15\ \text{K}) - U_{0,m,B}]$$
$$= (-8.673 - 9.910 + 9.364 + 8.468)\ \mathrm{kJ \cdot mol^{-1}}$$
$$= -0.751\ \mathrm{kJ \cdot mol^{-1}}$$

将上面两计算结果代入式(9.9.10),得

$$\Delta_r U_{0,m} = \Delta_r H_m^{\ominus}(298.15\ \text{K}) - \Delta_r[H_m^{\ominus}(298.15\ \text{K}) - U_{0,m}]$$

$$= [-40.81 - (-0.751)]\ \text{kJ} \cdot \text{mol}^{-1}$$

$$= -40.06\ \text{kJ} \cdot \text{mol}^{-1}$$

由式(9.9.8)得 1 000 K 时反应的标准摩尔吉布斯自由能函数变为

$$\Delta_r\left(\frac{G_m^{\ominus} - U_{0,m}}{T}\right)(1\ 000\ \text{K}) = \sum_B \nu_B \left(\frac{G_{m,B}^{\ominus} - U_{0,m,B}}{T}\right)(1\ 000\ \text{K})$$

$$= [-(-204.17) - (-196.85) + (-226.51) + (-137.09)]\ \text{J} \cdot \text{mol}^{-1} \cdot \text{K}^{-1}$$

$$= 37.42\ \text{J} \cdot \text{mol}^{-1} \cdot \text{K}^{-1}$$

将 $\Delta_r U_{0,m}$ 及 1 000 K 下的 $\Delta_r\left(\dfrac{G_m^{\ominus} - U_{0,m}}{T}\right)$ 代入式(9.9.7)得

$$-\ln K^{\ominus} = \frac{1}{R}\Delta_r\left(\frac{G_m^{\ominus} - U_{0,m}}{T}\right)(1\ 000\ \text{K}) + \frac{1}{RT}\Delta_r U_{0,m}$$

$$= \frac{37.42}{8.314} - \frac{40\ 060}{8.314 \times 1\ 000}$$

$$= -0.317\ 6$$

故

$$K^{\ominus} = e^{0.317\ 6} = 1.374$$

4. 理想气体反应平衡常数(K_N、K_C)与配分函数的关系

在某些理论推导与计算(如化学动力学一章过渡状态理论中艾林方程的推导)中,常要用到以平衡系统中各组分的粒子数 N_B 表示的平衡常数 K_N 和以平衡系统中各组分单位体积中的粒子数(即数浓度)C_B 表示的平衡常数 K_C。

K_N、K_C 定义式如下:

$$K_N \xlongequal{\text{def}} \prod_B N_B^{\nu_B} \tag{9.9.12}$$

$$K_C \xlongequal{\text{def}} \prod_B C_B^{\nu_B} \tag{9.9.13}$$

其中 $C_B = \dfrac{N_B}{V}$ 为单位体积中的分子数,称为分子浓度。它与物质的体积摩尔浓度 c_B 的关系为 $c_B = \dfrac{C_B}{L}$(L 为阿伏加德罗常数)。

下面主要介绍这两个平衡常数 K_N、K_C 与配分函数的关系。

将式(9.9.2)理想气体 B 的吉布斯函数 $G_B = -N_B kT \ln \dfrac{q_B}{N_B}$,除以 B 的粒子数即得组分 B 平均每个粒子的吉布斯函数,这里以 $\bar{\mu}_B$ 表示,即

$$\bar{\mu}_B = \frac{G_B}{N_B} = -kT\ln\frac{q_B}{N_B} = -kT\ln\left[\frac{q_B^0}{N_B} \cdot e^{-\varepsilon_{0,B}/(kT)}\right] \tag{9.9.14}$$

对于理想气体间的化学反应 $0 = \sum\limits_B \nu_B B$,达平衡时,应有

$$\Delta_r G_m = \sum_B \nu_B G_{m,B} = 0$$

$G_{m,B}$ 为组分 B 的摩尔吉布斯函数。将此式除以 L,即得

$$\sum_B \nu_B \bar{\mu}_B = 0$$

这里 $\bar{\mu}_B$ 是组分 B 平均每个粒子的吉布斯函数。将式(9.9.14)代入上式,得

$$\sum_B \nu_B \bar{\mu}_B = -kT \sum_B \nu_B \ln\left[\frac{q_B^0}{N_B} \cdot e^{-\varepsilon_{0,B}/(kT)}\right] = 0$$

则有

$$\sum_B \nu_B \ln\left[\frac{q_B^0}{N_B} \cdot e^{-\varepsilon_{0,B}/(kT)}\right] = \sum_B \ln\left[\frac{q_B^0}{N_B} \cdot e^{-\varepsilon_{0,B}/(kT)}\right]^{\nu_B}$$

$$= \sum_B \ln\left[q_B^0 \cdot e^{-\varepsilon_{0,B}/(kT)}\right]^{\nu_B} - \sum_B \ln N_B^{\nu_B}$$

$$= \ln\prod_B \left[(q_B^0)^{\nu_B} e^{-\nu_B \varepsilon_{0,B}/(kT)}\right] - \ln\prod_B N_B^{\nu_B} = 0$$

最后得

$$K_N = \prod_B N_B^{\nu_B} = \prod_B \left[(q_B^0)^{\nu_B} e^{-\nu_B \varepsilon_{0,B}/(kT)}\right]$$

$$= \left[\prod_B (q_B^0)^{\nu_B}\right] e^{-\Delta_r \varepsilon_0/(kT)} \tag{9.9.15}$$

此式即为 **K_N 与配分函数的关系式**。这里 $\Delta_r \varepsilon_0 = \sum\limits_B \nu_B \varepsilon_{0,B}$,为产物分子与反应物分子基态能量的差值。

例如,对于反应

$$aA + bB = lL + mM$$

$$K_N = \frac{N_L^l N_M^m}{N_A^a N_B^b} = \frac{(q_L^0)^l (q_M^0)^m}{(q_A^0)^a (q_B^0)^b} e^{-\Delta_r \varepsilon_0/(kT)}$$

$$\Delta_r\varepsilon_0 = -a\varepsilon_{0,A} - b\varepsilon_{0,B} + l\varepsilon_{0,L} + m\varepsilon_{0,M}$$

在式(9.9.15)基础上,结合分子浓度 $C_B = \dfrac{N_B}{V}$ 的定义及其对应的平衡常数 K_C 的定义,有

$$K_C = \prod_B C_B^{\nu_B} = \prod_B \left(\frac{N_B}{V}\right)^{\nu_B} = \left[\prod_B \left(\frac{q_B^0}{V}\right)^{\nu_B}\right] e^{-\Delta_r\varepsilon_0/(kT)} \quad (9.9.16a)$$

式中 $\dfrac{q_B^0}{V}$ 为平衡条件下,单位体积中组分 B 的配分函数,以 q_B^* 表示。由于粒子的 q_B^0 只与系统体积 V 的一次方成正比,故 q_B^* 就只与粒子的性质和温度有关,它不再与系统体积有任何函数关系。引入 q_B^* 后,平衡常数 K_C 可表示为

$$K_C = \prod_B C_B^{\nu_B} = \left[\prod_B (q_B^*)^{\nu_B}\right] e^{-\Delta_r\varepsilon_0/(kT)} \quad (9.9.16b)$$

上述两式即为 **K_C 与配分函数的关系式**。

例如,对反应 $aA + bB = lL + mM$,其

$$K_C = \frac{(q_L^*)^l (q_M^*)^m}{(q_A^*)^a (q_B^*)^b} e^{-\Delta_r\varepsilon_0/(kT)}$$

利用物质的体积摩尔浓度 c_B 与分子浓度 C_B 间的关系 $c_B = \dfrac{C_B}{L}$,代入 K_c(以各组分的体积摩尔浓度 c_B 表示的平衡常数)定义式中,可得到

$$K_c = \prod_B c_B^{\nu_B} = \prod_B \left(\frac{C_B}{L}\right)^{\nu_B} = L^{-\Sigma\nu_B} \prod_B C_B^{\nu_B}$$

即
$$K_c = K_C L^{-\Sigma\nu_B} \quad (9.9.17)$$

将 K_C 与配分函数关系式[即式(9.9.16b)]代入,有

$$K_c = L^{-\Sigma\nu_B} \cdot \left[\prod_B (q_B^*)^{\nu_B}\right] e^{-\Delta_r\varepsilon_0/(kT)} \quad (9.9.18)$$

此即 **K_c 与配分函数关系式**。

至此,经过推导获得了理想气体反应平衡常数 K_N、K_C 及 K_c 与配分函数的关系。在这些关系式中,由于 $\dfrac{\Delta_r\varepsilon_0}{kT} = \dfrac{\Delta_r L\varepsilon_0}{LkT}$,而 $\Delta_r L\varepsilon_0 = \Delta_r U_{0,m} = \sum_B \nu_B U_{0,m,B}$,$Lk = R$,故式(9.9.15)、式(9.9.16)和式(9.9.18)中 $\dfrac{\Delta_r\varepsilon_0}{kT}$ 均可用 $\dfrac{\Delta_r U_{0,m}}{RT}$ 代替。

§9.10 系综理论简介

在前面各节中,主要讨论了粒子间相互作用很小以致可以忽略的独立子系统。对于独立子系统,系统的能量等于各粒子能量之和,即 $U = \sum_{j=1}^{N} \varepsilon_j$。以粒子为基本统计单元,介绍了粒子的能级、粒子的分布——玻耳兹曼分布(最概然分布),引入并计算了粒子的配分函数。然后,通过玻耳兹曼熵定理和摘取最大项原理,导出了系统的熵与配分函数的关系。在此基础上,获得了所有热力学函数(U、S、H、A、G)与粒子配分函数的关系式。

对相依子系统,系统内粒子间相互作用不能被忽略,系统的能量不再是各粒子能量之和,还包含粒子相互作用的势能,即 $U = \sum_{j=1}^{N} \varepsilon_j + U_p$,这里势能 U_p 是所有粒子位置坐标的函数。此时再讨论单个粒子的能级、粒子的分布、粒子的配分函数等对相依子系统已没有意义,此时需要引入统计系综的概念。

1. 系综与系综平均

系综的概念、系综原理与方法是吉布斯在1902年建立的。

一个热力学平衡系统,当其宏观状态确定时,虽然其宏观热力学性质也随之确定,但其微观状态却瞬息万变。系统每一个时刻都对应着一种微观状态(量子态)。若将每个时刻对应着一定微观状态的系统看成是系统的复制,当把这种复制的系统称为**标本系统**时,大量标本系统(标本系统个数 $\mathcal{N} \to \infty$)的集合就是**系综**。

系综定义中之所以要求标本系统的个数足够大($\mathcal{N} \to \infty$),是为了确保构成系综的标本系统足以代表所有各种可能出现的微观状态,且体现出其出现的概率。

对系统力学量进行实际测量时,因测量装置响应速率相对于微观状态的变化要慢得多,故可以认为所测结果为无限长的时间间隔中的平均值,即**时间平均**。引入系综后,对构成系综的所有标本系统求平均,其结果称为**系综平均**。统计热力学假定,系统力学量对系综的平均与对时间的平均相等,因而可用系综平均代替时间平均。

对宏观力学量 O,其系综平均值 $\overline{O}$ 有

$$O = \overline{O} = \sum_j P_j O_j \qquad (9.10.1)$$

其中,P_j 为处于第 j 个微观状态(O_j)的标本系统在系综中出现的概率。对于隔离系统(N、U、V 确定),因没有理由认为系统处于某些微观状态或量子态的概率大于处于其他微观状态或量子态的概率,故统计热力学假定:**隔离系统中每一个微观状态或量子态出现的概率相等**。

2. 系综分类

根据系统性质的不同,系综主要划分为:
① **正则系综**,实际系统为封闭、等温的(粒子数 N、体积 V 和温度 T 确定)。
② **微正则系综**,实际系统为隔离的(粒子数 N、体积 V 和能量 U 确定)。
③ **巨正则系综**,实际系统为开放、等温的(化学势 μ、体积 V 和温度 T 确定)。

实际系统可以包含多个组分,这时 N 代表 N_1、N_2 等,μ 代表 μ_1、μ_2 等。

*3. 正则系综的统计热力学

下面以正则系综为例,简单介绍系综理论处理问题的思路。

考察由粒子数为 N,体积为 V,温度为 T 的系统组成的正则系综($\mathscr{N} \to \infty$)。由于系统为非隔离的,不能直接应用"隔离系统中每一个微观状态或量子态出现的概率相等"这一假定。解决的方法是将系综改造为一个总粒子数为 $N_t = \mathscr{N}N$,总体积为 $V_t = \mathscr{N}V$,总能量为 E_t 的"超"隔离系统。首先将上述定义的 $\mathscr{N}$ 个系统堆积在一起,系统之间用导热壁隔开,并将其置于温度为 T 的恒温槽中。待达到热平衡后,再将其用刚性绝热壁与恒温槽分离就得到了所要求的"超"隔离系统,如图 9.10.1 所示。对于该系综中的某一特定系统,其余($\mathscr{N}-1$)个系统起恒温槽的作用。

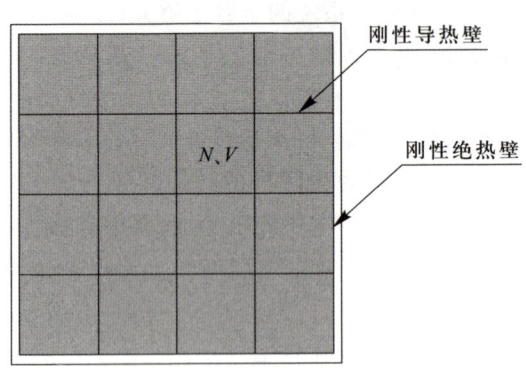

图 9.10.1 $\mathscr{N}$ 个粒子数为 N,体积为 V 的系统组成的"超"隔离系统(系综)

设所得"超"隔离系统的哈密顿算符为 $\hat{\mathscr{H}}_{(系综)}$，其可以表示为

$$\hat{\mathscr{H}}_{(系综)} = \sum_{i=1}^{N} \hat{H}_{i(系统)} + \text{"相互作用项"} \tag{9.10.2}$$

由于系统间热传导引起的"相互作用项"可以忽略，因此，"超"隔离系统的薛定谔方程的解可由组成系统的薛定谔方程：

$$\hat{H}_{i(系统)} \psi_{i(系统)} = E_i \psi_{i(系统)} \tag{9.10.3}$$

的解表出。类似于对独立子系统的讨论，对于正则系综有

$$E_{t(系综)} = \sum_i n_i E_{i(系统)} \tag{9.10.4a}$$

$$N_t = \sum_i n_i \tag{9.10.4b}$$

式中 $n_i(i=1,2,\cdots)$ 为系综中系统在能级 $E_i(i=1,2,\cdots)$ 上的分布数。

要求系综平均，首先要知道系综中系统占据量子态 E_i 的概率。假设 E_i 为非简并的，对应于某一特定的分布 $n(n_1, n_2, \cdots)$，该概率为 $n_i/\mathcal{N}$。显然，对不同的分布，其具有不同的数值。因此，如果对所有可能的分布能够求得量子态 E_i 的平均占据数 $\bar{n}_i$，问题就得到了解决。

由于系综中的系统是可区分的，对应于某一特定的分布 $n(n_1, n_2, \cdots)$，系综的量子态数为

$$\Omega_t(n) = \frac{\mathcal{N}!}{\prod_i n_i!} \tag{9.10.5}$$

对应于所有可能的分布，系综的总量子态数为 $\sum_n \Omega_t(n)$。由于所有的量子态为等概率的，对 n_i 有利的场合为 $\Omega_t(n)$，因此，

$$\bar{n}_i = \frac{\sum_n n_i(n) \Omega_t(n)}{\sum_n \Omega_t(n)} \tag{9.10.6}$$

从而得到系综中系统占据量子态 E_i 的概率为

$$P_i = \frac{\bar{n}_i}{\mathcal{N}} = \frac{1}{\mathcal{N}} \cdot \frac{\sum_n n_i(n) \Omega_t(n)}{\sum_n \Omega_t(n)} \tag{9.10.7}$$

显然 $\sum_i P_i = 1$，满足对概率的要求。能量和压力的系综平均值分别为

$$\overline{E} = \sum_i P_i E_i \tag{9.10.8}$$

$$\overline{p} = \sum_i P_i p_i \tag{9.10.9}$$

对于保守系统,压力和能量间存在下述关系:

$$p_i = -\left(\frac{\partial E_i}{\partial V}\right)_N \tag{9.10.10}$$

与对独立子系统的处理完全一样,用最概然分布 $n^* = (n_1^*, n_2^*, \cdots)$ 代替总的分布,得到

$$P_i = \frac{n_i^*}{\mathcal{N}} = \frac{\mathrm{e}^{-E_i(N,V)/(kT)}}{\sum_i \mathrm{e}^{-E_i(N,V)/(kT)}} \tag{9.10.11}$$

式(9.10.11)的分母称为正则系综配分函数,用 $Q(N,V,T)$ 表示。如果能级 $E_i(N,V)$ 简并度为 $\omega_i(N,V)$,合并 $Q(N,V,T)$ 中的相同项,则

$$Q(N,V,T) = \underbrace{\sum_i \mathrm{e}^{-E_i(N,V)/(kT)}}_{\text{量子态}} = \underbrace{\sum_i \omega_i(N,V) \mathrm{e}^{-E_i(N,V)/(kT)}}_{\text{能级}} \tag{9.10.12}$$

得到亥姆霍兹函数 $A(N,V,T)$ 与配分函数 $Q(N,V,T)$ 间的关系:

$$A(N,V,T) = -kT\ln Q(N,V,T) \tag{9.10.13}$$

其他热力学函数可以通过热力学关系式用 $A(N,V,T)$ 对各变量的导数表示。

对其他类型系综的处理,其思路与对正则系综的处理一样,只是对分布数的限制条件不同,从而导致不同的配分函数表达式,这里就不一一赘述了。

综上所述:① 利用系综理论处理问题,统计概念更为明确;② 由于系综配分函数 $Q(N,V,T)$ 中的 $E_i(N,V)$ 为系统的能级,因此,利用系综理论既可处理独立子系统又可处理相依子系统。

本 章 小 结

本章介绍了统计热力学的基本原理与方法,并对独立子系统进行处理,建立了系统的宏观性质与微观性质的关系,这有助于从本质上认识与理解系统的宏观热力学性质。

基于等概率定理这一基本假设,本章首先对最概然分布进行了讨论,对于粒子数量级达 10^{24} 的宏观系统,其最概然分布实际上就是平衡分布。玻耳兹曼分布 $\left[n_i = \dfrac{N}{q} g_i \mathrm{e}^{-\varepsilon_i/(kT)}\right]$ 描述的就是最概然分布(平衡分布)。在此基础上,导出了

独立子系统热力学能 U(热力学第一定律核心物理量)与配分函数的定量关系 $U = NkT^2 \left(\dfrac{\partial \ln q}{\partial T} \right)_V$。

借助玻耳兹曼熵定理及摘取最大项原理 $S = k\ln \Omega \approx k\ln W_B$，导出了系统的熵 S(热力学第二定律核心物理量)与配分函数的关系。玻耳兹曼熵定理揭示了熵的物理意义与本质。

在 U、S 与粒子配分函数的关系基础上，讨论了其他热力学性质（H、A、G）与配分函数的关系。配分函数在统计热力学中是非常重要的，系统的所有平衡热力学性质均可用它来表示。

作为在化学上的应用，本章对理想气体(独立子系统)反应标准平衡常数进行了统计热力学计算。

本章最后介绍了统计热力学的系综理论，简单讨论了应用系综理论解决问题的思路。

思 考 题

1. 等概率定理是统计热力学中最重要的假设，如何理解？

2. 什么是最概然分布？如何理解对粒子数 $N \sim 10^{24}$ 的热力学系统，其最概然分布实际上就是平衡分布？

3. 粒子配分函数的定义是什么？在统计热力学中其重要性体现在哪里？

4. 玻耳兹曼熵定理揭示了什么？摘取最大项原理的意义何在？

5. 哪些关系式展示了系统宏观性质与微观性质的联系？

6. 对定域子系统与离域子系统，其热力学函数与配分函数关系式有何异同？

习 题

9.1 按照能量均分定律，每摩尔气体分子在各平动自由度上的平均动能为 $RT/2$。现有 1 mol CO 气体于 0 ℃、101.325 kPa 条件下置于立方容器中，试求：

（1）每个 CO 分子的平均动能 $\bar{\varepsilon}$；

（2）能量与此 $\bar{\varepsilon}$ 相当的 CO 分子的平动量子数平方和 ($n_x^2 + n_y^2 + n_z^2$)。

答：5.657×10^{-21} J；3.811×10^{20}

9.2 某平动能级的 $n_x^2 + n_y^2 + n_z^2 = 45$，试求该能级的统计权重。

答：$g = 6$

9.3 气体 CO 分子的转动惯量 $I = 1.45 \times 10^{-46}$ kg·m^2，试求转动量子数 J 为 4 与 3 两能级的能量差 $\Delta\varepsilon$，并求 $T = 300$ K 时的 $\Delta\varepsilon/(kT)$。

答：$\Delta\varepsilon = 3.068 \times 10^{-22}$ J；$\dfrac{\Delta\varepsilon}{kT} = 7.406 \times 10^{-2}$

*9.4 三维谐振子的能级公式为 $\varepsilon(s) = (s+3/2)h\nu$，式中 s 为振动量子数，即 $s = v_x + v_y + v_z = 0,1,2,3,\cdots$ 试证明能级 $\varepsilon(s)$ 的统计权重 $g(s)$ 为

$$g(s) = (s+2)(s+1)/2$$

提示：此题中 $g(s)$ 相当于 s 个无区别的球放在 x、y、z 三个不同盒子中，每个盒子容纳的球数不受限制的放置方式数。

9.5 某系统由 3 个一维谐振子组成，分别围绕着 A、B、C 三个定点做振动，总能量为 $11h\nu/2$。试列出该系统各种可能的能级分布方式。

答：Ⅰ：$n_4 = 1, n_0 = 2$；Ⅱ：$n_2 = 2, n_0 = 1$；Ⅲ：$n_3 = 1, n_1 = 1, n_0 = 1$；

Ⅳ：$n_2 = 1, n_1 = 2$

9.6 计算上题中各种能级分布拥有的微态数及系统的总微态数。

答：$W_Ⅰ = 3$；$W_Ⅱ = 3$；$W_Ⅲ = 6$；$W_Ⅳ = 3$；$\Omega = 15$

9.7 在体积为 V 的立方形容器中有极大数目的三维平动子，其 $h^2/(8mV^{2/3}) = 0.1kT$，试计算该系统在平衡情况下，$n_x^2 + n_y^2 + n_z^2 = 14$ 的平动能级上粒子的分布数 n 与基态能级的分布数 n_0 之比。

答：$n/n_0 = 1.997$

9.8 若将双原子分子看成一维谐振子，则气体 HCl 分子与 I_2 分子的振动能级间隔分别是 5.94×10^{-20} J 和 0.426×10^{-20} J。在 25 ℃时试分别计算上述两种分子在相邻两振动能级上分布数之比。

答：$\left(\dfrac{n_{j+1}}{n_j}\right)_{HCl} = 5.409 \times 10^{-7}$；$\left(\dfrac{n_{j+1}}{n_j}\right)_{I_2} = 0.355\ 3$

9.9 试证明离域子系统的平衡分布与定域子系统同样符合玻耳兹曼分布，即

$$n_i = \dfrac{N}{q} g_i \exp[-\varepsilon_i/(kT)]$$

9.10 温度为 T 的某理想气体，分子质量为 m，按下列情况分别写出分子的平动配分函数的计算式。

（1）1 cm³ 气体；

（2）101.325 kPa 下 1 mol 气体；

（3）压力为 p，分子数为 N 的气体。

答：（1）$q_t = 2.778 \times 10^{60} (m/\text{kg})^{3/2} (T/\text{K})^{3/2}$；

（2）$q_t = 2.279 \times 10^{62} (m/\text{kg})^{3/2} (T/\text{K})^{5/2}$；

（3）$q_t = 3.835\ 6 \times 10^{43} N (m/\text{kg})^{3/2} (T/\text{K})^{5/2} (p/\text{Pa})^{-1}$

9.11 2 mol N_2 置于一容器中，$T = 400$ K，$p = 50$ kPa，试求容器中 N_2 分子的平动配分函数。

答：$2.963\ 7 \times 10^{31}$

9.12 根据玻耳兹曼分布，分子处于能级 ε_i 的概率为 $n_i/N = g_i \mathrm{e}^{-\varepsilon_i/(kT)}/q$。类似地，分子

处于平动能级 $\varepsilon_{t,i}$ 的概率为 $n_i/N = g_{t,i}\mathrm{e}^{-\varepsilon_{t,i}/(kT)}/q_t$。试分别计算 300 K、101.325 kPa 下气体氩与氢分子平动运动的 N/q_t 值,并以此说明离域子系统通常能够符合 $n_i \ll g_i$。

答:氩 9.92×10^{-8};氢 $\mathrm{e}^\alpha = 8.86\times10^{-6}$

9.13 能否断言:粒子按能级分布时,能级越高,则分布数越小。试计算 300 K 时 HF 分子按转动能级分布时各能级的有效状态数,以验证上述结论之正误。已知 HF 的转动特征温度 $\Theta_r = 30.3$ K。

答:不能断言

9.14 已知气体 I_2 相邻振动能级的能量差 $\Delta\varepsilon = 0.426\times10^{-20}$ J,试求 300 K 时 I_2 分子的 Θ_v、q_v、q_v^0 及 f_v^0。

答:$\Theta_v = 308.5$ K;$q_v = 0.930\,9$;$q_v^0 = f_v^0 = 1.557$

9.15 设有 N 个振动频率为 ν 的一维谐振子组成的系统,试证明其中能量不低于 $\varepsilon(v)$ 的粒子总数为 $N\exp[-vh\nu/(kT)]$,其中 v 为振动量子数。

9.16 已知气态 I 原子的 $g_{e,0} = 2, g_{e,1} = 2$,电子第一激发态与基态能量之差 $\Delta\varepsilon_e = 1.510\times10^{-20}$ J,试计算 1 000 K 时气态 I 原子的电子配分函数 q_e^0 及在第一激发态的电子分布数 n_1 与总电子数 N 之比。

答:$q_e^0 = 2.67$;$\dfrac{n_1}{N} = 0.250\,9$

9.17 1 mol O_2 在 298.15 K、100 kPa 条件下,试计算:
(1) O_2 分子的平动配分函数 q_t;
(2) O_2 分子的转动配分函数 q_r,已知 O_2 分子的平衡核间距 $R_0 = 1.203\,7\times10^{-10}$ m;
(3) O_2 分子的振动配分函数 q_v 及 q_v^0,已知 O_2 分子的振动频率 $\nu = 4.666\times10^{13}\,\mathrm{s}^{-1}$;
(4) O_2 分子的电子配分函数 q_e^0,已知电子基态 $g_{e,0} = 3$,电子激发态可忽略。

答:(1) $q_t = 4.34\times10^{30}$;(2) $q_r = 72.05$;
(3) $q_v = 0.023\,4$,$q_v^0 = 1.000\,5$;
(4) $q_e^0 = 3$

9.18 Cl_2 分子及 CO 分子的振动特征温度分别为 810 K 及 3 084 K,试分别计算 300 K 时两种气体分子的振动对摩尔定容热容的贡献,并求该温度下 Cl_2 的 $C_{V,m}$ 值。

答:$C_{V,m,v}(Cl_2) = 4.68\,\mathrm{J\cdot mol^{-1}\cdot K^{-1}}$;
$C_{V,m,v}(CO) = 0.030\,2\,\mathrm{J\cdot mol^{-1}\cdot K^{-1}}$;
$C_{V,m}(Cl_2) = 25.47\,\mathrm{J\cdot mol^{-1}\cdot K^{-1}}$

9.19 试求 25 ℃ 时氩气的标准摩尔熵 $S_m^\ominus(298.15\,\mathrm{K})$。

答:$154.84\,\mathrm{J\cdot K^{-1}\cdot mol^{-1}}$

9.20 CO 的转动惯量 $I = 1.45\times10^{-46}\,\mathrm{kg\cdot m^2}$,振动特征温度 $\Theta_v = 3\,084$ K,试求 25 ℃ 时 CO 的标准摩尔熵 $S_m^\ominus(298.15\,\mathrm{K})$。

答:$197.616\,\mathrm{J\cdot K^{-1}\cdot mol^{-1}}$

9.21 利用 9.17 题的结果计算 25 ℃ 时氧气的标准摩尔熵 $S_m^\ominus(298.15\,\mathrm{K})$。

答：205.089 J·K^{-1}·mol^{-1}

9.22 N$_2$ 与 CO 的相对分子质量非常接近，转动惯量的差别也极小，在 25 ℃时振动与电子运动均处于基态。但是 N$_2$ 的标准摩尔熵为 191.6 J·mol^{-1}·K^{-1}，而 CO 的为 197.6 J·mol^{-1}·K^{-1}，试分析其原因。

9.23 试由 $(\partial A/\partial V)_T = -p$ 导出理想气体服从 $pV = NkT$。

9.24 用标准摩尔吉布斯自由能函数及标准摩尔焓函数计算下列合成氨反应在 1 000 K 时的标准平衡常数。

$$N_2(g) + 3H_2(g) \longrightarrow 2NH_3(g)$$

已知数据如下：

物质	$-\left(\dfrac{G_m^\ominus - U_{0,m}}{T}\right)$ (1 000 K) / J·mol^{-1}·K^{-1}	$\dfrac{H_m^\ominus(298.15\text{ K}) - U_{0,m}}{\text{kJ·mol}^{-1}}$
N$_2$(g)	198.054	8.669
H$_2$(g)	137.093	8.468
NH$_3$(g)	203.577	9.916

$\Delta_f H_m^\ominus(NH_3, 298.15\text{ K}) = -46.11$ kJ·mol^{-1}。

答：$K^\ominus = 3.255 \times 10^{-7}$

9.25 已知下列化学反应于 25 ℃ 时的 $\Delta_r G_{m,T}^\ominus / T = -493.017$ J·mol^{-1}·K^{-1}。

$$2H_2(g) + S_2(g) \longrightarrow 2H_2S(g)$$

有关物质的标准摩尔吉布斯自由能函数如下表所示：

T/K	$-\dfrac{G_m^\ominus(T) - U_{0,m}}{T}$ /(J·mol^{-1}·K^{-1})		
	H$_2$(g)	S$_2$(g)	H$_2$S(g)
298.15	102.349	197.770	172.381
1 000	137.143	236.421	214.497

试求：

(1) $\Delta_r U_{0,m}$；

(2) 1 000 K 时上述反应的标准平衡常数 $K^\ominus$。

答：(1) $\Delta_r U_{0,m} = -164.2$ kJ·mol^{-1}；

(2) $K^\ominus = 2.036\ 3 \times 10^4$

第十章 界面现象

自然界中的物质一般以气、液、固三种相态存在,界面(interface)即相与相之间的接触面。三种相态相互接触可产生五种界面:气-液界面、气-固界面、液-液界面、液-固界面和固-固界面。一般常把气体与液体或固体之间的接触面称为表面(surface),如气-液界面常称为液体表面,气-固界面常称为固体表面。

界面并不是两相接触的几何面,而是有一定厚度(一般约几个分子厚)的"界面相"。界面相的结构和性质均与相邻两侧的体相不同,这一点已被许多研究结果所证实。自然界中的许多现象都与界面的特殊性质有关,如在光滑玻璃上的微小汞滴会自动呈球形、脱脂棉易于被水润湿、水在玻璃毛细管中会自动上升、固体表面会自动地吸附其他物质、微小的液滴易于蒸发等。

在前面几章的讨论中,我们并没有提及界面和考虑界面的因素,这是因为在一般情况下,界面的质量和性质与体相相比可忽略不计。但当物质被高度分散时,界面的作用会很明显。例如,直径 1 cm 的球形液滴,表面积是 3.141 6 cm^2;当将其分散为 10^{18} 个直径为 10 nm 的球形小液滴时,其总表面积可高达 314.16 m^2,是原来的 10^6 倍。这就成为一个不可忽视的因素了。由此可知,对一定量的物质而言,分散度越高,其表面积就越大,表面效应也就越明显。

物质的分散度可用**比表面积** a_s 来表示,其定义为物质的表面积 A_s 与其质量 m 之比,即

$$a_s = A_s/m \tag{10.0.1}$$

单位为 $m^2 \cdot kg^{-1}$。

此外许多多孔固体也具有很高的比表面积,如多孔硅胶、分子筛、活性炭等。多孔硅胶的比表面积可达 300～700 $m^2 \cdot g^{-1}$,普通活性炭的比表面积可达 1 000～2 000 $m^2 \cdot g^{-1}$,而一些经特殊处理得到的超级活性炭,比表面积甚至可达 3 000 $m^2 \cdot g^{-1}$。这些巨大的表面积,几乎全部是其内部孔道提供的,这部分表面常称为内表面。高度分散且具有巨大内表面的多孔性材料,在那些利用界面的特殊性来实现特定功能的领域,如吸附、催化等,有着非常重要的应用。

从自然现象到人类生活,再到种类繁多的工业技术,界面现象及与之相关的应用无处不在。如今,界面化学的理论和技术在化工、纺织、食品、造纸、化妆品、

医药、农药、涂料、染料、催化、石油化工和环境保护等诸多工业部门和技术领域,发挥着日益重要的作用。近年来,新能源、新材料和生命科学等领域蓬勃发展,被认为将在 21 世纪科学进程中占据主导性地位,而这些研究领域几乎都涉及界面化学问题。以纳米材料为例,当材料的几何尺寸从宏观到微米、亚微米、纳米的尺度变化时,表面迅速增大,表面原子数急剧增多,尺寸效应赋予纳米材料特殊的物理和化学性质,在光学、电子、信息、化学及生命科学领域都有着广阔的应用前景。本章将从界面现象入手,应用物理化学的基本原理,对界面的特殊性及界面现象的产生原因进行分析和讨论。

§10.1 界 面 张 力

界面相的性质与体相的不同,其分子处于不平衡的力场中,导致有**界面张力**(interfacial tension)存在。界面张力的存在是一切界面现象产生的根本原因。下面通过液体表面来分析界面张力(或表面张力)存在的原因及性质。

1. 液体的表面张力、表面功及表面吉布斯函数

液体表面层中的分子与体相中的分子所处的力场不同,这一点可从图 10.1.1 所示的液体分子受力情况示意图中清楚地看出。

液体内部的分子总是处于同类分子的包围之中。从统计的角度来看,周围分子对中心分子的作用力是球形对称的,合力为零。而表面层中的分子则处于不对称的力场环境中。液体内部分子对表面层中分子的吸引力,远远大于液面上方气相分子对它的吸引力,结果是表面层中的分子始终受到指向液体内部的拉力的作用,具有向体相移动以缩小表面积的趋势。这样,液体表面就如同一层绷紧了的弹性膜,若要扩张表面就需要对系统做功。用图 10.1.2 所示的过程来分析表面上的力与做功情况。

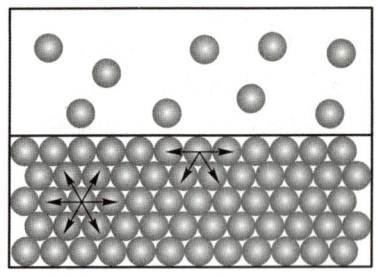

图 10.1.1 液体分子受力情况示意图

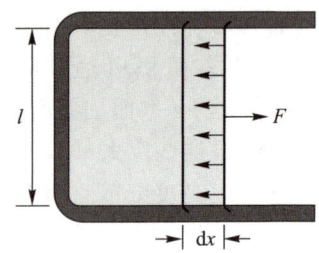

图 10.1.2 表面张力和表面功示意图

一个用金属丝制成的 U 形框架，上面附有一个长度为 l 的可自由滑动的金属丝，将此装置放入肥皂液中后轻轻提出，上面就会形成皂膜。由于液体表面的分子有使液面收缩的趋势，皂膜会自动缩小。要使膜维持不变就需要在金属丝上施加一个力 F，其大小与金属丝的长度成正比，比例系数以 γ 表示。由于皂膜有两个表面，所以力 F 是作用在总长度为 $2l$ 的边界上的，故可得

$$F = 2\gamma l \tag{10.1.1a}$$

即
$$\gamma = \frac{F}{2l} \tag{10.1.1b}$$

γ 即**表面张力**(surface tension)，它可看成是引起液体表面收缩的单位长度上的力，其单位为 $N \cdot m^{-1}$。

表面张力与液面相切，如果液面是平面，表面张力就在这个平面上(参考图 10.1.2)。如果液面是曲面，表面张力则在这个曲面的切面上(参考后面的图 10.2.1)。需要说明的一点是，如果在液体表面上任意划一条分界线把液面分成 a、b 两部分，则 a 部分表面层中的分子对 b 部分的吸引力，一定等于 b 部分对 a 部分的吸引力，这两部分的吸引力大小相等、方向相反。这种表面层中任意两部分间的相互吸引力，造成了液体表面收缩的趋势。由于表面张力的存在，液体表面总是趋于尽可能缩小，微小液滴往往呈圆球形，正是因为相同体积下球形面积最小。

从另一个角度分析表面张力 γ。若要使图 10.1.2 中的液膜面积增大 dA_s，则需抵抗表面张力，在力 F 的作用下使金属丝向右移动距离 dx，忽略摩擦力的影响，这一过程所做的可逆非体积功为

$$\delta W'_r = F dx = 2\gamma l dx = \gamma dA_s \tag{10.1.2}$$

式中 $dA_s = 2l dx$ 为增大的液体表面积，将式(10.1.2)移项可得

$$\gamma = \frac{\delta W'_r}{dA_s} \tag{10.1.3}$$

由此可知，γ 亦表示为使系统增加单位表面积所需的可逆功，单位为 $J \cdot m^{-2}$。IUPAC 以此式来定义 γ，称 γ 为**表面功**(superficial work)。以前也曾将 γ 称为比表面功。

由于恒温恒压下可逆非体积功等于系统的吉布斯函数变，即

$$\delta W'_r = dG_{T,p} = \gamma dA_s \tag{10.1.4}$$

故
$$\gamma = \left(\frac{\partial G}{\partial A_s}\right)_{T,p} \tag{10.1.5}$$

即 γ 也等于系统在恒温恒压下增加单位面积时所增加的吉布斯函数，所以 γ 也

称为比表面吉布斯函数,简称**表面吉布斯函数**,单位为 $J\cdot m^{-2}$。

表面张力、表面功、表面吉布斯函数三者为不同的物理量,但其数值和量纲是等同的,因为 $1 J = 1 N\cdot m$,故 $1 J\cdot m^{-2} = 1 N\cdot m^{-1}$。三者的单位皆可化为 $N\cdot m^{-1}$。

与液体表面类似,其他界面,如固体表面、液-液界面、液-固界面等,由于界面层的分子同样受力不对称,所以也存在着界面张力。

2. 热力学公式

在"多组分系统热力学"一章中,曾导出了式(4.2.7)~式(4.2.10),适用于一般的多组分多相系统热力学变化过程。若研究对象是高度分散的、界面效应显著的系统,则还要考虑界面的改变带来的影响。在 T、p、S、V、$n_{B(\alpha)}$ 外,再将各相界面面积 A_s 作为变量,先考虑系统内只有一个相界面,且两相 T、p 相同,则相应的热力学公式为

$$dG = -SdT + Vdp + \sum_\alpha \sum_B \mu_{B(\alpha)} dn_{B(\alpha)} + \gamma dA_s \qquad (10.1.6)$$

$$dU = TdS - pdV + \sum_\alpha \sum_B \mu_{B(\alpha)} dn_{B(\alpha)} + \gamma dA_s \qquad (10.1.7)$$

$$dH = TdS + Vdp + \sum_\alpha \sum_B \mu_{B(\alpha)} dn_{B(\alpha)} + \gamma dA_s \qquad (10.1.8)$$

$$dA = -SdT - pdV + \sum_\alpha \sum_B \mu_{B(\alpha)} dn_{B(\alpha)} + \gamma dA_s \qquad (10.1.9)$$

式中

$$\gamma = \left(\frac{\partial G}{\partial A_s}\right)_{T,p,n_{B(\alpha)}} = \left(\frac{\partial U}{\partial A_s}\right)_{S,V,n_{B(\alpha)}} = \left(\frac{\partial H}{\partial A_s}\right)_{S,p,n_{B(\alpha)}} = \left(\frac{\partial A}{\partial A_s}\right)_{T,V,n_{B(\alpha)}} \qquad (10.1.10)$$

下标中 $n_{B(\alpha)}$ 表示各相中各物质的物质的量均不变。

式(10.1.10)中第一个等式表明界面张力 γ 等于恒温恒压、各相中各物质的量不变时,增加单位界面面积时所增加的吉布斯函数。其余三个等式的意义类似。

在恒温恒压、各相中各物质的量不变时,由式(10.1.6)得

$$dG = \gamma dA_s \qquad (10.1.11)$$

此式表明在上述条件下由于相界面面积变化而引起系统的吉布斯函数变,因这一变化反映在界面上,也称为界面吉布斯函数变,并用 dG^s 表示。

在 γ 不变的条件下积分式(10.1.11),得

$$G^s = \gamma A_s \qquad (10.1.12)$$

G^s 有过剩量的含义,现以单组分系统为例加以说明。如果恒温恒压下不考虑界面因素时积分式(10.1.6),可得

$$G = \sum_\alpha \mu_{B(\alpha)} n_{B(\alpha)}$$

而在考虑界面对 G 的贡献时,积分式(10.1.6),则得

$$G' = \sum_\alpha \mu_{B(\alpha)} n_{B(\alpha)} + \gamma A_s$$

两式相减有
$$G' - G = \gamma A_s = G^s$$

而
$$\gamma = \frac{G' - G}{A_s} = \frac{G^s}{A_s}$$

由此可知,G^s 实际是将系统所有物质按体相情况计算 G 后,多出的部分,所以是一个过剩量,而 γ 也有表面过剩吉布斯函数的意义。另外注意推导中实际含有一个假设,即将表面看成是一个几何面,这种处理只适用于纯组分系统,多组分系统的处理可参考本章 §10.5。

将式(10.1.12)取全微分,有

$$dG^s = \gamma dA_s + A_s d\gamma \tag{10.1.13}$$

根据吉布斯函数判据可知:在恒温恒压条件下,系统界面吉布斯函数减少的过程为自发过程。式(10.1.13)表明,系统可通过减少界面面积或降低界面张力来降低界面吉布斯函数。例如,小液滴聚集成大液滴(为表面张力不变时表面面积减少的过程),多孔固体表面吸附气体(为界面面积不变时界面张力减小的过程),以及液体对固体的润湿过程(见 §10.4)等。界面吉布斯函数有自动减少的趋势,是很多界面现象产生的热力学原因。

3. 界面张力及其影响因素

界面张力与形成界面的两相物质的性质密切相关,凡能影响两相性质的因素,对界面张力均有影响。

(1) 界面张力与物质的本性有关 不同物质分子之间的作用力不同,对界面上分子的影响也不同。以液体表面为例,通常气相是空气或液体本身的蒸气,或是两者的混合物。一般情况下,气相对液体的表面张力影响不大。而不同液体表面张力之间的差异主要是由于液体分子之间的作用力不同而造成的。一般来说,极性液体(如水)的表面张力较大,而非极性液体的表面张力则较小。另外,熔融的盐及熔融的金属,分子间分别以离子键和金属键相互作用,故它们的表面张力很高。表 10.1.1 给出了一些物质在实验温度下呈液态时的表面张力。

表 10.1.1 一些物质在实验温度下呈液态时的表面张力

物质	$t/℃$	$\gamma/(mN \cdot m^{-1})$
正己烷	20	18.60
正辛烷	20	21.82
乙醚	20	17.0
乙醇	20	22.3
H_2O	20	72.75
NaCl	803	113.8
LiCl	614	137.8
FeO	1 427	582
Al_2O_3	2 080	700
Hg	25	485.48
Ag	1 100	878.5
Cu	1 084.6	1 300
Pt	1 773.5	1 800

固体分子间的相互作用力远大于液体的,所以固体物质一般要比液体物质具有更高的表面张力。表 10.1.2 为一些固体物质在实验温度下的表面张力。

表 10.1.2 一些固体物质在实验温度下的表面张力

物质	气氛	$t/℃$	$\gamma/(mN \cdot m^{-1})$
铜	Cu 蒸气	1 050	1 670
银	—	750	1 140
锡	真空	215	685
苯	—	5.5	52±7
冰	—	0	120±10
氧化镁	真空	25	1 000
氧化铝	—	1 850	905
云母	真空	20	4 500
石英(1010 晶面)	—	−196	1 030

当两种不互溶的液体形成液-液界面时,界面层分子所处的力场由两种液体决定,故不同液-液界面的界面张力不同。20 ℃时一些液-液界面的界面张力见表 10.1.3。

表 10.1.3　20 ℃时一些液-液界面的界面张力

界面	$\gamma/(mN \cdot m^{-1})$	界面	$\gamma/(mN \cdot m^{-1})$
水-正己烷	51.1	水-正辛醇	8.5
水-正辛烷	50.8	水-苯	35.0
水-四氯化碳	45.1	水-汞	375.0

（2）温度对界面张力的影响　界面张力由物质分子之间的作用力决定。温度升高时分子之间距离增加,相互作用减弱,所以界面张力一般随温度的升高而减小。液体的表面张力受温度的影响较大,且表面张力随温度的升高近似呈线性下降。当温度趋于临界温度时,气、液相界面趋于消失,此时液体的表面张力趋于零。

纯液体表面张力 γ 随温度 T 的变化关系可用经验式表示,例如：

$$\gamma = \gamma_0 (1-T/T_c)^n \qquad (10.1.14)$$

式中,T_c 为液体的临界温度,γ_0、n 为经验常数,与液体性质有关。对于绝大多数液体 n 大于 1。表 10.1.4 给出了一些液体在不同温度下的表面张力。

表 10.1.4　一些液体在不同温度下的表面张力

液体	表面张力 $\gamma/(mN \cdot m^{-1})$					
	0 ℃	20 ℃	40 ℃	60 ℃	80 ℃	100 ℃
水	75.64	72.75	69.60	66.24	62.67	58.91
乙醇	24.4	23.6	21.0	19.2	17.3	15.5
甲醇	24.5	22.6	20.9	19.3	17.5	15.7
四氯化碳	29.5	26.9	24.5	22.1	19.7	17.3
丙酮	26.2	23.7	21.2	18.6	16.2	—
甲苯	30.92	28.53	26.15	23.94	21.8	19.6
苯	31.9	29.0	26.3	23.6	21.2	18.2

（3）压力及其他因素对表面张力的影响　压力对表面张力的影响原因比较复杂。增加气相的压力将使其密度增加,可减小液体表面分子受力不对称的程度。但是增大压力可使气体分子更多地溶于液体,改变液相组成。两方面因素的综合效应,一般是使表面张力下降。通常每增加 1 MPa 的压力,表面张力约降低 1 mN·m^{-1}。例如,20℃、101.325 kPa 下,水和 CCl_4 的表面张力分别为

72.75 mN·m^{-1} 和 26.9 mN·m^{-1}，而在 1 MPa 下表面张力分别为 71.8 mN·m^{-1} 和 25.8 mN·m^{-1}。

分散度对界面张力的影响要到物质分散到曲率半径接近分子大小的尺寸时才比较明显。

§10.2 弯曲液面的附加压力及其后果

一般情况下液体表面是平面，而液滴、水中的气泡、毛细管中的液面等则是曲面。液面弯曲将会带来什么样的影响？这是本节要讨论的基本问题，也是界面现象中十分重要的问题。科研、生产和生活中的很多现象，如棉布吸水、毛细现象、喷雾干燥、液体过冷或过热暴沸等都与液面或界面的弯曲有关。

1. 弯曲液面的附加压力——拉普拉斯方程

弯曲液面分为凸液面（如液滴）和凹液面（如水中的气泡）两种。对于平液面而言，液面下液体所承受的压力就等于外界压力，即液面两侧压力相等。但是弯曲液面则不同，液面两侧压力不等，存在着因液面弯曲而产生的**附加压力**，用 Δp 来表示。通过图 10.2.1 的凸液面来说明产生附加压力的原因。

取球形液滴的某一球缺，如图 10.2.1 所示，凸液面上方为气相，其压力为 p_g，凸液面下方为液相，其压力为 p_l。球缺底边为一圆周，表面张力即作用在圆周线上，垂直于圆周线且与液滴的表面相切。沿圆周线一圈的表面张力的合力，在底面垂直方向上的分量不为零，这样液面下液体的压力 p_l 就大于液面外的压力 p_g。将任何弯曲液面凹面一侧的压力以 $p_{内}$ 表示，凸面一侧的压力以 $p_{外}$ 表示，则 $p_{内} > p_{外}$，两者之差称为**附加压力**，即

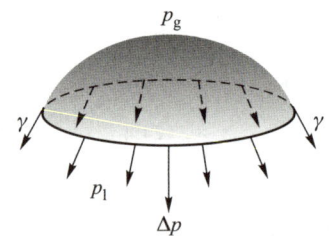

图 10.2.1 弯曲液面的附加压力

$$\Delta p = p_{内} - p_{外} \quad (10.2.1)$$

凹面一侧的压力总是大于凸面一侧的压力，这样定义的附加压力，其数值总是正值。对于液滴（凸液面），附加压力 $\Delta p = p_{内} - p_{外} = p_l - p_g$；而对于液体中的气泡（凹液面），则附加压力

$$\Delta p = p_{内} - p_{外} = p_g - p_l。$$

以下推导弯曲液面的附加压力 Δp 与液面曲率半径的关系。设有一个凸液面 AB，如图 10.2.2 所示，其球心为 O，球半径为 r，球缺底面圆心为 O_1，底面半径

为 r_1，液体表面张力为 γ。将作用在球缺底面圆周上的表面张力沿垂直方向与水平方向分解，水平分力相互平衡，垂直分力指向液体内部，其单位周长的垂直分力为 $\gamma \cdot \cos\alpha$。α 为表面张力与其垂直分力之间的夹角。因球缺底面圆周长为 $2\pi r_1$，得垂直分力在圆周上的合力为

$$F = 2\pi r_1 \gamma \cos\alpha$$

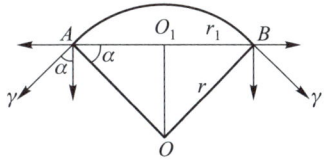

图 10.2.2 弯曲液面的附加压力 Δp 与液面曲率半径的关系

因 $\cos\alpha = r_1/r$，球缺底面面积为 πr_1^2，故弯曲液面对于单位水平面上的附加压力（即压强）为

$$\Delta p = \frac{2\pi r_1 \gamma r_1/r}{\pi r_1^2}$$

整理后得

$$\Delta p = \frac{2\gamma}{r} \tag{10.2.2}$$

此式称为**拉普拉斯（Laplace）方程**。拉普拉斯方程表明弯曲液面的附加压力与液体表面张力成正比，与曲率半径成反比，曲率半径越小，附加压力越大。

因按式（10.2.1）定义的 Δp 为凹面一侧的压力减去凸面一侧的压力，Δp 总为正值，故计算中曲率半径 r 总取正值。

式（10.2.2）适用于计算小液滴或液体中的小气泡的附加压力。对于空气中的肥皂泡，因其有内、外两个气-液界面，故附加压力 $\Delta p = 4\gamma/r$。

弯曲液面的附加压力是产生毛细现象的原因。把半径为 r 的毛细管垂直插入某液体中，如果该液体能润湿管壁，液体将在管中呈凹液面，液体与管壁的接触角 $\theta < 90°$（参见 §10.4），液体将在毛细管中上升，如图 10.2.3 所示。弯曲液面存在附加压力，使得凹液面下的液体所承受的压力小于管外平液面的压力，管内液体将上升一段高度 h，至液柱的静压力 $\rho g h$ 与附加压力 Δp 在数值上相等时达到平衡。设弯曲液面的曲率半径为 r_1，则

$$\Delta p = \frac{2\gamma}{r_1} = \rho g h \tag{10.2.3}$$

弯曲液面曲率半径 r_1 与毛细管半径 r 及接触角 θ 之间的关系为 $\cos\theta = r/r_1$，代入式（10.2.3），可得到液体在毛细管中上升的高度：

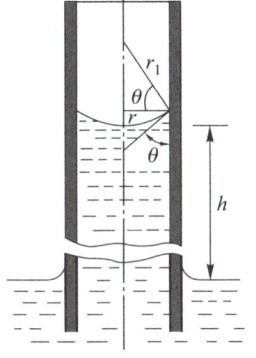

图 10.2.3 毛细管现象

$$h = \frac{2\gamma\cos\theta}{r\rho g} \qquad (10.2.4)$$

式中 γ 为液体的表面张力; ρ 为液体密度; g 为重力加速度。由式(10.2.4)可知,在一定温度下,毛细管越细、液体的密度越小、液体对管壁的润湿性越好(即接触角 θ 越小),则液体在毛细管中上升得越高。

当液体不能润湿管壁,即 $\theta > 90°$, $\cos\theta < 0$ 时,液体在毛细管内呈凸液面, h 为负值,其绝对值是液面在管内下降的深度。将玻璃毛细管插入水银中,可观察到水银在毛细管内下降的现象。

由上述讨论可知,**表面张力的存在是弯曲液面产生附加压力的根本原因**,而毛细现象则是弯曲液面具有附加压力的一种反映。利用这些基本知识,可以解释很多表面效应。例如,农民锄地不但可以铲除杂草,而且可以破坏土壤中的毛细管,防止土壤中的水分沿毛细管上升到地表而蒸发。

例 10.2.1 用最大气泡压力法测量液体的表面张力,其装置如图 10.2.4 所示。将毛细管垂直插入液体中,其深度为 h。由上端通入空气,使在毛细管下端产生小气泡,小气泡内的最大压力可由 U 形管压力计测出(现也可用电子压力计测出)。已知 300 K 时,某液体的密度 $\rho = 1.6 \times 10^3 \text{ kg} \cdot \text{m}^{-3}$,毛细管的半径 $r = 0.001$ m,毛细管插入液体中的深度 $h = 0.01$ m,小气泡的最大表压 $p_{最大} = 207$ Pa。求该液体在 300 K 时的表面张力。

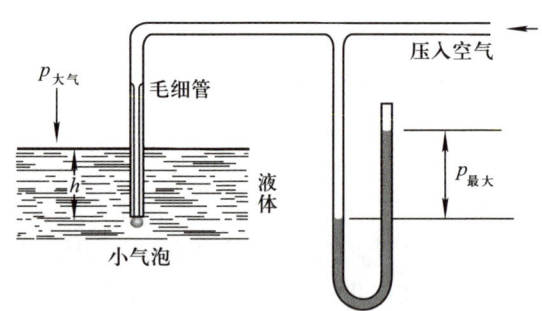

图 10.2.4 最大气泡压力法测定液体的表面张力

解: 当向毛细管缓慢压入空气时,液体中的毛细管口将出现小气泡,且气泡不断长大。若毛细管足够细,管下端气泡将呈球缺形,液面可视为球面的一部分。在气泡由小变大的过程中,当气泡半径等于毛细管半径时,气泡呈半球形,这时气泡的曲率半径最小,附加压力最大。此后随气泡不断长大,半径随之增大,附加压力却逐渐变小,最后气泡从毛细管口逸出。

在气泡半径等于毛细管半径、气泡的附加压力最大时:

气泡内的压力 $\quad p_内 = p_{大气} + p_{最大}$

气泡外的压力 $\quad p_外 = p_{大气} + \rho g h$

根据附加压力的定义及拉普拉斯方程,半径为 r 的小气泡的附加压力为:

$$\Delta p = p_内 - p_外 = p_{最大} - \rho g h = 2\gamma/r$$

于是求得所测液体的表面张力：

$$\gamma = \frac{\Delta p \cdot r}{2} = \frac{(p_{最大} - \rho g h)r}{2}$$

$$= [(207 - 1.6 \times 10^3 \times 9.807 \times 0.01) \times 0.001/2] \text{ N} \cdot \text{m}^{-1}$$

$$= 25.04 \text{ mN} \cdot \text{m}^{-1}$$

2. 微小液滴的饱和蒸气压——开尔文公式

在一定温度和外压下，纯液体有一定的饱和蒸气压，这只是对平液面而言。研究表明，当形成弯曲液面时，液体的饱和蒸气压与相同条件下平液面的不同，不仅与物质的本性、温度及外压有关，还与弯曲液面的曲率半径有关。下面以凸液面为例，推导弯曲液面的饱和蒸气压与曲率半径的关系。

如图 10.2.5 所示，设有物质的量为 $\mathrm{d}n$ 的微量液体，由平液面转移到半径为 r 的小液滴的表面上，使小液滴的半径由 r 增加到 $r + \mathrm{d}r$，相应地，面积由 $4\pi r^2$ 增加到 $4\pi(r+\mathrm{d}r)^2$，忽略二阶无穷小量 $4\pi(\mathrm{d}r)^2$，面积的增量为 $8\pi r\mathrm{d}r$，此过程中表面吉布斯函数增加了 $8\pi r\gamma\mathrm{d}r$。转移前后，$\mathrm{d}n$ 液体的蒸气压由 p 变为 p_r，相应吉布斯函数的增量为 $(\mathrm{d}n)RT\ln(p_r/p)$（假设蒸气为理想气体）。两过程的始末态相同，所以两个吉布斯函数的增量应相等，有

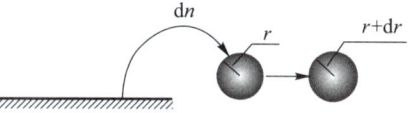

图 10.2.5 $\mathrm{d}n$ 液体转移示意图

$$(\mathrm{d}n)RT\ln\frac{p_r}{p} = 8\pi\gamma r\mathrm{d}r$$

由于

$$\mathrm{d}n = 4\pi r^2(\mathrm{d}r)\rho/M$$

于是

$$RT\ln\frac{p_r}{p} = \frac{2\gamma M}{\rho r} = \frac{2\gamma V_m}{r} \tag{10.2.5}$$

式中 ρ、M 和 V_m 分别为液体的密度、摩尔质量和摩尔体积。式(10.2.5)就是著名的**开尔文(Kelvin)公式**。对于在一定温度下的某液态物质而言，式中的 T、M、γ 及 ρ 皆为定值，此时 p_r 只是 r 的函数。表 10.2.1 是以水的小液滴为例的计算结果。

表 10.2.1 20 ℃时小液滴的饱和蒸气压与平液面水的饱和蒸气压之比与水滴半径的关系

r/m	10^{-5}	10^{-6}	10^{-7}	10^{-8}
p_r/p	1.000 1	1.001	1.011	1.114

对于凹液面来说,转移 dn 的液体到凹液面上将导致液面曲率半径减小,所以 dr 为负值。而 dn 为正值,因此 dn = $-4\pi r^2$(dr)ρ/M,使得开尔文公式出现负号,即

$$RT\ln\frac{p_r}{p} = -\frac{2\gamma V_m}{r}$$

由该式可知,凹液面的曲率半径越小,与其成平衡的饱和蒸气压将越小。

利用开尔文公式可以解释许多表面效应。例如,某液体若能润湿毛细管的管壁,则在管内将形成凹液面。一定温度下,凹液面液体的饱和蒸气压小于平液面的值,这样对平液面来说蒸气尚未达到饱和,但对凹液面可能已经达到饱和状态,此时蒸气在毛细管内将凝结成液体,这种现象称为**毛细管凝结**。硅胶等多孔性物质作为干燥剂使用,就是利用了材料具有的丰富内孔,自发吸附环境气体中的水蒸气并发生毛细管凝结,达到干燥的目的。

开尔文公式也可用于气-固界面的计算,此时式(10.2.5)中的 γ 是固体的表面张力,ρ 是固体的密度。同样,固体颗粒半径越小其饱和蒸气压越大。不过由于固体很难成为严格的球形,而且不同晶面的表面张力有所不同,所以计算结果精度不高,但有一定的参考意义。

3. 亚稳状态及新相的生成

如前所述,分散系统由于粒径减小、分散度增加而引起的液体或固体饱和蒸气压增大的现象,在粒径很小时就变得不容忽视。实际的科研、生产中,在蒸气冷凝、液体凝固、液体沸腾及溶液结晶等相变化过程中,新相必然经历从无到有的阶段,最初生成的新相尺寸极其微小,其比表面积和表面吉布斯函数都很大,因此在系统中要产生新相是极为困难的。由于新相难以生成,就会产生过饱和蒸气、过热或过冷液体、过饱和溶液等。这些都是热力学不稳定状态,但是在一段时间内能出现和存在,称为**亚稳状态**。一旦新相生成,亚稳状态就将消失,系统最终达到稳定状态。

(1)过饱和蒸气 按照相平衡条件应该凝结成液体而实际未凝结的蒸气,称为**过饱和蒸气**。过饱和蒸气之所以能够产生,是因为凝结之初产生的液滴(新相)极其微小,根据开尔文公式,其蒸气压远远大于形成平液面时的蒸气压。如图 10.2.6 所示,曲线 OC 和 $O'C'$ 分别表示正常液体和某微小

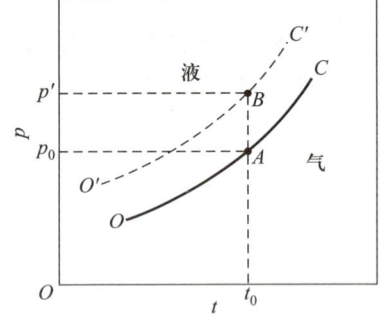

图 10.2.6 产生蒸气过饱和现象示意图

液滴的饱和蒸气压曲线。在温度 t_0 时缓慢提高蒸气的压力(如在气缸内缓慢压缩)至 A 点,压力达到普通液体的饱和蒸气压 p_0,此时蒸气对普通液体达到饱和态,但对微小液滴却未达到饱和,所以蒸气在 A 点不能凝结出微小液滴。要继续提高压力至 B 点,达到小液滴的饱和蒸气压 p' 时微小液滴才能生成。这样,要想直接从蒸气中产生液体,必须要提高蒸气的压力使之成为过饱和蒸气。在 0 ℃ 附近,水蒸气要达到 5 倍于平衡蒸气压时才开始凝结成液态水。其他蒸气,如甲醇、乙醇及乙酸乙酯等也有类似的情况。

当蒸气中有灰尘存在或是容器的内表面比较粗糙时,可以为蒸气的凝结提供"中心",生成液滴时就能避开最初尺寸极小的阶段,液滴更易于生成及长大。人工降雨的原理,就是当云层中的水蒸气达到饱和或过饱和状态时,向云层中喷洒微小的 AgI 颗粒,使之成为水蒸气的凝结中心,使新相(水滴)生成时所需要的过饱和程度大大降低,水蒸气就容易凝结成水滴而落向大地。

(2)过热液体 按照相平衡条件应当沸腾而实际不沸腾的液体,称为**过热液体**。

与蒸气的凝结过程类似,液体沸腾产生气相时,如果液体中没有新相种子(气泡)存在,即使达到沸点也不能沸腾。这是因为沸腾时,液体体相中的分子要不断汽化,而最初产生的气泡的尺寸也非常微小,弯曲液面的附加压力等界面效应十分显著,使气泡难以形成。假设在 101.325 kPa、100 ℃ 的纯水中,距离液面 0.02 m 处有一个半径为 10 nm 的小气泡,如图 10.2.7 所示。已知此条件下纯水的表面张力为 58.91×10^{-3} N·m^{-1},密度为 958.1 kg·m^{-3},可计算出小气泡内部的压力:

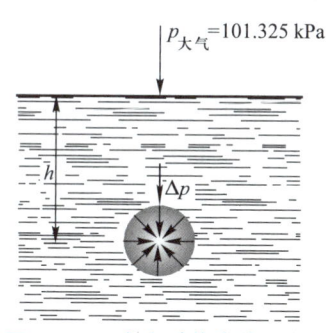

图 10.2.7 产生过热液体示意图

弯曲液面的附加压力 $\Delta p = \dfrac{2\gamma}{r} = \dfrac{2 \times 58.91 \times 10^{-3}}{10 \times 10^{-9}}$ N·m^{-1} = 11.78×10^3 kPa

小气泡所受的静压力 $p_{静} = \rho g h = 958.1 \times 9.8 \times 0.02$ Pa = 0.1878 kPa

小气泡存在时内部气体的压力 $p_g = p_{大气} + p_{静} + \Delta p = 11.88 \times 10^3$ kPa

由计算可知,泡内气体的压力远高于 100 ℃ 时水的饱和蒸气压,所以小气泡不能产生。若要产生新相,必须继续加热液体,使小气泡内的水蒸气压力达到所需的压力,小气泡才可能产生并长大,液体才开始沸腾。此时液体的温度必然高于该液体的正常沸点。

通过以上计算可以看到,弯曲液面的附加压力是造成液体过热的主要原因。科学实验中为了防止液体过热,常在液体中投入一些素烧瓷片或毛细管等。这些材料的孔道中储存有气体,加热时可作为新相种子,绕过最初产生极微小气泡的困难阶段,使液体的过热程度大大降低。

(3) 过冷液体　按照相平衡条件应当凝固而未凝固的液体称为**过冷液体**。

一定温度下,微小晶体的饱和蒸气压大于普通晶体的饱和蒸气压,这是液体产生过冷现象的主要原因。利用图 10.2.8 来进行分析,图中 CO' 线为平液面液体的蒸气压曲线。AO 线和 $A'O'$ 线分别为普通晶体和微小晶体的饱和蒸气压曲线。O 点和 O' 点对应的温度 t_f 和 t'_f 分别为普通晶体和微小晶体的凝固点(严格说来为三相点,这里忽略二者之间的微小差异)。

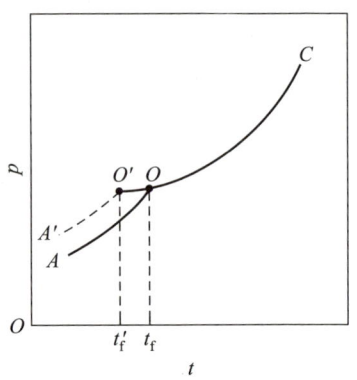

图 10.2.8　产生过冷液体示意图

液体冷却时,其饱和蒸气压沿 CO' 线下降,到 O 点时达到普通晶体的蒸气压,按照相平衡条件应当有晶体析出,但是由于最初生成的晶体(新相)极微小,其蒸气压更高。所以此时不会有微小晶体析出。必须继续降温到正常凝固点以下,如 O' 点,液体才能达到微小晶体的饱和状态而开始凝固,由此则产生过冷现象。纯净的液态水有时冷却到 -40℃ 仍呈液态而不结冰,表现出较为严重的过冷现象。若向过冷液体中加入小晶体作为新相种子,则能使液体迅速凝固成晶体。

温度降低时液体黏度将增加,分子运动阻力增大,不利于分子整齐排列形成晶体。因此,黏度较大的液体在过冷程度很大时,常常形成非结晶状态的固体,即生成玻璃体。

(4) 过饱和溶液　在一定温度下,溶液浓度已超过了饱和浓度,而仍未析出晶体的溶液称为**过饱和溶液**。之所以会产生过饱和现象,是由于同样温度下小颗粒晶体的溶解度大于普通晶体溶解度的缘故。这可以从表 10.2.2 的实验数据说明。小颗粒晶体之所以会有较大的溶解度,是因为其饱和蒸气压恒大于普通晶体的蒸气压。

表 10.2.2　一些物质的微小晶体在水中溶解度增加的百分数

物质	$t/℃$	颗粒直径 $d/\mu m$	与普通晶体比较溶解度增加的百分数/%
PbI_2	30	0.4	2
$CaSO_4 \cdot 2H_2O$	30	0.2~0.5	4.4~12
Ag_2CrO_4	26	0.3	10

续表

物质	t/℃	颗粒直径 $d/\mu m$	与普通晶体比较溶解度增加的百分数/%
PbF_2	25	0.3	9
$SrSO_4$	30	0.25	26
$BaSO_4$	25	0.1	80
CaF_2	30	0.3	18

如图 10.2.9 所示，AO 线和 $A'O'$ 线分别代表某物质普通晶体和微小晶体的饱和蒸气压曲线，因微小晶体的蒸气压大于同样温度下普通晶体的蒸气压，故 $A'O'$ 线在 AO 线上方。OC 线和 $O'C'$ 线分别代表稀溶液和浓溶液中该物质在气相中的蒸气分压，显然，该物质作为溶质的浓溶液的蒸气压要高于稀溶液的。

在温度 t_0 时，稀溶液的 OC 线与普通晶体的蒸气压曲线相交，表明此稀溶液已达到饱和，应当析出晶体，但因微小晶体的溶解度较高，故此时还不能析出微小晶体，只能进一步使溶剂蒸发，溶液浓度增大到一

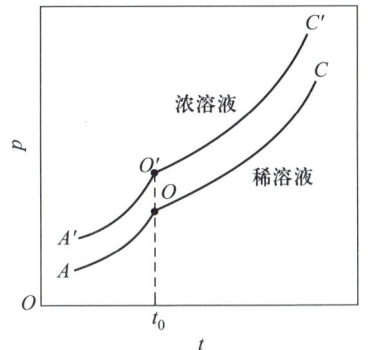

图 10.2.9　分散度对溶解度的影响

定过饱和程度，微小晶体的 $A'O'$ 线与浓溶液的 $O'C'$ 线相交，才会有微小晶体析出。

在结晶操作中，若溶液的过饱和度太大，一旦开始结晶，将会迅速生成许多很细小的晶粒，对后续的过滤和洗涤等操作不利，所以生产中常采用向结晶器中投入小晶体作为新相种子的方法，防止溶液发生过饱和以获得较大颗粒的晶体。

上述四种状态都不是热力学上的平衡状态，但是经常出现并能维持相当长时间不变，因此称为**亚稳**（或**介稳**）**状态**，亚稳状态的存在与新相种子难以生成有关。科研和生产中一般需要破坏亚稳状态，如上述结晶过程投入晶体种子以防止过饱和的产生等。但有时也利用亚稳状态以保留物质的一些特性。如金属的淬火就是将金属制品加热到一定温度使之形成某种结构，然后将其放入水、油或其他介质中迅速冷却，使高温时的特殊结构保存下来，这种结构在室温属于亚稳状态，但可长期保持。

§10.3 固体表面

不论是固体还是液体,其表面层的分子所处的力场都是不对称的,都存在表面张力,都有自动减小表面、降低表面吉布斯函数的趋势。固体不能像液体那样自动缩小表面积,通常只能从外部吸引气体(或液体)分子到表面上,来减小表面分子受力不对称的程度,降低表面吉布斯函数。恒温恒压下,系统吉布斯函数降低的过程是自发过程,所以固体表面会自发地富集气体,使固体表面的气体浓度(或密度)与气体体相浓度(或密度)不同。这种在相界面上某种物质的浓度不同于体相浓度的现象称为**吸附**。具有吸附能力的固体物质称为**吸附剂**,被吸附的物质称为**吸附质**。

固体表面的吸附在生产、生活和科学实验中有着广泛应用。具有高比表面积的多孔固体如活性炭、硅胶、氧化铝、分子筛等常被作为吸附剂、催化剂载体等,在空气净化、气体纯化、有机溶剂回收、催化反应等过程中有重要应用。近年来,人们又在研究将高比表面积的材料用于洁净能源,如甲烷、氢气的吸附存储,以及空气、石油气的变压吸附分离等领域。研究固体表面的吸附特性,还可提供有关固体材料的比表面积、孔隙率、表面均匀程度等很多有用的信息,这些在新能源、新材料研究中都是非常重要的。

1. 物理吸附与化学吸附

按吸附剂与吸附质作用本质的不同,吸附可分为物理吸附与化学吸附。物理吸附时,吸附剂与吸附质分子间以范德华力相互作用;而化学吸附时,两者之间以化学键力相结合。物理吸附与化学吸附在分子间作用力上有本质的不同,因此表现出许多不同的吸附性质,见表 10.3.1。

表 10.3.1 物理吸附与化学吸附的区别

性质	物理吸附	化学吸附
吸附力	范德华力	化学键力
吸附层数	单层或多层	单层
吸附热	小(近于液化热)	大(近于反应热)
选择性	无或很差	较强
可逆性	可逆	不可逆
吸附平衡	易达到	不易达到

因物理吸附的作用力是范德华力,是普遍存在于所有分子之间的,所以当吸附剂表面吸附了一层气体分子之后,被吸附的分子还可以再继续吸附气体分子,形成多层的吸附。此时的吸附过程与气体凝结成液体的过程相似,故吸附热的数值与气体凝结热的数量级相同,比化学吸附热小得多。又由于物理吸附力是分子间力,所以吸附基本上无选择性,只是易于液化(即临界温度高)的气体相比较更易于被吸附。如 H_2O 和 Cl_2 的临界温度分别为 373.99 ℃ 和 144.75 ℃,而 N_2 和 O_2 的临界温度分别为 −146.94 ℃ 和 −118.57 ℃,吸附剂更容易从空气中吸附水蒸气和氯气,防毒面具里的活性炭可以从空气中吸附氯气,就是利用了这一原理。此外,由于范德华力较弱,物理吸附其吸附和解吸的速率都比较快,容易达到吸附平衡。

与物理吸附不同,化学吸附的作用力是化学键力。化学键力很强,成键只发生在吸附剂表面层分子与某些特定气体分子之间,故化学吸附通常是单分子层的,吸附热的数量级与化学反应热相当,比物理吸附热大得多。化学吸附中由于要形成化学键,所以吸附的选择性很强,这点在实际应用中非常重要。例如,在气−固相催化反应中,固体催化剂对气体的选择性吸附,保证了目标反应的发生和相应产物的生成。此外,化学键的生成与破坏一般是比较困难的,故化学吸附较难达到平衡,而且过程一般不可逆。

物理吸附与化学吸附是不能截然分开的,两者有时可同时发生。例如,氧气在金属钨上的吸附,有的吸附氧呈分子态(物理吸附),有的吸附氧呈原子态(化学吸附),还有一些氧分子被吸附到氧原子上,既有单层吸附,又有多层吸附,情况较为复杂。在不同温度下,占主导地位的吸附作用也不同,如 CO(g)在钯上的吸附,低温下是物理吸附,高温时则表现为化学吸附。很多吸附过程,如氢气在许多金属上的吸附,是以物理吸附为前奏,然后发生化学吸附的。

2. 等温吸附

研究指定条件下的吸附量是人们十分关心的问题。**吸附量**的大小,一般用单位质量吸附剂所吸附气体的物质的量 n 或其在标准状况(0 ℃、101.325 kPa)下所占有的体积 V 来表示:

$$n^a = \frac{n}{m} \tag{10.3.1a}$$

$$V^a = \frac{V}{m} \tag{10.3.1b}$$

单位分别为 $mol \cdot kg^{-1}$ 和 $m^3 \cdot kg^{-1}$。

固体对气体的吸附量是温度和气体压力的函数。为了便于找出规律,在吸附量、温度、压力这三个变量中,常常固定一个变量,测定其他两个变量之间的关系,这种关系可用曲线表示。在恒压下,吸附量与温度之间的关系曲线称为**吸附等压线**;吸附量恒定时,吸附的平衡压力与温度之间的关系曲线称为**吸附等量线**;在恒温下,吸附量与平衡压力之间的关系曲线称为**吸附等温线**。三种曲线之间具有相互联系,例如,测定一组吸附等温线,可以分别求算出吸附等压线和吸附等量线。如果吸附温度在气体的临界温度以下,吸附等温线也可表示为 V^a 与 p/p^* 之间的关系曲线,p^* 为吸附质的饱和蒸气压。

上述三种吸附曲线中最重要、最常用的是吸附等温线。

吸附等温线大致可归纳为五种类型,如图 10.3.1 所示,第 I 种为单分子层吸附等温线,其余四种皆为多分子层吸附等温线。

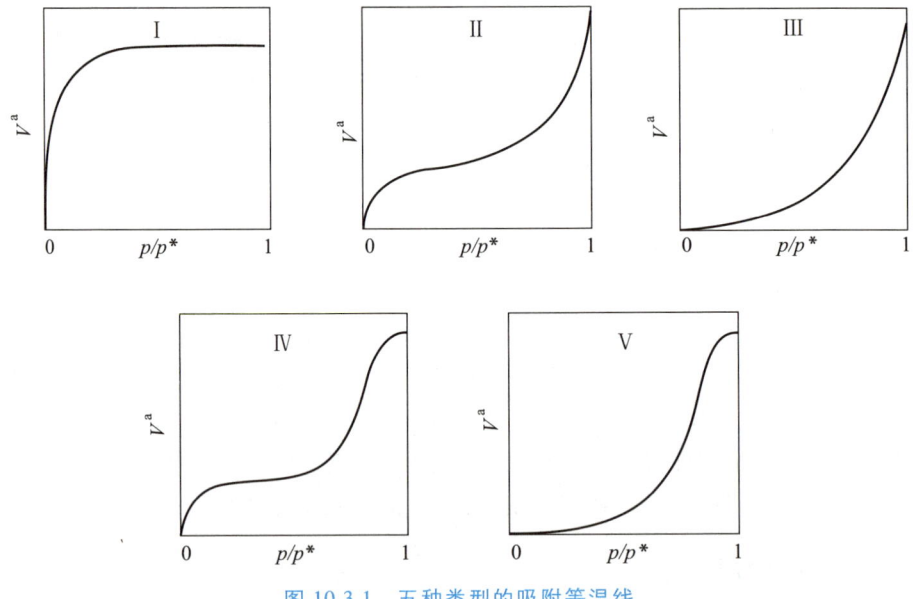

图 10.3.1 五种类型的吸附等温线

根据大量的实验结果,人们曾提出过许多描述吸附的物理模型及等温线方程,下面介绍几种较为重要、应用较广泛的吸附等温线方程。

3. 吸附经验式——弗罗因德利希公式

弗罗因德利希(Freundlich)测定了大量实验数据,提出了描述 I 类吸附等温线的经验方程式:

$$V^a = kp^n \tag{10.3.2a}$$

式中 n 和 k 是两个经验常数,对于指定的吸附系统,它们都是温度的函数。k 值可视为单位压力时的吸附量,一般说来,k 随温度的升高而降低。n 的数值一般在 $0\sim1$,它的大小反映出压力对吸附量影响的强弱。弗罗因德利希公式一般适用于中压范围。

对式(10.3.2a)取对数,可得

$$\lg V^a = \lg k + n\lg p \quad (10.3.2b)$$

上式表明若以 $\lg V^a$ 对 $\lg p$ 作图,可得一直线,由直线的斜率和截距可求出 n 和 k。

弗罗因德利希经验式的形式简单、计算方便,应用相当广泛。但经验式中的常数没有明确的物理意义,在此式适用的范围内,只能概括地表达一部分实验事实,而不能说明吸附作用的机理。

4. 朗缪尔单分子层吸附理论及吸附等温式

1916 年朗缪尔(Langmuir)根据大量的实验事实,从动力学的观点出发,提出固体对气体的吸附理论,一般称为**单分子层吸附理论**,该理论的基本假设如下:

(1) 单分子层吸附 固体表面上的原子力场是不饱和的,所以有吸附力场存在,该力场的作用范围大约为分子直径的大小($0.2\sim0.3$ nm),只有气体分子碰撞到空白的固体表面上,进入此力场作用的范围内,才有可能被吸附,所以固体表面对气体分子只能发生单分子层吸附。

(2) 固体表面是均匀的 固体表面具有固定数目的吸附位置,各吸附位置的吸附能力相同,每个位置上只能吸附一个分子。摩尔吸附热是常数,不随表面覆盖程度的大小而变化。

(3) 被吸附在固体表面上的分子相互之间无作用力 在各个吸附位置上,气体分子的吸附与解吸的难易程度,与其周围是否有被吸附分子存在无关。

(4) 吸附平衡是动态平衡 气体分子碰撞到固体的空白表面上,可以被吸附。如果被吸附的分子具有足够的能量,就能克服固体表面对它的束缚而重新回到气相,即发生解吸(或脱附)。当吸附速率大于解吸速率时,过程表现为气体的被吸附。但随着吸附量的逐渐增加,固体表面上未被气体分子覆盖的部分(空白表面)就越来越少,气体分子碰撞到空白表面上的可能性就必然减少,吸附速率逐渐降低。与此相反,随着固体表面覆盖程度的增加,解吸速率却越来越大。当吸附速率与解吸速率相等时,达到了动态吸附平衡。从表观上看,吸附平衡时气体不再被吸附或解吸,但实际上两者都在不断地进行,只是速率相等,吸附量不再随时间变化而已。

以 k_1 及 k_{-1} 分别代表吸附与解吸的速率常数,A 代表气体,M 代表固体表面,

AM 代表吸附状态,则吸附的始末状态可以表示为

$$A(g) + M(表面) \underset{k_{-1}}{\overset{k_1}{\rightleftharpoons}} AM$$

设 θ 为任一瞬间固体表面覆盖的分数,称为**覆盖率**,即

$$\theta = \frac{已被吸附质覆盖的固体表面积}{固体总的表面积}$$

$(1-\theta)$ 则代表固体表面上空白面积的分数。

若以 N 代表固体表面上具有吸附能力的总的吸附位置数,则吸附速率应与 A 的压力 p 及固体表面上的空位数 $(1-\theta)N$ 成正比,所以吸附速率为

$$v_{吸附} = k_1 p (1-\theta) N$$

解吸速率,与固体表面上被覆盖的吸附位置数,或者说是与被吸附分子的数目 θN 成正比,所以解吸速率为

$$v_{解吸} = k_{-1} \theta N$$

达到吸附平衡时,这两个速率应相等,即

$$k_1 p (1-\theta) N = k_{-1} \theta N$$

由上式可得**朗缪尔吸附等温式**:

$$\theta = \frac{bp}{1+bp} \qquad (10.3.3)$$

式中的 $b = k_1/k_{-1}$,单位为 Pa^{-1}。从本质上看,b 为吸附作用的平衡常数,也称为**吸附系数**,其大小与吸附剂、吸附质的本性及温度有关。b 值越大,表示吸附作用越强。

现以 V^a 代表覆盖率为 θ 时的**平衡吸附量**。在较低的压力下,θ 应随平衡压力的上升而增加。在压力足够高的情况下,气体分子在固体表面排满整整一层时,θ 趋于 1。这时吸附量不再随气体压力的上升而增加,达到饱和状态,对应的吸附量称为**饱和吸附量**,以 V_m^a 表示。由于每个具有吸附能力的位置上只能吸附一个气体分子,故

$$\theta = V^a / V_m^a \qquad (10.3.4)$$

因此朗缪尔吸附等温式还可以写成下列形式:

$$V^a = V_m^a \frac{bp}{1+bp} \qquad (10.3.5a)$$

或

$$\frac{1}{V^a} = \frac{1}{V_m^a} + \frac{1}{V_m^a b} \cdot \frac{1}{p} \qquad (10.3.5b)$$

由式(10.3.5b)可知,若以 $1/V^a$ 对 $1/p$ 作图,应得一直线,由直线的斜率和截距可求出 V_m^a 和 b。

如果已知饱和吸附量 V_m^a 及每个被吸附分子的截面积 a_m，便可用下式计算吸附剂的比表面积 a_s：

$$a_s = \frac{V_m^a}{V_0} L a_m \quad (10.3.6)$$

式中，V_0 为 1 mol 气体在标准状况（0 ℃、101 325 kPa）下的体积，L 为阿伏加德罗常数。反之，若已知 V_m^a 及 a_s，也可由式(10.3.6)来求每个吸附分子的截面积 a_m。

朗缪尔吸附等温式适用于单分子层吸附，它能较好地描述第Ⅰ类吸附等温线在不同压力范围内的吸附特征。

当压力很低或吸附较弱（b 很小）时，$bp \ll 1$，则式(10.3.5a)可简化为

$$V^a = V_m^a bp$$

即吸附量与压力成正比，这与吸附等温线在低压时几乎是一直线的事实相符合。

当压力足够高或吸附较强时，$bp \gg 1$，则

$$V^a = V_m^a$$

这表明固体表面上吸附达到饱和状态，吸附量达到最大值。第Ⅰ类吸附等温线上的水平线段就反映了这种情况。

当压力大小或吸附作用力适中时，吸附量 V^a 与平衡压力 p 呈曲线关系。

总起来说，如果固体表面比较均匀，并且吸附只限于单分子层，朗缪尔吸附等温式能够较好地描述实验结果。对于一般的化学吸附及低压、高温下的物理吸附，朗缪尔吸附等温式取得了令人满意的结果，并且对后来的吸附理论的发展起到了重要的奠基作用。

不过应当指出的是，朗缪尔的基本假设并不是很严格的。例如，对于物理吸附，当表面覆盖率不是很低时，被吸附的分子之间往往存在不可忽视的相互作用力；另外，很多时候固体表面并不是均匀的，吸附热会随着表面覆盖率而变化，b 不再是常数。在这些情况下朗缪尔吸附等温式则不再与实验结果严格相符。此外，对于多分子层吸附，朗缪尔吸附等温式也不适用。

例 10.3.1 239.55 K，不同平衡压力下的 CO 气体在活性炭表面上的吸附量 V^a（单位质量活性炭所吸附的 CO 气体体积，体积为标准状况下的值）如下：

p/kPa	13.466	25.065	42.663	57.329	71.994	89.326
V^a/(dm³·kg⁻¹)	8.54	13.1	18.2	21.0	23.8	26.3

根据朗缪尔吸附等温式，用图解法求 CO 的饱和吸附量 V_m^a、吸附系数 b 及发生饱和吸附时 1 kg 活性炭表面上吸附 CO 的分子数。

解： 将朗缪尔吸附等温式写成如下形式：

$$\frac{p}{V^a} = \frac{1}{V_m^a b} + \frac{p}{V_m^a}$$

由上式可知,以 p/V^a 对 p 作图,应得一直线,由直线的斜率及截距即可求得 V_m^a 及 b。在不同平衡压力下的 p/V^a 值列表如下:

p/kPa	13.466	25.065	42.663	57.329	71.994	89.326
$V^a/(\text{dm}^3 \cdot \text{kg}^{-1})$	8.54	13.1	18.2	21.0	23.8	26.3
$(p/V^a)/(\text{kPa} \cdot \text{dm}^{-3} \cdot \text{kg})$	1.577	1.913	2.344	2.730	3.025	3.396

将 p/V^a-p 数据进行线性拟合,结果如图 10.3.2 所示。所得直线方程为

$$\frac{p}{V^a} / (\text{kPa} \cdot \text{dm}^{-3} \cdot \text{kg}) = 0.023\,9(p/\text{kPa}) + 1.301$$

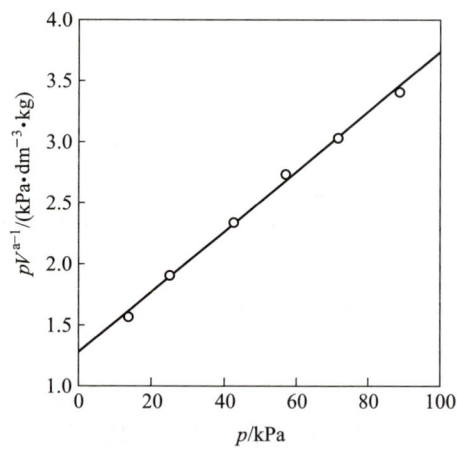

图 10.3.2　CO 的 p/V^a-p 图

由直线的斜率:

$$\frac{1}{V_m^a/(\text{dm}^3 \cdot \text{kg}^{-1})} = 0.023\,9$$

得 CO 的饱和吸附量:

$$V_m^a = \frac{1}{0.023\,9}\text{dm}^3 \cdot \text{kg}^{-1} = 41.84 \text{ dm}^3 \cdot \text{kg}^{-1}$$

由直线的截距:

$$\frac{1}{[V_m^a/(\text{dm}^3 \cdot \text{kg}^{-1})](b/\text{kPa})} = 1.301$$

得吸附系数:

$$b = \frac{1}{1.301[V_m^a/(\text{dm}^3 \cdot \text{kg}^{-1})]} \text{ kPa}^{-1} = \frac{1}{1.301 \times 41.84} \text{ kPa}^{-1}$$

$$= 0.018\ 37 \text{ kPa}^{-1}$$

饱和吸附时质量为 m 的活性炭表面上吸附 CO 的分子数为

$$N = m \frac{pV_m^a}{RT} L$$

式中 p、T 分别为标准状况下的压力、温度，L 为阿伏加德罗常数。将有关数据代入，求得饱和吸附时 1 kg 活性炭表面吸附 CO 的分子数为

$$N = 1 \text{ kg} \times \frac{101.325 \text{ kPa} \times 41.84 \text{ dm}^3 \cdot \text{kg}^{-1}}{8.314 \text{ J} \cdot \text{mol}^{-1} \cdot \text{K}^{-1} \times 273.15 \text{ K}} \times 6.022 \times 10^{23} \text{ mol}^{-1} = 1.124 \times 10^{24}$$

*5. 多分子层吸附理论——BET 公式

朗缪尔吸附等温式能较好地说明图 10.3.1 中第Ⅰ类的吸附等温线，但对后四种类型的等温线却无法解释。因此很多人都曾尝试以其他理论来解释这些曲线，其中最成功的是布鲁诺尔(Brunauer)、埃米特(Emmett)和特勒(Teller)三人在 1938 年提出的**多分子层吸附理论**，又称 **BET 理论**。该理论是在朗缪尔理论基础上提出的。他们接受了朗缪尔提出的吸附作用是吸附与解吸两个相反过程达到动态平衡的结果，以及固体表面是均匀的，各处的吸附能力相同，被吸附分子横向之间没有相互作用的假设。但他们认为已被吸附的分子与碰撞在它们上面的气体分子之间仍可发生吸附，也就是说可以形成多分子层吸附，如图 10.3.3 所示。

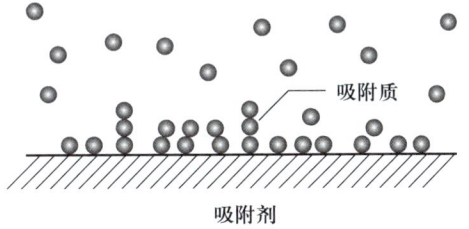

图 10.3.3　多分子层吸附示意图

在吸附过程中，不一定等待第一层吸附满了之后再吸附第二层，而是从一开始就表现为多层吸附，且吸附达到平衡时，每一层上的吸附速率与脱附速率相等。因第二层以上的各层为相同分子间的相互作用，故他们假定，除第一层吸附热外，以上各层的吸附热都相等，且等于被吸附气体的凝结热。经推导得出：

$$\frac{V^a}{V_m^a} = \frac{c(p/p^*)}{(1-p/p^*)[1+(c-1)p/p^*]} \qquad (10.3.7\text{a})$$

这即是著名的 BET 公式。式中 V^a 为压力 p 下的吸附量，V_m^a 为单分子层的饱和吸附量，p^* 为吸附温度下吸附质液体的饱和蒸气压，c 是与吸附热有关的吸附常数。因该式中含有 c 和 V_m^a 两个常数，故又称为 BET 二常数公式。该式可变换

成直线式的形式：

$$\frac{p}{V^a(p^*-p)} = \frac{1}{cV_m^a} + \frac{c-1}{cV_m^a} \cdot \frac{p}{p^*} \quad (10.3.7b)$$

实验测定不同压力 p 下的吸附量 V^a 后，若以 $p/[V^a(p^*-p)]$ 对 p/p^* 作图，可得一直线，由其斜率和截距可求出 c 和 V_m^a。将 V_m^a 代入式（10.3.6），可求得吸附剂的比表面积。

BET 公式在吸附层数 $n=1$ 时，还原成朗缪尔吸附等温式，可描述图 10.3.1 中的第 Ⅰ 类吸附等温线；式（10.3.7a）则可描述第 Ⅱ、Ⅲ 类的吸附等温线，其中第 Ⅱ 类是第一层吸附热大于凝结热时的多分子层吸附，第 Ⅲ 类是第一层吸附热小于凝结热时的多分子层吸附。第 Ⅳ、第 Ⅴ 类吸附分别是第 Ⅱ、Ⅲ 类吸附加上毛细凝结的结果。BET 公式成功地解释了图 10.3.1 中物理吸附的全部五种类型吸附等温线，使人们第一次对物理吸附有了较全面和较深入的认识。

BET 公式被广泛应用于比表面积的测定，测量时常采用低温惰性气体（如氮气）作为吸附质。当第一层吸附热远远大于被吸附气体的凝结热时，$c \gg 1$，式（10.3.7a）可近似简化为下列形式：

$$\frac{V^a}{V_m^a} \approx \frac{1}{1-p/p^*} \quad (10.3.8)$$

这时只要测定一个平衡压力下的吸附量，就可求出饱和吸附量 V_m^a，所以该式又称为一点法公式。

实验表明，BET 二常数公式只在 $p/p^* = 0.05 \sim 0.35$ 范围内适用，超出这个范围，即压力较低或较高的情况下，都会产生较大的偏差。理想化的假设是导致产生偏差的主要原因。实际上，固体表面经常是不均匀的，各点的吸附能力不尽相同，而最初的吸附总是发生在能量最有利的位置上。另外，假定同一吸附层的分子间无相互作用力，而上下层的分子间却存在吸引力，这本身就是矛盾的。再有，在低温、高压下，在吸附剂的毛细孔中可能会发生毛细凝结等因素也未加考虑。多年来，许多人想建立一个包括表面不均匀性和被吸附分子间有相互作用的吸附理论，但至今没有取得满意结果。BET 理论尽管有一些缺陷，但它仍是现今应用最广、最成功的吸附理论。

6. 吸附热力学

如前所述，吸附是一个自发过程，是吉布斯函数下降（$\Delta G < 0$）的过程。而在吸附过程中，气体分子由三维空间被吸附到二维表面，自由度减少了，分子的平动受到了限制，所以吸附过程是熵减小的过程。根据热力学公式 $\Delta G = \Delta H - T\Delta S$，吸附过程的 ΔH 则应是负值，即 $\Delta H < 0$。所以吸附通常为放热过程。

吸附热可以直接用量热计测定,也可利用吸附等量线,用热力学方法计算。因物理吸附过程中,气态分子变到吸附态分子的过程与气体的液化很相似,所以公式的推导过程与克劳修斯-克拉佩龙方程的推导过程非常相似。

在温度 T、压力 p 下达到吸附平衡的系统,吸附质在吸附相(a)和气相(g)的吉布斯函数 G_a 与 G_g 必定相等,$G_a = G_g$。

在维持吸附量不变的条件下,使温度改变 dT 至 $T+dT$,同时使压力改变 dp 至 $p+dp$,达到新的吸附平衡,这时吸附质在吸附相和气相的吉布斯函数也分别改变 dG_a 和 dG_g,达到 G_a+dG_a 和 G_g+dG_g,两者也必然相等。即

$$G_a + dG_a = G_g + dG_g$$

因 $G_a = G_g$,故必然有

$$dG_a = dG_g \tag{10.3.9}$$

根据热力学基本方程:

$$dG_a = -S_a dT + V_a dp$$
$$dG_g = -S_g dT + V_g dp$$

代入式(10.3.9),整理得

$$\left(\frac{\partial p}{\partial T}\right)_n = \frac{S_a - S_g}{V_a - V_g} \tag{10.3.10}$$

下标 n 代表吸附量恒定不变。

平衡状态下的吸附过程为可逆过程,故

$$S_a - S_g = \frac{H_a - H_g}{T} = \frac{\Delta_{ads}H}{T} \tag{10.3.11}$$

$\Delta_{ads}H$ 即**吸附焓**,在量值上等于**吸附热**。

因吸附质在气相的体积远大于在吸附相的体积($V_g \gg V_a$),再假定气相为理想气体,则

$$V_a - V_g \approx -\frac{nRT}{p} \tag{10.3.12}$$

将式(10.3.11)、式(10.3.12)代入式(10.3.10)得

$$\left(\frac{\partial p}{\partial T}\right)_n = -\frac{\Delta_{ads}H}{nRT^2/p}$$

或

$$\left(\frac{\partial \ln p}{\partial T}\right)_n = -\frac{\Delta_{ads}H_m}{RT^2} \tag{10.3.13}$$

式中 $\Delta_{ads}H_m = \Delta_{ads}H/n$ 为吸附质在吸附剂上的**摩尔吸附焓**。

假定吸附焓不随温度变化,将式(10.3.13)积分,可得

$$\Delta_{ads}H = -\frac{RT_2T_1}{T_2-T_1}\ln\frac{p_2}{p_1} \qquad (10.3.14)$$

p_1 和 p_2 分别是在 T_1 和 T_2 下达到某一相同吸附量时的平衡压力,可由不同温度下的吸附等温线得出,也可直接从等量线得出。温度升高时要想维持同样的吸附量,必然要增大气体的压力,即若 $T_2>T_1$,必然 $p_2>p_1$,由公式(10.3.14)可以看出 $\Delta_{ads}H_m<0$,可知吸附为放热过程。

吸附热一般会随吸附量的增加而下降,这说明固体表面的能量是不均匀的。吸附总是首先发生在能量较高、活性较大的位置上,然后依次发生在能量较低、活性较小的位置上。从吸附热的数据可以更多地了解吸附的性质及固体表面的性质。

§ 10.4 固–液界面

固体与液体接触可产生固–液界面。固–液界面上发生的过程一般分两类来讨论,一类是吸附,另一类是润湿。固–液界面上的吸附与固体吸附气体的情况类似,固体表面由于力场的不对称性,对溶液中的分子也同样具有吸附作用。润湿是固体与液体接触后,液体取代原来固体表面上的气体而产生固–液界面的过程。下面先介绍润湿过程,再介绍吸附过程。

1. 接触角与杨氏方程

在讨论弯曲液面的毛细现象时曾用到过接触角。当一液滴在固体表面上不完全展开时,在气、液、固三相会合点,固–液界面的水平线与气–液界面切线之间的夹角 θ,称为**接触角**,如图 10.4.1 所示。

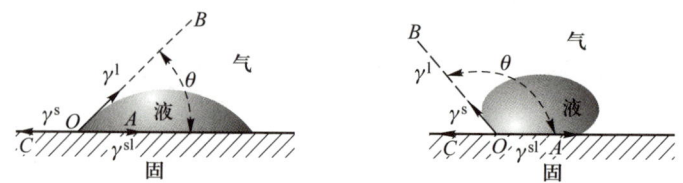

图 10.4.1 接触角与各界面张力的关系

有三种界面张力同时作用于 O 点处的液体上:固体表面张力 γ^s 力图把液体拉向左方,以覆盖更多的气–固界面;固–液界面张力 γ^{sl} 则力图把液体拉向右方,以缩小固–液界面;而液体表面张力 γ^l 则力图把液体拉向液面的切线方向,以缩小气–液界面。当固体表面为光滑的水平面,三种表面张力在水平方向上达到

平衡时,存在下列关系:

$$\gamma^s = \gamma^{sl} + \gamma^l \cos\theta \quad (10.4.1)$$

该式称为**杨氏方程**,是杨氏(Young T)于 1805 年得出的。

接触角可由实验测定,但是由于受表面清洁度、滞后等因素的影响而不易测准。固体表面粗糙时接触角也会发生变化。

2. 润湿现象

在干净的玻璃板上滴一滴水,水会在玻璃表面铺展开;如果将水滴在石蜡板上,水滴则呈球状。人们通常把前一种情况叫"湿",后一种情况叫"不湿"。在选矿、采油、洗涤、防水、油漆等许多工业领域中,润湿的程度都是一个非常重要的性能指标。

润湿是固体表面上的气体被液体取代的过程。在一定的温度和压力下,润湿过程的推动力(或趋势)可用表面吉布斯函数的改变量 ΔG 来衡量,吉布斯函数减少得越多,则越易于润湿。按润湿程度一般可将润湿分为三类:沾湿、浸湿和铺展。

图 10.4.2 中的(a)、(b)、(c)分别表示恒温恒压下的沾湿、浸湿和铺展三个过程。三种过程的吉布斯函数变化可由公式(10.1.11)得出。

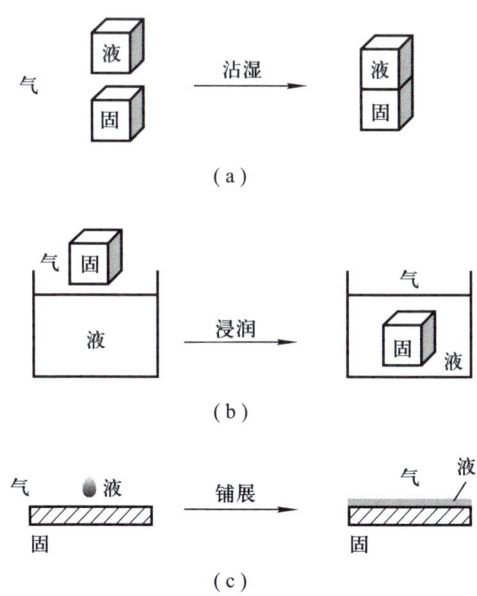

图 10.4.2　液体对固体的润湿过程

沾湿过程是气-固界面和气-液界面消失,形成固-液界面的过程,如图 10.4.2(a)所示。单位面积上沾湿过程的吉布斯函数变为

$$\Delta G_a = \gamma^{sl} - \gamma^l - \gamma^s \tag{10.4.2a}$$

若沾湿过程自发进行,则有

$$\Delta G_a < 0$$

沾湿过程的逆过程,即把单位面积已沾湿的固-液界面分开形成气-固界面和气-液界面过程所需的功,称为**沾湿功**。显然有

$$W_a' = -\Delta G_a \tag{10.4.3}$$

浸湿是将固体浸入液体,气-固界面完全被固-液界面取代,而液体表面不发生变化的过程,如图 10.4.2(b)所示。恒温恒压下,单位面积上浸湿过程的吉布斯函数变为

$$\Delta G_i = \gamma^{sl} - \gamma^s \tag{10.4.4a}$$

如浸湿为自发过程,则有

$$\Delta G_i < 0$$

浸湿过程的逆过程,即把单位面积已浸湿的固-液界面分开,形成气-固界面过程所需的功,称为**浸湿功**。显然有

$$W_i' = -\Delta G_i \tag{10.4.5}$$

铺展是少量液体在固体表面上自动展开,以固-液界面取代气-固界面,同时又增大气-液界面的过程,如图 10.4.2(c)所示。若少量液体在铺展前以小液滴存在的表面积与其铺展后的面积相比可以忽略不计,在一定 T、p 下,单位面积上铺展过程的吉布斯函数变为

$$\Delta G_s = \gamma^{sl} + \gamma^l - \gamma^s \tag{10.4.6a}$$

若铺展过程自发进行,需满足:

$$\Delta G_s < 0$$

令

$$S = -\Delta G_s = \gamma^s - \gamma^{sl} - \gamma^l \tag{10.4.7}$$

称为**铺展系数**。可见液体在固体表面上铺展的必要条件为 $S \geqslant 0$。S 越大,铺展性能越好。若 $S<0$,则不能铺展。

需要说明的是,前面提到的 ΔG_a、W_a'、ΔG_i、W_i'、ΔG_s 及 S 的单位均为 $J \cdot m^{-2}$。

原则上,只要知道 γ^s、γ^l、γ^{sl} 的具体数值,即可计算某一润湿过程的吉布斯函数变,并以此来判断该过程能否进行,以及润湿的程度。但实际上到目前为止并无测量固体表面张力 γ^s 和固-液界面张力 γ^{sl} 的可靠方法,所以式(10.4.2a)、式(10.4.4a)和式(10.4.6a)通常并不能直接用来计算,需借助杨氏方程和接触角的

数据来计算。

将杨氏方程 $\gamma^s = \gamma^{sl} + \gamma^l \cos\theta$ 分别代入式(10.4.2a)、式(10.4.4a)和式(10.4.6a),可有

沾湿过程 $\quad\quad\quad \Delta G_a = \gamma^{sl} - \gamma^l - \gamma^s = -\gamma^l(\cos\theta + 1)$ （10.4.2b）

浸湿过程 $\quad\quad\quad \Delta G_i = \gamma^{sl} - \gamma^s = -\gamma^l \cos\theta$ （10.4.4b）

铺展过程 $\quad\quad\quad \Delta G_s = \gamma^{sl} + \gamma^l - \gamma^s = -\gamma^l(\cos\theta - 1)$ （10.4.6b）

润湿能够发生时过程的 $\Delta G<0$,因液体的表面张力 $\gamma^l>0$,因此接触角需满足以下条件:

沾湿过程 $\quad\quad\quad\quad\quad\quad \theta \leqslant 180°$

浸湿过程 $\quad\quad\quad\quad\quad\quad \theta \leqslant 90°$

铺展过程 $\quad\quad\quad\quad\quad\quad \theta = 0°$ 或不存在

上式表明,只要 $\theta<180°$,沾湿过程即可进行。因为任何液体在固体上的接触角总是小于 $180°$ 的,所以沾湿过程是任何液体和固体之间都能进行的过程。当 $0°<\theta\leqslant 90°$ 时,液体不仅能沾湿固体,还能浸湿固体;当 $\theta=0°$ 或不存在时,液体不仅能沾湿、浸湿固体,还可以在固体表面上铺展。

对铺展过程进行分析,由式(10.4.6b)可知,接触角 $\theta>0°$ 时 $\Delta G_s>0$,铺展系数 $S<0$,液体不能在固体表面铺展;接触角 $\theta=0°$ 时 $\Delta G_s=0$,此时 $\gamma^s = \gamma^{sl} + \gamma^l$,这是铺展能够进行的最低要求;当 $\gamma^s>\gamma^{sl}+\gamma^l$ 时 $\Delta G_s<0$,铺展应能顺利进行,但此时却无法由式(10.4.6b)得到对应的接触角。因为这时的铺展是一个非平衡过程,故不可将杨氏方程代入式(10.4.6a)中使用。杨氏方程是在力平衡的条件下得出的,所以只能用于平衡状态。

习惯上人们更常用接触角来判断液体对固体的润湿:把 $\theta<90°$ 的情形称为润湿; $\theta>90°$ 时称为不润湿; $\theta=0°$ 或不存在时称为完全润湿; $\theta=180°$ 时称为完全不润湿。例如,水在玻璃上的接触角 $\theta<90°$（非常干净的玻璃与非常纯净的水之间 $\theta=0°$）,水可在玻璃毛细管中上升,通常说水能润湿玻璃;而汞在玻璃上的接触角 $\theta>90°$,汞在玻璃毛细管中下降,通常说汞不能润湿玻璃。用接触角来判断润湿与否,最大的好处是直观,但它不能反映出润湿过程的能量变化,也没有明确的热力学意义。

润湿与铺展在生产实践中有着广泛的应用。例如,脱脂棉易被水润湿,但经憎水剂处理后,可使水在其上的接触角 $\theta>90°$,这时水滴在布上呈球状,不易进入到布的毛细孔中,经振动很容易脱落。利用该原理可制成雨衣和防雨设备。农药喷洒在植物上,若能在叶片及虫体上铺展,将会明显提高杀虫效果。另外,在机械设备的润滑、矿物的浮选、注水采油、金属焊接、印染及洗涤等方面皆涉及与润湿理论有密切关系的技术。

3. 固体自溶液中的吸附

固体自溶液中吸附溶质,是最常见的界面现象之一,在许多工业领域及科研当中有着重要应用,如织物的染色、糖液的脱色、离子交换、水的净化、色层分离及胶体的稳定等。由于有溶剂存在,固体自溶液中的吸附要比固体对气体的吸附复杂得多。至少需要考虑三种作用力,即界面层中固体与溶质分子之间的作用力、固体与溶剂分子之间的作用力,以及溶液中溶质分子与溶剂分子之间的作用力。目前从理论上定量处理溶液吸附还比较困难,但从大量的实验结果中,人们总结出了许多有用的规律,对处理溶液吸附的问题有一定的指导意义。

固体自溶液中对溶质的吸附量,可根据吸附前、后溶液浓度的变化来计算:

$$n^a = \frac{V(c_0-c)}{m} \tag{10.4.8}$$

式中 n^a 为单位质量的吸附剂在溶液平衡浓度为 c 时的吸附量;m 为吸附剂的质量;V 为溶液体积;c_0 和 c 分别为吸附前、后溶液的平衡浓度。在恒温恒压下,测定吸附量随浓度的变化关系,即可得到溶液吸附等温线。

测定吸附量时要注意,固体自溶液中吸附溶质的速率一般比固体吸附气体的速率慢得多。这是因为溶液中溶质分子的扩散速率远小于气相中分子扩散的速率,而且吸附作用主要发生在多孔吸附剂的内表面,溶质分子需要由体相扩散到吸附剂孔内,因此溶液中的吸附需要较长的平衡时间。

固体自稀溶液中的吸附,其吸附等温线一般与气体吸附时的第 I 类吸附等温线类似,为单分子层吸附,可用朗缪尔吸附等温式来描述:

$$n^a = \frac{n_m^a bc}{1+bc} \tag{10.4.9}$$

式中 b 为吸附系数,与溶质、溶剂的性质和温度有关;n_m^a 为单分子层饱和吸附量,如已知每个吸附质分子所占有效面积,可由 n_m^a 计算吸附剂的比表面积。弗罗因德利希公式(10.3.2a)也可用来描述溶液中的单分子层吸附等温线,只需将式中的压力 p 换成浓度 c,即

$$n^a = kc^n \tag{10.4.10}$$

式中 k、n 为两个经验常数。

固体自稀溶液中的吸附受许多因素的影响,如吸附剂孔径的大小、被吸附分子的大小、温度、吸附剂-吸附质-溶剂三者的相对极性及吸附剂的表面化学性质等。其中,极性对溶液吸附有着非常重要的影响。一般说来,"极性吸附剂总是易于从非极性溶剂中吸附极性溶质",反之亦然。例如,硅胶为极性吸附剂,可用来吸附非极性有机溶剂中的微量水而使溶剂干燥;活性炭为非极性吸附剂,

可用于染料、蔗糖水溶液的脱色等。对于有机同系物,如乙酸、丙酸、丁酸、戊酸等,随碳原子数的增加非极性增加,所以用硅胶进行吸附时,吸附量的顺序为:乙酸>丙酸>丁酸>戊酸;而用活性炭进行吸附时,吸附量的顺序则为:戊酸>丁酸>丙酸>乙酸。

有时利用溶质的溶解度、界面张力来分析溶液中吸附的规律。实验表明,溶解度越小的物质越容易被固体表面吸附。溶质的溶解度小,说明其与溶剂分子之间的相互作用力较弱,被固体吸附的倾向就大。例如,脂肪酸的碳链越长,在水中的溶解度就越小,被活性炭吸附的量就越多。反之,在四氯化碳溶液中,脂肪酸的碳链越长溶解度越大,被活性炭吸附的量就越少。吸附是界面现象,因此使界面张力降低较多的物质,更容易被固体表面吸附。例如,硅胶对苯、甲苯、氯苯和溴苯的吸附顺序为:苯>甲苯>氯苯>溴苯,该顺序与四种有机溶剂的极性顺序不同,而是与形成水-有机溶剂界面的界面张力由小到大的顺序一致(硅胶表面性质与水相似)。因此,固体自溶液中吸附往往较为复杂,需要综合考虑多种因素,才能得出有用的结果。

在浓溶液中,固体表面吸附情况更为复杂,吸附等温线一般为倒 U 形或 S 形,如图 10.4.3 所示。图 10.4.3(a)为硅胶自苯-甲苯溶液中吸附苯。苯的摩尔分数 $x_{苯}$ 从 0 变到 1,苯的吸附量则从 0 经历一个最大值后又降到 0。图 10.4.3(b)为活性炭自苯-甲醇溶液中吸附苯。苯的摩尔分数 $x_{苯}$ 从 0 变到 1,苯的吸附量从 0 经历一个最大值下降为 0 后,又经历一最小值,最后到 0。因吸附量是一个过剩的概念,即吸附质在表面的浓度与在溶液本体的浓度之差。正吸附表示吸附质在表面的浓度高于本体浓度;零吸附表示吸附质在表面的浓度与本体浓度相等;负吸附则表示吸附质在表面的浓度低于本体浓度,而溶剂在表面的浓度高于本体浓度。由于溶质、溶剂两组分对固体表面的竞争吸附,使固体对某一组分的吸附量减少以至为 0 甚或出现负值,都是可以理解的。

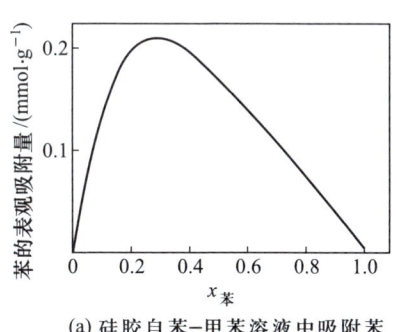
(a) 硅胶自苯-甲苯溶液中吸附苯

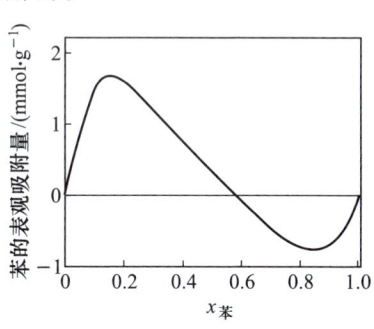
(b) 活性炭自苯-甲醇溶液中吸附苯

图 10.4.3　固体在浓溶液中的两种吸附等温线

§10.5 溶 液 表 面

1. 溶液表面的吸附现象

向纯液体中加入溶质形成溶液后,为降低表面吉布斯函数,使系统更稳定,溶质会自动在表面层或者体相中富集。这种溶质在溶液表面层中的浓度与在体相中浓度不同的现象称为**溶液表面的吸附**。吸附改变溶液的表面张力,所以溶液的表面张力不仅是温度、压力的函数,还将会随溶液组成而变化。

一定温度下,分别向纯水中加入不同种类的溶质,发现溶质的浓度对溶液表面张力的影响大致可分为三类,如图 10.5.1 所示。曲线 Ⅰ 显示,随着溶液浓度的增加,溶液的表面张力稍有升高。对水溶液而言,属于此种类型的溶质有无机盐类(如 NaCl),非挥发性酸(如 H_2SO_4)、碱(如 NaOH),以及含有多个—OH 基的有机化合物(如蔗糖、甘油等)。曲线 Ⅱ 显示,溶液的表面张力随着溶质浓度的增加而逐渐下降,大部分的低级脂肪酸、醇、醛等极性有机化合物的水溶液皆属此类。曲线 Ⅲ 表明,在水中加入少量的某类溶质时,溶液的表面张力先急剧下降,而后几乎不随溶液浓度而改变。属于此类的化合物基本结构可以用 RX 表示,其中 R 代表含有 10 个及以上碳原子的烷基;X 代表极性基团,如—OH、—COOH、—CN、—$CONH_2$、—COOR′ 等,也可以是—SO_3^-、—NH_3^+、—COO^- 等离子基团。这类曲线有时会出现如图所示的虚线部分,可能与含有某些杂质有关。

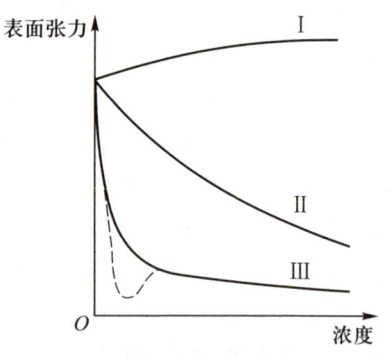

图 10.5.1　表面张力与浓度关系示意图

当溶剂中加入形成图 10.5.1 中 Ⅱ、Ⅲ 类曲线的物质后,由于它们都是有机类化合物,分子之间的相互作用较弱,当富集于表面时,会使表面层中分子间的相互作用减弱,使溶液的表面张力降低,进而降低表面吉布斯函数。所以这类物质会自动地富集到表面,使得表面的浓度高于本体浓度,这种现象称为**正吸附**。

与此相反,当溶剂中加入上述 Ⅰ 类物质后,由于它们是无机的酸、碱、盐类物质,在水中可解离为正、负离子,使溶液中分子之间的相互作用增强,使溶液的表面张力升高,进而使表面吉布斯函数升高(多羟基类有机化合物作用类似)。为降低这种影响,这类物质会自动地减小在表面的浓度,即在表面层的浓度低于本体浓度,这种现象称为**负吸附**。

一般说来,凡是能使溶液表面张力升高的物质,皆称为**表面惰性物质**;凡是能使溶液表面张力降低的物质,皆称为**表面活性物质**。但习惯上只把那些溶入少量就能显著降低溶液表面张力的物质称为**表面活性剂**。表面活性的大小可用 $-(\partial \gamma / \partial c)_T$ 来表示,其值越大,则表示溶质的浓度对溶液表面张力的影响越大。溶质吸附量的大小,可用吉布斯公式来计算。

2. 表面过剩浓度与吉布斯吸附等温式

在单位面积的表面层中,所含溶质的物质的量与同量溶剂在溶液本体中所含溶质物质的量的差值,称为溶质的**表面过剩**或**表面吸附量**。

设有一个二元溶液,与其蒸气成平衡,以 α 和 β 分别代表液相和气相,两相的体积分别为 V^α、V^β。在气、液交界处有一薄层(厚度为几个分子厚),其中溶质的浓度和溶剂的浓度既不同于液相,也不同于气相,将这一层称为表面相 σ,如图 10.5.2 所示。在表面相中画一个面 ss',设在此面下的 α 相(或在此面上的 β 相)的浓度是完全一致的,而且就是体相的浓度。分别以 c^α、c^β 表示溶质在 α 相和 β 相的浓度,由此算出的 α 相和 β 相中溶质的物质的量 n^α 和 n^β 分别为

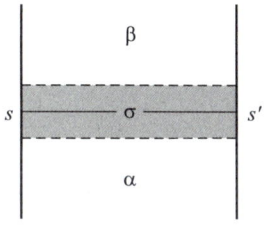

图 10.5.2　表面相示意图

$$n^\alpha = V^\alpha c^\alpha$$

$$n^\beta = V^\beta c^\beta$$

以 n_0 表示该物质总的物质的量,并且令

$$n^\sigma = n_0 - (n^\alpha + n^\beta) \tag{10.5.1}$$

为表面相 σ 中溶质的过剩量,将其除以相界面面积 A_s,得

$$\varGamma = \frac{n^\sigma}{A_s} \tag{10.5.2}$$

$\varGamma$ 即为**表面过剩**,单位为 $\mathrm{mol \cdot m^{-2}}$,通常也称为吸附量。$\varGamma$ 可以是正值,也可以是负值。

一般说来,气相的浓度远远小于液相浓度,即 $n^\alpha \gg n^\beta$,所以

$$\varGamma = \frac{n_0 - n^\alpha}{A_s} \tag{10.5.3}$$

由式(10.5.3)可知,物质表面过剩的计算是与 n^α 有关的,而 n^α 的值则与 ss' 面

所画的位置有关。所以首先要按一定原则确定 ss' 面后，Γ 才有明确的物理意义。为此，吉布斯提出将 ss' 面定在溶剂的表面过剩量为 0 的地方。

设溶剂浓度 $c_{溶剂}$ 和溶质浓度 $c_{溶质}$ 与高度 h 的关系分别如图 10.5.3 中(a)、(b)所示，当容器的截面积 A_s 为单位面积时，图中曲线下的面积就分别代表溶剂和溶质的总量 $n_{0,1}$ 和 $n_{0,2}$。吉布斯将 ss' 面定在正好使图 10.5.3(a) 中两块阴影面积相等的地方，这使得溶剂的吸附量 $\Gamma_1 = n_{0,1} - c_1 h_s A_s = 0$。在分界面确定之后，溶质的吸附量 Γ_2 也就随之确定了，$\Gamma_2 = n_{0,2} - c_2 h_s A_s$，等于图 10.5.3(b) 中阴影的面积。

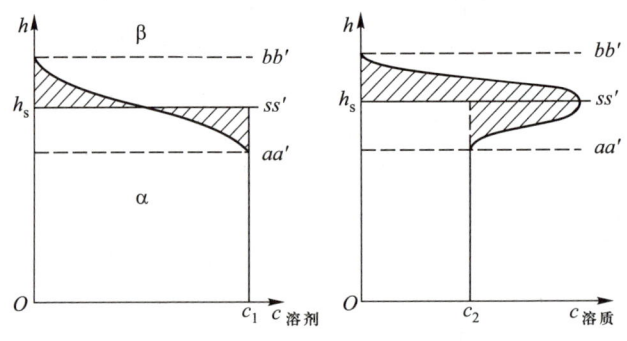

(a) 溶剂浓度与杯高的关系　　(b) 溶质浓度与杯高的关系

图 10.5.3　吉布斯吸附模型

用与导出式(10.5.2)同样的方法，可以确定表面相的其他热力学函数。表面热力学能 U^σ、表面熵 S^σ、表面吉布斯函 G^σ 等的定义分别为

$$U^\sigma = U - (U^\alpha + U^\beta)$$
$$S^\sigma = S - (S^\alpha + S^\beta) \quad (10.5.4)$$
$$G^\sigma = G - (G^\alpha + G^\beta)$$

因满足溶剂吸附量 Γ_1 为 0 的分界面只有一个，所以分界面确定之后，不仅溶质的吸附量 Γ_2 为确定值，U^σ、S^σ、G^σ 也都有确定值，并都具有过剩的意义。

当表面相的吉布斯函数 G^σ 发生一个微小变化时，根据式(10.1.6)有

$$dG^\sigma = -S^\sigma dT + V^\sigma dp + \gamma dA_s + \sum_B \mu_B dn_B^\sigma \quad (10.5.5)$$

对于恒温恒压下的二元系统，有

$$dG^\sigma = \gamma dA_s + \mu_1 dn_1^\sigma + \mu_2 dn_2^\sigma \quad (10.5.6)$$

式中 μ_1 和 μ_2 分别为表面相中溶剂和溶质的化学势，因吸附平衡时同一种物质在表面相及溶液本体的化学势相等，所以可省去 μ 的表示相的上标；n_1^σ 及 n_2^σ 分

别为溶剂及溶质在表面相中的过剩量。在各强度性质(即 T、p、γ 及 μ)恒定的情况下,对式(10.5.6)进行积分,可得

$$G^\sigma = \gamma A_s + \mu_1 n_1^\sigma + \mu_2 n_2^\sigma \tag{10.5.7}$$

表面吉布斯函数是状态函数,具有全微分性质,所以:

$$dG^\sigma = \gamma dA_s + A_s d\gamma + \mu_1 dn_1^\sigma + n_1^\sigma d\mu_1 + \mu_2 dn_2^\sigma + n_2^\sigma d\mu_2 \tag{10.5.8}$$

将式(10.5.8)与式(10.5.6)相比较,可得适用于表面层的吉布斯-杜亥姆方程,即

$$A_s d\gamma = -(n_1^\sigma d\mu_1 + n_2^\sigma d\mu_2) \tag{10.5.9}$$

式(10.5.9)除以 A_s,再结合表面过剩的定义式(10.5.2) $\Gamma = n^\sigma/A_s$,得

$$d\gamma = -(\Gamma_1 d\mu_1 + \Gamma_2 d\mu_2) \tag{10.5.10}$$

按吉布斯表面相模型,溶剂的 $\Gamma_1 = 0$,式(10.5.10)变为

$$d\gamma = -\Gamma_2 d\mu_2 \tag{10.5.11}$$

将 $d\mu_2 = RTd\ln a_2$ 代入式(10.5.11),整理后可得

$$\Gamma_2 = -\frac{d\gamma}{RTd\ln a_2} = -\frac{a_2}{RT} \cdot \frac{d\gamma}{da_2}$$

对于理想稀溶液,可用溶质的浓度 c_2 代替其活度 a_2,略去 c_2 及 Γ_2 的下标2,上式变为

$$\Gamma = -\frac{c}{RT} \cdot \frac{d\gamma}{dc} \tag{10.5.12}$$

此式即为**吉布斯吸附等温式**。

由吉布斯吸附等温式可知,在一定温度下,当溶液的表面张力随浓度的变化率 $d\gamma/dc < 0$ 时,$\Gamma > 0$,表明凡是增加浓度,能使溶液表面张力降低的溶质,在表面层必然发生正吸附;当 $d\gamma/dc > 0$ 时,$\Gamma < 0$,表明凡是增加浓度,使溶液表面张力上升的溶质,在溶液的表面层必然发生负吸附;当 $d\gamma/dc = 0$ 时,$\Gamma = 0$,说明此时无吸附作用。

用吉布斯吸附等温式计算某溶质的吸附量时,可由实验测定一组恒温下不同浓度 c 时的表面张力 γ,以 γ 对 c 作图,得到 γ-c 曲线。将曲线上某指定浓度 c 下的斜率 $d\gamma/dc$ 代入式(10.5.12),即可求得该浓度下溶质在溶液表面的吸附量。将不同浓度下求得的吸附量对溶液浓度作图,可得到 Γ-c 曲线,即溶液表面的吸附等温线。

3. 表面活性物质在吸附层的定向排列

在一般情况下,表面活性物质的 Γ-c 曲线的形式如图 10.5.4 所示。在一定温度下,系统的平衡吸附量 Γ 和浓度 c 之间的关系,与固体对气体的吸附很相似,也可用和朗缪尔单分子层吸附等温式相似的经验公式来表示,即

$$\Gamma = \Gamma_m \frac{kc}{1+kc} \quad (10.5.13)$$

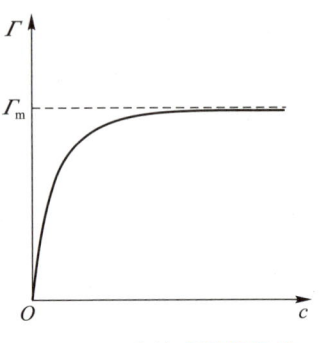

图 10.5.4 溶液吸附等温线

式中 k 为经验常数,与溶质的表面活性大小有关。由上式可知,当浓度很小时,Γ 与 c 呈直线关系;当浓度较大时,Γ 与 c 呈曲线关系;当浓度足够大时,则呈现一个吸附量的极限值,即 $\Gamma = \Gamma_m$。此时再增大浓度吸附量不再改变,说明溶液的表面吸附已达到饱和状态,溶液中的溶质不再能更多地吸附于表面,所以 Γ_m 称为饱和吸附量。Γ_m 可以近似地看成是在单位表面上定向排列呈单分子层吸附时溶质的物质的量。由实验测出 Γ_m 值,即可算出每个被吸附的表面活性物质分子的横截面积 a_m,即

$$a_m = \frac{1}{\Gamma_m L} \quad (10.5.14)$$

式中 L 为阿伏加德罗常数。

表 10.5.1 给出了一些长碳氢链有机化合物的实验结果。这些化合物的结构形式皆为 $C_nH_{2n+1}X$,所不同的只是 X 代表不同种类的基团。实验测得许多不同化合物分子的横截面积皆为 $0.205\ \text{nm}^2$,这一实验结果可以帮助我们认识表面活性物质的分子模型,以及它们在表面层排列的方式。

表 10.5.1 化合物在单分子膜中每个分子的横截面积

化合物种类	X	a_m/nm^2
脂肪酸	—COOH	0.205
二元酯类	—COOC$_2$H$_5$	0.205
酰胺类	—CONH$_2$	0.205
甲基酮类	—COCH$_3$	0.205
甘油三酸酯类(每链面积)	—COOCH$_3$	0.205
饱和酸的酯类	—COOR	0.220
醇类	—CH$_2$OH	0.216

从分子结构的观点来看,表面活性物质的分子中都同时含有亲水性的极性基团(如—COOH,—CONH$_2$,—OH 等),以及憎水性的非极性基团(如碳链或环)。用符号 ⊂==○ 来表示表面活性物质的分子模型,其中○表示极性基团,⊂== 代表非极性基团。如油酸的分子模型可用图 10.5.5 表示。

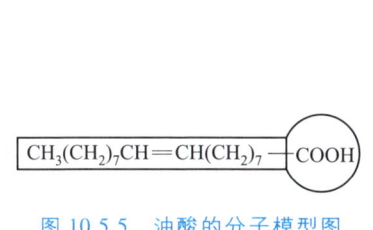

图 10.5.5 油酸的分子模型图

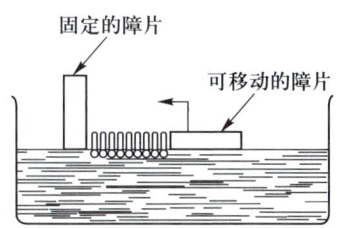

图 10.5.6 油酸单分子膜示意图

根据表 10.5.1 的数据和表面活性物质的分子模型可知,在水溶液中,表面活性物质的亲水基团因受到极性很强的水分子的吸引,而有竭力伸入水中的趋势。憎水性的非极性基团是亲油的,则倾向伸出水面或钻入非极性的有机溶剂或油类的另一相中,使表面活性分子定向排列在界面层中。实验结果表明,在表面的饱和吸附层(或单分子膜)中,不论其链的长短如何,每个分子的横截面积皆等于 0.205 nm^2,此数值实际就是碳氢链的横截面积,这更进一步说明表面活性分子是定向排列在表面层中的。如图 10.5.6 所示,在压紧的油酸单分子膜中,油酸分子的羧基伸入水内,而非极性的碳氢链却伸出水面,暴露在空气中。

应当指出,在吸附量不大的情况下,表面活性分子在表面上有较大的活动范围,其排列的方式未必那样整齐,但憎水性的非极性基团,仍然倾向于伸出液面。

4. 表面活性剂

(1)表面活性剂的分类 表面活性剂是指加入少量就能显著降低溶液表面张力的一类物质,通常指降低水的表面张力。表面活性剂可以从用途、物理性质、化学性质或化学结构等方面进行分类,最常用的是按化学结构来分类,大体上可分为离子型和非离子型两大类。当表面活性剂溶于水时,凡能解离生成离子的,称为离子型表面活性剂;凡在水中不能解离的,就称为非离子型表面活性剂。离子型的表面活性剂按其在水溶液中电离后具有表面活性作用的部分的电性,还可进一步分类。具体分类和举例如表 10.5.2 所示。

表 10.5.2 表面活性剂的分类

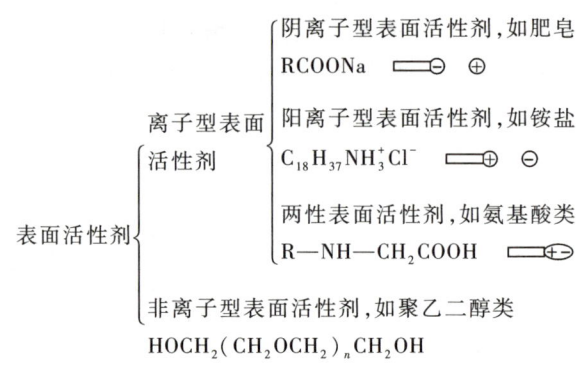

此种分类法便于正确选用表面活性剂。若某表面活性剂是阴离子型的,就不能与阳离子型的物质混合使用,否则会产生沉淀等后果。阴离子型表面活性剂可用作染色过程的匀染剂,与酸性染料或直接染料一起使用时不会产生不良后果,因酸性染料或直接染料在水溶液中也是阴离子型的。

(2) 表面活性剂的基本性质 前已讲到表面活性剂的一些基本性质,如表面活性剂的分子都是由亲水性的极性基团和憎水(亲油)性的非极性基团所构成。表面活性剂的分子能定向地排列于两相之间的界面层中,使界面不饱和力场得到某种程度的补偿,从而使界面张力降低。如在 293.15 K 的纯水中加入油酸钠,当油酸钠的浓度从零增加到 $1 \text{ mmol} \cdot \text{dm}^{-3}$ 时,表面张力则从 $72.75 \text{ mN} \cdot \text{m}^{-1}$ 降至 $30 \text{ mN} \cdot \text{m}^{-1}$,若再增加油酸钠的浓度,溶液的表面张力却变化不大。许多表面活性剂都具有类似图 10.5.1 中曲线 Ⅲ 所示的特征。

为什么表面活性剂在浓度极稀时,稍微增加其浓度就可使溶液的表面张力急剧降低,而当表面活性剂的浓度超过某一数值之后,溶液的表面张力又几乎不随浓度的增加而变化?这些问题可借助图 10.5.7 进行解释。

图 10.5.7 表面活性剂的分子在溶液本体及表面层中的分布

图 10.5.7(a)表示当表面活性剂浓度很稀时,其分子在溶液本体和表面层中分布的情况。此时增加表面活性剂的浓度,一部分表面活性剂分子将自动聚集于表面层,使溶液的表面张力急剧降低。表面活性剂的分子在表面不一定都是直立的,也可能倾斜地分布在溶液表面,使非极性基团远离水相。另一部分表面活性剂分子则分散在水中,有的以单分子的形式存在,有的则是几个分子相互接触,把憎水性的基团靠拢在一起,形成简单的聚集体。这相当于图 10.5.1 中曲线 Ⅲ 急剧下降的部分。

图 10.5.7(b)表示表面活性剂的浓度足够大时,液面上已排满一层定向排列的表面活性剂分子,形成单分子膜。其余的表面活性剂分子在溶液本体中形成具有一定形状的**胶束**(micelle)。胶束是由几十个或几百个表面活性剂的分子自发形成的、亲水基团向外憎水基团向内的聚集体。这些聚集体常呈现一定的"核-壳结构",表面活性剂分子的极性基团组成胶束的"外壳",与水分子有较强的吸引作用,能稳定地存在于水相中;非极性基团聚并在一起构成胶束的"内核",减少了与水分子的接触,因此胶束在水溶液中可以比较稳定地存在。这相当于图 10.5.1 中曲线 Ⅲ 的转折处。开始形成胶束所需表面活性剂的最低浓度,称为**临界胶束浓度**(critical micelle concentration),以 cmc 表示。实验表明,cmc 不是一个确定的数值,而常表现为一个较窄的范围。

图 10.5.7(c)是超过临界胶束浓度的情况。这时液面上早已形成紧密、定向排列的单分子膜,达到饱和状态。若再增加表面活性剂的浓度,只能增加胶束的个数,以及胶束中所包含分子的数目。由于胶束是亲水性的,它处于溶液内部,不具有表面活性,所以不再能使表面张力进一步降低,这相当于图 10.5.1 中曲线 Ⅲ 的平缓部分。胶束的形状可以是球状、椭球状、棒状或层状。一般认为表面活性剂浓度不是很大时,形成的胶束多为球状,随着表面活性剂浓度的增加,胶束中表面活性剂分子数目增多,胶束的形状会逐渐过渡到椭球状、棒状及层状。

胶束的存在已被 X 射线衍射图谱及光散射实验所证实。临界胶束浓度和在液面上开始形成饱和吸附层对应的浓度范围是一致的。在这个狭窄的浓度范围前后,不仅溶液的表面张力发生明显的变化,其他物理性质,如电导率、渗透压、蒸气压、光学性质、去污能

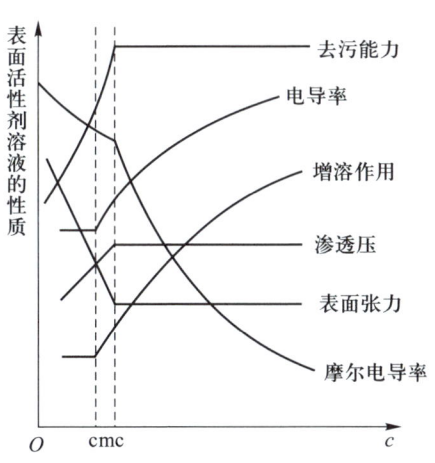

图 10.5.8 表面活性剂溶液的性质与浓度关系示意图

力及增溶作用等皆发生很大的变化,如图 10.5.8 所示。由图可知,表面活性剂的浓度略大于 cmc 时,溶液的表面张力、渗透压及去污能力等几乎不随浓度的变化而改变,但增溶作用、电导率等却随着浓度的增加而急剧增加。某些有机化合物难溶于水,但可溶于表面活性剂浓度大于 cmc 的水溶液中。

(3) HLB 法　表面活性剂的种类繁多,应用广泛。对于特定的系统,如何选择最合适的表面活性剂才可达到预期的效果,目前还缺乏理论指导。为解决表面活性剂的选择问题,许多工作者曾提出不少方案,比较成功的是 1949 年格里芬(Griffin)所提出的 HLB 法。HLB 代表亲水亲油平衡(hydrophile-lipophile balance)。此法用数值的大小来表示每一种表面活性剂的亲水性,HLB 值越大,表示该表面活性剂的亲水性越强。根据表面活性剂的 HLB 值的大小,就可知道它适宜的用途,表 10.5.3 给出这种对应关系。例如,HLB 值在 4~6 的,可作油包水型的乳化剂,而 HLB 值在 12~18 的,可作水包油型的乳化剂等(关于乳化剂的知识将在 §12.6 中介绍)。

表 10.5.3　表面活性剂的 HLB 值与应用的对应关系

表面活性剂加水后的性质	HLB 值	应用
不分散	0, 2	
分散得不好	4, 6	油包水型乳化剂
不稳定乳状分散体	8	润湿剂
稳定乳状分散体	10	
半透明至透明分散体	12	洗涤剂
透明溶液	14, 16, 18	增溶剂

（水包油型乳化剂：10~18）

(4) 表面活性剂的实际应用　表面活性剂的种类很多,不同的表面活性剂常具有不同的作用。阴离子型表面活性剂是目前产量最大、最常用的表面活性剂,其亲水基团有羧基(—COO$^-$)、磺酸基(—SO$_3^-$)、硫酸酯基(—OSO$_3^-$)等。例如,肥皂是长链脂肪酸盐,是最早使用的洗涤剂,但抗硬水能力较差;直链烷基苯磺酸钠是良好的洗涤剂和起泡剂,其中最常用的十二烷基苯磺酸钠(洗衣粉的主要成分)水溶性好,易起泡,渗透力和去污力很强,但是脱脂能力也较强,对皮肤有刺激作用;硫酸酯盐表面活性剂有良好的水溶性和去污性,且水溶液呈中性,主要用于餐具洗涤剂和洗发剂中。

阳离子型表面活性剂的亲水基团带正电荷,如—$N(CH_3)_3^+$,而水介质中的固体表面通常带负电荷,所以它们很容易吸附到固体上形成一层表面膜,起到疏水、柔软、抗静电、防腐蚀、杀菌作用等。例如,羊毛、合成纤维等摩擦后都会带电荷,抗静电剂加入后会吸附到纤维表面,改变纤维的摩擦性能,而且阳离子型表面活性剂容易吸湿,可使纤维导电,这样摩擦产生的电荷就可以散逸掉,达到消除静电的作用。烷基二甲基苄基氯化铵类阳离子型表面活性剂是最常用的杀菌剂,可以使蛋白质沉淀而杀死微生物。

非离子型表面活性剂是数量上仅次于阴离子型表面活性剂的另一类产品,其亲水性来自于氢键作用,在溶液中以分子状态存在,稳定性高,不易受酸、碱及强电解质的影响;在固体表面也不发生强烈吸附;相容性好,可以与其他类型表面活性剂复配使用。其中蔗糖酯、失水山梨醇脂肪酸酯(Span)和聚氧乙烯山梨醇脂肪酸酯(Tween)是应用最广泛的品种,主要用作乳化剂、润滑剂、分散剂、抗老化剂,也可以作为洗涤剂、增溶剂、发泡剂及杀菌剂使用。

两性表面活性剂主要有卵磷脂、氨基酸型和甜菜碱型,价格昂贵,但是具有其他表面活性剂无可比拟的优点:毒性低、对皮肤和眼睛刺激性小、生物相容性好、混合使用时协同性好等,在洗发剂和化妆品中有广泛应用,也可用作抗静电剂、杀菌剂和防腐剂。

无论是哪种类型的表面活性剂,其发挥作用的基本原理都与其分子中同时含有亲水基团和亲油基团有关。这里以表面活性剂的去污作用和助磨作用为例,简要介绍表面活性剂的作用原理。

① 去污作用　许多油类对衣物、餐具等润湿良好,在其上能自动地铺展开,但却很难溶于水中,只用水是无法洗去衣物上的油污的。在洗涤时,必须用肥皂、洗涤剂等表面活性剂。这是因为这些表面活性剂可以降低水溶液与衣物等固体物质间的界面张力 γ^{ws},当 γ^{ws} 小于油污对衣物等的界面张力 γ^{os} 时,水对衣物的接触角 $\theta<90°$,而油则不能润湿衣物,经机械摩擦和水流的带动,油污可以从固体表面上脱落。另外,表面活性剂还有乳化作用,使脱落的油污分散在水中,最终达到洗涤的目的。洗涤过程如图 10.5.9 所示。

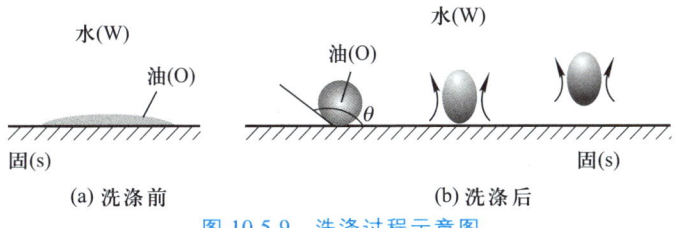

图 10.5.9　洗涤过程示意图

② 助磨作用　在固体物料的粉碎过程中若加入表面活性剂(称为助磨剂),可增加粉碎的程度,提高粉碎的效率,如图 10.5.10 所示。在氧化铝的粉碎过程中,加与不加助磨剂,粉碎效率大不相同。当物料磨细到几十微米以下时,颗粒很微小,比表面积很大,系统具有很大的表面吉布斯函数,处在热力学高度不稳定状态。在一定温度和压力下,表面吉布斯函数有自动减小的趋势,在没有表面活性剂存在的情况下,只能靠表面积自动地变小,即颗粒变大,来降低系统的表面吉布斯函数。若想提高粉碎效率,得到更细的颗粒,必须加入适量的助磨剂,如水、油酸、亚硫酸纸浆废液等。

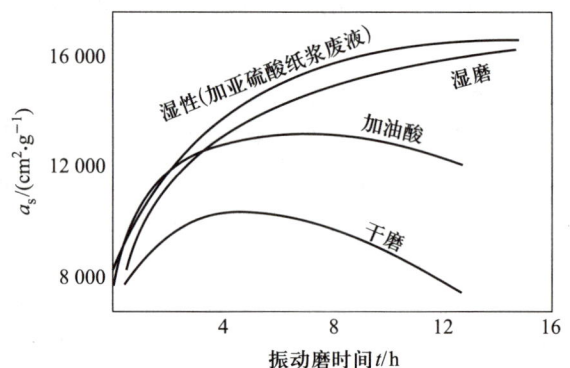

图 10.5.10　表面活性物质对氧化铝料比表面积的影响
(氧化铝料在 1 480 ℃预烧过,含 $\alpha\text{-}Al_2O_3$ 90%)

在固体的粉碎过程中,若有表面活性剂存在,它能很快地定向排列在固体颗粒的表面上,使固体颗粒的表面(或界面)张力有明显降低。可以想象,表面活性剂在颗粒表面上覆盖率越大,表面张力降低得越多,则系统的表面吉布斯函数越小。因此,表面活性剂不仅可自动吸附在颗粒的表面上,而且还可自动地渗入到微细裂缝中去并能向深处扩展,如同在裂缝中打入一个"楔子",起着一种劈裂作用,如图 10.5.11(a)所示,在外力的作用下加大裂缝或分裂成更小的颗粒。

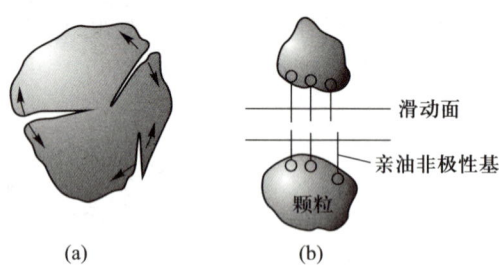

图 10.5.11　表面活性物质的助磨作用

多余的表面活性剂分子很快地吸附在这些新产生的表面上,以防止新裂缝的愈合或颗粒相互间的黏聚。

本 章 小 结

本章从分析界面层分子受力的不对称性入手,指出界面张力的存在是引起各种界面现象的根本原因。在此基础上,详细介绍了气-液界面、固-气界面、固-液界面和溶液表面上常见的界面现象,如弯曲液面上的附加压力、小液滴的饱和蒸气压、亚稳状态、吸附现象和润湿现象等。学习本章时,应重点理解表面张力和表面吉布斯函数的概念,学会应用拉普拉斯方程、开尔文公式、朗缪尔吸附等温式、杨氏方程及吉布斯吸附等温式进行相关计算。

思 考 题

1. 表面张力、表面功和表面吉布斯函数的物理意义分别是什么?它们的数值以及单位是否相同?

2. 表面张力的本质是什么?由于表面张力的存在会产生哪些界面现象?

3. 拉普拉斯方程和开尔文公式分别用于计算弯曲液面的什么性质?

4. 常见的亚稳状态有哪些?亚稳状态产生的原因是什么?如何防止或消除亚稳状态?

5. 物理吸附与化学吸附本质上有什么不同?会因此造成哪些吸附性质的不同?

6. 常用的描述单分子层吸附的公式有哪些?它们的特点分别是什么?

7. 为什么说溶质在溶液表面的吸附量是一个过剩量?如何计算这一吸附量?

8. 表面活性剂溶液的 cmc 指什么?为什么许多表面活性剂溶液的性质与浓度的关系会在 cmc 前后发生显著变化?

习 题

10.1 在 293.15 K、101.325 kPa 下,把半径为 1×10^{-3} m 的汞滴分散成半径为 1×10^{-9} m 的小汞滴,试求此过程系统表面吉布斯函数变(ΔG)。已知 293.15 K 时汞的表面张力为 0.4865 N·m^{-1}。

答:6.114 J

10.2 计算 373.15 K 时,水中存在的半径为 0.1 μm 的小气泡和空气中存在的半径为 0.1 μm 的小液滴,其弯曲液面下液体承受的附加压力。已知 373.15 K 时水的表面张力为 58.91×10^{-3} N·m^{-1}。

答:1.178×10^3 kPa,1.178×10^3 kPa

10.3 在 293.15 K 时,将直径为 0.1 mm 的玻璃毛细管插入乙醇中。需要在管内加多大的压力才能阻止液面上升?若不加任何压力,平衡后毛细管内液面的高度为多少?已知该温度下乙醇的表面张力为 $22.3×10^{-3}$ N·m^{-1},密度为 789.4 kg·m^{-3},重力加速度为 9.8 m·s^{-2}。设乙醇能很好地润湿玻璃。

答:892 Pa,0.115 m

10.4 水蒸气迅速冷却至 298.15 K 时可达到过饱和状态。已知该温度下水的表面张力为 $71.97×10^{-3}$ N·m^{-1},密度为 997 kg·m^{-3}。当过饱和水蒸气压力为平液面水的饱和蒸气压的 4 倍时,计算:

(1) 开始形成水滴的半径;

(2) 每个水滴中所含水分子的个数。

答:(1) $7.569×10^{-10}$ m;(2) 61 个

10.5 293.15 K 时,水的饱和蒸气压为 2.337 kPa,密度为 998.3 kg·m^{-3},表面张力为 $72.75×10^{-3}$ N·m^{-1}。试计算此温度下,直径为 0.1 μm 的玻璃毛细管中水的饱和蒸气压。设水能够完全润湿玻璃(接触角 $\theta \approx 0°$)。

答:2.287 kPa

10.6 已知 $CaCO_3(s)$ 在 773.15 K 时的密度为 3 900 kg·m^{-3},表面张力为 $1210×10^{-3}$ N·m^{-1},分解压力为 101.325 Pa。若将 $CaCO_3(s)$ 研磨成半径为 30 nm(1nm = 10^{-9}m)的粉末,求其在 773.15 K 时的分解压力。

答:139.8 Pa

10.7 在一定温度下,容器中加入适量的、完全不互溶的某油类和水,将一只半径为 r 的毛细管垂直地固定在油-水界面之间,如习题 10.7 附图(a)所示。已知水能浸润毛细管壁,油则不能。在与毛细管同样性质的玻璃板上,滴上一小滴水,再在水上覆盖上油,这时水对玻璃的润湿角为 θ,如习题 10.7 附图(b)所示。油和水的密度分别用 ρ_O 和 ρ_W 表示,AA' 为油-水界面,油层的深度为 h'。请导出水在毛细管中上升的高度 h 与油-水界面张力 γ^{OW} 之间的定量关系。

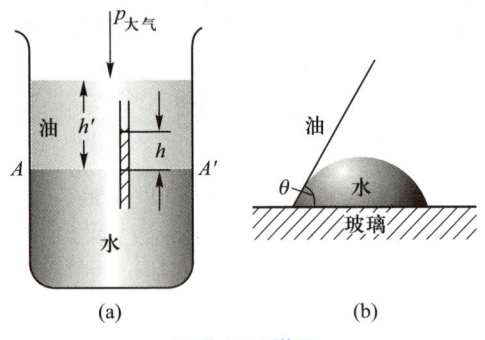

习题 10.7 附图

答:$h = \dfrac{2\gamma^{OW}\cos\theta}{rg(\rho_W - \rho_O)}$

10.8 在 351.45 K 时,用焦炭吸附 NH_3 气,测得如下数据,设 V^a-p 关系符合 $V^a = kp^n$ 方程。

p/kPa	0.7224	1.307	1.723	2.898	3.931	7.528	10.102
V^a/(dm$^3 \cdot$ kg^{-1})	10.2	14.7	17.3	23.7	28.4	41.9	50.1

试求方程式 $V^a = kp^n$ 中的 k 及 n 的数值。

答:$k = 12.5$ dm$^3 \cdot$ kg^{-1},$n = 0.602$

10.9 已知在 273.15 K 时,用活性炭吸附 $CHCl_3$,其饱和吸附量为 93.8 dm$^3 \cdot$ kg^{-1},若 $CHCl_3$ 的分压力为 13.375 kPa,其平衡吸附量为 82.5 dm$^3 \cdot$ kg^{-1}。试求:

(1) 朗缪尔吸附等温式中的 b 值;

(2) $CHCl_3$ 的分压为 6.6672 kPa 时,平衡吸附量为多少?

答:0.545 9 kPa^{-1},73.58 dm$^3 \cdot$ kg^{-1}

10.10 473.15 K 时测定氧在某催化剂表面上的吸附数据。当平衡压力分别为 101.325 kPa 及 1013.25 kPa 时,每千克催化剂表面吸附氧的体积分别为 2.5×10^{-3} m^3 及 4.2×10^{-3} m^3(已换算为标准状况下的体积),假设该吸附作用服从朗缪尔吸附等温式,计算氧的吸附量为饱和吸附量的一半时,平衡压力为多少。

答:82.78 kPa

10.11 77.2 K 时用微球型硅酸铝催化剂吸附 $N_2(g)$,在不同的平衡压力下,测得每千克催化剂所吸附的 $N_2(g)$ 在标准状况下的体积数据如下:

p/kPa	8.699 3	13.639	22.112	29.924	38.910
V^a/(dm$^3 \cdot$ kg^{-1})	115.58	126.3	150.69	166.38	184.42

已知 77.2 K 时 $N_2(g)$ 的饱和蒸气压为 99.125 kPa,每个 N_2 分子的截面积 $a = 16.2 \times 10^{-20}$ m^2。试用 BET 公式计算该催化剂的比表面积。

答:4.792×10^5 m$^2 \cdot$ kg^{-1}

10.12 假设某气体在固体表面上吸附平衡时的压力 p,远远小于该吸附质在相同温度下的饱和蒸气压 p^*。试由 BET 公式:

$$\frac{p}{V^a(p^*-p)} = \frac{1}{cV_m^a} + \frac{c-1}{cV_m^a} \cdot \frac{p}{p^*}$$

导出朗缪尔吸附等温式 $V^a = V_m^a \dfrac{bp}{1+bp}$。

答:(略)

10.13 在 1 373.15 K 时,向某固体材料表面涂银。已知该温度下固体材料的表面张力 $\gamma^s = 965$ mN $\cdot$ m^{-1},Ag(l) 的表面张力 $\gamma^l = 878.5$ mN $\cdot$ m^{-1},固体材料与 Ag(l) 之间的界面张力 $\gamma^{sl} = 1\ 364$ mN $\cdot$ m^{-1}。计算接触角,并判断液态银能否润湿该材料表面。

答:117°;$\theta > 90°$,不能润湿

10.14 293.15 K 时,水的表面张力为 72.75 mN·m^{-1},汞的表面张力为 486.5 mN·m^{-1},汞和水之间的界面张力为 375 mN·m^{-1},试判断水能否在汞的表面上铺展。

答:$S_{H_2O/Hg}>0$,能

10.15 在 291.15 K 的恒温条件下,用骨炭从醋酸的水溶液中吸附醋酸,在不同的平衡浓度下,每千克骨炭吸附醋酸的物质的量如下:

$c/(10^{-3}$ mol·dm$^{-3})$	2.02	2.46	3.05	4.10	5.81	12.8	100	200	500
$n^a/($mol·kg$^{-1})$	0.202	0.244	0.299	0.394	0.541	1.05	3.38	4.03	4.57

将上述数据关系用朗缪尔吸附等温式表示,并求出式中的常数 n_m^a 及 b。

答:5.008 mol,20.83 dm^3·mol^{-1}

10.16 298.15 K 时,将少量的某表面活性物质溶解在水中,当溶液的表面吸附达到平衡后,实验测得该溶液的浓度为 0.20 mol·m^{-3}。用一很薄的刀片快速地刮去已知面积的该溶液的表面薄层,测得在表面薄层中活性物质的吸附量为 3×10^{-6} mol·m^{-2}。已知 298.15 K 时纯水的表面张力为 71.97 mN·m^{-1}。假设在很稀的浓度范围内,溶液的表面张力与溶液的浓度呈线性关系,试计算上述溶液的表面张力。

答:64.53 mN·m^{-1}

10.17 292.15 K 时,丁酸水溶液的表面张力可以表示为 $\gamma=\gamma_0-a\ln(1+bc)$,式中 γ_0 为纯水的表面张力,a 和 b 皆为常数。

(1) 试求该溶液中丁酸的表面吸附量 Γ 和浓度 c 的关系;

(2) 若已知 $a=13.1$ mN·m^{-1},$b=19.62$ dm^3·mol^{-1},试计算当 $c=0.200$ mol·dm^{-3} 时的 Γ 为多少;

(3) 当丁酸的浓度足够大,达到 $bc\gg1$ 时,饱和吸附量 Γ_m 为多少?设此时表面上丁酸呈单分子层吸附,试计算在液面上每个丁酸分子所占的截面积为多少。

答:(1) $\Gamma=\dfrac{abc}{RT(1+bc)}$;(2) 4.298×10^{-6} mol·m^{-2};(3) 5.393×10^{-6} mol·m^{-2},3.08×10^{-19} m^2

第十一章 化学动力学

不论是相变化还是化学变化,既要研究变化的可能性,也要研究变化的速率。变化的方向、限度或平衡等问题,是变化的可能性问题,属于热力学的研究范畴。变化速率及变化的机理,则为化学动力学的研究范畴。

化学动力学研究浓度、压力、温度及催化剂等各种因素对反应速率的影响;还研究反应进行时要经过哪些具体的步骤,即所谓反应的机理。所以,化学动力学是研究化学反应速率和反应机理的学科。

通过化学动力学的研究,可以知道如何控制反应条件,提高主反应的速率,以增加化工产品的产量;可以知道如何抑制或减慢副反应的速率,以减少原料的消耗,减轻分离操作的负担,并提高产品的质量。化学动力学能够提供如何避免危险品的爆炸,材料的腐蚀或产品的老化、变质等方面的知识;还可以为科研成果的工业化进行最优设计和最优控制,为现有生产选择最适宜的操作条件。化学动力学是化学反应工程的主要理论基础之一。

由此可见,化学动力学的研究,不论在理论上还是实践上,都具有重要的意义。

对于化学反应的研究,动力学和热力学是相辅相成的。例如,某未知的化学反应,经热力学研究认为是可能的,但实际进行时反应速率太小,工业生产无法实现,对此,则可以通过动力学研究,降低其反应阻力,加快其反应速率,缩短达到平衡的时间。若热力学研究表明是不可能进行的反应,则没有必要再去研究如何提高反应速率的问题了。但如前所述,过程的可能性与条件有关,有时改变条件可使原条件下热力学上不可能的过程成为可能。

由于化学动力学比热力学复杂得多,所以相对来说,化学动力学还不成熟,许多领域尚有待开发。化学动力学的研究十分活跃,它是进展迅速的学科之一。为了研究方便,在动力学研究中,往往将化学反应分为均相反应与非均相(或多相)反应。在化学动力学基础中着重讨论均相反应,多相反应只作扼要介绍。

本章主要讨论反应速率方程、反应速率与反应机理的关系;简要介绍反应速率理论;然后介绍溶液中的反应、光化学、催化作用等。

§11.1 化学反应的反应速率及速率方程

影响反应速率的基本因素是反应物的浓度和反应的温度。为使问题简化，先研究温度不变时的反应速率与浓度的关系，再研究温度对反应速率的影响。

表示一化学反应的反应速率与浓度等参数间的关系式，或浓度与时间等参数间的关系式，称为化学反应的速率方程式，简称**速率方程**，或称为动力学方程。

本节讨论反应速率与浓度间关系的微分式。将其积分，即可得到浓度与时间的关系式，见§11.2。

1. 反应速率的定义

反应的化学计量式：

$$0 = \sum_{B} \nu_B B$$

只表示初始反应物与最终产物间的计量关系，总的计量式中一般不出现反应中间物。如反应步骤中存在着中间物，而且随反应的进行，中间物的浓度逐渐增加，则此类反应随中间物的逐渐积累，将不符合总的计量式，这类反应称为**依时计量学反应**。若某反应不存在中间物，或虽有中间物，但其浓度甚微可忽略不计，则此类反应的反应物和产物将在整个反应过程中均符合一定的计量关系，这类反应就称为**非依时计量学反应**。

对于非依时计量学反应，反应进度 ξ 由下式定义：

$$\mathrm{d}\xi \xlongequal{\mathrm{def}} \frac{\mathrm{d}n_B}{\nu_B}$$

转化速率 $\dot{\xi}$ 定义为

$$\dot{\xi} \xlongequal{\mathrm{def}} \frac{\mathrm{d}\xi}{\mathrm{d}t} = \frac{1}{\nu_B}\frac{\mathrm{d}n_B}{\mathrm{d}t} \tag{11.1.1}$$

即用单位时间内反应发生的进度来定义**转化速率**，其单位为 $\mathrm{mol \cdot s^{-1}}$。对于非依时计量学反应，转化速率的数值与用来表示速率的组分 B 的选择无关。但与化学计量式的写法有关，故应用定义式(11.1.1)时必须指明化学反应计量式。

反应的转化速率 $\dot{\xi}$ 为广度量，它依赖于反应系统的大小。单位体积的转化速率定义为(基于浓度的)**反应速率**：

$$v \xlongequal{\mathrm{def}} \frac{\dot{\xi}}{V} = \frac{1}{\nu_B V} \cdot \frac{\mathrm{d}n_B}{\mathrm{d}t} \tag{11.1.2}$$

v 为强度量,其单位为 mol·m^{-3}·s^{-1}。同样,此定义与用来表示速率的组分 B 的选择无关,但与化学计量式的写法有关。

对于恒容反应,如密闭反应器中的反应或液相反应,体积 V 为定值,此时 $\mathrm{d}n_\mathrm{B}/V = \mathrm{d}c_\mathrm{B}$($c_\mathrm{B}$[①] $= n_\mathrm{B}/V$ 为组分 B 的浓度),因此有

$$v = \frac{1}{\nu_\mathrm{B}} \cdot \frac{\mathrm{d}c_\mathrm{B}}{\mathrm{d}t} \quad (恒容) \tag{11.1.3}$$

在本章余下的讨论中,如无特别说明,均假定反应在恒容条件下进行。

若将化学计量反应写作

$$-\nu_\mathrm{A}\mathrm{A} - \nu_\mathrm{B}\mathrm{B} - \cdots \longrightarrow \cdots + \nu_\mathrm{Y}\mathrm{Y} + \nu_\mathrm{Z}\mathrm{Z}$$

为了研究的方便,常采用某指定反应物 A 的**消耗速率**,或某指定产物 Z 的**生成速率**来表示反应进行的速率:

A 的消耗速率
$$v_\mathrm{A} = -\frac{1}{V} \cdot \frac{\mathrm{d}n_\mathrm{A}}{\mathrm{d}t} \tag{11.1.4}$$

Z 的生成速率
$$v_\mathrm{Z} = \frac{1}{V} \cdot \frac{\mathrm{d}n_\mathrm{Z}}{\mathrm{d}t} \tag{11.1.5}$$

恒容条件下,上两式化为

A 的消耗速率
$$v_\mathrm{A} = -\frac{\mathrm{d}c_\mathrm{A}}{\mathrm{d}t} \tag{11.1.6}$$

Z 的生成速率
$$v_\mathrm{Z} = \frac{\mathrm{d}c_\mathrm{Z}}{\mathrm{d}t} \tag{11.1.7}$$

反应物不断消耗,$\mathrm{d}n_\mathrm{A}/\mathrm{d}t$ 或 $\mathrm{d}c_\mathrm{A}/\mathrm{d}t$ 为负值,为保持速率为正值,故前面加一负号。需要注意的是对于特定反应,反应速率 v 是唯一确定的,与组分的选择无关,故 v 不需注以下标;而反应物的消耗速率或产物的生成速率均随组分的选择而异,故在易引起混淆时须用下角标注明所选择的组分,如 v_A 或 v_Z。

根据式(11.1.3)有

$$v = \frac{1}{\nu_\mathrm{A}} \cdot \frac{\mathrm{d}c_\mathrm{A}}{\mathrm{d}t} = \frac{1}{\nu_\mathrm{B}} \cdot \frac{\mathrm{d}c_\mathrm{B}}{\mathrm{d}t} = \cdots = \frac{1}{\nu_\mathrm{Y}} \cdot \frac{\mathrm{d}c_\mathrm{Y}}{\mathrm{d}t} = \frac{1}{\nu_\mathrm{Z}} \cdot \frac{\mathrm{d}c_\mathrm{Z}}{\mathrm{d}t}$$

即
$$v = \frac{v_\mathrm{A}}{-\nu_\mathrm{A}} = \frac{v_\mathrm{B}}{-\nu_\mathrm{B}} = \cdots = \frac{v_\mathrm{Y}}{\nu_\mathrm{Y}} = \frac{v_\mathrm{Z}}{\nu_\mathrm{Z}} \tag{11.1.8}$$

因此,各不同物质的消耗速率或生成速率,与各自的化学计量数的绝对值成正

[①] GB 3102.8—93 规定 B 的摩尔浓度 c_B 在化学中也表示成[B]。

比。例如，反应

$$N_2 + 3H_2 \longrightarrow 2NH_3$$

$$-\frac{d[N_2]}{dt} \Big/ 1 = -\frac{d[H_2]}{dt} \Big/ 3 = \frac{d[NH_3]}{dt} \Big/ 2$$

对于恒温恒容气相反应，由于组分的分压与其物质的量成正比，v 和 v_B 也可以分压为基础用相似的方式来定义。为了区别不同定义的反应速率可用下角标 p 来表示。例如：

$$v_p = \frac{1}{\nu_B} \cdot \frac{dp_B}{dt} \quad (\text{恒容}) \tag{11.1.9}$$

以及，A 的消耗速率

$$v_{p,A} = -\frac{dp_B}{dt} \tag{11.1.10}$$

Z 的生成速率

$$v_{p,Z} = \frac{dp_Z}{dt} \tag{11.1.11}$$

同样：

$$v_p = \frac{1}{\nu_A} \cdot \frac{dp_A}{dt} = \frac{1}{\nu_B} \cdot \frac{dp_B}{dt} = \cdots = \frac{1}{\nu_Y} \cdot \frac{dp_Y}{dt} = \frac{1}{\nu_Z} \cdot \frac{dp_Z}{dt} \tag{11.1.12}$$

因为 $p_B = n_B RT/V = c_B RT$，恒温恒容下 $dp_B = RT dc_B$，故有

$$v_p = vRT \tag{11.1.13}$$

该式在气相反应中是常用公式。

2. 基元反应和非基元反应

绝大多数计量反应并非由反应物的原子进行重排一步转化为产物，而是经由一系列原子或分子水平上的反应作用。反应中产生活泼组分并最终完全被消耗，从而不出现在反应计量式中。这种分子水平上的反应作用称为**基元反应**（或**基元过程**）。例如，氢与碘的气相反应，曾一直被认为是氢分子与碘分子经碰撞直接转化为碘化氢分子，即一直将

$$H_2 + I_2 \longrightarrow 2HI$$

作为典型的基元反应的例子。后来光化学实验研究表明反应过程中涉及碘的自由基，而在将 H_2 分子束与 I_2 分子束碰撞的分子束实验中并未发现有反应发生，因而提出该反应是由下列几个简单的反应步骤组成：

① $I_2 + M^0 \longrightarrow I\cdot + I\cdot + M_0$

② $H_2 + I\cdot + I\cdot \longrightarrow HI + HI$

③ $I\cdot + I\cdot + M_0 \longrightarrow I_2 + M^0$

式中 M 代表气体中存在的 H_2 和 I_2 等分子;$I\cdot$ 代表自由碘原子,其中的黑点"·"表示未配对的价电子。在式①中表示 I_2 分子与动能足够高的 M^0 分子相碰撞,发生能量传递而使 I_2 分子中共价键发生均裂产生两个 $I\cdot$ 自由原子和一个能量较小的 M_0 分子;因为自由原子 $I\cdot$ 很活泼,所以如式②所示,它们能与 H_2 分子进行三体碰撞生成两个 HI 分子;这两个 $I\cdot$ 也可能如式③所示,与能量甚低的 M_0 分子相碰撞,将过剩的能量传递给它使之成为能量较高的 M^0 分子后,自己变成稳定的 I_2 分子(自由基复合)。上述每一个简单的反应步骤,都是一个基元反应,而总的反应为非基元反应。

基元反应为组成一切化学反应的基本单元。所谓一个反应的**反应机理**(或**反应历程**)一般是指该反应进行过程中所涉及的所有基元反应。例如,上述三个基元反应就构成了反应 $H_2 + I_2 \longrightarrow 2HI$ 的反应机理。要注意的是,反应机理中各基元反应的代数和应等于总的计量方程,这是判断一个机理是否正确的先决条件。例如,在上面所给反应机理中,不考虑 M(涉及 M 的基元反应为能量传递过程),将方程①乘以 2 与方程②和方程③相加,即得到总的计量方程。这里 2 为基元反应①的计量系数,而基元反应②和基元反应③的计量系数均为 1。此外必须清楚,反应机理中各基元反应是同时进行的,而不是按机理列表的顺序逐步进行反应。

一个化学反应的反应机理不必要列出所有的基元反应,因为某些基元反应对总反应的贡献很小,忽略它们不会导致明显的误差;但同时机理又必须包含足以描述总反应动力学特征的基元反应。

化学反应方程,除非特别注明,一般都属于化学计量方程,而不代表基元反应。例如:

$$N_2 + 3H_2 \longrightarrow 2NH_3$$

就是化学计量方程,它只说明参加反应的各个组分,N_2、H_2 和 NH_3 在反应过程中的量的变化符合方程式系数间的比例关系,即 1:3:2,而不表示一个 N_2 分子与三个 H_2 分子相碰撞直接就生成两个 NH_3 分子。

3. 基元反应的速率方程——质量作用定律

基元反应方程式中各反应物分子个数之和称为**反应分子数**。

经过碰撞而活化的单分子分解反应或异构化反应,为**单分子反应**,例如:

$$A \longrightarrow 产物$$

因为是一个个的活化分子独自进行的反应,所以这种分子在单位体积内的数目

越多(即浓度越大),则单位体积内,单位时间起反应的分子的数量就越多,即反应物的消耗速率与反应物的浓度成正比:

$$v = kc_A$$

双分子反应可分为异类分子间的反应与同类分子间的反应:

$$A + B \longrightarrow 产物$$
$$A + A \longrightarrow 产物$$

两个分子之间要发生反应,则它们必须碰撞,彼此远离是不可能反应的,所以反应速率应与单位体积、单位时间的碰撞数成正比。根据分子运动论,单位体积、单位时间内的碰撞数与反应物浓度的乘积成正比,因此,反应物 A 的消耗速率与浓度乘积成正比。对上述两反应,分别有

$$v = kc_A c_B$$
$$v = kc_A^2$$

以此类推,对于基元反应:

$$aA + bB + \cdots \longrightarrow 产物$$

其速率方程应为

$$v = kc_A^a c_B^b \cdots \tag{11.1.14}$$

就是说基元反应的速率与各反应物浓度的幂乘积成正比,各浓度的方次为反应方程中相应组分计量系数的绝对值($a = |\nu_A|$, $b = |\nu_B|$, $\cdots$),此即为**质量作用定律**。

速率方程中的比例常数 k,称为**反应速率常数**。温度一定,反应速率常数为一定值,与浓度无关。由式(11.1.14)可以看出,反应速率常数代表各有关浓度均为单位浓度时的反应速率。

基元反应的速率常数 k 是该反应的特征基本物理量,该量是可传递的,即其值可用于任何包含该基元反应的气相反应。同一温度下,比较几个反应的 k,可以大略知道它们反应能力的大小,k 越大则反应越快。

基元反应若按反应分子数划分,可分为三类:单分子反应、双分子反应和三分子反应。绝大多数的基元反应为双分子反应;在分解反应或异构化反应中,可能出现单分子反应;三分子反应数目更少,一般只出现在原子复合反应或自由基复合反应中。四个分子同时碰撞在一起的机会极少,所以尚未发现大于三个分子的基元反应。

质量作用定律只适用于基元反应。对于非基元反应,只能对其反应机理中的每一个基元反应应用质量作用定律。如果一物质同时出现在机理中两个或两个以上的基元反应中,则对该物质应用质量作用定律时应当注意:其净的消耗速

率或净的生成速率应是这几个基元反应的总和。

例如,若化学计量反应
$$A+B \longrightarrow Z$$
的反应机理为
$$A+B \xrightarrow{k_1} X$$
$$X \xrightarrow{k_{-1}} A+B$$
$$X \xrightarrow{k_2} Z$$
则有
$$-\frac{dc_A}{dt} = -\frac{dc_B}{dt} = k_1 c_A c_B - k_{-1} c_X$$

$$\frac{dc_X}{dt} = k_1 c_A c_B - k_{-1} c_X - k_2 c_X$$

$$\frac{dc_Z}{dt} = k_2 c_X$$

4. 化学反应速率方程的一般形式,反应级数

不同于基元反应,计量反应的速率方程不能由质量作用定律给出,而必须是符合实验数据的经验表达式,该表达式可采取任何形式。

对于化学计量反应
$$aA + bB + \cdots \longrightarrow \cdots + yY + zZ$$
由实验数据得出的经验速率方程,常常也可写成与式(11.1.14)相类似的幂乘积形式:

$$v = k c_A^{n_A} c_B^{n_B} \cdots \tag{11.1.15}$$

式中各浓度的方次 n_A 和 n_B 等(一般不等于各组分的计量系数的绝对值),分别称为反应组分 A 和 B 等的**反应分级数**,量纲为 1。反应总级数(简称**反应级数**) n 为各组分反应分级数的代数和:

$$n = n_A + n_B + \cdots \tag{11.1.16}$$

如果反应的速率方程不能表示为式(11.1.15)的形式,则反应级数没有定义。

反应级数的大小表示浓度对反应速率影响的程度,级数越大,则反应速率受浓度的影响越大。

反应速率常数 k 的单位为 $(mol \cdot m^{-3})^{1-n} \cdot s^{-1}$,与反应级数有关。

根据式(11.1.8),如果用化学反应中不同物质的消耗速率或生成速率表示反应的速率,则各消耗速率常数或生成速率常数与计量系数及反应的速率常数存在以下关系:

$$\frac{k_A}{|\nu_A|} = \frac{k_B}{|\nu_B|} = \cdots = \frac{k_X}{|\nu_X|} = \frac{k_Z}{|\nu_Z|} = k \quad (11.1.17)$$

如无特别注明,k 表示反应的速率常数。

仍以合成氨反应 $N_2 + 3H_2 \longrightarrow 2NH_3$ 为例,有

$$\frac{k_{N_2}}{1} = \frac{k_{H_2}}{3} = \frac{k_{NH_3}}{2} = k$$

根据反应级数的定义,基元单分子反应为一级反应,双分子反应为二级反应,三分子反应为三级反应。只有这三种情况。

对于非基元反应,① 不能对化学计量式应用质量作用定律,因而不存在反应分子数为几的问题,而只有反应级数。反应分级数、反应级数必须通过实验数据加以确定。② 不同于基元反应,非基元反应的分级数与组分的计量系数无关。③ 反应的分级数(级数)一般为零、整数或半整数(正或负)。④ 对于速率方程不符合式(11.1.15)的反应,如表 11.1.1 中所列的氢与溴的反应,不能应用级数的概念。

表 11.1.1 各反应的速率方程

反应	速率方程
$H_2 + I_2 \longrightarrow 2HI$	$d[HI]/dt = 2k[H_2][I_2]$
$H_2 + Cl_2 \longrightarrow 2HCl$	$d[HCl]/dt = 2k[H_2][Cl_2]^{1/2}$
$H_2 + Br_2 \longrightarrow 2HBr$	$d[HBr]/dt = \dfrac{k[H_2][Br_2]^{1/2}}{1 + k'[HBr]/[Br_2]}$

此外,某些反应,当反应物之一的浓度很大,在反应过程中其浓度基本不变,则表现出的级数将有所改变。如水溶液中酸催化蔗糖(S)水解成葡萄糖和果糖的反应

$$S + H_2O \longrightarrow 产物$$

为二级反应,因此,

$$v = k[H_2O][S]$$

但当蔗糖浓度很小,水的浓度很大而基本上不变时,有

$$v = k'[\text{S}]$$

于是表现为一级反应,这种情况称为假一级反应。式中 $k' = k[\text{H}_2\text{O}]$。

5. 用气体组分的分压表示的速率方程

对于有气体组分参加的 $\sum \nu_\text{B}(\text{g}) \neq 0$ 的化学反应,在恒温恒容下,随着反应的进行,系统的总压必随之而变。这时只要测定系统在不同时间的总压,即可得知反应的进程。

由反应的化学计量式可得出反应过程中某气体组分 A 的分压与系统总压之间的关系。在这种情况下,往往用反应中某组分 A 的分压 p_A 随时间的变化率来表示反应的速率。

若 A 代表反应物,反应为

$$a\text{A} \longrightarrow \text{产物}$$

反应级数为 n,则 A 的消耗速率为

$$-\mathrm{d}c_\text{A}/\mathrm{d}t = k_\text{A} c_\text{A}^n$$

基于分压 A 的消耗速率为

$$-\mathrm{d}p_\text{A}/\mathrm{d}t = k_{p,\text{A}} p_\text{A}^n$$

式中 k_p 为基于分压的反应速率常数,其单位为 $\text{Pa}^{1-n} \cdot \text{s}^{-1}$。

恒温恒容下理想气体反应系统中 A 组分的分压 $p_\text{A} = c_\text{A} RT$,将其代入上式有

$$-(\mathrm{d}c_\text{A}/\mathrm{d}t) RT = k_{p,\text{A}} c_\text{A}^n (RT)^n$$

得

$$-\mathrm{d}c_\text{A}/\mathrm{d}t = k_{p,\text{A}} (RT)^{n-1} c_\text{A}^n$$

对比 $-\mathrm{d}c_\text{A}/\mathrm{d}t = k_\text{A} c_\text{A}^n$ 可知:

$$k_\text{A} = k_{p,\text{A}} (RT)^{n-1} \tag{11.1.18}$$

由此可见,恒温恒容下,$\mathrm{d}c_\text{A}/\mathrm{d}t$ 和 $\mathrm{d}p_\text{A}/\mathrm{d}t$ 均可用来表示气相反应的速率,二者的反应速率常数 k_A 和 $k_{p,\text{A}}$ 间存在如上关系。当反应级数 $n=1$ 时,k_A 和 $k_{p,\text{A}}$ 相等,其他级数时,k_A 和 $k_{p,\text{A}}$ 不相等。同时应看到,不论用 c_A 或用 p_A 随时间的变化率来表示 A 的消耗速率,反应的级数是不变的。

6. 反应速率的测定

由式 $v = k c_\text{A}^{n_\text{A}} c_\text{B}^{n_\text{B}} \cdots$ 可知,要确定一个反应的速率方程,需要监测不同时刻反应物或生成物的浓度。这就需要能够检测反应系统中存在的组分及其含量。反应混合物浓度的测定有化学法和物理法。化学法的关键是将从反应系统中取出的样品通过降温、移去催化剂、稀释、加入能与反应物快速反应的物质等手段使所研究的反应猝灭,再利用滴定、色谱、光谱等分析方法确定反应混合物的组成

及反应组分的浓度。而物理法则是通过测量某一与反应系统组分浓度所联系的物理性质来达到浓度测量的目的。例如,① $\sum \nu_B(g) \neq 0$ 的恒容气相反应,测量系统的总压;② 反应系统体积发生变化的反应,如高分子聚合反应,用膨胀计测量体积随时间的变化;③ 手性化合物参与的反应,测量系统的旋光度;④ 有离子参与的反应,测量反应系统的电导或电导率;⑤ 对产物或反应物在紫外、可见光范围有吸收的反应,测量其吸光率等。物理法的优点在于能对反应进行快速实时的监测。

现代动力学研究中各种现代分析方法被广泛应用:① 气相或液相色谱法,其原理是利用反应混合物各组分在固定相和流动相中的分配系数不同从而对其加以分离、定量(利用峰面积)。对组分的确定常将其与光谱(液体样品)、质谱(气体样品)联用来实现。② 质谱,将样品汽化并用电子束对其加以轰击使之电离。电离的分子及其分解产生的碎片被导入与离子流运动方向相垂直的磁场。这些离子将按质量/电荷(称为质-荷比)分布形成质谱,从而对化合物进行鉴别及确定其相对分子质量。③ 光谱技术,包括微波光谱、红外光谱、拉曼光谱、可见及紫外光谱等。这些光谱谱线的位置(频率)及谱带的精细结构被用于化合物的鉴别,谱线的强度用于确定化合物的浓度,而谱线的宽度则可用于过渡态及激发态的确定。④ 核磁共振谱,用于核自旋量子数为 1/2 的核如 ^1H、^{13}C 等。当这些核处于磁场中时,其简并的自旋能级发生分裂,用垂直于该磁场的微波照射样品使核自旋发生跃迁而产生光谱。谱线的位置(化学位移)依赖于核所处的化学环境,而谱线的分裂则反映了相邻核之间的耦合。核磁共振谱主要用于化合物的鉴别。⑤ 电子自旋共振谱,同核一样电子具有自旋,其有两个简并的自旋量子态($m_s = \pm 1/2$)。同核磁共振一样,电子的自旋量子态在磁场中被分裂,然后用微波使其激发跃迁而产生电子自旋共振谱。该谱对于含有未配对电子的分子(自由基)是极其重要的检测手段。这些方法不仅用于实时监测反应系统组分浓度随时间的变化,而且由于其能够精确地检测反应系统中微量的中间体,在反应机理的研究中起着关键性的作用。

§11.2 速率方程的积分形式

一定温度下的速率方程,在一般情况下是联系浓度-时间的函数关系的方程。上节讨论的速率方程

$$v = k c_A^{n_A} c_B^{n_B} \cdots$$

是速率方程的微分形式。这种微分形式的方程便于进行理论分析,因为由机理导出的速率方程就是微分形式。同时微分形式还能明显地表示出浓度对反应速

率的影响。但是动力学研究中实验测定的是浓度随时间的变化,而且在实际应用时,常常需要知道:在指定的时间内某反应组分的浓度将变为若干?或者要达到一定的转化率需要反应多长时间?这就须将速率方程转化为积分形式,积分形式即 c_A 与 t 的函数关系式。下面对速率方程 $v = kc_A^{n_A} c_B^{n_B} \cdots$ 进行积分,并主要从 k 的单位、浓度与时间之间的函数关系及半衰期与浓度的关系三个方面分别讨论它们的动力学特征。

1. 零级反应

对于反应 $\quad\quad\quad\quad A \longrightarrow 产物$

若反应的速率与反应物 A 浓度的零次方成正比,该反应即为零级反应:

$$-\frac{dc_A}{dt} = kc_A^0 = k \quad\quad (11.2.1)$$

零级反应实际是反应速率与反应物浓度无关的反应,也就是说,不管 A 的浓度为若干,单位时间内 A 发生反应的数量是恒定的。一些光化学反应只与照射光的强度有关,光的强度保持恒定则为等速反应,反应速率并不随反应物的浓度变小而有所变化,所以是零级反应。

由式(11.2.1)可知,零级反应的速率常数 k 的物理意义是单位时间内 A 的浓度减少的量,其单位与 v_A 相同,为 $mol \cdot m^{-3} \cdot s^{-1}$。

将式(11.2.1)积分:

$$-\int_{c_{A,0}}^{c_A} dc_A = k \int_0^t dt$$

得 $\quad\quad\quad\quad c_{A,0} - c_A = kt \quad\quad (11.2.2)$

式中 $c_{A,0}$ 为反应开始($t=0$)时反应物 A 的浓度,即 A 的初始浓度;c_A 为反应至某一时刻 t 时反应物 A 的浓度。

可见零级反应,$c_A - t$ 呈直线关系,见图 11.2.1。

反应物反应掉一半所需要的时间定义为反应的**半衰期**,以符号 $t_{1/2}$ 表示。将 $c_A(t_{1/2}) = c_{A,0}/2$ 代入式(11.2.2),得零级反应的半衰期为

$$t_{1/2} = \frac{c_{A,0}}{2k} \quad\quad (11.2.3)$$

此式表明零级反应的半衰期正比于反应物的初始浓度。

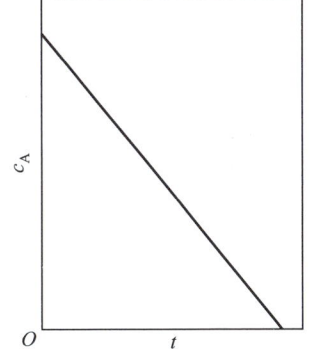

图 11.2.1 零级反应的直线关系

2. 一级反应

对于反应
$$aA \longrightarrow 产物$$
若反应的速率与反应物 A 浓度的一次方成正比,该反应即为一级反应:

$$v = -\frac{1}{a}\frac{dc_A}{dt} = kc_A$$

或
$$-\frac{dc_A}{dt} = k_A c_A \tag{11.2.4}$$

式中 $k_A = ak$。单分子基元反应为一级反应;一些物质的分解反应,即使不是基元反应往往也表现为一级反应;一些放射性元素的蜕变,如镭的蜕变 $Ra \longrightarrow Rn + He$,也可以认为是一级反应,因为每一瞬间的蜕变速率是与当时存在的物质的量成正比的。

式(11.2.4)可以写作 $-(dc_A/c_A)/dt = k_A$,式中 $-dc_A/c_A$ 为 dt 时间内反应物 A 反应掉的分数,比值 $-(dc_A/c_A)/dt$ 与反应物浓度无关,它表示单位时间内反应物 A 反应掉的分数,这就是一级反应中 k_A 的物理意义。一级反应 k_A 的单位为 s^{-1}。

将式(11.2.4)积分:

$$-\int_{c_{A,0}}^{c_A} \frac{dc_A}{c_A} = k_A \int_0^t dt$$

得一级反应的积分形式:

$$\ln\frac{c_{A,0}}{c_A} = k_A t \tag{11.2.5a}$$

即
$$\ln c_A = -k_A t + \ln c_{A,0} \tag{11.2.5b}$$

或
$$c_A = c_{A,0} e^{-k_A t} \tag{11.2.5c}$$

式(11.2.5b)表明一级反应 $\ln c_A$-t 呈直线关系[①],如图 11.2.2 所示。

做例题及练习时常用两组数据由式(11.2.5a)求取 k_A,这样做只是为了讨论问题方便而做的简化,在实际研究工作中则须由实验测

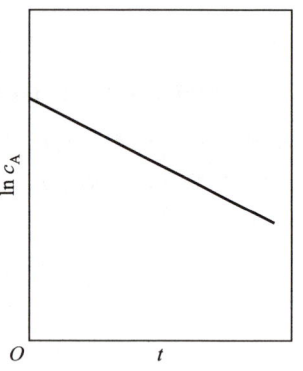

图 11.2.2 一级反应的直线关系

[①] 科学工作中线性关系要更加容易处理和更精确:其斜率很明确,而且截距也更精确。此外,与曲线相比,利用直线图使得区别系统误差与随机误差更为简单。

定一系列不同时刻 t 时反应物 A 的浓度 c_A，作 $\ln c_A$-t 图，并对实验数据 $(t, \ln c_A)$ 进行线性回归以求得 k_A 值。

在应用式(11.2.5)时，采用反应物 A 的转化率常常为问题的处理带来简化。某一时刻反应物 A 反应掉的分数称为该时刻反应物 A 的转化率 x_A，即

$$x_A \stackrel{\text{def}}{=\!=\!=} \frac{c_{A,0} - c_A}{c_{A,0}} \tag{11.2.6}$$

将 $c_A = c_{A,0}(1-x_A)$ 代入式(11.2.5a)，得

$$\ln \frac{1}{1-x_A} = k_A t \tag{11.2.7}$$

这是一级反应速率方程积分式的另一形式，为常用公式。

将 $c_A = c_{A,0}/2$ 代入式(11.2.5a)，或将 $x_A = 1/2$ 代入式(11.2.7)，可以得到一级反应的半衰期：

$$t_{1/2} = \frac{\ln 2}{k_A} = \frac{0.693\ 1}{k_A} \tag{11.2.8}$$

可见一级反应的半衰期与反应物的初始浓度无关。

例 11.2.1 N_2O_5 在惰性溶剂四氯化碳中的分解反应是一级反应：

$$N_2O_4(溶液)$$
$$\Updownarrow$$
$$N_2O_5(溶液) \longrightarrow 2NO_2(溶液) + \frac{1}{2}O_2(g)$$

分解产物 NO_2 和 N_2O_4 都溶于溶液中，而 O_2 则逸出，在恒温恒压下，用量气管测定 O_2 的体积，以确定反应的进程。

在 40 ℃时进行实验。当 O_2 的体积为 10.75 cm³ 时开始计时($t=0$)。当 $t=2\ 400$ s 时，O_2 的体积为 29.65 cm³，经过很长时间，N_2O_5 分解完毕时($t=\infty$)，O_2 的体积为 45.50 cm³。试根据以上数据求此反应的速率常数和半衰期。

解：以 A 代表 N_2O_5，Z 代表 $O_2(g)$。一级反应 $k_A = \frac{1}{t}\ln\frac{c_{A,0}}{c_A}$，代入 t 和 $c_{A,0}/c_A$ 数据即可求得 k_A。现实验测量的是产物 $O_2(g)$ 在 T、p 下的体积，故要用不同时刻 $O_2(g)$ 的体积来表示 $c_{A,0}/c_A$。假设 $O_2(g)$ 可视为理想气体，在开始记时时其物质的量为 $n_{Z,0}$。

各不同 t 时，N_2O_5、$O_2(g)$ 的物质的量及 $O_2(g)$ 的体积如下：

$$N_2O_4(溶液)$$
$$\Updownarrow$$
$$N_2O_5(溶液) \longrightarrow 2NO_2(溶液) + \frac{1}{2}O_2(g)$$

$t=0$	$n_{A,0}$	$V_0 = n_{Z,0}RT/p$
$t=t$	n_A	$V_t = \left[n_{Z,0} + \frac{1}{2}(n_{A,0}-n_A)\right]RT\big/p$
$t=\infty$	0	$V_\infty = \left(n_{Z,0} + \frac{1}{2}n_{A,0}\right)RT\big/p$

对比 $V_0 、 V_t 、 V_\infty$ 得知 $V_\infty - V_0 = \frac{1}{2}n_{A,0}RT/p$ 及 $V_\infty - V_t = \frac{1}{2}n_A RT/p$,因溶液体积不变,故 $\dfrac{c_{A,0}}{c_A} = \dfrac{n_{A,0}}{n_A} = \dfrac{V_\infty - V_0}{V_\infty - V_t}$。所以

$$k_A = \frac{1}{t}\ln\frac{V_\infty - V_0}{V_\infty - V_t}$$

将题给数据代入上式,即得到反应速率常数和半衰期:

$$k_A = \frac{1}{2\,400}\ln\frac{45.50-10.75}{45.50-29.65} = 3.271\times10^{-4}\,\text{s}^{-1}$$

$$t_{1/2} = \frac{\ln 2}{k_A} = \frac{0.693\,1}{3.271\times10^{-4}\,\text{s}^{-1}} = 2\,119\text{ s}$$

3. 二级反应

对于反应

$$aA \longrightarrow 产物$$

或

$$aA + bB \longrightarrow 产物$$

若反应的速率与 A 的浓度的平方成正比,或与 A 和 B 的浓度的乘积成正比,则其为二级反应。

$$v = -\frac{1}{a}\frac{dc_A}{dt} = kc_A^2$$

及

$$v = -\frac{1}{a}\frac{dc_A}{dt} = -\frac{1}{b}\frac{dc_B}{dt} = kc_A c_B$$

为二级反应最常见的速率方程的形式。例如,碘化氢气体的热分解,乙烯(丙烯、异丁烯等)的气相二聚作用,氢气与碘蒸气化合成碘化氢,水溶液中乙酸乙酯的皂化反应等均为二级反应。二级反应是最常遇到的反应。

(1)一种反应物的情形

$$aA \longrightarrow 产物$$

速率方程为

$$-\frac{dc_A}{dt}=akc_A^2=k_A c_A^2 \qquad (11.2.9)$$

积分式(11.2.9):

$$-\int_{c_{A,0}}^{c_A}\frac{dc_A}{c_A^2}=k_A\int_0^t dt$$

得积分式

$$\frac{1}{c_A}-\frac{1}{c_{A,0}}=k_A t \qquad (11.2.10)$$

二级反应 k 的单位为 $m^3 \cdot mol^{-1} \cdot s^{-1}$。

从式(11.2.10)可知,二级反应的 $1/c_A$-t 呈直线关系,如图 11.2.3 所示。

根据反应物 A 的转化率 x_A 的定义式(11.2.6),将 $c_A = c_{A,0}(1-x_A)$ 代入式(11.2.10)可得

$$\frac{1}{c_{A,0}}\cdot\frac{x_A}{1-x_A}=k_A t \qquad (11.2.11)$$

这是二级反应速率方程积分式的另一形式。

将 $c_A = c_{A,0}/2$ 代入式(11.2.10),或将 $x_A = 1/2$ 代入式(11.2.11)可得

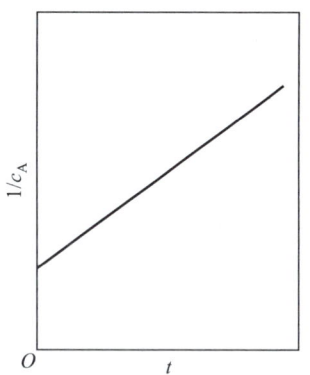

图 11.2.3　二级反应的直线关系

$$t_{1/2}=\frac{1}{k_A c_{A,0}} \qquad (11.2.12)$$

即二级反应的半衰期与反应物的初始浓度成反比。

(2) 两种反应物的情形

$$aA + bB \longrightarrow 产物$$

速率方程为

$$v=-\frac{1}{a}\frac{dc_A}{dt}=kc_A c_B \qquad (11.2.13)$$

① 首先考虑 $c_{B,0}/c_{A,0}=b/a$,即反应物 A、B 的初始浓度之比等于其计量系数之比的特殊情况。这种情况下在反应的任何时刻 t 都有 $c_B/c_A=b/a$。将之代入式(11.2.13),可得

$$-\frac{dc_A}{dt}=\frac{b}{a}akc_A^2=bkc_A^2=k_B c_A^2$$

或
$$-\frac{dc_B}{dt} = \frac{a}{b} bkc_B^2 = akc_B^2 = k_A c_B^2$$

积分结果同式(11.2.10)。但要注意，应用式(11.2.10)求出的是 k_B 而非 k_A，两者之间的关系为 $k_B/k_A = b/a$。

显然，上述做法具有一般性。对反应计量方程
$$aA + bB + \cdots \longrightarrow 产物$$
如果其速率方程具有形式
$$-\frac{dc_A}{dt} = k_A c_A^{n_A} c_B^{n_B} \cdots$$

反应开始时总可以控制投料比使得 $c_{A,0}/a = c_{B,0}/b = \cdots$，即各反应组分的初始浓度与其计量系数之比相等，在这种情况下，上式化简为
$$-\frac{dc_A}{dt} = k_A' c_A^n$$

式中 $n = n_A + n_B + \cdots$ 为反应的级数。该式可方便地进行积分，详见下面对 n 级反应的讨论。

② 在 $c_{B,0}/c_{A,0} \neq b/a$ 的一般情况下，设 A 和 B 的初始浓度分别为 $c_{A,0}$ 和 $c_{B,0}$，在任何时刻 A 和 B 的消耗量与它们的计量系数成正比，即
$$\frac{c_{A,0} - c_A}{c_{B,0} - c_B} = \frac{a}{b}$$

解得 $c_B = a^{-1} b c_A + (c_{B,0} - a^{-1} b c_{A,0})$，将之代入速率方程(11.2.13)，得
$$-\frac{dc_A}{dt} = akc_A [a^{-1} b c_A + (c_{B,0} - a^{-1} b c_{A,0})]$$

即
$$-\frac{dc_A}{c_A [a^{-1} b c_A + (c_{B,0} - a^{-1} b c_{A,0})]} = akdt$$

对上式积分得[①]
$$\frac{1}{ac_{B,0} - bc_{A,0}} \ln \frac{c_B/c_{B,0}}{c_A/c_{A,0}} = kt \tag{11.2.14a}$$

[①] 积分 $\int \frac{1}{x(qx+s)} dx$，由于 $\frac{1}{x(qx+s)} = \frac{1}{s} \left(\frac{1}{x} - \frac{q}{qx+s} \right)$，故 $\int \frac{1}{x(qx+s)} dx = \frac{1}{s} \int \left(\frac{1}{x} - \frac{q}{qx+s} \right) dx = \frac{1}{s} \ln \frac{x}{qx+s}$（舍去了积分常数）。

式(11.2.14a)中如果令 $c_X = c_{A,0} - c_A$，即 c_X 为在时刻 t 反应物 A 消耗的浓度，则 $c_A = c_{A,0} - c_X$。由于反应按计量方程进行，此时反应物 B 消耗掉的浓度为 $(b/a)c_X$，所以 $c_B = c_{B,0} - (b/a)c_X$。将 c_A 和 c_B 代入式(11.2.14a)，并整理得

$$\frac{1}{ac_{B,0} - bc_{A,0}} \ln \frac{c_{A,0}(ac_{B,0} - bc_X)}{ac_{B,0}(c_{A,0} - c_X)} = kt \qquad (11.2.14b)$$

例 11.2.2 400 K 时，在一恒容的抽空容器中，按化学计量比引入反应物 A(g) 和 B(g)，进行如下气相反应：

$$A(g) + 2B(g) \longrightarrow Z(g)$$

测得反应开始时，容器内总压为 3.36 kPa，反应进行 1 000 s 后总压降至 2.12 kPa。已知 A(g)、B(g) 的反应分级数分别为 0.5 和 1.5，求反应速率常数 $k_{p,A}$、k_A 及半衰期 $t_{1/2}$。

解： 以反应物 A 表示的速率方程为

$$-dc_A/dt = k_A c_A^{0.5} c_B^{1.5}$$

由于实验测量的是压力，故采用基于分压的速率方程：

$$-dp_A/dt = k_{p,A} p_A^{0.5} p_B^{1.5}$$

根据题给数据，初始时 A、B 的物质的量存在关系 $n_{B,0} = 2n_{A,0}$，故初始分压 $p_{B,0} = 2p_{A,0}$。由于 A、B 的初始压力之比等于其计量系数之比，因此在反应的任一时刻都有 $p_B = 2p_A$。于是

$$-dp_A/dt = k_{p,A} p_A^{0.5} (2p_A)^{1.5} = 2^{1.5} k_{p,A} p_A^2 = k'_{p,A} p_A^2$$

积分式为

$$\frac{1}{p_A} - \frac{1}{p_{A,0}} = k'_{p,A} t$$

以 p_0 代表 $t=0$ 时的总压，p_t 代表时刻 t 时的总压，则不同时刻各组分的分压及总压如下：

	A(g)	+ 2B(g)	$\longrightarrow$ Z(g)	
$t=0$	$p_{A,0}$	$2p_{A,0}$	0	$p_0 = 3p_{A,0}$
$t=t$	p_A	$2p_A$	$p_{A,0} - p_A$	$p_t = 2p_A + p_{A,0}$

于是求得

$$p_{A,0} = p_0/3 = 3.36 \text{ kPa}/3 = 1.12 \text{ kPa}$$

$t = 1\ 000$ s 时，

$$p_A = \frac{p_t - p_{A,0}}{2} = \frac{2.12 \text{ kPa} - 1.12 \text{ kPa}}{2} = 0.5 \text{ kPa}$$

因此

$$k'_{p,A} = \frac{1}{t}\left(\frac{1}{p_A} - \frac{1}{p_{A,0}}\right) = \frac{1}{1\ 000 \text{ s}}\left(\frac{1}{0.5 \text{ kPa}} - \frac{1}{1.12 \text{ kPa}}\right)$$

$$= 1.107 \times 10^{-3} \text{ kPa}^{-1} \cdot \text{s}^{-1}$$

$$k_{p,A} = \frac{k'_{p,A}}{2^{1.5}} = \frac{1.107 \times 10^{-3} \text{ kPa}^{-1} \cdot \text{s}^{-1}}{2^{1.5}} = 3.914 \times 10^{-4} \text{ kPa}^{-1} \cdot \text{s}^{-1}$$

根据式(11.1.18) $k = k_p(RT)^{n-1}$，基于浓度表示的反应速率常数为

$$k_A = k_{p,A}(RT)^{n-1} = 3.914\times 10^{-4} \text{ kPa}^{-1}\cdot \text{s}^{-1}\times 8.314 \text{ J}\cdot \text{mol}^{-1}\cdot \text{K}^{-1}\times 400 \text{ K}$$
$$= 1.302 \text{ dm}^3\cdot \text{mol}^{-1}\cdot \text{s}^{-1}$$

根据半衰期的定义

$$t_{1/2} = \frac{1}{k'_{p,A}p_{A,0}} = \frac{1}{1.107\times 10^{-3} \text{ kPa}^{-1}\cdot \text{s}^{-1}\times 1.12 \text{ kPa}} = 807 \text{ s}$$

本题亦可基于浓度来求解

$$c_{A,0} = \frac{p_{A,0}}{RT} = 3.368\times 10^{-4} \text{ mol}\cdot \text{dm}^{-3}, c_A = \frac{p_A}{RT} = 1.503\times 10^{-4} \text{ mol}\cdot \text{dm}^{-3}, 则$$

$$k'_A = 2^{1.5}k_A = \frac{1}{t}\left(\frac{1}{c_A} - \frac{1}{c_{A,0}}\right) = 3.682 \text{ dm}^3\cdot \text{mol}^{-1}\cdot \text{s}^{-1}$$

$$k_A = \frac{k'_A}{2^{1.5}} = 1.302 \text{ dm}^3\cdot \text{mol}^{-1}\cdot \text{s}^{-1}$$

$$k_{p,A} = k_A(RT)^{1-n} = 3.914\times 10^{-4} \text{ kPa}^{-1}\cdot \text{s}^{-1}$$

$$t_{1/2} = \frac{1}{k'_A c_{A,0}} = 807 \text{ s}$$

4. n 级反应

在 n 级反应的诸多形式中,只考虑最简单的情况:

$$-\frac{\mathrm{d}c_A}{\mathrm{d}t} = k_A c_A^n \tag{11.2.15}$$

此式应用于①只有一种反应物:

$$a\text{A} \longrightarrow \text{产物}$$

② 反应物浓度符合化学计量比 $c_A/a = c_B/b = \cdots$ 的多种反应物的如下反应:

$$a\text{A} + b\text{B} + \cdots \longrightarrow \text{产物}$$

方程式中反应级数可以为除 1 外的整数 $0,2,3,\cdots$,也可以为分数 $1/2, 3/2, \cdots$。

式(11.2.15)可以直接积分:

$$-\int_{c_{A,0}}^{c_A} \frac{\mathrm{d}c_A}{c_A^n} = k_A \int_0^t \mathrm{d}t$$

得

$$\frac{1}{n-1}\left(\frac{1}{c_A^{n-1}} - \frac{1}{c_{A,0}^{n-1}}\right) = k_A t \quad \text{①} \tag{11.2.16}$$

---

① 该积分式不适用于一级反应,一级反应速率方程的积分式为式(11.2.5a)。

k 的单位为 $(mol \cdot m^{-3})^{1-n} \cdot s^{-1}$。$1/c_A^{n-1}$-$t$ 呈直线关系。

将 $c_A = c_{A,0}/2$ 代入式(11.2.16),整理可得半衰期:

$$t_{1/2} = \frac{2^{n-1} - 1}{(n-1)k_A c_{A,0}^{n-1}} \quad n \neq 1 \tag{11.2.17}$$

半衰期与 $c_{A,0}^{n-1}$ 成反比。

5. 小结

将符合通式 $-dc_A/dt = k_A c_A^n$,且 $n=0,1,2,3,n$ 的动力学方程积分式及动力学特征,即 k_A 的单位、直线关系、半衰期与初始浓度的关系,列于表 11.2.1。

表 11.2.1 符合通式 $-dc_A/dt = k_A c_A^n$ 的各级反应的速率方程及其特征

级数	速率方程		特征		
	微分式	积分式	k_A 的单位	直线关系	$t_{1/2}$
0	$-\dfrac{dc_A}{dt} = k_A$	$c_{A,0} - c_A = k_A t$	$mol \cdot m^{-3} \cdot s^{-1}$	c_A-t	$\dfrac{c_{A,0}}{2k_A}$
1	$-\dfrac{dc_A}{dt} = k_A c_A$	$\ln\dfrac{c_{A,0}}{c_A} = k_A t$	s^{-1}	$\ln c_A$-t	$\dfrac{\ln 2}{k_A}$
2	$-\dfrac{dc_A}{dt} = k_A c_A^2$	$\dfrac{1}{c_A} - \dfrac{1}{c_{A,0}} = k_A t$	$(mol \cdot m^{-3})^{-1} \cdot s^{-1}$	$\dfrac{1}{c_A}$-t	$\dfrac{1}{k_A c_{A,0}}$
3	$-\dfrac{dc_A}{dt} = k_A c_A^3$	$\dfrac{1}{2}\left(\dfrac{1}{c_A^2} - \dfrac{1}{c_{A,0}^2}\right) = k_A t$	$(mol \cdot m^{-3})^{-2} \cdot s^{-1}$	$\dfrac{1}{c_A^2}$-t	$\dfrac{3}{2k_A c_{A,0}^2}$
n	$-\dfrac{dc_A}{dt} = k_A c_A^n$	$\dfrac{1}{n-1}\left(\dfrac{1}{c_A^{n-1}} - \dfrac{1}{c_{A,0}^{n-1}}\right) = k_A t$	$(mol \cdot m^{-3})^{1-n} \cdot s^{-1}$	$\dfrac{1}{c_A^{n-1}}$-t	$\dfrac{2^{n-1}-1}{(n-1)k_A c_{A,0}^{n-1}}$

§ 11.3 速率方程的确定

§11.1 中指出,动力学实验通常测定反应组分的浓度(有气体组分时常用其分压)随时间的变化。确定速率方程就是要确定反应速率对组分浓度的依赖关系,而这种依赖关系可以很复杂,如对反应 $H_2 + Br_2 \longrightarrow 2HBr$,其速率方程不仅与反应物浓度有关,还与产物 HBr 的浓度 [HBr] 有关。本章只讨论速率方程为

$$v = -\frac{1}{a}\frac{dc_A}{dt} = kc_A^{n_A} c_B^{n_B} \cdots \tag{11.1.15}$$

的情况。首先研究式(11.1.15)的最简单形式 $v = kc_A^n$，对于一般的情况，实验上采取初始速率法及隔离法将其化为最简形式加以研究。

1. 尝试法

尝试法(或试差法)是看某一化学反应的 c_A 与 t 之间的关系适合于哪一级的速率方程积分式，从而确定该反应的反应级数。

(1) 将实验数据 $[(t_i, c_{A,i}), i=1,2,\cdots]$ 中的每一点代入各级速率方程积分式，求出反应速率常数 k_i。若对应于某一级速率方程求得的 $k_i(i=1,2,\cdots)$ 近似相等，则可认为该速率方程的级数即为所研究反应的反应级数。

(2) 利用各级反应速率方程积分形式的线性关系来确定反应的级数。该方法对实验所得到的数据 $[(t_i, c_{A,i}), i=1,2,\cdots]$ 分别作 $\ln c_A$-t ($n=1$) 图，及 $1/c_A^{n-1}$-t ($n\neq 1$) 图，呈现出线性关系的图对应于正确的速率方程。反应速率常数通过直线的斜率得到。由于二级反应最为常见，通常首先尝试 $1/c_A$-t 图。

例 11.3.1 气体 1,3-丁二烯在较高温度下能进行二聚反应：

$$2C_4H_6(g) \longrightarrow C_8H_{12}(g)$$

将 1,3-丁二烯放在 326 ℃的容器中，不同时间测得系统的总压 p 如下：

t/min	8.02	12.18	17.30	24.55	33.00	42.50	55.08	68.05	90.05	119.00
p/kPa	79.90	77.88	75.63	72.89	70.36	67.90	65.35	63.27	60.43	57.69

实验开始时($t=0$)，1,3-丁二烯在容器中的压力是 84.25 kPa。试求反应级数及反应速率常数。

解：由于所给数据为系统的总压，需要求取 1,3-丁二烯的分压：

$$2C_4H_6(g) \longrightarrow C_8H_{12}(g)$$

$t=0$ $p_{A,0}$ 0 $p_0 = p_{A,0}$

$t=t$ p_A $\frac{1}{2}(p_{A,0}-p_A)$ $p = \frac{1}{2}(p_{A,0}+p_A)$

故得 $p_A = 2p - p_{A,0}$。反应时间 t 时系统中 A 的分压 p_A 列于表 11.3.1。

表 11.3.1 不同时间 1,3-丁二烯的分压

t/min	0	8.02	12.18	17.30	24.55	33.00	42.50	55.08	68.05	90.05	119.00
p_A/kPa	84.25	75.55	71.51	67.01	61.53	56.47	51.55	46.45	42.29	36.61	31.13

按 0, 0.5, 1, 2 级反应的线性关系作图(见图 11.3.1)。

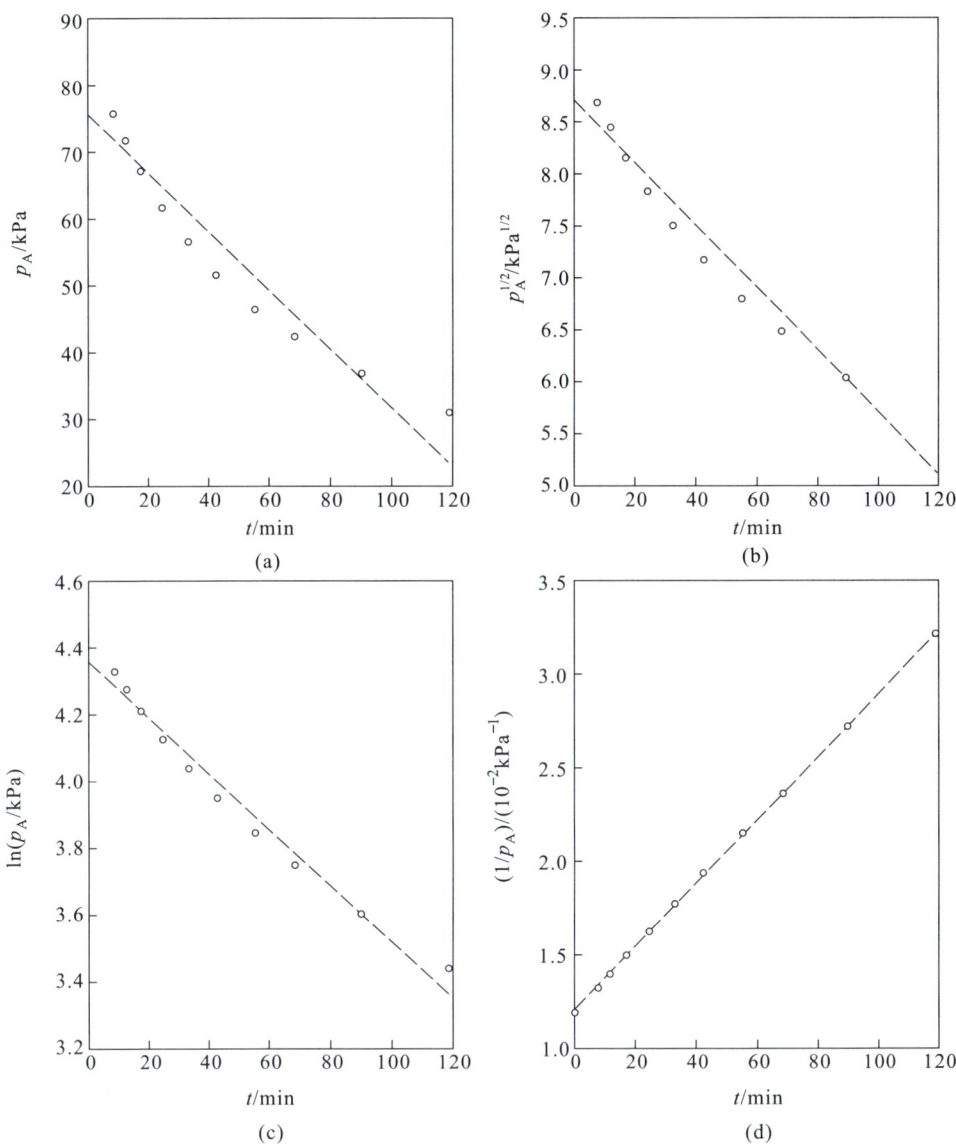

图 11.3.1　1,3-丁二烯的分压 p_A，$p_A^{1/2}$，$\ln p_A$ 及 $1/p_A$ 与时间 t 的关系

易于看出，$1/p_A$ 与时间 t 呈很好的直线关系，因此该反应为二级反应。速率方程为

$$\frac{1}{p_A} - \frac{1}{p_{A,0}} = k_A t$$

将 $(t, 1/p_A)$ 作线性回归，得到回归直线的斜率为 1.704×10^{-4} $\text{kPa}^{-1} \cdot \text{min}^{-1}$，此即为 1,3-丁二烯二聚反应的速率常数：$k_{p,A} = 1.704 \times 10^{-4}$ $\text{kPa}^{-1} \cdot \text{min}^{-1}$。

分析上面的例子可知,当实验进行的时间较短,即 1,3-丁二烯的转化率较小时,各级反应均呈直线关系,从而不能对各级反应加以区分。事实上,要成功应用尝试法确定反应的速率方程,反应至少要进行 60%。

2. 半衰期法

$n(n\neq 1)$ 级反应的半衰期为

$$t_{1/2} = \frac{2^{n-1}-1}{(n-1)k_A c_{A,0}^{n-1}} \tag{11.2.17}$$

将式(11.2.17)取对数,则

$$\ln t_{1/2} = \ln \frac{2^{n-1}-1}{(n-1)k_A} + (1-n)\ln c_{A,0} \tag{11.3.1}$$

设反应在两不同初始浓度(其他条件相同)$c'_{A,0}$ 和 $c''_{A,0}$ 时所对应的半衰期分别为 $t'_{1/2}$ 和 $t''_{1/2}$,由式(11.3.1)易于得到反应的级数 n:

$$n = 1 - \frac{\ln(t''_{1/2}/t'_{1/2})}{\ln(c''_{A,0}/c'_{A,0})} \tag{11.3.2}$$

研究工作中需要测得一系列的 $(c_{A,0}, t_{1/2})$ 数据,利用式(11.3.1)所示的 $\ln c_{A,0}$-t 线性关系对实验数据进行线性回归,直线的斜率即为 $(1-n)$。

实际上,要得到 $(c_{A,0}, t_{1/2})$ 数据并不需要通过改变初始浓度重复进行多次实验,只需要进行一次动力学实验,由实验所得的 c_A-t 图上可方便地得到一系列的 $(c_{A,0}, t_{1/2})$ 数据。仍以 1,3-丁二烯二聚反应为例。

例 11.3.2 利用表 11.3.1 所列气相 1,3-丁二烯二聚反应的试验数据,应用半衰期法确定反应级数。

解: 同例 11.3.1,首先求出不同反应时间 1,3-丁二烯分压并作 p_A-t 图(见图 11.3.2)。将数据点用 B-样条函数平滑(绘图软件如 Origin、Sigma Plot 等均提供此功能)。

在曲线上任取一点 $(t_1, p_{A,1})$,找到压力为 $p_{A,1}/2$ 的另一点 $(t_2, p_{A,1}/2)$,把 $p_{A,1}$ 看作初始压力,则 (t_2-t_1) 即为初始压力为 $p_{A,1}$ 时的半衰期。如图中的 a 点,当压力降为其一半时对应图中的 a' 点,半衰期为 $(68.58-0)$ min = 68.58 min;b 点处 p_A = 70 kPa,这是反应进行 13.84 min 时 A 组分的分压。当 p_A 降至 70 kPa/2 = 35 kPa,反应进行了 97.87 min(对应于图中的 b' 点),p_A 从 70 kPa 降至 35 kPa 用时 $(97.87-13.84)$ min = 84.03 min。显然,此即为初始压力 $p_{A,0}$ = 70 kPa 时反应的半衰期。应用半衰期法应注意 ① 图上所取的压力 $p_{A,1} \leq 2p_{\min}$,$p_{\min}$ 为实验数据中压力的最小值;② 所取的点要尽量使 $(p_{A,0}, t_{1/2})$ 数据分布均匀。

题中初始压力及其所对应的半衰期列表如下:

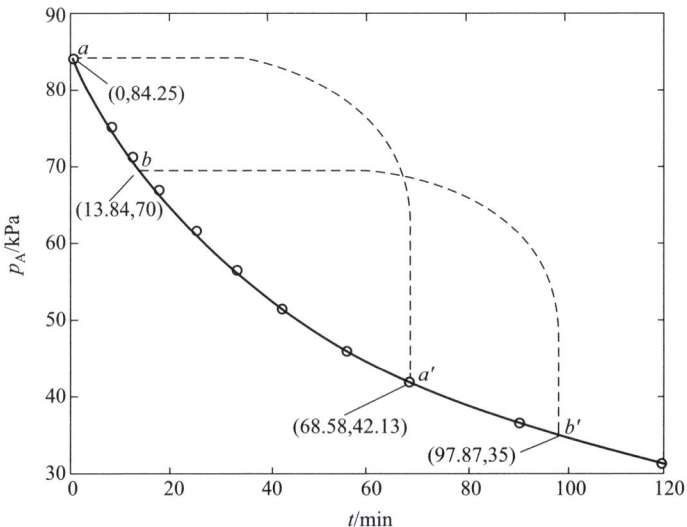

图 11.3.2　由气相 1,3-丁二烯二聚反应的 p_A-t 图求半衰期

p_A/kPa	84.25	80	76	72	68	64	62
$t_{1/2}$/min	68.58	72.45	76.52	81.16	86.41	92.55	95.97

绘制 $\ln t_{1/2}$-$\ln p_A$ 图(见图 11.3.3)。

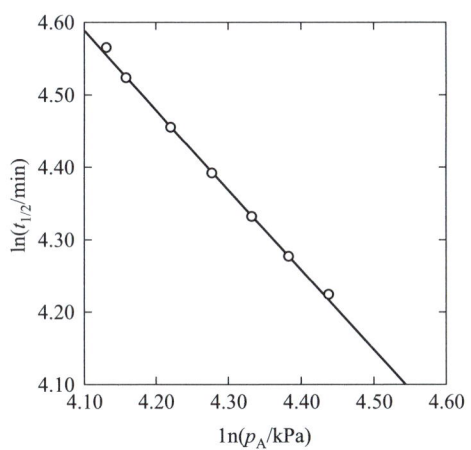

图 11.3.3　气相 1,3-丁二烯二聚反应的 $\ln t_{1/2}$-$\ln p_A$ 图

对 $[\ln(p_A/\text{kPa}), \ln(t_{1/2}/\text{min})]$ 数据进行线性回归,回归直线的斜率为 -1.10,故气相 1,3-丁二烯二聚反应的级数 $n = 1 + 1.10 = 2.10 \approx 2$。

3. 初始速率法

上面讨论了确定反应级数的尝试法和半衰期法,它们都是基于反应速率方程的积分形式进行的。当产物对反应速率有干扰时,上述方法则不适用。为了排除产物对反应速率的影响,可以测定不同初始浓度下的初始反应速率($t=0$ 时的反应速率,由 c_A-t 曲线在 $t=0$ 处的斜率确定,见图 11.3.4),再利用反应速率的微分形式来确定反应的级数。由于采用了初始速率,此时产物的量可以忽略不计,从而排除了产物的生成对反应速率的影响。此外,通过进行一系列实验,每次实验只改变一个组分,如 A 组分的初始浓度,而保持除 A 组分外其余组分的初始浓度不变,来考察反应的初始速率随 A 组分初始浓度的变化,从而得到 A 组分的反应分级数。对每个组分进行同样的处理,即可确定所有组分的分级数。

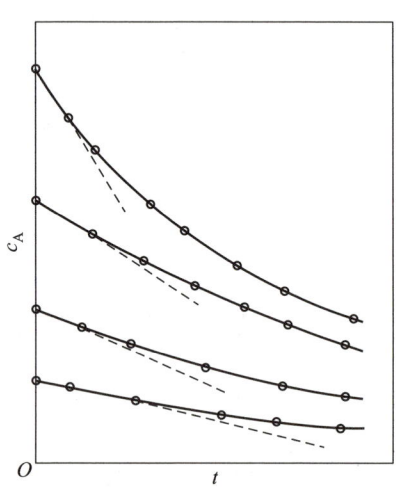

图 11.3.4　由 c_A-t 图求反应的初始速率

下面以确定反应组分 A 的分级数为例来说明应用初始速率法的过程。

设反应的速率方程为

$$v = k c_A^{n_A} c_B^{n_B} c_C^{n_C} \cdots \tag{11.1.15}$$

则初始速率为 $v_0 = k c_{A,0}^{n_A} c_{B,0}^{n_B} c_{C,0}^{n_C} \cdots$。对其求对数,得

$$\ln v_0 = \ln k + n_A \ln c_{A,0} + n_B \ln c_{B,0} + n_C \ln c_{C,0} + \cdots$$

改变组分 A 的初始浓度,而保持其余组分的初始浓度不变重复进行多次实验,可得到一系列的不同组分 A 初始浓度下的 v_0 数据($c_{A,0}$, v_0)。由于每次实验组分 B、组分 C 等其余组分的初始浓度相同,故 $\ln v_0$ 对 $\ln c_{A,0}$ 呈直线关系:

$$\ln v_0 = n_A \ln c_{A,0} + K \tag{11.3.3}$$

式中 K 为常数。$\ln v_0$ 对 $\ln c_{A,0}$ 作图为直线,其斜率即为组分 A 的分级数 n_A。

在只有两个数据点($c_{A,1}$, v_1)和($c_{A,2}$, v_2)的情况下,应用式(11.3.3)即得

$$\frac{v_2}{v_1} = \left(\frac{c_{A,2}}{c_{A,1}} \right)^{n_A} \quad 即 \quad n_A = \frac{\ln(v_2/v_1)}{\ln(c_{A,2}/c_{A,1})} \tag{11.3.4}$$

其余组分的分级数通过与求 n_A 相同的步骤获得。

4. 隔离法

同样针对速率方程式(11.1.15)。在该法中除了要确定反应分级数的组分（如 A）外，使其余组分的浓度大量过量，即 $c_{B,0} \gg c_{A,0}$，$c_{C,0} \gg c_{A,0}$ 等，因此在反应过程中可以认为这些组分的浓度为定值，从而得到假 n_A 级反应：

$$v_A = (k_A c_{B,0}^{n_B} c_{C,0}^{n_C} \cdots) c_A^{n_A} = k' c_A^{n_A} \tag{11.3.5}$$

其反应级数可通过尝试法或半衰期法得到。利用同样的步骤即可确定所有组分的分级数。

§11.4 温度对反应速率的影响，活化能

大多数化学反应，其反应速率随温度的升高而增加。通常认为温度对浓度的影响可忽略，因此反应速率随温度的变化体现在反应速率常数随温度的变化上。实验表明，对于均相热化学反应，反应温度每升高 10 K，其反应速率常数变为原来的 2～4 倍，即

$$k(T+10 \text{ K})/k(T) \approx 2 \sim 4 \tag{11.4.1}$$

式(11.4.1)称为**范特霍夫规则**。式中，$k(T)$ 为温度 T 时的反应速率常数，$k(T+10 \text{ K})$ 为同一化学反应在温度 ($T+10$ K) 时的反应速率常数。此比值也称为反应速率的温度系数。范特霍夫规则虽然并不精确，但当缺少数据时，用它作粗略估算，仍然是有益的。

1. 阿伦尼乌斯方程

定量表示反应速率常数 k 与温度 T 的关系式有著名的**阿伦尼乌斯**(Arrhenius)方程（阿伦尼乌斯于 1889 年提出），其微分表达形式为

$$\frac{\text{d}\ln k}{\text{d}T} = \frac{E_a}{RT^2} \tag{11.4.2a}$$

注意，式中的 k 是以浓度为基础的反应速率常数（参见 §11.8）。该方程是经验方程。式中 E_a 为**阿伦尼乌斯活化能**，通常称为**活化能**，其单位为 $\text{J} \cdot \text{mol}^{-1}$，它的定义式为

$$E_a \stackrel{\text{def}}{=\!=\!=} RT^2 \frac{\text{d}\ln k}{\text{d}T} \tag{11.4.2b}$$

阿伦尼乌斯方程表明 $\ln k$ 随 T 的变化率与活化能 E_a 成正比。也就是说，活化能越高，则随温度的升高反应速率增加得越快，即活化能越高，则反应速率对温

度越敏感。若同时存在几个反应,则高温对活化能高的反应有利,低温对活化能低的反应有利,生产上往往利用这一原理来选择适宜温度加速主反应,抑制副反应。

若温度变化范围不大,E_a 可视作常数,将式(11.4.2a)积分,温度 T_1 时的反应速率常数为 k_1,温度 T_2 时的反应速率常数为 k_2,则得阿伦尼乌斯方程的定积分式:

$$\ln \frac{k_2}{k_1} = -\frac{E_a}{R}\left(\frac{1}{T_2} - \frac{1}{T_1}\right) \tag{11.4.3}$$

利用此式可由已知数据求算所需的 E_a、T 或 k。

阿伦尼乌斯方程的不定积分形式为

$$\ln k = -\frac{E_a}{RT} + \ln A \tag{11.4.4a}$$

或

$$k = A e^{-E_a/(RT)} \tag{11.4.4b}$$

式中 A 称为**指数前因子**或**指前因子**,又称为**表观频率因子**,其单位与 k 相同。物理意义将在后面讨论。

式(11.4.4a)表明 $\ln k$-$1/T$ 为直线关系,对一系列 $(1/T, \ln k)$ 实验数据作图,通过直线的斜率和截距即可求得活化能 E_a 及指前因子 A。

虽然有各种其他表示反应速率常数对温度的关系式,但是阿伦尼乌斯方程是表示 k-T 关系的最常用方程,式(11.4.2)到式(11.4.4)是阿伦尼乌斯方程的几种不同的形式。阿伦尼乌斯方程适用于基元反应和非基元反应,甚至某些非均相反应;也可以用于描述一般的速率过程如扩散过程等。

更精密的实验表明,若温度变化范围过大,$\ln k$-$1/T$ 图出现弯曲,说明 A 与温度有关,此时用下列方程能更好地符合实验数据:

$$k = AT^B e^{-E/(RT)} \tag{11.4.5}$$

式中,A、B、E 均为常数,B 通常在 0 至 4 之间,E 为活化能,E_a 与 E 的关系将在 §11.8 讨论。

以上讨论的是温度对反应速率影响的一般情况,但有时会遇到更为复杂的特殊情况,如图 11.4.1 所示。

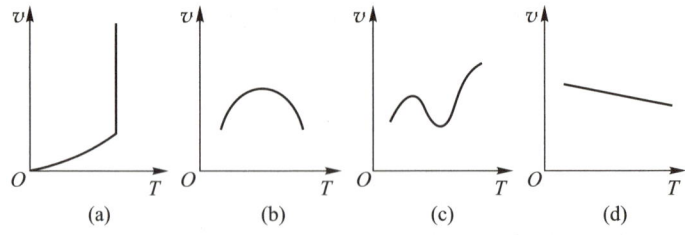

图 11.4.1　温度对反应速率影响的几种特殊情况

§11.4 温度对反应速率的影响,活化能

(a) 表示爆炸反应,温度达到燃点时,反应速率突然增大。

(b) 酶催化反应,温度太高或太低都不利于生物酶的活性;某些受吸附速率控制的多相催化反应,也有类似情况。

(c) 有的反应,如碳的氧化,可能由于温度升高时,副反应产生较大影响,而复杂化。

(d) 温度升高反应速率反而下降,如 $2NO+O_2 \longrightarrow 2NO_2$ 就属于这种情况。

例 11.4.1 一般化学反应的活化能在 $40 \sim 400$ kJ·mol^{-1},多数在 $50 \sim 250$ kJ·mol^{-1}。

(1) 若活化能为 100 kJ·mol^{-1},试估算温度由 300 K 上升 10 K 和由 400 K 上升 10 K 时,反应速率常数 k 各增至多少倍。假设指前因子 A 相同。

(2) 若活化能为 150 kJ·mol^{-1},作同样的计算。

(3) 将计算结果加以对比,并说明原因。

解: 以 $k(T_1)$ 和 $k(T_2)$ 分别代表温度 T_1 和 T_2 时的反应速率常数,由阿伦尼乌斯方程 $k = Ae^{-E_a/(RT)}$,可得

$$\frac{k(T_2)}{k(T_1)} = e^{-E_a(T_1-T_2)/(RT_1T_2)}$$

(1) 对 $E_a = 100$ kJ·mol^{-1},将 $T_1 = 300$ K、$T_2 = 310$ K 代入,得

$$\frac{k(310\ \text{K})}{k(300\ \text{K})} = e^{-100\times 10^3(300-310)/(8.314\times 300\times 310)} = 3.64$$

将 $T_1 = 400$ K、$T_2 = 410$ K 代入,得

$$\frac{k(410\ \text{K})}{k(400\ \text{K})} = e^{-100\times 10^3(400-410)/(8.314\times 400\times 410)} = 2.08$$

(2) 对 $E_a = 150$ kJ·mol^{-1},同样求得

$$\frac{k(310\ \text{K})}{k(300\ \text{K})} = e^{-150\times 10^3(300-310)/(8.314\times 300\times 310)} = 6.96$$

$$\frac{k(410\ \text{K})}{k(400\ \text{K})} = e^{-150\times 10^3(400-410)/(8.314\times 400\times 410)} = 3.00$$

(3) 由上述计算结果可见,虽然活化能相同,但同是上升 10 K,原始温度高的,反应速率常数增加得少,这是因为按式(11.4.2) $\ln k$ 随 T 的变化率与 T^2 成反比。

另外,与活化能低的反应相比,活化能高的反应,在同样的原始温度下,升高同样温度,k 增加得更多。这是因为活化能高的反应对温度更敏感一些。

由本例还可以看出,范特霍夫规则是相当粗略的。

例 11.4.2 若反应 1 与反应 2 的活化能 $E_{a,1}$、$E_{a,2}$ 不同,指前因子 A_1、A_2 相同,在 $T = 300$ K 下:

(1) 若 $E_{a,1} - E_{a,2} = 5$ kJ·mol^{-1},求两反应速率常数之比 k_2/k_1;

(2) 若 $E_{a,1} - E_{a,2} = 10$ kJ·mol^{-1},求两反应速率常数之比 k_2/k_1。

解: 由阿伦尼乌斯方程有 $k_1 = A_1 e^{-E_{a,1}/(RT)}$,$k_2 = A_2 e^{-E_{a,2}/(RT)}$,由于 $A_1 = A_2$

故
$$k_2/k_1 = e^{(E_{a,1}-E_{a,2})/(RT)}$$

（1）将 $E_{a,1}-E_{a,2} = 5 \text{ kJ·mol}^{-1}$ 代入，得

$$k_2/k_1 = e^{5\times10^3/(8.314\times300)} = 7.42$$

（2）将 $E_{a,1}-E_{a,2} = 10 \text{ kJ·mol}^{-1}$ 代入，得

$$k_2/k_1 = e^{10\times10^3/(8.314\times300)} = 55.11$$

计算结果表明，对于指前因子相同的反应，在同样温度下活化能小的反应速率常数大。

2. 活化能

阿伦尼乌斯方程式(11.4.4b)中包含一指数因子 $\exp[-E_a/(RT)]$，与麦克斯韦(Maxwell)分布定律中的指数因子相似，暗示活化能 E_a 具有某种能垒的含义。这里以反应 $2HI \longrightarrow H_2 + 2I\cdot$ 为例讨论基元反应的活化能的意义。非基元反应的活化能（表观活化能）、催化反应的活化能与基元反应活化能的关系将在§11.6中介绍。

两个 HI 分子要发生反应，它们首先要发生碰撞。如图 11.4.2 所示的碰撞中，两个 HI 分子内的两个 H 互相接近，从而形成新的 H—H 键，同时原来的 H—I 键断开，变成产物 $H_2 + 2I\cdot$。但是，由于 H—I 键使得 H 带部分正电荷而造成两个 HI 分子中 H 与 H 之间的斥力，使它们难以接近到足够的程度，以形成新的 H—H 键；又由于 H—I 键的引力，H 和 I 难以分离。因此，并不是任何 HI 分子发生如图 11.4.2 所示的相互碰撞均能起反应，而是只有那些具有足够能量的 HI 分子的碰撞才能克服新键形成前的斥力和旧键断开前的引力，而反应生成产物。

图 11.4.2　两个 HI 分子的迎面碰撞

通过碰撞能够发生反应的分子称为活化分子，显然它们是那些其能量超过某一临界值的分子，数量只占全部分子的很小的一部分。普通分子只有吸收到一定的能量变成活化分子后才能发生反应。这个活化过程通常是通过分子间的碰撞，即热活化来实现的，也可以通过光活化、电活化等来完成。

无论是普通分子还是活化分子，每个分子的能量并非完全相同。统计热力学研究表明，活化能为 1 mol 活化分子的平均能量与 1 mol 所有反应物分子平均能量之差，不能将活化能简单地看成能垒。

在一定温度下,活化能越大,活化分子所占的比例就越小,因而反应速率常数就越小。对于一定的反应,温度越高,活化分子所占的比例就越大,则反应速率常数就越大。

大多数基元反应的活化能处于 $0 \sim 330 \, \text{kJ} \cdot \text{mol}^{-1}$,且双分子反应的活化能趋向低于单分子反应活化能;个别自由原子、自由基参与的基元反应,活化能为零。

上面分析了基元反应 $2\text{HI} \longrightarrow \text{H}_2 + 2\text{I} \cdot$ 的进行需要活化能。此反应逆向进行,即 $\text{H}_2 + 2\text{I} \cdot \longrightarrow 2\text{HI}$,也同样需要活化能。这是因为要使 H—H 键断开并生成 H—I 键,反应物分子同样必须具有足够的能量。

正向反应和逆向反应的活化分子均要通过同样的活化状态 $\text{I} \cdots \text{H} \cdots \text{H} \cdots \text{I}$ 才能实现反应。此状态两边的键断开即得到正向反应的产物 $\text{H}_2 + 2\text{I} \cdot$,中间的键断开即得到逆向反应的产物 2HI。因此,无论是正向反应还是逆向反应,活化状态下每摩尔活化分子的能量既高于相应每摩尔反应物分子的能量,也高于相应每摩尔产物分子的能量,如图 11.4.3 所示。图中 $E_{a,1}$、$E_{a,-1}$ 分别代表正向反应和逆向反应的活化能。

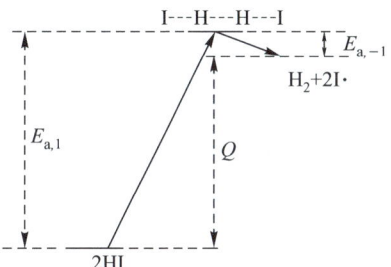

图 11.4.3　正向反应和逆向反应的活化能与反应热

$E_{a,1} = 180 \, \text{kJ} \cdot \text{mol}^{-1}, E_{a,-1} = 21 \, \text{kJ} \cdot \text{mol}^{-1}, Q = 159 \, \text{kJ} \cdot \text{mol}^{-1}$

因此,无论是正向反应还是逆向反应,反应物分子均要翻越一定高度的"能峰"才能变成产物分子。这一能峰即为反应的临界能。能峰越高,反应的阻力就越大,反应就越难于进行。图中用箭头示意反应 $2\text{HI} \longrightarrow \text{H}_2 + 2\text{I} \cdot$ 进行时,系统能量的变化图,反应 $\text{H}_2 + 2\text{I} \cdot \longrightarrow 2\text{HI}$ 进行时能量的变化为上述箭头表示方向的逆方向。

每摩尔普通能量的反应物分子要吸收 $E_{a,1}$ 的活化能变成活化分子,再反应生成普通能量的产物分子,并放出能量 $E_{a,-1}$,净的结果,从反应物到产物,反应净吸收了 $E_{a,1} - E_{a,-1}$ 的能量。下面将证明这一差值等于反应的摩尔恒容反应热 Q。

3. 活化能与反应热的关系

注意式（11.4.2a）与化学反应平衡常数随温度变化的范特霍夫方程 $d(\ln K_c)/dT = \Delta_r U_m^\ominus/(RT^2)$ 之间的类似性。事实上，阿伦尼乌斯方程正是通过与范特霍夫方程对比而得到的。

对于一个正向、逆向都能进行的反应[①]，例如：

$$A+B \underset{k_{-1}}{\overset{k_1}{\rightleftharpoons}} Y+Z$$

其正向反应和逆向反应速率常数分别为 k_1 和 k_{-1}，正向反应和逆向反应的活化能分别为 $E_{a,1}$ 和 $E_{a,-1}$。当正向反应与逆向反应两者的反应速率相等时，反应物与产物处于平衡状态。既反应达平衡时有

$$k_1 c_A c_B = k_{-1} c_Y c_Z$$

得平衡常数为

$$K_c = c_Y c_Z / c_A c_B = k_1 / k_{-1} \tag{11.4.6}$$

根据阿伦尼乌斯方程：

$$\frac{d\ln k_1}{dT} = \frac{E_{a,1}}{RT^2}, \quad \frac{d\ln k_{-1}}{dT} = \frac{E_{a,-1}}{RT^2}$$

得

$$\frac{d\ln(k_1/k_{-1})}{dT} = \frac{E_{a,1} - E_{a,-1}}{RT^2}$$

将此式与化学反应的范特霍夫方程式

$$\frac{d\ln K_c}{dT} = \frac{\Delta_r U_m^\ominus}{RT^2}$$

对比，可以得出

$$E_{a,1} - E_{a,-1} = \Delta_r U_m^\ominus \tag{11.4.7}$$

$\Delta_r U_m^\ominus$ 为从（A+B）变成（Y+Z）时的标准摩尔热力学能变，在恒容时 $Q_{V,m} = \Delta_r U_m^\ominus$。因此，化学反应的摩尔恒容反应热在数值上等于正向反应与逆向反应的活化能之差。

§11.5 典型复合反应

所谓复合反应是两个或两个以上基元反应的组合。前面速率方程部分讨论

[①] 不限于基元反应，只要正向反应和逆向反应各个组分的分级数等于其计量系数的绝对值即可。

的具有简单级数的反应,适用于最简单的复合反应或基元反应。例如,非基元反应 $H_2+I_2 \longrightarrow 2HI$ 就是反应级数为 2 的简单复合反应。这类简单复合反应在表观上是单向的、无副反应、无中间产物,或虽有中间产物但浓度甚微,因而在反应过程中符合总的计量式,属非依时计量学反应。

基元反应或具有简单级数的复合反应,还可以进一步组合成更为复杂的反应。典型的组合方式有三类:对行反应、平行反应和连串反应。一般的复合反应不外乎这三种典型反应之一,或者是它们的组合。这些复杂的复合反应,往往不符合总的计量式,而属于依时计量学反应。下面分别进行讨论。

1. 对行反应

正向和逆向同时进行的反应,称为**对行反应**,或称**对峙反应**。原则上,一切反应都是对行的,但是当偏离平衡状态很远时,逆向反应往往可以忽略不计。

§11.2 讨论的反应均是单向反应,反应结束时反应物的浓度为零。但对于对行反应来说,由于逆向反应的存在,使得反应结束时,反应物只能降低到某一平衡浓度,产物也只能增加到某一平衡浓度,这时产物浓度与反应物浓度之间处于化学平衡状态。下面以最简单的一级对行反应为例,推导其速率方程。

$$A \underset{k_{-1}}{\overset{k_1}{\rightleftharpoons}} B$$

$t=0$	$c_{A,0}$	0
$t=t$	c_A	$c_{A,0}-c_A$
$t=\infty$	$c_{A,e}$	$c_{A,0}-c_{A,e}$

反应物 A 的净消耗速率为同时进行的正向和逆向反应速率的代数和,即

$$-dc_A/dt = k_1 c_A - k_{-1}(c_{A,0}-c_A) \tag{11.5.1}$$

$t=\infty$,反应达到平衡时反应物 A 的净消耗速率等于零,即正向反应和逆向反应的反应速率相等:

$$-\frac{dc_A}{dt}\bigg|_{t=\infty} = k_1 c_{A,e} - k_{-1}(c_{A,0}-c_{A,e}) = 0 \tag{11.5.2}$$

得

$$\frac{c_{B,e}}{c_{A,e}} = \frac{c_{A,0}-c_{A,e}}{c_{A,e}} = \frac{k_1}{k_{-1}} = K_c \tag{11.5.3}$$

式(11.5.1)减去式(11.5.2)得

$$\frac{-dc_A}{dt} = k_1(c_A - c_{A,e}) + k_{-1}(c_A - c_{A,e})$$

$$= (k_1+k_{-1})(c_A-c_{A,e})$$

当 $c_{A,0}$ 一定时，$c_{A,e}$ 为常量，故

$$\frac{dc_A}{dt} = \frac{d(c_A-c_{A,e})}{dt}$$

因此

$$\frac{-d(c_A-c_{A,e})}{dt} = (k_1+k_{-1})(c_A-c_{A,e}) \qquad (11.5.4)$$

式中 $c_A-c_{A,e}=\Delta c_A$ 称为反应物 A 的**距平衡浓度差**。以此代入式(11.5.4)得

$$\frac{-d\Delta c_A}{dt} = (k_1+k_{-1})\Delta c_A$$

可见，在对行一级反应中，反应物 A 的距平衡浓度差 Δc_A 对时间的变化率符合一级反应的规律，反应速率常数为 (k_1+k_{-1})。由此看出，趋向平衡的速率不仅随正向反应速率常数 k_1 增大而增大，而且逆向反应速率常数 k_{-1} 增大，趋向平衡的速率也要增大。

当 K_c 很大，即 $k_1 \gg k_{-1}$ 时，平衡大大倾向于产物一边，从而 $c_{A,e} \approx 0$。这种情况下式(11.5.4)化为

$$\frac{-dc_A}{dt} = k_1 c_A$$

即当 K_c 很大，偏离平衡很远时，逆向反应可以忽略。这时即表现为一级单向反应。

若 K_c 较小，即平衡转化率较小，则产物将显著影响总反应速率。§11.3 中提到，对于对行反应若想测得正向反应的真正级数最好用初始浓度法，就是这个道理。

方程(11.5.4)的解可通过直接积分得到：

$$-\int_{c_{A,0}}^{c_A} \frac{d(c_A-c_{A,e})}{c_A-c_{A,e}} = \int_0^t (k_1+k_{-1})dt$$

即

$$\ln\frac{c_{A,0}-c_{A,e}}{c_A-c_{A,e}} = (k_1+k_{-1})t \qquad (11.5.5)$$

可见 $\ln(c_A-c_{A,e})$-t 图为一直线。由直线斜率可求出 (k_1+k_{-1})，再由实验测得的 K_c 可求出 k_1/k_{-1}，二者联立即可得出 k_1 和 k_{-1}。易于证明，对于一级对行反应，$c_A(t)$ 函数过点 $(0,c_{A,0})$ 的切线（其斜率的负值为反应的初始速率）与时间轴的交点等于 $1/k_1$，它与反应物 A 的初始浓度无关，该性质为确定 k_1 提供了一个很方便的方法。有兴趣的读者可自行证明。

一级对行反应的 $c(t)-t$ 关系如图 11.5.1 所示。对行反应的特点是经过足够长的时间,反应物和产物都要分别趋近它们的平衡浓度。

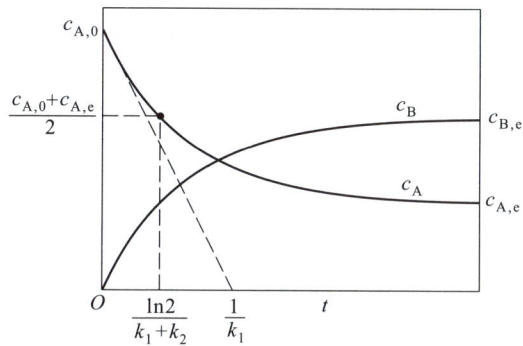

图 11.5.1 一级对行反应的 $c(t)-t$ ($k_1 = 2k_{-1}$)

与前述单向一级反应的半衰期类似,一级对行反应完成距平衡浓度差的一半:

$$c_A - c_{A,e} = \frac{1}{2}(c_{A,0} - c_{A,e})$$

即

$$c_A = \frac{1}{2}(c_{A,0} - c_{A,e}) + c_{A,e} = \frac{1}{2}(c_{A,0} + c_{A,e})$$

所需要的时间为 $\dfrac{\ln 2}{k_1 + k_{-1}}$,与初始浓度 $c_{A,0}$ 无关。

一些分子内重排或异构化反应,符合一级对行反应规律。而醋酸和乙醇的反应:

$$CH_3COOH + C_2H_5OH \underset{k_{-1}}{\overset{k_1}{\rightleftharpoons}} CH_3COOC_2H_5 + H_2O$$

则是一个典型的二级对行反应。

为了克服对行反应中逆向反应的存在对产率及反应速率的不利影响,生产上常常采取种种措施。

例如,苯酐(即邻苯二甲酸酐)与异辛醇作用生成邻苯二甲酸二异辛脂和水的反应:

其反应步骤为

(A) + C$_8$H$_{17}$OH $\xrightarrow{k_1}$ (C) （快）

(C) + C$_8$H$_{17}$OH $\underset{k_{-2}}{\overset{k_2}{\rightleftharpoons}}$ (D) + H$_2$O（慢）

反应速率受慢步骤的控制。这是一个二级对行反应，其速率方程为

$$v = k_2[\text{C}][\text{B}] - k_{-2}[\text{D}][\text{H}_2\text{O}]$$

增加原料 A 和 B 的浓度，或降低产物 D 和 H$_2$O 的浓度都能提高反应速率，但前者会增大原料的循环量及消耗，增加设备负荷，而采用除去 H$_2$O 的办法比较经济。生产上实际是采用若干段连续反应器，每段都及时将产生的 H$_2$O 蒸出去，以加快反应速率，提高生产效率。

又如，放热对行反应的最佳反应温度的问题。将一级对行反应的 $k_{-1} = k_1/K_c$ 代入速率方程式(11.5.1)，得

$$v = -\frac{\mathrm{d}c_\text{A}}{\mathrm{d}t} = k_1\left(c_\text{A} - \frac{1}{K_c}c_\text{B}\right)$$

可以看出，对于一定的 c_A 和 c_B，即对一定的转化率 $x = c_\text{B}/(c_\text{A} + c_\text{B})$，反应速率同时与 k_1 和 K_c 有关。若对行反应是放热的，则升高温度 K_c 减小。所以低温下 K_c 大亦即 $1/K_c$ 小，这时 k_1 为影响速率的主导因素，因此升高温度，则速率增大；但随着温度的升高，$1/K_c$ 逐渐上升为主导因素，所以温度升高到一定程度，再升温则速率反而降低。升温过程中反应速率会出现极大值，这时的温度，在工业上称为最佳反应温度。放热的其他级数的对行反应也存在着最佳反应温度。

以 SO$_2$ 氧化反应为例，随着反应的进行，转化率 x 在不断增加，最佳反应温度则逐渐降低。在设计工业反应器时，要尽量创造条件使反应在最佳温度下进行，即随转化率 x 增大，要使温度逐渐降低。化工生产中，放热对行反应的例子很多，如合成氨反应、水煤气转换反应等，它们都有一个最佳反应温度问题。

2. 平行反应

反应物能同时进行几种不同的反应，则称为**平行反应**。平行反应中，生成主

要产物的反应称为主反应,其余的反应称为副反应。

在化工生产中,经常遇到平行反应,例如,用 HNO_3 硝化苯酚可以同时得到邻位及对位硝基苯酚。

设反应物 A 能按一个反应生成 B,同时又按另一个反应生成 C,即

$$A \begin{array}{c} \xrightarrow{k_1} B \\ \xrightarrow{k_2} C \end{array}$$

这就是平行反应。只考虑两个反应都是一级反应的情况,即

$$\frac{dc_B}{dt} = k_1 c_A \tag{11.5.6}$$

$$\frac{dc_C}{dt} = k_2 c_A \tag{11.5.7}$$

若反应开始时,$c_{B,0} = c_{C,0} = 0$,则按计量关系可知:

$$c_A + c_B + c_C = c_{A,0}$$

该式对 t 求导数:

$$\frac{dc_A}{dt} + \frac{dc_B}{dt} + \frac{dc_C}{dt} = 0$$

因此

$$-\frac{dc_A}{dt} = \frac{dc_B}{dt} + \frac{dc_C}{dt} = k_1 c_A + k_2 c_A$$

即

$$-\frac{dc_A}{dt} = (k_1 + k_2) c_A \tag{11.5.8}$$

所以,反应物 A 的消耗速率,也必为一级反应。积分式(11.5.8),得

$$-\int_{c_{A,0}}^{c_A} \frac{dc_A}{c_A} = \int_0^t (k_1 + k_2) dt$$

即

$$\ln \frac{c_{A,0}}{c_A} = (k_1 + k_2) t \tag{11.5.9}$$

$(k_1 + k_2)$ 可以方便地通过 $\ln c_A$-t 直线关系得到。

由式(11.5.9)解得

$$c_A = c_{A,0} e^{-(k_1 + k_2)t} \tag{11.5.10}$$

将之代入式(11.5.6)和式(11.5.7)并积分,注意到 $t = 0$ 时 $c_{B,0} = 0$、$c_{C,0} = 0$,得到

$$c_B = \frac{k_1 c_{A,0}}{k_1+k_2}\left[1-e^{-(k_1+k_2)t}\right] \tag{11.5.11}$$

$$c_C = \frac{k_2 c_{A,0}}{k_1+k_2}\left[1-e^{-(k_1+k_2)t}\right] \tag{11.5.12}$$

一级平行反应的 $c(t)$-t 关系如图 11.5.2 所示。

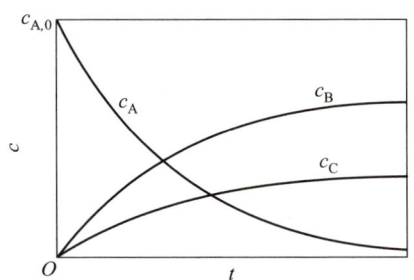

图 11.5.2　一级平行反应的 $c(t)$-t 图（$k_1 = 2k_2$）

另一方面，将式（11.5.11）与式（11.5.12）相除，得

$$\frac{c_B}{c_C} = \frac{k_1}{k_2} \tag{11.5.13}$$

即在任一瞬间，两产物浓度之比都等于两反应速率常数之比。实际上，这一结论对于级数相同的平行反应均成立，这是这类平行反应的一个特征。但对于级数不同的平行反应，其正向、逆向反应的级数并不相同，当然就不会有上述特征。

在同一时间 t，测出两产物浓度之比即可得 k_1/k_2，结合由 $\ln c_A$-t 直线关系得到的 (k_1+k_2) 值，即可求出 k_1 和 k_2。

上述结果很容易推广至含有多于两个一级反应的平行反应，只要将 $c(t)$-t 关系中的 (k_1+k_2) 代之以各一级反应速率常数的加和 $\sum k_i$ 即可。

几个平行反应的活化能往往不同，温度升高有利于活化能大的反应；温度降低则有利于活化能小的反应。不同的催化剂有时也能只加速其中某一反应。所以，生产上经常选择最适宜的温度或适当的催化剂，来选择性地加速人们所需要的反应。如甲苯的氯化，可以直接在苯环上取代，也可在侧链甲基上取代。实验表明，低温（30~50 ℃）下，使用 $FeCl_3$ 为催化剂，主要是苯环上取代；高温（120~130 ℃）下，用光激发，则主要是侧链取代。

3. 连串反应

凡是反应所产生的物质，能再发生反应而产生其他物质者，称为**连串反应**，或称**连续反应**。

只考虑最简单,即从 A 生成 B 及从 B 生成 C 均为一级反应的情况:

$$A \xrightarrow{k_1} B \xrightarrow{k_2} C$$

$$\begin{array}{cccc} t=0 & c_{A,0} & 0 & 0 \\ t=t & c_A & c_B & c_C \end{array}$$

由于 B 在反应开始前及反应结束后均不出现,故为中间体。易于写出该连串反应的速率方程:

$$\begin{cases} \dfrac{dc_A}{dt} = -k_1 c_A \\[2mm] \dfrac{dc_B}{dt} = k_1 c_A - k_2 c_B \\[2mm] \dfrac{dc_C}{dt} = k_2 c_B \end{cases} \tag{11.5.14}$$

式中的第一个方程只与 c_A 有关,直接积分即得

$$c_A = c_{A,0} e^{-k_1 t} \tag{11.5.15}$$

将上式代入式(11.5.14)的第二个方程,得

$$\frac{dc_B}{dt} = k_1 c_{A,0} e^{-k_1 t} - k_2 c_B$$

用 $e^{k_2 t}$ 乘以该方程:

$$e^{k_2 t} \frac{dc_B}{dt} = k_1 c_{A,0} e^{-(k_1-k_2)t} - k_2 c_B e^{k_2 t} \tag{11.5.16}$$

由于

$$\frac{d(c_B e^{k_2 t})}{dt} = e^{k_2 t} \frac{dc_B}{dt} + k_2 c_B e^{k_2 t}$$

故式(11.5.16)成为

$$\frac{d(c_B e^{k_2 t})}{dt} = k_1 c_{A,0} e^{-(k_1-k_2)t}$$

对上式积分:

$$c_B e^{k_2 t} = \frac{k_1 c_{A,0}}{k_2 - k_1} e^{-(k_1-k_2)t} + I$$

式中 I 为积分常数,由初始条件 $t=0$、$c_B=c_{B,0}=0$ 确定：

$$I=-\frac{k_1 c_{A,0}}{k_2-k_1}$$

最后得到

$$c_B=\frac{k_1 c_{A,0}}{k_2-k_1}(e^{-k_1 t}-e^{-k_2 t}) \quad (11.5.17)$$

该解适用于 $k_1 \neq k_2$ 的情况。若 $k_1=k_2$,则

$$\frac{d(c_B e^{k_1 t})}{dt}=k_1 c_{A,0}$$

从而有

$$c_B=k_1 c_{A,0} e^{-k_1 t} t \quad (11.5.18)$$

将式(11.5.17)代入式(11.5.14)的第三个方程,直接积分即可得

$$c_C=c_{A,0}\left[1-\frac{1}{k_2-k_1}(k_2 e^{-k_1 t}-k_1 e^{-k_2 t})\right] \quad (11.5.19)$$

一级连串反应的 $c(t)-t$ 关系如图 11.5.3 所示。

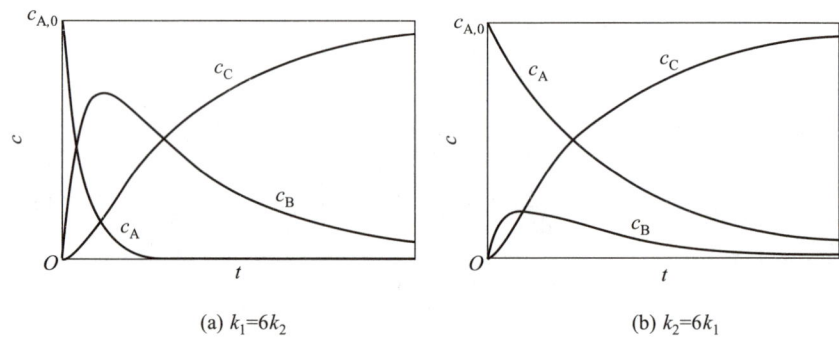

(a) $k_1=6k_2$ (b) $k_2=6k_1$

图 11.5.3   一级连串反应的 $c(t)-t$ 图

上述第一个反应为一级反应,所以 $c_A(t)-t$ 关系符合一级反应规律。中间产物 B 的 $c_B(t)-t$ 曲线出现一个极大值,这是其特点。由于 c_B 与两个反应有关,即在 A 生成 B 的同时,B 又要反应生成 C,开始时 c_A 大,c_B 小,所以按式(11.5.14)的第二个方程中的第一项,c_B 增加的速率快,按式中第二项 c_B 减少的速率慢,因而结果是 c_B 在增加;但随着反应的进行 c_A 渐小,c_B 渐大,因而反应经过一定时间,c_B 增加的速率就要小于减少的速率,而使 c_B 达到一个极大值后,又

逐渐减少。

若中间产物 B 为目标产物,则 c_B 达到极大值的时间,称为中间产物的最佳时间。反应达到最佳时间就必须立即终止反应,否则目标产物的产率就要下降。将式(11.5.17)对 t 求导数,并令其为 0,即可求得中间产物 B 的最佳时间 t_{max} 和 B 的最大浓度 $c_{B,max}$:

$$t_{max} = \frac{\ln(k_1/k_2)}{k_1 - k_2} \qquad c_{B,max} = c_{A,0} \left(\frac{k_1}{k_2}\right)^{\frac{k_2}{k_2 - k_1}} \qquad (11.5.20)$$

例如,丙烯直接氧化制丙酮为一连串反应:

$$\text{丙烯} \xrightarrow{O_2} \text{丙酮} \xrightarrow{O_2} \text{醋酸} \xrightarrow{O_2} CO_2$$

丙酮为连串反应的中间产物,故当原料气在反应器中达到最佳时间 t_{max},应立即引出,进入吸收塔吸收丙酮。

又如,4-氨基偶氮苯用发烟硫酸磺化,亦为连串反应:

$$\text{4-氨基偶氮苯} \xrightarrow[k_1]{H_2SO_4} \text{一磺化物} \xrightarrow[k_2]{H_2SO_4} \text{二磺化物}$$

若一磺化物为目标产物,因第二步反应的活化能大于第一步反应的活化能 $E_1 < E_2$。而活化能大的反应速率常数一般受温度的影响较大,所以为了抑制第二步反应,应当采取低温反应。如磺化温度为 0 ℃ 时,36 h 内产物基本是一磺化物;当温度升高到 10~12 ℃,反应 24 h,则一磺化物与二磺化物各占一半;而温度升到 19~20 ℃,反应 12 h,得到的基本上全是二磺化物。

§11.6 复合反应速率的近似处理法

一般地,化学反应由一系列的基元反应组成,其中每一个基元反应的速率方程由质量作用定律给出,因此一个反应系统的动力学行为就由一微分方程组确定。由于反应中涉及的每一个中间体均参与一个以上的基元反应,从而这一微分方程组是耦合的,如式(11.5.14)。虽然可用拉普拉斯变换法、矩阵法或数值法等对其加以求解,但随着反应步骤和组分数的增加,其求解的复杂程度将急剧增加,甚至无法求解。因此,研究速率方程的近似处理方法就是一个很现实的问题。常用的近似方法有以下几种。

1. 选取控制步骤法

连串反应的总速率等于最慢一步反应的速率。最慢的一步称为**反应速率的控制步骤**。控制步骤的反应速率常数越小,其他各串联步骤的速率常数越大,则此规律就越准确。这时，要想使反应加速进行，关键就在于提高控制步骤的速率。

利用控制步骤法，可以大大简化速率方程的求解过程。例如，在连串反应 $A \xrightarrow{k_1} B \xrightarrow{k_2} C$ 中，c_C 的精确解为式(11.5.19)，即

$$c_C = c_{A,0} \left[1 - \frac{1}{k_2 - k_1} (k_2 e^{-k_1 t} - k_1 e^{-k_2 t}) \right]$$

当 $k_1 \ll k_2$，此式化简为

$$c_C = c_{A,0}(1 - e^{-k_1 t}) \tag{11.6.1}$$

如果用控制步骤法对此进行近似处理，则可不必求精确解也能得到同样的结果。由于 $k_1 \ll k_2$ 表明第一步是最慢的一步，为控制步骤，所以总速率等于第一步的速率，即

$$\frac{dc_C}{dt} = -\frac{dc_A}{dt} = k_1 c_A$$

因为 $c_A = c_{A,0} e^{-k_1 t}$，同时 $c_{A,0} = c_A + c_B + c_C$，而且 $k_1 \ll k_2$ B 不可能积累，即 $c_B \approx 0$，故

$$c_C = c_{A,0} - c_A = c_{A,0}(1 - e^{-k_1 t})$$

$k_2/k_1 = 20$ 时精确求解的 $c(t)$ 与 t 的关系如图 11.6.1 中实线所示，图中虚线为按式(11.6.1)计算得到的 $c_C(t)-t$ 曲线。

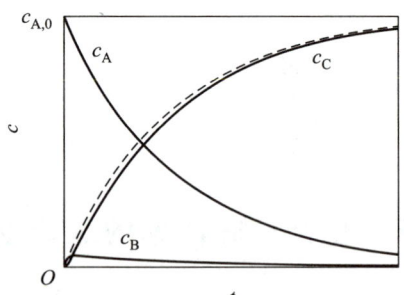

图 11.6.1　$k_2/k_1 = 20$ 的连串反应的 $c(t)-t$ 图

可见，用控制步骤法虽然没有求得精确解，却也得到近似相同的结果，但是处理过程则大大简化了。当然也应该看到，这种方法只有当控制步骤比其他连串步骤慢得更多时，其精确度才能更高一些。

2. 平衡态近似法

对于反应机理：

$$A + B \underset{k_{-1}}{\overset{k_1}{\rightleftharpoons}} C \quad (快速平衡)$$

$$C \xrightarrow{k_2} D \quad (慢)$$

§11.6 复合反应速率的近似处理法

若 $k_{-1} \gg k_2$,则第二步为控制步骤,而第一步对行反应事实上处于化学平衡①,其正向、逆向反应速率应近似相等:

$$k_1 c_A c_B = k_{-1} c_C$$

即
$$\frac{c_C}{c_A c_B} = \frac{k_1}{k_{-1}} = K_c \tag{11.6.2}$$

反应的总速率等于控制步骤的反应速率:

$$\frac{\mathrm{d}c_D}{\mathrm{d}t} = k_2 c_C \tag{11.6.3}$$

将 $c_C = K_c c_A c_B$ 代入式(11.6.3)得

$$\frac{\mathrm{d}c_D}{\mathrm{d}t} = K_c k_2 c_A c_B = \frac{k_1 k_2}{k_{-1}} c_A c_B$$

令 $k = k_1 k_2 / k_{-1}$,得速率方程:

$$\frac{\mathrm{d}c_D}{\mathrm{d}t} = k c_A c_B \tag{11.6.4}$$

这就是用平衡态近似法由反应机理求得的速率方程。

下面由气相反应 $H_2 + I_2 \longrightarrow 2HI$ 的反应机理,来推导此非基元反应的速率方程,并加以说明。

§11.1 中已给出其反应机理为

$$I_2 + M^0 \underset{k_{-1}}{\overset{k_1}{\rightleftharpoons}} 2I \cdot + M_0 \quad (\text{快速平衡})$$

$$H_2 + 2I \cdot \xrightarrow{k_2} 2HI \quad (\text{慢})$$

对行反应为快速平衡,若单位体积高能分子数 $[M^0]$ 和低能分子数 $[M_0]$ 占总分子数 $[M]$ 的分数分别为 x 和 y,即 $[M^0] = x[M]$,$[M_0] = y[M]$,则可得对行反应的平衡常数:

$$\frac{[I \cdot]^2 [M_0]}{[I_2][M^0]} = \frac{[I \cdot]^2}{[I_2]} \frac{y}{x} = \frac{k_1}{k_{-1}} = K_c$$

故 $[I \cdot]^2 / [I_2] = x K_c / y$。由玻耳兹曼分布定律知,在恒定温度下,$x$ 和 y 可认为是常数,即有 $[I \cdot]^2 / [I_2] = K_c'$。

以产物 HI 的生成速率表示总反应的速率,将质量作用定律应用于此基元

---

① 这里平衡指的比例 $c_C/(c_A c_B)$ 为常数,虽然 c_A、c_B 和 c_C 在随时间变化。

反应：

$$\frac{d[HI]}{dt} = 2k_2[H_2][I\cdot]^2$$

将 $[I\cdot]^2 = K_c'[I_2]$ 代入，并令 $k = 2k_2K_c'$，得

$$\frac{d[HI]}{dt} = k[H_2][I_2]$$

这就是由反应机理推导得出的非基元反应的速率方程。此方程与实验结果相符合。

由此可见，若已知某反应的机理，则将质量作用定律应用于每个基元反应，就能推导出该反应的速率方程。但是，要想确定一个反应的合理机理，却是一项繁重而细致的研究课题。一般情况下，须先根据反应的中间产物或副产物（也可能是活泼的中间物）及其他实验事实，假设一个机理，然后再进行实验验证。为此，第一步常常是比较由此机理导出的速率方程和实验测得的速率方程，看它们是否一致。如果不一致，当然说明机理是错的。但是，如果一致，仍不能充分证明机理一定是正确的。这是因为不同的机理有时往往得出相同的速率方程。上面列举的反应 $H_2 + I_2 \longrightarrow 2HI$ 就是一个很好的例子。因为若认为它是一个基元反应，按质量作用定律立即可以得出与实验结果完全一致的速率方程。但是实验发现，加入自由原子 $I\cdot$ 或用光照射，能明显地加快此反应的速率，这一事实用一步反应的机理是无法解释的，若用上述有自由原子 $I\cdot$ 参加的机理，则能圆满地得到解释。可见机理的证实，须作周密的研究，而比较速率方程的一致性，只是必要的条件，并非充分条件。

例 11.6.1 实验测得下列反应为三级反应：

$$2NO + O_2 \xrightarrow{k} 2NO_2$$

$$\frac{d[NO_2]}{dt} = 2k[NO]^2[O_2]$$

有人曾解释为三分子反应，但这种解释不很合理，一方面因为三分子碰撞的概率很小，另一方面不能很好地说明 k 随 T 的升高而下降，即表观活化能为负值，见图 11.4.1(d)。

后来有人提出如下的机理：

$$NO + NO \underset{}{\overset{K_c}{\rightleftharpoons}} N_2O_2 \quad (快速平衡)$$

$$N_2O_2 + O_2 \xrightarrow{k_1} 2NO_2 (慢)$$

试按此机理推导速率方程，并解释反常的负活化能。

解： 由平衡态近似法：$[N_2O_2] = K_c[NO]^2$

故

$$\frac{d[NO_2]}{dt} = 2k_1[N_2O_2][O_2]$$

$$= 2k_1K_c[NO]^2[O_2] = 2k[NO]^2[O_2]$$

式中 $k = k_1K_c$。将其取对数后再对 T 求导数得

$$\frac{\mathrm{d}\ln k}{\mathrm{d}T} = \frac{\mathrm{d}\ln k_1}{\mathrm{d}T} + \frac{\mathrm{d}\ln K_c}{\mathrm{d}T}$$

将阿伦尼乌斯方程和化学平衡的范特霍夫方程分别代入上式的三项导数得

$$\frac{E_a}{RT^2} = \frac{E_{a,1}}{RT^2} + \frac{\Delta_r U_m^\ominus}{RT^2}$$

即

$$E_a = E_{a,1} + \Delta_r U_m^\ominus$$

最后一步反应的活化能 $E_{a,1}$ 虽为正值,而生成 N_2O_2 为较大的放热反应,即 $\Delta_r U_m^\ominus$ 为较大的负值,故表观活化能 E_a 为负值。

从前面的例题可以看到,用平衡态近似法从机理推导速率方程的思路首先是找出控制步骤,并将其速率除以该反应的计量数作为总反应的速率。然后应用控制步骤前的快速平衡步骤的平衡关系式消除该反应速率表达式中出现的任何中间体的浓度。

3. 稳态近似法

在连串反应中:

$$A \xrightarrow{k_1} B \xrightarrow{k_2} C$$

若中间物 B 很活泼,极易继续反应,则必有 $k_2 \gg k_1$。就是说第二步反应比第一步反应快得多,B 一旦生成,就立即经第二步反应掉,所以反应系统中 B 基本上没什么积累,c_B 很小。如图 11.6.1 所示,此时 $c_B(t)-t$ 曲线将紧靠横坐标轴,因而除了反应初期,在较长的反应阶段内,均可近似认为曲线斜率

$$\frac{\mathrm{d}c_B}{\mathrm{d}t} = 0 \tag{11.6.5}$$

这时 B 的浓度是处于稳态或定态。所以**稳态**或**定态**就是指某中间物的生成速率与消耗速率相等以致其浓度不随时间变化的状态。一般来说,活泼的中间物,如自由原子或自由基等,它们的反应能力很强[①],浓度很低,在一定的反应阶段内,符合式(11.6.5)的条件,故可近似认为它们处于稳态[②]。

由机理推导速率方程时,方程中往往会出现活泼中间物的浓度,而这些活泼中间物的浓度一般不易测定,所以总希望用反应物或产物的浓度来代替。这时最简单的办法就是利用稳态近似法来找出这些活泼中间物与反应物之间的浓度

---

① 自由基按其相对稳定性,可分为活泼自由基和稳定自由基。大多数自由基很活泼,在反应过程中仅能瞬时存在;但有些自由基由于分子结构的特点表现得很稳定,如三苯甲基自由基$(C_6H_5)_3C\cdot$就可以在溶液中存在。

② 后面将看到在爆炸过程中,不能认为活泼的中间物处于稳态。

关系。

例如,在上述反应中按稳态近似法有

$$\frac{\mathrm{d}c_\mathrm{B}}{\mathrm{d}t}=k_1 c_\mathrm{A}-k_2 c_\mathrm{B}=0$$

$$c_\mathrm{B}=\frac{k_1 c_\mathrm{A}}{k_2} \tag{11.6.6}$$

于是立即找到 c_B 与 c_A 的关系。

否则,须先求精确解如式(11.5.17):

$$c_\mathrm{B}=\frac{k_1 c_{\mathrm{A},0}}{k_2-k_1}(\mathrm{e}^{-k_1 t}-\mathrm{e}^{-k_2 t})$$

然后结合条件 $k_2 \gg k_1$,则该式化为

$$c_\mathrm{B}=\frac{k_1 c_{\mathrm{A},0}}{k_2-k_1}\mathrm{e}^{-k_1 t}=\frac{k_1}{k_2}c_\mathrm{A}$$

也得到完全相同的结果。然而稳态近似法却绕过了先求精确解的麻烦,使数学处理大为简化[①]。

例 11.6.2 实验表明气相反应 $2N_2O_5 \rightleftharpoons 4NO_2+O_2$ 的速率方程为 $v=k[N_2O_5]$,并对其提出了以下反应机理:

① $N_2O_5 \underset{k_{-1}}{\overset{k_1}{\rightleftharpoons}} NO_2+NO_3$

② $NO_2+NO_3 \xrightarrow{k_2} NO+O_2+NO_2$

③ $NO+NO_3 \xrightarrow{k_3} 2NO_2$

试应用稳态近似法推导该反应的速率方程。

解:选择产物 O_2 的生成速率表示反应的速率:

$$\frac{\mathrm{d}[O_2]}{\mathrm{d}t}=k_2[NO_2][NO_3]$$

对中间产物 NO_3 应用稳态近似法:

$$\frac{\mathrm{d}[NO_3]}{\mathrm{d}t}=k_1[N_2O_5]-k_{-1}[NO_2][NO_3]-k_2[NO_2][NO_3]-k_3[NO][NO_3]=0$$

解得

---

① 从上式可以看出,在稳态时 $c_\mathrm{A}/c_\mathrm{B}=k_1/k_2$,比值恒定。随着反应的进行,反应物 A 及中间物 B 的浓度均匀降低,$\mathrm{d}c_\mathrm{B}/\mathrm{d}t=(k_1/k_2)(\mathrm{d}c_\mathrm{A}/\mathrm{d}t)$。在反应过程中的任一时刻,虽然 $\mathrm{d}c_\mathrm{A}/\mathrm{d}t$ 不能忽略,但因 $k_1 \ll k_2$,$\mathrm{d}c_\mathrm{B}/\mathrm{d}t$ 则为极小的负值,故可近似认为 $\mathrm{d}c_\mathrm{B}/\mathrm{d}t \approx 0$。

§11.6 复合反应速率的近似处理法

$$[\mathrm{NO}_3] = \frac{k_1[\mathrm{N}_2\mathrm{O}_5]}{(k_{-1}+k_2)[\mathrm{NO}_2]+k_3[\mathrm{NO}]}$$

对上式中出现的中间产物 NO 继续应用稳态近似法:

$$\frac{\mathrm{d}[\mathrm{NO}]}{\mathrm{d}t} = k_2[\mathrm{NO}_2][\mathrm{NO}_3]-k_3[\mathrm{NO}][\mathrm{NO}_3]=0$$

得到

$$[\mathrm{NO}] = \frac{k_2[\mathrm{NO}_2]}{k_3}$$

将其代入 $[\mathrm{NO}_3]$ 的表达式:

$$[\mathrm{NO}_3] = \frac{k_1[\mathrm{N}_2\mathrm{O}_5]}{(k_{-1}+2k_2)[\mathrm{NO}_2]}$$

最后得到

$$v = \frac{\mathrm{d}[\mathrm{O}_2]}{\mathrm{d}t} = \frac{k_1 k_2}{k_{-1}+2k_2}[\mathrm{N}_2\mathrm{O}_5]$$

比较该式与经验速率方程可知 $k = k_1 k_2/(k_{-1}+2k_2)$。

应用稳态近似法时,选择计量反应的反应物或生成物之一作为推导的起点。选择的标准是该组分在反应机理中涉及最少的基元反应,如上例中的 O_2,它只在反应②中出现。根据反应机理写出该组分的消耗(反应物)或生成(产物)速率表达式,并对表达式中出现的每个中间体应用稳态近似,从而得到一系列关于中间体浓度的代数方程。如果该组代数方程中出现新的中间体浓度,则继续对其应用稳态近似法直至能够解出所有在速率表达式中涉及的中间体浓度为止。

例 11.6.3 实验表明一些单分子气相反应

$$\mathrm{A} \longrightarrow \mathrm{P}$$

在高压下为一级反应,在低压下为二级反应。

为了解释这一现象,林德曼(Lindemann)等人提出了单分子反应机理,即单分子反应也需要通过碰撞先形成活化分子 A^*,然后进一步反应生成产物,同时活化分子 A^* 也可以失活(失去活性)。机理如下:

$$\mathrm{A}+\mathrm{A} \underset{k_{-1}}{\overset{k_1}{\rightleftharpoons}} \mathrm{A}^* + \mathrm{A}$$

$$\mathrm{A}^* \xrightarrow{k_2} \mathrm{P}$$

试用稳态近似法推导反应速率方程,并加以讨论。

解: 活化分子 A^* 为活泼物质,在气相中浓度极小,可用稳态近似法,其净的生成速率为零。因 A^* 参与三个基元反应,对每个基元反应应用质量作用定律:

$$\frac{\mathrm{d}c_{\mathrm{A}^*}}{\mathrm{d}t} = k_1 c_{\mathrm{A}}^2 - k_{-1} c_{\mathrm{A}^*} c_{\mathrm{A}} - k_2 c_{\mathrm{A}^*} \tag{a}$$

由 $dc_{A^*}/dt = 0$ 解得

$$c_{A^*} = \frac{k_1 c_A^2}{k_2 + k_{-1} c_A} \tag{b}$$

产物 P 只在第三个基元反应中生成,对其应用质量作用定律,并将式(b)代入,得产物的生成速率:

$$\frac{dc_P}{dt} = k_2 c_{A^*} = \frac{k_1 k_2 c_A^2}{k_2 + k_{-1} c_A} \tag{c}$$

下面对此式加以讨论。

(1) k_{-1} 和 k_2 的数值相差不大的情况:高压时,c_A 较大,$k_2 \ll k_{-1} c_A$ 时,有 $k_2 + k_{-1} c_A \approx k_{-1} c_A$,故速率方程(c)近似表示为

$$\frac{dc_P}{dt} = k_2 c_{A^*} = \frac{k_1 k_2}{k_{-1}} c_A = k c_A \tag{d}$$

式中 $k = k_1 k_2 / k_{-1}$。这时整个反应表现为一级反应。这是因为高压时 A 的浓度 c_A 较大,活化反应及失活反应均为双分子反应,反应速率快,相比之下,式(a)中 $k_2 c_{A^*}$ 项可忽略,故活化与失活处于平衡态,而活化分子 A^* 的浓度 $c_{A^*} = (k_1/k_{-1}) c_A$,产物 P 的生成速率取决于第三个基元反应,按照质量作用定律正比于 c_{A^*},也就正比于 c_A,故表现为一级反应。这也是平衡态近似法得到的结果。

低压时,c_A 较小,$k_2 \gg k_{-1} c_A$ 时,$k_2 + k_{-1} c_A \approx k_2$,速率方程(c)近似表示为

$$\frac{dc_P}{dt} = k_1 c_A^2 \tag{e}$$

这时整个反应表现为二级反应。这是因为低压时 c_A 较小,活化反应及失活反应速率均较慢,活化分子 A^* 变为产物 P 的速率相对较快,于是整个反应可以看成是活化反应及 A^* 生成产物这两步形成的连串反应,且活化反应为控制步骤,于是表现为二级反应。

(2) 在压力相同,即 c_A 相同,不同的单分子反应因 k_{-1}、k_2 不同将表现不同的级数。

双原子分子一旦活化,能量很快集中到唯一的一个键上,因分子的振动频率一般均为 10^{13} Hz(即 10^{13} s^{-1}),而在通常状态下,一个气体分子平均约需 10^{-10} s 才与其他分子碰撞,在 10^{-10} s 内活化分子还未与其他分子碰撞,即因振动而分解成产物,$k_2 \gg k_{-1}$,故像 Cl_2 这样的双分子分解反应在一般压力下表现为二级。

多原子分子的分解或异构化反应,经碰撞而被活化的分子,其分子内部的过剩能量要传递到需断裂的那一两个键上才能起反应,而在一般压力下还没等能量传递完成以前,很可能就与另一低能分子碰撞而失活,$k_{-1} \gg k_2$,所以多原子分子的分解和异构化反应常表现为一级。

4. 非基元反应的表观活化能与基元反应活化能之间的关系

如前所述,阿伦尼乌斯方程不仅适用于基元反应,也适用于大多数非基元反应。阿伦尼乌斯活化能 E_a,对于非基元反应,也近似具有能峰的意义。例如,对于前面在平衡态近似法中讲的非基元反应:

$$A+B \xrightarrow{k} D \qquad k = A\mathrm{e}^{-E_a/(RT)}$$

式中 E_a 就是非基元反应的总的活化能。因为由实验测得的 k-T 数据按阿伦尼乌斯方程算出的阿伦尼乌斯活化能 E_a，就是此项活化能，故又称此项 E_a 为**表观活化能**或**经验活化能**，或称为实验活化能。

已知此反应的基元反应为

$$A+B \xrightarrow{k_1} C \qquad k_1 = A_1\mathrm{e}^{-E_{a,1}/(RT)}$$

$$C \xrightarrow{k_{-1}} A+B \qquad k_{-1} = A_{-1}\mathrm{e}^{-E_{a,-1}/(RT)}$$

$$C \xrightarrow{k_2} D \qquad k_2 = A_2\mathrm{e}^{-E_{a,2}/(RT)}$$

三个基元反应的活化能分别为 $E_{a,1}$、$E_{a,-1}$、$E_{a,2}$。

应用平衡态近似法推导出总反应的速率常数 k 与三个基元反应速率常数 k_1、k_{-1}、k_2 之间的关系为

$$k = \frac{k_1 k_2}{k_{-1}}$$

将阿伦尼乌斯方程代入，得

$$A\mathrm{e}^{-E_a/(RT)} = \frac{A_1\mathrm{e}^{-E_{a,1}/(RT)} A_2\mathrm{e}^{-E_{a,2}/(RT)}}{A_{-1}\mathrm{e}^{-E_{a,-1}/(RT)}}$$

$$= \frac{A_1 A_2}{A_{-1}}\mathrm{e}^{-(E_{a,1}-E_{a,-1}+E_{a,2})/(RT)}$$

$$A = \frac{A_1 A_2}{A_{-1}}$$

$$E_a = E_{a,1} - E_{a,-1} + E_{a,2} \tag{11.6.7}$$

由式(11.6.7)可以看出，非基元反应的阿伦尼乌斯活化能或表观活化能，为组成该非基元反应的各基元反应活化能的代数和。所以非基元反应的阿伦尼乌斯活化能含义虽然复杂一些，但仍具有类似能峰的含义。

§ 11.7 链　反　应

链反应又称**连锁反应**，是一种具有特殊规律的、常见的复合反应，它主要是由大量反复循环的连串反应所组成，在化工生产中具有重要的意义。例如，高聚物的合成，石油的裂解，碳氢化合物的氧化和卤化，一些有机化合物的热分解以至燃烧、爆炸反应等都与链反应有关。

链反应可分为单链与支链两类。

1. 单链反应的特征

实验表明,在一定条件下,$H_2+Cl_2 \longrightarrow 2HCl$ 的反应机理如下:

① $Cl_2 + M \xrightarrow{k_1} 2Cl\cdot + M$ 　　链的开始

② $Cl\cdot + H_2 \xrightarrow{k_2} HCl + H\cdot$ ⎫
③ $H\cdot + Cl_2 \xrightarrow{k_3} HCl + Cl\cdot$ ⎬ 链的传递

④ $Cl\cdot + Cl\cdot + M \xrightarrow{k_4} Cl_2 + M$ 　　链的终止

式中 $Cl\cdot$ 旁边的一点,如前所述,代表自由原子 Cl 具有一个未配对电子。有时为了简化而将此点略去。

基元反应①为 Cl_2 分子与一个能量大的分子 M 相碰撞而解离为两个自由原子 $Cl\cdot$。活泼的 $Cl\cdot$ 在反应②中与 H_2 反应转化为产物 HCl,自身被消耗,同时生成另一个自由原子 $H\cdot$。$H\cdot$ 也很活泼,在反应③中与 Cl_2 反应生成产物 HCl,同时重新生成自由原子 $Cl\cdot$,$Cl\cdot$ 又按式② 与 H_2 反应,再生成 $H\cdot$,如此循环往复,一直进行下去,直至所有的反应物被转化为产物,或者按基元反应④,两个 $Cl\cdot$ 与能量低的分子 M 或与容器壁相碰撞而复合为 Cl_2。也就是说,由反应① 产生的每一个 $Cl\cdot$,都会如锁链一般地一环扣一环地进行下去,据统计,一个 $Cl\cdot$ 往往能循环反应生成 $10^4 \sim 10^6$ 个 HCl 分子。

从这个例子可以看出,链反应一般由三个步骤组成:

(1) **链的开始**(或链的引发)　产生自由原子或自由基,如反应①。

(2) **链的传递**(或链的增长)　如反应②、③,自由原子或自由基与一般分子反应,在生成产物的同时,能够再生自由原子或自由基,因而可以使反应一个传一个,不断地进行下去。链的传递是链反应的主体。这里活泼的自由原子或自由基称为**链的传递物**。显然,链传递过程的产物是链反应的主要产物。

(3) **链的终止**(或链的销毁)　如反应④,自由基、自由原子等传递物一旦变为一般分子而销毁,则由原始传递物引发的这一条链就被中断。

在链的传递步骤中,消耗一个链的传递物的同时只产生一个新的链的传递物的链反应称为**单链反应**。对于单链反应,链的传递步骤中链的传递物的数量不变。因此,上述 $H_2+Cl_2 \longrightarrow 2HCl$ 即为单链反应。

链是由产生传递物(自由原子或自由基)开始的,这个例子是由热分解产生传递物。此外,光的照射、放电、加入引发剂等也都可以产生传递物。

自由原子、自由基(如 $H_3C\cdot$,$CH_3\dot{C}H_2$ 等)都有未配对电子,它们都具有很高的能量,所以它们与器壁或能量低的第三体相撞,把高的能量传出就会自相结合变成稳定分子。因此,增加壁面积与容积之比,或加入固体粉末,若反应速率显著变慢或停止,则可推测该反应是链反应。另外某些化合物,如 NO 含有未配对电子,很容易与自由原子、自由基反应。因为一个传递物会产生大量产物分子,而一个 NO 分子能中断一个链,所以,若加入微量的阻滞物(如 NO),能对反应产生很显著的阻滞作用,也可以初步判断该反应是链反应。

2. 由单链反应的机理推导反应速率方程

有了反应机理,就可以用质量作用定律,并结合稳态近似法导出链反应的速率方程。

由 $H_2+Cl_2 \longrightarrow 2HCl$ 的反应机理推导其速率方程,供读者练习用。下面举一个较复杂的例子。

1906 年波登斯坦(Bodenstein)通过实验测定了反应 $H_2+Br_2 \longrightarrow 2HBr$ 的速率方程为

$$\frac{d[HBr]}{dt} = \frac{k[H_2][Br_2]^{1/2}}{1+k'[HBr]/[Br_2]} \quad (11.7.1)$$

十三年后,克里斯琴森(Christiansen)等人,提出了如下连锁反应的机理:

① $Br_2 \xrightarrow{k_1} 2Br\cdot$ 　　　　　　链的开始

② $Br\cdot + H_2 \xrightarrow{k_2} HBr + H\cdot$ ⎫
　　　　　　　　　　　　　　　　⎬ 链的传递
③ $H\cdot + Br_2 \xrightarrow{k_3} HBr + Br\cdot$ ⎭

④ $H\cdot + HBr \xrightarrow{k_4} H_2 + Br\cdot$ 　　链的阻滞

⑤ $Br\cdot + Br\cdot \xrightarrow{k_5} Br_2$ 　　　　链的终止

现由此机理推导速率方程如下。

HBr 与反应②、③、④ 有关,故

$$\frac{d[HBr]}{dt} = k_2[Br\cdot][H_2] + k_3[H\cdot][Br_2] - k_4[H\cdot][HBr] \quad (11.7.2)$$

对上式中自由原子的浓度[Br·]和[H·]应用稳态近似法处理得

$$\frac{d[Br\cdot]}{dt} = 2k_1[Br_2] - k_2[Br\cdot][H_2] + k_3[H\cdot][Br_2]$$

$$+ k_4[H\cdot][HBr] - 2k_5[Br\cdot]^2 = 0 \quad (11.7.3)$$

同理,[H·]与反应②、③、④有关,故

$$\frac{d[H\cdot]}{dt}=k_2[Br\cdot][H_2]-k_3[H\cdot][Br_2]-k_4[H\cdot][HBr]=0 \quad (11.7.4)$$

式(11.7.3)与式(11.7.4)相加,得

$$k_1[Br_2]-k_5[Br\cdot]^2=0$$

即

$$[Br\cdot]=(k_1/k_5)^{1/2}[Br_2]^{1/2} \quad (11.7.5)$$

将式(11.7.5)代入式(11.7.4),移项后得

$$[H\cdot]=\frac{k_2(k_1/k_5)^{1/2}[H_2][Br_2]^{1/2}}{k_3[Br_2]+k_4[HBr]} \quad (11.7.6)$$

将式(11.7.2)减去式(11.7.4),并将式(11.7.6)代入,整理后得

$$\frac{d[HBr]}{dt}=\frac{2k_2(k_1/k_5)^{1/2}[H_2][Br_2]^{1/2}}{1+(k_4/k_3)[HBr]/[Br_2]} \quad (11.7.7)$$

此式与式(11.7.1)相对比,$2k_2(k_1/k_5)^{1/2}=k$,$k_4/k_3=k'$,可见由上述机理得出的速率方程与实验结果相符,这是上述机理正确性的必要条件。

上述机理的反应④对链反应起着阻滞作用,这不仅因为它消耗了产物,而且因为它将活泼传递物 H· 转变为相对不活泼的 Br·。以 H· 为反应物的反应③,活化能几乎为零,而以 Br· 为反应物的反应②,却需 74 kJ·mol^{-1} 活化能,所以传递物由 H· 变为 Br·,将显著地减小反应的速率。反应④对总反应的阻滞作用,也可由式(11.7.7)看出,因为[HBr]出现在这个总速率方程的分母中。

在上述机理中下列几个反应,似乎也是可能的:

$$H_2 \longrightarrow H\cdot + H\cdot$$
$$HBr \longrightarrow H\cdot + Br\cdot$$
$$Br\cdot + HBr \longrightarrow Br_2 + H\cdot$$
$$H\cdot + Br\cdot \longrightarrow HBr$$
$$H\cdot + H\cdot \longrightarrow H_2$$

但为什么它们不在机理中出现呢?这是因为 H_2 和 HBr 的解离能比 Br_2 的解离能要大得多,当然它们的活化能也必然高得多,所以它们的解离速率要比 Br_2 的慢得多;Br·+HBr 反应与 Br·+H_2 反应相比较,前者可以忽略不计,因为它的活化能约为 176 kJ·mol^{-1},而后者活化能却小得多,约 74 kJ·mol^{-1}。为什么链终止反应仅为 Br·+Br·,而不包括 H·+Br· 或 H·+H· 呢?这是因为据估算[H·]/[Br·]$\approx 10^{-6}$,所以 H· 与 Br· 反应的速率约为 Br· 与 Br· 反应速率的百万分之一,而 H· 与 H· 反应的速率则约为其速率的10^{-12}倍。

至于为什么 H_2 不与 Br_2 直接反应,而要由 H· 或 Br· 相应地与 Br_2 或 H_2 形成链反应呢?这是因为前者的活化能比后者高得多。

那么 H_2 与 I_2 反应,为什么不进行如下链的传递反应呢?

$$I\cdot + H_2 \longrightarrow HI + H\cdot$$
$$H\cdot + I_2 \longrightarrow HI + I\cdot$$

这也是因为 Br·+H₂ 反应的活化能仅 74 kJ·mol⁻¹，而 I·+H₂ 反应的活化能却高达 155 kJ·mol⁻¹。由此可见，在两状态之间若有几条能峰不同的途径，过程总是沿着能峰小的途径进行。因此活化能数据在判断反应机理时起着重要的作用。

3. 支链反应与爆炸界限

爆炸是瞬间即完成的高速化学反应。它的研究对于化工安全生产，对于经济建设和国防都具有重要意义。爆炸的原因分为如下两类：

（1）若某一放热反应在一个小空间内进行，反应热来不及散出，从而导致温度升高。温度升高，促使反应速率加快，放热就更多，温升更快。如此恶性循环，结果反应速率在瞬间大到无法控制而引起爆炸，这就是**热爆炸**。

（2）发生爆炸的更重要的原因是支链反应。前面讲的单链反应是消耗一个传递物的同时，再生一个传递物，传递物不增不减，所以反应平稳进行，即

单链： → → → →

而支链反应则是消耗一个传递物的同时，再生两个或更多传递物，即

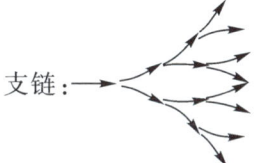

支链：

如此 1 变 2、2 变 4、4 变 8……迅猛发展，一瞬间就达到爆炸的程度。

现以分子比为 2∶1 的氢、氧混合气体为例，来说明温度和压力对支链爆炸反应的影响。如图 11.7.1 所示，混合气体在 500 ℃ 时，压力只要不超过 0.2 kPa 就不会爆炸，高于 0.2 kPa，就发生猛烈的支链反应而爆炸。500 ℃ 时压力在 0.2~7 kPa 之间都会爆炸，但若压力高于 7 kPa，则又不发生爆炸。而由图可以看出，若压力再高到一定程度还会爆炸。所以 500 ℃ **爆炸下限**（或**爆炸低限**）为 0.2 kPa，**爆炸上限**（或**爆炸高限**）为 7 kPa，压力再高又爆炸，则是**第三限**。其他温度也有类似情况，如图所示温度越高，则爆炸界限越宽而且上限对温度更为敏感，下限还受容器大小及表面形状、表面性质等因素的影响，图 11.7.1 是在

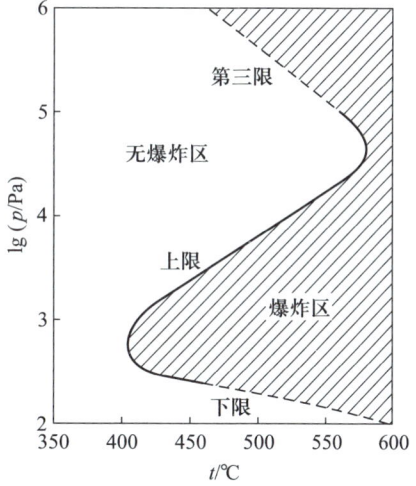

图 11.7.1 氢、氧(2∶1)混合气体的爆炸界限

直径为 7.4 cm 的球形反应器中的实验结果,而且容器表面涂有一层氯化钾。

为了解释上述三个爆炸界限,可参看下面的机理:

① $H_2 + O_2 \xrightarrow{k_1} 2HO\cdot$ 链的引发

② $HO\cdot + H_2 \xrightarrow{k_2} H_2O + H\cdot$ (快)   链的增长

③ $H\cdot + O_2 \xrightarrow{k_3} HO\cdot + \dot{O}$ (慢) ⎤
④ $\dot{O} + H_2 \xrightarrow{k_4} HO\cdot + H\cdot$ (快) ⎦   链的分支

⑤ $H\cdot \xrightarrow{k_5} 器壁$ 销毁,链的终止(低压)

⑥ $H\cdot + O_2 + M \xrightarrow{k_6} HO_2\cdot + M$ 链的终止(高压)

引发步骤①每生成一个 HO·,很快经过②变成 H·。增长步骤②中传递物的数量不增不减。但在分支步骤③中,传递物则由一个(H·)变为两个(即 HO· 和 $\dot{O}$)。③的活化能高,为慢步骤,而分支步骤④很快,即一旦生成 $\dot{O}$,则立即经④使传递物由一个($\dot{O}$)变为两个(即 HO· 和 H·),于是又再生出一个 H·。有了 H· 就能重新开始分支反应,两步后又再生出 H·。然而在低压下,H· 也能扩散到器壁而销毁。所以究竟能否发生爆炸,关键是看③与⑤在争夺 H· 中哪个占优势。当压力很低时,H· 在运动中与其他分子碰撞的机会很小,所以有利于 H· 向器壁扩散,而且压力低,[O_2] 很小,不利于③,故不发生爆炸。但增高压力则利于③而不利于⑤,故压力增高到一定的程度,③占优势则发生爆炸,这就是爆炸下限。爆炸下限与表面销毁有关,故受容器大小和表面性质的影响。

⑥中的 M 为任一气体分子(如 H_2 或 O_2 等),M 能带走反应中过剩能量以利于生成较不活泼的 $HO_2\cdot$,它能扩散到器壁而变成 H_2O_2 和 O_2,故⑥也能销毁 H·。因而,当压力继续增高,对⑤虽不利,而对于③和⑥却都有利,但⑥为三级反应,③为二级反应,所以在争夺 H· 中,压力增高更有利于⑥,因而压力高到一定程度,⑥占优势又不能爆炸,这就是爆炸上限。⑥不需活化能,而③的活化能较高,故升高温度对③有利,因此升温有利于爆炸,即升温则上限的压力可以更高一些。

压力再增高,$HO_2\cdot$ 就会在未扩散到器壁以前,又发生如下反应而生成 HO·:

$$HO_2\cdot + H_2 \longrightarrow H_2O + HO\cdot$$

于是又能发生爆炸,这就是爆炸的第三限[①]。

---

① 也有人认为产生第三限的原因是热爆炸。

爆炸界限也可用稳态近似法解释并进行估算。当然不能认为在爆炸界限以内传递物仍处于稳态,但如图 11.7.2 所示,爆炸界限以外,反应速率与一般反应一样是平稳的,因而有理由近似地认为传递物 R· 处于稳态,即

$$\frac{d[R\cdot]}{dt} = (2-0)k_1 + (1-1)k_2[HO\cdot][H_2]$$

$$+ (4-2)k_3[H\cdot][O_2]$$

$$+ (0-1)k_5[H\cdot]$$

$$+ (0-1)k_6[H\cdot][O_2][M] = 0$$

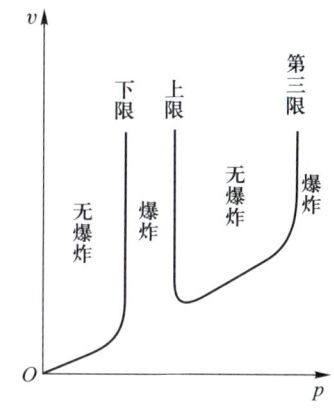

图 11.7.2 一定温度下反应速率与压力的关系(示出爆炸界限)

式中右边第一项表示反应①为零级(因 H_2 和 O_2 在器壁作用下生成 HO·,故反应速率只与器壁的表面性质有关,与气相浓度无关);各项括号中的差值,表示反应前后 R· 的物质的量的变化;反应③和④为连串反应,其总速率可用慢步骤③的速率表示。上式化简后为

$$2k_1 + 2k_3[H\cdot][O_2] - k_5[H\cdot] - k_6[H\cdot][O_2][M] = 0$$

所以

$$[H\cdot] = \frac{2k_1}{k_5 + k_6[O_2][M] - 2k_3[O_2]}$$

爆炸界限以外上式成立,[H·] 为一有限值,反应平稳进行。当分母趋于零,[H·] 趋于无限大,表示稳态被破坏,同时表明达到爆炸界限。低压下分母中 $k_6[O_2][M]$ 可忽略,压力增高时,$[O_2]$ 增加,当压力增到 $k_5 - 2k_3[O_2] = 0$,可估算出爆炸下限;高压下 k_5 可忽略,当压力增到 $k_6[O_2][M] - 2k_3[O_2]$,可估算出爆炸上限。

以上讨论了温度和压力对爆炸反应的影响。下面再介绍一下气体组成的影响。例如,对氢、氧混合气体,氢的体积分数在 4%~94%,点火都可能发生爆炸,若氢在 4% 以下,或 94% 以上就不会爆炸。所以 4% 为爆炸下限,94% 为爆炸上限。氢与空气混合,则爆炸下限为 4%,爆炸上限为 74%。其他可燃气体在空气中,也都有一个爆炸下限和爆炸上限。表 11.7.1 中列出某些可燃气体在空气中的爆炸界限。

表 11.7.1　某些可燃气体在空气中的爆炸界限[1]

可燃气体	可燃气体在空气中的体积分数/%	
	爆炸下限	爆炸上限
H_2	4	74
NH_3	16	25
CS_2	1.3	50
CO	12.5	74
CH_4	5.0	15.0
C_3H_8	2.1	9.5
$n\text{-}C_5H_{12}$	1.4	8.0
C_2H_4	2.7	36.0
C_2H_2	2.5	100
C_6H_6	1.2	7.8
C_2H_5OH	3.3	19
$(C_2H_5)_2O$	1.9	36.0

[1] 数据取自 CRC Handbook of Chemistry and Physics, 95th ed., 2014—2015。

§11.8　气体反应的碰撞理论

在§11.4 曾介绍了阿伦尼乌斯方程,并简单说明了活化能的意义。在反应速率理论中将对阿伦尼乌斯方程中的指前因子 A 和活化能 E_a 给以定量的解释。本书对反应速率理论只简单介绍气体反应的碰撞理论(本节)及过渡状态理论(下节)。各种反应速率理论均以基元反应为对象。

1. 气体反应的碰撞理论

以异类双分子基元反应(A+B ——→ 产物)为例。

碰撞理论认为:气体分子 A 和 B 必须通过碰撞,而且只有其碰撞动能大于或等于某**临界能**(或**阈能**)ε_c 的**活化碰撞**才能发生反应。因此,求出单位时间、单位体积中 A、B 分子间的碰撞数,以及活化碰撞数占上述碰撞数的分数,即可导出反应速率方程。

单位时间、单位体积内分子 A 与 B 的碰撞次数称为**碰撞数**,以符号 Z_{AB} 表示,单位为 $m^{-3} \cdot s^{-1}$。假设 A 与 B 为半径分别为 r_A 和 r_B 的硬球,设 B 静止,A 对 B 的相对速率为 u_{AB}。显然,当 A 与 B 之间的距离 d_{AB} 小于两球半径之和(r_A+r_B)

时,A 和 B 发生碰撞。A 与静止 B 的**碰撞频率** $Z_{A \to B}$(单位为 s^{-1})可以这样计算:设想一个以$(r_A + r_B)$为半径的圆,这个圆的面积 $\sigma = \pi (r_A + r_B)^2$ 称为**碰撞截面**。当这个以 A 的中心为圆心的碰撞截面,沿 A 前进的方向运动时,单位时间内在空间要扫过一个圆柱形的体积 $\pi (r_A + r_B)^2 u_{AB}$。凡中心在此圆柱体内的 B 球,都能与 A 相撞。如图 11.8.1 所示。

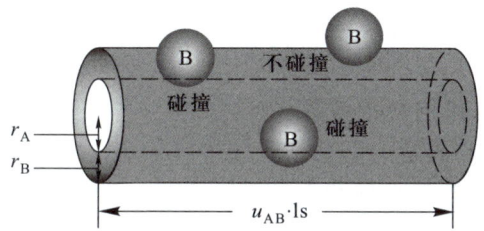

图 11.8.1　单位时间碰撞截面 $\pi (r_A + r_B)^2$ 在空间扫过的体积(外圆柱体)

因此,一个 A 分子单位时间能碰到 B 分子的次数,即碰撞频率 $Z_{A \to B}$ 应等于此圆柱体的体积与气体分子 B 的分子浓度 C_B①的乘积,即

$$Z_{A \to B} = \pi (r_A + r_B)^2 u_{AB} C_B \tag{11.8.1}$$

若 A 的分子浓度为 C_A,则单位时间、单位体积内分子 A 与分子 B 的碰撞数为

$$Z_{AB} = \pi (r_A + r_B)^2 u_{AB} C_A C_B \tag{11.8.2}$$

由分子运动论可知,气体分子 A 与 B 的平均相对速率为

$$u_{AB} = \left(\frac{8 k_B T}{\pi \mu} \right)^{1/2} \tag{11.8.3}$$

式中 k_B 为玻耳兹曼常数;$\mu = m_A m_B / (m_A + m_B)$ 为这两个分子的折合质量。

将式(11.8.3)代入式(11.8.2),整理后得碰撞数:

$$Z_{AB} = (r_A + r_B)^2 \left(\frac{8 \pi k_B T}{\mu} \right)^{1/2} C_A C_B \tag{11.8.4}$$

碰撞的一对分子称为**相撞分子对**(简称**分子对**)。相撞分子对的运动可以分解为两项:一项是分子对整体的运动,另一项是两分子相对于其共同质心的运动。

相撞分子对作为整体的质心运动与反应毫不相干,只有相对于质心运动的平动能,才能克服两分子间的斥力及旧键的引力转化为势能,从而翻越反应的能

---

① B 的分子浓度定义为 B 分子个数 N_B 除以体积 V,$C_B = N_B / V$,单位为 m^{-3}。即分子浓度等于单位体积内的分子个数。

峰。所谓碰撞动能 ε，就是指这种相对于质心运动的平动能，即沿 A、B 分子中心连线互相接近的平动能如图 11.8.2 所示。

由分子运动论可知，相撞分子对在分子中心连线方向的碰撞动能 $\varepsilon \geqslant \varepsilon_c$ 的活化碰撞数占碰撞数的分数，即为活化碰撞分数：

$$q = e^{-E_c/(RT)} \qquad (11.8.5)$$

式中 $E_c = L\varepsilon_c$，L 为阿伏加德罗常数。E_c 为摩尔临界能，常简称**临界能**。

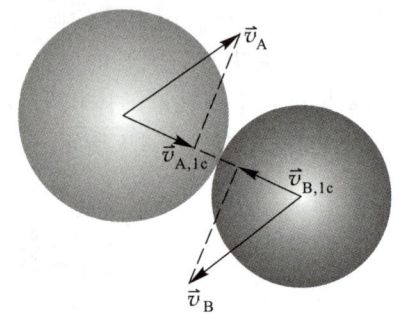

图 11.8.2　A、B 分子的碰撞。$\vec{v}_{A,1c}$ 和 $\vec{v}_{B,1c}$ 分别为 A 和 B 分子在两分子中心连线上的分量

因此，用单位时间、单位体积反应掉的反应物的分子个数表示的速率方程为

$$-\frac{dC_A}{dt} = Z_{AB} e^{-E_c/(RT)} \qquad (11.8.6)$$

将式(11.8.4)代入式(11.8.6)，得

$$-\frac{dC_A}{dt} = (r_A + r_B)^2 \left(\frac{8\pi k_B T}{\mu}\right)^{1/2} e^{-E_c/(RT)} C_A C_B \qquad (11.8.7)$$

对于同类双分子反应（A+A ⟶ 产物），有

$$-\frac{dC_A}{dt} = 16 r_A^2 \left(\frac{\pi k_B T}{m_A}\right)^{1/2} e^{-E_c/(RT)} C_A^2 \qquad (11.8.8)$$

式(11.8.7)及式(11.8.8)即是按碰撞理论导出的双分子基元反应的速率方程。可以看出，适用于基元反应的质量作用定律是碰撞理论的自然结果。

*2. 碰撞理论与阿伦尼乌斯方程的比较

阿伦尼乌斯方程与实验基本符合，所以常将理论得出的反应速率常数表达式与阿伦尼乌斯方程进行比较，这样一方面可以检验理论的正确性，另一方面还可以解释阿伦尼乌斯方程中 E_a 和 A 的物理意义。为了便于比较，须将碰撞理论得到的方程化为与阿伦尼乌斯方程相似的形式。

仍以异类双分子反应（A+B ⟶ 产物）为例。将 $C_A = Lc_A$，$C_B = Lc_B$ 代入式(11.8.7)，得

$$-\frac{dc_A}{dt} = L(r_A + r_B)^2 \left(\frac{8\pi k_B T}{\mu}\right)^{1/2} e^{-E_c/(RT)} c_A c_B \qquad (11.8.9)$$

令

$$z_{AB} = \frac{Z_{AB}}{Lc_Ac_B} = \frac{Z_{AB}L}{C_AC_B} \tag{11.8.10}$$

称为**碰撞频率因子**，单位为 $m^3 \cdot mol^{-1} \cdot s^{-1}$。

对异类双分子反应，有

$$z_{AB} = L(r_A + r_B)^2 \left(\frac{8\pi k_B T}{\mu}\right)^{1/2} \tag{11.8.11}$$

由 $-dc_A/dt = kc_Ac_B$ 及式(11.8.9)~式(11.8.11)可知：

$$k = z_{AB} e^{-E_c/(RT)} \tag{11.8.12}$$

对比阿伦尼乌斯方程式(11.4.4b)

$$k = A e^{-E_a/(RT)}$$

可见两式形式完全相似。下面分别对比临界能 E_c 和活化能 E_a，碰撞频率因子 z_{AB} 和指前因子 A。

将式(11.8.11)代入式(11.8.12)，有

$$k = L(r_A + r_B)^2 \left(\frac{8\pi k_B T}{\mu}\right)^{1/2} e^{-E_c/(RT)} \tag{11.8.13}$$

此式与式(11.4.5)即 $k = AT^B e^{-E/(RT)}$ 相同，$B = 1/2$。

将式(11.8.13)两边取对数后再对 T 求导数，得

$$\frac{d\ln k}{dT} = \frac{1}{2} \cdot \frac{1}{T} + \frac{E_c}{RT^2} = \frac{(1/2)RT + E_c}{RT^2} \tag{11.8.14}$$

对比阿伦尼乌斯活化能 E_a 的定义式(11.4.2)

$$\frac{d\ln k}{dT} = \frac{E_a}{RT^2}$$

可得

$$E_a = E_c + \frac{1}{2}RT \tag{11.8.15}$$

临界能 E_c 与 T 无关，故 E_a 应与 T 有关。但大多数反应在温度不太高时 $E_c \gg RT/2$，故 $RT/2$ 项可忽略，式(11.8.16)化为 $E_a \approx E_c$。所以一般可认为 E_a 与 T 无关。事实也是如此，多数反应的 $\ln k$ 对 $1/T$ 作图，在温度范围不太宽时，可得一直线。只在温度很高时才逐渐偏离直线，这时按式(11.8.13)，如将 $\ln(k/\sqrt{T})$ 对 $1/T$ 作图，一般仍可保持直线关系。

然而，如表 11.8.1 所示，按式（11.8.11）由理论计算的碰撞频率因子 z_{AB} 和按实验测定数据求得的指前因子 A，两者并不相符，甚至相差甚大。这种不符通常由所谓有效碰撞加以说明，即并非所有超过临界能量 E_c 的碰撞都能导致产物的生成，只有那些具有合适方位的超过临界能量的碰撞才是有效的，因此定义**概率因子**或**方位因子** P：

$$P = \frac{A}{z_{AB}} \tag{11.8.16}$$

表 11.8.1 某些气相反应的指前因子、碰撞频率因子、活化能和概率因子

反应	A 或 $z_{AB}/(\mathrm{dm^3 \cdot mol^{-1} \cdot s^{-1}})$		$\dfrac{E_a}{\mathrm{kJ \cdot mol^{-1}}}$	$P = \dfrac{A}{z_{AB}}$
	A	z_{AB}		
$2NOCl \longrightarrow 2NO+Cl_2$	1.0×10^{10}	6.3×10^{10}	103.0	0.16
$2NO_2 \longrightarrow 2NO+O_2$	2.0×10^9	4.0×10^{10}	111.0	5×10^{-2}
$2ClO \longrightarrow Cl_2+O_2$	6.3×10^7	2.5×10^{10}	0.0	2.5×10^{-3}
$K+Br_2 \longrightarrow KBr+Br\cdot$	1.0×10^{12}	2.1×10^{11}	0.0	4.8
$H_2+C_2H_4 \longrightarrow C_2H_6$	1.24×10^6	7.3×10^{11}	180	1.7×10^{-6}

由表 11.8.1 中所列数据可知，多数反应的指前因子小于碰撞频率因子，即 $P<1$。这可能是由于上述的简单碰撞理论，将反应只看成是硬球碰撞，没有考虑分子的结构，单纯地认为只要碰撞能量高于临界能就能发生反应。实际上分子并不是无结构的硬球，碰撞部位不同，其效果可能不同。化学反应往往是特定的化学键的重新组合，显然碰撞若不是发生在这样的特定部位上，尤其当这样特定部位被其他原子团掩蔽时，即使碰撞能量高过临界能，也可能不会立即发生反应。因为分子间和分子内部的能量传递也要有一个过程，而在此过程中假若又发生了其他反应，或者正好又与另一个低能分子碰撞而丧失了过剩能量等都可能使碰撞成为无效碰撞，从而使概率因子 P 小于 1。

综上所述，碰撞理论紧紧抓住反应过程须经分子碰撞和需要足够高的能量以克服能峰的主要特点，能够定量地解释基元反应的质量作用定律，以及阿伦尼乌斯方程中的 A 和 E_a，而且对基元反应的具体反应过程的描述更加直观易懂。但是，简单碰撞理论将分子视为硬球，不考虑分子的结构，过于简化，使得它的计算结果产生较大的误差，而且一般情况下概率因子是难以计算的。

§11.9 势能面与过渡状态理论

简单的碰撞理论虽然给出了与阿伦尼乌斯方程形式相同的反应速率常数表达式,但不能由其计算得到反应的临界能,它也不能给出正确的指前因子。这是因为化学反应涉及反应物分子化学键的重组,它与分子在碰撞过程中结构的变化密切相关,而简单碰撞理论将分子看成无结构的硬球显然是有缺陷的。对反应过程正确、详细的描述需要依赖于量子力学。

1. 势能面

下面以原子 A 与双原子分子 BC 的反应系统为例,研究两个分子在碰撞过程中能量的变化。图 11.9.1 给出了 A+BC 反应系统的几何构型,它由 A、B 之间的距离 r_{AB},B、C 之间的距离 r_{BC} 及它们之间的夹角 θ 完全确定。

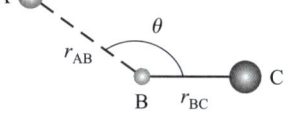

图 11.9.1 A+BC 反应系统

上述反应系统的势能是 r_{AB}、r_{BC} 和 θ 的函数,用 $E(r_{AB}, r_{BC}, \theta)$ 表示,可通过量子化学计算得到。由于 $E(r_{AB}, r_{BC}, \theta)$ 的图形为 r_{AB}、r_{BC}、θ 和 E 为坐标所构成坐标系中的曲面,故称为**势能面**。为了简化问题的讨论,限制 $\theta = \pi$,它相当于原子 A 与分子 BC 迎头相撞的情况。在这种情况下,势能面只是 r_{AB}、r_{BC} 的函数 $E(r_{AB}, r_{BC})$。$E(r_{AB}, r_{BC})$ 及其等高线示意图如图 11.9.2 所示:

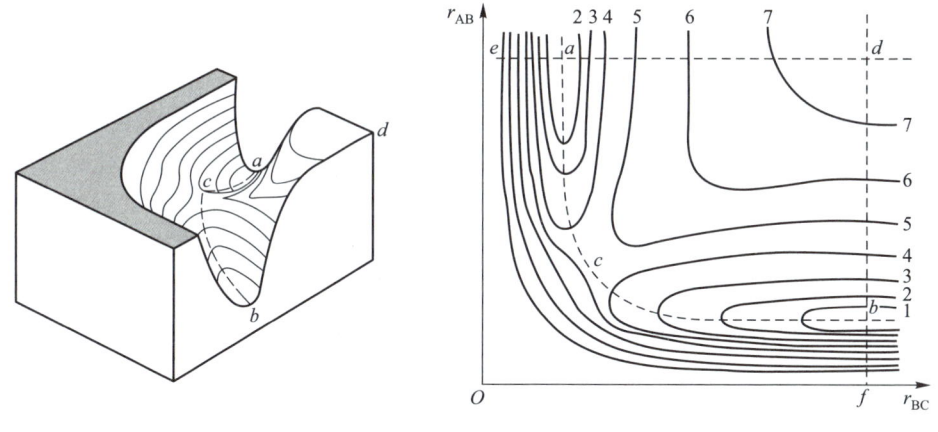

(a) (b)

图 11.9.2 势能面 $E(r_{AB}, r_{BC})$(a) 与其等高线(b) 示意图

图 11.9.2(a)的 z 轴为势能 $E(r_{AB}, r_{BC})$，x 轴和 y 轴分别表示 r_{AB} 和 r_{BC}，图 11.9.2(b)中等高线上的数值代表势能。

图 11.9.2(b)上，d 点 r_{AB}、r_{BC} 较大，代表原子 A、B、C 之间距离较远，三者都处于自由原子状态，势能较高，因而 d 点相当于一个山顶；由 d 向 a 移动，表示 r_{AB} 一定，而且 A 与 B 之间保持较远的距离，所以 A 对 B、C 的作用可以忽略，这时 r_{BC} 渐小，即原子 B 与 C 逐渐靠近，由于它们的未配对电子的吸引，势能也随着 r_{BC} 减小而逐渐减小，到 a 点势能最低，说明这时 BC 形成了稳定分子，a 点相应的 r_{BC} 表示这个稳定分子的键长。由 a 再向 e 移动，表示稳定分子 BC 的核间距缩短，由于斥力迅速增大，势能激增。同理，由 d 向 b 表示自由原子 A、B、C 中，只是 A 与 B 渐靠近，势能渐小，到 b 形成稳定的 AB 分子，势能最低，再继续靠近势能又激增。平行于 da（或 db），但 r_{AB} 较小（或 r_{BC} 较小）的情况都是类似的，所以势能面上有 ac 和 bc 两条相连的较深的山谷，沿着虚线 acb 势能最低，所以是两条山谷的谷底，谷底两侧都是较高的山坡。两条山谷的谷底也是斜坡式的，越靠近 c 越高，c 处为最高点。a 到 d 等势能线较稀表示山坡缓和，a 到 e 等势能线很密表示山坡陡峭。整个势能面很像一个马鞍，马鞍的靠背在原点方向，c 点称为**马鞍点**。

2. 反应途径

如前所述，图 11.9.2(a)中 a 点表示反应物原子 A 和稳定分子 BC。若沿 ac 前进，则 r_{AB} 渐小，最初 r_{BC} 不变（即 B—C 键不变，仍然保持稳定分子状态），说明原子 A 与分子 BC 迎面运动，由于它们之间的斥力，所以越靠近，则势能越增大。由等势能线的数字渐大，也可看出势能的增加。在即将到达 c 点前，虚线渐向右弯，说明随着 A、B 之间的靠近，原有的 B—C 键逐渐拉长（即 r_{BC} 变大），同时势能继续上升。到 c 点 B—C 键拉长即将断裂，A—B 键却刚刚开始形成。A⋯B⋯C 三原子结合在一起，但结合较弱，这个状态称为**过渡状态**或**活化络合物**（因它具有类似络合物的构型）①，通常以 $[A⋯B⋯C]^{\neq}$ 或 $X^{\neq}$ 表示。形成活化络合物后，反应若继续沿 acb 虚线前进，则 B⋯C 键继续拉长而断裂，A⋯B 键继续缩短而加强，由于系统渐趋稳定而势能逐步变小（减少的势能转化为产物分子的动能），到 b 点生成稳定分子 AB 和原子 C，完成了反应的全过程。这个全过程也称为基元反应本身的"详细机理"，如图 11.9.3 所示。

---

① 必须强调的是，称 $[A⋯B⋯C]^{\neq}$ 为活化络合物，并不表示其具有特殊的稳定性。它只是代表势能面上一特殊点（马鞍点）处反应体系的构型。

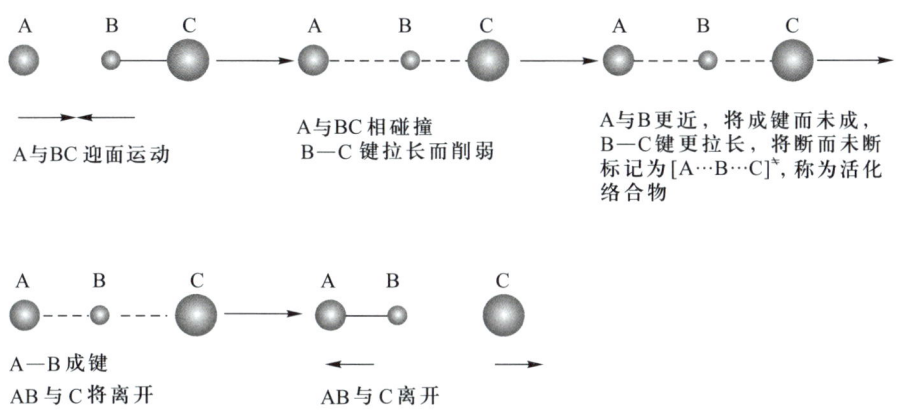

图 11.9.3　基元反应的"详细机理"

由上述对基元反应的"详细机理"的简单讨论可以看出：整个反应是沿着势能最低的虚线 acb 进行的，因此将之称为**反应途径**。一个反应必须获得足够的势能，抵达马鞍点，才能进行反应生成产物。一般讲这个势能就来自于反应分子 A 与 BC 的迎面相对运动的平动能（即碰撞动能）。如果原有的平动能不够大，沿 ac 线前进转化的势能不足以达到 c 点，则系统将沿原途径回到 a 点。这就是单纯的弹性碰撞。只有原来具备足够多碰撞动能的反应物，才有可能将动能转化为足够的势能，登上马鞍点翻越能峰生成产物。如果将上述反应途径，即虚线 acb 示意地"扳直"投影到一个平面上，就得到如图 11.9.4 的能峰示意图。显然，当始态与马鞍点都处于基态时，它们之间的势能差即为**活化能**（严格地讲为 0 K 时的活化能）。这里活化能的物理概念就更明显而具体化了。上面讲到的反应途径 acb 为势能最小的途径，也是可能性最大的途径。

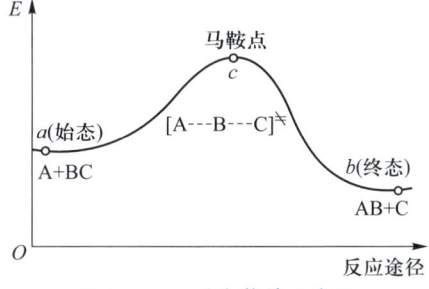

图 11.9.4　反应能峰示意图

3. 活化络合物

过渡状态理论的基础是关于活化络合物或过渡状态的概念，顾名思义它是介于反应物与产物之间的过渡状态，在这个状态下，原子间距离较正常化学键要大得多，例如，在 $D+H_2 \longrightarrow [D\cdots H\cdots H]^{\neq}$ 的反应中，活化络合物 $[D\cdots H\cdots H]^{\neq}$ 的两个核间距约 0.093 nm，而正常 H_2 的核间距约为 0.074 nm。这说明活化络合物的"键"比正常键要弱得多，但它仍旧像正常分子一样能进行平动、转动和有限制的振动。例如,在对称形势能面的马鞍点 c 上,活化络合物若在与 x 轴成 $\pi/4$ 夹角的方向以频率 ν' 进行振动(见图 11.9.5),则相当于在一条直线上的 ABC 三原子进行两两原子间同时拉伸或同时缩短的振动(即对称伸缩),这种振动由于能量的限制是不会分解的。但是,若在与此垂直方向,即在反应途径方向以频率 ν 进行振动(即不对称伸缩),则立即分解为原始的反应分子 A+BC 或分解为产物 AB+C。这是活化络合物的重要特征。

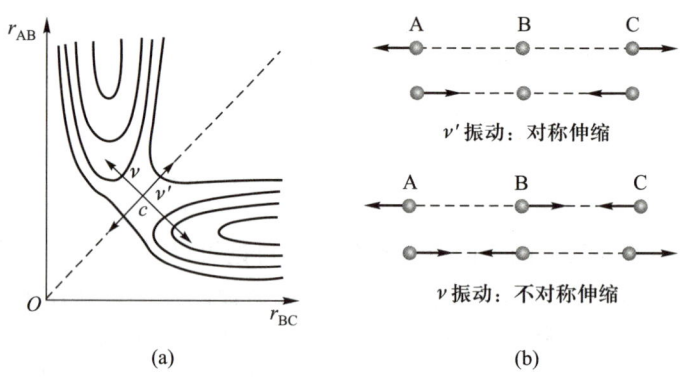

图 11.9.5 活化络合物的振动方式

4. 艾林方程

在活化络合物概念的基础上,过渡状态理论认为:"反应物分子要变成产物,总要经过足够能量的碰撞先形成高势能的活化络合物;活化络合物可能分解为原始反应物,并迅速达到平衡,也可能分解为产物;活化络合物以单位时间 ν 次的频率分解为产物,此速率即为该基元反应的速率。"以公式表示,即

$$A+B \underset{\text{快速平衡}}{\overset{K_c}{\rightleftharpoons}} X^{\neq} \xrightarrow[\text{慢}]{k_1} \text{产物}$$

此式说明反应物 A 和 B 与活化络合物 $X^{\neq}$ 间存在快速平衡,与此相比,后一步 $X^{\neq}$ 分解为产物为慢步骤,因此,总速率为此慢步骤的速率,即

$$-\frac{dc_A}{dt} = k_1 c_{\neq} \qquad (11.9.1a)$$

式中 $c_{\neq}$ 为活化络合物 $X^{\neq}$ 的浓度。$X^{\neq}$ 沿反应途径方向每振动一次,则有一个 $X^{\neq}$ 分子分解,若 $X^{\neq}$ 在反应途径方向上的振动频率为 ν,即单位时间振动 ν 次,则

$$-\frac{dc_A}{dt} = \nu c_{\neq} \qquad (11.9.1b)$$

即
$$k_1 = \nu \text{①} \tag{11.9.2}$$

因反应物 A 和 B 与活化络合物 $X^{\neq}$ 间存在着快速平衡,以浓度表示的化学平衡常数为

$$K_c = \frac{c_{\neq}}{c_A c_B}$$

解得
$$c_{\neq} = K_c c_A c_B \tag{11.9.3}$$

将式(11.9.3)代入式(11.9.1b)有

$$-\frac{dc_A}{dt} = \nu c_{\neq} = \nu K_c c_A c_B = k c_A c_B$$

$$k = \nu K_c \tag{11.9.4}$$

将理想气体化学反应平衡常数表示式(9.9.16b)和式(9.9.17)应用于活化络合平衡:

$$K_c = \frac{q_{\neq}^*}{q_A^* q_B^*} L e^{-\Delta_r \varepsilon_0 /(k_B T)} \tag{11.9.5}$$

因为 $\Delta_r \varepsilon_0 /(k_B T) = \Delta_r U_{0,m}/(RT)$,$\Delta_r U_{0,m}$ 为 0 K 时摩尔反应热力学能变,也就是反应前后基态能量之差,为简便起见,以 E_0 代表。

将式(11.9.5)代入式(11.9.4),得

$$k = \nu K_c = \nu \frac{q_{\neq}^*}{q_A^* q_B^*} L e^{-E_0/(RT)} \tag{11.9.6}$$

由活化络合物的配分函数 $q_{\neq}^*$ 中分出沿反应途径振动的配分函数 $f_{v,\neq}^0$,则

$$q_{\neq}^* = f_{v,\neq}^0 q_{\neq}^{*\prime} \tag{11.9.7}$$

$q_{\neq}^{*\prime}$ 为 $q_{\neq}^*$ 分离出 $f_{v,\neq}^0$ 后的剩余部分。

$f_{v,\neq}^0$ 为一个振动自由度的配分函数,此振动自由度可视为一维简谐振子,按式(9.5.21)为

$$f_{v,\neq}^0 = \frac{1}{1 - e^{-h\nu/(k_B T)}}$$

因为 $X^{\neq}$ 沿反应途径的振动将分解为产物,所以沿反应途径振动的"键"比

---

① 有时由于一些复杂原因,偶尔会使得沿反应途径方向的某次振动不能分解为产物,故更精确些,式(11.9.2)应写为

$$k_1 = \kappa \nu$$

式中 κ 称为传递系数,一般 κ 在 0.5~1,多数情况下 $\kappa=1$。

正常键弱得多,即 ν 很小,$h\nu \ll k_B T$,这时 $\mathrm{e}^{-h\nu/(k_B T)} \approx 1 - h\nu/(k_B T)$,则有

$$f_{v,\neq}^0 = \frac{1}{1-[1-h\nu/(k_B T)]} = \frac{k_B T}{h\nu} \tag{11.9.8}$$

将式(11.9.7)、式(11.9.8)代入式(11.9.6),最后得

$$k = \frac{k_B T}{h} \cdot \frac{q_{\neq}^{*'}}{q_A^* q_B^*} L \mathrm{e}^{-E_0/(RT)} \tag{11.9.9}$$

此式可化简为

$$k = \frac{k_B T}{h} K_c^{\neq} \tag{11.9.10}$$

式中

$$K_c^{\neq} = \frac{q_{\neq}^{*'}}{q_A^* q_B^*} L \mathrm{e}^{-E_0/(RT)} \tag{11.9.11}$$

$K_c^{\neq}$ 不同于一般的平衡常数,而是将失去一个沿反应途径方向振动自由度的 $X^{\neq}$ 仍看成正常分子而得出的平衡常数,有时称为准平衡常数。

式(11.9.9)或式(11.9.10)为由过渡状态理论计算双分子反应速率常数的基本方程,有时称为**艾林(Eyring)方程**。式中 E_0 如上所述为活化络合物 $X^{\neq}$ 与反应物基态能量之差,也可认为是 0 K 时反应的活化能。原则上只要知道了有关分子的结构,就可以按上式计算反应速率常数 k,而不必进行动力学测定。所以,过渡状态理论有时称为**绝对反应速率理论**。在实际应用中,测定反应物分子的结构一般不太困难,但是活化络合物却很不稳定(寿命 $\leq 10^{-14}$ s),目前还不能像稳定分子那样由光谱测定其结构参数,只能用与之相似的稳定分子类比的方法,假设一个可能的结构,然后进行计算。这样计算的结果,虽然不能令人满意,但在多数情况下,比简单碰撞理论的计算值更接近于实验数据。

5. 艾林方程的热力学表示式

过渡状态理论在讨论双分子反应

$$A + B \underset{\text{快速平衡}}{\rightleftharpoons} X^{\neq} \xrightarrow{\text{慢}} \text{产物}$$

的反应速率 $-\mathrm{d}c_A/\mathrm{d}t = k c_A c_B$ 时,用统计热力学方法,得出式(11.9.11)

$$K_c^{\neq} = \frac{q_{\neq}^{*'}}{q_A^* q_B^*} L \mathrm{e}^{-E_0/(RT)}$$

其中 $K_c^{\neq}$ 为已分离出沿反应途径方向振动自由度后的平衡常数。然而,为了引用热力学方法进行近似处理,仍可借用类似前面推导标准平衡常数的方法。

$$K_c^{\neq} = \frac{c_{\neq}}{c_A c_B}$$

$$K_c^{\neq \ominus} = \frac{c_{\neq}/c^{\ominus}}{(c_A/c^{\ominus})(c_B/c^{\ominus})} \qquad (11.9.12)$$

则
$$K_c^{\neq} = K_c^{\neq \ominus}/c^{\ominus} \qquad (11.9.13)$$

标准平衡常数 $K_c^{\neq \ominus}$ 与标准摩尔活化吉布斯函数 $\Delta_r^{\neq} G_m^{\ominus}$、标准摩尔活化焓 $\Delta_r^{\neq} H_m^{\ominus}$ 和标准摩尔活化熵 $\Delta_r^{\neq} S_m^{\ominus}$ 之间的关系为

$$-RT\ln K_c^{\neq \ominus} = \Delta_r^{\neq} G_m^{\ominus} = \Delta_r^{\neq} H_m^{\ominus} - T\Delta_r^{\neq} S_m^{\ominus}$$

即
$$K_c^{\neq \ominus} = \exp\left(-\frac{\Delta_r^{\neq} G_m^{\ominus}}{RT}\right) = \exp\left(\frac{\Delta_r^{\neq} S_m^{\ominus}}{R}\right) \exp\left(-\frac{\Delta_r^{\neq} H_m^{\ominus}}{RT}\right) \qquad (11.9.14)$$

将式(11.9.13)、式(11.9.14)代入式(11.9.10)得

$$k = \frac{k_B T}{hc^{\ominus}} \exp\left(-\frac{\Delta_r^{\neq} G_m^{\ominus}}{RT}\right) = \frac{k_B T}{hc^{\ominus}} \exp\left(\frac{\Delta_r^{\neq} S_m^{\ominus}}{R}\right) \exp\left(-\frac{\Delta_r^{\neq} H_m^{\ominus}}{RT}\right) \qquad (11.9.15)$$

此即双分子反应的艾林方程热力学表示式。艾林方程亦可用于单分子或三分子反应,以及溶液反应,但形式与式(11.9.15)稍有差别。

对于双分子气相反应可以证明

$$E_a = \Delta_r^{\neq} H_m^{\ominus} + 2RT \qquad (11.9.16)$$

将式(11.9.16)代入式(11.9.15)得

$$k = \frac{k_B T}{hc^{\ominus}} e^2 \exp\left(\frac{\Delta_r^{\neq} S_m^{\ominus}}{R}\right) \exp\left(-\frac{E_a}{RT}\right) \qquad (11.9.17)$$

将式(11.9.17)与阿伦尼乌斯方程及式(11.8.16)对比,可知阿伦尼乌斯方程的指前因子 A、碰撞理论的频率因子 z_{AB}、概率因子 P,以及标准摩尔活化熵 $\Delta_r^{\neq} S_m^{\ominus}$ 之间有如下关系:

$$A = Pz_{AB} = \frac{k_B T}{hc^{\ominus}} e^2 \exp\left(\frac{\Delta_r^{\neq} S_m^{\ominus}}{R}\right) \qquad (11.9.18)$$

一般说来,上式中 $[k_B T/(hc^{\ominus})]\exp 2$ 的数量级与 z_{AB} 大体相当,因此, $\exp(\Delta_r^{\neq} S_m^{\ominus}/R)$ 相当于概率因子 P。如果 A 与 B 生成 $X^{\neq}$ 时 $\Delta_r^{\neq} S_m^{\ominus}=0$,则 $P=1$。但实际上 A 与 B 生成 $X^{\neq}$ 时往往要损失平动和转动自由度,增加振动自由度,由于平动对熵的贡献较大,而振动的贡献较小,因此, $\Delta_r^{\neq} S_m^{\ominus}<0$。而且反应分子 A 与 B 结构越复杂, $X^{\neq}$ 分子越规整,则熵减少得越多,即 P 越小于1。从另一角度看, $X^{\neq}$

分子越规整,则在形成 $X^{\neq}$ 时对碰撞方位的要求就越苛刻,因而 P 越小于 1。

应该注意,有些复杂分子间的反应,由于活化熵的影响,其概率因子的数量级甚至小至 10^{-9},这时尽管活化能很小,但反应速率却很慢。因而在这种情况下,若不考虑活化熵的影响,而单凭活化能大小来判别反应速率的快慢,就可能得出错误的结论。

简单碰撞理论对概率因子是无能为力的,而按过渡状态理论,活化熵在原则上可由分子结构数据求得,这显然是一个明显的进步。但应看到由分子结构计算,目前仍停留在简单分子的水平上,对稍复杂的分子则存在相当大的猜测成分。而且往往是倒过来先由实验测得 A 和 E_a,再由式(11.9.18)求算 $\Delta_r^{\neq} S_m^{\ominus}$,从而推测活化络合物 $X^{\neq}$ 的结构。

§11.10 溶液中反应

尽管有不少气相和固相反应,但大多数反应发生在液相。溶液的性质及溶剂在反应中所起的作用对于溶液中化学反应的动力学研究至关重要。

溶液中的溶质分子,也如同气体分子一样,必须经碰撞才能发生反应。然而溶质分子处于溶剂分子的包围之中,它必须穿过这种包围进行扩散,才能与另一溶质分子接触而发生反应。因此,研究溶液中溶质分子间的反应必须考虑反应组分(溶质)与溶剂间的相互作用,以及它们在溶剂中的扩散。下面按反应组分与溶剂间有无明显的相互作用,分别进行讨论。

1. 溶剂对反应组分无明显相互作用的情况

(1) **笼蔽效应**(又称笼效应) 液体中分子间平均距离比气体中分子间平均距离小得多,分子间存在强的相互作用。这种作用可以使液体具有近程有序的结构。液体中溶质分子实际上都被周围溶剂分子所包围,就如同被关在由周围溶剂分子形成的笼中。笼中的溶质分子不断地与周围溶剂分子碰撞而在笼中不停地振动。如果某一个分子具有足够高的能量,或正在向某方向振动时,恰好该方向的周围分子让开,这个分子就会冲破溶剂笼扩散出去,但是它立刻就又陷入另一个笼中。据估计分子在一个笼中的停留时间为 $10^{-12} \sim 10^{-8}$ s,这期间发生 $10^2 \sim 10^4$ 次碰撞。分子由于这种笼中运动而对反应速率所产生的效应,称为笼蔽效应。

若两个溶质分子扩散到同一个笼中互相接触,则称为**遭遇**。两个溶质分子只有遭遇才能反应。扩散与反应为两个串联的步骤,即

$$A+B \xrightarrow{\text{扩散}} \{A \cdots B\} \xrightarrow{\text{反应}} \text{产物}$$

式中{A⋯B}表示反应物 A 和 B 扩散到一起而形成的遭遇对。如果反应的活化能很小,反应速率很快,则为**扩散控制**;反之,若反应活化能大,反应速率慢,则为**反应控制**或**活化控制**。扩散速率与温度的关系也符合阿伦尼乌斯方程,但扩散活化能,即分子冲破溶剂笼所需的能量,一般要比反应活化能小得多,因此,活化控制的反应对温度比较敏感,而扩散控制的反应对温度就不那么敏感。

(2)扩散控制的反应　一些快速反应,如自由基复合反应或酸碱中和反应,多为扩散控制的反应。扩散控制的反应其总速率等于扩散速率,扩散速率可按扩散定律计算。

扩散定律:溶液中每一个溶质分子向任一方向运动的概率都是相等的,但浓度高处单位体积中的分子数比浓度低处多,所以扩散方向总是由高浓度向低浓度。如图 11.10.1 所示,若距离 x 处物质 B 的浓度为 c_B,浓度梯度为 dc_B/dx,则按**菲克**(Fick)**扩散第一定律**:在一定温度下,单位时间扩散过截面积 A_s 的组分 B 的物质的量 dn_B/dt,正比于截面积 A_s 和浓度梯度 dc_B/dx 的乘积,即

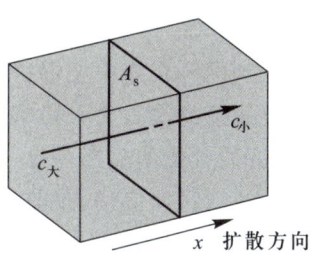

图 11.10.1　扩散定律

$$\frac{dn_B}{dt} = -DA_s \frac{dc_B}{dx} \qquad (11.10.1)$$

因为扩散是向着 x 增大的方向,同时也是向着 c_B 减小的方向,所以浓度梯度 dc_B/dx 为负值,为保持扩散为正值,上式右边加负号。式中比例常数 D 为**扩散系数**,单位为 $m^2 \cdot s^{-1}$。对于球形粒子,D 可按下式计算:

$$D = \frac{RT}{6L\pi\eta r} \qquad (11.10.2)$$

式(11.10.2)称为爱因斯坦(Einstein)-斯托克斯(Stokes)方程。式中 L 为阿伏加德罗常数,η 为黏度,r 为球形粒子的半径。

若两种半径分别为 r_A 及 r_B,扩散系数分别为 D_A 及 D_B 的球形分子发生扩散控制的溶液中反应,假设一种分子不动,另一种分子向它扩散。在 $r_{AB} = r_A + r_B$ 处,如果扩散分子的浓度 $c=0$,向外浓度逐渐增大,形成一个球形对称的浓度梯度,则可以根据扩散定律推导出该二级反应的速率常数 k 为

$$k = 4\pi L(D_A + D_B) r_{AB} f \qquad (11.10.3)$$

式中 f 为静电因子,量纲为 1。当反应物电荷相反互相吸引,则反应加速;当反应物电荷相同互相排斥,则反应减慢;若无静电影响,则 $f=1$。

如果反应分子 A 与 B 可用相同半径的球表示,且无静电影响,由式(11.10.3)及式(11.10.2)可得扩散控制的二级反应速率常数:

$$k = \frac{8RT}{3\eta}$$

25 ℃水的黏度 $\eta = 8.90 \times 10^{-4}$ Pa·s,可求得水溶液中扩散控制的二级反应的速率常数 $k = 7.43 \times 10^9$ dm^3·mol^{-1}·s^{-1}。

(3) **活化控制的反应** 若反应活化能较大,反应速率较慢,相对来说扩散较快,则为**活化控制**。在溶剂对反应组分无明显作用的情况下,活化控制的溶液中反应速率与气相中反应速率相似。这是因为:① 溶剂无明显作用,故对活化能影响不大。② 与气体分子的碰撞相比较,由于笼蔽效应的存在,溶液中溶质分子扩散到同一个笼中要慢得多,但是两个反应分子一旦遭遇到一起,它们在笼中的重复碰撞的次数要大得多。因此,笼蔽效应的总结果,对碰撞只起到分批的作用,使溶质分子的碰撞一批一批地进行,而对碰撞总数则影响不大。所以,溶液中的一些二级反应(可能是双分子反应)的速率,与按气体碰撞理论的计算值相当接近。溶液中的某些一级反应,如 N_2O_5、Cl_2O 或 CH_2I_2 的分解和蒎烯的异构化反应的速率,也与气相反应速率很相近。如表 11.10.1 所示,N_2O_5 在气相或不同溶剂中的分解速率几乎都相等。

表 11.10.1 N_2O_5 在气相或不同溶剂中分解反应速率常数、指前因子及活化能(25 ℃)

溶剂	$k/(10^{-5}$ s$^{-1})$	lg$(A/$s$^{-1})$	$E_a/($kJ·mol$^{-1})$
(气相)	3.38	13.6	103.3
四氯化碳	4.69	13.6	101.3
三氯甲烷	3.72	13.6	102.5
二氯乙烷	4.79	13.6	102.1
硝基甲烷	3.13	13.5	102.5
溴	4.27	13.3	100.4

*2. 溶剂对反应组分产生明显作用的情况——溶剂对反应速率的影响

在许多情况下,溶剂对反应物确有作用,因而往往对反应速率产生显著的影响。比较突出的例子是 C_6H_5CHO 在溶液中的溴化反应,在 CCl$_4$ 中进行比在 CHCl$_3$ 或 CS$_2$ 中进行快 1 000 倍。而且对于平行反应,有时,一定的溶剂只加速其中一种反应,例如:

$$\text{CH}_3\text{COCl} + \text{C}_6\text{H}_5\text{—OH} \xrightarrow{\text{AlCl}_3} \begin{cases} \text{HO—C}_6\text{H}_4\text{—COCH}_3 \\ o\text{-HO—C}_6\text{H}_4\text{—COCH}_3 \end{cases}$$

若溶剂为硝基苯,则只加速第一个反应,即产物主要为对位的;若溶剂为 CS_2 则只加速第二个反应,即产物主要为邻位的。又如,甲苯与溴作用:

$$\text{C}_6\text{H}_5\text{—CH}_3 + \text{Br}_2 \longrightarrow \begin{cases} \text{C}_6\text{H}_5\text{—CH}_2\text{Br} \quad (a) \\ o\text{-Br—C}_6\text{H}_4\text{—CH}_3 \quad (b) \;\text{及}\; p\text{-Br—C}_6\text{H}_4\text{—CH}_3 \quad (c) \end{cases}$$

若溶剂为 CS_2,则主要产物为甲基取代物(a)(占 85.2%);若溶剂为硝基苯,则主要是苯基取代物(b)和(c),占 98%,而(a)只占 2%。由此可见,选择适当的溶剂,有时不但能加速反应,而且能加速主反应抑制副反应,这对于降低原料消耗,减轻分离操作的负担有着重要意义。

溶剂对反应速率影响的原因比较复杂,下面只简略地作一些定性的介绍以备选择适当溶剂时参考。

溶液中的反应有很多为离子反应,溶剂的介电常数大,则会减弱异号离子间的引力,因此,介电常数大的溶剂常不利于异号离子间的化合反应,而有利于解离为阴、阳离子的反应。

高介电常数的物质,多为极性大的物质。所以,一般是溶剂的极性越大,则越有利于产生离子的反应;若活化络合物或产物的极性比反应物的大,则极性溶剂往往能促进反应的进行;反之,若活化络合物或产物的极性比反应物的小,则极性溶剂往往能抑制反应的进行。

另一方面,极性物质常能使离子溶剂化,而溶剂化往往能显著地改变反应速率。例如,加入少量的水,介电常数不会有很大的改变,但对于有些反应,加少量的水却能大大促进反应的进行,就是由于水的溶剂化作用。一般说来,若在某溶剂中,活化络合物的溶剂化比反应物的大,则该溶剂能降低反应的活化能而加速反应的进行;反之,若活化络合物的溶剂化不如反应物的大,则会升高活化能而不利于反应。

*3. 离子强度对反应速率的影响

溶液中的离子强度会对离子反应产生一定的影响，加入电解质将改变溶液的离子强度，因而改变离子反应的速率，这称为**原盐效应**。对于稀溶液可以导出反应速率常数与离子强度间的定量关系。

假设离子 A^{z_A} 和离子 B^{z_B} 之间发生化学反应，活化络合物为 $[(AB)^{z_A+z_B}]^{\neq}$，即

$$A^{z_A}+B^{z_B} \rightleftharpoons [(AB)^{z_A+z_B}]^{\neq} \longrightarrow 产物$$

式中 z_A、z_B 和 (z_A+z_B) 分别为 A、B 和 $AB^{\neq}$ 离子的电荷数。按过渡状态理论：

$$-\frac{dc_A}{dt}=\nu c_{\neq}=kc_A c_B$$

$$k=\nu\frac{c_{\neq}}{c_A c_B}$$

因 $AB^{\neq}$ 与 A 和 B 之间存在快速平衡，且因离子间存在相互作用为真实溶液，故应该用活度 a_B 或活度因子 γ_B 表示平衡常数 $K^{\neq}$，即

$$K^{\neq}=\frac{a_{\neq}}{a_A a_B}=\frac{\gamma_{\neq}c_{\neq}/c^{\ominus}}{(\gamma_A c_A/c^{\ominus})(\gamma_B c_B/c^{\ominus})}=\frac{c_{\neq}}{c_A c_B}\frac{\gamma_{\neq}}{\gamma_A \gamma_B}c^{\ominus}$$

由上两式得

$$k=\frac{\nu K^{\neq}}{c^{\ominus}}\frac{\gamma_A \gamma_B}{\gamma_{\neq}} \tag{11.10.4}$$

式(11.10.4)两边取对数后将德拜-休克尔极限公式 $\lg\gamma=-Az^2\sqrt{I}$ 代入，则

$$\lg k=\lg\left(\frac{\nu K^{\neq}}{c^{\ominus}}\right)+\lg\frac{\gamma_A \gamma_B}{\gamma_{\neq}}=\lg\left(\frac{\nu K^{\neq}}{c^{\ominus}}\right)-[z_A^2+z_B^2-(z_A+z_B)^2]A\sqrt{I}$$

得

$$\lg k=\lg\left(\frac{\nu K^{\neq}}{c^{\ominus}}\right)+2z_A z_B A\sqrt{I} \tag{11.10.5}$$

因 $\lg(\nu K^{\neq}/c^{\ominus})$ 为一常数，可见，$\lg k$-$\sqrt{I}$ 应为直线关系。

由式(11.10.5)可以看出：z_A、z_B 同号，$z_A z_B>0$，反应速率随离子强度增加而增强；z_A、z_B 异号，$z_A z_B<0$，反应速率随离子强度增加而减小；当一个反应物不带电荷，$z_A z_B=0$，反应速率与离子强度无关。图 11.10.2 的结果证明了这一结论。

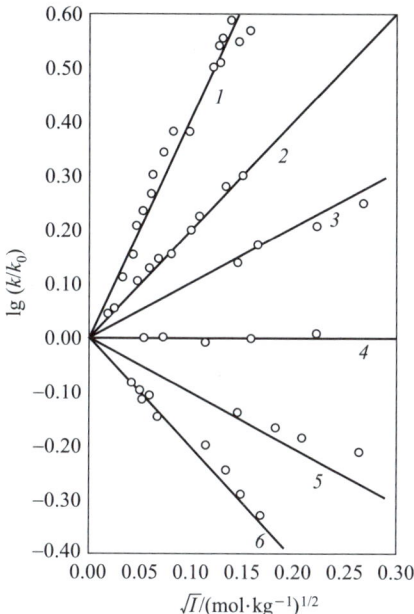

图 11.10.2 反应速率常数与离子强度的关系

○为实验点,直线为按式(11.10.5)的计算值,k_0 为 $I=0$ 时的 k 值。数字代表的反应如下:

1. $2[Co(NH_3)_5Br]^{2+} + Hg^{2+} + 2H_2O \longrightarrow 2[Co(NH_3)_5(H_2O)]^{3+} + HgBr_2$
2. $S_2O_8^{2-} + 2I^- \longrightarrow 2SO_4^{2-} + I_2$
3. $[NO_2NCOOC_2H_5]^- + HO^- \longrightarrow N_2O + CO_3^{2-} + C_2H_5OH$
4. $C_{12}H_{22}O_{11}(蔗糖) + H_2O \xrightarrow{H^+} C_6H_{12}O_6(葡萄糖) + C_6H_{12}O_6(果糖)$
5. $H_2O_2 + 2H^+ + 2Br^- \longrightarrow 2H_2O + Br_2$
6. $[Co(NH_3)_5Br]^{2+} + OH^- \longrightarrow [Co(NH_3)_5(OH)]^{2+} + Br^-$

§11.11 多 相 反 应

前面讨论的气相反应和溶液反应都是均相反应,均相反应是化学动力学的基础。但是在化工过程中也常遇到多相反应,或称非均相反应,即反应物处于不同的相中。例如,煤的燃烧或水蒸气与碳作用制取 CO,反应物分别处于气相和固相,是气-固相反应;水与碳化钙作用制取乙炔则是液-固相反应;用水吸收氧化氮是气-液相反应;用硫酸处理石油产品是液-液相反应;陶瓷的烧结是固-固相反应。

多相反应大多数是在相的界面上进行。但也有少数多相反应发生在不同的相中,例如,以硫酸为催化剂,用浓硝酸水溶液对苯进行硝化反应,为液-液相反应,此反应在两个液相中都能进行,但主要在酸相与有机相的界面间进行,酸相中的速率为有机相的近百倍。

多相反应大多数在相的界面上进行,反应物向界面扩散是必不可少的步骤,即使反应发生于不同的相中,反应物也必须向相的界面扩散,以便进入另一相中发生反应。因此,必须向相的界面扩散,这是多相反应的一个重要特征。由此也自然引出另一个特征,即相界面大小和性质是影响多相反应的一个重要因素。界面越大,或分散度越大,越有利于多相反应。

在多相反应中,一方面反应物要向界面扩散,以便进行反应,另一方面产物由于浓度梯度的存在,也要由界面向外扩散。因此,扩散与反应是多相反应中互相串联的步骤。过程的总速率,由互相串联的几个步骤中最慢的一步所控制。有目的地改变影响不同步骤的因素,可以判别不同条件下的控制步骤。

*例 11.11.1 固体 MgO 溶解在盐酸溶液中为液-固相反应,即

$$MgO(s) + 2HCl(aq) \longrightarrow MgCl_2(aq) + H_2O$$

(1) 试导出盐酸向 MgO 表面的扩散速率方程;

(2) 假设 MgO 表面上的反应进行得很快,表面上盐酸浓度接近平衡浓度,即近于零,求此溶解过程的速率方程。

解:(1) 求扩散速率 设 HCl 在溶液主体及表面的浓度分别为 c_b 及 c_s,由于搅拌,溶液主体浓度均匀一致。但固体表面有一层静止液膜不受搅拌的影响,所以在这一层液膜中形成一个浓度梯度,盐酸必须靠扩散,才能通过液膜达到固体表面,如图 11.11.1 所示。若液膜厚度为 δ,在搅拌速度一定时,δ 为一常数。按式 (11.10.1) 扩散速率

$$\frac{dn_B}{dt} = -DA_s \frac{dc_B}{dx}$$

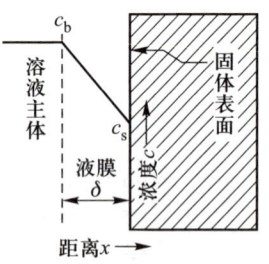

图 11.11.1 离表面不同距离处的浓度变化曲线

故

$$\frac{dn(HCl)}{dt} = -DA_s \frac{\Delta c(HCl)}{\delta} = \frac{DA_s}{\delta}(c_b - c_s)$$

注意 $\Delta c(HCl) = c_s - c_b$,故有上结果。

(2) 求溶解过程的速率方程 因为反应很快,$c_s \approx 0$,过程总速率由较慢的扩散步骤控制,因此,总速率即为

$$-\left[\frac{dn(HCl)}{dt}\right]_{反应} = \left[\frac{dn(HCl)}{dt}\right]_{扩散} = \frac{DA_s}{\delta} c_b$$

式中 $[dn(HCl)/dt]_{扩散}$ 表示单位时间扩散过面积 A_s 的物质的量,所以为正值;$[dn(HCl)/dt]_{反应}$ 表示单位时间反应物变化的物质的量,为负值,所以前面加一负号才为正值;c_b 为溶液主体浓度,可认为即溶液浓度,故可改写为 c,若溶液体积为 V,则 $c = n(HCl)/V$。将上式两边

皆除以 V,则

$$-\frac{\mathrm{d}c}{\mathrm{d}t} = \frac{DA_s}{\delta V}c = kc$$

这就是此溶解过程的速率方程。若搅拌加快,液膜 δ 变薄,则溶解速率增大,在搅拌速率恒定,固体表面变化不大的条件下,此溶解速率符合一级反应的规律。

*例 11.11.2 某气-固相反应

$$A(g) + B(s) \longrightarrow C(g)$$

A 在气体主体及固体表面的浓度分别为 c_b 及 c_s,若表面浓度 c_s 不为零,且表面反应为一级反应,试推导总反应的速率方程。

解:A 由气体主体(浓度为 c_b)向表面(浓度为 c_s)的扩散速率为

$$\left(\frac{\mathrm{d}n_A}{\mathrm{d}t}\right)_{扩散} = -\frac{DA_s}{\delta}(c_s - c_b) = \frac{DA_s}{\delta}(c_b - c_s)$$

为了用 A 在气相的浓度 c_A 表示,所以上式两边各除以气体体积 V,则得扩散速率

$$v_{扩散} = -\left(\frac{\mathrm{d}c_A}{\mathrm{d}t}\right)_{扩散} = \frac{DA_s}{\delta V}(c_b - c_s) = k_d(c_b - c_s)$$

因 c_A 随 t 而减少,所以 $\mathrm{d}c_A/\mathrm{d}t$ 为负值,为保持 $v_{扩散}$ 正值,故 $\mathrm{d}c_A/\mathrm{d}t$ 前面需加负号。式中 $k_d = DA_s/\delta V$ 为扩散速率常数。

按题设条件,表面反应为一级反应,所以表面反应速率为

$$v_{反应} = -\left(\frac{\mathrm{d}c_A}{\mathrm{d}t}\right)_{反应} = k_s c_s \tag{a}$$

k_s 为表面反应速率常数。c_s 为 A 在表面上的浓度,不易测定,但可以利用稳态时各串联步骤的速率相等,即

$$v_{扩散} = v_{反应}$$

$$k_d(c_b - c_s) = k_s c_s$$

得

$$c_s = \frac{k_d}{k_d + k_s} c_b \tag{b}$$

将式(b)代入式(a),并且用气体浓度 c_A 代替主体浓度 c_B,则得

$$-\frac{\mathrm{d}c_A}{\mathrm{d}t} = \frac{k_s k_d}{k_d + k_s} c_A \tag{c}$$

上式即该气-固相反应的速率方程,可见它符合一级反应规律。

当 $k_s \ll k_d$,则式(c)化为

$$-\frac{\mathrm{d}c_A}{\mathrm{d}t} = k_s c_A \tag{d}$$

即当表面反应很慢,则总反应由表面反应控制。

当 $k_d \ll k_s$,则式(c)化为

$$-\frac{\mathrm{d}c_A}{\mathrm{d}t} = k_d c_A \tag{e}$$

即当扩散速率很慢,则总反应由扩散步骤控制。

§11.12 光 化 学

光化学研究的是物质在光的作用下发生的化学反应——**光化反应**。如眼睛的感光作用、绿色植物的光合作用、胶片的感光作用、染料的褪色等。通常,光化学所涉及光的波长在 100～1 000 nm 之间,即紫外至近红外波段。

一些自发的化学反应可以发光,在光的作用下也可以发生化学反应。热反应的发生依靠热活化,热活化的能量来自热运动,分子的能量分布服从玻耳兹曼分布,故反应速率受温度影响很大。光化反应的发生依靠光活化,光活化的能量来自光子,取决于光的波长,由于光活化分子的数目正比于光的强度,故在足够强的光源下常温时就能达到热活化在高温时的反应速率,所以光化反应可在低温下进行。反应温度的降低,往往能有效地抑制副反应的发生,若再选用波长适当的光,则可进一步提高反应的选择性。

除了使某些自发的化学反应能进行外,光还可以使某些非自发的化学反应发生。在叶绿素存在下,CO_2 和 H_2O 发生光合作用生成糖类和 O_2 就是最著名的例子。

1. 光化反应的初级过程、次级过程和淬灭

光化反应是从物质吸收光能开始的,这称为光化反应的**初级过程**。在初级过程中,如图 11.12.1 所示,分子或原子吸收适当波长的光子发生电子跃迁而成为激发态的分子或原子。

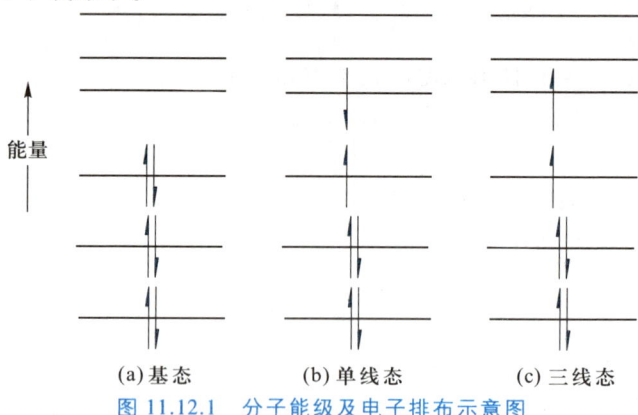

图 11.12.1 分子能级及电子排布示意图

激发态的两个单电子其自旋相反时为单线态,自旋平行时为三线态,三线态的能量低于单线态的能量。根据选择定则,基态向单线态的跃迁为允许的,而向三线态的跃迁为禁阻的,但三线态可以向单线态转化。

例如:

$$Hg + h\nu \longrightarrow Hg^*$$

式中 h 为普朗克常量,ν 为光的频率,$h\nu$ 为一个光子的能量;Hg^* 代表处于激发态的汞原子。

又如:

$$Br_2 + h\nu \longrightarrow 2Br\cdot$$

表示一个溴分子吸收了一个光子后解离成两个溴自由基。

这两个反应均是初级过程。

初级过程的产物还要进行一系列的过程,称为**次级过程**。

激发态的分子或原子是很不稳定的,其寿命约为 10^{-8} s。若不与其他粒子碰撞,它就会自动地回到基态而放出光子。从单线态返回基态的跃迁发出的光称为**荧光**,波长一般与入射光波长相同,偶尔也有例外。10^{-8} s 是很短的,所以切断光源,荧光立即停止。此外,由于该跃迁是允许的,故荧光的强度较高。但有的被照射物质,在切断光源后仍能继续发光,有时甚至延续长达若干秒或更长时间,这种光称为**磷光**。磷光是由三线态向基态的跃迁引起的,由于该跃迁为禁阻的,故磷光的强度较弱。

若激发态分子与其他分子碰撞,就会将过剩的能量传出,或使被碰分子(或原子)激发,或使相撞分子解离,或与相撞分子反应:

$$Hg^* + Tl \longrightarrow Hg + Tl^*$$

$$Hg^* + H_2 \longrightarrow Hg + 2H\cdot$$

$$Hg^* + O_2 \longrightarrow HgO + 2\overset{\cdot}{\underset{\cdot}{O}}$$

当一个反应混合物放在光照之下,若反应物对光不敏感,则不发生反应。但可以引入能吸收光的分子或原子,使它变为激发态,然后再将能量传给反应物,使反应物活化。能起这样作用的物质叫**光敏物质**或**光敏剂**。

在和 H_2 的反应中,Hg 蒸气是光敏剂。因为如以 $\lambda = 253.7$ nm 的光照射 H_2 并不能使之解离,而这一波长的光却能使 Hg 激发成 Hg^*,激发态的 Hg^* 则可以使 H_2 发生解离。

上述反应产物中的激发态分子、自由原子,还要发生次级过程。

如果激发态分子与其他分子,或与器壁碰撞发生无辐射的失活而回到基态,则称为**猝灭**。例如：

$$A^* + M \longrightarrow A + M$$

A^*为激发态分子，M为其他分子或器壁。淬灭使次级反应停止。

初级反应若产生自由原子或自由基，则次级反应将会发生链反应。

2. 光化学定律

（1）格罗图斯-德雷珀（Grotthuss-Draper）定律　　只有被分子所吸收的光，才能有效地导致光化学变化。该定律常称为**光化学第一定律**。

从图11.12.1可知，并非任意波长的光都能被吸收，只有分子从基态到激发态所需的能量与光子的能量相匹配，光子才能被吸收，导致分子电子能级的跃迁而产生电子激发态，从而引起光化学变化。

（2）斯塔克-爱因斯坦（Stark-Einstein）光化当量定律　　在光化学初级过程中，系统每吸收一个光子，则活化一个分子（或原子）。该定律又称为**光化学第二定律**。

按照此定律，在光化学初级过程，要活化1 mol分子，需要1 mol的光子。波长为λ的1个光子的能量为

$$\varepsilon = h\nu = \frac{hc}{\lambda}$$

式中h为普朗克常量；ν为光的频率；c为光速。因此1 mol波长为λ光子的能量为

$$E = Lh\nu = \frac{Lhc}{\lambda} = [0.1196 \times (\lambda/m)^{-1}] \text{ J} \cdot \text{mol}^{-1} \quad (11.12.1)$$

式中L为阿伏加德罗常数。

光化当量定律在绝大多数情况下是成立的，但当所用光的强度很高，如在激光照射的情况下，则双光子或多光子吸收的可能性不能忽略。

光化当量定律是光子学说的自然结果。但必须注意，这里只是说吸收一个光子能使一个分子活化，而没有说能使一个分子发生反应。这是因为在初级过程中一个分子被活化后，在随后的次级过程中可能引起多个分子发生反应。例如，光引发的链反应，一个分子活化产生自由基后，可能引起一连串的分子发生反应。另一方面，吸收一个光子而达到电子激发态的活化分子，如果在还没有反应以前就又失去能量返回基态而失活，那么这个被吸收过的光子就没有导致化学变化。因此，一个分子活化，不一定会使一个分子发生反应。也就是说，光化当量定律只能严格地适用于初级过程。

(3) 量子效率和量子产率 由于次级过程的存在,一个光子不一定使一个分子反应,故定义**量子效率**为

$$\varphi = \frac{发生反应的分子数}{被吸收的光子数} = \frac{发生反应的物质的量}{被吸收光子的物质的量} \quad (11.12.2)$$

某些气相光化反应的量子效率见表 11.12.1。

表 11.12.1 某些气相光化反应的量子效率

反 应	λ/nm	量子效率	备注
$2NH_3 \rightleftharpoons N_2 + 3H_2$	210	0.25	随压力而变
$SO_2 + Cl_2 \rightleftharpoons SO_2Cl_2$	420	1	
$2HI \rightleftharpoons H_2 + I_2$	207~282	2	在较大的温度压力范围内保持常数
$2HBr \rightleftharpoons H_2 + Br_2$	207~253	2	
$H_2 + Br_2 \rightleftharpoons 2HBr$	<600	2	在近 200 ℃(25 ℃时很小)
$3O_2 \rightleftharpoons 2O_3$	170~253	1~3	近于室温
$CO + Cl_2 \rightleftharpoons COCl_2$	400~436	$\approx 10^3$	随温度而降,也与反应物压力有关
$H_2 + Cl_2 \rightleftharpoons 2HCl$	400~436	$\approx 10^6$	随 p_{H_2} 及杂质而变

此外,还定义**量子产率**为

$$\varphi = \frac{生成产物 B 的分子数}{被吸收的光子数} = \frac{生成产物 B 的物质的量}{被吸收光子的物质的量} \quad (11.12.3)$$

对于不同的光化反应,其量子效率和指定产物 B 的量子产率可能相同,也可能不同。本书中使用量子效率。

通常光化反应的量子效率 $\varphi \leqslant 1$。量子效率 $\varphi < 1$ 是由于初级过程吸收光子后产生的激发态分子在未进一步反应前失活所致。而量子效率 $\varphi > 1$ 的光化反应表明次级过程是链反应。

例如,HI 的光解反应机理为

$$HI + h\nu \longrightarrow H\cdot + I\cdot$$

$$H\cdot + HI \longrightarrow H_2 + I\cdot$$

$$2I\cdot + M \longrightarrow I_2$$

吸收 1 mol 光子后使 2 mol HI 反应,故量子效率 $\varphi = 2$。

又如,$H_2 + Cl_2 \rightleftharpoons 2HCl$ 的反应机理为

$$Cl_2 + h\nu \longrightarrow 2Cl\cdot$$
$$Cl\cdot + H_2 \longrightarrow HCl + H\cdot$$
$$H\cdot + Cl_2 \longrightarrow HCl + Cl\cdot$$
$$2Cl\cdot + M \longrightarrow Cl_2$$

由光引发的此链反应的量子效率 $\varphi \approx 10^6$。

3. 光化反应的机理与速率方程

先给出由光化反应机理推导其速率方程的一般原则。

假设有光化反应 $A_2 \xrightarrow{h\nu} 2A\cdot$，其机理如下：

① $A_2 + h\nu \xrightarrow{k_1} A_2^*$ （活化）初级过程

② $A_2^* \xrightarrow{k_2} 2A\cdot$ （解离）⎫

③ $A_2^* + A_2 \xrightarrow{k_3} 2A_2$ （失活）⎭ 次级过程

初级过程的速率仅取决于吸收光子的速率，即正比于吸收光的强度 I_a，对 A_2 为零级。

根据稳态近似法：

$$\frac{d[A_2^*]}{dt} = k_1 I_a - k_2 [A_2^*] - k_3 [A_2^*][A_2] = 0$$

解得

$$[A_2^*] = \frac{k_1 I_a}{k_2 + k_3 [A_2]} \quad (11.12.4)$$

最终产物 A 只由解离反应生成，因 k_2 是以 A_2^* 表示的反应速率常数，故

$$\frac{d[A]}{dt} = 2k_2[A_2^*]$$

将式（11.12.4）代入，得

$$\frac{d[A]}{dt} = \frac{2k_1 k_2 I_a}{k_2 + k_3 [A_2]}$$

吸收光的强度 I_a 表示单位时间、单位体积内吸收光子的物质的量，A_2 的消耗速率为 A 生成速率的 1/2，故此反应的量子效率为

$$\varphi = \frac{1}{I_a} \frac{d[A_2]}{dt} = \frac{1}{2I_a} \frac{d[A]}{dt} = \frac{k_1 k_2}{k_2 + k_3 [A_2]}$$

例 11.12.1 有人曾测得氯仿的光氯化反应

$$CHCl_3 + Cl_2 \xrightarrow{h\nu} CCl_4 + HCl$$

的速率方程为

$$\frac{d[CCl_4]}{dt} = kI_a^{1/2}[Cl_2]^{1/2}$$

为解释此速率方程,曾提出如下机理:

① $Cl_2 + h\nu \xrightarrow{k_1} 2Cl\cdot$

② $Cl\cdot + CHCl_3 \xrightarrow{k_2} Cl_3C\cdot + HCl$

③ $Cl_3C\cdot + Cl_2 \xrightarrow{k_3} CCl_4 + Cl\cdot$

④ $2Cl_3C\cdot + Cl_2 \xrightarrow{k_4} 2CCl_4$

试按此机理推导速率方程,从而证明它与上述经验速率方程一致。

解: 由稳态近似法:

$$\frac{d[Cl\cdot]}{dt} = 2k_1 I_a - k_2[Cl\cdot][CHCl_3] + k_3[Cl_3C\cdot][Cl_2] = 0$$

$$\frac{d[Cl_3C\cdot]}{dt} = k_2[Cl\cdot][CHCl_3] - k_3[Cl_3C\cdot][Cl_2] - 2k_4[Cl_3C\cdot]^2[Cl_2] = 0$$

将上两式相加:

$$2k_1 I_a - 2k_4[Cl_3C\cdot]^2[Cl_2] = 0$$

即

$$[Cl_3C\cdot] = \left(\frac{k_1 I_a}{k_4[Cl_2]}\right)^{1/2}$$

将此式代入产物 CCl_4 的生成速率方程式:

$$\frac{d[CCl_4]}{dt} = k_3[Cl_3C\cdot][Cl_2] + 2k_4[Cl_3C\cdot]^2[Cl_2]$$

$$= k_3\left(\frac{k_1}{k_4}\right)^{1/2} I_a^{1/2}[Cl_2]^{1/2} + 2k_1 I_a$$

$$= kI_a^{1/2}[Cl_2]^{1/2} + 2k_1 I_a$$

式中 $k = k_3\left(\frac{k_1}{k_4}\right)^{1/2}$。若 k_1 很小,上式右边第二项可以忽略,则简化为

$$\frac{d[CCl_4]}{dt} = kI_a^{1/2}[Cl_2]^{1/2}$$

与经验速率方程一致。

4. 温度对光化反应速率的影响

温度对光化反应的影响与热反应大不相同。热反应的温度系数较大,温度

升高 10 ℃，反应速率增加为 1~3 倍。而同样温升，光化反应速率却增加甚小，大多数光化反应的温度系数接近于 1。个别如草酸钾与碘的反应，其温度系数竟然也接近于热反应，但这只是少数例外。甚至，在某些光化反应中，如苯的氯化，温度升高反应速率反而下降。

为了解释光化反应的温度系数，有必要研究初级过程与次级过程的温度系数。初级光吸收过程应当是与温度无关的过程，次级过程因为具有热反应的特征，所以它的温度系数应与一般热反应无异。但是多数光化学次级过程含有原子、自由基，以及它们与分子之间的相互作用，所以活化能很小或为零。因为温度系数取决于活化能 E_a 的大小，所以，可以肯定地说，即使次级过程，其温度系数也比一般的热反应要小。因此总的结果是整个反应的温度系数很小，这是通常的情况。

但在光化反应中，偶尔也出现较大的温度系数。一般地说，这表明有一个或几个中间步骤具有较高的活化能。也可能是，反应系列的某些步骤处于平衡，而且表示平衡常数 K 与 T 关系的等容方程式中含有一个较大的正反应热。例如，假设所测得的反应速率常数 k 为

$$k = k_1 K$$

取对数后微分：

$$\frac{\mathrm{d}\ln k}{\mathrm{d}T} = \frac{\mathrm{d}\ln k_1}{\mathrm{d}T} + \frac{\mathrm{d}\ln K}{\mathrm{d}T}$$

右边第一项为 $E_a/(RT^2)$，E_a 为 k_1 步骤的活化能，第二项为 $\Delta_r U_m^\ominus/(RT^2)$，$\Delta_r U_m^\ominus$ 为"平衡常数为 K 的反应"的反应热。

所以

$$\frac{\mathrm{d}\ln k}{\mathrm{d}T} = \frac{E_a}{RT^2} + \frac{\Delta_r U_m^\ominus}{RT^2} = \frac{E_a + \Delta_r U_m^\ominus}{RT^2}$$

由上式可以看出，即使 E_a 小，若 $\Delta_r U_m^\ominus > 0$ 且数值较大，仍可使反应速率常数随温度增加较大，故温度系数较大。但另一方面，若 $\Delta_r U_m^\ominus < 0$，而且数值大于 E_a，则 $E_a + \Delta_r U_m^\ominus$ 为负，所以温度升高，反应速率常数减小，故温度系数小于 1。这就很好地解释了苯的光氯化反应，以及某些类似反应的温度系数小于 1 的原因。

5. 光化平衡

设反应

$$A + B \xrightarrow{\text{光}} Y + Z$$

是在吸收光能的条件下进行的。如产物对光不敏感，则它将按热反应又回复到反应物，即

$$Y + Z \xrightarrow{\text{热}} A + B$$

因此,当正向、逆向反应速率相等时,则达到平衡:

$$A + B \underset{热}{\overset{光}{\rightleftharpoons}} Y + Z$$

若正向、逆向反应都对光敏感,则要达到另一种类型的平衡:

$$A + B \underset{光}{\overset{光}{\rightleftharpoons}} Y + Z$$

这两种平衡都是光化平衡。前者的例子为蒽的二聚:

$$2\underset{(蒽)}{C_{14}H_{10}} \underset{热}{\overset{光}{\rightleftharpoons}} \underset{(双蒽)}{C_{28}H_{20}}$$

后者的例子有

$$2SO_3 \underset{光}{\overset{光}{\rightleftharpoons}} 2SO_2 + O_2$$

光化反应平衡常数与纯热反应的平衡常数不同,它只在一定光强下为一常数,光强改变它也随之而变。

例如,在前一例子中,开始时,将蒽溶解在惰性溶剂(如苯)中,用紫外线照射,若蒽的浓度很小,量子效率就很低,被吸收的光大部分以荧光的形式放出;若浓度增加,量子效率也随之增;浓度增到一定的极限,荧光差不多就消失了。这是因为浓度低时,吸收光而活化的蒽分子,几乎是在溶剂分子的包围中,很难与其他蒽分子碰撞而发生二聚反应,所以活化分子的过剩能量大部分又以荧光形式放出。随着浓度的增加,活化的蒽分子碰撞其他蒽分子的机会增加,所以量子效率增加,荧光减弱以至消失。

当蒽(A)的浓度增加到没有荧光发生时,正向反应双蒽(A_2)的生成速率就与被吸收的光强 I_a 成正比,即双蒽的生成速率 $= k_1 I_a$。

双蒽的分解反应为单分子热反应,所以逆向反应双蒽的分解速率与双蒽的浓度 c_A 成正比,即双蒽的分解速率 $v_B = k_{-1} c_{A_2}$。

达到平衡,则二者速率相等,即

$$k_1 I_a = k_{-1} c_{A_2}$$

故

$$c_{A_2} = \frac{k_1}{k_{-1}} I_a$$

上式说明,反应达平衡时,双蒽的浓度与吸收光强 I_a 成正比,I_a 一定,则双蒽浓度为一常数(即光化反应平衡常数),与蒽的浓度无关。若光移开,则光化平衡立即破坏,而转入正常的热平衡状态。

对于后一例子,即 SO_3 的光化分解,热平衡计算表明:常压下,若想使 SO_3 有 30% 的分解,必须加热到 630 ℃,而光化反应在 45 ℃ 时,SO_3 就能分解 35%,而且热反应平衡常数随温度变化明显,但是光化平衡常数在 I_a 一定时,曾发现在

60～800 ℃是与温度无关的。这些事实说明,通常的平衡概念对光化平衡是不适用的。

*6. 激光化学

近年来在扩大激光波长范围,发展激光辐射频率的可调、可控和稳定性方面进展很大。这样就为系统地进行激光化学研究创造了必要的条件。在激光的作用下,选择性地进行光化反应,研究得最多、最有成效的是用激光分离同位素。

例如,天然氢主要含 H 和 D 两种同位素,所以一般甲醇中的氢也是这两种同位素,即CH_3OH 和 CD_3OD。CH_3OH 中 OH 基的一个振动吸收带的波数在 3 681 cm^{-1}(或 3.681×10^5 m^{-1})附近,而CD_3OD 中的同一个吸收带在 2 724 cm^{-1}附近。所以当用输出为 3 644 cm^{-1} 的 HF 气体激光器为光源来激发CH_3OH 的 OH 吸收带时,CD_3OD 的同一吸收带不受影响。由于CH_3OH 共振吸收一个光子得到 7.0×10^{-20} J 的能量,此能量大于甲醇与溴反应所需的能量 4.3×10^{-20} J,所以,该光化反应在室温下能迅速进行,即

$$CH_3OH + h\nu \longrightarrow CH_3OH^*$$
$$CH_3OH^* + Br_2 \longrightarrow 2HBr + HCHO$$

CD_3OD 不能吸收这个频率的光子,所以不反应。于是CD_3OD 便留下来得到富集。据报道,用总功率为 100 W 的连续 HF 激光照射CH_3OH、CD_3OD 和Br_2的混合物 60 s 后,经进一步处理,可使CD_3OD 的含量从 50%增加到 95%以上。

§11.13 催化作用的通性

1. 引言

存在少量就能显著地加快化学反应的速率,而本身并不损耗的物质称为**催化剂**。

催化剂是通过参加化学反应来加快反应速率的,但是反应的结果,本身却能够复原。催化剂的这种作用称为**催化作用**。有时某些反应的产物也具有加速反应的作用,称为**自动催化作用**。通常的化学反应,都是开始时反应速率最大,以后逐渐变慢,而自动催化反应却随产物的增加而加快,以后由于反应物太少,才逐渐慢下来。例如,在有硫酸存在时高锰酸钾和草酸的反应,产物 $MnSO_4$ 即起到自动催化作用。

催化反应可分为单相催化和多相催化。催化剂与反应物存在于同一相为单

相催化,或称均相催化。例如,酯的水解,加入酸或碱则反应速率加快,就是单相催化。若催化剂在反应系统中自成一相,则为多相催化,或称非均相催化。例如,用固体催化剂来加速液相或气相反应,就是多相催化。多相催化中,尤以气-固相催化应用最广。例如,用铁催化剂将氢与氮合成氨,或用铂催化剂将氨氧化制硝酸,就是气-固相催化反应。

催化作用是普遍存在的,不但有意加入的催化剂可加快反应的速率,有时一些偶然的杂质、尘埃,甚至容器的表面等,也可能产生催化作用。例如,200 ℃下,在玻璃容器中进行的溴对乙烯的气相加成反应,起初曾认为是单纯的气体反应,后来发现该反应若在较小的玻璃容器中进行,则反应速率加快;若再加入一些小玻璃管或玻璃球,则加速更为显著;若将容器内壁涂上石蜡,反应就几乎停止了。这说明该反应是在玻璃表面的催化作用下进行的。

催化剂在现代化学工业中起着关键作用,约有 85%~90% 的化工产品涉及催化过程,尤其在石油的精制、大宗精细化学品的制备、汽车尾气污染减轻等方面其作用不可替代。

2. 催化剂的基本特征

(1) 催化剂参与催化反应,但反应终了时,催化剂的化学性质和数量都不变。例如,过去用铅室法生产硫酸,其中 SO_2 被 O_2 氧化是一个慢过程:

$$① \quad 2SO_2 + O_2 \longrightarrow 2SO_3$$

当用 NO 作为催化剂时,可以适当速率发生反应。其机理为

$$② \quad 2NO + O_2 \longrightarrow 2NO_2$$

$$③ \quad NO_2 + SO_2 \longrightarrow NO + SO_3$$

催化剂 NO 参与了反应,但反应终了时又生成 NO,其化学性质和数量不变。②+2×③=①。

(2) 催化剂只能缩短达到平衡的时间,而不能改变平衡状态。任何自发的化学反应都有一定的推动力,在恒温恒压下,该反应的推动力就是化学亲和势 $A = -\Delta G$。催化剂在反应前后没有变化,所以从热力学上看,催化剂的存在与否不会改变反应系统的始末状态,当然不会改变 ΔG。所以,催化剂只能使 $\Delta G < 0$ 的反应加速进行,直到 $\Delta G = 0$,即反应达到平衡为止。它不能改变反应系统的平衡状态,不能使已达平衡的反应继续进行,以致超过平衡转化率。

这一特征还说明,催化剂不能改变平衡常数 K,而 $K = k_1/k_{-1}$,所以,能加速正反应速率的催化剂,也必定能加速逆反应速率。这就是说加速 NH_3 分解为 N_2 和 H_2 的催化剂,也必定是 N_2 和 H_2 合成 NH_3 的催化剂。加氢反应的优良催化剂必定也是脱氢反应的优良催化剂。这一规律为寻找催化剂提供了很大的方

便,例如,合成氨反应需要高压,可以在常压下用氨的分解实验来寻找合成氨的催化剂。

(3) 催化剂不改变反应系统的始、末状态,因而也不改变系统状态函数的变化,如 ΔU、ΔH、ΔA、ΔG 等。如果反应在恒容或恒压下进行,自然也不会改变反应热。这一特点可以方便地用来在较低温度下测定反应热。许多非催化反应常需在高温下进行量热实验,在有适当催化剂时,实验可在接近常温下进行,这显然比在高温下测定要容易得多。

(4) 催化剂对反应的加速作用具有选择性。例如,250 ℃时乙烯与空气中的氧,可能进行如下三个平行反应:

① $H_2C=CH_2 + \frac{1}{2}O_2 \longrightarrow H_2C\underset{O}{-}CH_2$ $K_1^{\ominus} = 1.6 \times 10^6$

② $H_2C=CH_2 + \frac{1}{2}O_2 \longrightarrow CH_3CHO$ $K_2^{\ominus} = 6.3 \times 10^{18}$

③ $H_2C=CH_2 + 3O_2 \longrightarrow 2CO_2 + 2H_2O$ $K_3^{\ominus} = 4.0 \times 10^{130}$

从热力学上看,三个反应的 $K^{\ominus}$ 都很大,都是自发反应,不过从 $K^{\ominus}$ 的数值可知,三个反应的热力学推动力,以反应③为最大,②次之,①最小。但是,若用银催化剂,则只选择性地加速反应①而主要得到环氧乙烷。若用钯催化剂,则只选择性地加速反应②而主要得到乙醛。

同样,对于连串反应,选用适当的催化剂,可使反应停留在某步或某几步上,而得到所希望的产物。

可见催化剂的选择性在实际应用上是很可贵的,它是决定化学反应在动力学上竞争的重要手段。工业上常用下式来定义选择性:

$$\text{选择性} = \frac{\text{转化为目标产物的原料量}}{\text{原料总的转化量}} \times 100\%$$

对于合成氨来说,因无副反应,已转化的原料都生成了氨,所以选择性为100%。

3. 催化反应的一般机理及反应速率常数

为什么加入催化剂,反应速率会加快呢?这主要是因为催化剂与反应物生成不稳定的中间化合物,改变了反应途径,降低了表观活化能,或增大了表观指前因子。因为活化能在阿伦尼乌斯方程的指数项上,所以活化能的降低对反应的加速尤为显著。

假设催化剂 K 能加速反应 A+B $\longrightarrow$ AB,若其机理为

$$A + K \underset{k_2}{\overset{k_1}{\rightleftharpoons}} AK \quad (\text{快速平衡})$$

$$AK+B \xrightarrow{k_2} AB+K \quad (慢)$$

对其应用平衡态近似法,则有

$$\frac{k_1}{k_{-1}} = K_c = \frac{c_{AK}}{c_A c_K} \tag{11.13.1}$$

解得

$$c_{AK} = \frac{k_1}{k_{-1}} c_A c_K \tag{11.13.2}$$

总反应速率为

$$\frac{\mathrm{d}c_{AB}}{\mathrm{d}t} = k_2 c_{AK} c_B \tag{11.13.3}$$

将式(11.13.2)代入式(11.13.3),得

$$\frac{\mathrm{d}c_{AB}}{\mathrm{d}t} = k_2 \frac{k_1}{k_{-1}} c_K c_A c_B = k c_A c_B \tag{11.13.4}$$

所以

$$k = \frac{k_1 k_2 c_K}{k_{-1}} \tag{11.13.5}$$

4. 催化反应的活化能

将式(11.13.5)中各基元反应的速率常数用阿伦尼乌斯方程表示 $k_i = A_i \mathrm{e}^{-E_i/(RT)}$,则得

$$k = A_2 \frac{A_1}{A_{-1}} c_K \exp\left(-\frac{E_1 - E_{-1} + E_2}{RT}\right) = A c_K \exp\left(-\frac{E}{RT}\right) \tag{11.13.6}$$

式中 $A = A_1 A_2 / A_{-1}$ 为表观指前因子。由式(11.13.6)可以看出总反应的表观活化能 E 与各基元反应活化能 E_i 的关系为

$$E = E_1 - E_{-1} + E_2$$

上述机理可用能峰示意图表示,如图 11.13.1 所示。

图中,非催化反应要克服一个高的能峰,活化能为 E_0。在催化剂 K 参与下,反应途径改变,只需翻越两个小的能峰,这两个小能峰总的表观活化能 E 为 E_1、E_{-1} 与 E_2 的代数和。因此,只要催化反应的表观活化能 E 小于非催化反应的活化能 E_0,则在指前因子变化不大的情况下,反应速率显然是要增加的。

由这个机理并结合图 11.13.1 可以推想,催化剂应易于与反应物作用,即 E_1 要小;但二者的中间化合物 AK 不应太稳定,即 AK 的能量不应太低,否则下一

步反应的活化能 E_2 就要增大，而不利于反应到底。因此，那些不易与反应物作用，或虽能作用但会生成稳定中间化合物的物质，不能作为催化剂。

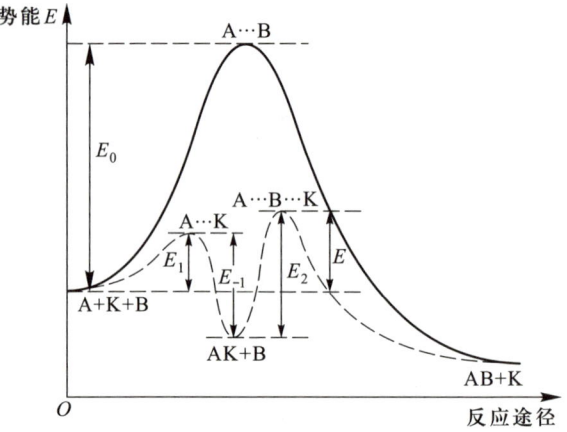

图 11.13.1　活化能与反应途径示意图

从上述例子可以看出，相对于非催化反应，催化剂提供了一种能量上有利的反应机理，从而使得反应能在工业上可行的压力和温度下进行。

催化反应的机理是复杂而多样的，上述机理只是示意地说明催化剂改变反应途径，降低活化能，从而加速反应的道理。

有趣的是，有时在活化能相差不大的情况下，催化反应的速率却有很大的差别。例如，甲酸的分解反应：

$$\text{HCOOH} \longrightarrow \text{H}_2 + \text{CO}_2$$

在不同催化剂表面上，其反应速率相差很大，如表 11.13.1 所示。

表 11.13.1　甲酸在不同催化剂表面上的分解反应活化能及速率

表面	活化能/(kJ·mol^{-1})	相对速率
玻璃	102	1
金	98	40
银	130	40
铂	92	2 000
铑	104	10 000

甲酸在玻璃或铑上的活化能几乎相等，而反应速率相差 10 000 倍。这可能是由于铑的单位表面上的活性中心大大超过玻璃，而使两者的表观指前因子相

差悬殊所造成的。

§11.14 单相催化反应

单相催化即均相催化,包括气相催化和液相催化。按催化剂种类,液相催化又分为酸碱催化、络合催化、酶催化等。

1. 气相催化

气相催化常见的催化剂有 NO、H_2O 等。如上所述,NO 能催化 SO_2 或 CO 的氧化反应。水汽也能催化 CO 等的氧化反应。少量碘蒸气可促进一些醛、醚等的热分解。多数气相催化反应具有链反应机理。例如,没有催化剂时乙醛热分解的机理为

$$CH_3CHO \longrightarrow H_3C\cdot + H\cdot + CO$$
$$H_3C\cdot (或\ H\cdot) + CH_3CHO \longrightarrow CH_4(或\ H_2) + H_3C\cdot + CO$$

在碘的催化下,其机理可能是

$$I_2 \Longleftrightarrow 2I\cdot$$
$$I\cdot + CH_3CHO \longrightarrow HI + H_3C\cdot + CO$$
$$H_3C\cdot + I_2 \longrightarrow CH_3I + I\cdot$$
$$H_3C\cdot + HI \longrightarrow CH_4 + I\cdot$$
$$CH_3I + HI \longrightarrow CH_4 + I_2$$

反应中碘分子分解为碘原子,引发链反应,而反应终了时又重新生成碘分子。加入少量碘,反应速率可增大数千倍。这是由于改变了反应途径,使表观活化能由 $210\ kJ\cdot mol^{-1}$(非催化)降为 $136\ kJ\cdot mol^{-1}$。活化能的降低,是因为断裂 I—I 键($153\ kJ\cdot mol^{-1}$)比断裂 C—C 键($335\ kJ\cdot mol^{-1}$)或 C—H 键($420\ kJ\cdot mol^{-1}$)容易得多。

2. 酸碱催化

液相催化中最常见的是酸碱催化,它在化工中的应用是很广泛的,例如,在硫酸或磷酸的催化下,乙烯水合为乙醇:

$$H_2C=CH_2 + H_2O \xrightarrow{H_2SO_4} C_2H_5OH$$

在硫酸的催化下,环氧乙烷水解为乙二醇:

$$\underset{\underset{O}{\diagdown\diagup}}{H_2C\text{——}CH_2} + H_2O \xrightarrow{H_2SO_4} \underset{OH\ \ OH}{H_2C\text{——}CH_2}$$

在碱的催化下,环氧氯丙烷水解为甘油:

$$\underset{\underset{Cl}{|}}{\overset{\overset{H}{|}}{H_2C-C-CH_2}} + 2H_2O \xrightarrow{NaOH} \underset{\underset{OH}{|}\ \underset{OH}{|}\ \underset{OH}{|}}{\overset{\overset{H}{|}}{H_2C-C-CH_2}} + HCl$$

许多离子型的有机反应,常可采用酸碱催化。酸碱催化的主要特征就是质子的转移。酸催化的一般机理是,反应物 S 接受质子 H^+ 首先形成质子化物 SH^+,然后不稳定的 SH^+ 再与反应物 R 反应放出 H^+ 而生成产物。

$$S + H^+ \underset{}{\overset{K_c}{\rightleftharpoons}} SH^+$$

$$SH^+ + R \xrightarrow{k} 产物 + H^+$$

根据平衡态近似法,反应速率为

$$v = k[SH^+][R] = kK_c[S][H^+][R] \quad (11.14.1)$$

通常平衡常数 K_c 很小,$[H^+]$ 恒定,视 $[R]$ 的大小,反应速率表现为准一级或准二级反应。

例如,在 H^+ 的催化下,甲醇与醋酸的酯化反应机理为

$$\underset{\underset{OH}{|}}{\overset{\overset{O}{\|}}{H_3C-C}} + H^+ \longrightarrow \underset{\underset{OH}{|}}{\overset{\overset{OH^+}{\|}}{H_3C-C}} \quad (质子化物)$$

$$\underset{\underset{OH}{|}}{\overset{\overset{OH^+}{\|}}{H_3C-C}} + CH_3OH \longrightarrow \underset{\underset{OCH_3}{|}}{\overset{\overset{O}{\|}}{H_3C-C}} + H_2O + H^+$$

质子 H^+ 核外无电子,在反应中它与醋酸中羰基氧原子上的孤对电子结合而使其质子化。质子的结合导致该中间物中羰基的极性更强,从而使得羰基碳原子极易受到即使像醇这样的弱亲核试剂的进攻。

碱催化的一般机理是,首先碱接受反应物的质子,然后生成产物,碱复原。

不仅一般酸、碱有催化作用,而且凡是能给出或接受质子的物质,都有这种催化作用。这里凡是能给出质子的物质称为广义的酸,凡是能接受质子的物质称为广义的碱。广义酸或碱可以是中性分子,也可以是离子。

游离的质子不能在溶液中存在,溶剂本身能接受质子,就是广义碱。例如:

酸(I)	+ 碱(II)	⇌	碱(I)	+ 酸(II)
CH_3COOH	$+ H_2O$	⇌	CH_3COO^-	$+ H_3O^+$
NH_4^+	$+ H_2O$	⇌	NH_3	$+ H_3O^+$
H_2O	$+ H_2O$	⇌	OH^-	$+ H_3O^+$

水在酸溶液中为碱,在碱溶液中为酸。在广义酸的催化中,反应物是碱;在广义碱的催化中,反应物是酸。有些水溶液中的反应,很可能是水的催化作用。

硝基胺的水解,可用碱 OH^- 作催化剂:

$$NH_2NO_2 + OH^- \longrightarrow NHNO_2^- + H_2O$$

$$NHNO_2^- \longrightarrow N_2O + OH^-$$

也可用广义碱,如 CH_3COO^- 作催化剂:

$$NH_2NO_2 + CH_3COO^- \longrightarrow NHNO_2^- + CH_3COOH$$

$$NHNO_2^- \longrightarrow N_2O + OH^-$$

$$CH_3COOH + OH^- \longrightarrow CH_3COO^- + H_2O$$

既然酸碱催化的实质是质子的转移,所以,一些有质子转移的反应,如水合与脱水、脂化与水解、烷基化与脱烷基等反应,往往都可以采用酸碱催化。有些固体催化剂按机理也属于酸碱催化。

*3. 络合催化

所谓络合催化,就是通过催化剂的络合作用使反应物活化而易于起反应。络合催化可以是单相催化,也可以是固体催化剂的多相催化,但一般多指在溶液中进行的液相催化。络合催化近几十年来发展十分迅速。

一般说来,过渡金属有较强的络合能力。

以 $PdCl_2$ 为催化剂,将乙烯氧化制乙醛,是一个典型的络合催化的例子。这个方法自 1959 年工业化以来,一直是生产乙醛的一个较好的方法。这个过程可简单表示为

$$C_2H_4 + PdCl_2 + H_2O \longrightarrow CH_3CHO + Pd + 2HCl$$

$$Pd + 2CuCl_2 \longrightarrow PdCl_2 + 2CuCl$$

$$2CuCl + \frac{1}{2}O_2 + 2HCl \longrightarrow 2CuCl_2 + H_2O$$

总反应

$$C_2H_4 + \frac{1}{2}O_2 \longrightarrow CH_3CHO$$

这就是说将乙烯通入溶有 $PdCl_2$ 和 $CuCl_2$ 的水溶液,则在 $PdCl_2$ 的催化下,C_2H_4 氧化为 CH_3CHO;被还原出来的 Pd 立即被 $CuCl_2$ 重新氧化为 $PdCl_2$;还原出来的 CuCl 很容易被 O_2 氧化,又生成 $CuCl_2$。

这个过程的机理为一系列较复杂的络合反应,即

① $C_2H_4 + [PdCl_4]^{2-} \rightleftharpoons [C_2H_4PdCl_3]^- + Cl^-$

② $[C_2H_4PdCl_3]^- + H_2O \rightleftharpoons [C_2H_4PdCl_2(H_2O)] + Cl^-$

③ $[C_2H_4PdCl_2(H_2O)] + H_2O \rightleftharpoons [C_2H_4PdCl_2(OH)]^- + H_3O^+$

④ $[C_2H_4PdCl_2(OH)]^- \xrightarrow{慢} [HOC_2H_4PdCl_2]^-$

⑤ $[HOC_2H_4PdCl_2]^- \xrightarrow{快} CH_3CHO + Pd + HCl + Cl^-$

这是说 $PtCl_2$ 在有足够多的 Cl^- 的水溶液中，能形成络离子 $[PdCl_4]^{2-}$，然后在溶液中进行一系列的配位体交换反应：先按反应①，用 C_2H_2 交换出一个 Cl^-；再按反应②，用 H_2O 交换出一个 Cl^-；然后按反应③，配位体中的 H_2O 放出一个质子；接下来按反应④，在络离子中，被络合的 OH^- 向被络合的 C_2H_4 中的 C 进攻（即亲核进攻），使络离子内部重排而形成很不稳定的中间络离子；最后按反应⑤，络离子很快解体而生成产物 CH_3CHO。在上述的 OH^- 向 C_2H_2 中的 C 的进攻中，由于 C_2H_4 被 Pd 拉过去一些负电荷，而使 C 带正电荷，所以更有利于 OH^- 的亲核进攻。由此可以看出络合对于反应的活化作用。

根据上述机理，可以得出其速率方程为

$$-\frac{d[C_2H_4]}{dt} = k \frac{[PdCl_4^{2-}][C_2H_4]}{[Cl^-]^2[H^+]}$$

读者可自行根据反应机理推导此方程。

在单相络合催化中，由于每一个络合物分子或离子都是一个活性中心，而且活性中心的性质都是相同的，只能进行一两个特定的反应，因此它具有高活性、高选择性的优点；也正因为在不太高的温度下就具有较高的活性，所以反应条件温和。目前单相络合催化在化工生产中的应用越来越受到重视，已被广泛地应用于加氢、脱氢、氧化、异构化、水合、羰基合成、聚合等反应。但单相催化的缺点是，催化剂与反应混合物的分离较困难。为此，提出了优良络合催化剂固体化的方向。相反地，为了提高催化效能，也在进行着固体催化剂单相化的研究。

4. 酶催化

酶是动植物和微生物产生的具有催化能力的蛋白质。生物体内的化学反应几乎都是在酶的催化下进行的。通过酶可以合成和转化自然界大量有机物质。酶的活性极高，为一般酸碱催化剂的 $10^8 \sim 10^{11}$ 倍，选择性也极高。如尿素酶在溶液中只含千万分之一，就能催化尿素 $(NH_2)_2CO$ 的水解，但不能水解尿素的取代物，如甲脲 $(NH_2)(CH_3NH)CO$。其他如蛋白酶催化蛋白质水解为肽，脂肪酶催化脂肪水解为脂肪酸和甘油等。酶的催化功能非常专一，作用条件温和。酶催化已被利用在发酵、石油脱蜡、脱硫及"三废"处理等方面。

酶有如此高的活性和选择性，是因为酶具有特殊的络合物结构排列，即有特定反应的适宜部位。过去几十年,通过单晶 X 射线衍射结构分析方法已确定了相当数量酶的化学结构。例如,已找出生物固氮酶的化学结构模型,并发现酶的催化与过渡金属的有机化合物有关。为了模拟生物酶来固定大气中的氮,人们已在实验室中找到一些过渡金属络合物,能在常温常压下,像生物固氮酶一样,将大气中的氮还原为氨。一般的合成氨需在高温高压下进行,而化学模拟生物酶却能在温和条件下合成氨,虽然离工业化尚远,但却是一项重大的进展。我国在这方面也取得一些可喜的成绩。由于酶具有突出的优良催化性能,所以化学模拟生物酶是络合催化研究的一个活跃领域。

酶催化反应的机理比较复杂,其中有代表性的是米凯利斯(Michaelis)等提出的一个简单的机理,即米凯利斯-门顿(Menten)模型(见图 11.14.1)。

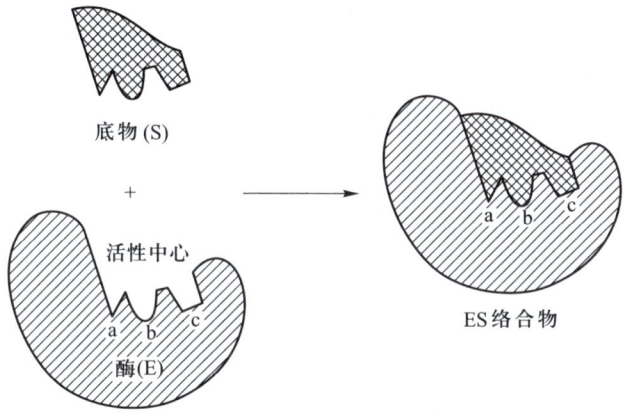

图 11.14.1 酶催化反应的米凯利斯-门顿模型

根据此模型,酶 E 与底物 S(即被催化的反应物)结合先形成一个中间络合物 ES,然后继续反应生成产物 P 而使酶复原:

$$E + S \underset{k_{-1}}{\overset{k_1}{\rightleftharpoons}} ES$$

$$ES \xrightarrow{k_2} E + P$$

反应速率为

$$v = \frac{d[P]}{dt} = k_2 [ES] \tag{11.14.2}$$

按稳态近似法,中间络合物 ES 的变化速率为零:

$$\frac{d[ES]}{dt} = k_1 [E][S] - k_{-1}[ES] - k_2[ES] = 0 \tag{11.14.3}$$

以$[E]_0$代表酶的总浓度,因$[E]_0=[E]+[ES]$,在整个反应过程中$[E]_0$恒定。将

$$[E]=[E]_0-[ES] \tag{11.14.4}$$

代入式(11.14.3),整理得

$$[ES]=\frac{k_1[E]_0[S]}{k_{-1}+k_2+k_1[S]}=\frac{[E]_0[S]}{(k_{-1}+k_2)/k_1+[S]} \tag{11.14.5}$$

再将式(11.14.5)代入式(11.14.2),最后得

$$v=\frac{d[P]}{dt}=\frac{k_2[E]_0[S]}{K_M+[S]} \tag{11.14.6}$$

式中

$$K_M=\frac{k_{-1}+k_2}{k_1} \tag{11.14.7}$$

称为**米凯利斯常数**。当$k_{-1}\gg k_2$时,$K_M=k_{-1}/k_1$为ES的解离常数。

可以看出,底物的浓度$[S]$相同时,酶催化反应速率与加入的酶的浓度$[E]_0$成正比。当酶的浓度$[E]_0$不变时,反应速率随底物的浓度$[S]$增加而增大,在$[S]\ll K_M$时,v与$[S]$成正比:

$$v=\frac{k_2[E]_0[S]}{K_M}$$

在$[S]\gg K_M$时,反应速率达到极大值$v_{max}=k_2[E]_0$,当$[S]=K_M$时,v的数值即达到v_{max}的一半。

反应速率与底物浓度之间的关系如图11.14.2所示。

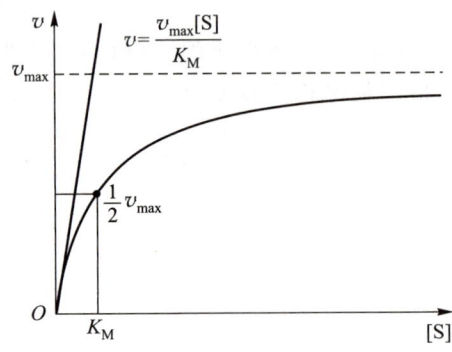

图11.14.2 酶催化速率v与$[S]$关系的典型曲线

图中的实直线为v-$[S]$曲线在$[S]=0$处的切线,其斜率为v_{max}/K_M。

将式(11.14.6)取倒数:

$$\frac{1}{v} = \frac{1}{k_2[E]_0} + \frac{K_M}{k_2[E]_0} \frac{1}{[S]} \qquad (11.14.8)$$

作 $1/v$-$1/[S]$ 图,应得一直线,由直线的截距及斜率即可求得 v_{max} 及 K_M。

实验常采用初始速率的数据。底物的初始浓度为 $[S]_0$,令 $[S]_0 \gg [E]_0$,则 $[S] \approx [S]_0$,代入式(11.14.6),这时的初始速率为

$$v_0 = \frac{k_2[E]_0[S]_0}{K_M + [S]_0}$$

测定 $[E]_0$ 相同、底物初始浓度 $[S]_0$ 不同时的不同初始速率 v_0,作 v_0-$[S]_0$ 图,与图 11.14.2 相同。

§11.15 多相催化反应

多相催化或非均相催化,主要是用固体催化剂催化气相反应或催化液相反应。这里主要讨论气-固相催化反应。

1. 催化剂表面上的吸附

(1) **分子在金属表面上的吸附状态** 固体催化剂催化气相反应是在固体表面上进行的。首先是固体表面上的活性中心对反应物分子发生化学吸附,然后吸附态的分子之间或吸附态的分子与气相分子间发生反应。

化学吸附基于化学键力,它能使被吸附分子的化学键发生变化,或引起分子的变形,因而能改变反应途径,降低活化能,从而产生催化作用。所以,化学吸附是多相催化的基础。

现以氢在金属上的化学吸附为例,说明分子在催化剂表面上的吸附状态。目前已完全确定,氢分子在被金属表面化学吸附的同时要发生解离,即

$$H_2 + 2M \longrightarrow 2MH$$

式中 M 代表表面金属原子。饱和烃也属于这种类型,例如,甲烷在金属上吸附时:

$$CH_4 + 2M \longrightarrow MCH_3 + MH$$

这种化学吸附称为**解离化学吸附**。但是,具有 π 电子或孤对电子的分子,在化学吸附时并不解离。例如单烯烃在化学吸附时,其 π 键断裂,每个碳原子与表面的金属原子形成 σ 键:

$$H_2C = CH_2 + 2M \longrightarrow \begin{array}{c} H_2C - CH_2 \\ | \quad\quad | \\ M \quad\quad M \end{array}$$

对于一氧化碳：

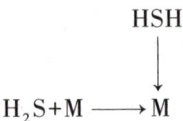

这种吸附称为**缔合化学吸附**。又如，硫化氢被化学吸附时，可写为

$$\text{H}_2\text{S}+\text{M} \longrightarrow \overset{\overset{\displaystyle \text{HSH}}{\displaystyle \downarrow}}{\text{M}}$$

一般地，由于硫化氢分子对表面金属原子键合较强，它占据了催化活性位置，使得催化剂表面对反应组分的吸附降低，这种情况称为催化剂中毒，而硫化氢是催化剂的烈性毒物。

（2）吸附的势能曲线　图 11.15.1 为氢分子在镍(111)面上吸附示意图。

图 11.15.1　氢分子在镍(111)面上吸附示意图(金属镍具有立方面心结构)

吸附过程的势能曲线如图 11.15.2 所示。纵坐标表示势能的高低，水平线表示势能为零，需供给能量才能达到此水平线以上，降到水平线以下则会放出能量。图中曲线 P 表示物理吸附。氢分子距镍表面甚远时，势能为零，当它逐渐接近镍表面，则因分子与表面间存在吸引力，越靠近表面，势能越下降。当达到平衡位置时，曲线 P 达到极小，这时的纵坐标 ΔH_p 即为物理吸附的吸附焓。过极小点再继续接近表面，则因二者间表现为斥力，所以势能逐渐升高。在此极小点时，氢分子核距表面镍核的距离约为

$$r_{\text{Ni}} + r_{\text{Ni,vdW}} + r_{\text{H}} + r_{\text{H,vdW}} = (0.125 + 0.08 + 0.035 + 0.08)\,\text{nm}$$
$$= 0.32\,\text{nm}$$

其中 r_{vdW} 表示范德华距离。

曲线 C 为化学吸附的势能曲线。它表示如下的过程：

$$2\text{Ni} + 2\text{H} \longrightarrow 2\text{NiH}$$

图中 E_d 为氢分子的离解能($434\,\text{kJ}\cdot\text{mol}^{-1}$)。化学吸附的平衡位置相当于曲线 C 的极小点，在此点 Ni 与 H 的核间距约为

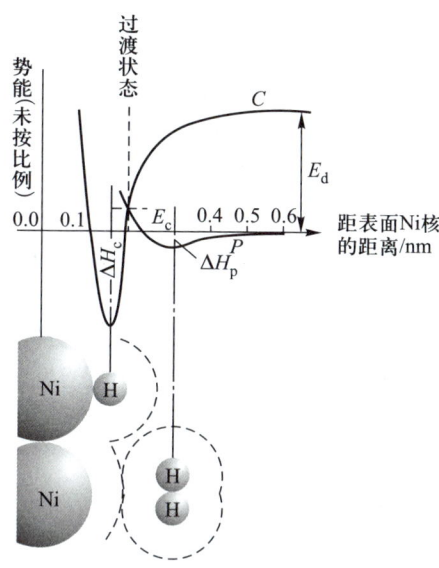

图 11.15.2　氢分子在镍上吸附的势能曲线及吸附状态示意图

$$r_H + r_{Ni} = (0.125 + 0.035) \text{ nm} = 0.16 \text{ nm}$$

此极小点在水平线以下的数值 ΔH_c 为化学吸附焓(在低覆盖率时约为 125 kJ·mol^{-1}),它的绝对值比物理吸附热大得多。将两个被化学吸附的 H 原子由极小点拉开时,由于 H 与 Ni 之间存在着强大的化学键力,所以势能沿曲线 C 急剧上升,一直到很远时达到 E_d 的高度,变成两个自由 H 原子。

两曲线的交点为由物理吸附到化学吸附的过渡状态。它说明氢分子进行化学吸附时,并不需要预先解离,即不需要具备 E_d 那么高的能量,只要沿物理吸附曲线 P 上升,吸收能量 E_c 后,就能发生化学吸附。所以 E_c 为化学吸附活化能,而物理吸附却不需要活化能,因此物理吸附低温时即能发生,而化学吸附却需要较高的温度。图 11.15.3 为由物理吸附过渡到化学吸附的示意图。

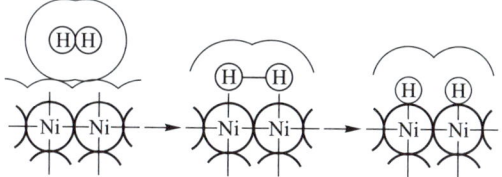

图 11.15.3　氢分子在镍表面上的由物理吸附过渡到化学吸附的示意图

2. 多相催化反应的步骤

多相催化反应是在固体催化剂的表面上进行的,即反应物分子必须能化学吸附在催化剂表面上,然后才能在表面上发生反应。反应后的产物也是吸附在表面上的,要使反应继续在表面上发生,则产物必须能从表面上不断地解吸下来。同时由于催化剂颗粒是多孔的[①],所以催化剂的大量表面是催化剂微孔内的表面。因此,气体分子要在催化剂表面上起反应,必须经过如下的七个步骤:

(1) 反应物由气体主体向催化剂的外表面扩散(外扩散);
(2) 反应物由外表面向内表面扩散(内扩散);
(3) 反应物吸附在表面上;
(4) 反应物在表面上进行化学反应,生成产物;
(5) 产物从表面上解吸;
(6) 产物从内表面向外表面扩散(内扩散);
(7) 产物从外表面向气体主体扩散(外扩散)。

在稳态下,上述七个串联步骤的速率是相等的,速率的大小受其中阻力最大的慢步骤所控制,若能设法减少慢步骤的阻力,就能加快整个过程的速率。为了简化计算,总是假设其中一个步骤为控制步骤。其他步骤都很快,能够随时保持平衡。若为扩散控制,则吸附、反应和解吸(这三个过程称为表面过程)都被认为能随时保持平衡。若为表面过程控制,则认为扩散能很快达到平衡,即催化剂表面附近的气体浓度与气体主体的浓度相同。一般若气流速度大、催化剂颗粒小、孔径大、反应温度低、催化剂活性小,则扩散速率大于表面过程的速率,所以受**表面过程控制**,或称为**动力学控制**。例如,以氧化锌为催化剂的乙苯脱氢制苯乙烯的反应,即为表面过程控制的反应。若反应在高温、高压下进行,催化剂活性很高,催化剂颗粒小、孔径大,但气流速度较低,则表面过程和内扩散都较快,而外扩散较慢,这时反应为**外扩散控制**。例如,在 230 ℃、7.6 MPa 下的丙烯聚合反应,750~900 ℃ 时氨氧化反应,当采用适当催化剂时,均为外扩散控制。

进行化学动力学的实验研究时,应排除扩散影响。在一定条件下,若增加气流速度能使反应加快,则说明反应受外扩散控制,应继续增加流速,直到反应不

---

① 可以通过下列方式来制备具有高比表面积的催化剂:a. 将用作催化剂的金属如镍、铜等与铝或硅制成合金,然后用浓 NaOH 溶去硅或铝,从而得到多孔的镍(Raney 镍)、铜等催化剂;b. 制备催化剂的微晶(1~10 nm),将其附着于热稳定的、具有高比表面积的氧化铝、氧化硅、活性炭等材料上。这些材料均为多孔的。

受流速影响为止。在一定条件下,若减小催化剂粒度,反应速率增大,则为**内扩散控制**。这时,应继续减小粒度,直到反应速率不受影响为止。这说明操作条件改变,同一反应的控制步骤有可能改变。

3. 表面反应控制的气-固相催化反应动力学

在上述七个步骤中,若表面反应是最慢的一步,则过程为表面反应控制。相对地扩散与吸附都很快,可认为表面上气体分压与主体中气体分压相等,而且随反应的进行,能迅速维持吸附平衡状态。因此,可按朗缪尔吸附平衡来计算反应速率。

(1) 只有一种反应物的表面反应　若反应 A ⟶ B 的机理为

吸附:　　　　　　　$A + S \rightleftharpoons A \cdot S$　　　　(快)

表面反应:　　　　$A \cdot S \longrightarrow B \cdot S$　　　　(慢)

解吸:　　　　　　$B \cdot S \rightleftharpoons B + S$　　　　(快)

式中 S 表示催化剂表面上的活性中心,$A \cdot S$、$B \cdot S$ 表示吸附在活性中心上的 A、B 分子。因过程为表面反应控制,所以,过程总的速率等于最慢的表面反应速率。按**表面质量作用定律**,表面单分子反应的速率,应正比于该分子 A 对表面的覆盖分率 θ_A,即

$$-\frac{dp_A}{dt} = k_s \theta_A \quad (11.15.1)$$

吸附平衡时,若产物吸附极弱,将朗缪尔吸附等温式 $\theta_A = b_A p_A / (1 + b_A p_A)$ 代入,得

$$-\frac{dp_A}{dt} = \frac{k_s b_A p_A}{1 + b_A p_A} \quad (11.15.2)$$

当被吸附的分子在催化剂表面发生分解,如 H_2 在 Ni、Pt 等的表面吸附的情况,则上述朗缪尔吸附等温式将采取不同的形式。设 B_2 分子发生分解吸附,则每个 B 原子将占据一个吸附位置,故

$$B_2(g) + 2M \underset{k_{-1}}{\overset{k_1}{\rightleftharpoons}} 2BM$$

M 表示吸附位置,BM 表示吸附态的 B 原子。如果吸附为基元过程,则

$$v_a = k_1 p_{B_2} (1-\theta)^2$$
$$v_d = k_{-1} \theta^2$$

式中 v_a 和 v_d 分别表示吸附和脱附的速率,θ 为催化剂吸附位置覆盖率。吸附达平衡时,吸附与脱附的速率相等,即

$$k_1 p_{B_2} (1-\theta)^2 = k_{-1} \theta^2$$

解得

$$\theta = \frac{K^{1/2} p_{B_2}^{1/2}}{1+K^{1/2} p_{B_2}^{1/2}}$$

式中 $K = k_1/k_{-1}$。

下面分几种情况对式(11.15.2)进行讨论：

① 若反应物的吸附很弱，即在同样的 p_A 下，θ_A 很小，按朗缪尔吸附等温式必定 b_A 很小，即 $b_A p_A \ll 1$，则式(11.15.2)可化简为

$$-\frac{\mathrm{d}p_A}{\mathrm{d}t} = k_s b_A p_A$$

为一级反应。许多表面反应符合一级反应，例如，磷化氢在玻璃、陶瓷、SiO_2 上的分解；甲酸蒸气在玻璃、铂、铑上的分解；HI 在铂上的分解；NO_2 在金上的分解等。

② 若反应物的吸附很强，即 b_A 很大，$b_A p_A \gg 1$，固体表面几乎全部被覆盖，所以式(11.15.2)化简为

$$-\frac{\mathrm{d}p_A}{\mathrm{d}t} = k_s \theta_A = k_s$$

反应速率与压力无关，故为零级反应。当固体表面全部被反应物气体覆盖时，改变压力对于反应分子的表面浓度几乎没有影响，因此反应速率维持恒定。氨在钨表面上的解离，HI 在金丝上的解离都是零级反应。

③ 反应物的吸附介于强弱之间，则速率方程可近似为

$$-\frac{\mathrm{d}p_A}{\mathrm{d}t} = k p_A^n \quad (0 < n < 1)$$

反应级数小于1。例如，SbH_3 在锑表面上的解离反应，$n = 0.6$。

上面说的是在通常压力下，弱吸附表现为一级反应，强吸附表现为零级反应，中间吸附为分数级反应。另一方面，对同一个反应系统，在不同的压力范围也会表现为不同级数，即低压下表现为一级，高压下表现为零级，中等压力下表现为分数级。

（2）有两种反应物的表面反应　若反应 $A + B \longrightarrow R$ 的机理为

吸附：　　　　　　　$A + S \rightleftharpoons A \cdot S$　　　　（快）

　　　　　　　　　　$B + S \rightleftharpoons B \cdot S$　　　　（快）

表面反应：　　　　　$A \cdot S + B \cdot S \longrightarrow R \cdot S$　　（慢）

解吸：　　　　　　　$R \cdot S \rightleftharpoons R + S$　　　　（快）

此机理称为**朗缪尔-欣谢尔伍德**(Langmuir-Hinshelwood)**机理**。

因控制步骤为表面双分子反应，按表面质量作用定律，有

$$-\frac{\mathrm{d}p_A}{\mathrm{d}t}=k_s\theta_A\theta_B$$

若产物吸附极弱,因为

$$\theta_A=\frac{b_A p_A}{1+b_A p_A+b_B p_B}$$

$$\theta_B=\frac{b_B p_B}{1+b_A p_A+b_B p_B} \quad (11.15.3)$$

故

$$-\frac{\mathrm{d}p_A}{\mathrm{d}t}=k_s\theta_A\theta_B=\frac{k_s b_A b_B p_A p_B}{(1+b_A p_A+b_B p_B)^2}$$

即

$$-\frac{\mathrm{d}p_A}{\mathrm{d}t}=\frac{k p_A p_B}{(1+b_A p_A+b_B p_B)^2} \quad (11.15.4)$$

式中 $k=k_s b_A b_B$。由式(11.15.4)可知,若 A 和 B 的吸附都很弱,或 p_A 和 p_B 很小,则 θ_A 和 θ_B 都很小,$1+b_A p_A+b_B p_B\approx 1$。因此式(11.15.4)化简为

$$-\frac{\mathrm{d}p_A}{\mathrm{d}t}=k p_A p_B$$

为二级反应。

式(11.15.2)和式(11.15.4)为由机理按表面质量作用定律推导出的速率方程,是机理速率方程。若此种方程与实验数据相符,则表示机理可能正确。但如前所述,有时不同的机理可得到相同的速率方程,因此,要确证机理的正确与否,尚应有其他的实验根据。

*4. 温度对表面反应速率的影响

实验证明,阿伦尼乌斯方程也适用于表示多相催化反应的速率常数与温度的关系,即

$$\frac{\mathrm{d}\ln k}{\mathrm{d}T}=\frac{E_a}{RT^2}$$

式中 k 为表面催化反应的表观速率常数,即如式(11.15.4)所示的反应速率常数;E_a 为表面反应的表观活化能。同时化学平衡的范特霍夫方程对于吸附平衡也是适用的,于是有

$$\frac{\mathrm{d}\ln b}{\mathrm{d}T}=\frac{Q}{RT^2} \quad (11.15.5)$$

式中 b 为吸附平衡常数，Q 为吸附热。

例如，对于式(11.15.4)，$k = k_s b_A b_B$，k_s 为表面反应速率常数，b_A 和 b_B 为 A 和 B 的吸附平衡常数。将此式两边取对数，再对 T 求导数，得

$$\frac{\mathrm{d}\ln k}{\mathrm{d}T} = \frac{\mathrm{d}\ln k_s}{\mathrm{d}T} + \frac{\mathrm{d}\ln b_A}{\mathrm{d}T} + \frac{\mathrm{d}\ln b_B}{\mathrm{d}T}$$

将式(11.4.2a)、式(11.15.5)代入上式，则

$$\frac{\mathrm{d}\ln k}{\mathrm{d}T} = \frac{E_s}{RT^2} + \frac{Q_A}{RT^2} + \frac{Q_B}{RT^2}$$

即

$$\frac{\mathrm{d}\ln k}{\mathrm{d}T} = \frac{E_s + Q_A + Q_B}{RT^2} \tag{11.15.6}$$

式中 E_s、Q_A 和 Q_B 分别为表面反应活化能、A 和 B 的吸附热。对比式(11.4.2a)与式(11.15.6)，得

$$E_a = E_s + Q_A + Q_B \tag{11.15.7}$$

即此表面反应的表观活化能等于表面反应活化能与各反应物吸附热的代数和。注意吸附为放热过程，吸附热为负值。

*5. 活性中心理论

催化理论的研究是为了从微观上解释催化现象，以便指导其应用。目前已有多种理论，但都很不完善，往往是一个理论只能解释一种局部现象。然而各种理论都有一个共同点，即都在试图解释活性中心的性质。这里只对经常引用的泰勒(Taylor)的活性中心概念作一简单介绍。

早在 1883 年法拉第等人就曾指出，固体表面上的吸附是反应加速进行的原因。他们认为气体吸附或凝聚在固体表面上，浓度大为增加，所以反应速率加快了。但是这种单纯增加浓度的观点解释不了催化剂为什么有那么大的活性，更解释不了选择性和中毒现象。

以后泰勒等人提出了化学吸附和活性中心的概念。他们认为多相催化主要是由于化学吸附，而不是物理吸附。并认为催化剂表面只有一小部分，即活性中心，能起催化作用。反应物被化学吸附在**活性中心**上，引起分子的变形和活化，因而反应得以加速。由于化学吸附具有化学键的性质，所以一种催化剂只能催化某些特定的反应，这就是选择性。由于活性中心是分散在固体表面上的一些活性的点，它只占总面积的一个很小的分数，所以，微量毒物就足以盖住全部活性中心，而使催化剂完全失效。这就很好地解释了中毒现象。泰勒认为活性中

心是表面上微晶的角、棱等突起的位置，因为这种位置上的原子的价力不饱和性较大。催化剂使用过程中温度过高会由于微晶的熔结而丧失活性。但他没有注意到活性中心的几何排列与反应的关系，因而不能满意地解释选择性。

*§11.16　分子动态学

与非基元反应相比，基元反应是最简单的反应，反应物分子直接相互碰撞经过活化状态而得到产物。§11.8 的碰撞理论和§11.9 的过渡状态理论从不同角度推导了计算基元反应速率常数的公式。

然而，反应物分子相互碰撞时可以具有不同的碰撞速度、碰撞角度，分子可处于不同的量子状态，而反应产物分子也可具有不同的运动速度及处于不同的量子状态，所以，基元反应也还是很复杂。对于每种参加反应的分子都详尽到分子状态的反应，称为**态-态反应**。完全从分子水平上研究基元反应的领域称为**分子动态学**，又称分子反应动力学。

态-态反应的速率常数称为微观反应速率常数。在通常反应器中进行的反应总要包括所有可能的分子状态的反应，所以反应器中测得的宏观反应速率常数是各种可能微观反应速率常数的统计平均的结果。

交叉分子束技术能产生一定速度的分子束，并使之与另一指定速度和指定角度的分子束发生单次碰撞反应，并且能测出产物分子的运动速度和角度，再结合激光、光谱等技术，甚至能选择某一定内部能量状态的分子使之反应，也能检出产物的分子状态。由于分子动态学完全深入到分子水平来研究化学反应的反应速率，这就更易于接触到反应的实质问题。

对 A+BC ⟶ AB+C 型的化学反应，通过量子力学的处理，可以解得核间距 r_{AB}、r_{BC} 随时间变化的态-态反应的轨迹。

图 11.16.1 给出了在势能面上态-态反应的轨迹，c 为马鞍点。图 11.16.1(a)与图 11.16.1(b)中马鞍点的位置不同。图中轨迹 1 和轨迹 3 从反应物区（势能面右下方）出发越过势垒后到达产物区（势能面左上方），均为成功的反应。另外两条轨迹 2 和 4 从反应物区出发，未能越过势垒而折返回来，均为没有完成的反应。轨迹呈波浪形，表示反应物或产物分子处于振动状态。

态-态反应的轨迹也可用核间距 r_{AB}、r_{BC} 随时间 t 变化的图形表示，图 11.16.2 给出了一个成功的态-态反应。此图表明 A 原子逐渐接近（r_{AB} 减小）处于振动态的 B—C 分子（r_{BC} 呈波浪形），反应进行得很迅速，随着原子 C 的离去（r_{BC} 加大），新生成的分子 AB 振动（r_{AB} 的波浪线）逐渐趋于稳定。

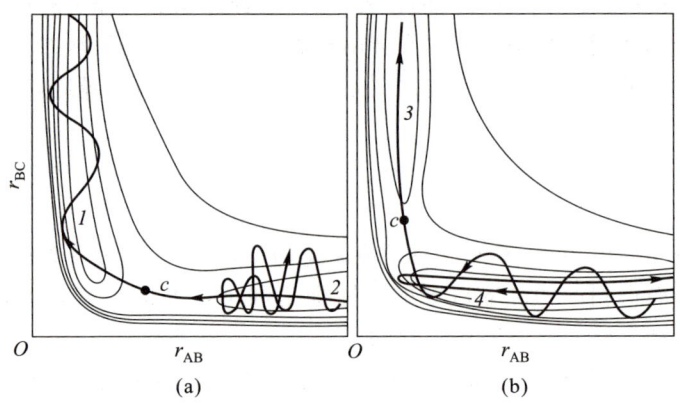

图 11.16.1　势能面上态—态反应轨迹

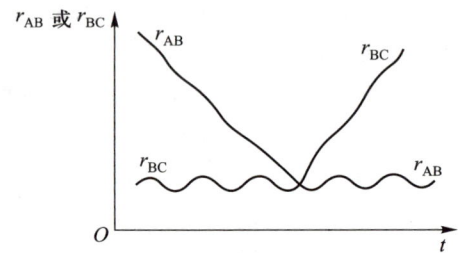

图 11.16.2　A+BC ⟶ AB+C 反应核间距对时间曲线

本 章 小 结

化学热力学研究一个过程进行的方向与限度,而不考虑该过程进行的快慢。而化学动力学则研究变化的快慢即速率问题。

反应速率可通过物理方法或化学方法测定不同时间反应组分的浓度来得到。

为得到反应系统在时刻 t 的组成,对各级反应的速率方程进行积分,得到速率方程的积分形式;反应级数、反应速率常数、半衰期等是一个化学反应重要的动力学参数:零级反应的半衰期 $t_{1/2}$ 与 $c_{A,0}$ 成正比;一级反应 $t_{1/2}$ 与 $c_{A,0}$ 无关;二级反应 $t_{1/2}$ 与 $c_{A,0}$ 成反比;反应的级数可通过尝试法、半衰期法、初始速率法加以确定。前两者基于速率方程的积分形式,而后者则基于速率方程的微分形式;反应速率常数由速率方程的积分形式对实验数据的拟合得到。

通常一个化学反应是由一系列基元反应组成的,所有这些基元反应的列表称为该反应的反应机理;基元反应中各反应组分计量系数绝对值的加和称为该基元反应的反应分子数;最常见的是双分子反应,三分子反应较罕见,而四及以上分子反应尚未发现;每个基元反应的速率方程符合质量作用定律,即反应的分级数等于反应组分的计量系数的绝对值。

一个反应的速率方程可通过其机理得到,但通过反应机理得到的是一微分方程组(每个基元反应一个微分方程),其复杂性随机理复杂性的增加而增加。在由机理推导速率方程时,近似是必要的。常用三个近似,即选取控制步骤法、平衡态近似法及稳态近似法。

反应速率常数 k 是温度的函数,其随温度的变化可由阿伦尼乌斯方程 $k=A\exp[-E_a/(RT)]$ 确定。阿伦尼乌斯方程既适用于基元反应也适用于非基元反应。对基元反应,E_a 为 1 mol 碰撞能够发生反应的分子的平均能量与 1 mol 反应物分子平均能量之差。对非基元反应,活化能为表观活化能,它与机理中基元反应的活化能有关。

对指前因子及活化能的定量解释有气体反应的碰撞理论和过渡态理论。前者以气体分子运动论为基础,能够给出正确的阿伦尼乌斯方程的形式,但不能用于计算活化能。而且由于不考虑分子的结构,也不能通过计算给出正确的指前因子。过渡态理论则以量子力学为基础,考虑分子的结构,研究反应过程中反应系统势能的变化,从而能对反应过程进行正确详细的描述。

对溶液中的反应、多相反应、光化学、催化作用(包括催化作用的通性,单相催化中的气相催化、酸碱催化、络合催化及酶催化,多相催化)等给予了简单介绍。

思 考 题

1. 什么是基元反应?它的特点是什么?如何确立基元反应的速率方程?

2. 零级、一级、二级和 n 级化学反应的动力学特征分别是什么?如何根据反应的动力学特征确立反应的速率方程?

3. 阿伦尼乌斯公式的意义是什么?它的指数式、微分式、定积分式和不定积分式分别用在什么情况下?

4. 反应活化能的定义是什么?基元反应和非基元反应的活化能有什么区别?如何得到一般反应的表观活化能?

5. 最简单的一级对行、平行和连串反应的动力学特征分别是什么?

6. 链反应的特点是什么?如何通过链反应及其他复合反应的机理建立速率方程?有哪些近似处理方法可用?

7. 反应速率的碰撞理论和过渡态理论的要点各是什么?两个理论各有何优缺点?其中

E_c 和 E_0 的物理意义分别是什么？与阿伦尼乌斯公式中的 E_a 有什么关系？

8. 对于溶剂没有明显作用的溶液反应，影响反应速率的主要因素是什么？什么情况下一些二级反应在溶液中进行时会与在气相中进行的反应速率相近？为什么？

9. 光化反应与热化学反应有何不同？它遵循哪些规律？

10. 催化剂能加速所有的化学反应吗？它是如何使反应加速的？它能改变反应的恒压热吗？为什么？

习　题

11.1 气相反应 $SO_2Cl_2(g) \longrightarrow SO_2(g) + Cl_2(g)$ 在 320 ℃ 时的反应速率常数 $k = 2.2 \times 10^{-5}\ s^{-1}$。问在 320 ℃ 加热 90 min $SO_2Cl_2(g)$ 的分解分数 α 为若干？

答：0.112

11.2 某一级反应 $A \longrightarrow B$ 的半衰期为 10 min。求 1 h 后剩余 A 的摩尔分数。

答：0.015 6

11.3 某一级反应进行 10 min 后，反应物反应掉 30%。问反应掉 50% 需多少时间？

答：19.4 min

11.4 25 ℃ 时，酸催化蔗糖转化反应

$$C_{12}H_{22}O_{11}\text{(蔗糖)} + H_2O \longrightarrow C_6H_{12}O_6\text{(葡萄糖)} + C_6H_{12}O_6\text{(果糖)}$$

的动力学数据如下（蔗糖的初始浓度 c_0 为 1.002 3 mol·dm^{-3}，时刻 t 的浓度为 c）：

t/min	0	30	60	90	130	180
$(c_0-c)/(\text{mol·dm}^{-3})$	0	0.100 1	0.194 6	0.277 0	0.372 6	0.467 6

(1) 试证明此反应为一级反应，并求反应速率常数及半衰期；

(2) 若蔗糖转化 95% 需多长时间？

答：(1) $3.51\times10^{-3}\ \text{min}^{-1}$，197.4 min；(2) 853.2 min

11.5 对于一级反应，试证明转化率达到 87.5% 所需时间为转化率达到 50% 所需时间的 3 倍。对于二级反应又应为多少？

答：7

11.6 偶氮甲烷 (CH_3NNCH_3) 气体的分解反应

$$CH_3NNCH_3(g) \longrightarrow C_2H_6(g) + N_2(g)$$

为一级反应。在 287 ℃ 的真空密闭恒容容器中充入初始压力为 21.332 kPa 的偶氮甲烷气体，反应进行 1 000 s 时测得系统的总压为 22.732 kPa，求反应速率常数 k 及半衰期 $t_{1/2}$。

答：$6.79\times10^{-5}\ s^{-1}$，$1.02\times10^4\ s$

11.7 硝基乙酸在酸性溶液中的分解反应

$$(NO_2)CH_2COOH(l) \longrightarrow CH_3NO_2(l) + CO_2(g)$$

为一级反应。25 ℃、101.325 kPa 下，测定不同反应时间产生的 $CO_2(g)$ 体积如下：

t/min	2.28	3.92	5.92	8.42	11.92	17.47	∞
V/cm^3	4.09	8.05	12.02	16.01	20.02	24.02	28.94

反应不是从 $t=0$ 开始的。求反应速率常数 k。

答:0.107 min^{-1}

11.8 某一级反应 A ⟶ 产物,初始反应速率为 1×10^{-3} mol·dm^{-3}·min^{-1},1 h 后反应速率为 0.25×10^{-3} mol·dm^{-3}·min^{-1}。求 $k,t_{1/2}$ 和初始浓度 $c_{A,0}$。

答:$k=0.023\ 1$ min^{-1},$t_{1/2}=30$ min,$c_{A,0}=0.043\ 3$ mol·dm^{-3}

11.9 现在的天然铀矿中 ^{238}U/^{235}U$=139.0/1$。已知 ^{238}U 的蜕变反应的速率常数为 1.520×10^{-10} a^{-1},^{235}U 的蜕变反应的速率常数为 9.72×10^{-10} a^{-1}。问在 20 亿年(2×10^{9} a)前,^{238}U/^{235}U 等于多少?(a 是时间单位年的符号。)

答:26.96∶1

11.10 某二级反应 A(g)+B(g) ⟶ 2D(g) 在 T、V 恒定的条件下进行。当反应物的初始浓度为 $c_{A,0}=c_{B,0}=0.2$ mol·dm^{-3} 时,反应的初始速率为 $-(dc_A/dt)_{t=0}=5\times10^{-2}$ mol·dm^{-3}·s^{-1},求反应速率常数 k_A 及 k_D。

答:$k_A=1.25$ dm^3·mol^{-1}·s^{-1},$k_D=2.50$ dm^3·mol^{-1}·s^{-1}

11.11 某二级反应 A+B ⟶ C,两种反应物的初始浓度皆为 1 mol·dm^{-3},经 10 min 后反应掉 25%,求 k。

答:0.033 3 dm^3·mol^{-1}·min^{-1}

11.12 在 OH$^-$ 的作用下,硝基苯甲酸乙酯的水解反应

$$NO_2C_6H_4COOC_2H_5+H_2O \longrightarrow NO_2C_6H_4COOH+C_2H_5OH$$

在 15 ℃时的动力学数据如下,两反应物的初始浓度皆为 0.05 mol·dm^{-3},求此二级反应的速率常数 k。

t/s	120	180	240	330	530	600
酯的转化率/%	32.95	41.75	48.8	58.05	69.0	70.35

答:0.081 4 dm^3·mol^{-1}·s^{-1}。

11.13 二级气相反应 2A(g) ⟶ A$_2$(g) 在恒温恒容下的总压 p 数据如下。求 k_A。

t/s	0	100	200	400	∞
p/kPa	41.330	34.397	31.197	27.331	20.665

答:1.248×10^{-7} Pa^{-1}·s^{-1}。

11.14 溶液中反应 $S_2O_8^{2-}+2Mo(CN)_8^{4-} \longrightarrow 2SO_4^{2-}+2Mo(CN)_8^{3-}$ 的速率方程为

$$-\frac{d[Mo(CN)_8^{4-}]}{dt}=2k[S_2O_8^{2-}][Mo(CN)_8^{4-}]$$

在 20 ℃下，若反应开始时只有两种反应物，且其初始浓度依次为 0.01 mol·dm^{-3}，0.02 mol·dm^{-3}，反应 26 h 后，测得 $[Mo(CN)_8^{4-}]$ = −0.015 62 mol·dm^{-3}，求 k。

答：1.078 5 dm^3·mol^{-1}·h^{-1}

11.15 已知 NO 与 H$_2$ 可进行如下化学反应：

$$2NO(g) + 2H_2(g) \longrightarrow N_2(g) + 2H_2O(g)$$

在一定温度下，某密闭容器中等摩尔比的 NO 与 H$_2$ 混合物在不同初始压力下的半衰期如下：

$p_{总}$/kPa	50.0	45.4	38.4	32.4	26.9
$t_{1/2}$/min	95	102	140	176	224

求反应的总级数 n。

答：2.5

11.16 在 500 ℃ 及初压 101.325 kPa 下，某碳氢化合物发生气相分解反应的半衰期为 2 s。若初压降为 10.133 kPa，则半衰期增加为 20 s。求反应速率常数 k_p。

答：4.93×10^{-6} Pa^{-1}·s^{-1}

11.17 在一定条件下，反应 H$_2$(g) + Br$_2$(g) ⟶ 2HBr(g) 符合速率方程的一般形式，即

$$v = \frac{1}{2}\frac{dc_{HBr}}{dt} = kc_{H_2}^{n_1} c_{Br_2}^{n_2} c_{HBr}^{n_3}$$

在某温度下，当 $c_{H_2} = c_{Br_2} = 0.1$ mol·dm^{-3} 及 $c_{HBr} = 2.0$ mol·dm^{-3} 时，反应速率为 v，其他不同浓度时的速率如下表所示。

c_{H_2}/(mol·dm^{-3})	c_{Br_2}/(mol·dm^{-3})	c_{HBr}/(mol·dm^{-3})	反应速率
0.1	0.1	2	v
0.1	0.4	2	$8v$
0.2	0.4	2	$16v$
0.1	0.2	3	$1.88v$

求反应的分级数 n_1、n_2 和 n_3。

答：1, 1.5, −1

11.18 对于 $\frac{1}{2}$ 级反应 A ⟶ 产物，试证明：

(1) $c_{A,0}^{1/2} - c_A^{1/2} = \dfrac{kt}{2}$

(2) $t_{1/2} = \sqrt{2}k^{-1}(\sqrt{2}-1)c_{A,0}^{1/2}$

11.19 恒温恒容条件下发生某化学反应：2AB(g) ⟶ A$_2$(g) + B$_2$(g)。当 AB(g) 的初始浓度分别为 0.02 mol·dm^{-3} 和 0.2 mol·dm^{-3} 时，反应的半衰期分别为 125.5 s 和 12.55 s。求该反应的级数 n 及反应速率常数 k_{AB}。

答：2, 0.398 4 dm^3·mol^{-1}·s^{-1}

11.20 某溶液中反应 A+B ⟶ C,开始时反应物 A 与 B 的物质的量相等,没有产物 C。1 h 后 A 的转化率为 75%,问 2 h 后 A 尚有多少未反应?假设:

(1) 对 A 为一级,对 B 为零级;

(2) 对 A、B 皆为一级。

答:(1) 6.25%;(2) 14.3%

11.21 反应 A+2B ⟶ D 的速率方程为 $-dc_A/dt = kc_A c_B$,25 ℃时 $k = 2 \times 10^{-4}$ $dm^3 \cdot mol^{-1} \cdot s^{-1}$。

(1) 若初始浓度 $c_{A,0} = 0.02$ $mol \cdot dm^{-3}$,$c_{B,0} = 0.04$ $mol \cdot dm^{-3}$,求 $t_{1/2}$;

(2) 若将过量的挥发性固体反应物 A 与 B 装入 5 dm^3 密闭容器中,问 25 ℃时 0.5 mol A 转化为产物需多长时间?已知 25 ℃时 A 和 B 的饱和蒸气压分别为 10 kPa 和 2 kPa。

答:(1) 1.25×10^5 s;(2) 1.54×10^8 s

11.22 反应 $C_2H_6(g) \longrightarrow C_2H_4(g) + H_2(g)$ 在开始阶段约为 $\frac{3}{2}$ 级反应。910 K 下反应速率常数为 1.13 $dm^{3/2} \cdot mol^{-1/2} \cdot s^{-1}$,若乙烷初始压力为 13.332 kPa,求初始速率 $v_0 = \dfrac{-d[C_2H_6]}{dt}$。

答:8.36×10^{-5} $mol \cdot dm^{-3} \cdot s^{-1}$

11.23 65 ℃时 N_2O_5 气相分解的反应速率常数为 $k_1 = 0.292$ min^{-1},活化能为 $E_a = 103.3$ $kJ \cdot mol^{-1}$,求 80 ℃时的 k_2 及 $t_{1/2}$。

答:1.39 min^{-1},0.499 min

11.24 双光气分解反应 $ClOOCCl_3(g) \longrightarrow 2COCl_2(g)$ 为一级反应。将一定量双光气迅速引入一个 280 ℃的容器中,751 s 后测得系统的压力为 2.710 kPa;经过长时间反应完了后系统压力为 4.008 kPa。305 ℃时重复实验,经 320 s 系统压力为 2.838 kPa;反应完了后系统压力为 3.554 kPa。求活化能。

答:169.30 $kJ \cdot mol^{-1}$

11.25 乙醛(A)蒸气的热分解反应为 $CH_3CHO(g) \longrightarrow CH_4(g) + CO(g)$。518 ℃下在一恒容容器中的压力变化有如下两组数据:

纯乙醛的初压 $p_{A,0}$/kPa	100 s 后系统总压 p_A/kPa
53.329	66.661
26.664	30.531

(1) 求反应级数 n,反应速率常数 k_p;

(2) 若活化能为 190.4 $kJ \cdot mol^{-1}$,问在什么温度下其反应速率常数 k_c 为 518 ℃下的 2 倍?

答:(1) $n = 2$,$k_p = 6.25 \times 10^{-5}$ $kPa^{-1} \cdot s^{-1}$;(2) $T = 810.6$ K

11.26 反应 $A(g) \underset{k_{-1}}{\overset{k_1}{\rightleftharpoons}} B(g) + C(g)$ 中,k_1 和 k_{-1} 在 25 ℃时分别为 0.2 s^{-1} 和 $3.947 \times$

$10^{-3}(MPa)^{-1} \cdot s^{-1}$,在 35 ℃时二者皆增为 2 倍。试求：

（1）25 ℃时的反应标准平衡常数 $K^{\ominus}$；

（2）正、逆反应的活化能及 25 ℃时的反应热 Q_m；

（3）若上述反应在 25 ℃的恒容条件下进行，且 A 的起始压力为 100 kPa。若要使总压力达到 152 kPa，问所需要的时间。

答：(1) 506.6；(2) $E_{a,1}$ = 52.95 kJ·mol^{-1}, $E_{a,-1}$ = 55.47 kJ·mol^{-1}, Q_m = -2.52 kJ·mol^{-1}；(3) 3.67 s

11.27 在 80%的乙醇溶液中，1-氯-1-甲基环庚烷的水解为一级反应。测得不同温度 t 下的 k 列于下表，求活化能 E_a 和指前因子 A。

t/℃	0	25	35	45
k/s^{-1}	1.06×10^{-5}	3.19×10^{-4}	9.86×10^{-4}	2.92×10^{-3}

答：E_a = 90.32 kJ·mol^{-1}, A = 2.024×10^{12}

11.28 在气相中，异丙烯基烯丙基醚(A)异构化为烯丙基丙酮(B)是一级反应。其反应速率常数 k 与热力学温度 T 的关系为

$$k = 5.4×10^{11} \ s^{-1} \exp[-122.5 \ kJ \cdot mol^{-1}/(RT)]$$

150 ℃时，由 101.325 kPa 的 A 开始，需多长时间 B 的分压可达到 40.023 kPa？

答：1 233.1 s

11.29 某药物分解反应的速率常数与温度的关系为

$$\ln(k/h^{-1}) = -\frac{8\,938}{T/K} + 20.40$$

（1）在 30 ℃时，药物第一小时的分解率是多少？

（2）若此药物分解 30%时即认为失效，那么药物在 30 ℃下保存的有效期为多长时间？

（3）欲使有效期延长到 2 年以上，则保存温度不能超过多少摄氏度？

答：(1) 1.135×10^{-4}；(2) 3.143×10^3 h；(3) 13.30 ℃

11.30 某一级对行反应 A $\underset{k_{-1}}{\overset{k_1}{\rightleftharpoons}}$ B 的速率常数、平衡常数与温度的关系式分别为

$$\ln(k_1/s^{-1}) = -\frac{4\,605}{T/K} + 9.210$$

$$\ln K = \frac{4\,605}{T/K} - 9.210$$

$$K = k_1/k_{-1}$$

且 $c_{A,0}$ = 0.5 mol·dm^{-3}, $c_{B,0}$ = 0.05 mol·dm^{-3}。试计算：

（1）逆反应的活化能；

（2）400 K 时，反应达平衡时的 A、B 的浓度 $c_{A,e}$、$c_{B,e}$；

（3）400 K 时，反应 10 s 时 A、B 的浓度 c_A、c_B。

答：(1) 76.57 kJ·mol^{-1}；(2) 0.05 mol·dm^{-3}, 0.5 mol·dm^{-3}

（3）0.2 mol·dm^{-3}，0.35 mol·dm^{-3}

11.31 某反应的速率方程为$-dc_A/dt = kc_A^n$，其由相同初始浓度开始到转化率达 20% 所需时间，在 40 ℃ 时为 15 min，60 ℃ 时为 3 min。试计算此反应的活化能。

答：69.80 kJ·mol^{-1}

11.32 反应 A+2B $\longrightarrow$ D 的速率方程为$-dc_A/dt = kc_A^{0.5} c_B^{1.5}$

（1）$c_{A,0} = 0.1$ mol·dm^{-3}，$c_{B,0} = 0.2$ mol·dm^{-3}；300 K 下反应 20 s 后 $c_A' = 0.01$ mol·dm^{-3}，问继续反应 20 s 后 c_A' 等于多少？

（2）初始浓度同上，恒温 400 K 下反应 20 s 后，$c_A'' = 0.003\ 918$ mol·dm^{-3}，求活化能。

答：（1）0.005 26 mol·dm^{-3}；（2）10.00 kJ·mol^{-1}

11.33 溶液中某光化学活性卤化物的消旋作用如下：

$$R_1 R_2 R_3 CX(右旋) \rightleftharpoons R_1 R_2 R_3 CX(左旋)$$

在正、逆方向上皆为一级反应，且半衰期相等。若原始反应物为纯右旋物质，反应速率常数为 1.9×10^{-6} s^{-1}，试求：

（1）右旋物质转化 10% 所需时间；

（2）24 h 后的转化率。

答：（1）978.7 min；（2）14%

11.34 $A(g) \underset{k_{-1}}{\overset{k_1}{\rightleftharpoons}} B(g)$ 为对行一级反应。反应开始时只有 A，且其初始浓度为 $c_{A,0}$；当时间为 t 时，A 和 B 的浓度分别为 $(c_{A,0} - c_A)$ 和 c_B。

（1）试证

$$\ln \frac{c_{A,0}}{c_{A,0} - \frac{k_1 + k_{-1}}{k_1} c_B} = (k_1 + k_{-1})t$$

（2）已知 $k_1 = 0.2$ s^{-1}，$k_{-1} = 0.01$ s^{-1}，$c_{A,0} = 0.4$ mol·dm^{-3}，求 100 s 后 A 的转化率。

答：（2）95.25%

11.35 对行一级反应为 $A(g) \underset{k_{-1}}{\overset{k_1}{\rightleftharpoons}} B(g)$。

（1）达到 $(c_{A,0} + c_{A,e})/2$ 所需时间为半衰期 $t_{1/2}$，试证 $t_{1/2} = \ln 2/(k_1 + k_{-1})$；

（2）设反应开始时系统中只有 A，若初始速率为每分钟消耗 A 0.2%，平衡时有 80% 的 A 转化为 B，求 $t_{1/2}$。

答：（2）277.3 min

11.36 已知某恒温恒容反应的机理如下：

$$A(g) \longrightarrow \begin{matrix} \overset{k_1}{\longrightarrow} B(g) \underset{k_4}{\overset{k_3}{\rightleftharpoons}} D(g) \\ \overset{k_2}{\longrightarrow} C(g) \end{matrix}$$

反应开始时只有 A(g)，且已知 $c_{A,0} = 2.0$ mol·dm^{-3}，$k_1 = 3.0$ s^{-1}，$k_2 = 2.5$ s^{-1}，$k_3 = 4.0$ s^{-1}，$k_4 = 5.0$ s^{-1}。

(1) 试写出分别用 c_A、c_B、c_C、c_D 表示的速率方程；

(2) 求反应物 A 的半衰期；

(3) 当反应物 A 完全反应（即 $c_A=0$）时，c_B、c_C、c_D 各为多少？

答：(1) $-\dfrac{dc_A}{dt}=(k_1+k_2)c_A$，$\dfrac{dc_B}{dt}=k_1 c_A+k_4 c_D-k_3 c_B$，$\dfrac{dc_D}{dt}=k_3 c_B-k_4 c_D$，$\dfrac{dc_C}{dt}=k_2 c_A$；

(2) 0.126 s；(3) 0.606 1 mol·dm^{-3}，0.909 1 mol·dm^{-3}，0.484 8 mol·dm^{-3}

11.37 高温下乙酸分解反应如下：

$$\mathrm{CH_3COOH(A)} \begin{array}{c} \xrightarrow{k_1} \mathrm{CH_4(B)+CO_2} \\ \xrightarrow{k_2} \mathrm{H_2C{=}CO(C)+H_2O} \end{array}$$

在 1 089 K 时，$k_1=3.74\ \mathrm{s}^{-1}$，$k_2=4.65\ \mathrm{s}^{-1}$。

(1) 试计算乙酸反应掉 99% 所需的时间；

(2) 当乙酸全部分解时，在给定温度下能够获得乙烯酮的最大产量是多少？

答：(1) 0.55 s；(2) $0.554 c_{A,0}$

11.38 对于平行反应：

$$A \begin{array}{c} \xrightarrow{k_1} B \quad E_{a,1} \\ \xrightarrow{k_2} C \quad E_{a,2} \end{array}$$

若总反应的活化能为 E_a，试证明：

$$E_a=\dfrac{k_1 E_{a,1}+k_2 E_{a,2}}{k_1+k_2}$$

11.39 当存在碘催化剂时，氯苯（C_6H_5Cl）与 Cl_2 在 CS_2 溶液中有以下平行二级反应：

$$C_6H_5Cl+Cl_2 \begin{array}{c} \xrightarrow{k_1} HCl+o\text{-}C_6H_4Cl_2 \\ \xrightarrow{k_2} HCl+p\text{-}C_6H_4Cl_2 \end{array}$$

在室温、碘的浓度一定的条件下，当 C_6H_5Cl 和 Cl_2 在 CS_2 溶液中的初始浓度均为 0.5 mol·dm^{-3} 时，30 min 后有 15% 的 C_6H_5Cl 转化为 $o\text{-}C_6H_4Cl_2$，有 25% 的 C_6H_5Cl 转化为 $p\text{-}C_6H_4Cl_2$。试求反应速率常数 k_1 和 k_2。

答：$1.667\times10^{-2}\ \mathrm{dm}^3\cdot\mathrm{mol}^{-1}\cdot\mathrm{min}^{-1}$；$2.778\times10^{-2}\ \mathrm{dm}^3\cdot\mathrm{mol}^{-1}\cdot\mathrm{min}^{-1}$

11.40 气相反应 $A_2(g)+B_2(g)\xrightarrow{k}2AB(g)$ 对 A_2 和 B_2 均为一级。现在一个含有过量固体 $A_2(s)$ 的反应器中充入 50.663 kPa 的 $B_2(g)$。已知 673.2 K 时该反应的速率常数 $k=9.868\times10^{-9}\ \mathrm{kPa}^{-1}\cdot\mathrm{s}^{-1}$，$A_2(s)$ 的饱和蒸气压为 121.59 kPa[假设 $A_2(s)$ 与 $A_2(g)$ 处于快速平衡]，且没有逆反应。

(1) 计算所加入的 $B_2(g)$ 反应掉一半所需要的时间；

(2) 验证下述机理符合二级反应速率方程。

$$A_2(g) \underset{k_{-1}}{\overset{k_1}{\rightleftharpoons}} 2A\cdot \quad (快速平衡, K=k_1/k_{-1})$$

$$B_2(g)+2A\cdot \xrightarrow{k_2} 2AB(g) \quad (慢)$$

答：(1) 5.777×10^5 s

11.41 某气相反应 A+C⟶D 的机理如下：

$$A \underset{k_{-1}}{\overset{k_1}{\rightleftharpoons}} B$$

$$B+C \xrightarrow{k_2} D$$

其中对活泼物质 B 可运用稳态近似法处理。求该反应的速率方程；并证明此反应在高压下为一级，低压下为二级。已知 k_{-1}, k_2 的数值近似相等。

答：$\dfrac{dc_D}{dt}=\dfrac{k_1 k_2 c_A c_C}{k_{-1}+k_2 c_C}$

11.42 若反应 $A_2+B_2\longrightarrow 2AB$ 有如下机理,求各机理以 v_{AB} 表示的速率方程。

(1) $A_2 \xrightarrow{k_1} 2A$(慢)

$B_2 \overset{K_2}{\rightleftharpoons} 2B$(快速平衡, K_2 很小)

$A+B \xrightarrow{k_3} AB$(快)(k_1 为以 c_A 变化表示的反应速率常数)

(2) $A_2 \overset{K_1}{\rightleftharpoons} 2A$, $B_2 \overset{K_2}{\rightleftharpoons} 2B$(皆为快速平衡, K_1、K_2 很小)

$A+B \xrightarrow{k_3} AB$(慢)

(3) $A_2+B_2 \xrightarrow{k_1} A_2B_2$(慢)

$A_2B_2 \xrightarrow{k_2} 2AB$(快)

答：(1) $v_{AB}=k_1 c_{A_2}$; (2) $v_{AB}=k c_{A_2}^{1/2} c_{B_2}^{1/2}$,其中 $k=K_1^{1/2} K_2^{1/2} k_3$; (3) $v_{AB}=2k_1 c_{A_2} c_{B_2}$

11.43 气相反应 $H_2+Cl_2 \longrightarrow 2HCl$ 的机理为

$$Cl_2+M \xrightarrow{k_1} 2Cl\cdot +M$$

$$Cl\cdot +H_2 \xrightarrow{k_2} HCl+H\cdot$$

$$H\cdot +Cl_2 \xrightarrow{k_3} HCl+Cl\cdot$$

$$2Cl\cdot +M \xrightarrow{k_4} Cl_2+M$$

试证：

$$\dfrac{dc_{HCl}}{dt}=2k_2\left(\dfrac{k_1}{k_4}\right)^{1/2} c_{H_2} c_{Cl_2}^{1/2}$$

11.44 若反应 $3HNO_2 \longrightarrow H_2O+2NO+NO_3^-+H^+$ 的机理如下，求以 $v(NO_3^-)$ 表示的速率

方程。

$$2\,HNO_2 \xrightleftharpoons{K_1} NO+NO_2+H_2O \quad \text{(快速平衡)}$$

$$2\,NO_2 \xrightleftharpoons{K_2} N_2O_4 \quad \text{(快速平衡)}$$

$$N_2O_4+H_2O \xrightarrow{k_3} HNO_2+H^++NO_3^- \quad \text{(慢)}$$

答：$\dfrac{d[NO_3^-]}{dt}=k_3K_1^2K_2\dfrac{[HNO_2]^4}{[NO]^2[H_2O]}$

11.45 有氧存在时，臭氧的分解机理为

$$O_3 \xrightleftharpoons[k_{-1}]{k_1} O_2+\dot{O} \quad \text{(快速平衡)}$$

$$\dot{O}+O_3 \xrightarrow[E_{a,2}]{k_2} 2O_2 \quad \text{(慢)}$$

(1) 分别导出用 O_3 分解速率和 O_2 生成速率所表示的速率方程，并指出二者关系。

(2) 已知 25 ℃ 时臭氧分解反应的表观活化能为 119.2 kJ·mol^{-1}，O_3 和 $\dot{O}$ 的摩尔生成焓分别为 142.7 kJ·mol^{-1} 和 249.17 kJ·mol^{-1}，求上述第二步反应的活化能。

答：(1) $-\dfrac{d[O_3]}{dt}=\dfrac{2k_1k_2[O_3]^2}{k_{-1}[O_2]+k_2[O_3]}$，$\dfrac{d[O_2]}{dt}=\dfrac{3k_1k_2[O_3]^2}{k_{-1}[O_2]+k_2[O_3]}$；(2) 12.73 kJ·mol^{-1}

***11.46** 已知质量为 m 的气体分子的平均速率为

$$\bar{v}=\left(\dfrac{8k_BT}{\pi m}\right)^{1/2}$$

求证同类分子间 A 对于 A 的平均相对速率 $\bar{u}_{AA}=\sqrt{2}\,\bar{v}$。

（提示：对于同类分子 A，先证 $\mu_{AA}=m/2$）

***11.47** 利用上题结果试证同类分子 A 与 A 之间的碰撞数为

$$Z_{AA}=8r_A^2\left(\dfrac{\pi k_BT}{m_A}\right)^{1/2}C_A^2$$

（提示：对于异类分子是先求 $Z_{A\to B}$，再求 Z_{AB}，若按此法求 Z_{AA}，则在每两个 A 分子之间，甲碰乙与乙碰甲，计算中作为两次碰撞，实际为一次碰撞。）

***11.48** 利用上题结果试证：气体双分子反应 $2A\longrightarrow B$ 的速率方程（设概率因子 $P=1$）为

$$-\dfrac{dC_A}{dt}=16r_A^2\left(\dfrac{\pi k_BT}{m_A}\right)^{1/2}e^{-E_c/(RT)}C_A^2$$

11.49 乙醛气相热分解为二级反应，活化能为 190.4 kJ·mol^{-1}，乙醛分子的直径为 5×10^{-10} m。

(1) 试计算 101.325 kPa，800 K 下的分子碰撞数；

(2) 计算 800 K 时以乙醛浓度变化表示的反应速率常数 k。

答：(1) 2.899×10^{34} m^{-3}·s^{-1}；(2) 0.153 3 dm^3·mol^{-1}·s^{-1}

***11.50** 试由 $k=(k_BT/h)K_c^{\neq}$ 及范特霍夫方程证明

(1) $E_a = \Delta^{\neq} U_m^{\ominus} + RT$;

(2) 对双分子气体反应 $E_a = \Delta^{\neq} H_m^{\ominus} + 2RT$。

*11.51 试由式(11.9.13)及上题的结论证明双分子气相反应

$$k = \frac{k_B T}{hc^{\ominus}} e^2 \exp\left(\frac{\Delta^{\neq} S_m^{\ominus}}{R}\right) \exp\left(-\frac{E_a}{RT}\right), 即 A = e^2 \frac{k_B T}{hc^{\ominus}} \exp\left(\frac{\Delta^{\neq} S_m^{\ominus}}{R}\right)$$

*11.52 在 500 K 附近,反应 $H \cdot + CH_4 \longrightarrow H_2 + \cdot CH_3$ 的指前因子 $A = 10^{13} cm^3 \cdot mol^{-1} \cdot s^{-1}$,求该反应的活化熵 $\Delta^{\neq} S_m^{\ominus}$。

答:$-74.40\ J \cdot mol^{-1} \cdot K^{-1}$

*11.53 试估算室温下,碘原子在己烷中进行原子复合反应的速率常数。已知 298 K 时己烷的黏度为 $3.26 \times 10^{-4}\ kg \cdot m^{-1} \cdot s^{-1}$。

答:$2.026\ 6\ mol^{-1} \cdot dm^3 \cdot s^{-1}$

11.54 计算每摩尔波长为 85 nm 的光子所具有的能量。

答:$1.407 \times 10^6\ J \cdot mol^{-1}$

11.55 在波长为 214 nm 的光照射下,发生下列反应:

$$HN_3 + H_2O \xrightarrow{h\nu} N_2 + NH_2OH$$

当吸收光的强度 $I_a = 0.055\ 9\ J \cdot dm^{-3} \cdot s^{-1}$,照射 39.38 min 后,测得 $c_{N_2} = c_{NH_2OH} = 24.1 \times 10^{-5}\ mol \cdot dm^{-3}$。求量子效率。

答:1.02

11.56 在 $H_2(g) + Cl_2(g)$ 的光化反应中,用 480 nm 的光照射,量子效率约为 1×10^6,试估算每吸收 1 J 辐射能将产生 HCl(g)若干摩尔?

答:8.025 mol

*11.57 以 $PdCl_2$ 为催化剂,将乙烯氧化制乙醛的反应机理如§11.14 中络合催化部分所述。试由此机理推导该反应的速率方程:

$$-\frac{d[C_2H_4]}{dt} = k \frac{[PdCl_4^{2-}][C_2H_4]}{[Cl^-]^2[H^+]}$$

推导中可假定前三步为快速平衡,第四步为慢步骤。

11.58 计算 900 ℃时,在 Au 表面的催化下分解经 2.5 h 后 N_2O 的压力。已知 N_2O 的初压为 46.66 kPa。计算转化率达 95%所需时间。已知该温度下 $k = 2.16 \times 10^{-4}\ s^{-1}$。

答:231.2 min

11.59 25 ℃时,SbH_3 在 Sb 上分解的数据如下:

t/s	0	5	10	15	20	25
$p(SbH_3)/kPa$	101.33	74.07	51.57	33.13	19.19	9.42

试证明此数据符合速率方程 $-dp/dt = kp^{0.6}$,计算 k。

答:$0.385\ 4\ kPa^{0.4} \cdot s^{-1}$

11.60 1 100 K 时 NH$_3$(g) 在 W 上的分解数据如下：

NH$_3$(g)的初压 p_0/kPa	35.33	17.33	7.73
半衰期 $t_{1/2}$/min	7.6	3.7	1.7

试证明此反应为零级反应，求平均 k。

答：2.313 kPa·min^{-1}

11.61 当有几种气体同时吸附在某固体表面达吸附平衡时，对第 i 种气体满足：

$$\theta_i = b_i p_i \left(1 - \sum_{i=1}^{n} \theta_i\right)$$

即有

$$\sum_{i=1}^{n} \theta_i = \frac{\sum_{i=1}^{n} b_i p_i}{1 + \sum_{i=1}^{n} b_i p_i}$$

试证明：

(1) $\theta_i = b_i p_i \left(1 - \sum_{i=1}^{n} \theta_i\right) = \dfrac{b_i p_i}{1 + \sum_{i=1}^{n} b_i p_i}$

(2) 若第 i 种气体的吸附很弱，即 $\theta_i = 0$，则 $b_i p_i$ 在 $\sum b_i p_i$ 中可忽略不计。

(3) 对反应 A+B ⟶ R，若 A、B 和 R 的吸附皆不能忽略，按 $-\mathrm{d}p_A/\mathrm{d}t = k_s \theta_A \theta_B$，则

$$-\frac{\mathrm{d}p_A}{\mathrm{d}t} = \frac{k p_A p_B}{(1 + b_A p_A + b_B p_B + b_R p_R)^2}$$

(4) 若 A 为强吸附，B 和 R 为弱吸附，则

$$-\frac{\mathrm{d}p_A}{\mathrm{d}t} = k \frac{p_B}{p_A}$$

第十二章 胶体化学

胶体化学是物理化学的一个重要分支。它所研究的领域是化学、物理学、材料科学、生物化学等诸学科的交叉与重叠。胶体化学所研究的主要对象是高度分散的多相系统。把一种或几种物质分散在一种介质中所构成的系统,称为**分散系统**。被分散的物质称为**分散相**,而另一种呈连续分布的物质称为**分散介质**。根据分散相粒子的大小,分散系统可分为真溶液、粗分散系统和胶体系统。

真溶液 当被分散物质以分子、原子或离子(质点直径 $d<1$ nm)形式均匀地分散在分散介质中时,形成的系统即为**真溶液**。它分固态溶液、液态溶液和气态溶液(即混合气体)。通常所说的真溶液是指液态真溶液,如乙醇或氯化钠的水溶液等。很显然,真溶液为均相系统,溶质、溶剂间不存在相界面,且不会自动分离成两相,为热力学稳定系统。常表现为透明、不发生光散射、溶质扩散快、溶质和溶剂均可透过半透膜等。

粗分散系统 分散相粒子直径 $d>1000$ nm 的分散系统即为**粗分散系统**。它包括悬浮液、乳状液、泡沫、粉尘等。这样的系统中,分散相和分散介质之间有明显的相界面,分散相粒子易自动发生聚集而与分散介质分开,因为多相,它为热力学不稳定系统,且表现为不透明、浑浊、分散相不能透过滤纸等特征。

胶体系统 分散相粒子直径 d 介于 $1\sim1\,000$ nm 的高度分散系统即为**胶体系统**。这里分散相可以是由许多原子或分子(通常 $10^3\sim10^6$ 个)组成的有界面的粒子,也可以是没有相界面的大分子或胶束,前者称为溶胶,后者称为高分子溶液或缔合胶体。

(1)**溶胶** 由于分散相粒子很小,且分散相与分散介质之间有很大的相界面、很高的界面能,因而溶胶是热力学不稳定系统。溶胶的多相性、高分散性和热力学不稳定性特征决定了它有许多不同于真溶液和粗分散系统的性质,如光散射等,本章后面将予以详细介绍。

(2)**高分子溶液** 它们的分子大小虽然已经达到 $1\sim1\,000$ nm,但由于不存在相界面,且不会自动发生聚沉,因而属于均相热力学稳定系统。高分子溶液也称为亲液胶体(因没有相界面,分散相以分子形式溶解,亲和力较强),而溶胶则称为憎液胶体(因有相界面,分散相和分散介质之间亲和力较弱)。

(3)**缔合胶体**(有时也称为**胶体电解质**) 分散相是由表面活性剂缔合形

成的胶束。通常以水作为分散介质,胶束中表面活性剂的亲油基团向里,亲水基团向外,分散相与分散介质之间有很好的亲和性,因此也是一类均相的热力学稳定系统。

为了便于比较,将上述依据分散相分散程度分类情况以列表形式予以列出(见表 12.0.1)。

表 12.0.1　分散系统分类(按分散相粒子大小)

类型		分散相粒子直径	分散相	性质	实例
真溶液	分子溶液离子溶液等	<1 nm	小分子、离子、原子①	均相,热力学稳定系统,扩散快、能透过半透膜,形成真溶液	氯化钠或蔗糖的水溶液,混合气体等
胶体分散系统	溶胶	1~1 000 nm	胶体粒子	多相,热力学不稳定系统,扩散慢、不能透过半透膜,形成胶体	金溶胶,氢氧化铁溶胶
	高分子溶液	1~1 000 nm	高(大)分子①	均相,热力学稳定系统,扩散慢、不能透过半透膜,形成真溶液	聚乙烯醇水溶液
	缔合胶体	1~1 000 nm	胶束	均相,热力学稳定系统,胶束扩散慢、不能透过半透膜	表面活性剂水溶液($c>cmc$)
粗分散系统	乳状液泡沫悬浮液	>1 000 nm	粗颗粒	多相,热力学不稳定系统,扩散慢或不扩散、不能透过半透膜或滤纸,形成悬浮液或乳状液	牛奶,浑浊泥水

另外,也可依据分散相和分散介质聚集状态的不同,将溶胶分为气溶胶(分

---

① 原子、分子、离子溶液和混合气体为均相系统,这里仅仅是为了便于比较也将原子、分子、离子等作为分散相看待,实际上单个分子、原子及离子不能成为一相。

散介质为气态)、液溶胶(分散介质为液态)和固溶胶(分散介质为固态);而粗分散系统则可分为泡沫、乳状液、悬浮液等,详见表 12.0.2。

表 12.0.2 分散系统分类(按聚集状态)

分散介质	分散相	名称	实例
气	液 固	气溶胶	云,雾,喷雾 烟,粉尘
液	气 液 固	泡沫 乳状液 液溶胶或悬浮液	肥皂泡沫 牛奶,含水原油 金溶胶,油墨,泥浆
固	气 液 固	固溶胶	泡沫塑料 珍珠,蛋白石 有色玻璃,某些合金

胶体化学与人类的生活密切相关。如江河湖海、工业废水是广泛的液溶胶系统,为了保护水源,净化水质,提取贵重元素,变废为宝,就要研究胶体系统的形成与破坏。大气层是由微尘、水滴和分散介质所组成的气溶胶。近年来,严重的雾霾天气给人们的生产生活带来很大困扰,研究气溶胶的性质,对环境保护等具有重要意义。人类所不可缺少的衣(丝、毛皮、棉和合成纤维)、食(牛奶、啤酒、淀粉、糖类、脂肪、蛋白及烹调和消化)、住(木材、水泥、砖瓦、陶瓷等建筑材料)、行(石油能源开发利用、钢铁、合金、橡胶等制成的交通工具)无一不与胶体有关,当然与之有关的石油、化学、纺织、冶金、电子、食品等工业中的若干工艺过程均离不开胶体化学的基本原理。尤其近年来,随着科学技术的飞速发展,胶体化学在单分散溶胶、纳米(超细)颗粒及纳米材料的制备、生命医学现象的揭示与机理探求等方面将发挥越来越重要的作用。

§12.1 溶胶的制备

从分散相粒子大小来看,胶体系统的粒子大于一般的真溶液,而小于粗分散系统。因此,可以通过将粗分散系统进一步分散,或者是使小分子或离子聚集来制备胶体。制备过程可简单表示为

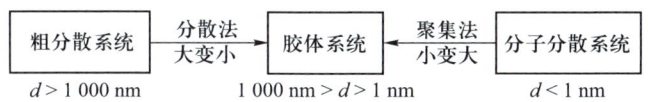

下面主要介绍溶胶的制备方法。

1. 分散法

分散法是利用机械设备,将粗分散的物料分散成为高度分散的胶体。分散过程所消耗的机械功或电功,远大于系统的表面吉布斯函数变,大部分能量则以热的形式传导给环境。分散法常采用下列设备和方法。

(1) 胶体磨　该设备主要部件是一个高速转动的圆盘,旋转频率在 5 000~10 000 $r \cdot min^{-1}$。圆盘与外壳之间仅有微小的空隙,其距离一般可调节到 5 μm 左右,圆盘转动时物料在空隙中受到强烈的冲击与研磨。具体操作时又有干法与湿法之分,一般来说,湿法操作的粉碎程度更高。粉碎时常加入少量的表面活性剂作为稳定剂,以防止分散相的微粒聚集成块。

(2) 气流粉碎机(又称喷射磨)　其主要部件是在粉碎室的边缘上,装有与周边成一定角度的两个高压喷嘴,分别将高压空气及物料以接近或超过音速的速度喷入粉碎室,这两股高速旋转的气流在粉碎室相遇而形成涡流,由于粒子间的相互碰撞、摩擦及剪切作用而被粉碎。由于旋转的离心作用,较大的粒子被抛向周边而继续被粉碎,细小微粒则随气流走向中心,受到挡板的拦截而落入布袋之中。气流粉碎机是一种能够进行连续操作的高效率粉碎设备,粉碎程度可达 1 μm 以下,这是任何其他干磨设备无法达到的。

以上两种机械粉碎设备,通常适用于那些脆且易碎物质的加工,对于柔韧性的物质应先硬化后再分散。

(3) 电弧法　主要用于制备金、银、铂、钯等贵金属的水溶胶。该法是将欲分散的金属作为电极,浸入水中,通入直流电,调节两电极间的距离,使其产生电弧。电弧的温度很高,可使电极表面的金属汽化,金属蒸气遇冷却水而冷凝成胶体系统。在制备时,如果先加入少量的碱作为稳定剂,可得到较为稳定的水溶胶。此法实际上包括了分散与凝聚两个过程。

2. 凝聚法

与分散法相反,凝聚法是由分子(或原子、离子)的分散状态凝聚为胶体分散状态的一种方法。通常可分为两种。

(1) 物理凝聚法　将蒸气状态的物质或溶解状态的物质凝聚为胶体状态的方法。

① 蒸气凝聚法　罗金斯基(Roginskii)和沙尔尼科夫(Shal'nikov)设计的一种仪器,可以制得碱金属的有机溶胶。其结构如图 12.1.1 所示。4、2 两管分别盛有需要分散的物质(如钠)和作为分散介质用的液体(如苯)。将此两物质蒸

发,同时在被液态空气所冷却的容器 5 的表面上凝聚,这种凝聚是在高度真空中进行的。在容器 5 的外壁上覆盖的有机"冰"是含有胶体钠的固态苯,一旦将液态空气从容器 5 中移走,这种"冰"就融化为液体流入支管 3 中,而形成钠在苯中的溶胶。两种物质的蒸气同时在器壁上经受剧烈冷却,是这种方法的重要特点。用这种方法制得的溶胶似乎没有加入任何稳定剂,实际上在制备过程中少量的碱金属已成为金属氧化物,它们充当着稳定剂的作用。

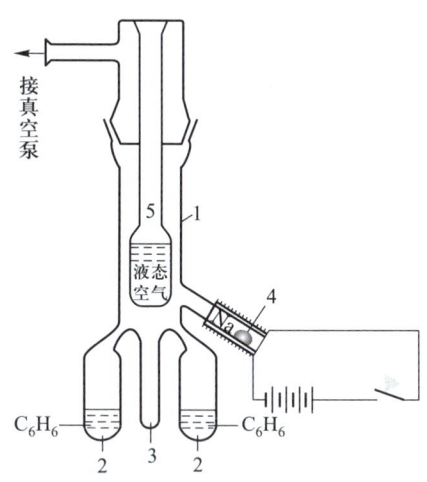

图 12.1.1　蒸气凝聚法仪器示意图

1—被抽空容器;2、4—盛有溶剂的和需要分散的物质的容器;
3—盛溶胶的容器;5—液态空气冷凝器

② 过饱和法　改变溶剂或用冷却的方法使溶质的溶解度降低,由于过饱和,溶质从溶剂中分离出来凝聚成溶胶。例如,取少量的硫溶于酒精后倾入水中,由于溶剂改变,硫在水中的溶解度变小而生成白色浑浊的硫溶胶。用此法可制得难溶于水的树脂、脂肪等水溶胶,也可用于制备难溶于有机溶剂的物质的有机溶胶。

最简单的冷却法制备溶胶的例子是用冰急骤冷却苯的饱和水溶液,或用液态空气冷却硫的酒精溶液,前者得到苯的水溶胶,后者得到硫的醇溶胶。

(2) 化学凝聚法　利用生成不溶性物质的化学反应,通过控制析晶过程,使其停留在胶核尺度的阶段,从而得到溶胶的方法,称为**化学凝聚法**。一般采用较大的过饱和浓度、较低的操作温度,以利于晶核的大量形成而减缓晶体长大的速率,防止难溶性物质的聚沉,即可得到溶胶。

例如,在不断搅拌的条件下,将 $FeCl_3$ 稀溶液滴入沸腾的水中水解,即可生成棕红色、透明的 $Fe(OH)_3$ 溶胶:

$$FeCl_3 + 3H_2O \longrightarrow Fe(OH)_3 + 3HCl$$

过量的 $FeCl_3$ 同时又起到稳定剂的作用，$Fe(OH)_3$ 的微小晶体选择性地吸附 Fe^{3+}，可形成带正电荷的胶体粒子。

又如，在 As_2O_3 的饱和水溶液中，缓慢地通入 H_2S 气体，即可生成淡黄色 As_2S_3 溶胶：

$$As_2O_3 + 3H_2O \longrightarrow 2H_3AsO_3$$
$$2H_3AsO_3 + 3H_2S \longrightarrow As_2S_3 + 6H_2O$$

HS^- 为其稳定剂，胶粒带负电荷。

3. 溶胶的净化

在溶胶制备过程中，常加入某些电解质以增加溶胶的稳定性。而反应产生过量的电解质或其他杂质，对溶胶的稳定性不利，则需将它们除去，此即为溶胶的净化。最常用的方法是**渗析法**。此法利用胶粒不能透过半透膜的特点，分离出溶胶中多余的电解质或其他杂质。一般可用羊皮纸、动物的膀胱膜、硝酸或醋酸纤维素等作为半透膜，将溶胶装于膜内，再放入流动的水中，经一定时间的渗透作用，即可达到净化的目的。为了加快渗透作用，可加大渗透面积、适当提高温度或加外电场。在外电场的作用下，可加速正、负离子定向运动速度，从而加快渗析速度，这种方法称为电渗析。

§12.2 溶胶的光学性质

溶胶的光学性质，是其高度的分散性和多相的不均匀性特点的反映。通过对光学性质的研究，不仅可以帮助我们理解溶胶的一些光学现象，还可以帮助我们研究溶胶粒子的大小、形状及其运动的规律。

1. 丁铎尔效应

在暗室里，将一束经聚集的光线投射到溶胶上，在与入射光垂直的方向上，可观察到一个发亮的光锥，如图 12.2.1 所示。此现象是英国物理学家丁铎尔（Tyndall）于 1869 年首先发现，故称为**丁铎尔效应**。而对纯水或真溶液，用肉眼几乎观察不到此种现象（很弱），故丁铎尔效应是人们用于鉴别溶胶与真溶液的最简便的方法。

光投射到分散系统时，可以发生光的吸

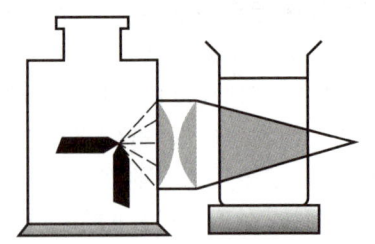

图 12.2.1　丁铎尔效应

收、透过、散射等。当入射光的频率与分子的固有频率相同时,发生光的吸收;当光与系统不发生任何相互作用时,则可透过;若入射光的波长大于分散相粒子的尺寸,则发生光的散射。可见光的波长在 400~760 nm,一般胶粒的尺寸为 1~1 000 nm,当可见光束投射于溶胶时,粒子的尺寸如小于可见光波长,则可发生明显的光的散射现象。光是一种电磁波,其振动的频率高达 10^{15} Hz 的数量级,光的照射相当于外加电磁场作用于胶粒,使围绕分子或原子运动的电子产生被迫振动(而质量远大于电子的原子核则无法跟上振动),这样被光照射的微小晶体上的每个分子,便以一个次级光源的形式,向四周辐射出与入射光有相同频率的次级光波。在不均匀介质中这些次级光波不能相互抵消,就会产生光散射现象。**产生丁铎尔效应的实质即是光的散射**,丁铎尔效应又称乳光效应。散射光的强度可用瑞利公式计算。

2. 瑞利公式

1871 年,瑞利(Rayleigh)假设粒子的尺寸远小于入射光的波长时,可把粒子视为点光源;粒子间的距离较远,可不考虑各个粒子散射光之间的相互干涉;粒子不导电。基于这些假设,应用经典的电磁波理论,首先导出了稀薄气溶胶散射光强度的计算式。后经其他学者推广到稀的液溶胶系统。当入射光为非偏振光时,单位体积液溶胶的散射光强度 I,可近似地用下列公式表示:

$$I = \frac{9\pi^2 V^2 C}{2\lambda^4 l^2} \left(\frac{n^2 - n_0^2}{n^2 + 2n_0^2} \right) (1+\cos^2\alpha)\, I_0 \qquad (12.2.1)$$

式中 I_0 及 λ 分别为入射光的强度及波长;V 为单个分散相粒子的体积;C 为数浓度,即单位体积中的粒子数;n 及 n_0 分别为分散相及分散介质的折射率;α 为散射角,即观察的方向与入射光方向之间的夹角;l 为观察者与散射中心的距离。若在与入射光垂直的方向上观察,即 $\alpha=90°$,$\cos\alpha=0$。由式(12.2.1)可知:

(1) 散射光强度与单个粒子体积的平方成正比,一般真溶液溶质粒子的体积很小,仅可产生极微弱的散射光;粗分散的悬浮液,粒子的尺寸大多大于可见光的波长,则不能产生丁铎尔效应;只有溶胶才具有明显的丁铎尔效应。故可依此来鉴别分散系统的种类。

(2) 散射光强度与入射光波长的 4 次方成反比,即波长越短其散射光越强。白光中的蓝、紫光波长最短,散射光最强;而红光的波长最长,其散射作用最弱。因此,当用白光照射溶胶时,在与入射光垂直的方向上观察呈淡蓝色,而透过光则呈橙红色。

(3) 分散相与分散介质的折射率相差越大,散射光越强,憎液溶胶分散相与分散介质之间有明显的相界面存在,其折射率相差较大,丁铎尔效应很强。而高分子真溶液是均相系统,散射光甚弱,故可依此来区别高分子溶液与溶胶。

一般纯气体或纯液态物质,因 $n=n_0$,不应有光散射现象。但实验发现它们也能产生微弱的丁铎尔效应,这主要是由于它们在局部范围内发生密度的涨落,使折射率产生相应的差异所致。例如,万里晴空呈蔚蓝色,这主要是由于大气密度的涨落引起太阳光的散射作用所造成的。

(4) 散射光强度与粒子数浓度成正比。对于物质种类相同,仅粒子数浓度不同的溶胶,若测量条件相同,两个溶胶的散射光强度之比应等于其数浓度之比,即 $I_1/I_2=C_1/C_2$,因此,若已知其中一个溶胶的数浓度,即可求出另一溶胶的数浓度。散射光强度又称为浊度,浊度计就是根据这一原理设计的。

3. 超显微镜与粒子大小的近似测定

超显微镜是根据丁铎尔效应,用来观察溶胶粒子的存在和运动的一种显微镜。它可以观察普通显微镜所观察不到的溶胶粒子,是研究胶体化学的一种重要仪器。

普通显微镜之所以观察不到溶胶的微粒,是由于人在入射光的反方向观察时,胶粒的散射光受到透射光的干扰,显得非常微弱,就如同白昼看星星,一无所见。而超显微镜则是用强光源(常用弧光)照射,在黑暗的视野中从垂直于入射光的方向上(即入射光侧面)观察。这样就避开了透射光的干扰,所看到的是粒子的散射,只要粒子散射的光线有足够的强度,就可以在整个黑暗的背景内看到一个个闪闪发光、不断移动的光点,这恰似黑夜观天,可见满天星斗闪烁。应当指出,在超显微镜下看到的并非粒子本身的大小,而是其散射光,而散射光的影像要比胶粒的投影大数倍之多。

虽然超显微镜看不到溶胶粒子(实际为胶核)的形状与大小,但可用它来估算溶胶粒子的平均大小。如已知单位体积溶胶中分散相的总质量 ρ_B 和所含溶胶粒子的个数 C(可由超显微镜测出),则两者相除可求得每个溶胶粒子的质量 $m=\rho_B/C$。

再假设粒子为球形,其半径为 r,密度为 ρ,则由

$$m=\frac{4}{3}\pi r^3\rho=\frac{\rho_B}{C} \tag{12.2.2a}$$

即可求得溶胶粒子的半径 r:

$$r=\left(\frac{3m}{4\pi\rho}\right)^{1/3}=\left(\frac{3\rho_B}{4\pi\rho C}\right)^{1/3} \tag{12.2.2b}$$

此外,利用超显微镜观察粒子的散射光变化,也可粗略推测其形状。例如,

粒子为球形时,则不论粒子怎样转动,各方向所显现的散射光均相同,即每个粒子的散射光不因方向而变。如果粒子为片状和棒状,则不同方向所散射的光强度不等,因此胶粒明暗不定。要测定溶胶粒子的真正大小和形状,还必须借助于电子显微镜。

§12.3 溶胶的动力学性质

这里主要介绍溶胶粒子的布朗运动,以及与之相关的扩散、沉降与沉降平衡等。

1. 布朗运动

1827年,植物学家布朗(Brown)在显微镜下看到了悬浮于水中的花粉粒子处于不停息的、无规则的运动状态。后来发现,分散介质中的其他微粒(如木炭粉末和矿石粉末等)也有这种现象。在溶胶分散系统中,随着超显微镜的出现,人们观察到了分散介质中溶胶粒子也处于永不停息、无规则的运动之中,这种运动即为布朗运动。

在分散系统中,分散介质的分子皆处于无规则的热运动状态,它们从四面八方连续不断地撞击分散相的粒子。对于粗分散系统中的粒子来说,在某一瞬间可能被数以千万次地撞击,从统计的观点来看,各个方向上所受撞击的概率应当相等,合力为零,所以不能发生位移。即使是在某一方向上遭到较多次数的撞击,因其质量太大,也难以发生位移,而无布朗运动。对于接近或达到溶胶大小的粒子,与粗分散系统的粒子相比较,它们所受到的撞击次数要少得多。在各个方向上所遭受的撞击力,完全相互抵消的概率较小。某一瞬间,粒子从某一方向得到冲量便可以发生位移,即布朗运动,如图12.3.1(a)所示。图12.3.1(b)是每

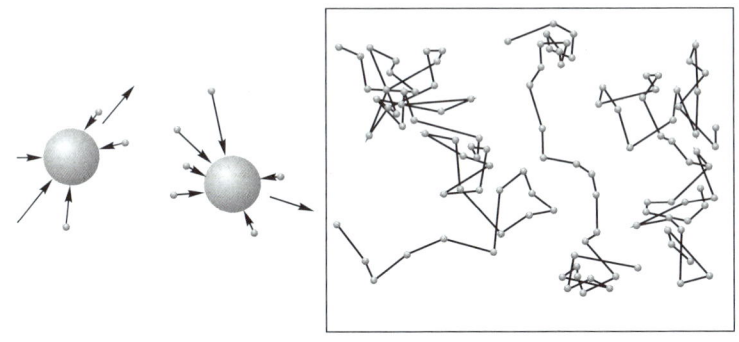

(a) 胶粒受介质分子冲击示意图　　(b) 超显微镜下胶粒的布朗运动

图 12.3.1 布朗运动

隔相等的时间,在超显微镜下观察一个粒子运动的情况,它是空间运动在平面上的投影,可近似地描绘胶粒的无序运动。由此可见,布朗运动是分子热运动的必然结果,是胶粒的热运动。

1905 年前后,爱因斯坦用概率的概念和分子运动论的观点,创立了布朗运动的理论,推导出爱因斯坦-布朗平均位移公式:

$$\bar{x} = \left(\frac{RTt}{3L\pi r\eta}\right)^{1/2} \tag{12.3.1}$$

式中 $\bar{x}$ 为在时间 t 间隔内粒子的平均位移;r 为粒子的半径;η 为分散介质的黏度;T 为热力学温度;R 为摩尔气体常数;L 为阿伏加德罗常数。

斯威德伯格(Svedberg)用超显微镜,把直径分别为 54 nm 和 104 nm 的金溶胶摄影在感光胶片上,然后再测定不同的曝光时间间隔 t 时的位移平均值 $\bar{x}$,其实验测量值与理论计算值见表 12.3.1。

表 12.3.1 爱因斯坦-布朗平均位移公式的验证

时间间隔 t/s	平均位移 $\bar{x}$/μm			
	d = 54 nm		d = 104 nm	
	测量值	计算值	测量值	计算值
1.48	3.1	3.2	1.4	1.7
2.96	4.5	4.4	2.3	2.4
4.44	5.3	5.4	2.9	2.9
5.92	6.4	6.2	3.6	3.4
7.40	7.0	6.9	4.0	3.8
8.80	7.8	7.6	4.5	4.2

表中数据表明,理论计算与实验测量的结果相当吻合,这不仅说明爱因斯坦-布朗平均位移公式是准确的,而且有力地证明了分子运动论完全适用于溶胶分散系统。可见,就质点运动而言,溶胶分散系统和分子分散系统(真溶液)并无本质区别,溶胶粒子的布朗运动和真溶液中的分子热运动都符合分子运动规律。

2. 扩散

当真溶液中存在浓度梯度时,溶质、溶剂分子会因分子热运动而发生定向迁移,即发生使浓度趋于一致的扩散过程。同理,对存在"浓度"梯度的溶胶分散系统,尽管从微观上每个溶胶粒子的布朗运动是无序的,向各个方向运动的概率都相等,但从宏观上来讲,由于较高"浓度"区域内单位体积溶胶所含溶胶粒子质点数多,而较低"浓度"区域内单位体积溶胶所含溶胶粒子质点数少,则当人为划定任一垂直于"浓度"梯度方向的截面时,虽然较高"浓度"和较低"浓度"一侧均有溶胶粒子因无序的布朗运动通过此截面,但由较高"浓度"一侧通过截面进入较低"浓度"一侧的溶胶粒子质点数会多,总的净结果是溶胶粒子发生了由高"浓度"向低"浓度"的定向迁移过程,这种过程即为**溶胶粒子的扩散**。

溶胶粒子的扩散与溶液中溶质的扩散相似,也可用费克(Fick)第一定律来描述:

$$\frac{dn}{dt} = -DA_s \frac{dc}{dx} \qquad (12.3.2)$$

该式表示单位时间通过某一截面的物质的量 dn/dt 与该处的浓度梯度 dc/dx 及面积大小 A_s 成正比,比例系数 D 称为扩散系数,单位为 $m^2 \cdot s^{-1}$,其物理意义是:单位浓度梯度下,单位时间通过单位面积的物质的量。式(12.3.2)中的负号源于扩散方向与浓度梯度方向相反。

通常以扩散系数来衡量物质扩散能力的大小。表 12.3.2 给出了不同半径的金溶胶的扩散系数。从表中可以看出,粒子越小扩散系数越大,粒子的扩散能力也越强。溶胶与真溶液相比,粒子要大得多,所以胶粒的扩散速率一般要比真溶液小约几百倍。

表 12.3.2　18℃时金溶胶的扩散系数

粒子半径 r/nm	$D/(10^{-9} m^2 \cdot s^{-1})$
1	0.213
10	0.021 3
100	0.002 13

对于球形粒子,扩散系数 D 可由爱因斯坦-斯托克斯方程计算:

$$D = \frac{RT}{6L\pi r \eta} \qquad (12.3.3)$$

对于由单级分散(即粒子大小一定)的球形粒子组成的稀溶胶,将式(12.3.3)与式(12.3.1)相结合可得

$$\overline{x}^2 = \frac{RTt}{3L\pi r \eta} = \frac{RT}{6L\pi r \eta} \cdot 2t = 2Dt$$

所以

$$D = \frac{\overline{x}^2}{2t} \qquad (12.3.4)$$

式(12.3.4)给出了一种测定扩散系数 D 的方法,即在一定时间间隔 t 内,观测出粒子的平均位移 $\bar{x}$,就可求出 D 值。

将式(12.3.3)写成 $r = RT/(6L\pi\eta D)$,并代入式(12.2.2a),可得一个胶粒的质量:

$$m = \frac{4}{3}\pi r^3 \rho = \frac{\rho}{162\pi^2}\left(\frac{RT}{L\eta D}\right)^3 \tag{12.3.5}$$

因此,测出溶胶粒子的扩散系数 D、介质的黏度 η、已知分散相粒子的密度 ρ,即可求得稀溶胶中一个球形粒子的质量。

溶胶粒子的摩尔质量为

$$M = mL = \frac{\rho}{162(\pi L)^2}\left(\frac{RT}{\eta D}\right)^3 \tag{12.3.6}$$

应当注意,当溶胶粒子为多级分散时,由式(12.3.3)计算出的半径及上式计算出的摩尔质量,分别为粒子的平均半径和平均摩尔质量;如果溶胶粒子不是球形的,则由 D 计算出的半径为表观半径;在粒子发生溶剂化时,计算出的半径为溶剂化粒子的半径。

3. 沉降与沉降平衡

多相分散系统中的粒子,因受重力作用而下沉的过程,称为**沉降**①。分散相粒子所受作用力的情况,大致可分为两个方面:一是重力场的作用,它力图把粒子拉向容器底部,使之发生沉降;另一方面是因布朗运动所产生的扩散作用,当沉降作用使底部粒子的浓度高于上部时,由浓度差引起的扩散作用则使粒子趋于均匀分布。沉降与扩散是两个相反的作用。当粒子很小,受重力影响很小可忽略时,主要表现为扩散,如真溶液;当粒子较大,受重力影响占主导作用时,主要表现为沉降,如一些粗分散系统,像浑浊的泥水悬浮液等;当粒子的大小相当,沉降作用和扩散作用相近时,构成**沉降平衡**,粒子沿高度方向形成浓度梯度,如图 12.3.2 所示,在底部粒子的数浓度较高,在上部粒子的数浓度较低,一些胶体系统在适当条件下会出现沉降平衡。

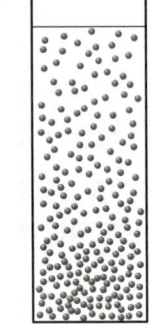

图 12.3.2 沉降平衡

对于微小粒子在重力场中的沉降平衡,贝林(Perrin)曾推导出平衡时粒子数浓度随高度的分布定律:

---

① 以 ρ 和 ρ_0 分别代表分散相和分散介质的密度,当 $\rho > \rho_0$ 时,分散相粒子在重力作用下沉降;当 $\rho < \rho_0$ 时,分散相粒子在重力作用下上浮。对溶胶和悬浮液主要是沉降。

$$\ln \frac{C_2}{C_1} = -\frac{Mg}{RT}\left(1-\frac{\rho_0}{\rho}\right)(h_2-h_1) \tag{12.3.7}$$

式中 C_1 和 C_2 分别为在高度 h_1 和 h_2 处粒子的数浓度(或数密度);M 为粒子的摩尔质量;g 为重力加速度;ρ 和 ρ_0 分别为粒子和分散介质的密度。式(12.3.7)不受粒子形状的限制,但要求粒子大小相等。由于溶胶粒子的沉降与扩散速度皆很慢,因此要达到沉降平衡,往往需要很长时间。而在普通条件下,温度的波动即可引起溶胶的对流而妨碍沉降平衡的建立。所以实际上,很难看到高分散系统的沉降平衡。

在重力场作用下,地球表面上大气分子的浓度随距离地面的高度变化,也可用式(12.3.7)进行计算。因气体压力不大,可近似看成理想气体,若不考虑大气温度随高度的变化,则不同高度处 $p_2/p_1 = C_2/C_1$。对于大气中的气体分子,因不存在浮力,不必进行浮力校正,即 $1-(\rho_0/\rho)=1$,于是式(12.3.7)变为

$$\ln \frac{p_2}{p_1} = \frac{-Mg(h_2-h_1)}{RT} \tag{12.3.8}$$

式中 M 为气体的摩尔质量。对于空气中任一种气体,则 p 为其分压力。如对于 O_2,可以算出在 25℃,高度每增加 5.473 km,其浓度或分压要降低一半。

从式(12.3.8)可以看出越接近地面,在空气中 CO_2、NO_2 等相对分子质量较大的气体含量越高。

§12.4 溶胶的电学性质

溶胶是一个高度分散的非均相系统,分散相的固体粒子与分散介质之间存在着明显的相界面,实验发现:在外电场的作用下,固、液两相可发生相对运动;反过来,在外力的作用下,迫使固、液两相进行相对运动时,又可产生电势差。人们把溶胶这种与电势差有关的相对运动称为**电动现象**。

1. 电动现象

这里介绍四种电动现象:电泳、电渗、流动电势、沉降电势。

(1) 电泳 在外电场的作用下,溶胶粒子在分散介质中定向移动的现象,称为**电泳**。电泳现象说明溶胶粒子是带电荷的,因为中性粒子在外电场中是不会发生定向移动的。图 12.4.1 是一种测定电泳速度的实验装置。以 $Fe(OH)_3$ 溶胶为例,实验时先在 U 形管中装入适量的辅助液[如稀的 HCl 溶液或 $Fe(OH)_3$ 溶胶的超离心滤液],再通过支管从辅助液的下面缓慢地压入棕红色的

Fe(OH)$_3$溶胶,使其与辅助液之间始终保持有清晰的界面。通入直流电后可以观察到电泳管中阳极一端界面下降,阴极一端界面上升,显然Fe(OH)$_3$溶胶向阴极方向发生了移动。这说明Fe(OH)$_3$溶胶粒子带正电荷。

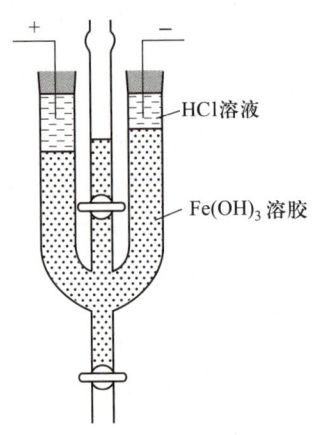

图 12.4.1　电泳实验装置

测出在一定时间内界面移动的距离,即可求得粒子的电泳速度。可想而知,电势梯度越大、粒子带电荷越多、粒子的体积越小,电泳速度越大;而介质的黏度越大,电泳速度则越小。表 12.4.1 给出了溶胶粒子和普通离子在电势梯度为 $100\ V\cdot m^{-1}$ 时的运动速度。可以看出,在相同的电势梯度下,溶胶粒子与普通离子定向移动的速度,几乎具有相同的数量级。

表 12.4.1　电势梯度为 $100V\cdot m^{-1}$ 时溶胶粒子与普通离子的运动速度

粒子的种类	运动速度 $v/(10^{-6}m\cdot s^{-1})$
H$^+$	32.6
OH$^-$	18.0
Na$^+$	4.5
K$^+$	6.7
Cl$^-$	6.8
C$_3$H$_7$COO$^-$	3.1
C$_8$H$_{17}$COO$^-$	2.0
溶胶粒子	2~4

实验还表明,若在溶胶中加入电解质,则对电泳会有显著影响。随外加电解质的增加,电泳速度常会降低以至变为零,外加电解质还能改变胶粒带电荷的符号。

在生物化学中,利用不同蛋白质分子、氨基酸电泳速度的不同可实现物质的分离,医学上用于肝病诊断的血清"纸上电泳"是根据血液中血清蛋白及不同类型的球蛋白(相对分子质量、电荷密度不同)电泳速度的不同,在滤纸上分离、显色后,由电泳图谱做出初步诊断。

(2) 电渗　在外电场作用下,若溶胶粒子不动(如将其吸附固定于棉花或凝胶等多孔性物质中),而液体介质做定向流动,这种现象称为**电渗**。

若没有溶胶存在,液体(如水)与多孔材料或毛细管接触后,固、液两相多会带上符号相反的电荷,此时,若在多孔材料或毛细管两端施加一定电压,液体也将通过多孔材料或毛细管而定向流动,这也是一种电渗。实验装置如图 12.4.2 所示,图中 L_1 及 L_2 为导线管,其中装有与电极 E_1 及 E_2 相连的导线。实验时先在多孔塞 M 及毛细管 C 之间的循环管路中装满水(或其他溶液),再由 T 管吹入气体,使其在毛细管中形成一个小气泡。通电后,水(或其他溶液)将通过多孔塞而定向流动。这时可通过水平毛细管 C 中小气泡的移动,来观察循环流动的方向。流动的方向及流速的大小与多孔塞的材料及流体的性质有关。例如,用玻璃毛细管时,水向阴极流动,表明流体带正电荷;若用氧化铝、碳酸钡等物质做成的多孔隔膜,水向阳极流动,表明这时流体带负电荷。与电泳一样,外加电解质对电渗流速也有明显的影响,甚至能改变电渗流的方向。

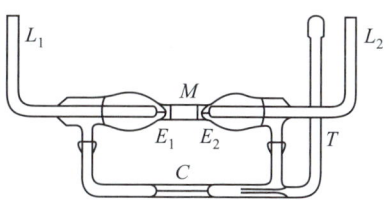

图 12.4.2　电渗实验装置

利用电渗可进行多孔材料(如黏土等)的脱水、干燥等。

(3) **流动电势**　在外力的作用下,迫使液体通过多孔隔膜(或毛细管)定向流动,多孔隔膜两端所产生的电势差,称为**流动电势**。显然,流动电势产生的过程可视为电渗的逆过程,实验装置如图 12.4.3 所示。图中 V_1、V_2 为液槽;N_2 为加压气体;E_1 及 E_2 为紧靠多孔塞 M 上下两端的电极;P 为电势差计。

(4) **沉降电势**　分散相粒子在重力场或离心力场的作用下迅速移动时,在移动方向的两端所产生的电势差,称为**沉降电势**。显然,它是与电泳现象相反的过程,不再详述。实验方法如图 12.4.4 所示。

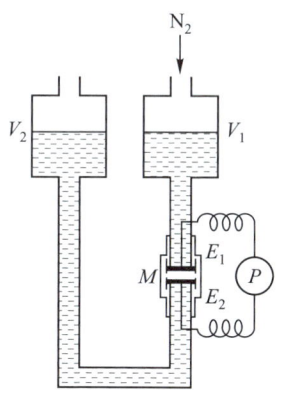

图 12.4.3　流动电势测量装置示意图

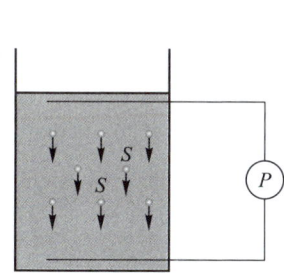

图 12.4.4　沉降电势测量装置示意图

上述的电泳、电渗(由外加电场而引起固、液两相之间的相对移动)及流动电势、沉降电势(由固、液两相之间的相对移动而产生电势差)等四种电动现象均说明,溶胶粒子和分散介质带有不同性质的电荷。但溶胶粒子为什么带电荷? 溶胶粒子周围的分散介质中,反离子(与胶粒所带电荷符号相反的离子)是如何分布的? 电解质是如何影响电动现象的? 有关这类问题,直至扩散双电层理论建立之后,才得到令人满意的解释。

2. 扩散双电层理论

相接触的固、液两相往往带有符号相反的电荷,其原因主要有以下两种。① 离子吸附:固体表面从溶液中有选择性地吸附某种离子而带电荷。如经化学凝聚法制得的溶胶即通过有选择性的离子吸附而使胶粒带电荷。② 解离:固体表面上的分子在溶液中发生解离而使其带电荷,如蛋白质中的氨基酸分子,在 pH 低时,氨基形成 $—NH_3^+$ 而带正电荷;在 pH 高时,羧基形成 $—COO^-$ 而带负电荷。

处在溶液中的带电固体表面,由于静电吸引力的作用,必然要吸引等电荷量的、与固体表面上带有相反电荷的离子(这种离子可简称为反离子或异电离子)环绕在固体粒子的周围,这样便在固、液两相之间形成了双电层。下面简单介绍几个有代表性的关于双电层的理论。

(1) 亥姆霍兹模型　1879 年,亥姆霍兹(Helmholtz)首先提出在固、液两相之间的界面上形成双电层的概念。他认为正、负离子整齐地排列于界面层的两侧,如图 12.4.5 所示。正、负电荷分布的情况就如同平行板电容器那样,故称为**平板电容器模型**。在平板电容器内电势直线下降,两层间的距离很小,与离子半径相当。在有外加电场作用时,带电粒子和溶液中的反离子分别向相反电极移动,产生电动现象。

平板双电层理论虽然也能解释一些电动现象,对早期电动现象的研究起了一定的作用,但是也存在着许多问题,例如,不能解释带电粒子表面电势 φ_0 与粒子运动时固、液两相发生相对移动时,边界处与液体内部的电势差——ζ **电势**(又称**电动电势**)——的区别;也不能解释电解质对 ζ 电势的影响。而且后来的研究表明,与带电粒子一起运动的水化层的厚度远比平板双电层的厚度大,这样滑动面的 ζ 电势就应为零,粒子应不发生电动现象,但这显然是与实际情况相矛盾的。

(2) 古依-查普曼模型　1910 年前后,古依(Gouy)和查普曼(Chapman)提出了**扩散双电层理论**,他们认为靠近质点

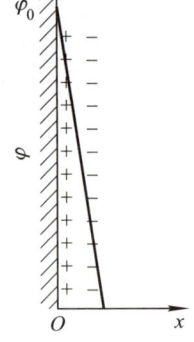

图 12.4.5　亥姆霍兹双电层模型

表面的反离子呈扩散状态分布在溶液中,而不是整齐排列在一个平面上。这是因为反离子同时受到两个方向相反的作用:静电吸引力使其趋于靠近固体表面,而热运动又使其趋于均匀分布。这两种相反的作用达到平衡后,反离子呈扩散状态分布于溶液中,越靠近固体表面反离子浓度越高,随距离的增加,反离子浓度下降,形成一个反离子的扩散层,其模型如图 12.4.6 所示。

古依和查普曼假设,粒子表面可看成无限大的平面,且表面电荷分布均匀,溶剂的介电常数到处相同的条件下,距表面一定距离 x 处的电势 φ 与表面电势 φ_0 的关系可用**玻耳兹曼定律**来描述:

$$\varphi = \varphi_0 e^{-\kappa x} \quad (12.4.1)$$

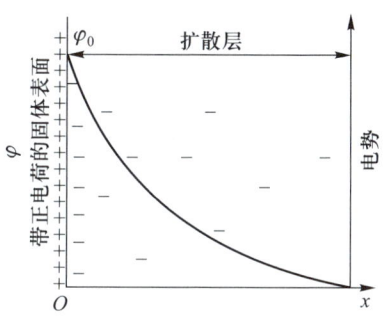

图 12.4.6　古依-查普曼双电层模型

式中 κ^{-1} 具有长度的量纲,具有双电层厚度的意义。该式表明扩散层中的电势随 x(距表面的距离)的增加呈指数形式下降,而下降的快慢取决于 κ 的大小。当离开固体表面足够远时,溶液中正负离子所带电荷量大小相等、符号相反,对应的电势为零。

古依-查普曼的扩散双电层理论正确地反映了反离子在扩散层中分布的情况及相应电势的变化,这些观点今天看来仍然是正确的。但他们把离子视为点电荷,没有考虑到反离子的吸附,也没有考虑离子的溶剂化,因而未能反映出在粒子表面上固定层(即不流动层)的存在。

(3)斯特恩模型　1924 年,斯特恩(Stern)对古依-查普曼的扩散双电层理论进行了修正,并提出一种更加接近实际的双电层模型。他认为离子是有一定大小的,而且离子与粒子表面除了静电作用外,还有范德华吸引力。所以在靠近表面 1~2 个分子厚的区域内,反离子由于受到强烈的吸引而结合在表面上,形成一个紧密的吸附层,称为**固定吸附层**或**斯特恩层**;其余反离子扩散地分布在溶液中,构成双电层的扩散部分,如图 12.4.7 所示。在斯特恩层中,除反离子外还有一些溶剂分子同时被吸附。反离子的电性中心所形成的假想面,称为**斯特恩面**。在斯特恩面内,电势变化与亥姆霍兹平板模型相似,电势呈直线下降,由表面的 φ_0 直线下降到斯特恩面的 φ_δ。φ_δ 称为斯特恩电势。在扩散层中,电势由 φ_δ 降至零,其变化情况与古依-查普曼的扩散双电层模型完全一致,可以用式(12.4.1)来描述,只需将式中的 φ_0 用 φ_δ 代替即可。所以说斯特恩模型是亥姆霍兹平板模型和古依-查普曼扩散双电层模型的结合。

当固、液两相发生相对移动时,紧密层中吸附在固体表面的反离子和溶剂分子与粒子作为一个整体一起运动,其滑动面在斯特恩面稍靠外一些。这个滑动面与溶液本体之间的电势差,称为 ζ 电势。由图 12.4.7 可以看出,ζ 电势与 φ_δ 电势在量值上相差甚小,但却具有不同的含义。应当指出,只有在固、液两相发生相对移动时,才能呈现出 ζ 电势。

ζ 电势的大小反映了胶粒带电荷的程度。ζ 电势越高,表明胶粒带电荷越多,其滑动面与溶液本体之间的电势差越大,扩散层也越厚。当溶液中电解质浓度增加时,介质中反离子的浓度加大,将压缩扩散层使其变薄,把更多的反离子挤进滑动面以内而中和固体表面电荷,使 ζ 电势在数值上变小,如图 12.4.8 所示。当电解质浓度足够大时(c_4),可使 ζ 电势为零。此时相应的状态,称为**等电态**。处于等电态的溶胶粒子不带电荷,因此不会发生电动现象,电泳、电渗速度也必然为零,这时的溶胶非常容易聚沉。

斯特恩模型给出了 ζ 电势明确的物理意义,很好地解释了溶胶的电动现象,并且可以定性地解释电解质浓度对溶胶稳定性的影响,使人们对双电层的结构有了更深入的认识。

溶胶粒子的 ζ 电势,通常利用电泳速度数据通过如下计算获得。

对球形质点,当粒子半径 r 较大,而双电层厚度 κ^{-1} 较小,即 $\kappa r \gg 1$ 时,质点表面可当成平面处理,此时可用**斯莫鲁科夫斯基(Smoluchowski)公式**来描述 ζ 电势与电泳速度的关系:

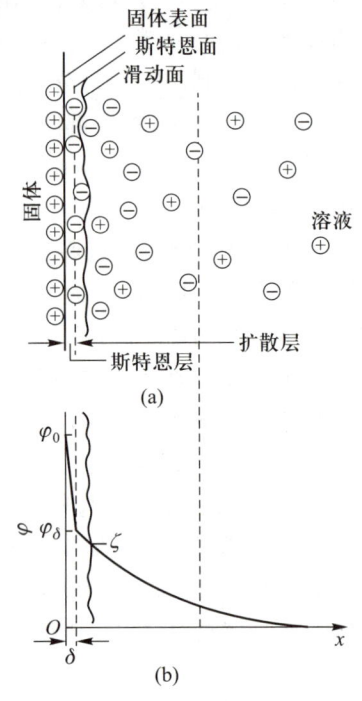

图 12.4.7 斯特恩双电层模型

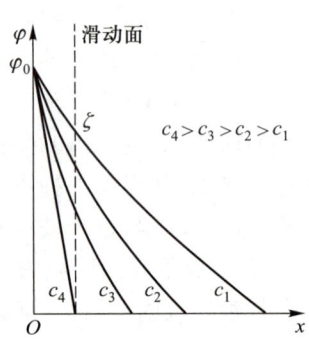

图 12.4.8 电解质浓度对 ζ 电势的影响

$$u = \frac{v}{E} = \frac{\varepsilon \zeta}{\eta} \quad (12.4.2a)$$

$$\zeta = \frac{\eta v}{\varepsilon E} \quad (12.4.2b)$$

式中 v 为电泳速度,单位为 $m \cdot s^{-1}$;E 为电场强度(或称电位梯度),单位为

$V \cdot m^{-1}$;u 为胶核的电迁移率,或电泳淌度,单位为 $m^2 \cdot V^{-1} \cdot s^{-1}$,表示单位电场强度下的电泳速度;$\varepsilon$ 为介质的介电常数,单位为 $F \cdot m^{-1}$,$\varepsilon = \varepsilon_r \varepsilon_0$,$\varepsilon_r$ 为相对介电常数,ε_0 为真空介电常数;η 为介质的黏度,单位为 $Pa \cdot s$。

当球形粒子半径 r 较小,而双电层厚度 κ^{-1} 较大,即 $\kappa r \ll 1$ 时,可用休克尔(Hückel)公式来描述电泳速度 v 与 ζ 电势的关系:

$$\zeta = \frac{1.5\eta v}{\varepsilon E} \qquad (12.4.3)$$

在水溶液中,一般很难满足休克尔公式的条件,如半径为 10 nm 的球形粒子,在 1-1 型电解质水溶液中,要满足 $\kappa r \ll 1$ 的要求,电解质浓度需小于 $10^{-5} mol \cdot dm^{-3}$,这在水溶液中是很难达到的,因此水溶液系统通常使用斯莫鲁科夫斯基公式。休克尔公式一般用于非水溶液,只有在非水溶液中,电解质浓度方可降至极低,使双电层厚度 κ^{-1} 较大,满足 $\kappa r \ll 1$ 的条件。

表 12.4.2 列出了一些溶胶的 ζ 电势,一般均在几十毫伏。

表 12.4.2 一些溶胶的 ζ 电势

水溶胶				有机溶胶		
分散相	ζ/V	分散相	ζ/V	分散相	分散介质	ζ/V
As_2S_3	-0.032	Bi	+0.016	Cd	$CH_3COOC_2H_5$	-0.047
Au	-0.032	Pb	+0.018	Zn	CH_3COOCH_3	-0.064
Ag	-0.034	Fe	+0.028	Zn	$CH_3COOC_2H_5$	-0.087
SiO_2	-0.044	$Fe(OH)_3$	+0.044	Bi	$CH_3COOC_2H_5$	-0.091

3. 溶胶的胶团结构

根据吸附及扩散双电层理论,可以设想溶胶的胶团结构。由分子、原子或离子形成的固态微粒,称为胶核。胶核常具有晶体结构。具有晶体结构的固体颗粒可从周围的介质中选择性吸附某种离子而带电荷。实验证明,晶体表面对那些能与组成固体表面的离子生成难溶物的离子具有优先吸附作用,这一规则称为**法扬斯-帕尼思(Fajans-Pancth)规则**。依据这一规则,用 $AgNO_3$ 和 KI 制备 AgI 溶胶时,AgI 微粒易于吸附 Ag^+ 或 I^-,而对 K^+ 和 NO_3^- 吸附极弱。因而 AgI 微粒的带电符号取决于 Ag^+ 和 I^- 中哪种离子过量。胶核因吸附离子而带电荷后,介质中的反离子一部分分布在滑动面以内,另一部分呈扩散状态分布于介质中。若分散介质为水,则反离子应当是水化的。滑动面所包围的带电体称为**胶体粒子**(简称胶粒)。整个扩散层及其所包围的胶体粒子,则构成电中性的**胶团**。

例如，在稀的 $AgNO_3$ 溶液中，缓慢地滴加少量的 KI 稀溶液，可得到 AgI 的正溶胶，过剩的 $AgNO_3$ 则起到稳定剂的作用。由 m 个 AgI 分子形成的固体微粒的表面上吸附 n 个 Ag^+，即形成带正电荷的 AgI 胶体粒子，其胶团结构可以表示为

$$\underbrace{\{\underbrace{[AgI]_m nAg^+}_{\text{胶核}} \cdot (n-x)NO_3^-\}^{x+} \mid xNO_3^-}_{\text{胶团}}$$

（胶体粒子｜可滑动面）

若在稀的 KI 溶液中，滴加少量的 $AgNO_3$ 稀溶液，KI 过量。AgI 微粒表面将吸附 I^-，胶核表面则带负电荷，K^+ 为反离子，生成 AgI 的负溶胶，这时胶团结构则应表示为

$$\{[AgI]_m nI^- \cdot (n-x)K^+\}^{x-} \cdot xK^+$$

在同一个溶胶中，每个固体微粒所含的分子个数 m 可以大小不等，其表面上所吸附的离子的个数 n 也不尽相等。在滑动面两侧，过剩的反离子所带的电荷量应与固体微粒表面所带的电荷量大小相等而符号相反。即 $(n-x)+x=n$。KI 为稳定剂的 AgI 溶胶的胶团剖面图，如图 12.4.9 所示。图中的小圆圈表示 AgI 微粒；AgI 微粒连同其表面上的 I^- 则为胶核；第二个圆圈表示滑动面；最外边的圆圈则表示扩散层的范围，即整个胶团的大小。

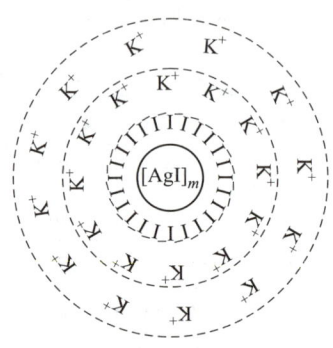

图 12.4.9 AgI 溶胶胶团剖面图

根据扩散双电层理论所书写的胶团结构，目前尚存在不同的看法，我们应把它视为胶团结构的近似描述。

§12.5 溶胶的稳定与聚沉

1. 溶胶的经典稳定理论——DLVO 理论

溶胶是热力学不稳定系统，但有些溶胶却能在相当长的时间内稳定存在。例如，法拉第所制成的红色金溶胶，静置数十年以后才聚沉。这里仅定性地介绍 DLVO 理论，来说明溶胶稳定的原因。

1941 年由杰里亚金（Derjaguin）和朗道（Landau），以及 1948 年由维韦（Verwey)和奥弗比克(Overbeek)分别提出了带电荷胶体粒子稳定的理论,简称为DLVO 理论。该理论认为:

(1) 胶团之间既存在着斥力势能,也存在着引力势能。分散在介质中的胶团,可视为表面带电荷的胶核及环绕其周围带有相反电荷的离子氛所组成。如图 12.5.1 所示,图中的虚线圈为胶核所带正电荷作用的范围,即胶团的大小。在胶团之外任一点 A 处,则不受正电荷的影响;在扩散层内任一点 B 处,因正电荷的作用未被完全抵消,仍表现出一定的正电性。因此,当两个胶团的扩散层未重叠时,见图 12.5.1(a),两者之间不产生任何斥力;当两个胶团的扩散层发生重叠时,见图 12.5.1(b),在重叠区内反离子的浓度增加,使两个胶团扩散层的对称性同时遭到破坏。这样既破坏了扩散层中反离子的平衡分布,也破坏了双电层的静电平衡。前一平衡的破坏使重叠区内过剩的反离子向未重叠区扩散,因而导致渗透性斥力的产生。后一平衡的破坏,则导致两胶团之间产生静电斥力。随着重叠区的加大,这两种斥力势能皆增加。

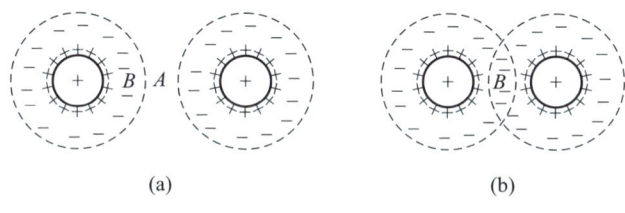

图 12.5.1　胶团相互作用示意图

一般分子或原子间的范德华引力与两者之间距离的 6 次方成反比,也就是说,随着距离的增加,分子或原子间的范德华力将迅速地消失,故称其为近程范德华力。溶胶中分散相微粒间的引力势能,从本质上来看,仍具有范德华引力的性质,但这种范德华引力作用的范围,要比一般分子的大千百倍之多,故称其为远程范德华力。而远程范德华力所产生的引力势能与粒子间距离的一次方或二次方成反比,也可能是其他更为复杂的关系。

(2) 溶胶的相对稳定性或聚沉取决于斥力势能及引力势能的相对大小。当粒子间的斥力势能在数值上大于引力势能,而且足以阻止由于布朗运动使粒子相互碰撞而黏结时,则溶胶处于相对稳定的状态;当粒子间的引力势能在数值上大于斥力势能时,粒子将互相靠拢而发生聚沉。调整斥力势能和引力势能的相对大小,可以改变胶体系统的稳定性。

(3) 斥力势能、引力势能及总势能都随着粒子间距离的变化而变化,但是,由于斥力势能及引力势能与距离关系的不同,因此必然会出现在某一距离范围内引力势能占优势;而在另一范围内斥力势能占优势的现象。

(4) 理论推导表明,加入电解质时,对引力势能影响不大,但对斥力势能的影响却十分明显。所以电解质的加入会导致系统的总势能发生很大的变化。适当调整电解质的浓度,可以得到相对稳定的溶胶。

以上是 DLVO 理论的要点。为了进一步分析引力势能及斥力势能对溶胶稳定性的影响,可参看图 12.5.2 所示的势能曲线。

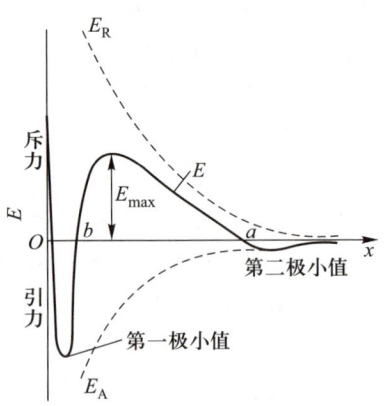

图 12.5.2　斥力势能、引力势能及总势能曲线图

一对分散相微粒之间相互作用的总势能 E,可以用其斥力势能 E_R 及引力势能 E_A 之和来表示,即 $E = E_R + E_A$。

图 12.5.2 中 x 代表粒子间的距离,虚线 E_A 和 E_R 分别为引力势能曲线和斥力势能曲线,实线为总势能曲线。距离较远时,E_A 和 E_R 皆趋于零;在较短距离时,E_A 曲线要比 E_R 曲线陡得多;当距离 x 趋于零时,E_R 和 E_A 分别趋于正无穷大和负无穷大;当两个粒子从远处逐渐接近时,首先起作用的是引力势能,即在 a 点以前 E_A 起主导作用;在 a 点与 b 点之间斥力势能 E_R 起主导作用,且使总势能曲线出现极大值 E_{max}。此后,引力势能 E_A 在数值上迅速增加,且形成第一极小值。若两粒子再进一步靠近,由于两带电荷胶核之间产生强大的静电斥力而使总势能急剧加大。

图中 E_{max} 为胶体粒子间净的斥力势能的数值。它代表溶胶发生聚沉时必须克服的"势垒",当迎面相碰的一对溶胶粒子所具有的平动能足以克服这一势垒,它们才能进一步靠拢而发生聚沉。如果势垒足够高,超过 $15kT$(k 为玻耳兹曼常数),一般胶体粒子的热运动则无法克服它,而使溶胶处于相对稳定的状态;若这一势垒不存在或者很小,则溶胶易于发生聚沉。

在总的势能曲线上出现两个极小值。距离较近而又较深的称为第一极小值。它如同一个陷阱,落入此陷阱的粒子则形成结构紧密而又稳定的聚沉物,故称其为不可逆聚沉或永久性聚沉。距离较远而又很浅的极小值称为第二极小值,并非所有溶胶皆可出现第二极小值,若粒子的线度小于 10 nm,即使出现第二极小值也一定是很浅的。对于较大的粒子,特别是形状较不对称的粒子,第二极小值会明显地出现,其值一般仅几个 kT 的数量级,粒子落入此处可形成较疏松的沉积物,但不稳定,外界条件稍有变动,沉积物可重新分离而成溶胶。

除胶粒带电荷是溶胶稳定的主要因素之外,溶剂化作用也是使溶胶稳定的重要原因。若水为分散介质,构成胶团双电层结构的全部离子都应当是水化的,在分散相粒子的周围,形成一个具有一定弹性的水化外壳。因布朗运动使一对胶团互相靠近时,水化外壳因受到挤压而变形,但每个胶团都力图恢复其原来的形状而又被弹开,由此可见,水化外壳的存在势必增加溶胶聚合的机械阻力,而有利于溶胶的稳定。最后,分散相粒子的布朗运动足够强时,就能够克服重力场的影响而不下沉,溶胶的这种性质,称为动力稳定。一般说来,分散相与分散介质的密度相差越小,分散介质的黏度越大,分散相的颗粒越小,布朗运动越强烈,溶胶的动力稳定就越强。

综上所述,分散相粒子的带电荷、溶剂化作用及布朗运动是溶胶三个重要的稳定原因。可想而知,中和分散相粒子所带的电荷,降低溶剂化作用,皆可使溶胶聚沉。

2. 溶胶的聚沉

溶胶中的分散相微粒互相聚结,颗粒变大,进而发生沉淀的现象,称为**聚沉**。任何溶胶从本质上来看都是不稳定的,所谓的稳定只是暂时的,总是要发生聚沉的。例如,通过加热、辐射或加入电解质皆可导致溶胶的聚沉。许多溶胶对电解质都特别敏感,在这方面的研究也较为深入。

(1) 电解质的聚沉作用 适量的电解质对溶胶起到稳定剂的作用。但如果电解质加入得过多,尤其是含高价反离子的电解质的加入,往往会使溶胶发生聚沉。这主要是因为电解质的浓度或价数增加时,都会压缩扩散层,使扩散层变薄,斥力势能降低,当电解质的浓度足够大时就会使溶胶发生聚沉;若加入的反离子发生特性吸附时,斯特恩层内的反离子数量增加,使胶粒的带电荷量降低,而导致碰撞聚沉。一般说来,当电解质的浓度或价数增加使溶胶发生聚沉时,所必须克服的势垒的高度和位置皆发生变化,如图 12.5.3 所示。向 TiO_2 溶胶中加入不同浓度的 NaCl 溶液,随着电解质溶液浓度增大,溶胶聚沉时所需克服的势垒降低,当电解质的浓度增大到 $1×10^{-2}$ mol·dm^{-3} 以后,总势能曲线上出现第二极小值,溶胶粒子碰撞并发生可逆聚沉。继续增大 NaCl 浓度到 $3×10^{-2}$ mol·dm^{-3} 时,总势能降到零以下,能垒的阻碍不复存在,分散相粒子一旦相碰即可发生聚沉。

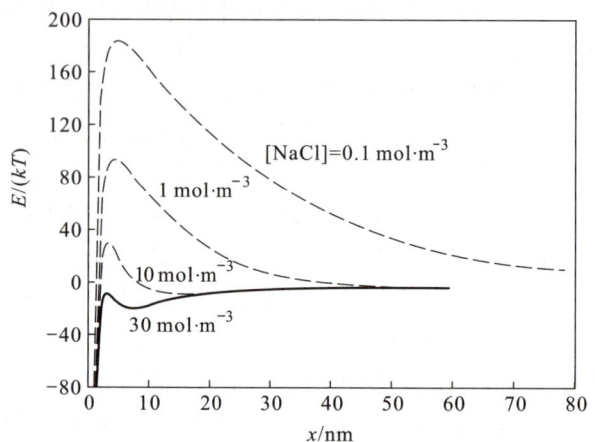

图 12.5.3 电解质的浓度对胶体粒子势能的影响

使溶胶发生明显的聚沉所需电解质的最小浓度,称为该电解质的**聚沉值**。电解质的聚沉值越小,表明其聚沉能力越大,因此,将聚沉值的倒数定义为**聚沉能力**。

舒尔策-哈迪(Schulze-Hardy)价数规则:电解质中能使溶胶发生聚沉的离子,是与胶粒带电荷符号相反的离子,即反离子,反离子的价数越高,聚沉能力越强,这种关系称为**价数规则**。例如,As_2S_3 溶胶的胶粒带负电荷,起聚沉作用的是电解质的阳离子。KCl、$MgCl_2$、$AlCl_3$ 的聚沉值分别为 49.5 mol·m^{-3}、0.7 mol·m^{-3}、0.093 mol·m^{-3};若以 K^+ 为比较标准,其聚沉能力有如下关系:

$$Me^+ : Me^{2+} : Me^{3+} = 1 : 70.7 : 532$$

一般可以近似地表示为反离子价数的 6 次方之比,即

$$Me^+ : Me^{2+} : Me^{3+} = 1^6 : 2^6 : 3^6 = 1 : 64 : 729$$

上述比值是在其他因素完全相同的条件下导出的,表明同号离子的价数越高,聚沉能力越强。但也有许多反常现象,如 H^+ 虽为一价,却有很强的聚沉能力。应当指出,上述比例关系仅可作为一种粗略的估计,而不能作为严格的定量计算的依据。

同价离子的聚沉能力也并不相同。例如,某些一价的正、负离子,对带相反电荷胶粒的聚沉能力的大小顺序为

$$H^+ > Cs^+ > Rb^+ > NH_4^+ > K^+ > Na^+ > Li^+$$

$$F^- > Cl^- > Br^- > NO_3^- > I^- > SCN^- > OH^-$$

这种将带有相同电荷的离子,按聚沉能力大小排列的顺序,称为**感胶离子序**。存

在这样的顺序与离子的水化有关。正离子的水化能力很强,而且离子半径越小水化能力越强,水化层越厚,所以被吸附的能力越小,进入斯特恩层的数量减少,使聚沉能力降低;负离子的水化能力很弱,所以负离子的半径越小,吸附能力越强,聚沉能力也越强。

向豆浆(带负电荷的大豆蛋白溶胶)中加入含 Ca^{2+}、Mg^{2+} 等离子的电解质溶液来制作豆腐的过程,实际就是利用电解质使溶胶发生聚沉的实例。

(2)高分子化合物的聚沉作用　在溶胶中加入高分子化合物既可使溶胶稳定,也可能使溶胶聚沉。作为一个好的聚沉剂,应当是相对分子质量很大的线型聚合物。例如,聚丙烯酰胺及其衍生物就是一种良好的聚沉剂,其相对分子质量可高达几百万。聚沉剂可以是离子型的,也可以是非离子型的。我们仅从以下三个方面,来说明高分子化合物对溶胶的聚沉作用。

① 搭桥效应　一个长碳链的高分子化合物,可以同时和许多个分散相的微粒发生吸附,起到搭桥的作用,把胶粒联结起来,变成较大的聚集体而聚沉,如图 12.5.4(a)所示。

② 脱水效应　若高分子化合物对水有更强的亲和力,由于它的溶解与水化作用,使胶粒脱水,失去水化外壳而聚沉。

③ 电中和效应　离子型的高分子化合物吸附在带电荷的胶粒上,可以中和分散相粒子的表面电荷,使粒子间的斥力势能降低,而使溶胶聚沉。

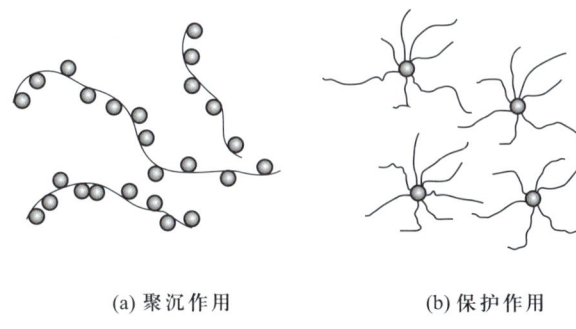

(a) 聚沉作用　　　　(b) 保护作用

图 12.5.4　高分子化合物对溶胶聚沉和保护作用示意图

若在溶胶中加入较多的高分子化合物,许多个高分子化合物的一端吸附在同一个分散相粒子的表面上,如图 12.5.4(b)所示,或者是许多个高分子线团环绕在胶粒的周围,形成水化外壳,将分散相粒子完全包围起来,对溶胶则起到保护作用。

在工业生产中就利用上述作用,如氧化铝球磨料在酸洗除铁杂质时,为防止 Al_2O_3 细颗粒成胶粒流失,就加入 0.21% ~ 0.23% 的阿拉伯树胶,促使 Al_2O_3 粒子快速聚沉；而在注浆成型时，又加入 1.0% ~ 1.5 % 的阿拉伯树胶，以提高料浆的流动性和稳定性。高分子化合物的这种保护作用应用很广，例如，血液中所含的难溶盐类物质，如碳酸钙、磷酸钙等就是靠血液中蛋白质保护而存在；医学上的滴眼用的蛋白银就是蛋白质所保护的银溶胶。

§12.6 乳 状 液

由两种（或两种以上）不互溶（或部分互溶）的液体所形成的分散系统称为**乳状液**。乳状液的分散度比典型的溶胶要低得多，分散相（液滴）的大小常在1~5 μm，普通显微镜即可看到。

人类生产及生活中常会遇到乳状液，如含水石油、炼油厂废水、乳化农药、动植物的乳汁等。根据需要，有些乳状液必须设法破坏，以实现分离的目的，如石油脱水、废水净化；有些乳状液则应设法使之稳定，如乳化农药、牛奶、化妆品、乳液涂料等。因此，乳状液研究也有两方面的任务：即乳状液的稳定与破坏。

由经验可知，将两种纯的不互溶液体（如油和水）放在一起振荡，静置后很快就分为两层，即得不到稳定的乳状液。这是因为当液体分散成许多小液滴后，相界面增大，界面吉布斯函数增高，成为热力学不稳定系统。该系统有自发趋于吉布斯函数降低的倾向，所以小液滴会发生聚结成为大液滴，最后分成两层。要想得到稳定的乳状液，必须有第三种物质存在，它能形成保护膜，并能显著地降低界面吉布斯函数，这种物质称为**乳化剂**。乳化剂使乳状液稳定的作用称为**乳化作用**。乳化剂对形成稳定的乳状液是极为重要的。常用的乳化剂多为表面活性物质，此外还有固体粉末等。

1. 乳状液的分类及鉴别

在乳状液中，一种液相通常是水，用字母"W"表示。另一相为有机物质，如苯、苯胺、煤油等，习惯上把它们皆称为"油"，并且用"O"表示。任何一相均可能作为分散相或者分散介质。因此，乳状液一般分为两种类型：一类为油分散在水中，称为**水包油型**，用符号 O/W 表示；另一类为水分散在油中，称为**油包水型**，用符号 W/O 表示。究竟形成何种类型乳状液，与乳化剂的性质有关，也与两相的量有关。

鉴别乳状液是 O/W 型还是 W/O 型的方法主要有：

（1）染色法 在乳状液中加入少许油溶性的染料如苏丹Ⅲ，振荡后取样在显微镜下观察，若内相（分散相）被染成红色，则为 O/W 型；若外相（分散介质）被染成红色。则为 W/O 型。也可用水溶性染料试验。

（2）稀释法　取少量乳状液滴入水中或油中,若乳状液在水中能稀释,即为 O/W 型;在油中能稀释,即为 W/O 型。

（3）导电法　一般来说,水导电性强,油导电性差。因此,O/W 型乳状液的导电性能远好于 W/O 型乳状液,故可区别两者。但乳状液中存在着离子型乳化剂时,W/O 型乳状液也有较好的导电性。

2. 乳状液的稳定

在乳化剂存在的情况下,乳状液能比较稳定地存在,其原因可归纳为如下几个方面。

（1）降低界面张力　将一种液体分散在与其不互溶的另一种液体中,这必然会导致系统相界面面积的增加,表面吉布斯函数增大,这是分散系统不稳定的根源。加入少量的表面活性剂,在两相之间的界面层产生正吸附,显著地降低界面张力,使系统的表面吉布斯函数降低,稳定性增加。例如,室温下液状石蜡与水之间的界面张力为 40.6 mN·m^{-1},加入乳化剂油酸将水相变成 1 mol·m^{-3} 的油酸溶液,界面张力则降至 31.05 mN·m^{-1},此时可形成相当稳定的乳状液。若将此水相用 NaOH 中和(即成皂),界面张力降至 7.2 mN·m^{-1},稳定性会进一步提高。

在第十章曾经指出,表面活性剂的 HLB 值可决定形成乳状液的类型。一般来说,HLB 值在 2~6 的亲油性的乳化剂可形成 W/O 型乳状液;HLB 值在 12~18 的亲水性的乳化剂可形成 O/W 型乳状液。

（2）形成定向楔的界面　表面活性剂分子具有一端亲水而另一端亲油的特性,且其两端的横截面常大小不等。当它作为乳化剂被吸附在乳状液的界面层时,常呈现"大头"朝外,"小头"向里的几何构形,就如同一个个的楔子密集地钉在圆球上,极性的基团(大头)指向水相,而非极性一端(小头)则指向油相。采取这样的几何构形,可使分散相液滴的表面积最小,界面吉布斯函数最低,而且可以使界面膜更牢固,对乳状液的分散相起到保护作用。如 K、Na 等碱金属的皂类,含金属离子的一端是亲水的"大头",作为乳化剂时,应形成 O/W 型乳状液,如图 12.6.1 所示。而 Ca、Mg、Zn 等两价金属的皂类,含金属离子的极性基团是"小头",作为乳化剂时,则形成 W/O 型乳状液,如图 12.6.2 所示。但也有例外,如一价的银肥皂作为乳化剂时,却形成 W/O 型乳状液。

（3）形成扩散双电层　对于离子型表面活性物质(如阴离子型钠肥皂 RCOONa),在 O/W 型乳状液中,可设想伸入水相的羧基"头"有一部分解离,则组成液珠界面的基团是—COO$^-$(带负电荷),异电离子(Na$^+$)分布在其周围,形成双电层。对于非离子型的表面活性物质,特别是在 W/O 型乳状液中,液珠带电荷是由于液珠与介质摩擦而产生的,犹如玻璃棒与毛皮摩擦而生电一样。带电

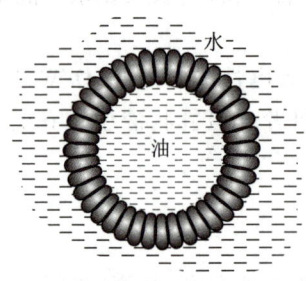
图 12.6.1 O/W 型乳状液

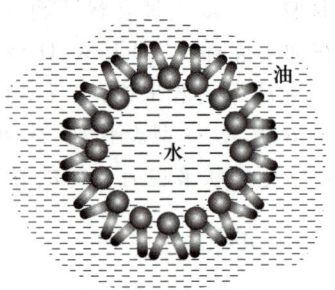
图 12.6.2 W/O 型乳状液

荷符号取决于相接触的两物质介电常数的高低,介电常数高的物质带正电荷。在乳状液中,水的介电常数远比常遇到的其他液相高,故 O/W 型乳状液中的油珠多带负电荷,而 W/O 型乳状液中的水珠则带正电荷。两相间双电层的存在,可阻止乳状液因分散相粒子的相互碰撞、聚集而遭到破坏。

（4）界面膜的稳定作用 乳化过程也可理解为分散相液滴表面的成膜过程,界面膜的厚度,特别是膜的强度和韧性,对乳状液的稳定性起着举足轻重的作用。例如,水溶性的十六烷基磺酸钠与等量的油溶性的乳化剂异辛甾烯醇所组成的混合乳化剂,可形成带负电荷的 O/W 型乳状液。这是由于十六烷基磺酸钠在界面层中解离,而 Na^+ 又向水中扩散的结果。两种乳化剂皆定向地排列在油-水界面层中,形成比较牢固的界面膜,而且分散相的油滴皆带有负电荷,当两油滴互相靠近时,产生静电斥力,而更有利于乳状液的稳定。

（5）固体粉末的稳定作用 分布在乳状液界面层中的固体粒子也能起到稳定剂的作用。光滑的圆球形粒子在油-水界面上的分布情况如图 12.6.3 所示。这是在没有考虑重力影响时的情况。以 γ^{ow}、γ^{os} 及 γ^{ws} 分别代表油-水、油-固及水-固的界面张力,θ 为油-水界面与水-固界面之间的夹角。平衡时杨氏方程可表示为 $\cos\theta=(\gamma^{os}-\gamma^{ws})/\gamma^{ow}$。当 $\gamma^{os}>\gamma^{ws}$ 时,$\theta<90°$,水能润湿固体,油-水界面向油相弯曲,形成 O/W 型乳状液,如图 12.6.4(a)所示。大部分固体粒子浸入水中;当 $\gamma^{os}<\gamma^{ws}$ 时,$\theta>90°$,油能润湿固体,大部分固体粒子浸入油中,油-水界面向水相弯曲,形成 W/O 型乳状液,如图 12.6.4(b)所示。

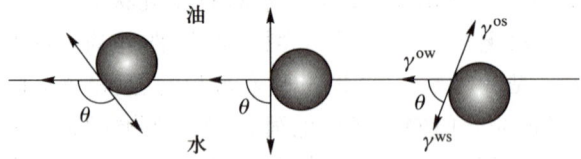
图 12.6.3 在油-水界面上固体粒子分布的情况

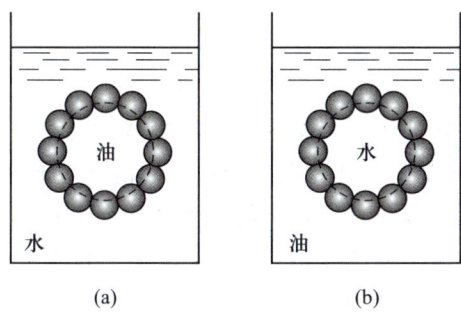

图 12.6.4　固体粉末乳化作用示意图

因为根据空间效应,为了能使固体粒子在分散相的周围排列成紧密的固体膜,固体粒子的大部分应当处在分散介质之中。易被水润湿的黏土、Al_2O_3 等固体粒子,可形成 O/W 型乳状液;而易被油类润湿的炭黑、石墨粉等可作为 W/O 型乳状液的稳定剂。另外,吸附在乳状液界面层中的固体粒子的尺寸应当远小于分散相的尺寸。固体粒子的表面越粗糙,形状越不对称,越有利于形成牢固的固体膜,使乳状液更加稳定。

此外,乳状液的黏度、分散相与分散介质密度差的大小皆能影响乳状液的稳定性。

3. 乳状液的去乳化

使乳状液破坏的过程,称为**破乳**或**去乳化作用**。此过程一般分为两步:分散相的微小液滴首先絮凝成团,但这时仍未完全失去原来各自独立的属性;第二步为凝聚过程,即分散相结合成更大的液滴,在重力场的作用下自动地分层。乳状液稳定的主要原因是由于乳化剂的存在,所以凡能消除或削弱乳化剂保护能力的因素,皆可达到破乳的目的。常用的方法有:

(1)用不能形成牢固膜的表面活性物质代替原来的乳化剂,如异戊醇,它的表面活性很强,但因碳氢链分叉而无法形成牢固的界面膜。

(2)加入某些能与乳化剂发生化学反应的物质,消除乳化剂的保护作用。如在以油酸钠为稳定剂的乳状液中加入无机酸,使油酸钠变成不具有乳化作用的油酸,而达到破乳的目的。

(3)加入类型相反的乳化剂,如向 O/W 型乳状液中加入 W/O 型乳化剂。

(4)加热,温度升高可降低乳化剂在油-水界面的吸附量,削弱保护膜对乳状液的保护作用,降低分散介质的黏度。

(5)物理方法,如离心分离、电泳破乳等。

§12.7 泡 沫

不溶性气体分散在液体或熔融固体中所形成的分散系统称为**泡沫**。例如，肥皂泡沫、啤酒泡沫等都是气体分散在液体中的泡沫。而泡沫塑料、泡沫橡胶和泡沫玻璃等则是气体分散在黏度较大的熔融体中，冷却后形成的气体分散在固体中的泡沫。泡沫中作为分散相的气泡，其线度一般在 1 000 nm 以上，其形状常因环境而异。

在生产和科研中所遇到的泡沫多数以液体为分散介质（称为液体泡沫），因此对这类泡沫的研究和论述较多。

要制得比较稳定的液体泡沫，必须加入起泡剂或称稳定剂，肥皂、蛋白质和植物胶等都是很好的泡沫稳定剂或起泡剂，其作用与乳状液中的乳化剂很相似，只不过分散相不是液体而是气体。起泡剂的稳定作用可用图 12.7.1 来说明：当起泡剂被吸附于气-液界面上，就形成较牢固的液膜，并使界面张力下降，因此生成的泡沫就比较稳定。

某些不易被水润湿的固体粉末，对泡沫也能起到稳定作用。例如，在水中加入一些粉末状的烟煤，经强烈的振荡，可形成三相泡沫。煤末排列在气泡的周围，类似于形成牢固的固体膜，使泡沫变得更加稳定。

泡沫技术的应用也很广泛，矿物的浮选就是其中的一例。先将矿石粉碎成尺寸在 0.1 mm 以下的颗粒，加入足量的水、适量的浮选剂及少量的起泡剂，再强烈鼓入空气，即形成大量气泡。这时憎水性强的有用矿物附着在气泡上并随之上浮至液面，而被水润湿的长石、石英等废石则沉于水底，如图 12.7.2 所示。加入浮选剂的目的是为了增加矿物的憎水性。一般当水对矿物的接触角在 50°～70°以上时即能达到浮选的效果。浮选后提高了矿物的品位，而利于冶炼。此外，在泡沫灭火剂、泡沫杀虫剂、泡沫除尘、泡沫分离及泡沫陶瓷等方面皆用到泡沫技术。

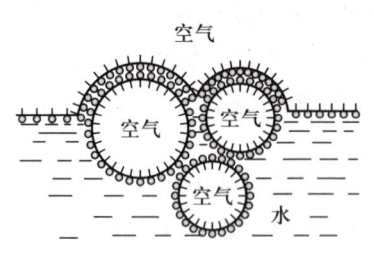

图 12.7.1 表面活性物质的起泡作用

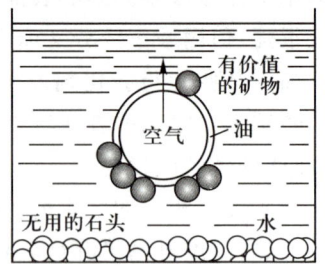

图 12.7.2 泡沫浮选示意图

但在发酵、精馏、造纸、印染及污水处理等工艺过程中,泡沫的出现将会给操作带来诸多不便,因此在这类工艺操作中,必须设法防止泡沫的出现或破坏泡沫的存在。通常是加入消泡剂(又称抗泡剂)。

§12.8 悬 浮 液

将不溶性固体粒子分散在液体中所形成的粗分散系统,称为**悬浮液**(或悬浮体)。例如,泥水就是由微小的泥土颗粒悬浮在水中而成的悬浮液。

悬浮液分散相粒子的线度大于 1 000 nm,这比溶胶分散相粒子大得多,因此悬浮液的分散相粒子不存在布朗运动,不可能产生扩散及渗透现象,而易于沉降析出。悬浮液的光学性质也与溶胶不同,其散射光的强度十分微弱。它虽为粗分散系统,但仍具有很大的相界面,能选择性地吸附溶液中的某种离子而带电荷。某些高分子化合物对悬浮液也有保护作用,这都是可使悬浮液暂时稳定存在的原因。

悬浮液在自然界和工农业中都可遇到,研究它具有十分重要的意义。如我国长江等河流的水中含有大量泥沙悬浮体,它们因带有电荷,在流动的河流中鲜有沉降。但到达入海口处时,海水中的盐类离子会中和泥沙微粒所带电荷,加之流速大大降低,因而泥沙微粒很容易在重力作用下发生聚沉。这就是长江三角洲及世界各大河流(如尼罗河等)入海口处三角洲的由来。

此外,工业锅炉中常加入石墨和炭质的悬浮体(结晶中心)来防止结垢;涂料工业中更是常常遇到分散度较高的悬浮液。

大多数的悬浮液,不论是天然的或人工制成的,都是多级分散系统,即由大小不同的粒子所构成。在生产及科研中,常需了解大小不等的粒子在试样中的含量,即粒度分布。测定粒度分布最常用的方法是沉降分析。此法是在静止的介质中,根据大小不同的粒子受重力影响,以不同速度降落的原理来测定粒度分布。

因悬浮液中分散相粒子直径大于胶体粒子,粒子的布朗运动可忽略不计,粒子主要受重力影响而下降。在静止分散介质中,受重力影响的粒子开始时会以加速度向下沉降。但随着粒子降落速度的急剧增加,分散介质对粒子的阻力也大为增加,因阻力与粒子降落速度 u 成正比。达到一定的降落速度时,阻力与重力达到平衡,此后粒子将不再加速降落,而以等速降落了。这个以等速下降的速度就称为**沉降速度**,表 12.8.1 中列出的为不同黏土粒子在水中的沉降速度实验值,说明粒子越小在水中越不易沉降,因此粒子在介质中沉降时就将发生粒度分级。

表 12.8.1　不同黏土粒子在水中的沉降速度

粒子直径 $d/(10^{-3}\mathrm{m})$	沉降速度/$(10^{-2}\mathrm{m\cdot s^{-1}})$	沉降 0.1 m 所需时间
0.5	4.014	2.44 s
0.05	0.177	56.50 s
0.005	1.79×10^{-3}	1 h33 min
0.0005	1.79×10^{-5}	155 h

粒子达到沉降速度所需时间极短，一般只需 $10^{-6}\sim10^{-3}$ s。粒子做匀速运动时，根据斯托克斯（Stokes）定律，每一球形粒子所受向下重力应等于沉降介质的浮力与摩擦阻力之和（见图 12.8.1），即

$$\frac{4}{3}\pi r^3\rho g=\frac{4}{3}\pi r^3\rho_0 g+6\pi\eta ru \quad (12.8.1)$$

整理式（12.8.1）得

$$u=\frac{2r^2}{9\eta}(\rho-\rho_0)g \quad (12.8.2)$$

式中 r 为分散相粒子（球形）半径；ρ 为分散相粒子密度，假设无溶剂化现象，此密度即为纯固体的密度；ρ_0 为介质密度；η 为介质黏度；g 为重力加速度；u 为粒子沉降速度。

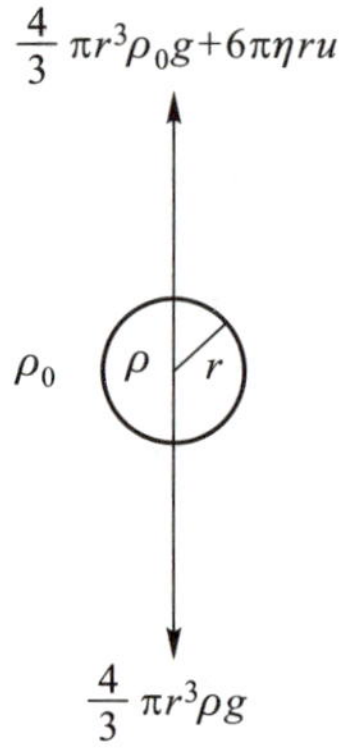

图 12.8.1　沉降力平衡

由式（12.8.2）可知：

（1）沉降速度与粒子半径平方成正比，粒子半径减小一半，沉降速度减至原来的 1/4。沉降分析法即以此为依据。

（2）选用不同密度和黏度的介质，可控制和调节沉降速度。这对许多工业过程和分析过程都是很重要的。

（3）实验测出时间 t 内粒子沉降的高度 h，并以 $u=h/t$ 代入式（12.8.2），得出粒子半径：

$$r=\sqrt{\frac{9\eta h}{2gt(\rho-\rho_0)}} \quad (12.8.3)$$

式（12.8.3）表明，不同半径的粒子，下沉同样高度所需时间不同。对于多级分散系统，采用沉降分析法，可求出粒子的粒度分布。

沉降分析可使用图 12.8.2 所示沉降天平来进行。通过悬挂于分散系统中的托盘及扭力天平，可测出不同时间 t 的沉降量 P。将 P 对 t 作图，可得沉降曲线，图 12.8.3 是一粒径连续分布的沉降曲线示意图。

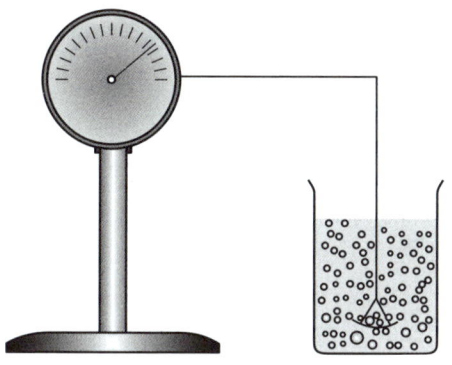

图 12.8.2 沉降天平示意图

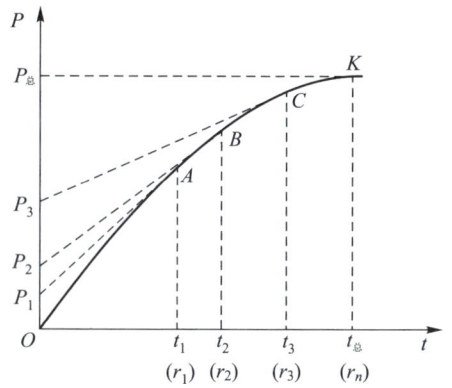

图 12.8.3 粒径连续分布的沉降曲线示意图

根据式(12.8.3)可算出图中 $t_1, t_2, t_3, \cdots, t_总$ 所对应的半径为 $r_1, r_2, r_3, \cdots, r_n$，其意义为：在 t_1 时，半径大于 r_1 的粒子全部沉降完；在 t_2 时，半径大于 r_2 的粒子全部沉降完；在 $t_总$ 时，半径大于 r_n 的粒子全部沉降完。然后由 $t_1, t_2, t_3, \cdots, t_总$ 分别作垂直线交沉降曲线于 $A, B, C, \cdots, K$，再由 $A, B, C, \cdots, K$ 作曲线的切线交纵轴于 $P_1, P_2, P_3, \cdots, P_总$，则半径大于 r_1 的粒子占总量的百分数为 $\overline{OP_1}/\overline{OP_总}$，半径在 $r_2 \sim r_3$ 的粒子占总量的百分数为 $\overline{P_2P_3}/\overline{OP_总}$。这样即可求出半径在不同范围的粒子所占的百分数，此即粒度分布的测量原理。

沉降分析常用于测定悬浮液的粒度分布，在许多领域，如土壤学、硅酸盐、颜料等的科研和生产中都有着广泛的应用。

§12.9 气 溶 胶

以液体或固体为分散相而气体为分散介质所形成的胶体系统,称为**气溶胶**。例如,烟、尘是固体粒子分散在空气中的气溶胶,云雾是小水滴分散在空气之中的气溶胶,可见,自然界中人们常遇到的是以空气为分散介质的空气溶胶。

在自然界和人们的生活中经常遇到气溶胶,如自然界中水分的循环(蒸发→云雾→降雨)离不开气溶胶;很多植物的受粉过程,要借助花粉气溶胶的流动(风作用下)来完成;医学和发酵工业必须重视悬浮在空气中的微生物,很多传染病也是通过悬浮在空气中的病菌(如结核菌等)由空气传播的。在矿山的开采、机械加工、燃料的燃烧、金属的冶炼、纺纱织布等工艺过程中,所产生的大量烟雾及粉尘,都严重污染环境,危害各类生物。例如,人若长期吸入含有硅酸盐的粉尘将引起硅肺病。据分析,煤烟中含有致癌性很强的碳氢化合物,如 3,4-苯并芘等。因此,对此类有危害的烟雾及粉尘必须进行排放前的处理,以保护环境。

另一方面,气溶胶在科学技术上的应用也十分广泛。例如,过冷水蒸气在气体离子上凝结时形成雾的现象,成为研究 α 射线、β 射线粒子轨迹的近代物理仪器之一,即威尔逊(Wilson)云雾室;将液体燃料喷成雾状或固体燃料以粉尘的形式进行燃烧,都可大大提高燃料的利用率,而且燃烧完全,减少污染;将催化剂分散成颗粒状,悬浮于气流之中的流态化技术,可以加大气-固传质速率,提高催化效果;军事技术上常用烟雾来掩蔽敌人攻击的目标等。

由上述讨论可知,气溶胶的稳定与破坏都具有明显的应用价值。本书以粉尘为代表来研究气溶胶的性质。

1. 粉尘的分类

粉尘有多种分类方法,如按化学性质分类,或按有无毒性分类。现介绍按粉尘在静止的空气中的沉降性质分类。

(1) 尘埃 粒子的直径为 10~100 μm,颗粒较大,在静止的空气中呈加速沉降的尘粒;

(2) 尘雾 粒子的直径为 0.25~10 μm,在静止的空气中可呈现等速沉降的尘粒;

(3) 尘云 粒子的直径在 0.1 μm 以下,颗粒甚小,在静止的空气中不能自动地下沉,而是处于无规则布朗运动状态的浮尘。

2. 粉尘的性质

（1）润湿性　粉尘被水润湿的情况与粉尘的化学性质、颗粒大小、带电情况、温度及接触时间的长短等因素皆有关。新产生的粉尘具有很强的吸附能力，它易于吸附空气中的粒子在其表面上形成一层较牢固的气膜。一般说来粉尘的颗粒越小，吸附能力越强，所形成的气膜越牢固，水对其润湿性越弱。甚至可使亲水性的大块固体变成憎水性粉尘。影响水对粉尘润湿效果的另一原因是悬浮于空气中的粉尘质量很小，遇到净化水幕的雾滴时，将产生环绕作用，而使粉尘不易与水滴接触。因此若能提高水滴的分布密度，增加粉尘与水滴相对运动的速度皆有利于水对粉尘的润湿。

（2）粉尘沉降的速度　粉尘沉降的速度与粉尘颗粒的大小、形状、密度等因素有关。直径大于 10 μm 的尘粒，在静止的空气中表现为加速沉降。只有分散程度较高，在静止的空气中表现为等速沉降的尘粒，才可用斯托克斯方程［式（12.8.2）］计算其沉降速度：

$$u = \frac{2r^2}{9\eta}(\rho - \rho_0)g$$

由于空气的密度 ρ_0 远小于粉尘的密度 ρ，故 ρ_0 可忽略不计。上式中 η 为静止空气的黏度，g 为重力加速度，r 为球形粒子半径。不同大小的球形石英粒子，在常温下静止的空气中的沉降速度，见表 12.9.1。

表 12.9.1　球形石英粒子在空气中的沉降速度

尘粒直径 $d/\mu m$	沉降速度	
	$u/(m \cdot s^{-1})$	$u/(m \cdot h^{-1})$
50	0.197	709
10	7.89×10^{-3}	28.4
5	1.97×10^{-3}	7.10
1	7.89×10^{-5}	0.284

由表中数据可知，直径在 10 μm 以上的可见尘粒，它们在静止的空气中可以很快地沉降下来。而直径小于 1 μm 的尘粒将长期地飘浮于空气之中而难以沉降于地面。

在自然界，经常出现大气的流动；在厂房及矿井内由于各种机械设备的运转、人的行走等许多因素的影响，空气不可能处于静止的状态，而且粉尘的形状又是不规则的，所有这些因素都会使粉尘的沉降速度变得更慢。

(3) 粉尘的荷电性 在粉尘产生的过程中,由于物料之间激烈地摩擦、撞击、放射性射线的照射及高压电场的影响,可使粉尘带电荷。粉尘若带有异性电荷,粒子间的引力加大,易于聚结成颗粒而沉降;若带有相同的电荷,由于粒子间存在静电斥力,而不利于沉降。研究表明,带电荷的粉尘更易于黏附在人的支气管和肺泡上,对人类产生更大的危害。表 12.9.2 列出了一些粉尘的荷电性。

表 12.9.2 粉尘的荷电性质

观察地点	观察条件	带正电荷粒子/%	带负电荷粒子/%	不带电荷粒子/%
实验室	铁矿尘	54.3	36.4	9.3
	石英岩粉尘	42.5	53.1	4.4
	砂岩粉尘	54.7	40.2	5.1
矿井	干式钻孔	49.8	44.0	6.2
	湿式钻孔	46.7	43.3	10.0
	爆破作业	34.5	50.6	14.9

(4) 粉尘的爆炸性 粉尘是高度分散的多相系统,可燃性粉尘于空气中,在适当条件下就会发生爆炸。例如,镁或碳化钙的粉尘与水接触后会引起燃烧或爆炸。对这类粉尘不能采用湿式的净化设备除尘。

粉尘在空气中的爆炸现象,实质上是激烈的化学反应,然而爆炸只有在一定浓度范围内才可能发生。发生爆炸时粉尘的最高浓度,称为**粉尘的爆炸上限**,最低浓度则称为**粉尘的爆炸下限**。粉尘在空气中的浓度达到或高于爆炸下限时,遇明火会立即爆炸。下限越低,能够发生爆炸的温度越低,发生爆炸的危险性就越大。一些粉尘的爆炸下限(质量浓度 ρ_B)见表 12.9.3。

表 12.9.3 一些粉尘的爆炸下限

名称	爆炸下限 $\rho_B/(g \cdot m^{-3})$	名称	爆炸下限 $\rho_B/(g \cdot m^{-3})$	名称	爆炸下限 $\rho_B/(g \cdot m^{-3})$
铝粉末	58.0	松香	5.0	棉花	25.2
煤末	114.0	染料	270.0	I级硬橡胶	7.6
沥青	15.0	萘	2.5	面粉	30.2
虫胶	15.0	硫矿粉	13.9	奶粉	7.6
木屑	65.0	页岩粉	58.0	茶叶粉末	32.6
樟脑	10.1	泥炭粉	10.1	烟草粉末	68.0

(5) 气溶胶的光学性质　气溶胶的丁铎尔效应基本上也服从瑞利公式,即散射光的强度与入射光波长的 4 次方成反比。通过气溶胶的透射光呈橙红色,散射光呈淡蓝色。例如,缕缕上升的炊烟呈淡蓝色就是太阳光被烟尘散射的结果。

在污染的大气层中,有时会出现一种"光化学烟雾",据分析它是由汽车、工厂的烟囱中排放出的氮的氧化物及碳氢化合物等物质,经太阳光紫外线照射,生成一种淡蓝色的毒性很大的气体,其中含有臭氧、醛类、过氧乙酰基硝酸酯、烷基硝酸盐、酮等物质。

由于大气中常飘浮有体积较大的物质粒子,丁铎尔效应则被浑浊现象所代替,这时的烟雾好像是乳白色的。大气中的烟雾有时可达到遮天蔽日的程度,使人的视力难及数步。

(6) 粉尘的凝聚性　干燥粉尘的表面常带有电荷,由于空气的流动、声波的振动及磁力的作用,使尘粒处于杂乱无章的运动状态。经相互碰撞,可使微小的粉尘聚结成较大的粒子,当其质量足够大时,即使有空气流动,也能自动地沉降,这对除尘的机理起着不可忽视的作用,近年来研制成的新型除尘设备,都设法利用这一特点。

3. 气体除尘

气体除尘是除去悬浮在气体中的粉尘的过程,即气溶胶的破坏。在化学、燃料、冶金等工业中,常会产生含大量粉尘的气体,必须除去粉尘,使以后生产过程得以顺利地进行。例如,在接触法制造硫酸中,如果在原料气内悬浮着的砷、硒等微粒不除去,就会使催化剂中毒。除了满足工业生产的要求外,除尘还有回收利用有价值物质,改善环境和保护农作物的重要作用。

20 世纪 50 年代以旋风式机械除尘(效率 60%~80%)为主;70 年代以多管旋风除尘器和静电除尘器组成的二级除尘(效率约 95%)为主;目前国际上普遍采用静电除尘器,其除尘效率可高达 99%,静电除尘器又称为科特雷尔(Cottrell)除尘器,如图 12.9.1 所示。当含尘气体流经高压静电场时,在由阴极射出的高能电子束的作用下,气体电离,并使粉尘带负电荷,在库仑力的作用下,粉尘射向阳极表面而放电沉积。通过机械振动或刮板的移动,可将沉积物卸下。这种装置常用于化工、冶金工业以净化烟尘,收集锡、铅、锌之类的金属氧化物,净化高炉煤气和捕集焦油等。

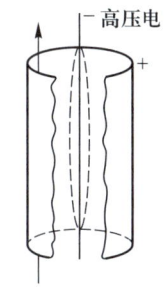

图 12.9.1　静电除尘器

对有些气溶胶,如电解 NaCl 时,产生的氢气中含有对人体危害性很大的

Hg,就不宜采用静电除尘的方法处理。可采用过硫酸盐溶液对含有 Hg 的氢气进行化学处理,处理后 Hg 蒸气的质量浓度可降至 5 $\mu g \cdot m^{-3}$ 以下。

§12.10　高分子化合物的渗透压和黏度

高分子化合物是指摩尔质量 $M > 1 \sim 10^4 \ \text{kg} \cdot \text{mol}^{-1}$ 的大分子化合物。它们在适当的溶剂中,可自动地分散成为高分子(或大分子)溶液。

高分子化合物以分子或离子的状态均匀地分布在溶液中,在分散相与分散介质之间无相界面存在。故高分子溶液是均匀分布的热力学稳定系统。这是高分子溶液与溶胶最本质的差别。

由于高分子化合物分子的大小,恰好是在胶体范围之内,而且又具有胶体的某些特性,因此又将高分子溶液称为亲液胶体。为了便于比较,现将高分子溶液与溶胶在主要性质上的异同列于表 12.10.1 中。

表 12.10.1　高分子溶液与溶胶性质的比较

	高分子溶液	溶胶
相同之处	高分子化合物的尺度 $10^{-9} \sim 10^{-7}$ m	分散相粒子的尺度 $10^{-9} \sim 10^{-7}$ m
	扩散慢	扩散慢
	不能通过半透膜	不能通过半透膜
不同之处	热力学稳定系统	热力学不稳定系统
	稳定的原因主要是溶剂化	稳定的原因主要是分散相粒子带电荷
	均相系统,丁铎尔效应微弱	多相系统,丁铎尔效应强
	对电解质稳定性大	加入少量电解质就会聚沉
	黏度大	黏度小,与纯溶剂的黏度相似
	将溶剂蒸发除去,可得干燥的高分子化合物,再加入溶剂又可自动地溶解成溶液,即具有可逆性	将溶剂蒸发除去,可得干燥的沉淀物,若再加入溶剂,不能复原成溶胶,即具有不可逆性

1. 高分子溶液的渗透压

在讨论稀溶液的依数性时,曾推导出理想稀溶液的渗透压公式:

$$\Pi = c_B RT = \frac{\rho_B}{M} RT \tag{12.10.1}$$

式中 Π 为渗透压,单位为 Pa;c_B 为溶质的浓度,单位为 $mol·m^{-3}$;ρ_B 为溶质的质量浓度,单位为 $kg·m^{-3}$;M 为溶质的摩尔质量,单位为 $kg·mol^{-1}$。

当将式(12.10.1)应用于高分子稀溶液时,发现:在恒温下,Π/ρ_B 往往不是常数,而是随 ρ_B 的不同而变化。究其原因,是由于高分子溶液中明显的溶剂化效应而引起的(分散相与分散介质间存在较强的亲和力)。

针对上述情况,人们对渗透压公式进行了如下修正,以描述高分子溶液渗透压 Π 与高分子溶液的质量浓度 ρ_B 之间的关系:

$$\frac{\Pi}{\rho_B} = RT\left(\frac{1}{M} + A_2\rho_B + A_3\rho_B^2 + \cdots\right) \qquad (12.10.2)$$

该式采用了维里(Virial)方程形式,其中 $A_2, A_3, \cdots$ 皆为常数,称为维里系数。

当高分子溶液的质量浓度很小时,可忽略高次方项,上式变为

$$\frac{\Pi}{\rho_B} = RT\left(\frac{1}{M} + A_2\rho_B\right) \qquad (12.10.3)$$

在恒温下,若以 Π/ρ_B 对 ρ_B 作图,应得到一直线,可由该直线的斜率及截距计算高分子化合物的摩尔质量 M 及第二维里系数 A_2。

渗透压法测定高分子摩尔质量的范围是 $10\sim10^3$ $kg·mol^{-1}$,摩尔质量太小时,高分子化合物容易通过半透膜,制膜有困难;摩尔质量太大时,渗透压很低,测量误差大。式(12.10.3)只适用于不能解离的高分子稀溶液或处于等电状态的蛋白质水溶液,而对于非等电状态的蛋白质(或其他能解离的高分子化合物),由式(12.10.3)求得的摩尔质量往往偏低。唐南(Donnan)对此进行了研究,提出了离子隔膜平衡理论,令人满意地解释了许多实验结果。

2. 唐南平衡

第四章推导稀溶液的依数性时,讨论的是非电解质溶液,一个溶质分子在溶液中即是一个质点。但对电解质溶液来讲,一个强电解质 $C_{\nu_+}A_{\nu_-}$ 分子可以解离出 $(\nu_+ + \nu_-)$ 个质点,故依数性的公式应用于电解质溶液时要作相应的修改。

若蛋白质(或其他能解离的高分子化合物)不在等电点,可视为强电解质(以 Na_zP 表示),它在水中能完全解离:

$$Na_zP \longrightarrow zNa^+ + P^{z-}$$

即 1 个蛋白质分子产生 $(z+1)$ 个离子。此时若将蛋白质水溶液与纯水用只允许溶剂 H_2O 和离子 Na^+ 透过而 P^{z-} 不能透过的半透膜隔开,达到渗透平衡时,所产生的渗透压为

$$\Pi = (z+1)cRT \qquad (12.10.4)$$

显然,对发生解离的高分子化合物,若按式(12.10.1)计算摩尔质量时,计算值要

远远低于实际摩尔质量。为解决此问题，常在缓冲溶液或在加盐的情况下进行可解离高分子化合物摩尔质量的测定，其原理如下。

如图 12.10.1(a) 所示，开始时，把浓度为 c 的蛋白质 Na_zP 溶于水，放置在半透膜的左边，浓度为 c_0 的 NaCl 溶液放在半透膜的右边。由于 Cl^- 可以自右侧透过半透膜到达左侧，而每有一个 Cl^- 通过半透膜，必然同时有一个 Na^+ 也透过半透膜以维持两侧溶液的电中性。设达到渗透平衡时有浓度为 x 的 NaCl 从右侧透过半透膜进入左侧，则左、右两侧各离子浓度如图 12.10.1(b) 所示。

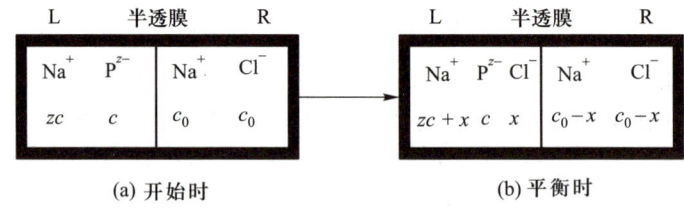

图 12.10.1 唐南平衡示意图（两侧体积相等）

达到渗透平衡时，NaCl 在膜两侧的化学势必然相等，即

$$\mu_L(NaCl) = \mu_R(NaCl)$$

又因为

$$\mu_L(NaCl) = \mu^{\ominus}(NaCl) + RT\ln a_L(NaCl)$$
$$\mu_R(NaCl) = \mu^{\ominus}(NaCl) + RT\ln a_R(NaCl)$$

则有

$$a_L(NaCl) = a_R(NaCl)$$
$$a_L(Na^+) \cdot a_L(Cl^-) = a_R(Na^+) \cdot a_R(Cl^-)$$

对稀溶液，活度可用浓度代替，则

$$c_L(Na^+) \cdot c_L(Cl^-) = c_R(Na^+) \cdot c_R(Cl^-)$$

即渗透平衡时，半透膜右边的钠离子与氯离子浓度的乘积等于半透膜左边的钠离子（包括蛋白质解离出来的钠离子）与氯离子浓度的乘积，此关系称为**唐南平衡**。

将平衡时半透膜左、右两侧离子浓度代入上式，有

$$(zc + x) \cdot x = (c_0 - x)^2$$

整理得

$$x = \frac{c_0^2}{zc + 2c_0} \tag{12.10.5}$$

因渗透压与半透膜两边溶质浓度之差成比例，即

$$\Pi = (\sum c_{B,L} - \sum c_{B,R})RT$$
$$= [(zc+x+x+c)-(c_0-x+c_0-x)]RT$$
$$= (zc+c-2c_0+4x)RT$$

将 x 表达式(12.10.5)代入上式,得

$$\Pi = \frac{z^2c^2+zc^2+2cc_0}{zc+2c_0}RT \tag{12.10.6}$$

下面讨论两种极限情况:

当 $c_0 \ll c$,即加入盐的浓度远小于蛋白质的浓度时,得

$$\Pi = \frac{z^2c^2+zc^2}{zc}RT = (z+1)cRT \tag{12.10.7}$$

当 $c_0 \gg c$,即加入盐的浓度远大于蛋白质的浓度时,得

$$\Pi = \frac{2cc_0}{2c_0}RT = cRT \tag{12.10.8}$$

由上面的讨论可看出,第一种极限情况(加入盐的浓度很低),渗透压公式简化成了式(12.10.4),即与无盐存在时的渗透压相等。在第二种极限情况下(加入盐的浓度很高),公式简化成了式(12.10.1),即符合理想稀溶液的渗透压公式。因此可得出如下结论:加入足够的盐可以消除唐南平衡效应对高分子电解质摩尔质量测定的影响,因而可直接应用最简单的式(12.10.1)测定、计算高分子化合物的摩尔质量。

唐南平衡最重要的功能是控制物质的渗透压,这对医学、生物学等研究细胞膜内外的渗透平衡有重要意义。

3. 高分子溶液的黏度

高分子溶液的黏度较一般憎液溶胶或普通溶液的黏度大得多。例如,若在苯中溶入质量分数为 1% 的橡胶,该溶液的黏度要比纯苯的黏度大十多倍。图 12.10.2 中,曲线 A 表示高分子溶液的黏度与其质量浓度的关系;曲线 B 表示憎液溶胶的黏度与质量浓度的关系。可以看出,当高分子溶液的质量浓度增加时,其黏度随之急剧上升。高分子溶液的黏度不仅与溶液的浓度有关,还与溶质分子的大小、形状及溶质与溶剂间的作用等有关。黏度的测定与研究在理论上和工业应用上都很重要,例如,利用它测定高分子的摩尔质量,推断其结构和性能,鉴定质量,控制反应

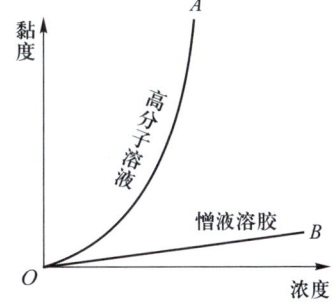

图 12.10.2 浓度对黏度的影响

进程等。

(1) 黏度的定义　黏度又称内摩擦或黏(滞)性,是流体内部阻碍其相对流动的一种特性。以液体为例,当液体在管中流动时,分为层流和湍流。与管壁相接触的液层的流速为零,越远离管壁,液层流速越大,在管中心流速应最大。即平行于流动方向可将液体分成流速不同的各层,则在任何相邻两层的接触面上就有与其平行而与流动方向相反的阻力,称为内摩擦力或黏滞力。内摩擦力 F 与两液层流速之差 du 成正比,而与两液层间的距离 dx 成反比,且与两液层的接触面积 A_s 成正比,即

$$F = \eta \frac{A_s du}{dx}$$

这里比例系数 η 称为物质的黏度系数,简称**黏度**。它的物理意义是相隔单位距离的两液层相差单位速度时,作用于单位面积上的内摩擦力。在 SI 制中 η 的单位为 $Pa \cdot s$[①]。

黏度是高分子溶液的一个重要特征。在高分子溶液中使用着几种黏度,其名称和定义见表 12.10.2。

表 12.10.2　常用的几种黏度术语

(η_0—溶剂的黏度;η—溶液的黏度;ρ—溶液中高分子的质量浓度)

名称	定义		单位
	定义式	含义	
相对黏度	$\eta_r = \dfrac{\eta}{\eta_0}$	表示溶液黏度对溶剂黏度的倍数	1
增比黏度	$\eta_{sp} = \dfrac{\eta - \eta_0}{\eta_0} = \eta_r - 1$	表示溶液黏度比纯溶剂黏度增加的分数	1
比浓黏度	$\dfrac{\eta_{sp}}{\rho} = \dfrac{\eta - \eta_0}{\eta_0} \cdot \dfrac{1}{\rho} = \dfrac{\eta_r - 1}{\rho}$	表示单位质量浓度的增比黏度,其数值仍随质量浓度的增加而增加	$m^3 \cdot kg^{-1}$
特性黏度	$[\eta] = \lim\limits_{\rho \to 0}\left(\dfrac{\eta_{sp}}{\rho}\right) = \lim\limits_{\rho \to 0}\left(\dfrac{\eta_r - 1}{\rho}\right)$	为比浓黏度在质量浓度无限稀时的极限	$m^3 \cdot kg^{-1}$

(2) 高分子溶液的黏度和摩尔质量的关系　上面已经提到,影响高分子溶液黏度的因素比较复杂,因此,要想从理论上导出黏度和相对分子质量的关系是困难的,故常用经验公式。

[①]　过去的单位为 P(泊),$1P = 0.1 Pa \cdot s$。

最常用的高分子溶液特性黏度$[\eta]$与相对分子质量M_r的经验关系式为

$$[\eta] = KM_r^\alpha \tag{12.10.9a}$$

上式的对数形式为

$$\ln[\eta] = \ln K + \alpha \ln M_r \tag{12.10.9b}$$

式中α、K为与高分子化合物和溶剂有关的特征参数。K值一般在$(0.5 \sim 20) \times 10^{-5}$ m³·kg⁻¹;α值一般在0.5~2,它反映了高分子在溶液中的形态:若高分子卷曲成线团状,$\alpha < 1$而近于0.5;当线团松散成弯弯曲曲的线状时,$\alpha = 1$;若高分子链伸直成棍状,$\alpha = 2$。表12.10.3列出了某些高分子溶液的K、α值。

表12.10.3 某些高分子溶液的K、α值

高分子化合物	溶剂	$t/℃$	相对分子质量的范围	$K/(10^{-5} \text{m}^3 \cdot \text{kg}^{-1})$	α
聚苯乙烯	苯	25	32 000 ~ 1 300 000	1.03	0.74
聚苯乙烯	丁酮	25	2 500 ~ 1 700 000	3.9	0.58
聚异丁烯	环己烷	30	600 ~ 3 150 000	2.6	0.70
聚异丁烯	苯	24	1 000 ~ 3 150 000	8.3	0.50
醋酸纤维素	丙酮	25	11 000 ~ 130 000	0.19	1.03
天然橡胶	甲苯	25	40 000 ~ 1 500 000	5.0	0.67

上述K、α值是由实验测定的,方法是先用其他方法(如光散射、渗透压法等)测定高分子化合物的相对分子质量M_r,并测定溶液的特性黏度$[\eta]$,然后根据式(12.10.9b)以$\ln[\eta]$对$\ln M_r$作图,求出K值和α值。

应当指出,除少数蛋白质外,不论是天然的还是合成的高分子化合物,都是相对分子质量大小不等、结构也不完全相同的同系混合物。因此不论用什么方法所测得高分子的相对分子质量都是在一定范围内的平均值。同一个高分子溶液用不同方法测得的平均相对分子质量,往往具有不同的名称和不同的量值。由黏度法测定的则称为黏均分子量。

*§12.11 高分子溶液的盐析、胶凝作用与凝胶的溶胀

1. 盐析作用

前面曾讨论过电解质对于溶胶(主要指水溶胶)的聚沉作用。溶胶对电解质是很敏感的,但对于高分子溶液来说,加入少量电解质时,它的稳定性并不会

受到影响,到了等电点也不会聚沉,直到加入更多的电解质,才能使它发生聚沉。高分子溶液的这种聚沉现象称为**盐析**。

离子在水溶液中都是水化的。当大量电解质加入高分子溶液时,由于离子发生强烈水化作用的结果,致使原来高度水化的高分子化合物去水化,因而发生聚沉作用。可见发生盐析作用的主要原因应为去水化。

有些高分子化合物中存在着可以解离的极性基团,由于解离可使分子带电荷,对于这样的高分子溶液,少量电解质的加入可以引起电动电势降低,但这并不能使它失去稳定性,这时高分子化合物的分子仍是高度水化的,只有继续加入较多的电解质时,才出现盐析现象。实验表明,盐析能力的大小与离子的种类有关。表 12.11.1 列出了盐类使卵白朊开始盐析的最低浓度。

表 12.11.1 盐类使卵白朊盐析的最低浓度

盐类	$c/(\mathrm{mol \cdot dm^{-3}})$	盐类	$c/(\mathrm{mol \cdot dm^{-3}})$
柠檬酸钠	0.56	Li_2SO_4	0.78
酒石酸钠	0.78	K_2SO_4	0.79
硫酸钠	0.80	Na_2SO_4	0.80
醋酸钠	1.69	$(NH_4)_2SO_4$	1.00
氯化钠	3.62	$MgSO_4$	1.32
硝酸钠	5.42		
氯酸钠	5.52		

从表 12.11.1 可以看出,阴离子的盐析能力的顺序是:

柠檬酸根离子>酒石酸根离子>硫酸根离子>醋酸根离子>氯离子>硝酸根离子>氯酸根离子

阳离子的盐析能力的顺序是:

$$Li^+ > K^+ > Na^+ > NH_4^+ > Mg^{2+}$$

这也称为**感胶离子序**。对不同种类的高分子溶液,这种顺序有时虽稍有改变,但大致相同。这种顺序与离子的水化程度极为一致。

2. 胶凝作用、触变现象和脱水收缩

(1) 胶凝作用 高分子溶液在适当条件下,可以失去流动性,整个系统变为弹性半固体状态。这是因为系统中大量的高分子化合物好像许多弯曲的细线,互相联结形成立体网状结构,网架间充满的溶剂不能自由流动,而构成网架的高

§12.11 高分子溶液的盐析、胶凝作用与凝胶的溶胀

分子化合物仍具有一定柔顺性,所以表现出弹性半固体状态,这种系统称为**凝胶**;液体含量较多的凝胶也称为**胶冻**,如琼脂、血块、肉冻等其中水的质量分数有时可达 99% 以上。高分子溶液(或溶胶)形成凝胶的过程称为**胶凝作用**。分散相粒子形状的不对称性,降低温度,加入胶凝剂(如电解质),提高分散物质的浓度,有时延长放置时间都能促进凝胶的形成。

胶凝作用与盐析作用相比较,前者所用的胶凝剂一般比后者为少,胶凝剂的浓度必须适当。胶凝作用不是凝聚过程的终点,胶凝有时能继续转变而成为盐析,使凝胶最终分离为两相。

胶凝现象不限于高分子溶液,氢氧化铝、氢氧化铁、氢氧化铬和五氧化二钒等溶液也有这种现象。由于这些物质的胶粒有一定程度的亲液性质,胶粒的形状不是球状的(如杆状的、片状的等),以至于它们之间也能互相联结形成网状结构,而成为凝胶。

(2) 触变现象 有些凝胶(如低浓度的明胶、生物细胞中的原形质及可塑性黏土等)的网状结构不稳定,可因机械力(如摇动或振动等)变成有较大流动性(稀化)的溶液状态,外力解除静置后又恢复成凝胶状态(重新稠化),这种现象称为**触变**。触变现象的发生是因为振动时,网状结构受到破坏。线状粒子互相离散,系统出现流动性,静置时线状粒子又重新交联形成网状结构,如图 12.11.1 所示。

触变现象在自然界和工业生产中常可遇到。如草原上的沼泽地、可塑性黏土、混凝土注浆等的触变,这些将会影响生产。为了控制触变,在生产中一般采取掺入旧料、适当控制酸性等方法。

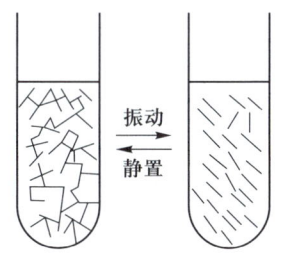

图 12.11.1 触变现象示意图

(3) 脱水收缩 前已谈到,胶凝作用并非凝聚过程的终点,在许多情况下,如将凝胶放置时,就开始渗出微小的液滴,这些液滴逐渐合并而形成一个液相,与此同时凝胶本身的体积将缩小,且乳光度亦随之增加。这种使凝胶分为两相的过程,称为**脱水收缩**。脱水收缩后,凝胶体积虽变小,但仍能保持最初的几何形状,如图 12.11.2 所示。

脱水收缩现象一般是粒子在系统内所发生的相互吸引作用的结果,各成分间并不发生任何化学反应,它们的总体积一般没有变化,这时脱水收缩过程并未引起溶剂化程度的改变。

脱水收缩现象在许多实际生产中,如纺织工业、人造纤维工业和糖果工业等都会遇到。

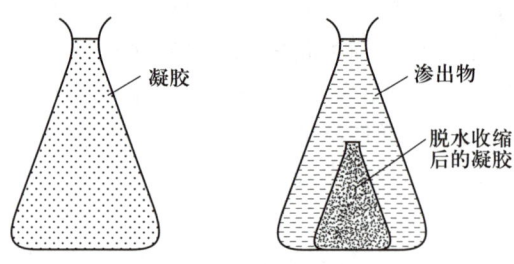

(a) 脱水收缩前的凝胶　(b) 脱水收缩后凝胶分成两相

图 12.11.2　脱水收缩现象

3. 凝胶的溶胀

凝胶按其性质，可分为脆性凝胶和弹性凝胶。脆性凝胶当失去或重新吸收分散介质时，形状和体积几乎都不改变，如硅胶、TiO_2、SnO_2 等凝胶；而弹性凝胶当失去分散介质后，体积显著缩小，但当重新吸收分散介质时，体积又重新膨胀，如琼脂、白明胶，以及皮革、纸张等。干燥的弹性凝胶吸收分散介质而体积增大的现象称为**溶胀**。

溶胀是高分子化合物溶解的第一阶段。某些物质在一定溶剂中，如生橡胶在苯中，随着溶胀的进行，最后达到全部溶解，称为**无限溶胀**。但另一些高分子化合物，如硫化橡胶，由于形成了有交联的网状结构，在溶胀过程中，所吸收的液体量达到最大值，而不再继续膨胀，这种溶胀现象称为**有限溶胀**。

弹性凝胶的溶胀对溶剂是有选择性的。例如，琼脂和白明胶仅能在水和甘油的水溶液中溶胀，而不能在酒精和其他有机液体中溶胀。橡胶只能在二硫化碳和苯等有机液体中溶胀，而不能在水中溶胀。

溶胀时除溶胀物的体积增大外，还伴随有热交换，这种热称为溶胀热，除个别情况外，溶胀都是放热的。当一物质溶胀时，它对外界施加一定的压力，称为溶胀压力。这种压力在某些情况下可能达到很大。在古代就有利用溶胀压力来分裂岩石的例子，在岩石裂缝中间，塞入木块，再注入大量的水，于是木质纤维发生溶胀产生巨大的溶胀压力使岩石裂开。

对溶胀过程的研究，除有理论价值外，对食品工业、有关的化学工业及其他方面也是需要的。

本 章 小 结

胶体分散系统是分散相粒子尺度介于 1~1 000 nm 的分散系统，包括溶胶、高分子溶液和缔合胶体,其中溶胶是本章讨论的重点。溶胶的高分散性、多相性及热力学不稳定性等特征决定了其基本性质。

本章简要介绍了溶胶的制备,重点介绍了其光学性质(丁铎尔效应)、动力学性质(布朗运动、沉降与沉降平衡)和电学性质(四种电动现象及斯特恩扩散双电层理论),在电学性质介绍中引出了 ζ 电势这一重要概念。之后介绍了溶胶的稳定与聚沉,主要内容包括 DLVO 理论、电解质对溶胶稳定与聚沉的影响。

此外,本章还介绍了一些粗分散系统(分散相粒子尺度大于 1 000 nm),如乳状液(稳定与破乳)、泡沫、气溶胶、悬浮液等的基础知识。

高分子溶液作为分子尺度在 1~1 000 nm 的均相热力学稳定系统,其渗透压、黏度等性质不同于一般小分子真溶液,本章对此进行了介绍,并讨论了其盐析、胶凝及凝胶的溶胀作用。

思 考 题

1. 如何定义胶体系统?总结胶体系统的主要特征。

2. 丁铎尔效应的实质及产生条件是什么?

3. 布朗运动的本质是什么?在胶体稳定方面有何作用?

4. 列举溶胶的四种电动现象,指出它们中哪些是粒子移动而分散介质不动?哪些是分散介质移动而粒子不动?

5. 简述斯特恩扩散双电层模型的要点,指出热力学电势、斯特恩电势和 ζ 电势的区别。

6. 溶胶能够在一定的时间内稳定存在的主要原因是什么?

7. 破坏溶胶最有效的方法是什么?说明原因。

8. K、Na 等碱金属的皂类作为乳化剂时,易于形成 O/W 型乳状液;Zn、Mg 等高价金属的皂类作为乳化剂时,则易于形成 W/O 型乳状液,试说明原因。

习 题

12.1 某溶胶中粒子平均直径为 4.2×10^{-9} m,设 25 ℃ 时其黏度 $\eta = 1.0 \times 10^{-3}$ Pa·s。计算:

(1) 25 ℃ 时,胶粒因布朗运动在 1 s 内沿 x 轴方向的平均位移;

(2) 胶粒的扩散系数。

答:1.44×10^{-5} m;1.04×10^{-10} m$^2 \cdot$ s^{-1}

12.2 某金溶胶粒子半径为 30 nm。25 ℃ 时,于重力场中达到平衡后,在高度相距 0.1 mm 的某指定体积内粒子数分别为 277 个和 166 个,已知金与分散介质的密度分别为 19.3×10^3 kg·m^{-3} 及 1.00×10^3 kg·m^{-3}。试计算阿伏加德罗常数。

答：$6.26×10^{23}$ mol^{-1}

12.3 通过电泳实验测定 BaSO$_4$ 溶胶的 ζ 电势。实验中，两极之间电势差为 150 V，距离为 30 cm，通电 30 min 溶胶界面移动 25.5 mm，求该溶胶的 ζ 电势。已知分散介质的相对介电常数 ε_r=81.1，黏度 η=1.03×10^{-3} Pa·s，相对介电常数 ε_r、介电常数 ε 及真空介电常数 ε_0 之间有如下关系：

$$\varepsilon_r = \varepsilon/\varepsilon_0 \quad \varepsilon_0 = 8.854×10^{-12} \text{ F·m}^{-1} \quad 1\text{ F} = 1\text{ C·V}^{-1}$$

答：$40.6×10^{-3}$ V

12.4 在 NaOH 溶液中用 HCHO 还原 HAuCl$_4$ 可制得金溶胶：

$$HAuCl_4 + 5NaOH \longrightarrow NaAuO_2 + 4NaCl + 3H_2O$$

$$2NaAuO_2 + 3HCHO + NaOH \longrightarrow 2Au(s) + 3HCOONa + 2H_2O$$

NaAuO$_2$ 是上述方法制得金溶胶的稳定剂，写出该金溶胶的胶团结构式。

12.5 向沸水中滴加一定量的 FeCl$_3$ 溶液制备 Fe(OH)$_3$ 溶胶，未水解的 FeCl$_3$ 为稳定剂。写出胶团结构式，指出 Fe(OH)$_3$ 胶粒在电泳时的移动方向，并说明原因。

12.6 在 Ba(NO$_3$)$_2$ 溶液中滴加 Na$_2$SO$_4$ 溶液可制备 BaSO$_4$ 溶胶。分别写出(1) Ba(NO$_3$)$_2$ 溶液过量；(2) Na$_2$SO$_4$ 溶液过量时的胶团结构式。

12.7 在 H$_3$AsO$_3$ 的稀溶液中通入 H$_2$S 气体，生成 As$_2$S$_3$ 溶胶。已知 H$_2$S 能解离成 H$^+$ 和 HS$^-$。写出 As$_2$S$_3$ 胶团的结构式，比较电解质 AlCl$_3$、MgSO$_4$ 和 KCl 对该溶胶聚沉能力大小。

12.8 以等体积的 0.08 mol·dm^{-3} AgNO$_3$ 溶液和 0.1 mol·dm^{-3} KCl 溶液制备 AgCl 溶胶。

(1) 写出胶团结构式，指出电场中胶体粒子的移动方向；

(2) 加入电解质 MgSO$_4$、AlCl$_3$ 和 Na$_3$PO$_4$ 使上述溶胶发生聚沉，则电解质聚沉能力大小顺序是什么？

答：(1) 正极；(2) AlCl$_3$ > MgSO$_4$ > Na$_3$PO$_4$

12.9 某带正电荷溶胶以 KNO$_3$ 作为沉淀剂时，聚沉值为 50×10^{-3} mol·dm^{-3}，若用 K$_2$SO$_4$ 溶液作为沉淀剂，其聚沉值大约为多少？

答：$0.78×10^{-3}$ mol·dm^{-3}

12.10 在三个烧瓶中分别盛有 0.020 dm^3 的 Fe(OH)$_3$ 溶胶，分别加入 NaCl、Na$_2$SO$_4$ 及 Na$_3$PO$_4$ 溶液使溶胶发生聚沉，最少需要加入：1.00 mol·dm^{-3} 的 NaCl 溶液 0.021dm^3；5.0×10^{-3} mol·dm^{-3} 的 Na$_2$SO$_4$ 溶液 0.125 dm^3；3.333×10^{-3} mol·dm^{-3} 的 Na$_3$PO$_4$ 溶液 0.0074 dm^3。试计算各电解质的聚沉值、聚沉能力之比，并指出胶体粒子的带电符号。

答：聚沉值(单位为 mol·dm^{-3}) 为 NaCl:512×10^{-3}；Na$_2$SO$_4$:4.31×10^{-3}；Na$_3$PO$_4$:0.90×10^{-3}；

三者聚沉能力之比:1:119:569；胶粒带正电荷

12.11 直径为 1 μm 的石英微尘，从高度为 1.7 m 处(人的呼吸带附近)降落到地面需要多少时间？已知石英的密度为 2.63×10^3 kg·m^{-3}，空气的黏度 η=1.82×10^{-5} Pa·s。

答：约 6.01 h

12.12 如附图所示，在 27℃ 时，膜内高分子水溶液的浓度为 0.1 mol·dm^{-3}，膜外 NaCl 浓度为 0.5 mol·dm^{-3}，R$^+$ 代表不能透过膜的高分子正离子，试求平衡后溶液的渗透压。

R⁺, Cl⁻	Na⁺, Cl⁻
0.1, 0.1	0.5, 0.5

习题 12.12 附图

答：272.5 kPa

12.13 实验测得聚苯乙烯-苯溶液的比浓黏度 η_{sp}/ρ_B 与溶质的质量浓度 ρ_B 的关系有如下数据：

$\rho_B / (g \cdot dm^{-3})$	0.780	1.12	1.50	2.00
$\dfrac{\eta_{sp}}{\rho_B} / (10^{-3} \ g^{-1} \cdot dm^3)$	2.65	2.74	2.82	2.96

且已知经验方程式 $[\eta] = K M_r^\alpha$ 中的常数项 $K = 1.03 \times 10^{-7} \ g^{-1} \cdot dm^3$，$\alpha = 0.74$，试计算聚苯乙烯的相对分子质量为多少？

答：8.20×10^5

参考书目

[1] 胡英. 物理化学. 6 版. 北京:高等教育出版社,2014.

[2] 傅献彩,沈文霞,姚天扬,等. 物理化学. 5 版. 北京:高等教育出版社,2005(上册),2006(下册).

[3] Atkins P W, de Paula J. Physical Chemistry. 10th ed. Oxford:Oxford University Press, 2014.

[4] Engel T, Reid P, Hehre W. Physical Chemistry. 3rd ed. Boston:Pearson Education, Inc. 2013.

[5] Levine I N. Physical Chemistry. 6th ed. New York:McGraw-Hill, Inc. 2009.

[6] 彭笑刚. 物理化学讲义. 北京:高等教育出版社,2012.

[7] 范康年. 物理化学. 2 版. 北京:高等教育出版社,2005.

[8] 韩德刚,高执棣,高盘良. 物理化学. 2 版. 北京:高等教育出版社,2009.

[9] 傅鹰. 化学热力学导论. 北京:科学出版社,1963.

[10] Poling B E, Prausnitz J M, O'Connell J P. The Properties of Gases and Liquids. New York:McGraw-Hill, 2004.

[11] 周公度,段连云. 结构化学基础. 4 版. 北京:北京大学出版社,2008.

[12] Levine I N. Quantum Chemistry. 7th ed. New York:Pearson education, Inc. 2014.

[13] Atkins P W, Friedman R S. Molecular Quantum Mechanics. 4th ed. Oxford:Oxford University Press, 2005.

[14] 唐有祺. 统计热力学及其在物理化学中的应用. 北京:科学出版社,1964.

[15] Hill T L. An Introduction to Statistical Thermodynamics. New York:Dover Publications, Inc. 1986.

[16] Wright M R. An Introduction to Chemical Kinetics. West Sussex:John Wiley & Sons Ltd., 2004.

[17] Chorkendorff I, Niemantsverdriet J W. Concepts of Modern Catalysis and Kinetics. Weinheim:WILEY-VCH Verlag GmbH & Co., 2003.

[18] 艾林 H, 林 S H, 林 S M. 基础化学动力学. 王作新,潘强余,译. 北京:科学出版社,1984.

[19] Bockris J O, Reddy A K N. Modern Electrochemistry：Vol 1, Ionics. 2nd ed. New York：Kluwer Academic Publishers, 2002.

[20] Bockris J O, Reddy A K N, Maria G A. Modern Electrochemistry：Vol 2A, Fundamentals of Electrodics. 2nd ed. New York：Kluwer Academic Publishers, 2002.

[21] Bard A J, Faulkner L R. Electrochemical Methods Fundamentals and Applications. New York：John Wiley & Sons, 2001.

[22] 朱步瑶,赵振国. 界面化学基础. 北京:化学工业出版社, 1996.

[23] Adamson A W, Gast A P. Physical Chemistry of Surfaces. 6th ed. New York：John Wiley & Sons, 1997.

[24] Shaw D J. Introduction to Colloid & Surface Chemistry. 4th ed. London：Butterworth-Heinemann, 1999.

[25] 梁文平,杨俊林,陈捅军,等. 新世纪的物理化学. 北京:科学出版社, 2004.

[26] 张礼和. 化学学科进展. 北京:化学工业出版社, 2005.

索 引

（按拼音次序）

A

阿伦尼乌斯方程	565
阿伦尼乌斯活化能	565
阿马加定律	16
埃伦菲斯方程	284
艾林方程	602
艾林方程的热力学表示式	604
安托万方程	142

B

半衰期	551
饱和吸附量	514
饱和液体	17
饱和蒸气	17
饱和蒸气压	17
爆炸界限	591
本征函数	387
本征值	387
比表面积	495
标准电动势	341
标准电极电势	342
标准摩尔反应焓	64
标准摩尔反应吉布斯函数	128
标准摩尔反应熵	121
标准摩尔焓函数	481
标准摩尔吉布斯自由能函数	480
标准摩尔燃烧焓	68
标准摩尔熵	119
标准摩尔生成焓	66
标准摩尔生成吉布斯函数	128
标准平衡常数	205
标准氢电极	342
标准熵	119
标准态	64
表观活化能	586
表面惰性物质	527
表面过程控制	636
表面活性剂	527
表面活性物质	527
表面张力	496
表面质量作用定律	637
波函数	382
玻恩-奥本海默近似	414
玻尔半径	403
玻耳兹曼分布	443
玻耳兹曼熵定理	465
玻色子	413
不可逆过程	80
不确定原理	380
布朗运动	663

C

残余熵	474
敞开系统	36
超电势	367
沉降	666
沉降电势	669
沉降平衡	666
触变	699

磁量子数	401
从头计算法	422
粗分散系统	655
催化作用	622

D

单分子反应	545
单链反应	588
道尔顿定律	15
德拜-休克尔极限公式	330
等概率原理	439
低共熔点	267
低共熔混合物	267
低会溶点	261
缔合化学吸附	634
电池电动势	335
电导	318
电导池系数	320
电导率	319
电动势的温度系数	339
电化学极化	367
电极电势	342
电极反应	310
电解池	310
电迁移	313
电迁移率	316
电渗	668
电泳	667
电子自旋	410
丁铎尔效应	660
定态	384
定态薛定谔方程	384
定域子系统	428
动力学控制	636
独立子系统	429
对比参数	28
对比体积	28
对比温度	28
对比压力	28
对称数	455
对行反应	571
对应状态原理	28
多分子层吸附理论	517

E

二级反应	554
二级相变	282

F

法拉第常数	312
法拉第定律	312
反应分级数	547
反应分子数	545
反应机理	545
反应级数	547
反应进度	62
反应控制	607
反应速率	542
反应速率常数	546
反应途径	600
范德华常数	23
范德华方程	23
范特霍夫方程	214
范特霍夫规则	565
范特霍夫渗透压公式	195
非基元反应	544
非体积功	38
非自发过程	98
菲克扩散第一定律	607
沸点升高公式	194
沸点升高系数	193
费米子	413
分布数	433
分解电压	365

分配定律	182	光化学第二定律	616
分配系数	182	光化学第一定律	616
分散介质	655	光敏物质	615
分散系统	655	广度量	37
分散相	655	规定熵	119
分体积	16	轨道	404
分压力	15	过饱和溶液	508
分子动态学	641	过饱和蒸气	506
分子轨道	415	过程	37
分子间力	8	过渡状态	600
封闭系统	36	过冷液体	508
弗罗因德利希公式	512	过热液体	507
负极	311		
负偏差	252	**H**	
负吸附	527	亥姆霍兹函数	124
		亥姆霍兹函数判据	124
G		焓	43
盖斯定律	45	黑体辐射	378
概率因子	598	亨利定律	171
甘汞电极	352	亨利系数	172
感胶离子序	678	恒沸混合物	256
杠杆规则	249	恒容热	42
高分子溶液	655	恒压热	42
高会溶点	260	化学计量数	62
高会溶温度	260	化学亲和势	204
隔离系统	36	化学势	160
功	38	化学势判据	162
共轭溶液	259	化学吸附	510
共沸温度	263	环境	35
固溶胶	657	混合焓	58
固态混合物	274	混合物	154
固态溶液	274	活度	183
固相线	276	活度因子	183
固有频率	396	活化超电势	367
光的散射现象	661	活化焓	605
光电效应	379	活化吉布斯函数	605
光化反应	614	活化控制	608

活化络合物	600
活化能	568
活化熵	605

J

积分溶解热(焓)	59
基态	391
基希霍夫公式	70
基元反应	544
吉布斯-杜亥姆方程	159
吉布斯-亥姆霍兹方程	131
吉布斯函数	125
吉布斯函数判据	126
吉布斯吸附等温式	529
极化电极电势	370
极化曲线	367
极限摩尔电导率	321
简并	394
简并度	394
胶冻	699
胶核	673
胶凝作用	699
胶束	533
胶体粒子	673
胶体系统	655
胶团	673
焦耳实验	41
焦耳-汤姆逊系数	85
角度方程	400
角量子数	400
接触角	520
节点	392
节流膨胀	84
节流膨胀系数	85
结线	249
解离化学吸附	633
界面张力	496
浸湿	522
浸湿功	522
精馏	258
径向方程	400
径向分布函数	409
聚沉	677
聚沉值	678
绝对活度	188
绝热过程	38

K

卡诺定理	103
卡诺循环	101
开尔文公式	505
柯尔劳施离子独立运动定律	322
柯诺瓦洛夫-吉布斯定律	255
可逆过程	77
克拉佩龙方程	138
克劳修斯不等式	108
克劳修斯-克拉佩龙方程	141
空间-自旋轨道	410
控制步骤	579
库仑计	312
扩散	664
扩散电势	348
扩散控制	607

L

拉普拉斯方程	502
拉乌尔定律	171
朗缪尔吸附等温式	514
朗缪尔-欣谢尔伍德机理	638
类氢离子	402
冷却曲线	268
离域子系统	428
离子氛	331
离子强度	329

理想气体	9	摩尔定压热容	46
理想气体反应的等温方程	204	摩尔反应焓	63
理想气体绝热可逆过程方程	81	摩尔混合焓	61
理想气体状态方程	8	摩尔气体常数	8
理想稀溶液	178	摩尔溶解焓	58
理想液态混合物	175	摩尔吸附焓	519
连串反应	576	摩尔稀释焓	60
链的传递物	588	摩尔相变焓	54
链反应	587		
量热熵	471	**N**	
量子产率	617	内扩散控制	637
量子数	391	能级	391
量子效率	617	能级分布	433
临界点	281	能斯特方程	340
临界胶束浓度	533	能斯特热定理	118
临界摩尔体积	19	凝固点降低	190
临界能	594	凝固点降低系数	192
临界温度	18	凝固点曲线	276
临界压力	19	凝胶	699
临界压缩因子	27	浓差超电势	367
临界状态	19	浓差电池	360
零点能	392	浓差极化	367
零级反应	551		
流动电势	669	**P**	
流动功	89	泡点	252
笼蔽效应	606	泡点线	252
露点	252	泡利不相容原理	413
露点线	252	泡沫	684
路易斯-兰德尔逸度规则	171	配分函数	444
		碰撞动能	596
M		碰撞截面	595
马鞍点	600	碰撞数	594
麦克斯韦关系式	131	偏摩尔量	156
毛细管凝结	506	品优函数	383
米凯利斯常数	632	平动配分函数	452
摩尔电导率	319	平衡分布	440
摩尔定容热容	45	平衡态	37

平衡态近似法	580
平均离子活度	327
平均离子活度因子	328
平均离子质量摩尔浓度	328
平均摩尔定压热容	52
平行反应	574
屏蔽常数	411
破乳	683
铺展	522
铺展系数	522
普遍化逸度因子图	169

Q

其他功	38
气溶胶	688
气相线	247
迁移数	314
强度量	37
亲液胶体	655
氢电极	351
球谐函数	400
全同粒子	413

R

热	39
热爆炸	591
热机	99
热机效率	100
热力学第二定律	101
热力学第三定律	118
热力学第一定律	40
热力学概率	440
热力学基本方程	129
热力学能	40
溶胶	655
溶液	154
溶胀	700

熔点曲线	276
乳化剂	680
乳化作用	680
乳状液	680
瑞利公式	661
润湿	521

S

萨克尔–泰特洛德方程	471
三相平衡线	263
熵	105
熵判据	109
熵增原理	109
渗透压	194
渗析法	660
生成速率	543
时间平均	487
势能面	599
舒尔策–哈迪价数规则	678
双参数普遍化压缩因子图	30
双分子反应	546
斯塔克–爱因斯坦光化当量定律	616
斯特林公式	466
隧道效应	398

T

态–态反应	641
唐南平衡	693
特性黏度	696
体积功	38
统计权重	430
统计熵	471
途径	38
途径函数	39

W

外扩散控制	636

微态	434
微态数	435
韦斯顿标准电池	336
稳流过程	88
稳态	583
稳态近似法	583
物理吸附	510

X

吸附	510
吸附等量线	512
吸附等温线	512
吸附等压线	512
吸附剂	510
吸附量	511
吸附热	519
吸附质	510
析因子性质	449
稀溶液的依数性	189
系统	35
系统点	244
系综	487
系综平均	487
相变焓	53
相点	249
相律	239
相依子系统	429
相撞分子对	595
消耗速率	543
悬浮液	685
薛定谔方程	383
循环过程	38

Y

压力商	205
压缩因子	26
压缩因子图	29

亚稳状态	506
盐桥	350
盐析	698
阳极	311
杨氏方程	521
液溶胶	657
液体接界电势	348
液相线	247
一般负偏差	252
一般正偏差	252
一级反应	552
一级相变	282
逸度	167
逸度因子	167
逸度因子图	169
阴极	311
有效状态数	444
原电池	309
原盐效应	610
原子轨道	404

Z

憎液胶体	655
摘取最大项原理	466
沾湿	522
沾湿功	522
真溶液	655
振动配分函数	456
振动特征温度	456
蒸气压下降	189
正极	311
正偏差	252
正吸附	526
支链反应	591
指前因子	566
致冷效应	84
致热效应	84

质量作用定律	546	自发过程	98
中心力场近似	411	自洽场方法	412
轴功	89	自旋量子数	410
主量子数	403	自由度	238
转动常数	424	总微态数	438
转动配分函数	454	最大负偏差	253
转动特征温度	454	最大正偏差	253
转化速率	542	最低恒沸点	256
转换曲线	86	最概然分布	439
状态	36	最高恒沸点	256
状态分布	434	最佳反应温度	574
状态函数	36	做功能力	125

郑重声明

高等教育出版社依法对本书享有专有出版权。任何未经许可的复制、销售行为均违反《中华人民共和国著作权法》，其行为人将承担相应的民事责任和行政责任；构成犯罪的，将被依法追究刑事责任。为了维护市场秩序，保护读者的合法权益，避免读者误用盗版书造成不良后果，我社将配合行政执法部门和司法机关对违法犯罪的单位和个人进行严厉打击。社会各界人士如发现上述侵权行为，希望及时举报，我社将奖励举报有功人员。

反盗版举报电话　（010）58581999　58582371
反盗版举报邮箱　dd@hep.com.cn
通信地址　北京市西城区德外大街4号　高等教育出版社法律事务部
邮政编码　100120

读者意见反馈

为收集对教材的意见建议，进一步完善教材编写并做好服务工作，读者可将对本教材的意见建议通过如下渠道反馈至我社。

咨询电话　400-810-0598
反馈邮箱　hepsci@pub.hep.cn
通信地址　北京市朝阳区惠新东街4号富盛大厦1座
　　　　　高等教育出版社理科事业部
邮政编码　100029

防伪查询说明

用户购书后刮开封底防伪涂层，使用手机微信等软件扫描二维码，会跳转至防伪查询网页，获得所购图书详细信息。

防伪客服电话　（010）58582300

数字课程使用说明

1. 计算机访问http://abook.hep.com.cn/1253881，或手机下载并安装Abook应用。
2. 注册并登录，进入"我的课程"。
3. 输入封底数字课程账号（20位密码，刮开涂层可见），或通过Abook应用扫描封底数字课程账号二维码，完成课程绑定。
4. 单击"进入课程"按钮，开始本数字课程的学习。

课程绑定后一年为数字课程使用有效期。受硬件限制，部分内容无法在手机端显示，请按提示通过计算机访问学习。

如有使用问题，请发邮件至abook@hep.com.cn。